Teubner Studienbücher

Physik

Becher/Böhm/Joos: **Eichtheorien der starken und elektroschwachen Wechselwirkung**
2. Aufl. DM 39,80

Berry: **Kosmologie und Gravitation.** DM 26,80

Bopp: **Kerne, Hadronen und Elementarteilchen.** DM 34,–

Bourne/Kendall: **Vektoranalysis.** 2. Aufl. DM 28,80

Büttgenbach: **Mikromechanik.** DM 32,–

Carlsson/Pipes: **Hochleistungsfaserverbundwerkstoffe.** DM 28,80

Constantinescu: **Distributionen und ihre Anwendung in der Physik.** DM 23,80

Daniel: **Beschleuniger.** DM 28,80

Engelke: **Aufbau der Moleküle.** DM 38,–

Fischer/Kaul: **Mathematik für Physiker**
Band 1: Grundkurs. 2. Aufl. DM 48,–

Goetzberger/Wittwer: **Sonnenenergie.** 2. Aufl. DM 29,80

Gross/Runge: **Vielteilchentheorie.** DM 39,80

Großer: **Einführung in die Teilchenoptik.** DM 26,80

Großmann: **Mathematischer Einführungskurs für die Physik.**
6. Aufl. DM 36,80

Grotz/Klapdor: **Die schwache Wechselwirkung in Kern-, Teilchen- und Astrophysik.** DM 45,–

Heil/Kitzka: **Grundkurs Theoretische Mechanik.** DM 39,–

Henzler/Göpel: **Oberflächenphysik des Festkörpers.** DM 59,80

Heinloth: **Energie.** DM 42,–

Kamke/Krämer: **Physikalische Grundlagen der Maßeinheiten.** DM 26,80

Kleinknecht: **Detektoren für Teilchenstrahlung.** 2. Aufl. DM 29,80

Kneubühl: **Repetitorium der Physik.** 4. Aufl. DM 48,–

Kneubühl/Sigrist: **Laser.** 3. Aufl. DM 44,80

Kopitzki: **Einführung in die Festkörperphysik.** 2. Aufl. DM 44,–

Kunze: **Physikalische Meßmethoden.** DM 28,80

Lautz: **Elektromagnetische Felder.** 3. Aufl. DM 32,–

Lindner: **Drehimpulse in der Quantenmechanik.** DM 28,80

Lohrmann: **Einführung in die Elementarteilchenphysik.** 2. Aufl. DM 26,80

Lohrmann: **Hochenergiephysik.** 3. Aufl. DM 34,–

Mayer-Kuckuk: **Atomphysik.** 3. Aufl. DM 34,–

 B. G. Teubner Stuttgart

Physik für Hochschulanfänger

Von Prof. Dr. phil. nat. Horst Wegener
Universität Erlangen-Nürnberg

3., durchgesehene Auflage
Mit zahlreichen Abbildungen und Tabellen

B. G. Teubner Stuttgart 1991

Prof. Dr. phil. nat. Horst Wegener

Geboren 1926 in Buxtehude. Physikstudium bei R. Fleischmann in Hamburg; Promotion 1953 und Habilitation 1958 in Erlangen. Von 1959 bis 1961 Wissenschaftler am Oak Ridge National Laboratory ORNL, USA. Seit 1961 Professor (Lehrstuhl für Physik) und Vorstandsmitglied des Physikalischen Instituts der Universität Erlangen-Nürnberg; Forschungsaufenthalte u. a. am ORNL (1962, 1963, 1966/67), Centro Nuclear de México (1967) und am Deutschen Elektronensynchroton DESY in Hamburg (1974 und seit 1980). Hauptarbeitsgebiete: Schwache Wechselwirkung, Mössbauerspektroskopie, Hochenergiephysik.

Die Deutsche Bibliothek — CIP-Einheitsaufnahme

Wegener, Horst:
Physik für Hochschulanfänger : mit Tabellen / von Horst
Wegener. — 3., durchges. Aufl. — Stuttgart : Teubner, 1991
  (Teubner-Studienbücher : Physik)

ISBN 978-3-519-13053-6   ISBN 978-3-663-01426-3 (eBook)
DOI 10.1007/978-3-663-01426-3

© B. G. Teubner Stuttgart 1989

Gesamtherstellung: Druckhaus Beltz, Hemsbach/Bergstraße
Umschlaggestaltung: M. Koch, Reutlingen

Vorwort

An der Universität Erlangen-Nürnberg wird für Studienanfänger die zweisemestrige Vorlesung „Einführung in die Physik (Experimentalphysik)" angeboten. Sie wendet sich an Hörer, die später physikalische Praktika absolvieren oder weiterführende Vorlesungen über Festkörper-, Atom-, Kern- und Teilchenphysik besuchen. Ähnliche Lehrveranstaltungen finden auch an den meisten anderen deutschen Hochschulen statt. Dieses Buch ist aus meinem Erlanger Vorlesungsmanuskript hervorgegangen. Die Stoffauswahl erfolgte so, daß man die Diplomvorprüfung oder die Zwischenprüfung zum Staatsexamen in „Experimentalphysik" bestehen müßte, wenn man den Stoff beherrscht und das Anfängerpraktikum hinter sich gebracht hat.

Zu Form und Inhalt der Erlanger Vorlesungen: Trotz des Titels „Experimentalphysik", der durch verschiedene Prüfungsordnungen vorgegeben ist, werden nur wenige Experimente vorgeführt. Aufwendige Versuche müßten sorgfältig vorbereitet werden, was in den überlasteten Hörsälen kaum noch möglich ist. Und einfache Versuche sind im Anfängerpraktikum aufgebaut. Die Vorlesungen beginnen mit einem Exposé über Materie, Antimaterie und Symmetrien. Es folgt die Mechanik, die verhältnismäßig bald relativistisch formuliert wird. Schwingungen und Wellen werden nicht in der Mechanik (1. Semester) behandelt, sondern im Zusammenhang mit dem Wechselstrom (2. Semester), weil Studenten des 1. Semesters den Ausdruck $e^{i\omega t}$ noch nicht kennen. Auch mit Funktionen von mehreren Veränderlichen ist der Anfänger nicht vertraut, so daß man ihm z.B. die Wärmelehre nicht als Wissenschaft der „Zustandsgrößen" – die sie nun einmal ist – darbieten kann. Da die Wärmelehre in den Anfängervorlesungen nicht fehlen darf, muß sich der Dozent mit einer vereinfachten Darstellung abfinden. So auch hier. Der Elektromagnetismus wird deduktiv abgehandelt, ausgehend von den Maxwellschen Gleichungen in integraler Form. Die differentielle Form würde wieder die Analysis von Funktionen mit mehreren Variablen erfordern und kommt deshalb nicht in Betracht. In der Optik wird der Dualismus Welle-Korpuskel herausgearbeitet. Auf geometrische Optik wird ebensowenig eingegangen wie auf elektronische Schaltungen – zwei Gebiete, die ohnehin in jedem Physikpraktikum vertre-

IV

ten sind. Die Physik der Atome, Kerne und Elementarteilchen wird an ausgewählten Beispielen exemplarisch dargestellt. Die Darstellung wird später in Vorlesungen und Seminaren über „Theoretische Physik" und „höhere Experimentalphysik" vertieft und abgerundet. Das letzte Kapitel „2500 Jahre Elementarteilchen" handelt von den aus heutiger Sicht unzerteilbaren Elementarteilchen (Leptonen und Quarks) und den Kräften zwischen ihnen, die durch Wechselwirkungsfeldquanten (Gluonen, Photonen und intermediäre Vektorbosonen W^+, W^- und Z^o) vermittelt werden. Auf spektakuläre Ereignisse, die seit der 1. Auflage 1982 des Skriptums stattgefunden haben, wird besonders hingewiesen: 1983 die Entdeckung der W^+, W^- und Z^o am CERN, 1985 die Entdeckung der keramischen Hochtemperatursupraleiter durch Bednorz und Müller im IBM-Forschungslabor Rüschlikon bei Zürich, 1987 der Nachweis von Neutrinos aus der Supernova 1987 A, die vor 165 000 Jahren in der Großen Magellanschen Wolke stattgefunden hat, und 1989 die endgültige Bestätigung durch ein CERN-Experiment, daß es genau 3 Neutrinoarten und damit 3 Generationen von Leptonen und Quarks gibt.

Diese 3. Auflage unterscheidet sich nur unwesentlich von der 2. Auflage 1989. So änderten sich die Seitenzahlen und das Inhaltsverzeichnis nicht, obwohl auf 80 Seiten (meist geringfügige) Korrekturen vorgenommen und verschiedene Abbildungen umgezeichnet wurden. Kleinere Änderungen und Ergänzungen gibt es z.B. in Kap. 15.2 bei der „Weltraumstation" und der „Ostverlagerung der sibirischen Ströme". In Kap. 38 wurden u.a. "Bottoniumzustände" in „Bottomonium zustände" umbenannt und die Massenangaben der intermediären Vektorbosonen verbessert.

Einige technische Hinweise: Gleichungen bzw. Abbildungen werden durch Zahlenpaare gekennzeichnet. (3.17) bzw. Abb. 33.8 bedeutet Gleichung Nr. 17 in Kapitel 3 bzw. Abbildung Nr. 8 in Kapitel 33. Die Zeichen $\propto$ bzw. $\approx$ bzw. $\sim$ stehen für „proportional" bzw. „ungefähr gleich" bzw. „von gleicher Größenordnung". $q := p$ besagt, daß für die als bekannt angenommene Größe p die Bezeichnung „q" eingeführt wird.

Mein herzlicher Dank gilt Konrad Maier, Roland Stumpf und Martin Leghissa für die mühsame Herstellung der Druckvorlagen und Frau Gisela Chucholowius für ihre Beiträge zu den Abbildungen.

Erlangen, im Januar 1991

Horst Wegener

Inhaltsverzeichnis

VII Zum Ausklang: Elementarteilchen 466

Teil I

Zur Einführung: Materie und Symmetrien

Kapitel 1

Materie – Antimaterie

Sie haben sich auf der Schule ein Grundwissen in Mathematik, Physik und Chemie angeeignet. Dieses Buch setzt solche Grundkenntnisse voraus. Wir werden z.B. differenzieren und integrieren, ohne Umschweife von Elektronen, Protonen und Neutronen reden und uns am periodischen System der Elemente orientieren. Wenn Sie Verständnisschwierigkeiten haben, sollten Sie ein Lexikon zu Rate ziehen.

Die Physik ist eine weitverzweigte Wissenschaft mit einer organischen Struktur. Ihre zahlreichen Teilgebiete (klassische Mechanik, Relativitätstheorie, Gravitation, Elektrodynamik, Optik, Thermodynamik, Quantenmechanik, Quantenfeldtheorie der starken, elektromagnetischen und schwachen Wechselwirkungen, die Atom-, Kern-, Hadronen- und Quarkphysik, die Physik der kondensierten Materie, die Astro-, Geo- und Biophysik usw.) haben sich im Laufe der Zeit nebeneinander entwickelt wie die Organe eines wachsenden Lebewesens und kommen, wie diese, nicht ohne einander aus. So liefert die Allgemeine Relativitätstheorie z.B. die Schwerkraftsformel, die man in der Himmelsmechanik braucht, um die Bewegung der Himmelskörper zu berechnen. Die Messung der Bewegung erfolgt mit Licht- oder Radioteleskopen, also mit kurz- oder langwelligen elektromagnetischen Wellen, deren Ausbreitungsverhalten von der Elektrodynamik und dem Gravitationsfeld der Sonne bestimmt wird. Irgendwie hängt alles miteinander zusammen – wie ein vielköpfiges Fabelwesen, das sich in seine verknoteten Schwänze verbissen hat. Die gelegentlich aufgestellte Forderung, Physik schön der Reihe nach zu lehren, läßt sich daher wohl nicht erfüllen.

Ich meine, daß es wegen der Verfilzung der physikalischen Disziplinen ziemlich gleichgültig ist, über welches Teilgebiet wir uns zuerst unterhalten. Warum nicht über Materie und Antimaterie? Das Thema ist leichtverständlich und regt zu Spekulationen an. Im Laufe der Betrachtungen werden Sie allerdings einsehen, daß man solche Spekulationen nicht zu sehr ins Kraut schießen lassen darf, wenn man den Dingen auf den Grund kommen möchte. Das ist denn auch die Absicht der beiden ersten Kapitel: Die Bereitschaft zu erwecken, sich erst einmal mit den vertrauteren Gebieten der Physik gründlich zu beschäftigen, weil nur so das geistige Rüstzeug erworben werden kann, das man benötigt, wenn man die tieferen physikalischen Zusammenhänge wirklich begreifen will.

1.1 Materie

Materie läßt sich in Atome zerlegen (Abb. 1.1). Ein Atom besteht aus dem schweren Atomkern (Durchmesser einige 10^{-15}m) und der leichten Elektronenhülle (Durchmesser einige 10^{-10}m). Daß die Elektronen die Umgebung des Kerns nicht verlassen, liegt an der elektrischen Anziehungskraft. Die Elektronen sind negativ geladen, der Atomkern ist positiv, und ungleichnamige Ladungen ziehen sich an (Coulombkraft).

Atomkerne sind aus geladenen Protonen und neutralen Neutronen zusammengesetzt. Sie sind nahezu massengleich – das Neutron ist nur 0,14% schwerer als das Proton – und werden beide *Nukleon* genannt. Ein neutrales Atom oder *Nuklid* des chemischen Elementes der Ordnungszahl Z hat in seiner Hülle Z Elektronen und im Kern Z Protonen und N Neutronen. Z heißt auch *Kernladungszahl*. N ist in der Regel etwas größer als Z. Wegen der ungefähren Massengleichheit der Nukleonen und der geringen Elektronenmasse ist die Nuklidmasse näherungsweise durch die Nukleonenzahl $Z + N = A = Massenzahl$ bestimmt. Nuklide mit gleichem Z und verschiedenem A werden die verschiedenen *Isotope* des Elements Z genannt. Will man ein Nuklid charakterisieren, schreibt man A links oben an das chemische Formelzeichen. **Beispiel:** Durch Kernspaltung wird in Kernreaktoren u.a. das radioaktive Cäsiumisotop ^{137}Cs (Halbwertszeit 30 Jahre) erzeugt. Da Cäsium im Periodischen System an der Stelle $Z = 55$ steht, enthält ein ^{137}Cs-Kern $Z = 55$ Protonen und $N = A - Z = 137 - 55 = 82$ Neutronen.

Daß ein zusammengesetzter Atomkern trotz der sich abstoßenden elektrischen Protonenladungen nicht zerplatzt, liegt an einer kräftigen Anziehung der Protonen und

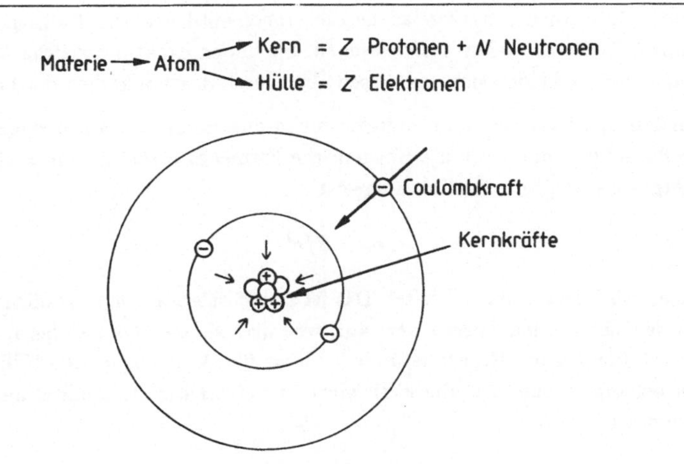

Teilchen		Ladung	Masse	Radius
Proton	$\oplus$	$e = 1,602 \cdot 10^{-19}$ As	$1672,4 \cdot 10^{-30}$ kg	$0,8 \cdot 10^{-15}$ m
Neutron	$\bigcirc$	0	$1674,7 \cdot 10^{-30}$ kg	$0,8 \cdot 10^{-15}$ m
Elektron	$\ominus$	$-e$	$0,911 \cdot 10^{-30}$ kg	~ 0

Abbildung 1.1: Materie besteht aus Atomen. Im Atom bewegen sich Elektronen um den Atomkern. Der Atomkern ist aus Protonen und Neutronen zusammengesetzt.

Neutronen untereinander. Diese Anziehungskräfte heißen *Kernkräfte*. Sie sind viel stärker als die elektrischen Kräfte zwischen den Protonen im Kern. Wenn sich Protonen und Neutronen zu einem Atomkern vereinigen, wird die mit den Kernkräften verknüpfte Kernbindungsenergie frei. Solche Kernverschmelzungen finden z.B. in der Sonne statt, wo aus Protonen in mehrstufigen Prozessen Heliumatomkerne ^{4}He gebildet werden. Ähnliche Vorgänge spielen sich ab, wenn eine Wasserstoffatombombe explodiert. Die von der Sonne abgestrahlte Energie hält das irdische Leben in Gang, die Bombe löscht es aus.

1.2 Erzeugung und Vernichtung von Teilchenpaaren

Im Jahre 1932 wurden positiv geladene Elektronen entdeckt. Die Teilchen erhielten den Namen *Positronen* oder *Antielektronen*. Sie haben exakt die gleiche Masse wie Elektronen, unterscheiden sich von diesen aber durch das Vorzeichen der Ladung.

Es ist möglich, Elektronen und Antielektronen aus Energie E zu erzeugen. Einen Hinweis darauf gibt die berühmte Einsteinsche Formel $E = mc^2$ mit m = Masse und c = Lichtgeschwindigkeit. Nach m aufgelöst

$$m = E/c^2 \tag{1.1}$$

besagt sie, daß Energie Masse besitzt. Das ist zunächst etwas ungewöhnlich. Man ist z.B. mit der elektrischen Energie vertraut, weil man sie benutzt und bezahlen muß, vielleicht 15 Pfennig pro Kilowattstunde $\text{kWh} = 1000\text{W} \cdot 3600\text{s} = 3,6 \cdot 10^6 \text{kg}\,\text{m}^2\,\text{s}^{-2}$. Einstein behauptet nun, daß die kWh nicht nur etwas kostet, sondern auch etwas wiegt, nämlich

$$\text{Masse einer kWh} = \frac{\text{kWh}}{c^2} = \frac{3,6 \cdot 10^6 \text{kg}\,\text{m}^2\text{s}^{-2}}{(3 \cdot 10^8 \text{m}\,\text{s}^{-1})^2} = 4 \cdot 10^{-11} \text{kg} \, . \tag{1.2}$$

Genau so groß ist die Masse von $4,4 \cdot 10^{19}$ Elektronen oder Positronen. Gäbe es eine Fabrik, die Elektronen und Positronen aus dem Rohstoff Energie herstellen würde, bräuchte sie eine kWh zur Produktion von $4,4 \cdot 10^{19}$ solcher Teilchen.

Es gibt sie, z.B. beim Großforschungszentrum DESY (Deutsches Elektronen Synchrotron) in Hamburg. Im Synchrotron werden Elektronen auf nahezu Lichtgeschwindigkeit beschleunigt und dann durch einen Auffänger gestoppt. Dabei wird extrem kurzwellige elektromagnetische Strahlung erzeugt, die man „Röntgen-Bremsstrahlung" oder – allgemeiner – „Gammastrahlung" nennt. Sie wissen natürlich, daß solche Strahlung mit dem Licht verwandt ist und daß sie, wie dieses, elektromagnetische Strahlungsenergie enthält. Die Strahlungsenergie E der kurzwelligen Gammastrahlen kann nun unter geeigneten Umständen in Materie der Masse $m = E/c^2$ verwandelt werden. Wenn die Gammastrahlung auf einen Atomkern trifft, kreiert sie hin und wieder ein Teilchenpaar bestehend aus einem Elektron e und einem Positron $\bar{e}$. Man nennt diesen Vorgang *Paarerzeugung*. Der Kern bleibt unverändert. Er spielt lediglich die Rolle eines Zuschauers, ohne den die Zwillingsgeburt allerdings nicht stattfinden würde. Bei der Paarerzeugung nach dem Schema

$$
\begin{array}{lll}
\text{Prozeß:} & \text{Gammastrahlung} + \text{Kern} & \rightarrow \quad e + \bar{e} + \text{Kern} \\[4pt]
\text{Energiebilanz:} & \text{Strahlungsenergie } E & \rightarrow \quad mc^2 + mc^2
\end{array}
\tag{1.3}
$$

wird also Strahlungsenergie elektromagnetischer Wellen in Masse neugeschaffener Teilchen überführt. Sobald ein Positron $\bar{e}$ mit einem Elektron e zusammentrifft, vernichten sich die beiden Teilchen gegenseitig unter Erzeugung kurzwelliger elektromagnetischer Strahlung. Die in den Teilchenmassen gespeicherte Energie verwandelt sich dabei wieder in Strahlungsenergie. Der Prozeß wird *Paarvernichtung*, die entstandene Strahlung *Vernichtungsstrahlung* genannt.

Mitte der fünfziger Jahre gelang es, das *Antiproton* $\bar{p}$ herzustellen. Es besitzt die gleiche Masse wie das Proton p, ist aber, im Gegensatz zum letzteren, negativ geladen. Die Erzeugung kann z.B. analog zu derjenigen von $e + \bar{e}$ erfolgen: Wenn hinreichend hochenergetische Gammastrahlung auf Atomkerne trifft, findet gelegentlich die Reaktion

$$\text{Gammastrahlung} + \text{Kern} \rightarrow p + \bar{p} + \text{Kern} \tag{1.4}$$

statt. Beim Zusammentreffen eines Antiprotons mit einem Proton tritt wieder Paarvernichtung auf. Die Vernichtungsstrahlung besteht in diesem Fall vorwiegend aus sog. π-*Mesonen* (kurzlebige Teilchen, die rund 7 mal leichter als Protonen sind, vgl. Tab. 13.1).

Wir können die Aufzählung vervollständigen: Es gibt nicht nur Neutronen n, sondern auch *Antineutronen* $\bar{n}$. Wenn ein n und ein $\bar{n}$ zusammentreffen, vernichten sie sich gegenseitig. Da Neutronen elektrisch neutral sind, verrät ihre Ladung nicht, ob man ein n oder $\bar{n}$ vor sich hat. Man kann sie trotzdem voneinander unterscheiden, indem man beide mit Materie in Berührung bringt. Das, welches vernichtet wird, ist das Antineutron.

1.3 Antimaterie

Ebenso wie aus p, n und e Atome zusammengesetzt sind, lassen sich aus $\bar{p}$, $\bar{n}$ und $\bar{e}$ Antiatome zusammensetzen. Das ist bisher allerdings nur bei den leichtesten Elementen (Wasserstoff und Helium) gelungen – weil die Antiteilchen vernichtet werden, ehe der Bau des Antiatoms vollendet ist. Doch gibt es keinen Zweifel, daß Antiatome möglich sind. Aus Antiatomen läßt sich Antimaterie herstellen, z.B. Antiwasser. Aber Vorsicht, wenn Antiwasser mit irdischem Wasser zusammenkommt! Die Mischung würde sofort unter Entstehung von Vernichtungsstrahlung verschwinden. Die dabei freiwerdenden Energien wären gewaltig – rund 1000 mal gewaltiger als bei der Explosion einer massengleichen Wasserstoffatombombe. Es ist also gut, daß wir Antimaterie nicht herstellen können. Und könnten wir es, so wüßten wir sie doch nicht aufzubewahren, es sei denn in einem Gefäß aus Antimaterie. Und wie packen wir das?

Ob es wohl irgendwo im Universum Antimaterie gibt? Keiner weiß es, viele glauben es.

Sicher ist allerdings, daß unser Sonnensystem mit seinen Planeten, Monden, Meteoren und Kometen aus gewöhnlicher Materie besteht. Darauf gibt es zahlreiche Hinweise, z.B. die vielen Meteoriten, die gelegentlich in die Erdatmosphäre eindringen und dabei meistens als „Sternschnuppen" verglühen. Wären darunter solche aus Antimaterie, hätten wir über uns keine harmlosen Sternschnuppen, sondern gewaltige Explosionen verbunden mit Vernichtungsstrahlung. So etwas ständig und nur etwa 100 km über unseren Köpfen, und wir säßen nicht hier.

Trotzdem könnten ferne Sternensysteme – Galaxien oder Galaxiengruppen – aus Antimaterie bestehen. Der ziemlich leere Weltraum zwischen dort und hier würde Explosionskatastrophen verhindern. Die Existenz von Antigalaxien ist deshalb nicht auszuschließen, wenn auch der heutige Weltentstehungsmythos (Urknall) dagegen spricht.

Kapitel 2

Symmetriebetrachtungen

Die Einsicht, daß Antimaterie existieren kann, wirft Fragen über Fragen auf. Schmilzt Antiwasser auch bei 0° Celsius? Hat Antigold dieselbe Dichte wie Gold? Wie groß ist der spezifische elektrische Widerstand von Antikupfer? Sie können die Aufzählung beliebig ergänzen. Um die Fragen zu beantworten, müßte man mit Antimaterie experimentieren können, was aus technischen Gründen so gut wie unmöglich ist. Trotzdem gibt es auf die entscheidende Frage, wie Experimente mit Antimaterie ablaufen würden, eine verblüffend einfache Antwort: „Wie Experimente mit gewöhnlicher Materie im Spiegel betrachtet". Diese eigentümliche Behauptung soll im folgenden erläutert werden. Dabei sind Vor- und Nebenbetrachtungen erforderlich, denn die Zusammenhänge sind ziemlich verwickelt.

2.1 Das Spiegel-Klapp-Theorem

Ein Verfahren zur Aufdeckung von gesetzmäßigen Zusammenhängen ist die sog. Symmetriebetrachtung. Lassen Sie uns mit einem Beispiel aus der Geometrie beginnen, das sich später als nützlich erweisen wird.

Wir zeichnen eine beliebige Figur auf eine ebene Glasplatte, z.B. ein F. Wenn wir das F spiegeln, erhalten wir ein seitenverkehrtes F. Die Spiegelung ist ein Beispiel für eine „Operation", für eine Tat, die wir vollbringen – sei es mit Hilfe eines echten Spiegels (Abb. 2.1a) oder durch eine geometrische Konstruktion. Die Spiegeloperation wird mit P bezeichnet. Man schreibt

$$P(\text{F}) = \text{Ⅎ} \qquad (2.1)$$

und liest „P angewandt auf F ist Ⅎ ". Zweimalige Spiegelung PP führt zum ursprünglichen F zurück. Symbolisch geschrieben:

$$PP(\text{F}) = P(\text{Ⅎ}) = \text{F}. \qquad (2.2)$$

Die Operation PP ändert also nichts an der Figur, was man durch den Einheitsoperator „1" ausdrückt:

$$PP = 1 . \qquad (2.3)$$

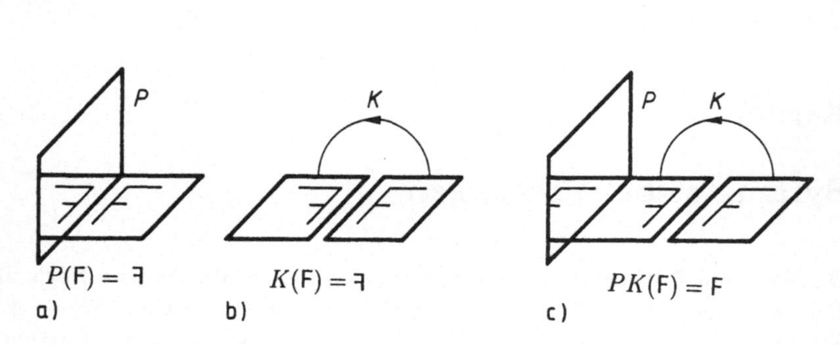

Abbildung 2.1: (a) Spiegeloperation P, (b) Klappoperation K, (c) kombinierte Spiegel-Klappoperation PK.

Figuren wie z.B. der Buchstabe A, die sich beim Spiegeln nicht verändern:

$$P(\mathsf{A}) = \mathsf{A}, \qquad (2.4)$$

heißen *spiegelsymmetrisch* oder *spiegelinvariant* oder *invariant gegen Spiegelung*. Das F ist natürlich nicht spiegelinvariant.

Wir halten nach weiteren Operationen Ausschau, die wir mit dem F auf der Glasplatte durchführen können. Eine besteht darin, daß wir die Platte herumklappen wie die Seite eines Buches (Abb.2.1b). Wir bezeichnen diese „Klappoperation" mit K. Offenbar ist

$$K(\mathsf{F}) = \mathsf{\exists} \qquad \text{und} \quad KK = 1 \,. \qquad (2.5)$$

Ein Vergleich von (2.1) und (2.3) mit (2.5) zeigt, daß die grundverschiedenen Operationen Spiegeln P und Klappen K zum gleichen Resultat führen, jedenfalls wenn die Glasplatte beim Herumklappen nicht verformt oder zerbrochen wird. Man kann nun die Operationen K und P nacheinander ausführen, indem man die herumgeklappte Platte im Spiegel betrachtet (Abb.2.1c). Was man dann sieht, ist offenbar die Originalfigur, also

$$PK = 1 \,. \qquad (2.6)$$

Wir wollen (2.6) das *Spiegel-Klapp-Theorem* nennen und es mit Worten formulieren:

Alle starren und ebenen Figuren, auch solche, die noch niemand gezeichnet hat, sind invariant gegen PK.

Die Attribute „starr" und „eben" sind wichtig. Wäre die Glasplatte nicht starr, sondern dehnbar wie eine Gummihaut, könnte die Figur auf ihr beim Herumklappen die Form verändern. Ließe man neben ebenen auch räumliche Figuren zu, so wären z.B. Schraubenlinien einbegriffen, die beim Herumklappen ihre Form behielten, bei der Spiegelung aber ihren Schraubensinn ändern würden.

2.2 Raumspiegelung, Zeitumkehr, Ladungskonjugation

Nach der Symmetriebetrachtung über den Zusammenhang zwischen Spiegeln und Klappen in der Geometrie wenden wir uns wieder der Physik zu. Hier interessieren insbesondere die folgenden drei Operationen:

Raumspiegelung P $\quad=\quad$ Übergang von einem Originalvorgang zu seinem Spiegelbild.

Zeitumkehr T $\quad=\quad$ Übergang von einem gefilmten Originalvorgang zum rückwärts ablaufenden Film.

Ladungskonjugation C $\quad=\quad$ Ersetzung aller Teilchen (e, p, n) durch ihre Antiteilchen $(\bar{e}, \bar{p}, \bar{n})$ und umgekehrt.

Jede Operation führt nach zweimaliger Anwendung zum Ausgang zurück:

$$PP = 1, \quad TT = 1, \quad CC = 1 \,. \tag{2.7}$$

Das wurde für P schon in (2.3) festgestellt. Für T folgt es aus der Bemerkung, daß der rückwärts ablaufende Film eines rückwärts ablaufenden Filmes den Originalvorgang zeigt. $CC = 1$ ergibt sich daraus, daß zum Beispiel $C(e) = \bar{e}$, $C(\bar{e}) = e$ und folglich $CC(e) = C(\bar{e}) = e$ ist.

Wir wollen P, T und C auf physikalische Vorgänge anwenden. Wie das gemeint ist, soll am Beispiel der Himmelsmechanik erläutert werden, deren Gesetze (2.8) und (2.9) vor rund 300 Jahren von Sir Isaak Newton entdeckt wurden. Sie lauten:

Zwei zu Punktmassen m_1 und m_2 idealisierte Himmelskörper im Abstand r voneinander ziehen sich mit der Kraft

$$F = \gamma \frac{m_1 m_2}{r^2} \quad (\gamma = \text{Gravitationskonstante}) \tag{2.8}$$

gegenseitig an. Von F erfahren die Massenpunkte die Beschleunigungen a_1 und a_2, die in F-Richtung weisen und sich nach den Grundgesetzen der Mechanik

$$F = m_1 a_1 = -m_2 a_2 \tag{2.9}$$

berechnen lassen. Unter „Beschleunigung" versteht man den zweimal nach
der Zeit differenzierten Weg des bewegten Körpers.

Aus diesen Gesetzen kann man mathematisch ableiten, daß die Planetenbahnen Ellipsen sind, in deren einem Brennpunkt die Sonne steht. Den Rechnungen zufolge können
beliebige Ellipsen vorkommen, große und kleine, kreisrunde und ungewöhnlich lange -
wenn nur ihr Brennpunkt mit der Sonne zusammenfällt. Von diesen unendlich vielen
möglichen elliptischen Bahnen sind natürlich nur endlich viele *verwirklicht*, je eine pro
Planet. Trotzdem kann man jede mögliche Ellipse realisieren, etwa indem man einen
künstlichen Sonnensatelliten in die entsprechende Umlaufbahn lanciert. Wir unterscheiden also *„mögliche"* (d.h. mit den Naturgesetzen verträgliche) und *„wirkliche"*
(d.h. im Universum tatsächlich ablaufende) Vorgänge. Jeder mögliche Vorgang läßt
sich im Prinzip verwirklichen, oft allerdings nur nach Beiseiteschieben moralischer
Bedenken.

Betrachte nun irgendeinen möglichen Vorgang aus dem Bereich der Himmelsmechanik
– sagen wir den Umlauf eines kugelförmigen Planeten auf einer Ellipse, in deren einem
Brennpunkt die kugelförmige Wega (sonnenähnlicher Fixstern) steht – und wende auf
diesen Vorgang die Raumspiegelung P an. Das Resultat ist ein Planet, der sich auf
dem Spiegelbild der ursprünglichen Ellipse bewegt. Wir fragen, ob dieses Spiegelbild
wieder einen möglichen Vorgang darstellt. Die Antwort lautet „Ja, weil ein Spiegel
aus einer Ellipse wieder eine Ellipse macht". Wenn man uns also eine unbekannte
Planetenbahn vorführt, können wir nicht feststellen, ob es sich um das Original oder
sein Spiegelbild handelt. - In der Himmelsmechanik gilt allgemein, daß die Anwendung
von P auf einen möglichen Vorgang stets wieder einen möglichen Vorgang ergibt. Der
Grund dafür liegt in den Naturgesetzen (2.8) und (2.9). Sie ändern bei Spiegelung ihre
Form nicht, da einerseits der Abstand r zwischen den Massenpunkten spiegelinvariant
ist und andererseits die Parallelität zwischen den Richtungen der Kraft F und den
Beschleunigungen a bei der Spiegelung erhalten bleibt. Man sagt, die Gesetze der
Himmelsmechanik seien invariant gegen Raumspiegelung P.

Wir kehren zu unserem speziellen Vorgang zurück – dem Planeten, der um die Wega
wandert – und wenden auf ihn die Operation der Zeitumkehr T an. Rückwärts ablaufende Planetenbewegungen erweisen sich als mögliche Vorgänge. Der Betrachter eines
Filmes über die Bewegung unbekannter Planeten kann also nicht feststellen, ob der
Film vorwärts oder rückwärts läuft. Der Grund dafür liegt wieder in der Form der
Naturgesetze (2.8) und (2.9). Dort kommt die Zeit t, die durch T in $-t$ überführt
wird, nur in den Beschleunigungen $a = d^2 Weg/dt^2$ vor. Beim Übergang von t nach
$-t$ geht der Nenner dt^2 von a in $(-dt)^2 = (-1)^2 \cdot dt^2 = dt^2$ über, und folglich a in
a. Damit ist gezeigt, daß die Gesetze der Himmelsmechanik ebenfalls invariant gegen

Zeitumkehr T sind.

Wenn wir auf den möglichen Vorgang „Planet bewegt sich um Wega" in Gedanken die Operation der Ladungskonjugation C anwenden, erhalten wir einen Planeten aus Antimaterie, der sich auf dieselbe Weise wie vor der Anwendung von C um eine antimaterielle Wega bewegt. Stellt dieses Gedankenwerk einen möglichen Vorgang dar? Die Antwort lautet wieder „Ja, weil in die Bewegungsgesetze (2.8) und (2.9) von den Eigenschaften der Himmelskörper nur die Massen eingehen, und weil diese sich nicht ändern, wenn man jedes Teilchen durch ein massengleiches Antiteilchen ersetzt". Die Gesetze der Himmelsmechanik sind also auch invariant gegen Ladungskonjugation C. Durch Bewegungsanalyse läßt sich nicht entscheiden, ob ein neuentdecktes Planetensystem aus Materie oder Antimaterie besteht.

2.3 Die Verletzung der P-Invarianz

Wie wir gerade gesehen haben, sind die Gesetze der Himmelsmechanik invariant sowohl gegen Raumspiegelung P als auch gegen Zeitumkehr T als auch gegen Ladungskonjugation C. Nun befaßt sich die Physik außer mit der Himmelsmechanik noch mit anderen Bereichen, z.B. mit den elektromagnetischen Erscheinungen. Die Gesetze des Elektromagnetismus sind seit etwa 125 Jahren bekannt. Es zeigte sich, daß auch sie gegen P und T und C invariant sind. Dieser Sachverhalt ließ die Vermutung aufkommen, daß alle grundlegenden Gesetze der Physik - die noch nicht entdeckten eingeschlossen - jene drei Invarianzen aufweisen. Die Vermutung hielt sich bis 1956, als zwei in den USA lebende chinesische Physiker, T.D. Lee und C.N. Yang, darauf aufmerksam machten, daß die u.a. für den radioaktiven β-Zerfall zuständigen *Gesetze der schwachen Wechselwirkung* noch niemals auf ihre Spiegelinvarianz hin getestet worden seien. Sie schlugen verschiedene Testexperimente vor, die dann vielerorts durchgeführt wurden und zeigten, daß die für die schwache Wechselwirkung zuständigen Naturgesetze in der Tat nicht spiegelinvariant sind, sondern, wie man seitdem sagt, *„die Parität P verletzen"*. Lee und Yang erhielten knapp ein Jahr nach dieser Entdeckung den Nobelpreis.

Ein besonders schönes Paritätsexperiment ist das Neutrinoexperiment von Goldhaber, Grodzins und Sunyar (1957). Es verwendet ein Isotop des Europium ^{152}Eu. Der Atomkern besteht aus 63 Protonen p und 89 Neutronen n. Um den Kern bewegen sich 63 Elektronen e. Es kommt nun gelegentlich vor, daß ein Proton des Atomkerns ein Elektron einfängt und sich dabei in ein Neutron verwandelt. Der Prozeß, der ein typisches Beispiel für die schwache Wechselwirkung ist, verläuft wie folgt:

$$e + p \rightarrow n + \nu_e \tag{2.10}$$

Neben dem Neutron n entsteht ein elektrisch neutrales Teilchen ν_e, das *elektronisches Neutrino* genannt wird und den Atomkern mit Lichtgeschwindigkeit verläßt. Jedes

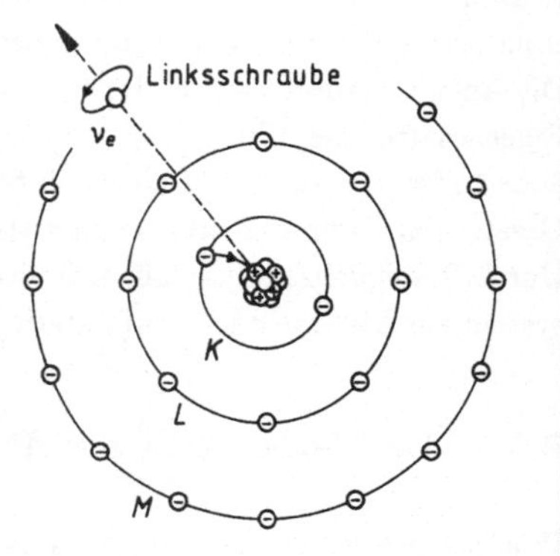

Abbildung 2.2
Die Elektronen in der Hülle eines Atoms sind in Schalen angeordnet, die mit K, L usw. bezeichnet werden. Das Elektron in dem Prozeß (2.10) stammt aus der K-Schale. Der Prozeß heißt daher „K-Einfang". Das Neutrino ν_e bewegt sich mit Lichtgeschwindigkeit und rotiert dabei im Sinne einer Linksschraube um seine Flugrichtung.

ν_e rotiert kreiselartig um sich selbst. Man bezeichnet diese für Elementarteilchen typische Eigenrotation als *Spin*. Das Experiment soll die Frage beantworten, wie der Spin und die Flugrichtung eines von einem ^{152}Eu-Kern ausgesendeten Neutrinos zueinander orientiert sind.[1] Man findet (Abb. 2.2):

Spindrehung und Flugrichtung des Neutrinos ν_e definieren eine Linksschraube.

Ein möglicher Vorgang aus dem Bereich der schwachen Wechselwirkung besteht also beispielsweise darin, daß eine Kugel aus ^{152}Eu-Metall Linksschraubenneutrinos emittiert. Wenn man das Ganze spiegelt, sieht man eine Kugel, die Rechtsschraubenneutrinos aussendet, weil ein Spiegel links und rechts vertauscht. Dieses Spiegelbild ist offenbar kein möglicher Vorgang, denn die Natur erzeugt ja Links- und keine Rechtsschrauben. Ein Betrachter kann somit feststellen, ob man ihm den Originalvorgang oder nur dessen Spiegelbild zeigt. Die für den Ablauf des Geschehens zuständigen physikalischen Gesetze der schwachen Wechselwirkung können deshalb nicht spiegelinvariant sein. Sie verletzen also die Parität.

2.4   Das TCP-Theorem

Haben Naturgesetze, die Symmetrien verletzten, deswegen einen Schönheitsfehler?
Wer so empfindet, mag sich mit dem sog. TCP-Theorem trösten, das wenige Jahre vor
der Entdeckung der Paritätsverletzung aus allgemeinen Prinzipien abgeleitet werden
konnte:

> Alle Naturgesetze, auch die bisher noch unbekannten, sind gegen die
> Gesamtoperation TCP invariant (G. Lüders und W. Pauli). $\qquad$ (2.11)

Mit anderen Worten: Wenn man einen möglichen Vorgang spiegelt (P) und alle an
ihm beteiligten Teilchen durch ihre Antiteilchen ersetzt (C) und den Bewegungsablauf
umkehrt (T), erhält man wieder einen möglichen Vorgang. Dabei kommt es nicht
darauf an, in welcher Reihenfolge die Operationen P, C und T ausgeführt werden.
Der große Wert des TCP-Theorems liegt in seiner Allgemeingültigkeit. Wer meint,
er habe ein neues Naturgesetz entdeckt, das nicht TCP-invariant ist, kann es ad acta
legen; es ist bestimmt falsch.

Wir wollen das TCP-Theorem (2.11) nicht beweisen, aber einen Beweisweg andeu-
ten. Das geometrische PK-Theorem (2.6) gilt, weil die Spiegelung P ebener Figuren
dasselbe bewirkt wie das Umklappen K der Figurenebene durch die dritte Raum-
dimension (Abb.2.1). Wollte man räumliche Figuren durch Umklappen in ihre Spiegelbilder überführen (z.B. linke in rechte Hände), bräuchte man eine vierte Dimension. Und diese benutzt man in der Physik ständig, weil sich alle physikalischen
Vorgänge im vierdimensionalen Raum-Zeit-Kontinuum (RZK) abspielen. Im RZK
ist ein punktförmiges Teilchen als „Weltlinie" existent, auf der man ablesen kann, wo
es sich wann befindet. Teilchen und Antiteilchen stehen in einem einfachen Zusammenhang: Ihre Weltlinien weisen bei Teilchen aus der Vergangenheit in die Zukunft
und bei Antiteilchen aus der Zukunft in die Vergangenheit (R. Feynman). Das Umklappen des dreidimensionalen Ortsraums durch die vierte (zeitliche) Dimension ist
eine vierdimensionale Drehung um 180°, die dreierlei bewirkt:

1. Zeitumkehr T, weil die Zeitrichtung auf den Kopf gestellt wird,

2. Ladungskonjugation C, weil bei der Zeitumkehr Vergangenheit und Zukunft
   ihre Rollen vertauschen und dadurch Teilchen zu Antiteilchen werden,

3. Raumspiegelung P wegen des geometrischen Spiegel-Klapp-Theorems.

Das Umklappen des Ortsraums durch die Zeit läuft also auf die Gesamtoperation
PCT hinaus. Das PCT-Theorem gilt daher, wenn alle Naturgesetze gegen die vierdimensionale 180°-Drehung im RZK invariant sind. Vierdimensionale Raum-Zeit-
Drehungen (wenn auch nicht um 180°) kommen nun ebenfalls in der Einsteinschen

Relativitätstheorie vor. Sie heißen dort „Lorentztransformationen" (Kap. 6). Die Lorentztransformationen beschreiben u.a. das Verhalten bewegter Koordinatensysteme (= Maßstäbe und Uhren) und folgen aus dem „Relativitätsprinzip" (Kap. 5). Es besagt, daß alle physikalischen Gesetze gegen Lorentztransformationen invariant sein müssen - und damit invariant gegen vierdimensionale Raum-Zeit-Drehungen, zu denen schließlich auch die PCT bewirkende 180°-Drehung gehört, weil die letztere durch „analytische Fortsetzung" mit den Lorentztransformationsdrehungen verbunden ist. Soweit die viel zu dürftigen Andeutungen eines Beweises des TCP-Theorems. Bitte versuchen Sie nicht, Einzelheiten zu verstehen. Sie sollen nur einsehen, daß das TCP-Theorem eine Folge allgemeiner Prinzipien und Raum-Zeit-Eigenschaften ist, gleichgültig, welches spezielle Geschehen sich in Raum und Zeit abspielt.

2.5 Sind die Naturgesetze CP-invariant?

Nachdem man die Verletzung der Spiegelsymmetrie im Bereich der schwachen Wechselwirkung entdeckt hatte, wurde auch die bis dahin für selbstverständlich gehaltene Zeitumkehrinvarianz der grundlegenden physikalischen Gesetze in Frage gestellt. Man hat deshalb von 1957 bis Anfang der 60er Jahre in verschiedenartigen Zeitumkehrexperimenten die T-Invarianz untersucht und stets im Rahmen der Meßgenauigkeit bestätigt. Kombiniert man diesen experimentellen Befund mit dem TCP-Theorem, erhält man wegen $TT = 1$ Invarianz gegen $T(TCP) = (TT)CP = CP$, d.h.:

$$\text{Die Naturgesetze sind } CP\text{-invariant.} \qquad (1963) \qquad (2.12)$$

Diese Aussage ist von großer Bedeutung. Wir sagten anfangs, daß es aus technischen Gründen bisher nicht gelungen ist, mit einer größeren Menge Antimaterie zu experimentieren. Trotzdem wissen wir jetzt, wie solche Experimente ablaufen würden: Wie Experimente mit gewöhnlicher Materie im Spiegel betrachtet. Nehmen wir als Beispiel das ^{152}Eu-Experiment, bei dem eine Europiumkugel Linksschrauben-Neutrinos aussendet. Was würde eine aus Anti-^{152}Eu hergestellte Kugel tun? Sie würde Rechtsschrauben-Antineutrinos emittieren. In Anbetracht der Tatsache, daß es bis heute noch nicht gelungen ist, Antieuropium herzustellen, ist diese Einsicht bemerkenswert.

1964 entdeckten Christenson, Cronin, Fitch und Turlay allerdings, daß die CP-Invarianz beim radioaktiven Zerfall langlebiger K°-Mesonen (Tabelle 13.1) nicht streng gilt, sondern um etwa 0,3% verletzt wird. Diese Entdeckung ließ sich zunächst nicht recht in das damals für richtig gehaltene Elementarteilchenschema einordnen, wurde dann aber 1982 mit dem Nobelpreis ausgezeichnet. Inzwischen war nämlich ein passender theoretischer Rahmen zur Beschreibung der CP-Verletzung gefunden worden, die sog. Cabibbo-Kobayashi-Maskawa- Matrix in der Glashow-Salam-Weinberg-Theorie der elektroschwachen Wechselwirkung. Aber das ist eine andere Geschichte.

Wenn Sie jetzt unglücklich sind, weil Sie den Inhalt dieses Kapitels nicht verstanden haben und ihn doch verstehen möchten, haben Kap. 1 und Kap. 2 ihren Zweck erfüllt. Um so allgemeine Zusammenhänge wie die erstaunliche Relation zwischen Materie, Spiegelung und Antimaterie begreifen zu können, muß man einige Jahre Physik und Mathematik studieren und sich dabei auch mit den vordergründigeren Gebieten der Physik auseinandersetzen, die uns im verbleibenden Teil dieses Buches begegnen werden.

Teil II

Mechanik, auch relativistische

Kapitel 3

Bewegung von Massenpunkten

Die Aufgabe der Mechanik ist es, die Bewegung von Körpern zu beschreiben. Ein idealer Körper ist der *Massenpunkt*, ein Objekt, das zwar Masse, aber keine Ausdehnung besitzt. Der Massenpunkt befindet sich an einem bestimmten *Ort* im Raume. Bewegung heißt, daß er seinen Ort im Laufe der *Zeit* verändert. Zur Beschreibung von Bewegungen sind also **Ort** und **Zeit** näher zu definieren.

3.1 Orts- und Zeitangaben

Um den Ort des Massenpunktes P festzulegen, führen wir in Abb. 3.1 ein dreidimensionales rechtwinkliges Koordinatensystem mit x-, y- und z-Achse ein. Die Achsen sollen keine gedachten Linien sein, sondern konkrete Gebilde, etwa die Schnittlinien von Fußboden und Zimmerwänden. Zur Ortsbestimmung fällen wir von P aus das Lot z.B. auf die xy-Ebene und dann vom Fußpunkt des Lotes aus die Lote auf die x-Achse und y-Achse. Die Längen der drei zu den x-, y- und z-Achsen parallelen Lote bezeichnet man als die x-, y- und z-Koordinaten von P. Wenn P nicht im Oktanden der positiven Halbachsen liegt, ist mindestens eine Koordinate negativ.

Um das Verfahren durchzuführen, müssen wir Lote fällen und Abstände messen, letz-

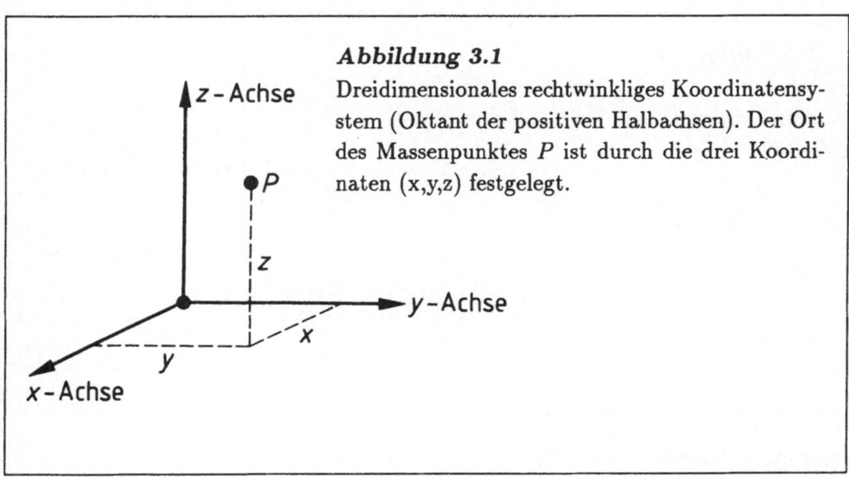

Abbildung 3.1
Dreidimensionales rechtwinkliges Koordinatensystem (Oktant der positiven Halbachsen). Der Ort des Massenpunktes P ist durch die drei Koordinaten (x,y,z) festgelegt.

teres z.B. mit einem „Metermaß". Wie das Meter m definiert ist, steht im SI-Anhang, Seite 488. Lote und Abstandsmessungen sind Angelegenheiten der Geometrie, die wir als bekannt voraussetzen wollen. Die Geometrie, die verwendet wird, ist die „Euklidische". Wesentliche Aussagen der *euklidischen Geometrie* sind, daß Maßstäbe beim Transport ihre Längen nicht ändern, daß die Winkelsumme im Dreieck 180° beträgt und daß der Lehrsatz des Pythagoras gilt. Die Mathematiker haben auch *nichteuklidische Geometrien* erfunden, in denen die Winkelsumme im Dreieck z.B. von der Größe des Dreiecks abhängt. Die Frage, welche dieser Geometrien in unserem Raum zu verwenden ist, kann nur durch Experimente entschieden werden. Einen ersten Versuch in dieser Richtung hat der berühmte Mathematiker K.F. Gauß unternommen. Er vermaß in den zwanziger Jahren des vergangenen Jahrhunderts ein durch Lichtstrahlen realisiertes großes Dreieck zwischen drei Bergen in Mitteldeutschland und fand für die Winkelsumme mit beachtlicher Genauigkeit den Meßwert 180°. Die Vermessung unseres Raumes mit Hilfe von Lichtstrahlen erfordert offenbar die euklidische Geometrie, die man seit mehr als 2000 Jahren im Gymnasium lernt.

Ein sich bewegender Massenpunkt läuft auf einer *Bahn*, das ist eine Kurve im Raum (Abb. 3.2). Durch Angabe der Bahn ist die Bewegung aber nicht vollständig beschrieben. Man muß noch wissen, zu welcher *Zeit* man den Massenpunkt an welcher *Stelle* der Bahn antrifft. Die Zeitangabe wird möglich, indem wir eine Uhr zur Hand nehmen und auf der Bahn markieren, wo sich der Massenpunkt befindet, wenn der Sekundenzeiger auf 0 s, 1 s, 2 s, 3 s, ... zeigt (Abb. 3.2). Ein bequemes Verfahren ist es, den sich bewegenden Massenpunkt zu filmen und die Uhr mit ins Bild zu bringen. Wie Uhren funktionieren, liest man in Büchern nach. Die Definition der Sekunde s

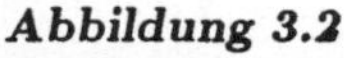

Abbildung 3.2
Bahnkurve eines Massenpunktes im Orts-
raum mit Angabe der Lage nach konstanten
Zeitintervallen.

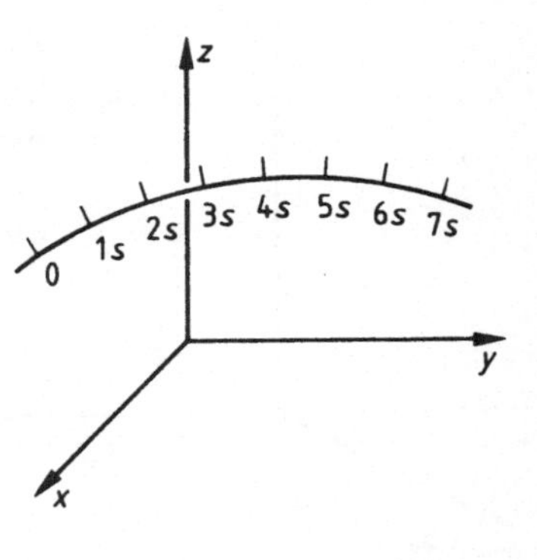

steht im SI-Anhang (Seite 488).

Um die Bewegung eines Massenpunktes zu beobachten, können wir also wie folgt
vorgehen. Zunächst errichten wir ein Koordinatensystem, etwa durch Tapezieren der
Zimmerwände mit Millimeterpapier. Dann postieren wir im Koordinatenursprung
eine Uhr, deren Zeitangabe (das ist ihre jeweilige Zeigerstellung) mit t bezeichnet
wird. Schließlich stellen wir zwei Filmkameras auf, mit denen die Bewegung gefilmt
werden soll. Zwei deshalb, weil man den Ort eines Körpers nur eindeutig festlegen
kann, wenn man ihn aus mindestens zwei Richtungen betrachtet. Jetzt sind wir zur
Beobachtung bereit. Der sich bewegende Massenpunkt P – z.B. eine winzige Stahlkugel, die auf einer Wurfbahn durchs Zimmer fliegt – wird zusammen mit der Uhr von
zwei Seiten gefilmt. Die entwickelten Filme werden dann ausgewertet. Wir entnehmen
für jedes zusammengehörige Bilderpaar die Zeit t und die x-, y- und z-Koordinaten
des Punktes P. Die Zeit- und Ortsangaben lassen sich in einer Tabelle folgender Art
zusammenfassen:

t	x	y	z
0 s	0,35 m	0,72 m	1,95 m
0,1 s	0,37 m	0,76 m	1,90 m
0,2 s	0,39 m	0,80 m	1,76 m
0,3 s	0,41 m	0,84 m	1,53 m
....	....	....	....

Tabelle 3.1:   Wertetabelle einer Wurfbewegung.

Die Filmkameras photographierten im vorliegenden Fall 10 Bilder pro Sekunde. Jeder Zeit t ist ein bestimmter x-Wert zugeordnet. Man sagt, x sei eine Funktion von t und schreibt $x = x(t)$. Ebenso hat man $y = y(t)$ und $z = z(t)$. Die Bewegung eines Massenpunktes im dreidimensionalen Raum ist also durch die Angabe dreier von der Zeit t abhängiger Funktionen $x(t)$, $y(t)$ und $z(t)$ vollständig beschrieben.

3.2 Drei Bewegungsbeispiele

Zur Einübung wollen wir drei Bewegungsbeispiele betrachten, den Kugelstoß im Weltall, den freien Fall und die Kreisbewegung.

a) **Kugelstoß im Weltall**: Um körperlich fit zu bleiben, müssen die Astronauten eines Weltraumschiffes, welches zum Mars reist, täglich aussteigen und im Weltraum Sport treiben. Dazu gehört auch das Kugelstoßen (Abb. 3.3). Wir wollen die Bewegung der Kugel beschreiben. Als Koordinatensystem bietet sich das unterwegs antriebsfreie und weder rotierende noch torkelnde Raumschiff an. In Bezug auf dieses

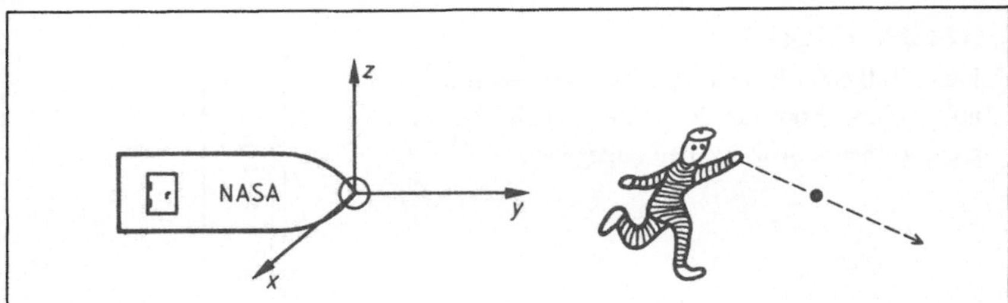

Abbildung 3.3:   Kugelstoß im Weltall. Das Raumschiff, dessen Raketenmotor abgeschaltet ist, dient als Koordinatensystem.

System erweist sich die Kugelbahn als Gerade. Die Auswertung eines vom Astronautenkollegen hergestellten Filmes ergibt eine Wertetabelle für die Koordinaten $x(t)$, $y(t)$ und $z(t)$ der gestoßenen Kugel[1], die sich durch folgende drei Formeln reprodu-

---

[1]Eine grundsätzliche Schwierigkeit besteht darin, daß reale Körper, wie z.B. die gestoßene Kugel, räumlich ausgedehnte Gebilde und keine Massenpunkte sind. Hier appelliere ich an Ihre Imagination: Lassen Sie den Körper in Gedanken auf seinen Schwerpunkt zusammenschrumpfen. Erst dann ist seine Position durch drei Ortskoordinaten x, y, z eindeutig festgelegt.

zieren läßt:

$$
\begin{aligned}
x(t) &= x_o + \alpha_x t & x_o &= -0,8\text{m} & \alpha_x &= -1,8\text{m/s} \\
y(t) &= y_o + \alpha_y t & \text{mit} \quad y_o &= -11,7\text{m} & \alpha_y &= 16,3\text{m/s} \\
z(t) &= z_o + \alpha_z t & z_o &= 2,5\text{m} & \alpha_z &= -5,5\text{m/s}\,.
\end{aligned}
\tag{3.1}
$$

Die Größen x_o, y_o und z_o bzw. α_x, α_y und α_z sind konstant, d.h. von der Zeit unabhängig. Man sagt, sie hätten die Dimension „Länge" bzw. „Länge/Zeit = Geschwindigkeit", da sie sich als Vielfaches einer Längeneinheit (m = Meter) bzw. Geschwindigkeitseinheit (m/s = Meter pro Sekunde) ausdrücken lassen. x_o, y_o und z_o sind offenbar die Ortskoordinaten der Kugel zur Zeit $t = 0$. α_x, α_y und α_z bestimmen, wie sich bei (3.15) erweisen wird, die Kugelgeschwindigkeit.

b) **Freier Fall**: Abb. 3.4 ist die schematische Wiedergabe einer Photoplatte, auf welcher der Fall einer großen und einer kleinen Metallkugel festgehalten wurde. Die Kugeln fielen neben einem Maßstab, der als z-Achse des Koordinatensystems betrachtet werden kann. Der Versuch fand in einem verdunkelten Raum statt, in dem jede zehntel Sekunde ein Blitzlicht aufleuchtete. Der Kameraverschluß blieb während

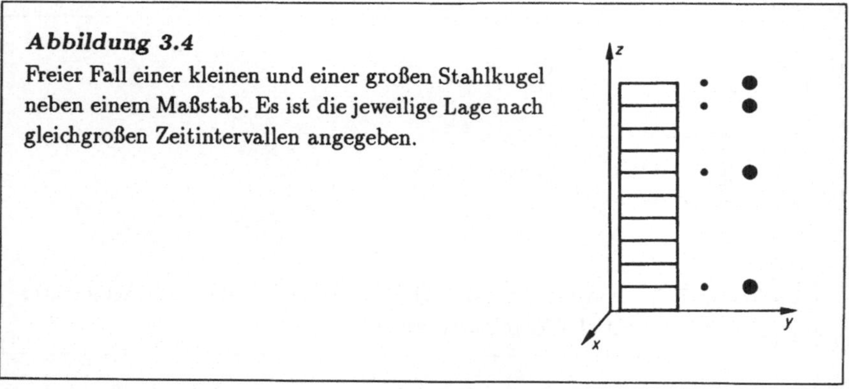

Abbildung 3.4
Freier Fall einer kleinen und einer großen Stahlkugel neben einem Maßstab. Es ist die jeweilige Lage nach gleichgroßen Zeitintervallen angegeben.

des Fallvorganges geöffnet. Man erhält so aus der einen Aufnahme die gleiche Information wie aus einem Filmstreifen mit 10 Bildern pro Sekunde. Wir sehen zunächst, daß beide Kugeln gleich schnell fallen, daß also Galileis berühmter Befund:

<blockquote>„Im leeren Raum fallen alle Körper gleich schnell"</blockquote>

auch für den vorliegenden Fall zutrifft. Die Luftreibung spielt offenbar keine große Rolle. Man kann nun aus der Photographie die z-Komponente als Funktion der Zeit entnehmen und wieder in einer Wertetabelle notieren. Man findet dann durch Probieren, daß sich die Werte $z(t)$ gut durch folgende Formel reproduzieren lassen:

$$z(t) = z_o - 4,905\frac{\mathrm{m}}{\mathrm{s}^2} \cdot t^2. \tag{3.2}$$

Die mit 2 multiplizierte Konstante 4,905 m/s² wird *Erdbeschleunigung g* genannt, z_o ist die z- Koordinate der Kugeln zur Zeit $t = 0$. Die x- und y-Koordinaten behalten während der Fallbewegung konstante Werte x_o und y_o. Damit lauten die drei Zeitfunktionen, die den freien Fall der Kugel beschreiben:

$$x(t) = x_o \quad y(t) = y_o \quad z(t) = z_o - \frac{g}{2}t^2 \quad \text{mit} \quad g = 9,81\mathrm{m/s}^2 . \tag{3.3}$$

Diese Gleichungen wurden 1609 von Galileo Galilei entdeckt.

c) **Kreisbewegung**: Ein Karussellpferdchen (Abb. 3.5) bewegt sich auf einer Kreisbahn mit dem Radius r um die z-Achse eines raumfesten Koordinatensystems. Die momentane Position des Pferdchens kann durch den Winkel φ zwischen der Verbindungslinie Zentrum-Pferd und der x-Achse angegeben werden. Die Koordinaten x

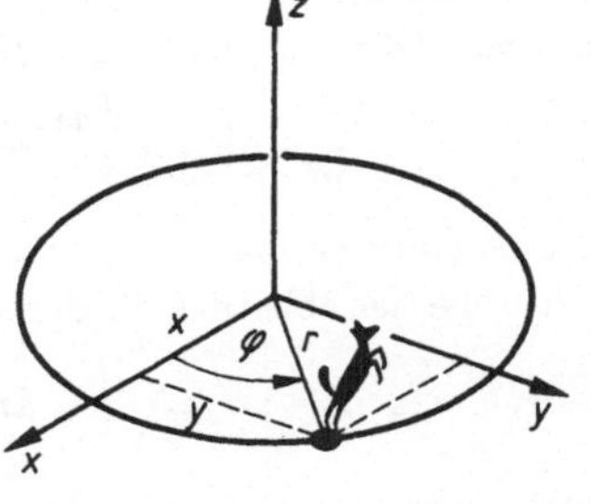

Abbildung 3.5
Kreisbewegung eines Karussellpferdchens in einem raumfesten Koordinatensystem.

und y des Pferdchens lassen sich durch r und φ ausdrücken:

$$x = r \cdot \cos\varphi \qquad y = r \cdot \sin\varphi . \tag{3.4}$$

Nun soll sich das Karussell mit konstanter Drehgeschwindigkeit in der Zeit T einmal herumdrehen. Während dieser *Umlaufzeit* nimmt φ um 360° oder 2π zu. Es gilt daher:

$$\varphi = \varphi_o + \frac{2\pi}{T}t . \tag{3.5}$$

φ_o ist der Winkel zur Zeit $t = 0$. Die Winkeländerung $\Delta\varphi$ pro Zeit Δt wird *Winkelgeschwindigkeit ω* genannt. Aus (3.5) folgt dann

$$\omega = \frac{d\varphi}{dt} = \frac{2\pi}{T} . \tag{3.6}$$

Wenn man (3.5) und (3.6) in (3.4) einsetzt, erhält man die ersten beiden der folgenden drei Gleichungen:

$$
\begin{aligned}
x(t) &= r \cdot \cos(\omega t + \varphi_o) \\
y(t) &= r \cdot \sin(\omega t + \varphi_o) \\
z(t) &= z_o \ .
\end{aligned}
\tag{3.7}
$$

Die letzte Gleichung drückt aus, daß sich die Höhe z_o des Pferdchens über dem Erdboden nicht ändert. Die Gleichungen (3.7) sind die drei Zeitfunktionen, die die Kreisbewegung des Pferdchens beschreiben.

3.3 Geschwindigkeit und Beschleunigung

Wir haben jetzt für drei Beispiele die Funktionen $x(t)$, $y(t)$, $z(t)$ der Bewegung aufgefunden. Was können wir mit ihnen machen? Wir können aus ihnen *Geschwindigkeit* und *Beschleunigung* ableiten. Die Geschwindigkeit gibt an, wie schnell ein Körper seinen Ort, die Beschleunigung, wie schnell er seine Geschwindigkeit ändert. Bei der Definition wird von der Differentialrechnung Gebrauch gemacht, die von Newton für diesen Zweck erfunden wurde. Sie erinnern sich, daß man

$$
\frac{dx(t)}{dt} = \lim_{\Delta t \to 0} \left\{ \frac{x(t + \Delta t) - x(t)}{\Delta t} \right\} = \lim_{\Delta t \to 0} \left\{ \frac{\Delta x(t)}{\Delta t} \right\}
\tag{3.8}
$$

die *Ableitung der Funktion $x(t)$ nach der Zeit t* nennt. Aus Schreibersparnisgründen kürzt man die Zeitableitung oft durch einen Punkt über der abzuleitenden Funktion ab[2]:

$$
\frac{dx(t)}{dt} =: \dot{x}(t) \ .
\tag{3.9}
$$

Zeitableitungen zweiter bzw. dritter Ordnung werden durch zwei bzw. drei Punkte ausgedrückt.

Es seien nun $x(t)$, $y(t)$, $z(t)$ die Zeitfunktionen, die die Bewegung eines Körpers beschreiben. Man bezeichnet

$$
\dot{x}(t) =: v_x(t) \qquad \dot{y}(t) =: v_y(t) \qquad \dot{z}(t) =: v_z(t)
\tag{3.10}
$$

als die drei *Komponenten der Geschwindigkeit* des bewegten Körpers. Als *Betrag der Geschwindigkeit* wird die Größe

$$
v := \sqrt{v_x^2 + v_y^2 + v_z^2}
\tag{3.11}
$$

---

[2]In diesem Buch bedeutet $p := q$ oder $q =: p$ die Einführung einer neuen Bezeichnung p für einen schon bekannten Ausdruck q (Definitionsgleichung für p durch q). Wenn zwei Größen g und h proportional bzw. ungefähr gleich bzw. von gleicher Größenordnung sind, schreiben wir $g \propto h$ bzw. $g \approx h$ bzw. $g \sim h$.

definiert. Das Argument (d.i. das „t" in $v(t)$ oder $v_x(t)$ usw.) ist weggelassen, um Schreibarbeit zu sparen.

Die Zeitableitungen der Geschwindigkeitskomponenten

$$\dot{v}_x(t) =: a_x(t) \qquad \dot{v}_y(t) =: a_y(t) \qquad \dot{v}_z(t) =: a_z(t) \tag{3.12}$$

heißen die drei *Komponenten der Beschleunigung*. Wegen (3.10) und (3.12) kann man die Beschleunigung auch durch die zweite Zeitableitung der Ortkoordinaten ausdrücken:

$$a_x(t) = \ddot{x}(t) \qquad a_y(t) = \ddot{y}(t) \qquad a_z(t) = \ddot{z}(t). \tag{3.13}$$

Die Größe

$$a := \sqrt{a_x^2 + a_y^2 + a_z^2} \tag{3.14}$$

wird als *Betrag der Beschleunigung* bezeichnet.

Wir wollen jetzt die Geschwindigkeits- und Beschleunigungskomponenten für die oben behandelten drei Bewegungsbeispiele a), b) und c) ableiten.

a) Kugelstoß im Weltall (vgl. (3.1)):

$$
\begin{aligned}
x &= x_o + \alpha_x t & y &= y_o + \alpha_y t & z &= z_o + \alpha_z t \\
v_x &= \dot{x} = \alpha_x & v_y &= \dot{y} = \alpha_y & v_z &= \dot{z} = \alpha_z \\
a_x &= \dot{v}_x = 0 & a_y &= \dot{v}_y = 0 & a_z &= \dot{v}_z = 0 \,.
\end{aligned}
\tag{3.15}
$$

Die Beträge von Geschwindigkeit und Beschleunigung sind

$$v = \sqrt{\alpha_x^2 + \alpha_y^2 + \alpha_z^2} \quad \text{und} \quad a = \sqrt{0^2 + 0^2 + 0^2} = 0 \,. \tag{3.16}$$

Die Beschleunigung verschwindet, die Komponenten der Geschwindigkeit sind konstant. Eine solche Bewegung wird *gleichförmig* genannt.

b) Freier Fall (vgl. (3.3)):

$$
\begin{aligned}
x &= x_o & y &= y_o & z &= z_o - gt^2/2 \\
v_x &= \dot{x} = 0 & v_y &= \dot{y} = 0 & v_z &= \dot{z} = -gt \\
a_x &= \dot{v}_x = 0 & a_y &= \dot{v}_y = 0 & a_z &= \dot{v}_z = -g \,.
\end{aligned}
\tag{3.17}
$$

Die Beträge berechnen sich wieder als Wurzel aus der Summe der Komponentenquadrate:

$$v = \sqrt{0^2 + 0^2 + (-gt)^2} = gt \quad \text{und} \quad a = \sqrt{0^2 + 0^2 + (-g)^2} = g \,. \tag{3.18}$$

Die Komponenten der Beschleunigung sind konstant, die Geschwindigkeitskomponenten hängen linear von der Zeit t ab. Eine solche Bewegung heißt *gleichförmig beschleunigt*.

c) **Kreisbewegung** (vgl. (3.7)): Wegen $z = z_o = $ const lassen wir die z-Komponenten als uninteressant weg. Es bleibt:

$$x = r \cdot \cos(\omega t + \varphi_o) \qquad\qquad y = r \cdot \sin(\omega t + \varphi_o)$$
$$v_x = \dot{x} = -\omega r \cdot \sin(\omega t + \varphi_o) \qquad v_y = \dot{y} = \omega r \cdot \cos(\omega t + \varphi_o) \qquad (3.19)$$
$$a_x = \dot{v}_x = -\omega^2 r \cdot \cos(\omega t + \varphi_o) \qquad a_y = \dot{v}_y = -\omega^2 r \cdot \sin(\omega t + \varphi_o) \ .$$

Die Beträge v und a sind wegen $\sin^2(\omega t + \varphi_o) + \cos^2(\omega t + \varphi_o) = 1$ von der Zeit unabhängig:

$$v = \sqrt{[-\omega r \cdot \sin(\omega t + \varphi_o)]^2 + [\omega r \cdot \cos(\omega t + \varphi_o)]^2} = \omega r$$
$$a = \sqrt{[-\omega^2 r \cdot \cos(\omega t + \varphi_o)]^2 + [-\omega^2 r \cdot \sin(\omega t + \varphi_o)]^2} = \omega^2 r \ . \qquad (3.20)$$

Wenn man in (3.19) die untere Zeile mit der oberen vergleicht und (3.13) verwendet, erhält man

$$a_x = \ddot{x} = -\omega^2 x \qquad a_y = \ddot{y} = -\omega^2 y \ . \qquad (3.21)$$

Bei der gleichmäßigen Kreisbewegung sind also die x- und y-Komponenten der Beschleunigung zu den Ortskoordinaten x und y proportional.

Bemerkung: Eine Bewegung heißt *harmonisch*, wenn sie sinusförmig $\propto \sin(\omega t + \varphi_o)$ von der Zeit abhängt. Nach (3.19) vollführt beispielsweise die y-Koordinate eines mit konstanter Winkelgeschwindigkeit ω kreisenden Massepunktes eine harmonische Bewegung oder - wie man auch sagt - eine harmonische Schwingung. Da man die y-Koordinate durch Projektion auf die y-Achse des Koordinatensystems erhält, läßt sich eine harmonische Schwingung leicht durch Schattenprojekten eines Stiftes, der am Rand eines gleichmäßig rotierenden Rades angebracht ist, realisieren (Abb. 3.6).

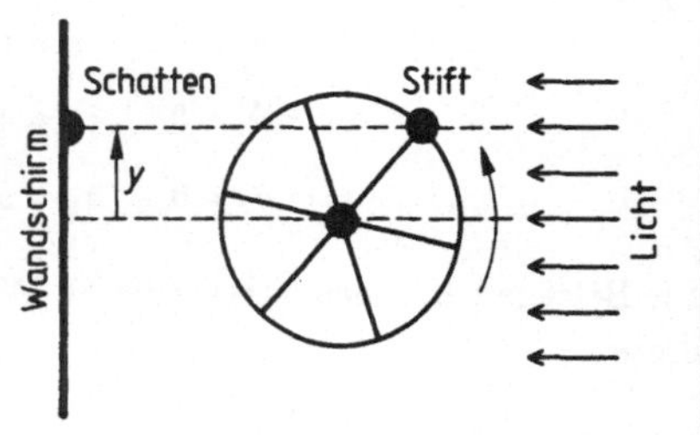

Abbildung 3.6
Die Projektion eines Stiftes, der an einem gleichmäßig rotierenden Rad angebracht ist, stellt eine harmonische Schwingung dar.

Kapitel 4

Einfügung über Vektorrechnung

Zur Beschreibung der Bewegung eines Massenpunktes müssen also seine drei Koordinaten (x,y,z) als Funktion der Zeit t angegeben werden. Man kann sich Schreibarbeit sparen, wenn man (x,y,z) zu einer einzigen Größe $\vec{r}$, dem sog. „Ortsvektor", zusammenfaßt. Das führt uns auf die Vektorrechnung. Da man auf den Gymnasien im Mathematikunterricht lineare Vektorräume behandelt und im Physikunterricht Beispiele für Vektoren kennenlernt, können wir uns hier kurz fassen.

Betrachte in Abb. 4.1 zwei Punkte P_1 und P_2, zwischen denen ein Pfeil angebracht ist. Dieser Pfeil besitzt eine *Richtung* von P_1 nach P_2 und eine *Betrag* = Abstand $\overline{P_1P_2}$. Das Koordinatensystem in Abb. 4.1 hat zunächst nichts mit dem Pfeil zu tun – es wird erst später eingeführt. Gerichtete Größen mit Betrag, die unabhängig vom Koordinatensystem sind, nennt man *Vektoren*. Da der Betrag des Pfeils $P_1 \rightarrow P_2$ die Dimension einer „Länge" hat, liegt ein Längenvektor vor. Daneben gibt es Ge-

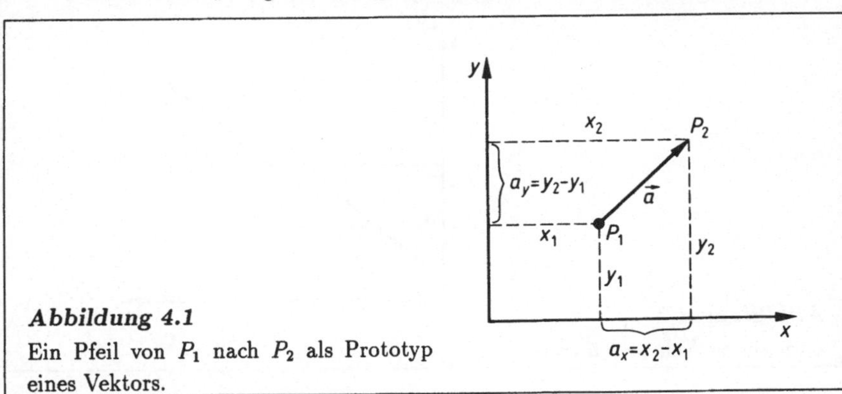

Abbildung 4.1
Ein Pfeil von P_1 nach P_2 als Prototyp
eines Vektors.

schwindigkeitsvektoren, Kraftvektoren, Feldstärkevektoren usw., deren Beträge die Dimension „Geschwindigkeit", „Kraft", „Feldstärke" usw. besitzen. Es ist üblich, einen Vektor durch einen Buchstaben unter einem Pfeil zu bezeichnen und den Pfeil wegzulassen, wenn der Betrag des Vektors gemeint ist, also z.B.:

$$\text{Betrag des Vektors } \vec{a} =: a \ . \tag{4.1}$$

Wir kehren zur Abb. 4.1 zurück und führen ein Koordinatensystem ein, in Bezug auf welches P_1 und P_2 die Koordinaten (x_1,y_1,z_1) und (x_2,y_2,z_2) haben. Die z- Richtung ist in der Abbildung aus darstellungstechnischen Gründen unterdrückt. Ihre Mitberücksichtigung bereitet im folgenden keine Schwierigkeit. Die Koordinatendifferenzen $x_2 - x_1$, $y_2 - y_1$, $z_2 - z_1$ werden die *Komponenten* des Vektors $\vec{a}$ zwischen P_1 und P_2 genannt und mit a_x, a_y und a_z bezeichnet. Die Komponenten sind offenbar die Senkrecht-Projektionen des Vektors auf die Achsen des Koordinatensystems. Aus den Vektorkomponenten läßt sich der Betrag a des Vektors $\vec{a}$ berechnen. Man betrachte dazu Abb. 4.1 und benutze den Lehrsatz des Pythagoras:

$$a = \sqrt{a_x^2 + a_y^2 + a_z^2} \, . \tag{4.2}$$

Zwei Vektoren $\vec{a}$ und $\vec{b}$ sind per definitionem gleich, wenn ihre entsprechenden Komponenten übereinstimmen:

$$\vec{a} = \vec{b} \quad \text{genau dann, wenn} \quad a_x = b_x, \; a_y = b_y, \; a_z = b_z \, . \tag{4.3}$$

In Abb. 4.2 sind zwei gleiche Längenvektoren gezeichnet. Man liest auf den Koordinatenachsen ab, daß ihre Komponenten tatsächlich paarweise gleich sind. Die beiden Vektoren gehen durch Parallelverschiebung auseinander hervor. Ein Vektor ändert sich also durch eine solche Verschiebung nicht.

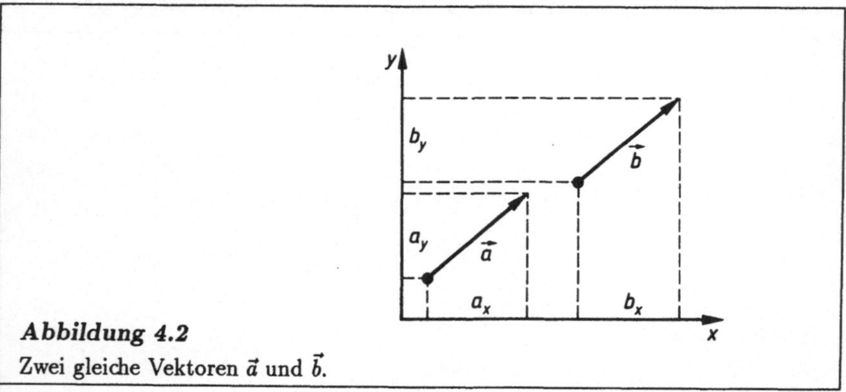

Abbildung 4.2
Zwei gleiche Vektoren $\vec{a}$ und $\vec{b}$.

4.1   Vektoraddition

Die in Abb. 4.1 und 4.2 gezeichneten Pfeile sind Längenvektoren. Man kann auch Vektoren, deren Beträge nicht die Dimension „Länge" haben, graphisch als Pfeile darstellen. Die Pfeilrichtungen fallen mit den Richtungen der darzustellenden Vektoren zusammen. Die Pfeillängen werden proportional zu den Beträgen der Vektoren gezeichnet. Der Proportionalitätsfaktor kann für jede Dimension willkürlich gewählt werden, z.B. so, daß ein Kraftvektor vom Betrag ein Kilopond in der zeichnerischen Darstellung 1 Inch = 25,4 mm lang wird.

Wir wollen mit Vektoren rechnen. Dazu sind Rechenregeln erforderlich, die man durch Vereinbarung festgelegt hat. Zunächst wird die *Vektorsumme* $\vec{a} + \vec{b} = \vec{c}$ zweier Vektoren $\vec{a}$ und $\vec{b}$ erklärt. Der Summenvektor $\vec{c}$ ist nur definiert, wenn die Beträge von $\vec{a}$ und $\vec{b}$ dieselbe Dimension haben.[1] Man findet $\vec{c}$ durch folgende Konstruktion: Die Vektoren $\vec{a}$ und $\vec{b}$ werden – falls nötig nach Festlegung des die Pfeillängen bestimmenden Proportionalitätsfaktors – zeichnerisch dargestellt und unter Verwendung ihrer Parallelverschiebbarkeit so angeordnet, daß der Fußpunkt von $\vec{b}$ mit der Spitze von $\vec{a}$ zusammenfällt (Abb. 4.3). Der gerade Pfeil, der dann den $\vec{a}$-Fußpunkt mit der $\vec{b}$-Spitze verbindet, ist die zeichnerische Darstellung des zu konstruierenden Summenvektors $\vec{c} = \vec{a} + \vec{b}$.

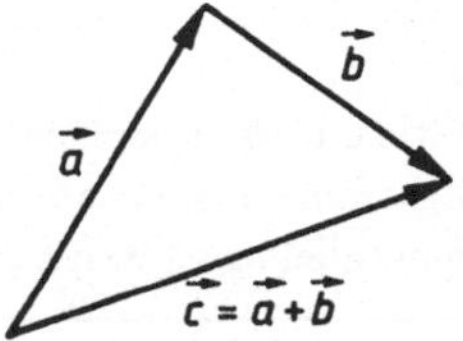

Abbildung 4.3
Die Summe $\vec{c}$ zweier Vektoren $\vec{a}$ und $\vec{b}$.

Gelegentlich ist es nützlich, die Vektoraddition $\vec{a} + \vec{b} = \vec{c}$ in Komponenten auszudrücken. Aus der graphischen Konstruktion Abb. 4.3 folgt nach einfacher Überlegung:

$$a_x + b_x = c_x \qquad a_y + b_y = c_x \qquad a_z + b_z = c_z \,. \tag{4.4}$$

4.2 Vektormultiplikation

Nach der Vektoraddition werden drei verschiedene Vektormultiplikationen eingeführt, (i) die Multiplikation eines Vektors mit einem Skalar, (ii) das Skalarprodukt zweier Vektoren und (iii) das Vektorprodukt. Wir bemerken vorweg, daß der Betrag a irgendeines Vektors $\vec{a}$ eine ungerichtete Größe ist; denn a beträgt z.B. 3,55 m, gleichgültig

---

[1]Die Vektorsumme zweier Kräfte ist wieder eine Kraft. Die Addition eines Kraft- und eines Längenvektors ist sinnlos.

ob $\vec{a}$ nach Norden oder Osten weist. Ungerichtete Größen, die unabhängig vom Koordinatensystem sind, nennt man *Skalare*. Beispiele für Skalare sind neben dem Betrag eines Vektors die Masse eines Körpers, der Druck und die Temperatur eines Gases, die Zeitdauer eines Vorganges, aber auch alle reellen Zahlen. Wir erklären jetzt nacheinander die drei Multiplikationsarten.

(i) **Multiplikation eines Vektors mit einem Skalar**: Einem Vektor $\vec{a}$ und einem Skalar λ wird ein neuer Vektor

$$\vec{b} = \lambda\vec{a} = \vec{a}\lambda \quad \text{mit dem Betrag} \quad b = |\lambda|a \tag{4.5}$$

zugeordnet, der parallel oder antiparallel zu $\vec{a}$ weist, je nachdem ob λ positiv oder negativ ist. Man überlegt sich leicht, daß $\vec{b}$ die Komponenten

$$b_x = \lambda a_x \qquad b_y = \lambda a_y \qquad b_z = \lambda a_z \tag{4.6}$$

hat.

(ii) **Skalarprodukt**: Zwei Vektoren $\vec{a}$ und $\vec{b}$, die den Winkel φ einschließen (Abb. 4.4), wird gemäß folgender Definition

$$\vec{a} \cdot \vec{b} := ab\cos\varphi \tag{4.7}$$

eine skalare Größe $\vec{a} \cdot \vec{b}$ zugeordnet, die man das *Skalarprodukt* von $\vec{a}$ und $\vec{b}$ nennt. Wegen des Vorkommens von $\cos\varphi$ in (4.7) ist $\vec{a}\cdot\vec{b} = ab$ bzw. $\vec{a}\cdot\vec{b} = -ab$ bzw. $\vec{a}\cdot\vec{b} = 0$, wenn $\vec{a}$ und $\vec{b}$ parallel bzw. antiparallel bzw. senkrecht zueinander orientiert sind.

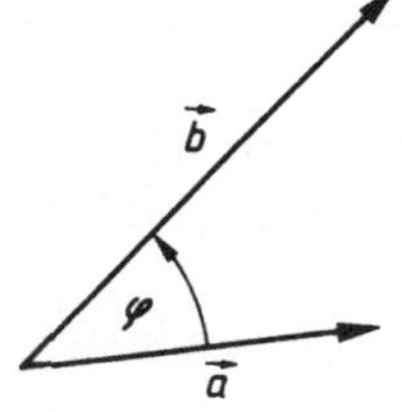

Abbildung 4.4
Zur Definition des Skalarproduktes $\vec{a} \cdot \vec{b}$.

(iii) **Vektorprodukt**: Zwei Vektoren $\vec{a}$ und $\vec{b}$, die den Winkel φ einschließen, wird durch die Schreibweise

$$\vec{a} \times \vec{b} = \vec{c} \tag{4.8}$$

ein Vektor $\vec{c}$ vom Betrage

$$c := ab\sin\varphi \tag{4.9}$$

zugeordnet, der auf $\vec{a}$ und $\vec{b}$ senkrecht steht. Zur Richtungsfestlegung dient die in Abb. 4.5 dargestellte Rechte-Hand-Regel:

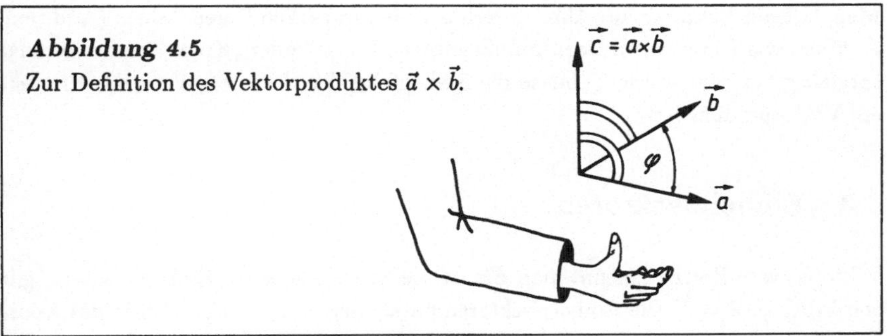

Abbildung 4.5
Zur Definition des Vektorproduktes $\vec{a} \times \vec{b}$.

Man lege die rechte Hand in Richtung des ersten Faktors $\vec{a}$ und biege die Finger in Richtung des zweiten Faktors $\vec{b}$; dann weist der abgespreizte Daumen in Richtung des Vektorsproduktes $\vec{a} \times \vec{b} = \vec{c}$.

Mit Hilfe dieser Regel überzeugt man sich leicht, daß

$$\vec{b} \times \vec{a} = -\vec{a} \times \vec{b} \tag{4.10}$$

ist. Das Vektorprodukt ändert also seine Richtung, wenn man die Reihenfolge der Faktoren vertauscht. Die rechte Seite von (4.9) hat übrigens eine einfache geometrische Bedeutung; sie ist gleich dem Flächeninhalt des Parallelogramms mit den Seiten $\vec{a}$ und $\vec{b}$. Wegen des Vorkommens von $\sin \varphi$ in (4.9) verschwindet $\vec{a} \times \vec{b}$, wenn $\vec{a}$ und $\vec{b}$ parallel oder antiparallel zueinander sind. Stehen $\vec{a}$ und $\vec{b}$ senkrecht aufeinander, so ist der Betrag von $\vec{a} \times \vec{b}$ gleich dem Produkt der Beträge ab.

Wir notieren nun verschiedene Rechenregeln, die sich aus den bisher getroffenen Vereinbarungen über Addition und Multiplikation von Vektoren ergeben:

$$\begin{aligned}
\vec{a} + \vec{b} &= \vec{b} + \vec{a} \\
(\vec{a} + \vec{b}) + \vec{c} &= \vec{a} + (\vec{b} + \vec{c}) \\
\lambda(\vec{a} + \vec{b}) &= \lambda\vec{a} + \lambda\vec{b} \\
\vec{a} \cdot \vec{b} &= \vec{b} \cdot \vec{a} \\
(\lambda\vec{a}) \cdot \vec{b} &= \lambda(\vec{a} \cdot \vec{b}) \\
\vec{a} \cdot (\vec{b} + \vec{c}) &= \vec{a} \cdot \vec{b} + \vec{a} \cdot \vec{c} \\
\vec{a} \times \vec{b} &= -\vec{b} \times \vec{a} \\
(\lambda\vec{a}) \times \vec{b} &= \lambda(\vec{a} \times \vec{b}) \\
\vec{a} \times (\vec{b} + \vec{c}) &= \vec{a} \times \vec{b} + \vec{a} \times \vec{c}.
\end{aligned} \tag{4.11}$$

Man darf mit Vektoren also ähnlich rechnen wie mit gewöhnlichen Zahlen (Addition, Auflösen von Klammern). Das Produktzeichen „Punkt" oder „Kreuz" muß allerdings sorgfältig beachtet werden, ebenso die Reihenfolge der Vektoren, wenn das Produkt ein Vektorprodukt ist.

4.3 Einheitsvektoren

Vektoren vom Betrag 1 nennt man *Einheitsvektoren*. Für jeden Einheitsvektor $\vec{e}$ gilt ersichtlich $\vec{e} \cdot \vec{e} = 1$. Die Einheitsvektoren parallel zur x-, y- und z-Achse des Koordinatensystems (vgl. Abb. 4.6) bezeichnen wir mit $\vec{e}_x$, $\vec{e}_y$, $\vec{e}_z$. Da sie den Betrag 1 haben und paarweise aufeinander senkrecht stehen, gelten folgende Relationen:

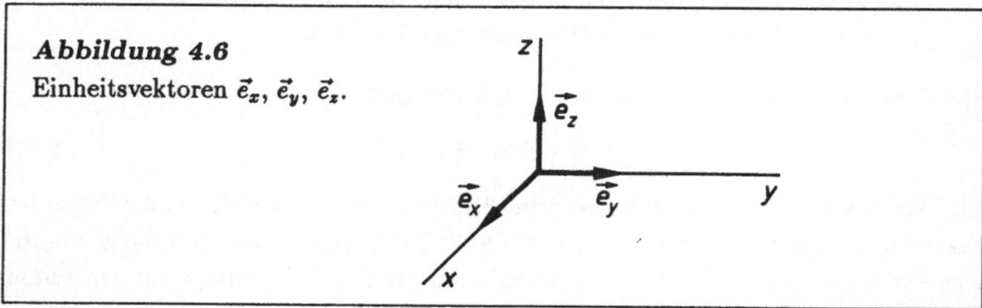

Abbildung 4.6
Einheitsvektoren $\vec{e}_x$, $\vec{e}_y$, $\vec{e}_z$.

$$\vec{e}_x \cdot \vec{e}_x = \vec{e}_y \cdot \vec{e}_y = \vec{e}_z \cdot \vec{e}_z = 1$$

$$\vec{e}_x \cdot \vec{e}_y = \vec{e}_y \cdot \vec{e}_z = \vec{e}_z \cdot \vec{e}_x = 0$$

$$\vec{e}_x \times \vec{e}_x = \vec{e}_y \times \vec{e}_y = \vec{e}_z \times \vec{e}_z = \vec{0}$$

$$\vec{e}_x \times \vec{e}_y = \vec{e}_z \quad \vec{e}_y \times \vec{e}_z = \vec{e}_x \quad \vec{e}_z \times \vec{e}_x = \vec{e}_y \ .$$

$$(4.12)$$

$\vec{0}$ ist der Vektor vom Betrag Null. Den Vektorpfeil über dem Nullvektor lassen wir später weg. Man bestätigt das Zutreffen von (4.12) mit Hilfe der Definitionen (4.7) und (4.9) für das Skalar- und Vektorprodukt.

Aus Abb. 4.7 folgt, daß man einen beliebigen Vektor $\vec{a}$ durch seine Komponenten a_x, a_y, a_z und durch die Einheitsvektoren $\vec{e}_x$, $\vec{e}_y$, $\vec{e}_z$ ausdrücken kann:

$$\vec{a} = \vec{e}_x a_x + \vec{e}_y a_y + \vec{e}_z a_z \ .$$

$$(4.13)$$

Man kennt $\vec{a}$ also, wenn man seine Komponenten kennt. Es gilt auch die Umkehrung: Wenn $\vec{a}$ bekannt ist, kennt man die Komponenten von $\vec{a}$. Um z.B. a_x zu erhalten,

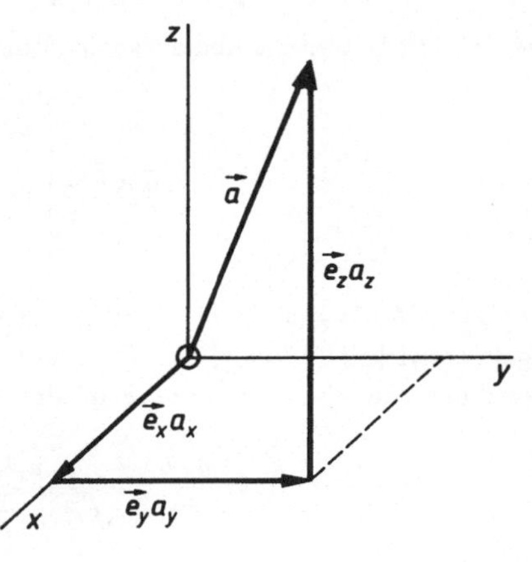

Abbildung 4.7
Darstellung des Vektors $\vec{a}$ durch seine Komponenten a_x, a_y, a_z mit Hilfe der Einheitsvektoren $\vec{e}_x$, $\vec{e}_y$, $\vec{e}_z$.

multipliziere man $\vec{a}$ skalar mit $\vec{e}_x$ und beachte (4.12):

$$\vec{e}_x \cdot \vec{a} = \vec{e}_x \cdot (\vec{e}_x a_x + \vec{e}_y a_y + \vec{e}_z a_z) = (\vec{e}_x \cdot \vec{e}_x)a_x + (\vec{e}_x \cdot \vec{e}_y)a_y + (\vec{e}_x \cdot \vec{e}_z)a_z =$$
$$1 \cdot a_x + 0 \cdot a_y + 0 \cdot a_z = a_x \, .$$

Ebenso berechnet man a_y und a_z:

$$a_x = \vec{e}_x \cdot \vec{a} \qquad a_y = \vec{e}_y \cdot \vec{a} \qquad a_z = \vec{e}_z \cdot \vec{a} \, . \tag{4.14}$$

Es ist möglich, das Skalar- und Vektorprodukt zweier Vektoren durch deren Komponenten auszudrücken. Bei der Rechnung wird ausgiebig von (4.11) und (4.12) Gebrauch gemacht:

$$\vec{a} \cdot \vec{b} = (\vec{e}_x a_x + \vec{e}_y a_y + \vec{e}_z a_z) \cdot (\vec{e}_x b_x + \vec{e}_y b_y + \vec{e}_z b_z)$$
$$= (\vec{e}_x \cdot \vec{e}_x)a_x b_x + (\vec{e}_x \cdot \vec{e}_y)a_x b_y + \cdots = 1 \cdot a_x b_x + 0 \cdot a_x b_y + \cdots$$
$$= a_x b_x + \cdots$$

$$\vec{a} \times \vec{b} = (\vec{e}_x a_x + \vec{e}_y a_y + \vec{e}_z a_z) \times (\vec{e}_x b_x + \vec{e}_y b_y + \vec{e}_z b_z)$$
$$= (\vec{e}_x \times \vec{e}_x)a_x b_x + (\vec{e}_x \times \vec{e}_y)a_x b_y + \cdots + (\vec{e}_y \times \vec{e}_x)a_y b_x + \cdots$$
$$= \vec{e}_z(a_x b_y - a_y b_x) + \cdots$$

Wir erhalten also nach Hinzunahme der durch Punkte angedeuteten Summanden:

$$\vec{a} \cdot \vec{b} = a_x b_x + a_y b_y + a_z b_z \tag{4.15}$$

$$\vec{a} \times \vec{b} = \vec{e}_x(a_y b_z - a_z b_y) + \vec{e}_y(a_z b_x - a_x b_z) + \vec{e}_z(a_x b_y - a_y b_x) \ . \tag{4.16}$$

Wer sich mit Determinanten auskennt, kann sich statt (4.16) den Ausdruck

$$\vec{a} \times \vec{b} = \begin{vmatrix} \vec{e}_x & \vec{e}_y & \vec{e}_z \\ a_x & a_y & a_z \\ b_x & b_y & b_z \end{vmatrix} \tag{4.17}$$

einprägen. (4.17) geht in (4.16) über, wenn man die Determinante nach üblichen Regeln entwickelt. – Aus (4.2), (4.7) und (4.15) folgt übrigens, daß man den Winkel φ zwischen zwei Vektoren $\vec{a}$ und $\vec{b}$ aus den Vektorkomponenten berechnen kann:

$$\cos\varphi = \frac{\vec{a} \cdot \vec{b}}{ab} = \frac{a_x b_x + a_y b_y + a_z b_z}{\sqrt{a_x^2 + a_y^2 + a_z^2} \cdot \sqrt{b_x^2 + b_y^2 + b_z^2}} \ . \tag{4.18}$$

Beim Umgang mit Vektoren kommen gelegentlich Mehrfachprodukte wie $\vec{a} \cdot (\vec{b} \times \vec{c})$ oder $\vec{a} \times (\vec{b} \times \vec{c})$ vor. Es ist zweckmäßig, sich die folgenden Beziehungen (4.19) und (4.20) zu merken:

* Das gemischte Skalar-Vektor-Produkt $\vec{a} \cdot (\vec{b} \times \vec{c})$ ist gegen zyklische Vertauschungen der Faktoren invariant:

$$\vec{a} \cdot (\vec{b} \times \vec{c}) = \vec{b} \cdot (\vec{c} \times \vec{a}) = \vec{c} \cdot (\vec{a} \times \vec{b}) \ . \tag{4.19}$$

Bei antizyklischen Vertauschungen ändert sich das Vorzeichen.

* Das doppelte Vektorprodukt $\vec{a} \times (\vec{b} \times \vec{c})$ ist auflösbar, indem man (i) den mittleren Vektor mit dem Skalarprodukt der beiden äußeren Vektoren multipliziert, (ii) den eingeklammerten äußeren Vektor mit dem Skalarprodukt der beiden anderen Vektoren multipliziert und (iii) den Komplex (ii) vom Komplex (i) subtrahiert:

$$\vec{a} \times (\vec{b} \times \vec{c}) = \vec{b}(\vec{a} \cdot \vec{c}) - \vec{c}(\vec{a} \cdot \vec{b}) \ . \tag{4.20}$$

Nach dem gleichen Rezept (i) bis (iii) kann man auch das von $\vec{a} \times (\vec{b} \times \vec{c})$ verschiedene Produkt $(\vec{a} \times \vec{b}) \times \vec{c}$ auflösen. Überzeugen Sie sich davon.

Um die Beziehungen (4.19) und (4.20) zu beweisen, stellt man dort die Zweifachprodukte auf beiden Seiten der Gleichheitszeichen nach (4.15) und (4.16) durch die Komponenten von $\vec{a}$, $\vec{b}$ und $\vec{c}$ dar und vergleicht dann die etwas länglichen Ausdrücke links und rechts der Gleichheitszeichen gliedweise miteinander. Sie erweisen sich tatsächlich als gleich. – Das Skalar-Vektor-Produkt $\vec{a} \cdot (\vec{b} \times \vec{c})$, das gelegentlich auch „Spatprodukt" genannt wird, hat übrigens eine einfache geometrische Bedeutung: Sein Betrag ist gleich dem Volumen des Spats (dreidimensionale Verallgemeinerung des Parallelogramms), der von $\vec{a}$, $\vec{b}$ und $\vec{c}$ aufgespannt wird. Zum Beweis verwendet man am besten die Determinantenschreibweise (4.17) des Vektorproduktes

$$\vec{a} \cdot (\vec{b} \times \vec{c}) = \vec{a} \cdot \begin{vmatrix} \vec{e}_x & \vec{e}_y & \vec{e}_z \\ b_x & b_y & b_z \\ c_x & c_y & c_z \end{vmatrix} = \begin{vmatrix} \vec{a} \cdot \vec{e}_x & \vec{a} \cdot \vec{e}_y & \vec{a} \cdot \vec{e}_z \\ b_x & b_y & b_z \\ c_x & c_y & c_z \end{vmatrix} = \begin{vmatrix} a_x & a_y & a_z \\ b_x & b_y & b_z \\ c_x & c_y & c_z \end{vmatrix} \tag{4.21}$$

Daß die Determinante rechts das vorzeichenbehaftete Spatvolumen darstellt, wird in der analytischen Geometrie gezeigt.

4.4 Der Ortsvektor

Wir wollen die Vektorrechnung auf die Bewegung eines Massenpunktes P im dreidimensionalen Raum anwenden. P habe zur Zeit t die Koordinaten $x(t)$, $y(t)$, $z(t)$. In Abb. 4.8 ist ein Pfeil vom Ursprung $\oplus$ des Koordinatensystems bis zum Massenpunkt P gezeichnet. Man nennt ihn den *Ortsvektor* $\vec{r}$. Wenn P sich bewegt, ändert sich $\vec{r}$ im Laufe der Zeit. Wir schreiben deshalb $\vec{r} = \vec{r}(t)$. Mit fortschreitender Zeit durchläuft

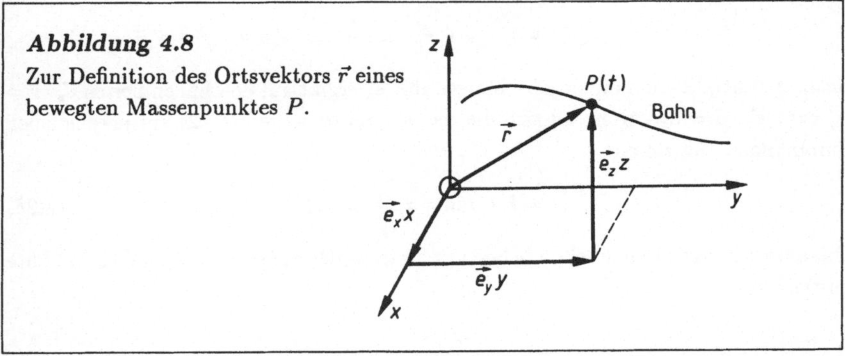

Abbildung 4.8
Zur Definition des Ortsvektors $\vec{r}$ eines bewegten Massenpunktes P.

die Pfeilspitze des Ortsvektors die Bahnkurve des Massenpunktes P. Aus Abb. 4.8 liest man ab:

$$\vec{r}(t) = \vec{e}_x x(t) + \vec{e}_y y(t) + \vec{e}_z z(t) \ . \tag{4.22}$$

Da die linke Seite von (4.22) kürzer ist als die rechte, sparen wir in der Tat Schreibarbeit, wenn wir die Bewegung mit Hilfe von Vektoren anstelle der Ortskoordinaten

$x(t)$, $y(t)$ und $z(t)$ beschreiben. Vor allem dieser Schreibökonomie wegen bedienen wir uns der Vektorrechnung.

Aus $\vec{r}(t)$ lassen sich die Vektoren der Geschwindigkeit $\vec{v}$ und der Beschleunigung $\vec{a}$ ableiten:

$$\vec{v}(t) := \lim_{\Delta t \to 0} \left\{ \frac{\vec{r}(t + \Delta t) - \vec{r}(t)}{\Delta t} \right\} =: \frac{d\vec{r}(t)}{dt} \qquad (4.23)$$

$$\vec{a}(t) := \lim_{\Delta t \to 0} \left\{ \frac{\vec{v}(t + \Delta t) - \vec{v}(t)}{\Delta t} \right\} =: \frac{d\vec{v}(t)}{dt} \; . \qquad (4.24)$$

Daß $\vec{v}(t)$ tatsächlich ein Vektor ist, erkennt man in (4.23) an der geschwungenen Klammer. Dort wird die Differenz zweier Ortsvektoren, ein Vektor also, mit dem Skalar $1/\Delta t$ multipliziert. Das Resultat ist ein Vektor. Daran ändert auch der Grenzübergang $\Delta t \to 0$ nichts. Ebenso wird der Vektorcharakter von $\vec{a}(t)$ bewiesen.

Aus schreibökonomischen Gründen läßt man das „t" der Zeitfunktionen $\vec{r}(t)$, $\vec{v}(t)$ und $\vec{a}(t)$ häufig weg und kürzt die Zeitableitungen wie bei (3.9) durch Punkte ab, also

$$\vec{v} = \dot{\vec{r}} \quad \text{und} \quad \vec{a} = \dot{\vec{v}} = \ddot{\vec{r}} \; . \qquad (4.25)$$

Wenn man hier die Komponentendarstellungen $\vec{r} = \vec{e}_x x + \vec{e}_y y + \vec{e}_z z$ und $\vec{v} = \vec{e}_x v_x + \vec{e}_y v_y + \vec{e}_z v_z$ einführt und beachtet, daß die Einheitsvektoren $\vec{e}_x$, $\vec{e}_y$ und $\vec{e}_z$ beim Differenzieren nach t als Konstante zu behandeln sind, erhält man

$$\vec{v} \;=\; \dot{\vec{r}} \;=\; \vec{e}_x \dot{x} + \vec{e}_y \dot{y} + \vec{e}_z \dot{z}$$
$$\vec{a} \;=\; \dot{\vec{v}} \;=\; \vec{e}_x \dot{v}_x + \vec{e}_y \dot{v}_y + \vec{e}_z \dot{v}_z \;=\; \ddot{\vec{r}} \;=\; \vec{e}_x \ddot{x} + \vec{e}_y \ddot{y} + \vec{e}_z \ddot{z} \; .$$

Skalare Multiplikation dieser Gleichungen mit $\vec{e}_x$ ergibt auf den linken Seiten $\vec{e}_x \cdot \vec{v} = v_x$ bzw. $\vec{e}_x \cdot \vec{a} = a_x$, während sich die rechten Seiten wegen (4.12) auf jeweils einen Summanden reduzieren:

$$v_x = \dot{x} \quad \text{und} \quad a_x = \dot{v}_x = \ddot{x} \; . \qquad (4.26)$$

Diese Beziehungen haben schon bei den Definitionsgleichungen (3.10) und (3.12) Pate gestanden.

4.5 Kreisbewegung

In (3.19) und (3.20) wurden die Komponenten und Beträge der Geschwindigkeit und Beschleunigung für die Kreisbewegung mit konstanter Winkelgeschwindigkeit $\omega = d\varphi/dt$ ermittelt. Wir wollen dieselbe Kreisbewegung noch einmal mit Hilfe der Vektorrechnung behandeln.

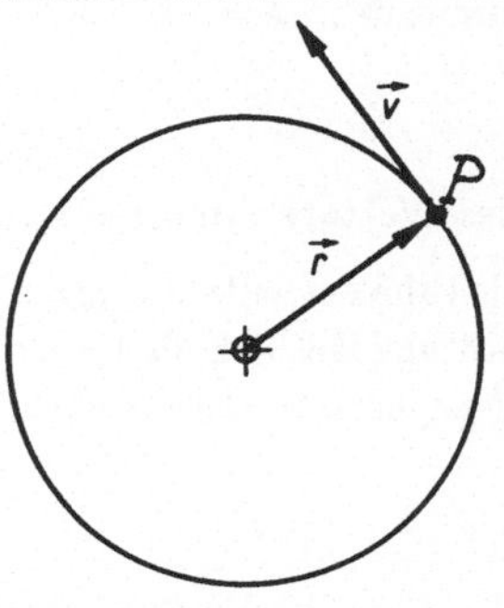

Abbildung 4.9
Ein Massenpunkt P am Ort $\vec{r}$ auf einer Kreisbahn. Seine Geschwindigkeit $\vec{v}$ weist in Richtung
der Kreistangente.

Abb. 4.9 zeigt einen Massenpunkt P auf einer Kreisbahn mit dem Radius r. Der
Ortsvektor $\vec{r}$ von P und die daraus abgeleitete Geschwindigkeit $\vec{v} = \dot{\vec{r}}$ und Beschleunigung $\vec{a} = \dot{\vec{v}}$ liegen in der Zeichenebene. Auf der Kreisbahn ist $\vec{r} \cdot \vec{r} = r^2 = \text{const}$
und daher die Zeitableitung $d(\vec{r} \cdot \vec{r})/dt = 0$. Differenziert man unter Verwendung der
Produktregel, erhält man

$$\frac{d(\vec{r} \cdot \vec{r})}{dt} = \vec{r} \cdot \dot{\vec{r}} + \dot{\vec{r}} \cdot \vec{r} = 2\vec{v} \cdot \vec{r} = 0 \,. \tag{4.27}$$

Weil $\vec{v} \cdot \vec{r} = 0$ ist, steht $\vec{v}$ senkrecht zu $\vec{r}$ und weist deshalb in Tangentenrichtung. Der
Betrag von $\vec{v}$

$$v = \frac{\text{Kreisumfang}}{\text{Umlaufszeit}} = \frac{2\pi r}{T} = \omega r \tag{4.28}$$

sei zeitlich konstant. Dann ist auch $\vec{v} \cdot \vec{v} = v^2 = \text{const}$ und

$$\frac{d}{dt}(\vec{v} \cdot \vec{v}) = \vec{v} \cdot \dot{\vec{v}} + \dot{\vec{v}} \cdot \vec{v} = 2\vec{v} \cdot \vec{a} = 0 \,. \tag{4.29}$$

Wegen der rechten Gleichungen (4.27) und (4.29) sind also sowohl $\vec{r}$ als auch $\vec{a}$ orthogonal zu $\vec{v}$, was in der Zeichenebene nur möglich ist, wenn $\vec{r}$ und $\vec{a}$ linearabhängig
sind:

$$\vec{a} = \lambda \vec{r} \,. \tag{4.30}$$

Um λ zu erhalten, differenziert man das zeitlich konstante Skalarprodukt $\vec{v} \cdot \vec{r} = 0$
nach der Zeit

$$\frac{d}{dt}(\vec{v} \cdot \vec{r}) = \dot{\vec{v}} \cdot \vec{r} + \vec{v} \cdot \dot{\vec{r}} = \vec{a} \cdot \vec{r} + v^2 = 0 \tag{4.31}$$

und setzt hier in die rechte Gleichung $\vec{a} = \lambda \vec{r}$ und $v = \omega r$ ein:

$$\lambda \vec{r} \cdot \vec{r} + (\omega r)^2 = (\lambda + \omega^2)r^2 = 0, \tag{4.32}$$

woraus dann $\lambda = -\omega^2$ folgt. Damit wird (4.30)

$$\vec{a} = -\omega^2 \vec{r}\,. \tag{4.33}$$

Diese Vektorgleichung entspricht den Vektorkomponentengleichungen (3.21).

Mit Hilfe der zeitabhängigen Einheitsvektoren $\vec{e}_r$ und $\vec{e}_{tg}$ in radialer und tangentialer Richtung läßt sich die Kreisbewegung mit konstanter Winkelgeschwindigkeit $\omega = v/r$ folgendermaßen beschreiben:

$$\vec{r} = \vec{e}_r r \qquad \dot{\vec{r}} = \vec{v} = \vec{e}_{tg}\omega r \tag{4.34}$$

$$\ddot{\vec{r}} = \dot{\vec{v}} = \vec{a} = -\omega^2\vec{r} = -\vec{e}_r\omega^2 r = -\vec{e}_r v r = -\vec{e}_r \frac{v^2}{r}\,. \tag{4.35}$$

Es gibt also mehrere Schreibweisen für die Kreisbeschleunigung $\vec{a}$.

Kapitel 5

Bewegte Koordinatensysteme und Lichtgeschwindigkeit

Zur Beschreibung der Bewegung von Körpern werden Koordinatensysteme und Uhren verwendet. Ein physikalisches Koordinatensystem ist im Prinzip ein Gerüst aus konkreten Maßstäben, in das eine Uhr eingebaut ist. Solches Gerüst kann sich bewegen – man denke nur an den Lauf der Erde um die Sonne. Wir wollen uns deshalb – ehe wir im übernächsten Paragraphen die Bewegungsgleichung der Mechanik formulieren – mit dem Verhalten bewegter Maßstäbe und Uhren beschäftigen. Dieses Verhalten wird in der sog. *Speziellen Relativitätstheorie* untersucht, die Albert Einstein 1905 in genialer Weise aus einfachen Prinzipien entwickelte.

5.1   Inertialsysteme

In der Relativitätstheorie spielen *Inertialsysteme* eine große Rolle. Ein Koordinatensystem heißt dann ein Inertialsystem, wenn sich in ihm alle Körper, auf die keine Kräfte wirken, gleichförmig bewegen. Wir haben übrigens schon ein Inertialsystem verwendet, das mit dem Raumschiff in Abb. 3.3 verbundene. Denn in Bezug auf dieses Koordinatensystem fliegt eine angestoßene Kugel nach (3.15) mit konstanten Geschwindigkeitskomponenten (gleichförmig), sobald sie sich selbst überlassen (kräftefrei) ist. Angenommen nun, das nämliche Raumschiff stamme aus den USA. Angenommen ferner, die UdSSR hätte ebenfalls ein Raumschiff gestartet, etwas später zwar, dafür aber so, daß es nach Abschalten des Triebwerkes schneller gleitet als das amerikanische und dieses deshalb überholt. Auch am russischen Fahrzeug sei ein Koordinatensystem befestigt. Wir wollen das amerikanische Koordinatensystem mit S bezeichnen, das russische mit S'. Da Naturgesetze internationalen Charakter haben, ist mit S auch S' ein Inertialsystem. Weil auf das russische Raumschiff – dem Träger von S' – keine Kräfte wirken, gleitet S' mit konstanter Überholgeschwindigkeit an S vorbei. Wir entnehmen daraus, daß *jedes Koordinatensystem S', das sich relativ zu einem Inertialsystem S gleichförmig bewegt, ein Inertialsystem ist.*

Obwohl es demnach unendlich viele Inertialsysteme gibt, ist nicht jedes Koordinatensystem ein Inertialsystem. **Beispiel**: Weil sich die Erde einmal pro Tag um die eigene Achse dreht, geht die Sonne für einen Erdbewohner morgens im Osten auf und abends im Westen unter. Von ihm aus betrachtet wandert sie täglich auf einer riesigen Kreisbahn um die Erdachse. Auf die Sonne wirken praktisch keine Kräfte, und doch vollführt sie keine gleichförmige, sondern eine kreisförmige Bewegung. Ein auf der Erde errichtetes Koordinatensystem ist deshalb kein Inertialsystem. Wenn man sich allerdings für Vorgänge interessiert, die in Sekundenschnelle ablaufen, darf man die von der Erddrehung herrührenden Komplikationen vernachlässigen und die Erde als Inertialsystem annehmen.

Wir wollen nun ein und denselben Vorgang von zwei verschiedenen Inertialsystemen aus betrachten (vgl. Abb. 5.1), die wir wieder mit S und S' bezeichnen. Zu S gehören

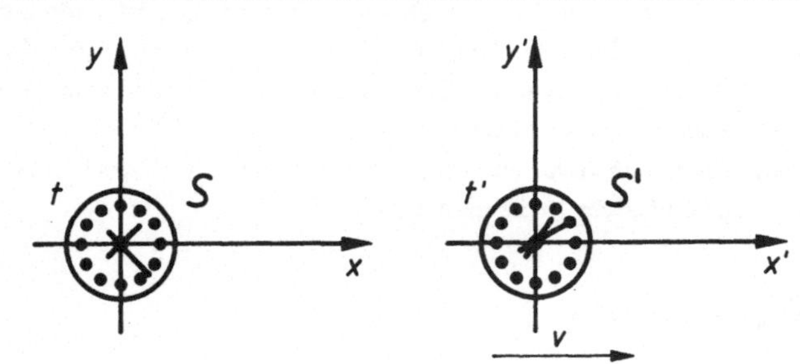

Abbildung 5.1:   Zwei Koordinatensysteme S und S', die sich mit konstanter Geschwindigkeit v relativ zueinander bewegen.

die x-, y- und z-Achse, zu S' die x'-, y'- und z'-Achse. Das dreidimensionale x-y-z-Achsenkreuz ist parallel zum x'-y'-z'-Achsenkreuz orientiert. S und S' sollen sich relativ zueinander bewegen, und zwar so, daß die x'-Achse mit konstanter Geschwindigkeit v auf der x-Achse nach rechts gleitet. Mit dem gleichen Recht kann man natürlich sagen, die x-Achse gleite auf der x'-Achse mit der Geschwindigkeit $-v$ nach links. Wir wollen S das „ruhende" und S' das „mit v bewegte" Koordinatensystem nennen, obwohl man genau so gut sagen könnte, S' sei in Ruhe und S mit $-v$ bewegt. Im Ursprung von S bzw. S' ist je eine Uhr aufgestellt. Beide Uhren sind in gleicher Weise konstruiert. Wir bezeichnen die von der S- bzw. S'-Uhr angegebene Zeit mit t bzw. t'. Die Relativbewegung der Koordinatensysteme erfolge derart, daß sich der Ursprung von S mit demjenigen von S' genau deckt, wenn beide Uhren auf Null zeigen. Sollte letzteres nicht der Fall sein, dann stellen wir die Uhrzeiger im Moment der Begegnung eben auf $t = t' = 0$ ein.

5.2 Ereigniskoordinaten

Wir nennen einen Vorgang, der an einem Punkt im Raume stattfindet und nur einen Augenblick andauert, ein „punktförmiges Ereignis". **Beispiel**: Eine zum Massepunkt idealisierte Glaskugel mit eingebautem Blitzlichtgerät bewegt sich durch den leeren Raum und sendet eine lange Folge kurzzeitiger Lichtblitze Nr. 1, 2, 3, ... aus. Jede Blitzaussendung ist ein punktförmiges Ereignis, das am Kugelort im Moment des Blitzes passiert.

Nun soll die durch die Blitzfolge markierte Kugelbewegung von den oben beschriebenen Inertialsystemen S und S' aus beobachtet werden, z.B. mit Stereokameras. Die beiden Beobachter in S und S' haben jeder für sich die Aufgabe, ein und dieselbe Bewegung der Glaskugel zu beschreiben. Sie stellen sich daher Wertetabellen her, die Ort und Zeit der verschiedenen Blitzaussendungen angeben. Jeder Beobachter bezieht sich auf „sein" Koordinatensystem und auf „seine" Uhr, wobei er zur genauen Zeitbestimmung die endliche Laufzeit des Lichtes berücksichtigen muß. So entstehen zwei Wertetabellen, die folgendermaßen beginnen:

<table>
<tr><td colspan="4" align="center">in S</td><td></td><td colspan="4" align="center">in S'</td></tr>
<tr><td>t</td><td>x</td><td>y</td><td>z</td><td></td><td>t'</td><td>x'</td><td>y'</td><td>z'</td></tr>
<tr><td>t_1</td><td>x_1</td><td>y_1</td><td>z_1</td><td></td><td>t'_1</td><td>x'_1</td><td>y'_1</td><td>z'_1</td></tr>
<tr><td>t_2</td><td>x_2</td><td>y_2</td><td>z_2</td><td>$\Longleftarrow$ dasselbe Ereignis $\Longrightarrow$</td><td>t'_2</td><td>x'_2</td><td>y'_2</td><td>z'_2</td></tr>
<tr><td>t_3</td><td>x_3</td><td>y_3</td><td>z_3</td><td></td><td>t'_3</td><td>x'_3</td><td>y'_3</td><td>z'_3</td></tr>
</table>

Dabei betrifft z.B. Zeile Nr. 2 der S-Tabelle dasselbe Ereignis wie Zeile Nr. 2 der S'-Tabelle, nämlich die Lichtaussendung des Blitzes Nr. 2 am Ort der Kugel. Man nennt t_2, x_2, y_2, z_2 die Ereigniskoordinaten des 2. Ereignisses in S, entsprechend t'_2, x'_2, y'_2, z'_2 die Ereigniskoordinaten desselben Ereignisses in S'.

Kann man nun die Ereigniskoordinaten x', y', z', t' in S' berechnen, wenn man die Koordinaten x, y, z, t desselben Ereignisses in S kennt? Man kann, und zwar nach folgendem Schema:

$$x' = \frac{x - vt}{\sqrt{1 - (v/c)^2}} \qquad y' = y \qquad z' = z \qquad t' = \frac{t - (v/c^2)x}{\sqrt{1 - (v/c)^2}} \, . \tag{5.1}$$

Hier bedeuten c die Lichtgeschwindigkeit und v die konstante Geschwindigkeit in x-Richtung, mit der S' sich relativ zu S bewegt. Das Umrechnungsschema (5.1) heißt *Lorentztransformation*. Es ist so wichtig, daß man es auswendig lernen sollte. Wir werden es im nächsten Paragraphen aus allgemeinen Prinzipien ableiten und auf Beispiele anwenden.

5.3   Die Lichtgeschwindigkeit c

Warum kommt wohl die Lichtgeschwindigkeit c in (5.1) vor? Hier mag vorläufig der Hinweis genügen, daß man zur Bestimmung der Ereigniskoordinaten, insbesondere beim Ablesen der Uhrzeit, Lichtsignale benutzt. Wir wollen daher zunächst das Ausbreitungsverhalten des Lichtes behandeln. Die Vakuumlichtgeschwindigkeit c ist heute aus Präzisionsmessungen extrem genau bekannt[1]:

$$c = 299\,792\,458 \text{ m/s} \pm 1,2\,\text{m/s}$$

Man merkt sich den Wert 300 000 km/s. Die meisten Verfahren zur Messung von c beruhen darauf, daß ein Lichtblitz von seinem Erzeugungsort eine Strecke l bis zu einem Spiegel durchläuft, dort reflektiert wird und nach der Laufzeit $t_l = 2l/c$ zum Startpunkt zurückkehrt. Man mißt l und t_l und berechnet daraus c.

Eine moderne Version dieses Verfahrens ist in Abb. 5.2 dargestellt. Das Licht einer Lichtquelle LQ wird mit einer Linse auf eine sog. Kerrzelle K fokussiert und gelangt von dort über einen im Abstand l aufgestellten Spiegel Sp zu einer sog. Photozelle P. Eine Kerrzelle ist lichtundurchlässig, es sei denn, man legt eine elektrische Spannung U_K an. Wenn Licht in die Photozelle fällt, fließt durch ein angeschlossenes Meßinstrument ein elektrischer Strom I, allerdings nur, wenn die Zelle mit einer Betriebsspannung U_P lichtempfindlich gemacht wird. Die nötigen Spannungen erzeugt ein radiotechnischer Hochfrequenzgenerator HF, und zwar in Form einer Folge von kurzzeitigen Spannungsspitzen mit präzisen Zeitabständen T. Typische T-Werte sind z.B. 10^{-9}s. Die Zeitabhängigkeit der HF-Spannung $U_{HF}(t)$ ist in Abb. 5.2b graphisch dargestellt. Man legt diese HF- Spannung nun sowohl an die Kerrzelle als auch an die Photozelle, so daß $U_K = U_P = U_{HF}(t)$ wird. Jede Spannungsspitze macht K für kurze Zeit lichtdurchlässig und verursacht so einen Lichtblitz, der nach einer Laufzeit $t_l = 2l/c$ bei P eintrifft. Wenn t_l beispielsweise so groß ist, wie die Länge des gestrichelten Balkens in Abb. 5.2b angibt, ist die Photozelle bei Ankunft des Lichtblitzes

---

[1]1983 wurde das Meter neu definiert: Es ist die Länge des Weges, den Licht im Vakuum in 1/299792458 Sekunde zurücklegt. Die Lichtgeschwindigkeit hat also per definitionem den exakten Wert $c = 299792458$m/s. Der Meßfehler $\pm 1,2$m/s geht damit nicht auf Kosten der c-Genauigkeit, sondern zu Lasten der Genauigkeit der Meter-Definition.

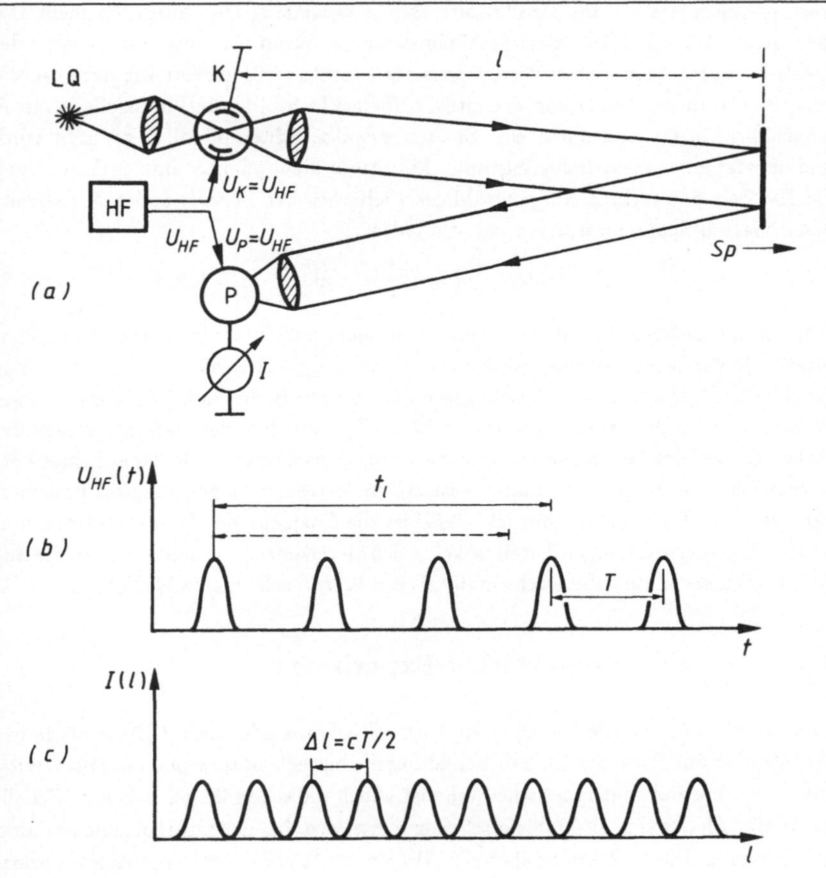

Abbildung 5.2:   Bestimmung der Lichtgeschwindigkeit.
a) Die Meßanordnung besteht u.a. aus: LQ = Lichtquelle; K = Kerrzelle, die nur beim Anlegen einer Spannung U_K Licht durchläßt; Sp = verschiebbarer Spiegel; P = Photozelle, durch die ein elektrischer Strom I fließt, wenn Licht einfällt und eine Betriebsspannung U_P anliegt; HF = Hochfrequenzgenerator, der die Hochfrequenzspannung U_{HF} erzeugt.
b) Die Zeitabhängigkeit von U_{HF}. Die waagrechten Balken stellen die Laufzeiten t_l des Lichtes für zwei verschiedene Spiegelabstände l dar.
c) Der gemessene Strom I durch die Photozelle in Abhängigkeit vom Spiegelabstand l.

unempfindlich, weil an ihr gerade keine Betriebsspannung U_P anliegt. Es fließt also kein Strom I durch das elektrische Meßinstrument. Wenn man jetzt die Laufzeit des Lichtes t_l durch Verschieben des Spiegels nach rechts so vergrößert wie der ausgezogene Balken in der Abbildung andeutet, trifft der Lichtblitz die Photozelle in einem Augenblick, in dem sie durch eine Spannungsspitze lichtempfindlich gemacht wird, und erzeugt einen elektrischen Strom I. Ein Strom fließt offenbar immer dann, wenn die Laufzeit des Lichtes ein ganzzahliges Vielfaches des Zeitabstandes T zwischen benachbarten Spannungsspitzen ist, wenn also

$$t_l = \frac{2l}{c} = nT \qquad \text{oder} \qquad l = n\frac{cT}{2} \qquad \text{mit} \qquad n = 1, 2, 3, \ldots . \qquad (5.2)$$

Um nun die Lichtgeschwindigkeit c zu bestimmen, mißt man den Strom I der Photozelle als Funktion des Spiegelabstandes l und trägt das Resultat wie in Abb. 5.2c graphisch auf. Die Strommaxima liegen dort, wo l der Bedingung (5.2) genügt. Zwei benachbarte Maxima sind offenbar um $\Delta l = cT/2$ voneinander entfernt. Wegen der großen Anzahl der beobachteten Maxima – typischerweise etwa 10 000 auf einer Versuchsstrecke von rund 10 km Länge – ist Δl mit extremer Meßgenauigkeit bestimmbar. Da auch T genau bekannt ist – $1/T$ ist die Frequenz des HF-Generators, und präzise Frequenzmessungen bereiten keine Schwierigkeiten – erhält man für die aus Δl und T berechnete Lichtgeschwindigkeit $c = 2\Delta l/T$ sehr kleine Meßfehler.

5.4 Das Michelson-Morley-Experiment

Breitet sich Licht in alle Richtungen gleich schnell aus oder nicht? Diese Frage hat die Physiker am Ende des 19. Jahrhunderts sehr bewegt. Man wußte damals bereits, daß Licht eine elektromagnetische Welle ist. Auch die schon länger bekannte Schallausbreitung hatte sich als Wellenerscheinung erwiesen, bei der Luftmoleküle hin- und herschwingen. Die Luft kann daher als *„Träger der Schallwellen"* bezeichnet werden. Es lag damals nahe, nach einem *„Träger für Lichtwellen"* zu fragen, der den ganzen Raum einnehmen müßte, da sich Licht durch den sonst leeren Raum ausbreitet. Dieser Lichtwellenträger erhielt den Namen *„Äther"*. Im Äther bewegen sich dann die Lichtwellen in alle Richtungen gleich schnell. Nun eilt die Erde auf ihrer jährlichen Bahn um die Sonne mit einer Geschwindigkeit v von etwa 30 km/s durch den Weltraum und damit wohl auch durch den Äther. Dann müßte man auf der Erde einen *„Ätherwind"* verspüren, der die Lichtwellen mitnimmt und dazu führt, daß die Lichtgeschwindigkeit von der Erde aus betrachtet davon abhängt, ob die Lichtausbreitung parallel, entgegengesetzt oder senkrecht zur Ätherwindrichtung erfolgt. Um diese Richtungsabhängigkeit der Lichtgeschwindigkeit nachzuweisen, führten der amerikanische Physiker Michelson und sein Mitarbeiter Morley 1887 ein berühmtes Experiment durch, dessen überraschendes Ergebnis vorweggenommen sei: *Auf der Erde breitet sich Licht in alle Richtungen gleich schnell aus.* Im Äther herrscht offenbar „Windstille".

Die Versuchsanordnung ist in Abb. 5.3 dargestellt. Sie enthält eine Lichtquelle LQ, eine schwach versilberte Glasplatte O (halbdurchlässiger Spiegel), zwei Spiegel A und B jeweils im Abstand l von O und eine Lupe Lp zur Beobachtung. Bei der Lupe treffen zwei verschiedene Lichtwellen ein, die eine, die O zunächst durchdrungen hat und anschließend von A und O nach Lp reflektiert worden ist – wir nennen sie die „A-Welle" – und die andere, die zunächst von O nach B reflektiert wurde und dann durch O hindurch nach Lp gelangt ist – wir nennen sie die „B-Welle". Die A- und B-Welle überlagern sich nach dem bekannten Interferenzprinzip *Wellenberg + Wellenberg = Helligkeit, Wellenberg + Wellental = Dunkelheit.* Wenn die Spiegelflächen A und B nicht genau einen rechten Winkel einschließen, der von der Plattenfläche O halbiert wird, sind die A- und B- Welle bei Lp etwas zueinander geneigt. Durch die Lupe sieht man dann ein System abwechselnd heller und dunkler Interferenzstreifen[2]. Die Streifenlage wird durch die Laufzeiten der beiden interferierenden Wellen bestimmt. Betrachte z.B. die Mittelstrahlen der Lichtbündel in Abb. 5.3. Falls die A-Welle für den Weg OAO die gleiche Zeit braucht wie die B-Welle für den Weg OBO, dann treffen

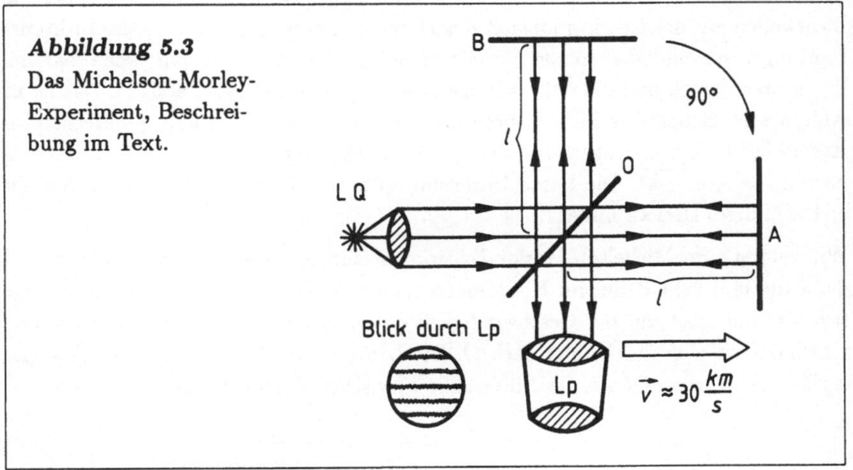

Abbildung 5.3
Das Michelson-Morley-Experiment, Beschreibung im Text.

in der Lupenmitte A-Wellenberge mit B-Wellenbergen zusammen und es entsteht ein heller Interferenzstreifen. Wenn nun zwischen der B- und der A-Welle auf irgendeine Weise ein Laufzeitunterschied von einer halben Schwingungsdauer des Lichtes herge-

---

[2]Der Streifenabstand hängt vom Neigungswinkel zwischen der A- und B-Welle ab. Die Spiegel werden so justiert, daß im Blickfeld der Lupe größenordnungsgemäß zehn Streifen erscheinen.

stellt wird, überlagern sich A-Wellenberge mit B-Wellentälern und in der Lupenmitte erscheint ein dunkler Interferenzstreifen. Die Schwingungsdauer des Lichtes beträgt nur etwa 10^{-15}s. Eine Laufzeitänderung einer der beiden Wellen von $0,5 \cdot 10^{-15}$s hat also zur Folge, daß der helle Streifen aus der Lupenmitte durch einen dunklen verdrängt wird, daß sich – mit anderen Worten – das Interferenzstreifensystem um den halben Abstand zwischen zwei hellen Streifen verschiebt. Da Streifenverschiebungen von rund 1% des Streifenabstandes noch beobachtbar sind, kann man mit dem Michelson-Morley-Apparat Abb. 5.3 Laufzeitunterschiede zwischen der A- und B-Welle bis herunter zu etwa 10^{-17}s messen. Das ist sehr genau.

Warum können überhaupt Laufzeitunterschiede auftreten? Ein möglicher Grund wäre ein Ätherwind, der – wie in Abb. 5.3 angedeutet – mit der Geschwindigkeit $\vec{v}$ nach rechts wehen möge. Um uns seine Auswirkungen auf das MM-Experiment zu überlegen, betrachten wir die Verhältnisse zunächst in dem Koordinatensystem S_o, in dem der Äther ruht. Hier breitet sich ein Lichtsignal in alle Richtungen gleich schnell aus. Die möglichen Lichtgeschwindigkeitsvektoren in S_o sind Pfeile vom Zentrum zur Oberfläche einer Kugel mit dem Radius c. In Abb. 5.4 sind vier solche $\vec{c}$-Vektoren (ausgezogene Pfeile) gezeichnet. Wir begeben uns nun aus dem Koordinatensystem S_o in das irdische Koordinatensystem S, wo ein Ätherwind vermutet wird, der die Lichtwellen mit der Geschwindigkeit $\vec{v}$ nach rechts treibt. Die Vektoren der Lichtausbreitungsgeschwindigkeiten von S aus betrachtet erhält man offenbar, wenn man die $\vec{c}$-Vektoren aus S_o und die Ätherwindgeschwindigkeit $\vec{v}$ vektoriell addiert. Das ist in Abb. 5.4 geschehen. Die Lichtausbreitung nach rechts bzw. links bzw. senkrecht zum Ätherwind erfolgt ersichtlich mit den Geschwindigkeiten $c_r = c + v$ bzw. $c_l = c - v$ bzw. $c_\perp = \sqrt{c^2 - v^2}$. Die letzte Beziehung gilt, weil $\vec{v}$, $\vec{c}$ und $\vec{c}_\perp$ in Abb. 5.4 ein rechtwinkliges Dreieck bilden.

Wir kehren zum Michelson-Morley-Experiment zurück. Der MM-Apparat steht auf der Erde und ruht daher im Koordinatensystem S. Das Licht der A-Welle bewegt sich also zunächst mit der Geschwindigkeit c_r von O nach A und dann mit der Geschwindigkeit c_l zurück von A nach O. Die Laufzeit der A-Welle $t_{OAO} = t_{OA} + t_{AO}$ ergibt sich daraus und aus der Entfernung l zwischen O und A zu:

$$t_{OAO} = \frac{l}{c_r} + \frac{l}{c_l} = \frac{l}{c+v} + \frac{l}{c-v} = \frac{2l}{c} \cdot \frac{1}{1-(v/c)^2}. \tag{5.3}$$

Die B-Welle pflanzt sich von O nach B und von B zurück nach O mit der Geschwindigkeit $c_\perp$ fort. Ihre Laufzeit t_{OBO} beträgt daher

$$t_{OBO} = 2\frac{l}{c_\perp} = \frac{2l}{\sqrt{c^2 - v^2}} = \frac{2l}{c} \cdot \frac{1}{\sqrt{1-(v/c)^2}}. \tag{5.4}$$

Aus (5.3) und (5.4) erhalten wir den vom Ätherwind herrührenden Laufzeitunter-

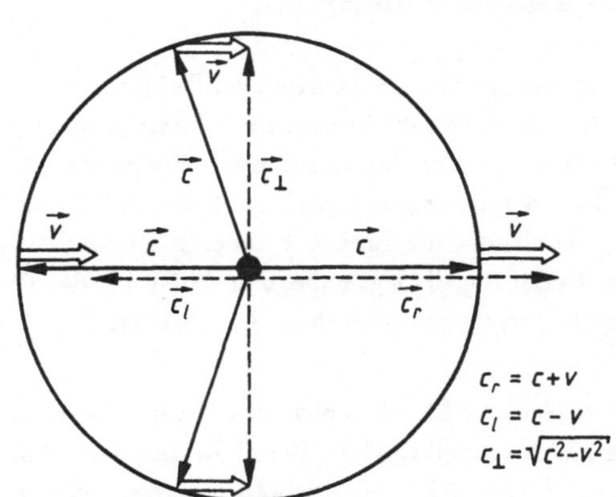

Abbildung 5.4: Die vermutete Auswirkung des Ätherwindes mit der Geschwindigkeit v ($\Longrightarrow$) auf die Geschwindigkeit von Licht, das sich in verschiedene Richtungen ausbreitet. Die ausgezogenen bzw. gestrichelten Pfeile stellen Lichtgeschwindigkeitsvektoren im Ätherruhsystem S_o bzw. im Erdsystem S dar. Die Lichtgeschwindigkeit $c_\perp$ senkrecht zum Ätherwind folgt aus dem Pythagoras.

schied zwischen der A- und der B-Welle des MM-Apparates:

$$\Delta t := t_{\mathrm{OAO}} - t_{\mathrm{OBO}} = \frac{2l}{c}\left\{\frac{1}{1-(v/c)^2} - \frac{1}{\sqrt{1-(v/c)^2}}\right\}. \tag{5.5}$$

Für $v \approx 30$ km/s und den von MM verwendeten Spiegelabstand $l \approx 12\,\mathrm{m}$ ergibt sich aus (5.4) der Wert $\Delta t \approx 0,4 \cdot 10^{-15}$s. Wenn man nun den ganzen MM-Apparat in Abb. 5.3 um 90° dreht, vertauschen die A- und B-Spiegel ihre Rollen und der Laufzeitunterschied zwischen der A- und der B- Welle ändert sich um $2 \cdot \Delta t \approx 0,8 \cdot 10^{-15}$s, das ist ungefähr die Schwingungsdauer des Lichtes. Diese durch die 90°-Drehung bewirkte Laufzeitänderung hat eine Verschiebung des Interferenzstreifensystems in der Beobachtungslupe um rund einen Streifenabstand zu Folge. Soweit die Theorie. Das Experiment ergab etwas völlig anderes: Bei der Drehung der Apparatur zeigte sich nicht die geringste Andeutung einer Streifenverschiebung. Die Laufzeiten ändern sich also um weniger als die Meßgenauigkeit von etwa 10^{-17}s, obwohl die Ätherwindhypothese Werte der Größenordnung 10^{-15}s erwarten ließ. *Offenbar gibt es keinen Ätherwind* – auf der Erde breitet sich das Licht allseitig gleich schnell aus.

5.5   Das Experiment von Sadeh

Für die experimentell nachgewiesene Ätherwindstille bieten sich folgende Erklärungsmöglichkeiten an: (i) Die Erde ruht in dem Koordinatensystem S_o, in dem auch der Äther ruht. (ii) Die Naturgesetze sind so raffiniert eingerichtet, daß ein experimenteller Nachweis des Ätherwindes grundsätzlich mißlingt. (iii) Es gibt überhaupt keinen Äther. Erklärung (i) zeichnet die Erde vor anderen Himmelskörpern aus und wird deshalb verworfen. Erklärung (ii) legt nahe, den Äther aus der Physik zu verbannen, da Realität nur besitzt, was grundsätzlich nachweisbar ist. Erklärung (iii) wird heute allgemein akzeptiert.

Wenn es aber keinen Äther gibt – in welchem Koordinatensystem breitet sich dann das Licht allseitig gleich schnell aus? Vielleicht in dem Koordinatensystem, in dem die Lichtquelle ruht? Dann sollte die Ausbreitungsgeschwindigkeit des Lichtes von der Bewegung der Lichtquelle abhängen. Dem ist aber nicht so. Das folgt u.a. aus dem Experiment von D. Sadeh (1963).

Die Versuchsanordnung ist in Abb. 5.5 schematisch dargestellt. Statt mit sichtbarem Licht – Licht ist eine elektromagnetische Welle mit einer Wellenlänge zwischen $0,4$

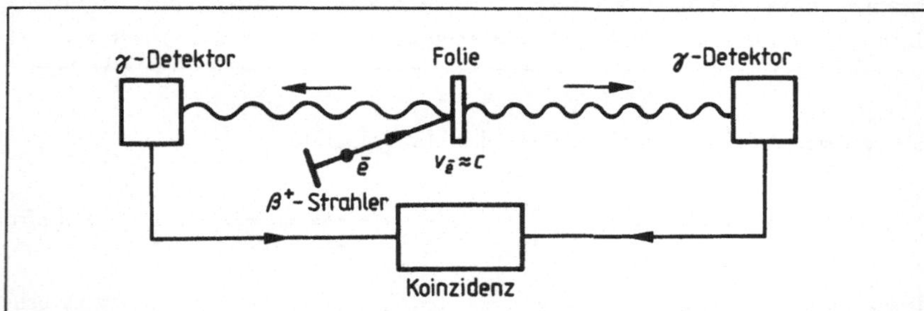

Abbildung 5.5: Das Experiment von Sadeh zeigt, daß die Lichtgeschwindigkeit von der Bewegung der Strahlungsquelle unabhängig ist.

und $0,8\,\mu$m – arbeitet man mit der kurzwelligeren elektromagnetischen γ-Strahlung, die bei der Vernichtung eines Elektron-Positronpaares entsteht (vgl. Abb. 37.6). Man geht von Positronen $\bar{e}$ aus, die von einem radioaktiven β^+-Strahler (vgl. Kap. 37.6) ausgesendet werden und sich fast mit Lichtgeschwindigkeit nach rechts bewegen. Sie treffen auf eine dünne Folie, in der es zahlreiche Elektronen e gibt. Gelegentlich findet dann eine $\bar{e} + e$-Paarvernichtung statt unter Erzeugung elektromagnetischer γ-Strahlung. Die aus dem schnellen $\bar{e}$ und dem praktisch ruhenden e zusammengesetzte γ-Quelle hat eine Schwerpunktsgeschwindigkeit der Größenordnung $(v_{\bar{e}} + v_e)/2 \approx (c+0)/2 \approx c/2$ nach rechts. Die von dieser bewegten Quelle ausgesendete Vernichtungsstrahlung wird mit zwei γ-Detektoren nachgewiesen, die äquidistant links und rechts von der Folie aufgestellt sind. Beim Eintreffen der γ-Strahlung wird in beiden Detektoren je ein Stromstoß erzeugt und über gleichlange Kabel zu einem sog. „Koinzidenzverstärker" geleitet. Dieses Gerät stellt fest, ob die beiden Stromstöße gleichzeitig ankommen oder nicht. Sie kommen gleichzeitig! Daraus folgt, daß die beiden γ-Strahlen sich mit gleicher Geschwindigkeit ausgebreitet haben, obwohl sich die Quelle mit etwa halber Lichtgeschwindigkeit nach rechts bewegte. *Die Lichtgeschwindigkeit ist ersichtlich unabhängig von der Bewegung der Lichtquelle.*

5.6 Lichtgeschwindigkeit und Relativitätsprinzip

Die Lichtgeschwindigkeit hängt also weder von der Bewegung des Beobachters (Wanderung der Erde durch das Weltall beim Michelson-Morley-Experiment) noch von der Bewegung der Lichtquelle (Experiment von Sadeh) ab. Albert Einstein, der den Ausgang des Sadeh-Experimentes vorausahnte, faßte den Sachverhalt 1905 zum *Prinzip von der Konstanz der Lichtgeschwindigkeit* zusammen:

> Im Vakuum breitet sich Licht bezüglich eines jeden Inertialsystems allseitig mit konstanter Geschwindigkeit c aus, gleichgültig ob sich die Lichtquelle bewegt oder nicht. Kurzform: $c = \text{const}$.

So einfach dieses Prinzip ist, so provozierend ist es. **Beispiel:** Ein Raumschiff bewege sich relativ zur Erde mit 200 000 km/s. An seiner Frontseite sei ein Scheinwerfer angebracht. Vom Raumschiff aus gesehen breitet sich das Scheinwerferlicht mit 300 000 km/s aus. Wie groß ist diese Ausbreitungsgeschwindigkeit bezüglich der Erde? Nicht etwa (200 000 + 300 000) km/s, sondern 300 000 km/s. Das versteht man wohl nur, wenn man sich mit folgender Aussage abfinden kann: *„Wegen des Prinzips $c = \text{const}$ verhalten sich bewegte Maßstäbe und Uhren so, daß mit ihnen durchgeführte Messungen der Lichtgeschwindigkeit immer den gleichen Wert c ergeben".*

Neben dem Prinzip von der Konstanz der Lichtgeschwindigkeit spielte das *Relativitätsprinzip* bei der Aufstellung der Einsteinschen Relativitätstheorie eine Rolle. Es besagt, daß die mathematisch formulierten Grundgesetze der Physik, die u.a. Zeit- und Ortskoordinaten enthalten können und deshalb auf ein Koordinatensystem bezogen sind, in allen Inertialsystemen dieselbe Form haben:[3]

Naturgesetze sind in allen Inertialsystemen identisch (Relativitätsprinzip).

Die folgenden Punkte 1. bis 4. sind Argumente für das Relativitätsprinzip:

1. Da die Bewegung eines kräftefreien Körpers in einem Inertialsystem per definitionem mit konstanter Geschwindigkeit $\vec{v}$ erfolgt, gilt in jedem solchen System die Gleichung $\dot{\vec{v}} = 0$.

2. In jedem Inertialsystem gilt das Einsteinsche Prinzip von der Konstanz der Lichtgeschwindigkeit $c = \text{const}$.

3. Die Erde bewegt sich mit einer Geschwindigkeit von 30 km/s auf einer nahezu kreisförmigen Bahn um die Sonne. Ein irdisches Laboratorium kann näherungsweise als ein Inertialsystem betrachtet werden, das in Richtung der an die Erdumlaufbahn angelegten Tangente gleichförmig durch den Weltraum gleitet. Das Inertialsystem S am 21. Juni unterscheidet sich allerdings vom Inertialsystem S' am 22. Dezember. Von S aus betrachtet bewegt sich S' gleichförmig mit etwa 60 km/s. Trotzdem führen Laborexperimente im Sommer und im Winter zu denselben Resultaten, was nur möglich ist, wenn die den Experimenten zu Grunde liegenden Naturgesetze in S und S' dieselben sind.

4. Betrachte in einem Inertialsystem einen ruhenden Kasten K_o und einen Kasten K_v, der sich mit konstanter Geschwindigkeit v bewegt. Beide Kästen sind Inertialsysteme. Da nach dem Relativitätsprinzip die Naturgesetze in K_o und K_v identisch sind, kann ein Kasteninsasse durch Innenbeobachtungen grundsätzlich nicht entscheiden, ob er sich in K_o oder K_v befindet. Das Relativitätsprinzip wird deshalb gelegentlich wie folgt formuliert: *Ob man sich gleichförmig bewegt oder ruht, läßt sich durch Innenbeobachtungen nicht feststellen.* Dieser Behauptung ist zuzustimmen geneigt, wer sich an persönliche Erfahrungen in gleichmäßig fahrenden Eisenbahnwagen oder glatt fliegenden Großraumflugzeugen erinnert: Man merkt einfach nicht, daß man sich bewegt.

Das Relativitätsprinzip wurde schon vor 300 Jahren aus der Newtonschen Mechanik abgeleitet. Daß es nicht nur für mechanische, sondern für alle physikalischen Vorgänge gilt, wurde erst zu Beginn dieses Jahrhunderts erkannt und von Einstein hinsichtlich seiner Konsequenzen untersucht. So entstand die Relativitätstheorie.

---

[3]Damit gleichwertig ist die Aussage, daß die Naturgesetze invariant gegen Lorentztransformation sind.

Kapitel 6

Lorentztransformation

Nach Einstein lassen sich aus dem Prinzip $c = $ const und dem Relativitätsprinzip die in (5.1) eingeführten Formel der Lorentztransformation

$$x' = \frac{x - vt}{\sqrt{1 - (v/c)^2}} \qquad y' = y \qquad z' = z \qquad t' = \frac{t - (v/c^2)x}{\sqrt{1 - (v/c)^2}} \tag{6.1}$$

ableiten. Dabei sind x, y, z, t bzw. x', y', z', t' die Koordinaten desselben Ereignisses in Bezug auf zwei Koordinatensysteme S bzw. S', die sich entlang der x-Achse mit der Geschwindigkeit $v = $ const relativ zueinander bewegen. Wir wollen (6.1) begründen.

6.1 Ableitung der Transformationsformeln

Die Gleichungen $y' = y$ und $z' = z$ besagen, daß Koordinatenachsen senkrecht zur Bewegungsrichtung (= Querstäbe) durch die Bewegung weder kürzer noch länger werden. Man macht sich das durch folgendes „Gedankenexperiment" klar: Auf einem Eisenbahngleis S fahre ein Wagen S' mit konstanter Geschwindigkeit nach „rechts". Vom Wagen aus betrachtet, bewegen sich die Schienen mit entgegengesetzt gleicher Geschwindigkeit nach „links". Für die Frage, ob Querstäbe durch Bewegung länger oder kürzer sind, ist es gleichgültig, ob die Bewegungsrichtung nach rechts oder links erfolgt, da alle Raumrichtungen gleichwertig sind (Isotropie des Raumes). Vor Beginn der Fahrt paßten die Räder des Wagens genau auf die Schienen. Die Wagenachsen, auf die die Räder geschraubt sind, und die Schwellen, die die Schienen auf Abstand halten, sind Querstäbe. Angenommen, Querstäbe werden durch Bewegung länger. Ein Beobachter in S würde dann wie folgt argumentieren: „Die Wagenachsen des fahrenden Wagens sind zu lang, die Schienen werden nach außen gebogen". Ein Beobachter im Wagen S' argumentiert anders: „Die bewegten Schwellen sind zu lang, der Wagen rutscht zwischen die Schienen, ohne daß diese nach außen gebogen werden". Das sind zwei widersprüchliche Aussagen über ein und denselben Vorgang. Also muß die Annahme, bewegte Querstäbe würden länger, falsch sein. Ähnlich zeigt man, daß bewegte Querstäbe nicht kürzer werden können.

Um die x'-Gleichung (6.1) zu erhalten, setzen wir versuchsweise

$$x' = \alpha x + \beta t \tag{6.2}$$

mit noch näher zu bestimmenden Größen α und β. Da die y- und z-Koordinaten beim Übergang von S nach S' nicht verändert werden, haben wir sie in (6.2) gar nicht erst mit aufgenommen. Der Ansatz (6.2) berücksichtigt die Vereinbarung, daß die im Ursprung $x = 0$ von S montierte Uhr die Zeit $t = 0$ anzeigen soll, wenn sie den Ursprung $x' = 0$ von S' passiert. Da das Umrechnungsschema (6.2) in Erlangen und Genf heute und morgen gleich aussehen soll (Homogenität von Raum und Zeit), können die Größen α und β nicht von x und t abhängen. Man erwartet aber, daß sie Funktionen der Relativgeschwindigkeit v zwischen S und S' sind. Wir wollen diese Funktionen ermitteln.

Betrachte dazu den Ursprung des „bewegten" Koordinatensystems S'. Für ihn gilt $x' = 0$ und $x = vt$, letzteres, weil er sich in Bezug auf S mit der Geschwindigkeit v nach rechts bewegt. Setzt man diese Werte für x' und x in Gleichung (6,2) ein, so erhält man $0 = \alpha vt + \beta t$ oder $\beta = -\alpha v$. Damit läßt sich β aus (6.2) eliminieren:

$$x' = \alpha \cdot (x - vt). \tag{6.3}$$

Um die physikalische Bedeutung von α zu erfahren, betrachten wir die S-Uhr im Ursprung $x = 0$ des Koordinatensystems S, die mit einem Gongschlag anzeigt, daß es ein Uhr ist. Dieser Gongschlag ist ein punktförmiges Ereignis, das relativ zu S zur Zeit $t_{\text{gong}} = 1$ Std an der Stelle $x_{\text{gong}} = 0$ stattfindet. Bezüglich des S'-Systems findet derselbe Gongschlag zur Zeit t'_{gong} an der Stelle $x'_{\text{gong}} = -vt'_{\text{gong}}$ statt, letzteres, weil die S-Uhr sich relativ zu S' mit der Geschwindigkeit $-v$ bewegt. Einsetzen der auf S' bzw. S bezogenen Ereigniskoordinaten x'_{gong} bzw. x_{gong} und t_{gong} in die (6.3)-Gleichung $x' = \alpha(x - vt)$ ergibt dann

$$-vt'_{\text{gong}} = \alpha \cdot (0 - v \cdot 1 \text{ Std}) \quad \text{oder} \quad t'_{\text{gong}} = \alpha \cdot 1 \text{ Std} . \tag{6.4}$$

Je nachdem, ob $\alpha < 1$ oder $\alpha = 1$ oder $\alpha > 1$ ist, wird ein Beobachter im S'-System sagen: „Relativ zu meiner ruhenden S'-Uhr geht die mit $-v$ nach links bewegte S-Uhr vor bzw. gleich bzw. nach". α gibt also an, in welcher Weise bewegte Uhren anders gehen als ruhende. Es wird sich herausstellen, daß der Gang einer Uhr durch die Bewegung verlangsamt wird, daß also $\alpha > 1$ ist. Das brauchen wir jetzt aber noch nicht wissen. Für das folgende ist wichtig, daß das Andersgehen bewegter Uhren nicht davon abhängen kann, ob die Bewegung von links nach rechts oder von rechts nach links erfolgt (Isotropie des Raumes). *Der Wert von α darf sich deshalb nicht ändern, wenn man v durch $-v$ ersetzt.* Letzteres wird gleich eine Rolle spielen.

Wir verfolgen als nächstes die Ausbreitung eines zur Zeit $t = t' = 0$ an der Stelle $x = x' = 0$ ausgelösten Lichtsignals entlang der x-Richtung. Da die Lichtgeschwindigkeit wegen des Prinzips von der Konstanz der Lichtgeschwindigkeit unabhängig vom Koordinatensystem den Wert c hat, findet man das Lichtsignal in S an der Stelle $x = ct$ und in S' an der Stelle $x' = ct'$. Einsetzen in (6.3) ergibt

$$ct' = \alpha \cdot (c - v)t \, . \tag{6.5}$$

Bisher wurde S als das „ruhende" und S' als das „mit $+v$ bewegte" Koordinatensystem bezeichnet. Das Relativitätsprinzip besagt, daß wir mit dem gleichen Recht S' als das ruhende und S als ein mit $-v$ bewegtes System betrachten können. Dieser Sachverhalt hat zur Folge, daß eine richtige Aussagen, in der x, t, x', t' und v vorkommen, in eine andere richtige Aussage übergeht, wenn man in ihr die Ersetzungen

$$x \to x' \quad x' \to x \quad t \to t' \quad t' \to t \quad v \to -v \tag{6.6}$$

durchführt. Wir wenden (6.6) auf die Aussage (6.5) an. Da sich der Wert von α, wie wir oben gesehen haben, beim Übergang von v nach $-v$ nicht ändert, erhalten wir

$$ct = \alpha \cdot (c + v)t' \, . \tag{6.7}$$

Multiplikation der linken und rechten Seiten von (6.5) mit (6.7) ergibt

$$c^2 t' t = \alpha^2 \cdot (c - v)(c + v)tt', \tag{6.8}$$

eine Beziehung, die sich nach Wegkürzen von tt' nach α auflösen läßt:

$$\alpha = 1/\sqrt{1 - (v/c)^2} \, . \tag{6.9}$$

Damit nimmt (6.3) die folgende Form an:

$$x' = \frac{x - vt}{\sqrt{1 - (v/c)^2}} \, . \tag{6.10}$$

Wenn wir auf (6.10) das Ersetzungsschema (6.6) anwenden, erhalten wir

$$x = \frac{x' + vt'}{\sqrt{1 - (v/c)^2}} \, . \tag{6.11}$$

Setzt man hier für x' den Ausdruck (6.10) ein, so ergibt sich die Gleichung

$$x = \frac{(x - vt)/\sqrt{1 - (v/c)^2} + vt'}{\sqrt{1 - (v/c)^2}} \, , \tag{6.12}$$

die sich nach t' auflösen läßt:

$$t' = \frac{t - (v/c^2)x}{\sqrt{1 - (v/c)^2}} \, . \tag{6.13}$$

(6.10) und (6.13) sind die beiden wesentlichen Transformationsformeln aus dem Schema (6.1), dessen Ableitung somit abgeschlossen ist.

6.2 Diskussion der Lorentztransformation

Wir stellen noch einmal die Gleichungen (6.1) zusammen:

$$x' = \frac{x - vt}{\sqrt{1 - (v/c)^2}} \quad y' = y \quad z' = z \quad t' = \frac{t - (v/c^2)x}{\sqrt{1 - (v/c)^2}} \; . \tag{6.1}$$

Sie können mit Hilfe der linearen Algebra nach x, y, z und t aufgelöst werden:

$$x = \frac{x' + vt'}{\sqrt{1 - (v/c)^2}} \quad y = y' \quad z = z' \quad t = \frac{t' + (v/c^2)x'}{\sqrt{1 - (v/c)^2}} \; . \tag{6.14}$$

Man erhält (6.14) auch, wenn man in (6.1) die Substitutionen (6.6) durchführt. Die Algebra und das Relativitätsprinzip sind also miteinander verträglich.

Falls sich S' relativ zu S mit einer Geschwindigkeit v bewegt, die sehr viel kleiner als die Lichtgeschwindigkeit c ist, läßt sich (6,1) vereinfachen, indem man dort $v/c \to 0$ setzt:

$$x' = x - vt \quad y' = y \quad z' = z \quad t' = t. \tag{6.15}$$

Diese Gleichungen heißen *Galilei-Transformation*. Die rechte Gleichung besagt, daß die Zeit vom Koordinatensystem unabhängig, daß sie *absolut* ist. Diese Zeiteigenschaft kommt uns „natürlich" vor. Ebenso die linke Gleichung: Um die Koordinate x' in S' zu erhalten subtrahiert man von der Koordinate x in S die Koordinate vt, die der Ursprung von S' zur Zeit t in Bezug auf S hat – eine als „natürlich" empfundene Prozedur. Zu fragen bleibt, warum wir die Galilei-Transformation für „natürlich" halten. Die Antwort ist vermutlich: Weil unsereins seine Vorstellungen über Zeit und Raum aus eigenen Erfahrungen mit bewegten Körpern, die fast immer sehr viel langsamer als das Licht sind, abstrahiert hat. Unser tägliches Leben ist durch die zu (6.15) führende Annahme $v/c \approx 0$ charakterisiert. Für große Geschwindigkeiten $v \sim c$ wird die Galilei-Transformation (6.15) kraß falsch. In diesem Fall müssen wir die vollständigen Transformationsformeln (6.1) oder (6.14) verwenden. Um die Physik kennenzulernen, die sich hinter ihnen verbirgt, diskutieren wir Beispiele.

a) **Die Relativität der Gleichzeitigkeit:** Zwei punktförmige Ereignisse a und b werden beide von je einem Beobachter in S und S' untersucht. Sie finden die folgenden Ereigniskoordinaten: x_a, t_a und x_b, t_b in S bzw. x'_a, t'_a und x'_b, t'_v in S'. Um die Zeit t_a zu bestimmen, kann sich der S-Beobachter z.B. im S-Ursprung vor die S-Uhr stellen und auf ihr die Zeit ablesen, zu der er das a-Ereignis sieht, zu der also das vom a-Ereignis ausgesendete Licht bei ihm eintrifft. Um t_a zu erhalten, muß er von der abgelesenen Zeit die Laufzeit des Lichtes subtrahieren, die zu ermitteln keine Schwierigkeiten bereitet, da die Lichtgeschwindigkeit $c = $ const bekannt ist und der Laufweg mit Maßstäben in S ausgemessen werden kann. Ganz entsprechend verfährt

ein S'-Beobachter bei der Bestimmung von t'_a. – Wenn nun der S'-Beobachter feststellt, daß $t'_a = t'_b$ und $x'_a \neq x'_b$ ist, sagt er, für ihn hätten die Ereignisse a und b
„gleichzeitig an verschiedenen Orten" stattgefunden. Die Zeiten t_a und t_b, die der
S-Beobachter gemessen hat, lassen sich mit der rechten Gleichung (6.14) berechnen.
Für ihre Differenz gilt:

$$t_a - t_b = \frac{t'_a + (v/c^2)x'_a}{\sqrt{1 - (v/c)^2}} - \frac{t'_b + (v/c^2)x'_b}{\sqrt{1 - (v/c)^2}} = \frac{v}{c^2} \cdot \frac{x'_a - x'_b}{\sqrt{1 - (v/c)^2}} \neq 0 \,, \qquad (6.16)$$

woraus $t_a \neq t_b$ folgt. *Offenbar geschehen Ereignisse, die in S' an getrennten Orten
($x'_a \neq x'_b$) gleichzeitig stattfinden, in S nicht gleichzeitig.* Der Begriff gleichzeitig ist
nicht *absolut*, sondern *relativ*, d.h. auf ein bestimmtes Koordinatensystem bezogen.
Wenn Ihnen das nicht einleuchtet, sollten Sie sich darüber klar werden, daß Ihre
„Ahnungen vom Wesen der Zeit" nicht mit dem physikalischen Zeitbegriff (Zeigerstellung von Uhren) übereinzustimmen brauchen. Im Grenzfall $v/c \to 0$, der für
unsere „natürliche Umwelt" charakteristisch ist, verschwindet mit der rechten Seite
von (6.16) auch die Relativität der Gleichzeitigkeit.

b) **Bewegte Uhren:** Eine in S' an der Stelle $x' = 0$ ruhende Uhr ticke in gleichen
Zeitabständen τ_o zu den Zeiten $t'_n = n\tau_o$ mit $n = 0, 1, 2, 3$ usw. Ein in S ruhender
Beobachter bestimmt für die Tickereignisse wegen der rechten Gleichung (6.14) die
Zeiten

$$t_n = \frac{t'_n}{\sqrt{1 - (v/c)^2}} = n\tau_v \quad \text{mit} \quad \tau_v = \frac{\tau_o}{\sqrt{1 - (v/c)^2}} \,. \qquad (6.17)$$

Weil die Uhr in S' ruht und sich relativ zu S mit der Geschwindigkeit v bewegt, ist τ_o
die Vorrückzeit der ruhenden Uhr und τ_v die Vorrückzeit derselben Uhr, wenn sie sich
mit v bewegt. Aus der rechten Gleichung (6.17) folgt $\tau_v > \tau_o$. *Bewegte Uhren gehen
also langsamer als ruhende.* Diese Aussage bezeichnet man als *Einsteinsche Zeitdilatation.* Da wir über den Uhrenmechanismus nichts vorausgesetzt haben, könnten
die Tick-Ereignisse auch die Herzschläge eines Menschen sein, der durchs Universum reist. Sein biologisches Alter wird durch die Zahl der Herzschläge bestimmt. Ein
altersschwaches 90jähriges Herz hat rund $3 \cdot 10^9$mal geschlagen. **Beispiel:** Ein Globe-
trotter, der als 20jähriger eine Weltrundreise mit der Reisegeschwindigkeit $v = 0{,}99 \cdot c$
angetreten hat und heute, 1990, um 10^9 Herzschläge = 30 Jahre gealtert als 50jähriger
zurückkehrt, wäre wegen der Zeitdilatation (6.17) vor 30 Jahren$/\sqrt{1 - 0{,}99^2} = 213$
Jahren gestartet, also Anno 1777, 12 Jahre vor Beginn der Französischen Revolution.
Wer's nicht glaubt, kann sich auch an Fakten halten: Es gibt heute zahlreiche Experimente mit schnell fliegenden Atomen, Atomkernen und Elementarteilchen, die die
eigentümliche Zeitdilatation (6.17) bestätigen.

c) **Bewegte Maßstäbe:** Man unterscheidet *Längsstäbe* und *Querstäbe*, je nachdem ob die Stabachse parallel oder senkrecht zur Bewegungsrichtung steht. Über das Verhalten bewegter Querstäbe gab schon das Eisenbahngedankenexperiment am Anfang dieses Paragraphen Auskunft: Ihre Länge ist von der Bewegung unabhängig. Ganz anders verhalten sich Längsstäbe. Betrachte dazu einen im Koordinatensystem S' ruhenden, parallel zur x'-Achse orientierten Stab, dessen Enden durch die Indizes 1 und 2 gekennzeichnet werden. Die Koordinatendifferenz $x'_2 - x'_1 =: l_o$ wird *Ruhlänge* genannt. Da sich S' relativ zu S mit der Geschwindigkeit v bewegt, hat ein in S beheimateter Beobachter einen bewegten Längsstab vor sich. Um dessen Länge l_v zu messen, bestimmt er *von seinem System S aus gleichzeitig* die Koordinaten x_1 und x_2 der Enden des vorbeifliegenden Stabes und bildet die Differenz, also $l_v := x_2 - x_1$ für $t_2 = t_1$. Aus der linken Gleichung (6.1) ergibt sich dann

$$x'_2 - x'_1 = \frac{x_2 - vt_2}{\sqrt{1 - (v/c)^2}} - \frac{x_1 - vt_1}{\sqrt{1 - (v/c)^2}} = \frac{x_2 - x_1}{\sqrt{1 - (v/c)^2}} \qquad (6.18)$$

und daraus, nach Einführung von l_o und l_v,

$$l_v = l_o\sqrt{1 - (v/c)^2}. \qquad (6.19)$$

Da $l_v < l_o$ ist, gilt: *Längsstäbe werden durch die Bewegung verkürzt.* Diese Verkürzung wird gelegentlich *Lorentz-Kontraktion* genannt. Ein Beobachter im bewegten Koordinatensystem S' merkt die Lorentz-Kontraktion allerdings nicht, da alle Körper in S' längs der Bewegungsrichtung um denselben Faktor $\sqrt{1 - (v/c)^2}$ kürzer werden.

d) **Bewegte Massen:** Vermutlich haben Sie schon gehört, daß ein Körper, der sich mit der Geschwindigkeit v bewegt, die Masse

$$m_v = \frac{m_o}{\sqrt{1 - (v/c)^2}} \qquad (6.20)$$

besitzt. m_o ist die Masse bei $v = 0$ und heißt *Ruhmasse.* Der Nenner $\sqrt{1 - (v/c)^2}$ läßt mit Recht vermuten, daß (6.20) aus den Lorentz-Transformationen (6.1) folgt. Allerdings muß man zusätzlich den sog. Impulserhaltungssatz heranziehen, den wir in Kap. 10 behandeln werden. Wir begründen (6.20) deshalb erst in Kap. 12.2.

Damit endet unser erster Ausflug in die Einsteinsche Relativitätstheorie. Wir waren ihn angetreten, weil wir, um die Bewegung von Körpern beschreiben zu können, ein Koordinatensystem brauchten, das aus Maßstäben und Uhren zusammengesetzt ist, deren Verhalten in der Relativitätstheorie untersucht wird. Wir wissen jetzt, daß unsere „natürlichen" Raum-Zeit-Vorstellungen versagen, wenn Geschwindigkeiten $v \sim c$ im Spiel sind. In den nächsten fünf Kapiteln werden wir uns allerdings auf Bewegungsvorgänge mit $v \ll c$ beschränken. Wir sind dann im Gültigkeitsbereich der Galilei-Transformation, in dem es nur eine Zeit $t = t'$ gibt. Das erleichtert die Analyse.

Kapitel 7

Das Grundgesetz der Mechanik

Sir Isaak Newton (1641-1726) hat 1687 seine *drei Axiome der Mechanik* publiziert. Sie lauten:

1. Es gibt Inertialsysteme, in denen sich kräftefreie Körper gleichförmig bewegen.

2. Ändert ein Körper mit der Masse m in einem Inertialsystem seine Geschwindigkeit $\vec{v}$ im Laufe der Zeit t, so wirkt eine Kraft $\vec{F}$ auf ihn, und es gilt

$$\vec{F} = \frac{d(m\vec{v})}{dt} \, . \tag{7.1}$$

3. Die Kräfte $\vec{F}_{12}$ und $\vec{F}_{21}$, die zwei Körper Nr. 1 und Nr. 2 wechselseitig aufeinander ausüben, sind entgegengesetzt gleich:

$$\vec{F}_{12} = -\vec{F}_{21} \quad (\text{actio} = \text{reactio}) \, . \tag{7.2}$$

Die Axiome 1 und 2 werden auch heute noch als richtig betrachtet. Das 3. Axiom gilt nur mit Einschränkungen, die wir in Kap. 10.1 diskutieren werden. Gleichung (7.1) wird als *Grundgesetz der Mechanik* bezeichnet.

In (7.1) treten die Masse m und die Kraft $\vec{F}$ auf. m ist eine skalare Größe, $\vec{F}$ muß ein Vektor sein, weil die rechte Seite von (7.1) den Vektor $\vec{v}$ enthält. In (6.20) wurde erwähnt, daß die Körpermasse m gemäß

$$m = \frac{m_o}{\sqrt{1 - (v/c)^2}} \tag{7.3}$$

von der Geschwindigkeit v abhängt. Wir wollen zunächst nur Bewegungen mit $v \ll c$ betrachten. Dann ist $(v/c)^2$ eine so kleine Zahl, daß man sie getrost neben Summanden der Größenordnung 1 vernachlässigen kann (nicht-relativistische Näherung)[1]. Wir dürfen die Wurzel im Nenner von (7.3) daher näherungsweise durch 1 ersetzen. Wenn sich Körper also sehr viel langsamer als das Licht bewegen, wird die Körpermasse

---

[1]Beispiel: Für die Bewegung der Erde um die Sonne mit $v \approx 30$ km/s ist $(v/c)^2 \approx 10^{-8} \ll 1$.

eine konstante, von v und t unabhängige Größe. In diesem Fall läßt sich die rechte Seite von (7.1) umschreiben, $d(m\vec{v})/dt = md\vec{v}/dt = m\vec{a}$. Wegen $\vec{a} = \dot{\vec{v}} = \ddot{\vec{r}}$ kann man dann statt (7.1) eine der folgenden Formeln verwenden:

$$\vec{F} = m\vec{a} = m\dot{\vec{v}} = m\ddot{\vec{r}} \quad \text{(nicht-relativistisch)} . \tag{7.4}$$

Diese Beziehungen werden erst nachprüfbar, wenn man neben der Beschleunigung $\vec{a}$ auch die Masse m und die Kraft $\vec{F}$ messen kann. Denn (7.4) sind Gleichungen, in die wir Zahlen (= Meßwerte) einsetzen müssen, wenn wir ihr Zutreffen bestätigen oder widerlegen wollen.

7.1   Massenmessung

Die Masseneinheit 1 kg (Kilogramm), die heutzutage als ein Zylinder aus einer beständigen Platin-Iridium-Legierung in Sèvres bei Paris aufbewahrt wird (siehe SI-Anhang Seite 488), wurde ursprünglich vom Wasser abgeleitet: Eine Wassermenge, die im Dichtemaximum des Wassers (Normaldruck und $3,98°$ Celsius) das Volumen x Kubikdezimeter einnimmt, besitzt die Masse x kg. Da zur Volumenmessung bekannte geometrische Methoden bereitstehen, ist das Problem der Massenmessung für Wasser gelöst. Die Masse eines beliebigen Körpers K läßt sich dann durch Vergleich mit Wasser bestimmen. Wir erwähnen zwei Vergleichsmöglichkeiten (Abb. 7.1):

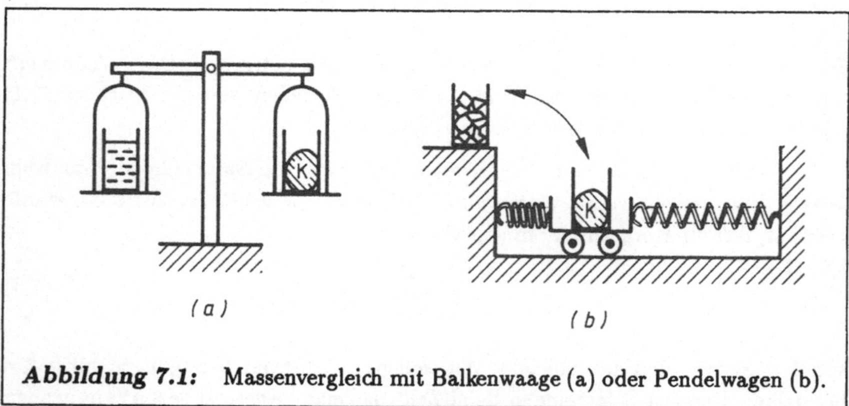

Abbildung 7.1:   Massenvergleich mit Balkenwaage (a) oder Pendelwagen (b).

(a) Man probiert mit einer symmetrischen Balkenwaage aus, welche Wassermenge x dem Körper K das Gleichgewicht hält.

(b) Ein zwischen zwei Federn gespannter Wagen vollführt eine pendelartige Roll-
bewegung mit der Schwingungsdauer T. Wenn man ihn belädt, nimmt T zu.
Man bestimmt T zunächst mit dem Körper K im Wagen. Dann ersetzt man
K durch (zur Vermeidung von Schwappbewegungen eisförmiges) Wasser und
bestimmt die Menge x, die denselben T-Wert bewirkt wie vorher K.

Die nach (a) oder (b) bestimmte Wassermenge x und der Körper K sind massengleich.
Es ist allerdings nicht selbstverständlich, daß (a) und (b) zum selben Meßwert führen.
Der ungarische Physiker Eötvös hat jedoch durch ein geistreiches Experiment im
Jahre 1909 sichergestellt, daß die nach dem Verfahren (a) bestimmte *schwere Masse*
eines Körpers mit extrem hoher Meßgenauigkeit gleich der nach dem Verfahren (b)
bestimmten *trägen Masse* desselben Körpers ist. Wir brauchen uns daher nicht mit
dem Unterschied von schwerer und träger Masse zu belasten und dürfen von der
Masse schlechthin reden.

7.2 Kraftmessung

Um zu einem Meßverfahren für die Kraft $\vec{F}$ zu gelangen, machen wir von dem
Umstand Gebrauch, daß Kräfte die Gestalt eines Körpers verformen können. Bei-
spiel: Die Dehnung einer elastischen Schraubenfeder durch Muskelkraft. Wenn die
Kraft nachläßt, geht die Feder auf ihre ursprüngliche Länge zurück. *Zwei Kräfte
heißen gleich, wenn sie gleichgerichtet sind und die gleiche Federdehnung bewirken.*
In Abb. 7.2 ist ein für Kraftmessungen vorgesehenes *Dynamometer* dargestellt. Eine
Schraubenfeder wird durch die zu messende nach rechts weisende Kraft $\vec{F}$ um die

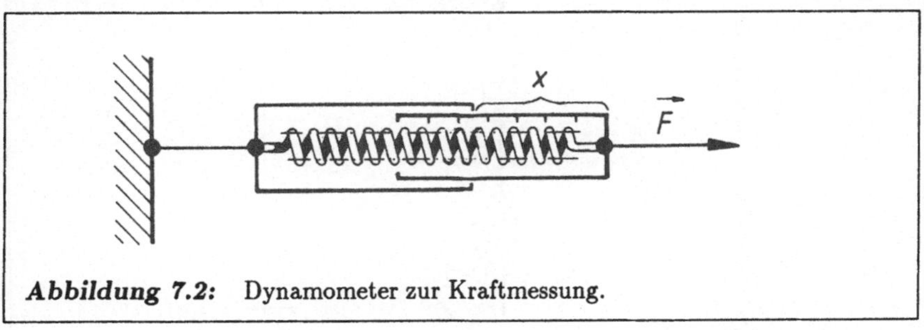

Abbildung 7.2:   Dynamometer zur Kraftmessung.

Strecke x gedehnt. Je größer $\vec{F}$ ist, um so größer ist x. Um die Dehnung x bequem
messen zu können, befestigt man an den durch ● gekennzeichneten Stellen der Schraubenfeder zwei halboffene, ineinander verschiebbare Papphülsen und versieht die innere

Hülse mit einer x-Skala. Die Skala muß natürlich noch in geeigneten „Krafteinheiten"
geeicht werden.

Wenn wir die Masse m in kg und die Beschleunigung a in m/s^2 angeben, ist die
Krafteinheit wegen $\vec{F} = m\vec{a}$ eindeutig festgelegt. *Man nennt diejenige Kraft, die
einem Körper der Masse* 1 kg *eine Beschleunigung von* 1 m/s^2 *erteilt, ein „Newton"*
$= 1\text{N} = 1\,\text{kg}\,\text{m/s}^2$. Aus der Gewichtsformel (7.7) und Galileis Fallexperimenten (3.3)
folgt, daß ein Gegenstand der Masse 1/9,81 Kilogramm $=$ 101,9 Gramm mit der
Einheitskraft 1N von der Erde angezogen wird. Man kann das verwenden, um auf der
x-Skala des Dynamometers zu markieren, welche Dehnung der Kraft 1N entspricht.

Abb. 7.3 zeigt ein nicht nur auf der Erde, sondern auch im schwerefreien Raum prakti-
zierbares Verfahren zur kompletten Dynamometereichung. Man benötigt drei gleiche
Dynamometer $D1$, $D2$ und $D3$, auf deren Hülsen bereits die 1N-Marke angebracht

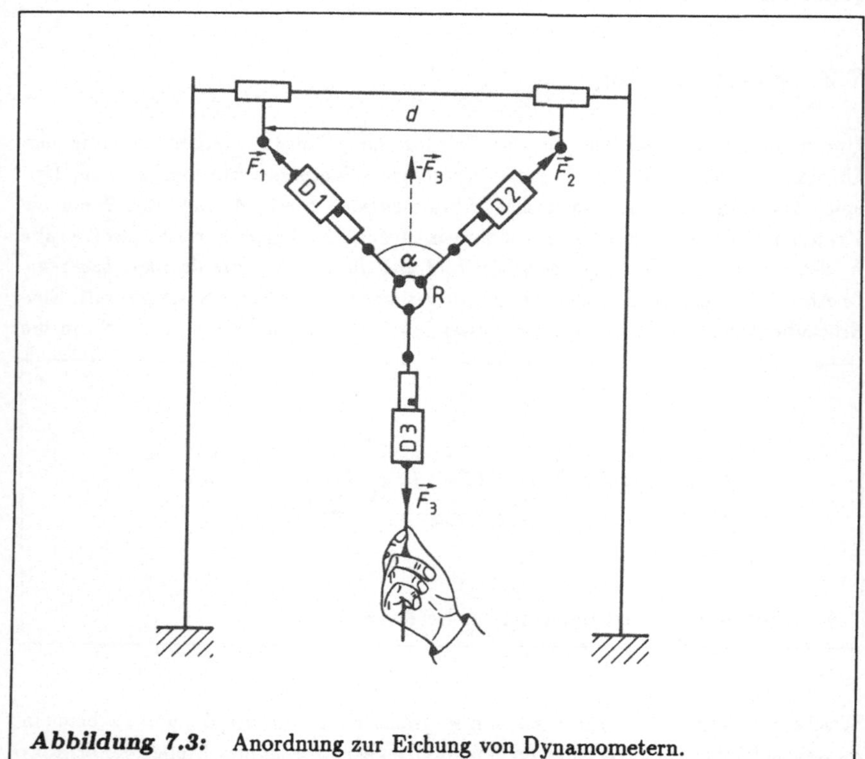

Abbildung 7.3:   Anordnung zur Eichung von Dynamometern.

ist. $D1$ und $D2$ werden im Abstand d voneinander an einer „waagrechten" Stange aufgehängt und über gleichlange Zugseile mit einem kleinen Ring R verbunden, der unter Einschaltung von $D3$ mit einer solchen Kraft $\vec{F}_3$ „nach unten" gezogen wird, daß die Skalen von $D1$ und $D2$ die Beträge der Kräfte $F_1 = F_2 = 1\mathrm{N}$ anzeigen. Die Richtungen von $\vec{F}_1$ und $\vec{F}_2$ schließen den Winkel α ein. Weil der Ring R in Ruhe ist, verschwindet die Vektorsumme aller auf ihn wirkenden Kräfte,

$$\vec{F}_1 + \vec{F}_2 + \vec{F}_3 = 0 \,. \tag{7.5}$$

Aus Abb. 7.3 liest man ab, daß der aufwärts weisende Vektor $-\vec{F}_3$ den Winkel α zwischen $\vec{F}_1$ und $\vec{F}_2$ halbiert. Skalare Multiplikation von (7.5) mit $-\vec{F}_3$ ergibt daher

$$-\vec{F}_3 \cdot (\vec{F}_1 + \vec{F}_2 + \vec{F}_3) = F_3 F_1 \cos\frac{\alpha}{2} + F_3 F_2 \cos\frac{\alpha}{2} - F_3^2 = 0 \,.$$

Aus der rechten Gleichung folgt nach Division durch F_3 wegen $F_1 = F_2 = 1\mathrm{N}$:

$$F_3 = 2\,\mathrm{N} \cdot \cos\frac{\alpha}{2} \,. \tag{7.6}$$

Da man α durch Änderung des Abstandes d der Dynamometer $D1$ und $D2$ variieren kann, läßt sich für F_3 jeder gewünschte Wert zwischen 0 und 2N einstellen und auf der $D3$-Skala markieren. Nachdem wir durch Vertauschung der Dynamometer auch die $D1$- und $D2$-Skalen für Kräfte von 0 bis 2N geeicht haben, wiederholen wir die Prozedur Abb. 7.3 mit dem Unterschied, daß jetzt die 2N-Marken von $D1$ und $D2$ benutzt werden, um F_3-Werte bis zu 4N zu erzeugen. Sie sehen, daß man auf diese Weise die Eichung zu immer größeren Kräften fortsetzen kann. Dabei stellt sich übrigens heraus, daß bei Dynamometerfedern vom Typ Abb. 7.2 die Dehnungsstrecke x zur wirkenden Kraft F proportional ist, wenn man die Feder nicht überdehnt. Abschließend weisen wir darauf hin, daß bei der Ableitung von (7.6) aus (7.5) für die beteiligten Kräfte die Regeln der Vektorrechnung benutzt wurden. Daß sich Dynamometer, die mit Hilfe von (7.6) geeicht wurden, in Praxis bewähren, kann als eine Rechtfertigung der Annahme über den Vektorcharakter der Kräfte gewertet werden.

7.3   Kraft gleich Masse mal Beschleunigung

Nachdem die Kraft $\vec{F}$ mit einem Dynamometer, die Masse m mit einer Waage und die Beschleunigung $\vec{a}$ mit Hilfe von Maßstäben und Uhren gemessen werden können, läßt sich das Grundgesetz der Mechanik $\vec{F} = m\vec{a}$ auf seine Richtigkeit hin testen, z.B. mit dem in Abb. 7.4 skizzierten Versuch. Ein Wagen der Masse m wird durch eine Zugkraft $\vec{F}$ beschleunigt. Der Vorgang wird gefilmt und aus dem Filmstreifen der Ortsvektor $\vec{r}$ des Wagens als Funktion der Zeit t entnommen, um daraus die Wagenbeschleunigung

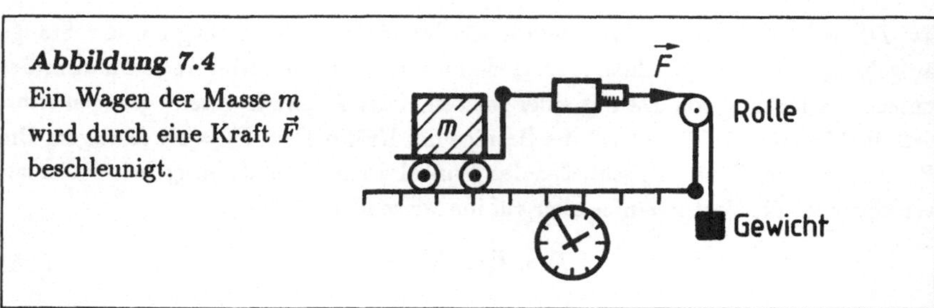

Abbildung 7.4
Ein Wagen der Masse m wird durch eine Kraft $\vec{F}$ beschleunigt.

$\vec{a} = \ddot{\vec{r}}$ abzuleiten. Das Produkt $m\vec{a}$ erweist sich dann im Rahmen der Meßgenauigkeit genau so groß wie die Zugkraft $\vec{F}$, die man auf dem mitgefilmten Dynamometer ablesen kann.

Warum erhält nun das Gesetz $\vec{F} = m\vec{a}$ den gewichtigen Namen *Grundgesetz der Mechanik*? Weil es gestattet, *Bewegungsabläufe, die in der Vergangenheit $t < 0$ stattgefunden haben oder in der Zukunft $t > 0$ stattfinden werden, zu berechnen, wenn man in der Gegenwart $t = 0$ die Orte und Geschwindigkeiten der Körper kennt und weiß, welche Kräfte auf sie wirken.* Die damit mögliche Vorhersagbarkeit von Ereignissen ist das Ziel der Mechanik schlechthin. So lassen sich z.B. Sonnen- und Mondfinsternisse vorausberechnen, da einerseits die Gravitationskräfte zwischen Sonne, Erde und Mond bekannt sind und andererseits die gegenwärtigen Positionen und Geschwindigkeiten von Erde und Mond relativ zur Sonne aus astronomischen Beobachtungen ermittelt werden können. Die zur Durchrechnung solcher planetarischen Probleme erforderlichen mathematischen Methoden sind allerdings verhältnismäßig kompliziert. Wir wollen die Vorausberechnung von Bewegungsabläufen deshalb an einem einfacheren Beispiel demonstrieren, am Wurf.

7.4   Der reibungsfreie Wurf

Jeder materielle Körper wird von der Erde angezogen. Man nennt diese Anziehungskraft das Gewicht $\vec{G}$ des Körpers. $\vec{G}$ weist erfahrungsgemäß nach unten. Um den Betrag von $\vec{G}$ näher zu untersuchen, hängen wir verschiedene Gegenstände mit den Massen $m = 1\,\text{kg}, 2\,\text{kg}, 3\,\text{kg}$ usw. an ein Dynamometer. Die auf der Dynamometerskala abgelesenen Gewichte betragen $G = 9,81\,\text{N}, 19,62\,\text{N}, 29,43\,\text{N}$ usw., gleichgültig, aus welchem Material die Gegenstände gefertigt sind und in welchem bayerischen Physikhörsaal die Messung vorgenommen wird. Das Verhältnis $g := G/m = 9,81\,\text{N/kg}$ ist offenbar eine vom Ort und Gegenstand unabhängige Größe. Da $\text{N/kg} = (\text{kg m/s}^2)/\text{kg} = \text{m/s}^2$ die Beschleunigungseinheit ist, pflegt man $g = 9,81\,\text{m/s}^2$ die *Erdbeschleuni-*

gung zu nennen. Mit dem senkrecht nach unten weisenden, konstanten Vektor $\vec{g}$ vom Betrage g läßt sich das Resultat unserer Gewichtsmessungen vektoriell ausdrücken:

$$\vec{G} = m\vec{g} \,. \tag{7.7}$$

Betrachte nun eine Kugel der Masse m, die sich auf einer Wurfbahn frei durch den Raum bewegt. Luftreibung spiele keine Rolle. Um die Bewegung des Kugelschwerpunktes zu beschreiben, setzen wir in das Grundgesetz der Mechanik (7.4) für die Kraft $\vec{F}$ das Kugelgewicht $\vec{G}$ aus (7.7) ein:

$$m\vec{g} = m\vec{a} = m\dot{\vec{v}} = m\ddot{\vec{r}} \,.$$

Die Masse m kürzt sich weg und es bleibt:

$$\ddot{\vec{r}} = \dot{\vec{v}} = \vec{a} = \vec{g} \,. \tag{7.8}$$

Aus (7.8) kann man durch zweimalige Integration die durch den Ortsvektor $\vec{r}(t)$ beschriebene Bewegung des Kugelschwerpunktes erhalten, wenn man seinen Ort $\vec{r}_o$ und seine Geschwindigkeit $\vec{v}_o$ zur Zeit $t = 0$ kennt. Um die Rechnung durchzuführen, erinnern wir daran, daß die Integration die Umkehrung der Differentiation ist, und daß beim Integrieren eine Integrationskonstante auftritt. Wir integrieren $\dot{\vec{v}}$ aus (7.8) über die Zeit und erhalten die Geschwindigkeit:

$$\vec{v}(t) = \int \dot{\vec{v}} dt = \int \vec{g} dt = \vec{g} t + \vec{C} \,. \tag{7.9}$$

Dabei wurde berücksichtigt, daß man $\vec{g}$ als konstante Größe vor das Integral ziehen darf. Die vektorielle Integrationskonstante $\vec{C}$ wird bestimmt, indem man (7.9) auf $t = 0$ spezialisiert. Dann verschwindet $\vec{g} t$ und es bleibt $\vec{C} = \vec{v}(t = 0) = \vec{v}_o$. Damit wird (7.9):

$$\vec{v}(t) = \vec{v}_o + \vec{g} t \,. \tag{7.10}$$

Wegen $\vec{v} = \dot{\vec{r}}$ erhalten wir den Ort $\vec{r}$, wenn $\vec{v}$ aus (7.10) über t integriert wird:

$$\vec{r}(t) = \int \dot{\vec{r}} dt = \int \vec{v} dt = \int (\vec{v}_o + \vec{g} t) dt = \vec{v}_o t + \vec{g} \frac{t^2}{2} + \vec{D} \,. \tag{7.11}$$

Die Integrationskonstante $\vec{D}$ folgt wieder durch Spezialisierung von (7.11) auf $t = 0$. Mit dem Resultat $\vec{D} = \vec{r}(t = 0) = \vec{r}_o$ lautet (7.11):

$$\vec{r}(t) = \vec{r}_o + \vec{v}_o t + \vec{g} \frac{t^2}{2} \,. \tag{7.12}$$

Kennt man also Ort $\vec{r}_o$ und Geschwindigkeit $\vec{v}_o$ zur Zeit $t = 0$, so folgt die Bahn des Körpers $\vec{r}(t)$ zu jeder anderen Zeit t. Wegen der Willkür von $\vec{r}_o$ und $\vec{v}_o$ enthält

(7.12) unendlich viele Möglichkeiten. Die Willkür von $\vec{r}_o$ und $\vec{v}_o$ bringt zum Ausdruck, daß wir die Freiheit haben, von überall aus in beliebige Richtungen mit beliebigen Geschwindigkeiten beliebige Gegenstände zu werfen. Wenn so ein Gegenstand allerdings erst einmal unterwegs ist, wird sein weiteres Schicksal durch (7.12) diktiert. Unsere Freiheit, auf seine Bewegung Einfluß zu nehmen, haben wir am Anfang des Wurfes vollständig verausgabt.

7.5 Wechselwirkungen

Das Beispiel „reibungsfreier Wurf" hat gezeigt, daß man die Bewegung eines Körpers berechnen kann, wenn man die auf ihn wirkenden Kräfte kennt. Kein Wunder, daß die Physiker seit Newtons Zeiten auf der Suche nach den in der Natur vorkommenden Kräften oder – wie man auch sagt – *Wechselwirkungen* sind. Newton wurde als erster fündig. 1666 entdeckte er das *Gravitationsgesetz*, nach dem sich zwei Punktmassen m_1 und m_2 im Abstand r mit der Kraft

$$F_{\text{Newton}} = \frac{\gamma m_1 m_2}{r^2} \qquad \gamma = \text{Gravitationskonstante} = 6,67 \cdot 10^{-11} \frac{\text{Nm}^2}{\text{kg}^2} \qquad (7.13)$$

gegenseitig anziehen. 1785 fand Coulomb dann das *Coulombsche Gesetz* für die Kraft zwischen zwei elektrischen Punktladungen q_1 und q_2 im Abstand r

$$F_{\text{Coulomb}} = \frac{1}{4\pi\varepsilon_o} \frac{q_1 q_2}{r^2} \qquad \varepsilon_o = \text{Influenzkonstante} = 8,85 \cdot 10^{-12} \frac{\text{A}^2\text{s}^2}{\text{Nm}^2} \; . \qquad (7.14)$$

Die Kraft ist abstoßend für gleichnamige Ladungen und anziehend für ungleichnamige. Es ist interessant, F_{Coulomb} und F_{Newton} miteinander zu vergleichen, etwa im Wasserstoffatom, das ja aus einem Elektron e und einem Proton p besteht. Wegen ihrer entgegengesetzt gleichen Ladungen $|q_e| = q_p = 1,6 \cdot 10^{-19}$ As (Elementarladung) und ihrer von null verschiedenen Massen $m_e = 0,911 \cdot 10^{-30}$ kg und $m_p = 1,672 \cdot 10^{-27}$ kg ziehen sich die beiden Teilchen sowohl aufgrund des Coulombschen Gesetzes als auch aufgrund des Gravitationsgesetzes an. Das Verhältnis der Kräfte ist vom Abstand r unabhängig:

$$\frac{F_{\text{Coulomb}}}{F_{\text{Newton}}} = \frac{|q_e| q_p}{4\pi\varepsilon_o \gamma m_e m_p} = 2,27 \cdot 10^{39} \qquad (7.15)$$

Im Wasserstoffatom ist die elektrische Anziehung also rund 10^{40} mal größer als die Massenanziehung. Darüber darf man sich wundern, wenn man bedenkt, daß Elektromotoren und Wassermühlen vergleichbare Leistungen entwickeln.

Da alle materiellen Körper unserer Umwelt aus Elektronen und Nukleonen (Protonen + Neutronen) zusammengesetzt sind und jedes Nukleon wiederum aus drei

Quarks und einigen *Gluonen* besteht, kann man sich bei der Suche nach den wesentlichen Kräften auf die Wechselwirkungen zwischen den eigentlichen Elementarteilchen (*Elektronen, Quarks, Gluonen...*) beschränken[2]. Dabei hat sich bis heute herausgestellt, daß man alle bekannten elementaren Wechselwirkungen in die folgenden vier Klassen einteilen kann:

1. Starke Wechselwirkung

2. Elektromagnetische Wechselwirkung

3. Schwache Wechselwirkung

4. Gravitation

Die Wechselwirkungen sind der Stärke nach geordnet. Zur *starken Wechselwirkung* gehören sowohl die durch Gluonen vermittelten Kräfte zwischen den drei Quarks eines Nukleons, als auch die Kernkräfte, die die Nukleonen im Atomkern zusammenhalten. Diese Kräfte liefern die Sonnenergie, zerstörten Hiroshima (6.8.1945) und ermöglichen Kernkraftwerke. – Die *elektromagnetische Wechselwirkung* ist rund 100 mal schwächer als die starke. Elektrische Coulombkräfte (7,14) halten Atome, Moleküle, Flüssigkeiten und Festkörper zusammen. Magnetische Kräfte treiben Elektromotoren. Auch elastische Kräfte in gespannten Uhrfedern sind letztlich Wechselwirkungen zwischen den geladenen Atombausteinen und deshalb elektromagnetischer Natur. – Die *schwache Wechselwirkung* ist wiederum rund 10^5 mal schwächer als die elektromagnetische. Sie ist z.B. für den radioaktiven β-Zerfall des Neutrons (vgl. Kap. 37.5) und die bei Abb. 2.2 besprochene Emission linksschraubiger Neutrinos verantwortlich. Sie verletzt als einzige der vier Wechselwirkungen die Spiegelinvarianz der Naturgesetze. Außerdem liefert sie winzige Beiträge zu den in Atomen wirkenden starken und elektromagnetischen Kräften, die man trotz ihrer Kleinheit nachweisen konnte, weil sie im Gegensatz zu allen anderen Kräften nicht spiegelinvariant sind. – Die *Gravitation* steht mit großem Abstand an der letzten Stelle der Wechselwirkungshierarchie. Nach (7.15) ist sie in atomaren Bereichen rund 10^{40} mal schwächer als die starke oder elektromagnetische Wechselwirkung. Daß sie überhaupt zum Tragen kommt und in makroskopischen Bereichen (auf der Erdoberfläche oder im Planetensystem) sogar zur alles beherrschenden Kraft aufsteigt, liegt einerseits an der Kurzreichweitigkeit der starken und schwachen Wechselwirkungen und andererseits an der Neutralität der makroskopischen Materie, die mangels elektrischer Ladung nicht zur Coulombkraft beitragen kann.

---

[2]Mehr Informationen über Quarks und Gluonen finden Sie in Kap 38.

Kapitel 8

Methoden zur Integration der Bewegungsgleichung

Das Grundgesetz der Mechanik $\vec{F} = m\,\ddot{\vec{r}}$ heißt auch die *„Newtonsche Bewegungsglei-chung der klassischen Mechanik“*. Wir haben in Kap. 7.4 am Beispiel „Der reibungs-freie Wurf“ gesehen, daß die Bahn $\vec{r}(t)$ eines Körpers durch zweimalige Integration der Bewegungsgleichung über die Zeit folgt. Dabei treten zwei Integrationskonstanten auf, die z.B. durch den Ort $\vec{r}_o$ und die Geschwindigkeit $\vec{v}_o$ zur Zeit $t = 0$ festgelegt sind. Diese Aussage ist allgemeingültig, allerdings lassen sich die Integrationen fast niemals so leicht durchführen wie beim Wurf. Erst mit dem Aufkommen der Compu-ter ist es möglich geworden, nahezu jedes Bewegungsproblem zu lösen.

8.1 Das Federpendel

Wir wollen am Beispiel eines Federpendels (Abb. 8.1) zwei Integrationsmethoden ge-genüberstellen, die *analytische*, die mit Mitteln der Analysis operiert, und die *nume-*

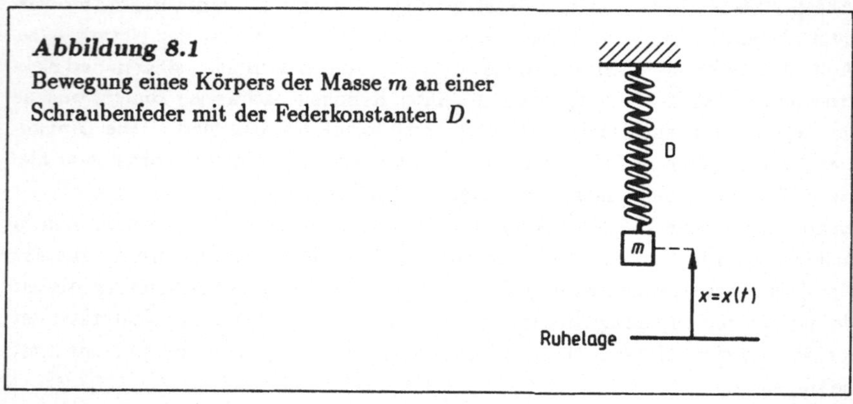

Abbildung 8.1
Bewegung eines Körpers der Masse m an einer
Schraubenfeder mit der Federkonstanten D.

rische, die vom Computer Gebrauch macht. Beim Federpendel schwingt ein Körper der Masse m an einer elastischen Schraubenfeder auf und ab. Wir bezeichnen seine

Auslenkung aus der Ruhelage mit x. Wenn die Feder um die Länge x gestaucht oder gedehnt wird, tritt eine rücktreibende Kraft [1] F auf, die sich zu x proportional erweist:

$$F = -Dx \; . \tag{8.1}$$

Das Minuszeichen bringt zum Ausdruck, daß Federkraft und Auslenkung entgegengesetzt gerichtet sind. Die *Federkonstante D* charakterisiert die Federstärke. D läßt sich experimentell bestimmen, wenn man x und F mit Maßstab und Dynamometer mißt. Die Bewegungsgleichung lautet $F = -Dx = m\ddot{x}$ oder, nach Division durch m,

$$\ddot{x} + \frac{D}{m}x = 0 \quad \text{(Schwingungsgleichung)} \; . \tag{8.2}$$

Gesucht wird die Funktion $x = x(t)$, gemäß der sich die Masse m an der Feder auf und ab bewegt. $x(t)$ muß die Gleichung (8.2) erfüllen und soll zur Zeit $t = 0$ die frei vorgebbaren Anfangswerte $x(t = 0) = x_o$ und $\dot{x}(t = 0) = v_o$ annehmen. Man nennt (8.2) eine *lineare Differentialgleichung zweiter Ordnung*, weil die gesuchte Funktion $x(t)$ *linear* eingeht und höchstens *zweimal* nach t abgeleitet wird. Jedes $x(t)$, welches der Differentialgleichung genügt, wird eine „Lösung" genannt, auch dann, wenn die geforderten Anfangswerte x_o und v_o nicht angenommen werden. Die spezielle Differentialgleichung (8.2) heißt „Schwingungsgleichung", weil ihre Lösungen Schwingungen darstellen.

8.2 Analytische Integration der Schwingungsgleichung

Wir suchen also die Lösungen der Schwingungsgleichung. Da $\ddot{x}$ vorkommt, müssen wir (8.2) zweimal über t integrieren. Dabei treten zwei Integrationskonstanten auf, die dann durch die Anfangswerte x_o und v_o festgelegt werden. Die Integration von (8.2) kann nicht mit den Methoden der gewöhnlichen Integralrechnung durchgeführt werden. In der Regel lassen sich die allgemeinen Lösungen von Differentialgleichungen nur erraten. Dabei können einem manchmal eigene Erfahrungen helfen – oder Erfahrungen, die viele Mathematikergenerationen in den letzten 300 Jahren gesammelt haben. Wenn wir z.B. zur „Kreisbewegung" in Kap. 3.3 zurückblättern, finden wir dort, daß Gleichung (3.21), die eine ähnliche Form wie (8.2) besitzt, durch die Kosinusfunktion (3.19) erfüllt wird. Wir versuchen die Schwingungsgleichung (8.2) deshalb mit folgendem Ansatz

$$x(t) = A \cdot \cos(\omega t - \alpha) \tag{8.3}$$

---

[1] Da die Bewegung eindimensional abläuft, sind die sie bestimmenden Vektoren einkomponentige Größen, deren Vorzeichen die Richtung angibt. Wir verzichten deshalb auf die Vektorkennzeichnung (Pfeil).

zu lösen. A, ω und α sind konstante Größen, die noch bestimmt werden müssen. Aus (8.3) können wir die Geschwindigkeit

$$\dot{x}(t) = -\omega A \cdot \sin(\omega t - \alpha) \tag{8.4}$$

und die Beschleunigung

$$\ddot{x}(t) = -\omega^2 A \cdot \cos(\omega t - \alpha) = -\omega^2 x(t) \tag{8.5}$$

ableiten. Um zu prüfen, ob unser Ansatz eine Lösung der Schwingungsgleichung ist, setzen wir (8.5) und (8.3) in (8.2) ein:

$$\ddot{x} + \frac{D}{m}x = (-\omega^2 + \frac{D}{m})x = 0. \tag{8.6}$$

Die Gleichung ist tatsächlich erfüllt, wenn

$$\omega = \sqrt{D/m} \tag{8.7}$$

gesetzt wird. Der Ansatz (8.3) war also erfolgreich. Die verbleibenden Konstanten A und α sind die erwarteten Integrationskonstanten. Um sie zu bestimmen, spezialisieren wir $x(t)$ aus (8.3) bzw. $\dot{x}(t)$ aus (8.4) auf die Zeit $t = 0$, weil die Anfangswerte $x(t{=}0) = x_o$ bzw. $\dot{x}(t{=}0) = v_o$ vorgegeben sind. Das gibt

$$x_o = A \cdot \cos(-\alpha) \quad \text{bzw.} \quad v_o = -\omega A \cdot \sin(-\alpha) \tag{8.8}$$

oder, wegen $\cos(-\alpha) = \cos\alpha$ und $\sin(-\alpha) = -\sin\alpha$,

$$x_o = A\cos\alpha \quad \text{bzw.} \quad v_o/\omega = A\sin\alpha\,. \tag{8.9}$$

Quadriert man diese beiden Gleichungen und bildet dann ihre Summe, so erhält man

$$x_o^2 + (v_o/\omega)^2 = (A\cos\alpha)^2 + (A\sin\alpha)^2 = A^2(\cos^2\alpha + \sin^2\alpha) = A^2\,. \tag{8.10}$$

Aus dem Verhältnis der beiden (8.9)-Gleichungen folgt

$$\frac{v_o/\omega}{x_o} = \frac{A\sin\alpha}{A\cos\alpha} = \tan\alpha\,. \tag{8.11}$$

(8.10) und (8.11) lassen sich nach den gesuchten Integrationskonstanten auflösen:

$$A = \sqrt{x_o^2 + (v_o/\omega)^2} \quad \alpha = \arctan\left(\frac{v_o}{\omega x_o}\right)\,. \tag{8.12}$$

Damit ist die gestellte Aufgabe: „Lösung der Bewegungsgleichung (8.2) des Federpendels unter Berücksichtigung der Anfangswerte x_o und v_o" erfolgreich erledigt. Die

Lösung $x(t) = A\cos(\omega t - \alpha)$ enthält die in (8.7) angegebene Apparatekonstante ω und die von den Anfangswerten bestimmten Integrationskonstanten A und α aus (8.12).

Wir wollen einige Begriffe einführen. Das Federpendel vollführt eine *harmonische Schwingung* $x(t) = A\cos(\omega t - \alpha)$. Die Zeit für eine Schwingung wird als *Schwingungsdauer* T, die Anzahl der Schwingungen pro Zeit als *Frequenz* $\nu = 1/T$ bezeichnet. Da das Argument des Kosinus im Ausdruck für die harmonische Schwingung während der Zeit T um eine Periode 2π fortschreitet, ist $\omega T = 2\pi$ oder

$$\omega = 2\pi/T = 2\pi\nu \ . \tag{8.13}$$

Man nennt ω die *Kreisfrequenz*. Aus (8.7) und (8.13) läßt sich die Schwingungsdauer T der Masse m an der Feder mit der Federkonstanten D berechnen:

$$T = 2\pi/\omega = 2\pi\sqrt{m/D} \ . \tag{8.14}$$

Da der Kosinus in der harmonischen Schwingung zwischen $+1$ und -1 schwankt, ist A ersichtlich die maximale Auslenkung, auch *Amplitude* genannt. α gibt die *Phasenlage* der Schwingung an. Für $\alpha = \pi/2$ erhält man z.B. eine Sinusschwingung.

Bemerkung: Bei Abb. 3.6 wurde darauf hingewiesen, daß der Schatten eines an einem Rade befestigten Stiftes eine harmonische Schwingung ausführt, wenn das Rad mit konstanter Winkelgeschwindigkeit rotiert. Man kann deshalb bequem überprüfen, ob sich ein Federpendel wirklich harmonisch bewegt, indem man das Schattenbild des Stiftes unmittelbar neben der auf- und abschwingenden Masse des Federpendels erzeugt. Wenn man die Winkelgeschwindigkeit des Rades genauso groß wie die Kreisfrequenz des Federpendels macht und die Anfangswerte passend wählt, läßt sich die Stiftschattenbewegung mit der Pendelbewegung vollständig zur Deckung bringen. Das Pendel schwingt also tatsächlich harmonisch.

8.3 Numerische Integration der Schwingungsgleichung

Da wir bei der analytischen Integration der Bewegungsgleichung auf dem Weg von (8.2) bis (8.12) den Lösungsansatz (8.3) erraten mußten, waren wir auf unser Glück angewiesen. Die „numerische Integrationsmethode", die wir jetzt besprechen wollen, führt zu nicht so eleganten Resultaten. Dafür funktioniert sie automatisch und erlaubt auch dem Glücklosen, die Bewegungsgleichung zu integrieren.

Wir gehen von der Definition der Geschwindigkeit aus,

$$v(t) = \lim_{\Delta t \to 0} \left\{ \frac{x(t + \Delta t) - x(t)}{\Delta t} \right\} \ . \tag{8.15}$$

Wenn Δt sehr klein aber noch nicht Null ist, können wir das lim-Zeichen näherungsweise weglassen und (8.15) nach $x(t + \Delta t)$ auflösen,

$$x(t + \Delta t) \approx x(t) + v(t)\Delta t \,. \tag{8.16}$$

Das Ungefährzeichen $\approx$ geht für $\Delta t \to 0$ in das Gleichheitszeichen über. Da die Beschleunigung $a(t)$ die nach der Zeit abgeleitete Geschwindigkeit ist, gilt analog zu (8.16):

$$v(t + \Delta t) \approx v(t) + a(t)\Delta t \,. \tag{8.17}$$

Hier können wir $a(t)$ wegen des Grundgesetzes der Mechanik durch F/m ersetzen, wobei $F = F(x(t))$ die Kraft auf den bewegten Körper an derjenigen Stelle x ist, an der er sich zur Zeit t befindet:

$$v(t + \Delta t) \approx v(t) + \frac{F(x(t))}{m}\Delta t \,. \tag{8.18}$$

Nun kommt der entscheidende Punkt: Wie ein Blick auf (8.16) und (8.18) zeigt, kann man – bekanntes Kraftgesetzt $F = F(x)$ vorausgesetzt – Ort x und Geschwindigkeit v zur Zeit $t + \Delta t$ berechnen, wenn man x und v zur Zeit t kennt. Angenommen, die Werte x_o und v_o zur Zeit $t = 0$ seien gegeben. Man kann dann die Berechnung von $x(t)$ und $v(t)$ mit x_o und v_o bei $t = 0$ beginnen und von dort in kleinen Zeitschritten Δt in die Zukunft voranschreiten.

Wir demonstrieren die „Strategie der kleinen Schritte" wieder am Beispiel des Federpendels Abb. 8.1. In diesem Fall nimmt (8.18) wegen des Federkraftgesetzes $F(x) = -Dx$ die folgende spezielle Form an:

$$v(t + \Delta t) \approx v(t) - \frac{D}{m}x(t)\Delta t \,. \tag{8.19}$$

Damit kann die *numerische Integration* beginnen. Ausgangspunkt sind die vorgegebenen Anfangswerte x_o und v_o zur Zeit $t = 0$, die man benötigt, um mit Hilfe von (8.16) und (8.19) die Werte $x(\Delta t)$ und $v(\Delta t)$ zur Zeit $t = 0 + \Delta t$ zu berechnen. Dieser erste Schritt und die ihm folgenden sind in Tabelle 8.1 zusammengestellt.

Man muß die Rechnungen von oben nach unten durchführen, da man den x- und den v-Wert aus der jeweils darüberliegenden Zeile braucht. Welchen Wert wählt man für Δt? Damit das $\approx$-Zeichen dem Gleichheitszeichen möglichst nahekommt, soll Δt klein sein, aber nicht zu klein, weil sonst zu viele Schritte nötig sind, um einen vorgegebenen Zeitabstand zurückzulegen. Man findet einen geeigneten Δt-Wert durch Probieren, indem man die Rechnung à la Tabelle mehrfach wiederholt, jedesmal mit einem kleineren Δt-Wert, bis eine noch weitere Δt-Verkleinerung das Resultat nicht mehr merklich ändert.

Zeit	Ort nach (8.16)	Geschwindigkeit nach (8.19)
$t = 0$	$x(0) \quad = x_0 \quad\quad = \text{gegeben}$	$v(0) \quad = v_0 \quad\quad = \text{gegeben}$
$t = \Delta t$	$x(\Delta t) \approx x_0 \quad\quad + v_0\Delta t$	$v(\Delta t) \approx v_0 \quad\quad - \frac{D}{m}x_0\Delta t$
$t = 2\Delta t$	$x(2\Delta t) \approx x(\Delta t) + v(\Delta t)\Delta t$	$v(2\Delta t) \approx v(\Delta t) - \frac{D}{m}x(\Delta t)\Delta t$
$t = 3\Delta t$	$x(3\Delta t) \approx x(2\Delta t) + v(2\Delta t)\Delta t$	$v(3\Delta t) \approx v(2\Delta t) - \frac{D}{m}x(2\Delta t)\Delta t$
...	... ...	... ...

Tabelle 8.1 Numerische Integration der Schwingungsgleichung.

Das Berechnungsschema der Tabelle ist so einfach, daß man die Rechenarbeit einem Computer zumuten kann. Wegen der großen Rolle, die Computer heute in der Physik spielen, wollen wir darauf etwas näher eingehen. Dazu müssen wir wissen, daß ein Computer u.a. folgende Bestandteile enthält:

a) Ein *„Terminal"*, das aus einer schreibmaschinenähnlichen *Tastatur* und aus einem *Sichtgerät* (Bildschirm) besteht. Über die Tastatur kann der Benutzer dem Computer Befehle erteilen oder Daten eingeben. Auf dem Sichtgerät zeigt der Computer dem Benutzer, was bei der Ausführung der Befehle herausgekommen ist.

b) Sehr viele *Zahlenspeicher* S_n, die über ihre individuellen Adressen Nr. n erreicht und mit reellen Zahlen gefüllt werden können. In jeden S_n paßt genau eine Zahl, die gelöscht wird, sobald man eine andere Zahl in S_n eingibt.

c) Einen Zentralrechner oder *„Prozessor"*, der die in den S_n gespeicherten Zahlen $z(S_n)$ lesen kann, mit diesen nach einem „Programm" verschiedene elementare Rechenoperationen (Addition, Subtraktion, Multiplikation, Division) ausführt und das Resultat weiter verarbeitet, z.B. für eine auf dem Bildschirm des Terminals erscheinende Graphik. Moderne Prozessoren schaffen 10^6 bis 10^8 elementare Rechenoperationen pro Sekunde.

Der Computer nimmt uns die Rechenarbeit aus Tabelle 8.1 ab, wenn wir ihm sagen, was er tun muß. Wir schreiben dazu ein Programm. Darunter versteht man eine Folge von Befehlen, die der Prozessor zeitlich nacheinander ausführen soll. Das Programm wird z.B. über die Tatstatur des Terminals eingegeben. Wie sieht ein solches Programm aus?

Bei unserem Federpendel (Abb. 8.1 und Tab. 8.1) habe die Apparatekonstante D/m den Wert 16 Nm^{-1}kg^{-1} = 16 s^{-2}. Gesucht wird die Bewegung $x(t)$ mit den Anfangswerten $x_o = 0,10$ m und $v_o = 0,02$ m s^{-1} für den Zeitraum zwischen $t_o = 0$ und $t_e = 10$ s. Die Schrittweite sei $\Delta t = 0,01$ s. Das Resultat soll in Kurvenform $x = x(t)$ auf dem Terminalbildschirm dargestellt werden. Für die Computerrechnungen sind nur die Zahlenwerte der verschiedenen Größen erforderlich; die zugehörigen Größeneinheiten – hier alle im SI-System – lassen wir weg.

Das Programm beginnt damit, daß der Benutzer die zur Rechnung benötigten Zahlenwerte als INPUT in die folgenden Speicher S_n eingibt (durch Pfeil $\rightarrow$ dargestellt):
INPUT

(1) Apparatekonstante: $D/m = 16 \rightarrow S_1$.

(2) Anfangswerte: $x_o = 0{,}10 \rightarrow S_2$, $v_o = 0{,}02 \rightarrow S_3$, $t_o = 0 \rightarrow S_4$.

(3) Endzeit und Schrittweite: $t_e = 10 \rightarrow S_5$, $\Delta t = 0{,}01 \rightarrow S_6$.

Dann startet er das eigentliche PROGRAM, also die Folge von Befehlen an den Prozessor, die dieser daraufhin ausführt.
PROGRAM

(4) Zeichne Koordinatenkreuz $\overset{x}{+}_t$ auf Bildschirm.

(5) Zeichne in das Kreuz einen Punkt mit den Koordinaten $t = t(S_4)$, $x = x(S_2)$. Hier bedeuten $t(S_4)$ und $x(S_2)$ die Zahlen, die in S_4 und S_2 gespeichert sind.

(6) Berechne $\quad t(S_4) + \Delta t(S_6) = t'$

$$x(S_2) + v(S_3) * \Delta t(S_6) = x'$$

$$v(S_3) - \tfrac{D}{m}(S_1) * x(S_2) * \Delta t(S_6) = v' \ .$$

(7) Gib $t' \rightarrow S_4$, $x' \rightarrow S_2$, $v' \rightarrow S_3$.

(8) Geh zurück nach (5), bis $t(S_4) > t_e(S_5)$ ist. Dann stop.

Während das PROGRAM läuft, entsteht auf dem Bildschirm eine aus 1000 Bildpunkten zusammengesetzte, phasenverschobene Kosinuskurve mit den vorgegebenen Anfangswerten x_o und v_o, die in dem berechneten Zeitintervall $t_e - t_o = 10$ s etwa 6 mal auf- und abschwingt.

Was nun, wenn man $x(t)$ für andere Anfangswerte x_o und v_o berechnen möchte? Nichts einfacher als das. Man gibt im INPUT (2) die anderen x_o- und v_o-Werte ein und startet das PROGRAM. Ähnlich verfährt man, wenn man die Schrittweite Δt verfeinern (INPUT (3)) oder ein Federpendel mit einem anderen D/m-Wert (INPUT (1)) beschreiben will.

8.4 Numerische Integration einer komplizierten Bewegungsgleichung

Um die Leistungsfähigkeit der numerischen Integrationsmethode zu demonstrieren, gehen wir vom einfachen Federpendel Abb. 8.1 zum komplizierteren Pendelmechanismus Abb. 8.2 über. Der an der Schraubenfeder aufgehängte Körper, ein kurzer Stabmagnet mit der Masse m, führt seine Bewegung $x = x(t)$ über einem feststehenden, langen Stabmagneten aus. Die Orientierung der Magnetstäbe (N = Nordpol, S = Südpol) geht aus Abb. 8.2 hervor. Die Gleichgewichtslage, die der kurze Magnet m bei Abwesenheit des langen Magneten einnehmen würde, liege an der Stelle

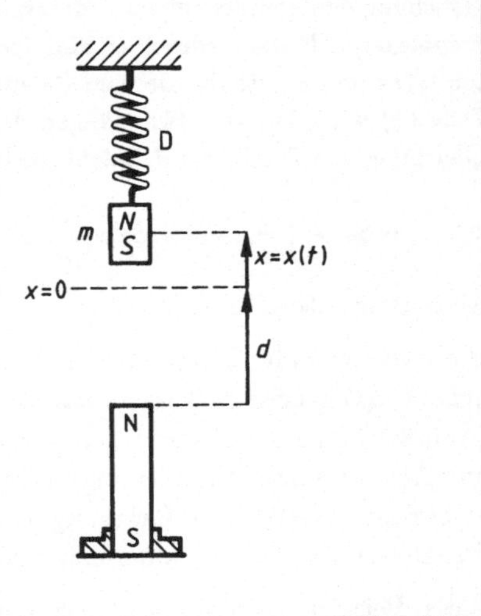

Abbildung 8.2
Bewegung eines an einer Feder aufgehängten Magneten bei Anwesenheit eines zweiten Magneten. Die Position $x = 0$ wäre die Ruhelage des hängenden Magneten, wenn der untere Magnet fehlen würde.

$x = 0$. Im Abstand d unter dieser Stelle befindet sich der Nordpol des langen Magnetstabes. Auf m wirkt jetzt neben der Federkraft $F_{\text{Feder}} = -Dx$ die magnetische Anziehungskraft F_{magn}, die wir experimentell ermitteln können, indem wir mit Hilfe eines Dynamometers die Kraft messen, die der lange Stabmagnet auf den kurzen ausübt, wenn sich letzterer an der Stelle x befindet. Die Meßresultate lassen sich näherungsweise durch die Formel

$$F_{\text{magn}} = -C/(d+x)^3 \tag{8.20}$$

darstellen. Das Minuszeichen deutet die Kraftrichtung nach unten an. Die Konstante C hängt von den Stärken der beiden Magneten ab. Für den kurzen Stabmagneten lautet das Grundgesetz der Mechanik damit:

$$\frac{F}{m} = -\left(\frac{D}{m}x + \frac{C/m}{(d+x)^3}\right) = \ddot{x}\ . \tag{8.21}$$

Versucht man die richtige Lösung $x(t)$ von (8.21) zu erraten, wird man schnell enttäuscht. Keine der Funktionen, die man kennt, löst (8.21). Die Methode der strengen Integration kapituliert also schon vor so simplen Bewegungen wie die unseres kleinen Magneten in Abb. 8.2. Für den Computer ist das Problem dagegen nicht schwieriger als das ursprüngliche aus Abb. 8.1. Eine Durchsicht des Computerprogramms zeigt, daß das Kraftgesetz – und das ist alles, was geändert wurde – nur in die untere Gleichung des PROGRAM-Befehls (6) eingeht. Wir ersetzen daher in dieser Gleichung den von der reinen Federkraft herrührenden Term $-(D/m) * x$ durch den komplexeren F/m-Ausdruck (8.21), der neben D/m zwei weitere Apparatekonstanten C/m und d enthält, die vom Benutzer eingegeben werden müssen. Die INPUT-Zeile (1) wird deshalb etwas länger: $D/m \to S_1$, $C/m \to S_7$, $d \to S_8$. Die untere Gleichung von PROGRAM-Befehl (6) lautet dann

$$v(S_3) - \left\{\frac{D}{m}(S_1) * x(S_2) + \frac{C}{m}(S_7) * [(d(S_8) + x(S_2)]^{-3}\right\} * \Delta t(S_6) = v'\ .$$

Alles übrige bleibt unverändert.

Die vom Computer berechneten und auf dem Bildschirm dargestellten Bewegungsabläufe $x(t)$ hängen in charakteristischer Weise von den Anfangswerten x_o und v_o ab (Abb. 8.3). Sind diese „sanft" genug, erhält man sich periodisch wiederholende Auf- und Abbewegungen, die allerdings nicht harmonisch sind. Sind die x_o- und v_o-Werte zu „rigoros", verläuft die Bewegung ohne Wiederholung, weil der kleine Magnet auf den großen klatscht und daran haften bleibt.

Dieses Beispiel macht klar, daß man jedes eindimensionale Bewegungsproblem durch unser Computerprogramm lösen kann, wenn man in der unteren Gleichung des PROGRAM-Befehls (6) das jeweils wirkende Kraftgesetz berücksichtigt. Auch die numerische Integration eines dreidimensionalen Bewegungsvorganges unter dem Einfluß einer Kraft, die von x, y und z abhängt, verläuft im Prinzip nicht anders. Das Computerprogramm wird zwar etwas länger, aber was macht das schon, wenn man an die immense Rechengeschwindigkeiten moderner Rechenanlagen denkt. Soll man

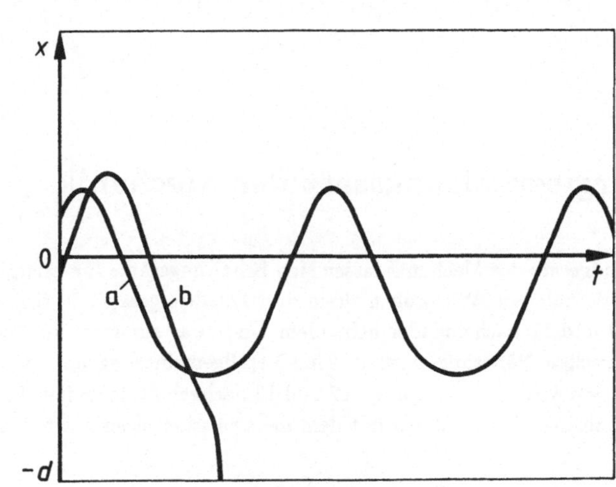

Abbildung 8.3:   Zwei mögliche Bewegungstypen der in Abb. 8.2 angegebenen
Versuchsanordnung. Ob die Bewegung periodisch (a) oder ohne Wiederholung
(b) abläuft, hängt von den Anfangswerten x_o und v_o ab.

also nur noch mit dem Computer rechnen? Das wäre dumm – und sei er nur wegen
der mathematischen Eleganz der analytischen Lösung, deren Schönheit durch keine
noch so raffinierte graphische Darstellung einer numerischen Lösung überboten werden kann. Daher der Ratschlag: Rechnen Sie nur dann numerisch, wenn es analytisch
partout nicht geht. Es sei denn, Sie sind in Eile.

Kapitel 9

Der Energieerhaltungssatz der Mechanik

Aus dem Grundgesetz der Mechanik lassen sich Erhaltungssätze für Energie, Impuls und Drehimpuls ableiten. Wir wollen diese drei Erhaltungssätze in den folgenden Kapiteln 9, 10 und 11 nacheinander behandeln, und zwar zunächst im Rahmen der nicht-relativistischen Näherung $v \ll c$. Eine Verallgemeinerung auf relativistische Verhältnisse $v \sim c$ wird in den Kapiteln 12 und 13 nachgeholt, jedenfalls für Energie- und Impulserhaltung. Wir beginnen mit dem mechanischen Energieerhaltungssatz.

9.1 Arbeit

Betrachte ein materielles Teilchen, das auf einer Bahnkurve (Abb. 9.1) von a nach b gebracht wird. Auf das Teilchen wirke eine Kraft $\vec{F}$, die vom jeweiligen Teilchenort $\vec{r}$ abhängen kann. Wir schreiben deshalb $\vec{F} = \vec{F}(\vec{r})$. Die Bahn von a nach b läßt sich

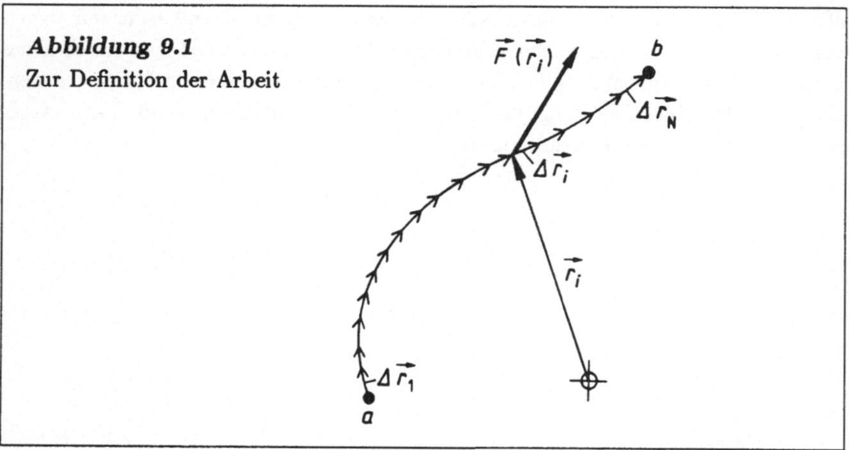

aus kurzen Wegen $\Delta\vec{r}_1 \ldots \Delta\vec{r}_i \ldots \Delta\vec{r}_N$ zusammenstückeln. Diese Wegstückchen sind kleine Vektoren entlang der Bahnkurve. Sei nun $\vec{r}_i$ derjenige Ort auf der Bahn, an dem sich $\Delta\vec{r_i}$ befindet. Man nennt das Skalarprodukt der an dieser Stelle wirkenden Kraft $\vec{F}(\vec{r_i})$ mit $\Delta\vec{r_i}$ die Arbeit ΔA_i, die $\vec{F}$ am Teilchen verrichtet, wenn dieses um das Stückchen $\Delta\vec{r_i}$ verschoben wird,

$$\Delta A_i := \vec{F}(\vec{r_i}) \cdot \Delta\vec{r_i} \ . \tag{9.1}$$

Auf dem Weg von a nach b verrichtet $\vec{F}$ dann insgesamt die Arbeit

$$A(a,b) = \sum_{i=1}^{N} \vec{F}(\vec{r_i}) \cdot \Delta\vec{r_i} \ . \tag{9.2}$$

Die Einteilung in Stücke $\Delta\vec{r_i}$ kann verfeinert werden. Die Anzahl der Glieder in (9.2) wird dadurch natürlich größer. Man schreibt für (9.2) bei unendlich feiner Unterteilung:

$$A(a,b) = \int_a^b \vec{F}(\vec{r}) \cdot d\vec{r} \tag{9.3}$$

und sagt: „Arbeit ist das Integral $\vec{F} \cdot d\vec{r}$ auf dem Weg von a nach b". Da Arbeit „Kraft mal Weg" ist, wird sie in Newtonmeter Nm, auch Joule J oder Wattsekunde Ws genannt, gemessen. Wir erläutern (9.3) an drei Beispielen:

a) **Hubarbeit**: Abb. 9.2 zeigt einen Block der Masse m, welcher mit dem Gewicht $G = mg$ von der Erde angezogen wird. Wir führen ein Koordinatensystem mit den

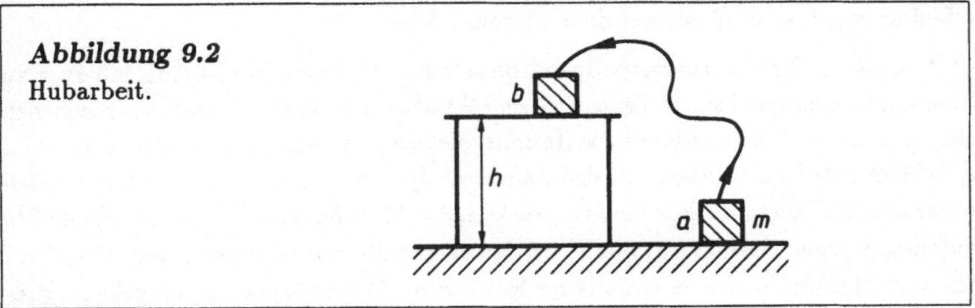

Abbildung 9.2
Hubarbeit.

achsenparallelen Einheitsvektoren $\vec{e_x}$, $\vec{e_y}$, $\vec{e_z}$ ein, dessen z-Achse nach oben weist. Da das Gewicht nach unten gerichtet ist, gilt dann $\vec{G} = -\vec{e_z}mg$. Wir wollen den Block vom Fußboden a auf eine Tischplatte b der Höhe h heben und die Arbeit $A(a,b)$, die dabei von uns verrichtet wird, nach (9.3) berechnen. Um das Gewicht $\vec{G}$ zu überwinden, müssen wir in jedem Moment eine Gegenkraft $\vec{F} = -\vec{G} = \vec{e_z}mg$ aufbringen. Neben $\vec{F}$ tritt im Integranden (9.3) das vektorielle Linienelement $d\vec{r}$ auf. Wegen $\vec{r} = \vec{e_x}x + \vec{e_y}z + \vec{e_z}z$ ist $d\vec{r} = \vec{e_x}dx + \vec{e_y}dy + \vec{e_z}dz$, woraus sich $\vec{F} \cdot d\vec{r} = mg\vec{e_z} \cdot d\vec{r} = mgdz$ ergibt. Die beim Heben des Klotzes zu verrichtende Arbeit (9.3) beträgt also

$$A(a,b) = \int_a^b \vec{F} \cdot d\vec{r} = \int_a^b mgdz = mg\int_a^b dz = mg(z_b - z_a) = mgh \ . \tag{9.4}$$

$z_b - z_a = h$ ist die Höhendifferenz zwischen den Punkten a und b. Man nennt mgh die *Hubarbeit*. Es ist gleichgültig, auf welchem Weg man m von a nach b transportiert. Die Hubarbeit hängt nur vom Höhenunterschied zwischen End- und Anfangslage ab. Man kann also in Abb. 9.2 beliebig viel Verbindungskurven zwischen a und b einzeichnen; die Hubarbeit ist unabhängig davon, auf welcher dieser Kurven der Transport von a nach b erfolgt.

b) **Spannarbeit**: Wir dehnen eine elastische Schraubenfeder um die Länge x_a. Um die Federkraft $-Dx$ zu überwinden, muß man die Gegenkraft $F = +Dx$ aufbringen. Das Skalarprodukt $\vec{F} \cdot d\vec{r}$ aus (9.3) ist daher $Dx \cdot dx$. Die Arbeit, die wir beim Dehnen der Feder von $x = 0$ bis $x = x_a$ verrichten, beträgt dann

$$A(0, x_a) = \int_0^{x_a} Dx\,dx = \frac{D}{2} x^2 \Big|_0^{x_a} = \frac{D}{2} x_a^2 \, . \tag{9.5}$$

Man nennt (9.5) die *Spannarbeit*. Sie ist wieder unabhängig davon, auf welchem Wege man von $x = 0$ nach $x = x_a$ gelangt. Es muß nicht der kürzeste sein. Wenn man die Feder z.B. zunächst von $x = 0$ bis $x_b > x_a$ überdehnt und anschließend von x_b auf x_a entspannt, ist die Arbeit

$$A(0, x_b) + A(x_b, x_a) = \frac{D}{2} x_b^2 + \frac{D}{2} (x_a^2 - x_b^2) = \frac{D}{2} x_a^2 = A(0, x_a)$$

offenbar genau so groß wie auf dem kürzesten Weg.

c) **Arbeit in Kraftfeldern proportional zu $1/r^2$**: Betrachte in Abb. 9.3 zwei zu Massenpunkten idealisierte Teilchen 1 und 2 mit den Massen m_1 und m_2. Sie ziehen sich wegen des Newtonschen Gravitationsgesetzes gegenseitig an. Wenn es sich um elektrisch geladene Teilchen mit den Ladungen q_1 und q_2 handelt, üben sie zusätzlich aufgrund des Coulombschen Gesetzes elektrische Abstoßungs- oder Anziehungskräfte aufeinander aus. Nach (7.13) und (7.14) ist sowohl die Newtonsche Gravitationskraft als auch die Coulombsche elektrische Kraft zum Abstandsquadrat umgekehrt proportional. Sei $\vec{r}$ der vom Teilchen 1 zum Teilchen 2 reichende Abstandsvektor. Dann ist $\vec{r}/r^3$ ein Vektor vom Betrag $1/r^2$, mit dessen Hilfe man die Newtonsche und die Coulombsche Kraft in kompakter Form niederschreiben kann:

$$\vec{F}_{12} = -\vec{F}_{21} = \mu \frac{\vec{r}}{r^3} \quad \text{mit} \quad \mu := \frac{q_1 \cdot q_2}{4\pi\varepsilon_o} - \gamma m_1 \cdot m_2 \, . \tag{9.6}$$

$\vec{F}_{12}$ und $\vec{F}_{21}$ sind die Kräfte, die Teilchen 1 auf Teilchen 2 und Teilchen 2 auf Teilchen 1 ausübt. Sie erweisen sich als entgegengesetzt gleich, in Übereinstimmung mit dem 3. Newtonschen Axiom *actio = reactio*. Die für ein vorgegebenes Teilchenpaar charakteristische Konstante μ enthält zwei Terme. Der erste berücksichtigt das Coulombsche Gesetz, der zweite das Newtonsche Gravitationsgesetz. Im Wasserstoffatom

(Teilchen 1 = Proton, Teilchen 2 = Elektron) braucht man wegen der Schwäche der Gravitation, die wir bei (7.15) abgeschätzt haben, nur den Coulombterm zu berücksichtigen. Im Planetensystem (Teilchen 1 = Sonne, Teilchen 2 = Planet) spielt wegen der elektrischen Neutralität der Himmelskörper nur der Gravitationsterm eine Rolle.

Wir wollen nun Teilchen 2 von einem unendlich weit entfernten Ort bis zum Punkt P an Teilchen 1 heranbringen (Abb. 9.3) und die dabei von uns abverlangte Arbeit $A(\infty, P)$ berechnen. Um die Kraft $\vec{F}_{12}$ aus (9.6) zu überwinden, müssen wir die

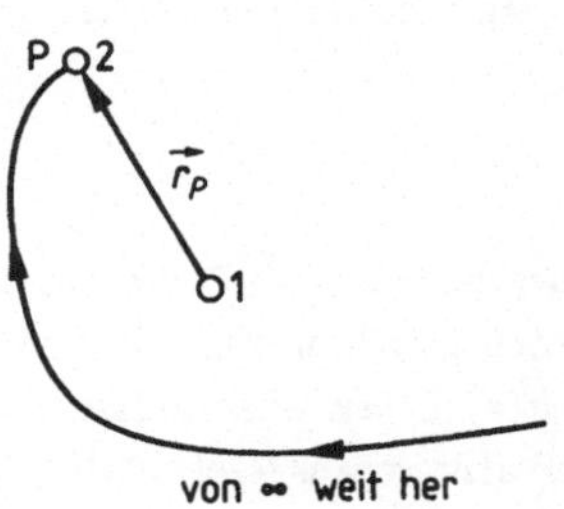

Abbildung 9.3
Teilchen 2 wird aus dem Unendlichen bis auf den Abstand r_P an Teilchen 1 herangebracht.

Gegenkraft $\vec{F} = -\vec{F}_{12} = -\mu\vec{r}/r^3$ aufwenden:

$$A(\infty, P) = \int_{\infty}^{P} \vec{F} \cdot d\vec{r} = -\int_{\infty}^{P} \frac{\mu}{r^3}\vec{r} \cdot d\vec{r} \,. \tag{9.7}$$

Für das im rechten Integral auftretende Skalarprodukt $\vec{r} \cdot d\vec{r}$ kann man $r\,dr$ setzen.[1] Aus (9.7) folgt dann

$$A(\infty, P) = -\mu_o \int_{\infty}^{P} \frac{dr}{r^2} = \frac{\mu}{r}\bigg|_{\infty}^{P} = \frac{\mu}{r_P} \,. \tag{9.8}$$

r_P ist der Abstand der beiden Teilchen in der Endposition. Die Arbeit ist auch in diesem Beispiel unabhängig von der speziellen Form des Weges, auf dem Teilchen 2 von ∞ an die Stelle P gebracht wurde.

9.2 Konservative Kräfte und Energieerhaltung

Nachdem wir uns anhand von Beispielen mit der „Arbeit" vertraut gemacht haben, führen wir den Begriff *potentielle Energie* E_{pot} ein. Arbeit und E_{pot} haben dieselbe

---

[1] Für jeden Vektor $\vec{a}$ ist $\vec{a} \cdot \vec{a} = a^2$. Differenzieren beider Seiten ergibt $d(\vec{a} \cdot \vec{a}) = 2\vec{a} \cdot d\vec{a} = d(a^2) = 2a\,da$ und folglich $\vec{a} \cdot d\vec{a} = a\,da$.

Dimension „Kraft mal Weg". Wir beschränken uns auf solche Kräfte, für welche die Arbeit, die sie auf einem Weg von a nach b verrichten, von der Form des Weges unabhängig ist. Kräfte, für die das zutrifft, heißen *konservativ*. Elastische Federkräfte, die elektrostatischen Kräften zwischen geladenen Körpern (Coulombgesetz) und die Massenanziehungskräfte (Newtons Gravitationsgesetz, Spezialfall Gewicht) sind Beispiele für konservative Kräfte. Reibungskräfte sind dagegen nicht konservativ. Um nun E_{pot} für eine konservative Kraft zu definieren, setzen wir zunächst einen beliebigen Bezugspunkt P_o fest. Dann bringen wir einen Massenpunkt von P_o an einen Ort P und bezeichnen die von uns aufzubringende Arbeit $A(P_o, P)$ als die potentielle Energie $E_{\text{pot}}(P)$ des Massenpunktes an der Stelle P:

$$E_{\text{pot}}(P) := -\int_{P_o}^{P} \vec{F}(r) \cdot d\vec{r}\,. \tag{9.9}$$

Hier bedeutet $\vec{F}(\vec{r})$ die auf den Massenpunkt wirkende Kraft (also etwa sein nach unten gerichtetes Gewicht im Schwerefeld der Erde), die wir durch eine Gegenkraft $-\vec{F}(\vec{r})$ überwinden müssen, wenn wir ihn von P_o nach P schaffen. Weil $\vec{F}$ als konservativ vorausgesetzt wird, hängt $E_{\text{pot}}(P)$ nur vom Ort P des Massenpunktes ab und nicht davon, auf welchem Weg er nach dorthin gelangt ist. Für nichtkonservative Kräfte hat der Begriff $E_{\text{pot}}(P)$ keinen Sinn,

Betrachte nun in Abb. 9.4 ein Teilchen der Masse m, das sich unter dem Einfluß der konservativen Kraft $\vec{F}$ nach dem Grundgesetz der Mechanik $\vec{F} = m\dot{\vec{v}}$ auf der Teilchenbahn von a nach b bewegt. Wir wollen das Wegintegral $\vec{F} \cdot d\vec{r}$ von a nach b berechnen, einmal auf der Bahn des Teilchens und einmal auf einem Weg, der über den zur Definition von E_{pot} benötigten festen Punkt P_o führt. Weil die Wegintegrale für konservative Kräfte von der Form des Weges unabhängig sind, ist

$$\begin{aligned}
\int_{a\,\text{Bahn}}^{b} \vec{F} \cdot d\vec{r} &= \int_{a}^{P_o} \vec{F} \cdot d\vec{r} + \int_{P_o}^{b} \vec{F} \cdot d\vec{r} \\
&= -\int_{P_o}^{a} \vec{F} \cdot d\vec{r} + \int_{P_o}^{b} \vec{F} \cdot d\vec{r} = E_{\text{pot}}(a) - E_{\text{pot}}(b)\,.
\end{aligned} \tag{9.10}$$

Die rechte Gleichung folgt aus der E_{pot}-Definitionsgleichung (9.9). Auf der Bahn ist $\vec{F} = md\vec{v}/dt$ und $d\vec{r} = \vec{v} \cdot dt$ und daher

$$\vec{F} \cdot d\vec{r} = m\frac{d\vec{v}}{dt} \cdot \vec{v}dt = m\vec{v} \cdot d\vec{v} = mv\,dv = d(\frac{m}{2}v^2)\,, \tag{9.11}$$

so daß

$$\int_{a\,\text{Bahn}}^{b} \vec{F} \cdot d\vec{r} = \int_{a}^{b} d(\frac{m}{2}v^2) = \frac{m}{2}v_b^2 - \frac{m}{2}v_a^2 = E_{\text{pot}}(a) - E_{\text{pot}}(b)\,. \tag{9.12}$$

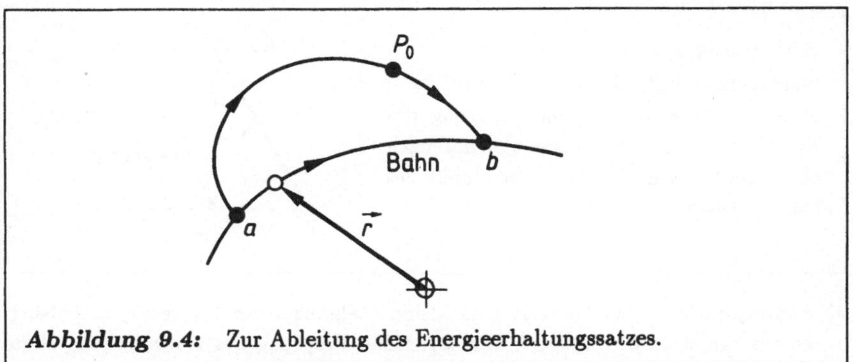

Abbildung 9.4: Zur Ableitung des Energieerhaltungssatzes.

Das rechte Gleichheitszeichen gilt wegen (9.10), v_a und v_b sind die Teilchengeschwindigkeiten auf den Bahnpunkten a und b. Man nennt die Größe

$$\frac{m}{2}v^2 =: E_{\text{kin}} \tag{9.13}$$

die (nicht-relativistische) *kinetische Energie* des Massenpunktes. Führt man E_{kin} in (9.12) ein, erhält man nach Umordnung

$$E_{\text{kin}}(b) + E_{\text{pot}}(b) = E_{\text{kin}}(a) + E_{\text{pot}}(a) . \tag{9.14}$$

Die Summe $E_{\text{kin}} + E_{\text{pot}}$ hat also bei a und b denselben Wert. Da b irgendwo auf der Bahn liegen kann, ist $E_{\text{kin}} + E_{\text{pot}}$ während der Bewegung konstant. Man bezeichnet die Summe von kinetischer und potentieller Energie als die (nicht-relativistische) *mechanische Gesamtenergie E*. Damit ist.

$$E_{\text{kin}} + E_{\text{pot}} = E = \text{const} . \tag{9.15}$$

Diese Aussage nennt man den *Energieerhaltungssatz der Mechanik*. Wie wir gesehen haben, folgt er aus dem Newtonschen Grundgesetz, allerdings nur für konservative Kräfte. Falls nicht-konservative Reibunskräfte beteiligt sind, gilt der mechanische Energieerhaltungssatz höchstens näherungsweise, etwa dann, wenn die Reibungskräfte klein sind.

9.3 Anwendungen des Energieerhaltungssatzes

Wir wollen den Energieerhaltungssatz an vier Beispielen erläutern:

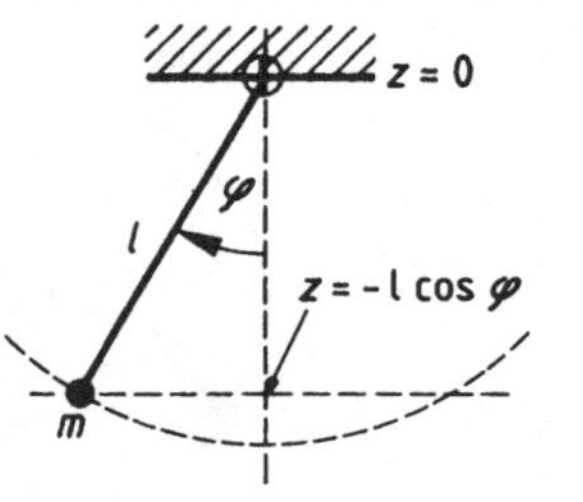

Abbildung 9.5
Fadenpendel mit Masse m, Fadenlänge l und Auslenkwinkel φ. Der Ursprung des Koordinatensystems, dessen z-Achse nach oben weist, ist in den Aufhängepunkt des Fadens gelegt.

a) **Fadenpendel**: Abb. 9.5 zeigt eine kleine Stahlkugel der Masse m, aufgehängt an einem Faden an der Länge l. Wir legen den Ursprung des Koordinatensystems $\odot$ in den Aufhängepunkt des Fadenpendels. Die z-Achse weise nach oben. Wenn der Faden um den Winkel φ ausgelenkt wird, ist die z-Koordinate des Kügelchens ersichtlich $z = -l\cos\varphi$. Wenn man die Kugel auslenkt und dann losläßt, pendelt sie hin und her. $\varphi = \varphi(t)$ ändert sich also im Laufe der Zeit. Der Energiesatz hilft uns, für $\varphi(t)$ eine Differentialgleichung aufzustellen. Um die potentielle Energie des Pendels im Schwerefeld der Erde zu bestimmen, legen wir den Bezugspunkt P_o in den Ursprung des Koordinatensystems. Wenn wir die Kugel von P_o an eine Stelle der Höhe z schaffen, verrichten wir die in (9.4) berechnete Hubarbeit mgz. Diese von uns aufgebrachte Arbeit ist aber die potentielle Energie. Für die Kugel am Faden gilt speziell $z = -l\cos\varphi$ und folglich $E_{\text{pot}} = -mgl\cos\varphi$. Für die kinetische Energie benötigen wir die Geschwindigkeit v. Weil die pendelnde Kugel in der Zeit dt die Strecke $l\,d\varphi$ zurücklegt, ist $v = l\,d\varphi/dt = l\dot\varphi$. Damit wird $E_{\text{kin}} = mv^2/2 = ml^2\dot\varphi^2/2$, und der Energiesatz (9.15) lautet:

$$E_{\text{kin}} + E_{\text{pot}} = ml^2\dot\varphi^2/2 - mgl\cos\varphi = E = \text{const}. \tag{9.16}$$

Wir differenzieren (9.16) nach der Zeit und beachten, daß $dE/dt = 0$ ist. Man erhält

$$ml^2\dot\varphi\ddot\varphi + mgl\sin\varphi \cdot \dot\varphi = 0 \tag{9.17}$$

und daraus, nach Division durch $ml^2\dot\varphi$,

$$\ddot\varphi + (g/l)\sin\varphi = 0. \tag{9.18}$$

Für kleine Auslenkwinkel φ – und nur solche wollen wir jetzt betrachten – kann man $\sin\varphi$ in guter Näherung durch φ ersetzen:

$$\ddot\varphi + (g/l)\varphi = 0. \tag{9.19}$$

Die Differentialgleichung (9.19) für $\varphi(t)$ hat die gleiche Form wie die Bewegungsgleichung (8.2) für die Bewegung $x(t)$ einer Masse an einer Schraubenfeder. Daß in

(9.19) und (8.2) verschiedene Buchstaben verwendet werden, spielt für die Mathematik keine Rolle. Wir können deshalb von (8.2) bis (8.14) übernehmen, daß sich φ im Laufe der Zeit kosinusförmig ändert, und daß die Dauer T für eine Hin- und Herschwingung des Fadenpendels durch die Formel

$$T = 2\pi\sqrt{l/g} \tag{9.20}$$

gegeben ist. Die Schwingungsdauer des Fadenpendels ist unabhängig von der Masse. Da man T und l sehr genau messen kann, dient (9.20) zur Präzisionsbestimmung der Erdbeschleunigung g. – Doch haben wir nicht einen Fehler gemacht? Wir haben so getan, als ob das Gewicht der Stahlkugel die einzige auf sie wirkende Kraft sei. Das ist gar nicht richtig. Der gespannte Faden übt zusätzlich eine Zugkraft parallel zur Fadenrichtung aus. Diese Zugkraft steht allerdings immer senkrecht zum Linienelement $d\vec{r}$ der kreisbogenförmigen Pendelbahn (Abb. 9.5), so daß das für E_{pot} entscheidende Skalarprodukt der Zugkraft mit $d\vec{r}$ verschwindet. Bei der Berechnung von E_{pot} nach (9.9) brauchen wir die Zugkraft also nicht zu berücksichtigen.

b) **Harmonischer Oszillator:** Das in Abb. 8.1 dargestellte Federpendel wird seiner harmonischen Schwingungen wegen auch „harmonischer Oszillator" genannt. Für Auslenkung x, Geschwindigkeit v und Kreisfrequenz ω des Körpers (Masse m) an der Schraubenfeder (Federkonstante D) findet man in (8.3), (8.4) und (8.7):

$$x = A\cos(\omega t - \alpha) \quad v = -\omega A\sin(\omega t - \alpha) \quad \omega = \sqrt{D/m}\,. \tag{9.21}$$

Wir wollen prüfen, ob (9.21) den Energiesatz (9.15) erfüllt. Die potentielle Energie des harmonischen Oszillators ist die in die Feder hineingesteckte Spannarbeit (9.5), also $E_{\text{pot}} = Dx^2/2$, wenn sich der oszillierende Körper an der Stelle x befindet. Die Gesamtenergie E beträgt dann:

$$E = E_{\text{kin}} + E_{\text{pot}} = \frac{m}{2}v^2 + \frac{D}{2}x^2\,. \tag{9.22}$$

Setzt man hier v und x aus (9.21) ein, so erhält man wegen $m\omega^2 = D$:

$$E = \frac{DA^2}{2}[\sin^2(\omega t - \alpha) + \cos^2(\omega t - \alpha)] = \frac{DA^2}{2}\,. \tag{9.23}$$

Obwohl $E_{\text{kin}} \propto \sin^2(\omega t - \alpha)$ und $E_{\text{pot}} \propto \cos^2(\omega t - \alpha)$ einzeln genommen zeitabhängig sind, ändert sich ihre Summe E wegen $\sin^2 + \cos^2 = 1$ im Laufe der Zeit nicht, in Übereinstimmung mit dem Energieerhaltungssatz, von dessen Zutreffen wir uns damit überzeugt haben. Die Oszillatorenergie hat übrigens bei der Entdeckung der modernen „Quantenmechanik" eine große Rolle gespielt. 1925 hat der 23jährige Werner

Heisenberg in einer berühmten theoretischen Abhandlung gezeigt, daß die Gesamtenergie E eines harmonischen Oszillators mit der Kreisfrequenz ω nicht jeden beliebigen Wert annehmen kann, sondern nur die „diskreten" Werte

$$E_n = (n + 1/2)\hbar\omega \quad \text{mit} \quad n = 0, 1, 2, 3, \ldots . \tag{9.24}$$

Dabei ist $\hbar = h/2\pi$ das durch 2π dividierte „Plancksche Wirkungsquantum" $h = 6{,}62628 \cdot 10^{-34}$ Nms, eine Naturkonstante, die das atomare Geschehen beherrscht. n wird „Quantenzahl" genannt. In Abb. 9.6 sind die möglichen Energiewerte als waagerechte Linien im Abstand $\hbar\omega$ voneinander graphisch dargestellt. Man nennt die

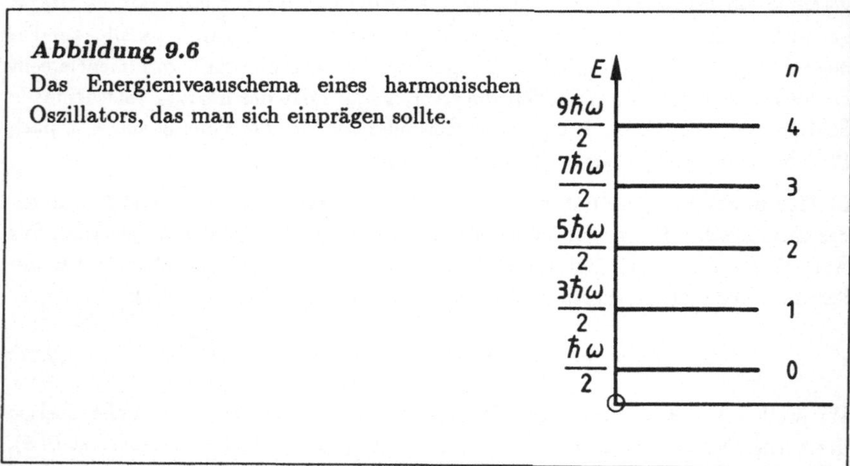

Abbildung 9.6
Das Energieniveauschema eines harmonischen Oszillators, das man sich einprägen sollte.

Darstellung das *Energieniveauschema des harmonischen Oszillators.*

c) **Raketenschuß:** Abb. 9.7 zeigt einen Körper der Masse m im Anziehungsbereich der Erde mit der Masse m_E. Die Gravitationskraft, die m_E auf m ausübt, hängt nach (9.6) von der Größe $\mu = -\gamma m m_E$ und dem Abstandsvektor $\vec{r}$ zwischen Erdmittelpunkt und Körper ab. Wenn man den Körper von einem unendlich weit entfernten Bezugspunkt P zum Ort $\vec{r}$ schafft, verrichtet man nach (9.8) die Arbeit $A(\infty, \vec{r}) = \mu/r = -\gamma m m_E/r$. Diese Arbeit ist die potentielle Energie des Körpers im Gravitationsfeld der Erde. Seine mechanische Gesamtenergie beträgt damit

$$E = E_{\text{kin}} + E_{\text{pot}} = \frac{m}{2}v^2 - \gamma\frac{m m_E}{r} . \tag{9.25}$$

Sei nun g die Erdbeschleunigung und r_E der Erdradius. Da das Gewicht mg eines Körpers auf der Erdoberfläche nichts anderes ist als die Gravitationskraft $\gamma m m_E/r_E^2$,

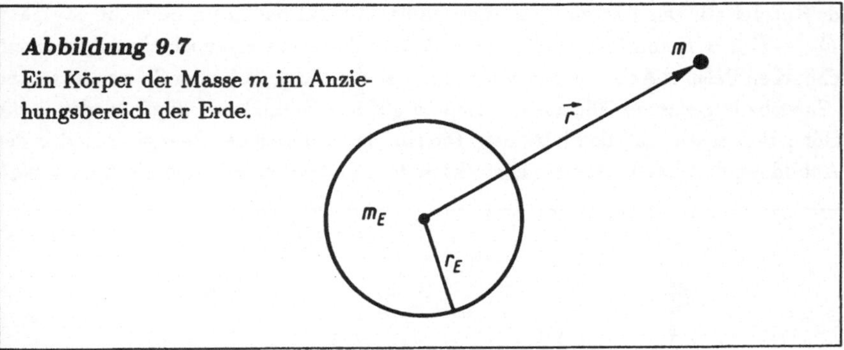

Abbildung 9.7
Ein Körper der Masse m im Anziehungsbereich der Erde.

mit der sich m und m_E im Abstand r_E voneinander gegenseitig anziehen, kann man $\gamma m m_E$ in (9.25) durch $m g r_E^2$ ersetzen:

$$E = \frac{mv^2}{2} - \frac{mgr_E^2}{r} \, . \tag{9.26}$$

(9.26) gilt für beliebige (verglichen mit der Erde „punktförmig" kleine) Körper, also etwa für Raumsonden, die von der Erde aus ins Weltall geschossen wurden. Wir fragen, wie groß die Abschußgeschwindigkeit v_o eines solchen Geschosses mindestens sein muß, wenn es den Anziehungsbereich der Erde völlig verlassen soll. Das Geschoß wird dann unendlich weit von der Erde weg auf die Geschwindigkeit $v = 0$ abgebremst sein. Setzt man in (9.26) die Werte $r = \infty$ und $v = 0$ ein, so erhält man $E = 0$. Auf der Abschußrampe (Erdoberfläche) ist andererseits $r = r_E$ und $v = v_o$, so daß aus (9.26) wegen der Konstanz von E

$$\frac{mv_o^2}{2} - mgr_E = E = 0$$

folgt. Aus dieser Beziehung ergibt sich mit $g \approx 9,81 \text{m/s}^2$ und $r_E \approx 6370$ km die gesuchte „Fluchtgeschwindigkeit"

$$v_o = \sqrt{2gr_E} \approx 11,2 \,\text{km/s} \, , \tag{9.27}$$

ein Wert, den schon Newton kannte. Um einen Menschen der Masse $m = 70$ kg mit der Fluchtgeschwindigkeit v_o ins Weltall zu katapultieren, benötigte man die kinetische Energie

$$E_{\text{kin}} = \frac{m}{2} v_o^2 = \frac{70 \,\text{kg}}{2} (11,2 \cdot 10^3 \text{m/s})^2 \approx 4,39 \cdot 10^9 \,\text{Ws} \approx 1215 \,\text{kWh} \, . \tag{9.28}$$

Bei einem Preis von $0,15$ DM/kWh zahlte man dafür 182 DM.

d) **Superball:** Der Energieerhaltungssatz besagt, daß bei einem Bewegungsvorgang $E_{\text{kin}} + E_{\text{pot}} = E$ konstant bleibt. Wir erläutern diese Aussage noch einmal an einem einfachen Beispiel Abb. 9.8. Ein Vollgummiball der Masse m (in der Spielzeugbranche „Superball" genannt) fällt aus der Höhe h auf eine Steinplatte, hüpft wieder in die Höhe, fällt erneut auf die Platte usw. Die einzelnen Phasen der Bewegung sind in der Abbildung dargestellt. Zuerst (1) steckt in dem Ball potentielle Energie $E_{\text{Hub}} = mgh$

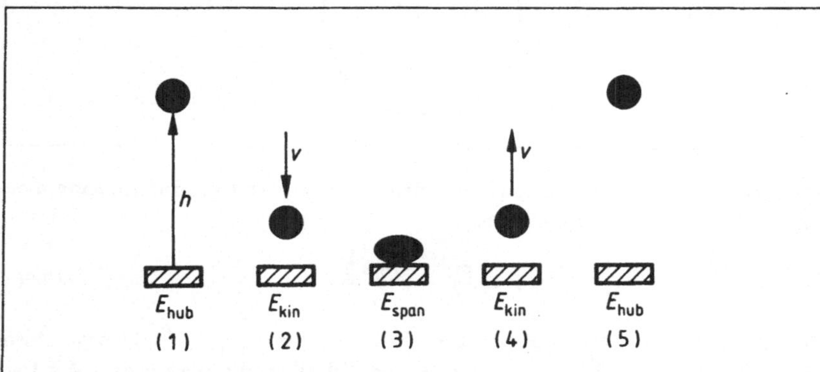

Abbildung 9.8: Hüpfender Superball. Wegen nicht-konservativer Reibungskräfte gilt der mechanische Energieerhaltungssatz nur näherungsweise.

in Form von Hubarbeit. Kurz vor dem Aufprall (2) hat sich E_{Hub} in $E_{\text{kin}} = mv^2/2$ verwandelt. Beim Aufprall (3) wird der Ball elastisch verformt. Mit dieser Verformung ist potentielle Energie E_{Span} in Form von Spannarbeit verknüpft. Nach der Entspannung (4) fliegt der Ball aufwärts, besitzt also $E_{\text{kin}} = mv^2/2$, die schließlich am Ende (5) wieder in potentielle Energie $E_{\text{Hub}} = mgh$ überführt wird. Bei dem Vorgang werden also mehrfach potentielle und kinetische Energie ineinander verwandelt, und zwar so, daß die mechanische Gesamtenergie konstant bleibt. Natürlich wissen Sie aus Erfahrung, daß die Höhe h bei jedem Hüpfer etwas abnimmt, im krassen Widerspruch zur Behauptung des Energieerhaltungssatzes $E = $ const. Die Ursache dieser Diskrepanz sind nicht-konservative Reibungskräfte. Eine sorgfältige Untersuchung würde ergeben, daß sich Luft, Ball und Steinplatte bei dem Vorgang etwas erwärmen. Man sagt, die mechanische Gesamtenergie $E = E_{\text{kin}} + E_{\text{pot}}$ verwandelt sich durch Reibung allmählich in Wärme. Wenn man die Wärme als Energieform auffaßt - und wir werden das später in der Wärmelehre mit Erfolg tun - kann man den Satz von der Erhaltung der Energie aufrecht erhalten.

Kapitel 10

Der Impulserhaltungssatz

Das Produkt aus Masse m und Geschwindigkeit $\vec{v}$ eines Körpers wird „Impuls" genannt und meistens mit $\vec{p}$ bezeichnet:

$$\vec{p} := m\vec{v} . \tag{10.1}$$

Damit lautet das Grundgesetz der Mechanik (7.1):

$$\vec{F} = \frac{d\vec{p}}{dt} . \tag{10.2}$$

Die Kraft $\vec{F}$ ist also gleich der Impulsänderung $d\vec{p}$ pro Zeit dt. Multipliziert man (10.2) mit dt, erhält man $\vec{F}dt = d\vec{p}$ und daraus durch Integration über eine endliche Zeitspanne zwischen t_a und t_b

$$\int_{t_a}^{t_b} \vec{F} dt = \int_{t_a}^{t_b} d\vec{p} = \vec{p}\Big|_{t_a}^{t_b} = \vec{p}(t_b) - \vec{p}(t_a) . \tag{10.3}$$

Das Zeitintegral über die Kraft $\vec{F}$ auf der linken Seite wird gelegentlich „Kraftstoß" genannt. Auf der rechten Seite steht die Impulsänderung. Der Kraftstoß ist also gleich der Impulsänderung, die er bewirkt.

10.1 Impulserhaltung als Folge von actio = reactio

Der Impuls ist eine wichtige Größe, da für ihn – ähnlich wie für die Energie – ein Erhaltungssatz gilt. Wir machen uns das zunächst an einem Beispiel klar. Zwei Wagen der Masse m_1 und m_2 rollen mit den Geschwindigkeiten $\vec{v}_1$ und $\vec{v}_2$ aufeinander los (Abb.10.1). Der Gesamtimpuls beider Wagen setzt sich per definitionem additiv aus den Einzelimpulsen $\vec{p}_1 = m_1\vec{v}_1$ und $\vec{p}_2 = m_2\vec{v}_2$ zusammen:

$$\vec{p}_{\text{gesamt}} := \vec{p}_1 + \vec{p}_2 . \tag{10.4}$$

Die Wagen seien mit elastischen Puffern versehen. Beim Zusammenstoß werden die Pufferfedern gespannt. Gleich darauf entspannen sie sich wieder, und die Wagen rollen

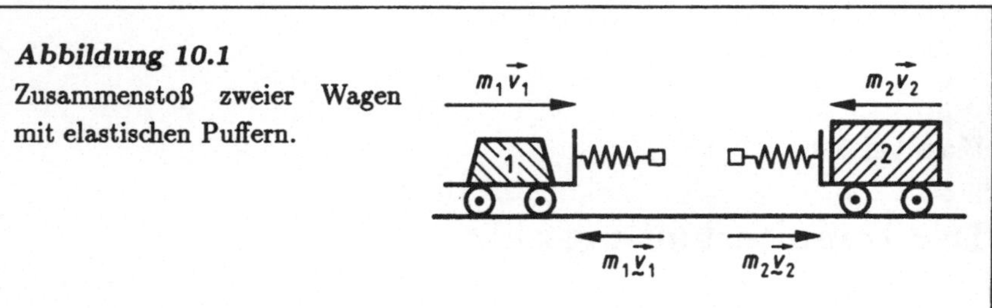

Abbildung 10.1
Zusammenstoß zweier Wagen mit elastischen Puffern.

mit veränderten Impulsen $\vec{p}_1 = m_1\underset{\sim}{\vec{v}}_1$ bzw. $\underset{\sim}{\vec{p}}_2 = m_2\underset{\sim}{\vec{v}}_2$ auseinander. Das Schlangezeichen unter den Vektoren bedeutet „nach dem Stoß". Der Impulserhaltungssatz behauptet nun, daß der Gesamtimpuls vor und nach dem Stoß gleich ist, daß also

$$\vec{p}_1 + \vec{p}_2 = \underset{\sim}{\vec{p}}_1 + \underset{\sim}{\vec{p}}_2 \ . \tag{10.5}$$

Zum Beweis betrachten wir einen Moment des Zusammenstoßes, während dem die Pufferfedern zwischen den beiden Wagen der Abb. 10.1 mehr oder weniger zusammengepreßt sind. Die Federn üben dann nach links und rechts entgegengesetzt gerichtete Kräfte aus. Die Kraft $\vec{F}_{12}$, mit der Wagen 1 über die Federn auf Wagen 2 wirkt, ist in jedem Moment t des Zusammenstoßes aus Symmetriegründen entgegengesetzt gleich der Kraft $\vec{F}_{21}$, mit der Wagen 2 über die Federn auf Wagen 1 wirkt, also

$$\vec{F}_{12}(t) + \vec{F}_{21}(t) = 0 \ . \tag{10.6}$$

Wir berechnen jetzt mit Hilfe von (10.3) die Impulsänderungen der Wagen 1 und 2, die durch die Federkräfte $\vec{F}_{21}$ und $\vec{F}_{12}$ hervorgerufen werden. t_a bzw. t_b seien zwei Zeitpunkte vor bzw. nach dem Zusammenstoß, also $\vec{p}_1(t_a) = \vec{p}_1$, $\vec{p}_1(t_b) = \underset{\sim}{\vec{p}}_1$, $\vec{p}_2(t_a) = \vec{p}_2$ und $\vec{p}_2(t_b) = \underset{\sim}{\vec{p}}_2$. Die Impulsänderungen betragen dann nach (10.3)

$$\text{für Wagen 1} \quad \underset{\sim}{\vec{p}}_1 - \vec{p}_1 \ = \ \int_{t_a}^{t_b} \vec{F}_{21}(t)dt$$
$$\text{für Wagen 2} \quad \underset{\sim}{\vec{p}}_2 - \vec{p}_2 \ = \ \int_{t_a}^{t_b} \vec{F}_{12}(t)dt \ .$$

Man bildet die Summe und berücksichtigt Gleichung (10.6):

$$\underset{\sim}{\vec{p}}_1 - \vec{p}_1 + \underset{\sim}{\vec{p}}_2 - \vec{p}_2 = \int_{t_a}^{t_b} \vec{F}_{21}(t)dt + \int_{t_a}^{t_b} \vec{F}_{12}(t)dt = \int_{t_a}^{t_b} [\vec{F}_{21}(t) + \vec{F}_{12}(t)]dt = 0 \ . \tag{10.7}$$

Daraus ergibt sich nach einfacher Umordnung

$$\vec{p}_1 + \vec{p}_2 = \underset{\sim}{\vec{p}}_1 + \underset{\sim}{\vec{p}}_2, \tag{10.8}$$

und das ist der Impulshaltungssatz (10.5), den wir beweisen wollten.

Ein entscheidender Punkt des Beweises ist die Tatsache (10.6), daß die Kräfte, die die zusammenstoßenden Körper aufeinander ausüben, entgegengesetzt gleich sind. Das trifft nun auch dann zu, wenn die stoßenden Gegenstände Billiardkugeln, oder Tennisball und Tennisschläger, oder Boxerfaust und Sandsack usw. sind. Auch die Gravitationskräfte, die beispielsweise Mond und Erde aufeinander ausüben, erweisen sich als entgegengesetzt gleich. Newton hat daher vermutet, daß der durch (10.6) ausgedrückte Sachverhalt unter allen Umständen richtig ist, gleichgültig, um welche Kräfte es sich dabei handelt. Er hat seine Vermutung als Prinzip „actio = reactio" formuliert. Wenn dieses Prinzip gilt, gilt auch der Impulserhaltungssatz. Die historische Entwicklung der Physik nach Newton bestätigte zunächst das Newtonsche Prinzip. Das Coulombsche Gesetz wurde entdeckt – und das Gesetz der Kräfte, die Magnete aufeinander ausüben. Und immer erwies sich actio = reactio als richtig. Erst zu Beginn dieses Jahrhunderts traten logische Schwierigkeiten auf, die mit der Relativitätstheorie zusammenhängen, genauer gesagt mit der bei (6.16) nachgewiesenen Relativität der Gleichzeitigkeit. Die Formulierung (10.6) von actio = reactio verlangt ja, die Kräfte $\vec{F}_{12}(t)$ und $\vec{F}_{21}(t)$ zur gleichen Zeit t miteinander zu vergleichen. Über die Frage, was „gleichzeitig" ist, sind aber relativ zueinander bewegte Beobachter verschiedener Meinung, jedenfalls dann, wenn die Körper 1 und 2 räumlich voneinander getrennt sind. Es kann deshalb vorkommen, daß sich für *einen* Beobachter die Gleichung (10.6) in einem konkreten Fall als zutreffend erweist, für den *anderen* hingegen nicht. (10.6) oder actio = reactio ist daher kein allgemeingültiges Naturgesetz, denn es widerspricht dem Relativitätsprinzip, nach dem alle Naturgesetze in allen Inertialsystemen identisch sind. Ein Beispiel, für das actio = reactio nicht gilt, ist in Abb. 10.2 dargestellt. Ein Stabmagnet mit Nordpol N und Südpol S wird zu einem Ringmagneten R gebogen. Dann verlaufen alle magnetischen Feldlinien im Innern des Ringes. Der Ring liege im Ursprung des Koordinatensystems in der xy-Ebene. Nun bewege sich ein elektrisch geladenes Teilchen Q mit konstanter Geschwindigkeit v auf der z-Achse, die durch die Ringmitte führt. Weil die z-Achse vollständig im magnetfeldfreien Raum verläuft, kann der Ringmagnet R auf die Ladung Q keine elektromagnetische Kraft ausüben, so daß $\vec{F}_{RQ} = 0$ ist. Andererseits repräsentiert die mit der Geschwindigkeit v bewegte Ladung Q einen elektrischen Strom, der in seiner Umgebung ein inhomogenes Magnetfeld (mit kreisförmigen Feldlinien um die z-Achse) erzeugt, das auf den Ringmagneten R eine Kraft $\vec{F}_{QR} \neq 0$ ausübt. $\vec{F}_{QR}$ erweist sich zu v/c^2 proportional und zeigt die in Abb. 10.2 rechts dargestellte Zeitabhängigkeit für den Fall, daß die Bewegung von Q auf der z-Achse nach der Gleichung $z = vt$ erfolgt. Wenn Q die Ringmitte $z = 0$ passiert, schlägt die $\vec{F}_{QR}$-Richtung um. Weil also einerseits $\vec{F}_{RQ} = 0$ und andererseits $\vec{F}_{QR} \propto v/c^2$ ist, verschwindet die Summe $(\vec{F}_{RQ} + \vec{F}_{QR}) \propto v/c^2$ nur für den nicht-relativistischen Grenzfall $v/c \to 0$. Für relativistische Phänomene, zu denen der Elektromagnetismus gehört, trifft das dritte

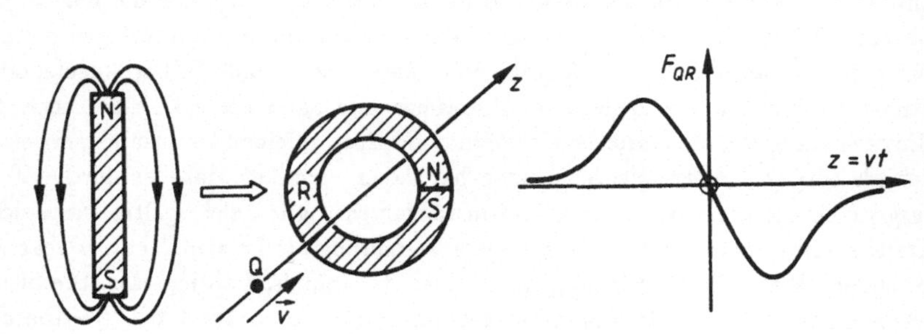

Abbildung 10.2: Ein Stabmagnet (links) wird zu einem Ringmagneten R (Mitte) gebogen. Durch die Ringmitte bewegt sich ein mit Q geladenes Teilchen kräftefrei, also $\vec{F}_{RQ} = 0$. Eine bewegte Ladung stellt einen elektrischen Strom dar, der ein Magnetfeld erzeugt, das auf den Ringmagneten eine Kraft $\vec{F}_{QR} \neq 0$ ausübt. $\vec{F}_{QR}$ zeigt die rechts angegebene Zeitabhängigkeit.

Newtonsche Axiom actio = reactio (10.6) nicht zu.

Ausgangspunkt unserer Diskussion war der Impulserhaltungssatz (10.5), zu dessen Beweis wir actio = reactio verwendet hatten. Obwohl dieses Prinzip im relativistischen Bereich nicht haltbar ist, gilt der Erhaltungssatz für den Impuls auch für relativistische Vorgänge. Jedenfalls ist niemals ein Fall bekannt geworden, bei dem der Impulserhaltungssatz verletzt wurde. Er zählt daher zu den bestfundiertesten Gesetzen der Physik überhaupt. Die mathematischen Physikerinnen haben denn auch einen Beweis des Impulserhaltungssatzes gefunden, der ohne das Prinzip actio = reactio auskommt. Er beruht auf dem sog. Noetherschen Theorem, nach dem jede kontinuierliche Symmetrie der Naturgesetze einen Erhaltungssatz impliziert (Emmy Noether[1] 1918). Der Impulserhaltungssatz erweist sich als Folge der „Homogenität des Raumes"(Gleichwertigkeit aller Raumpunkte).

---

[1]Emmy Nöther, 1882 in Erlangen geboren, war Jüdin und die erste Frau, die an der Erlanger Universität promovierte. Als sie - von den Nazis aus Deutschland vertrieben - 1935 in den USA starb, stand ein Nachruf auf sie auf der Titelseite der New York Times. Verfasser war Albert Einstein. Sie ist wohl die bedeutendste Mathematikerin, die es je gegeben hat.

10.2 Anwendungen des Impulserhaltungssatzes

Es folgen zwei Anwendungsbeispiele des Impulserhaltungssatzes, der zentrale Stoß und der Raketenantrieb.

a) Der zentrale Stoß: Betrachte den Zusammenstoß von Luftkissenfahrzeugen. Die Fahrzeuge sind Reiter auf einer mehrere Meter langen Hohlschiene mit giebeldachförmigem Profil (Abb. 10.3). Ein Luftgebläse erzeugt in der Hohlschiene einen Überdruck, der durch viele kleine Bohrlöcher in den Schienenwänden entweicht. Der

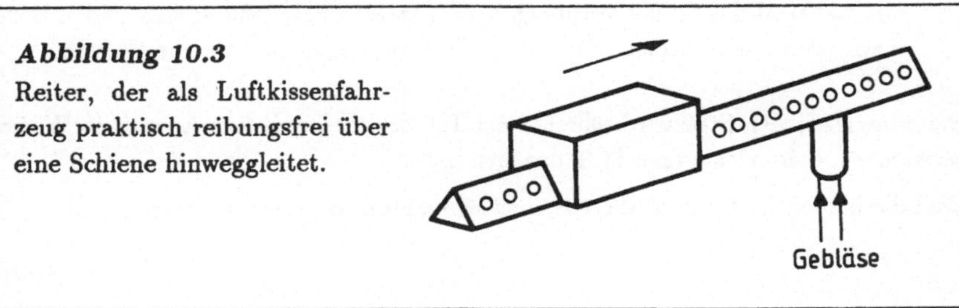

Abbildung 10.3
Reiter, der als Luftkissenfahrzeug praktisch reibungsfrei über eine Schiene hinweggleitet.

Reiter schwebt daher auf einem Luftkissen und kann so praktisch reibungsfrei über die Schiene gleiten. An den beiden Enden der Schiene lassen sich elastische Pufferfedern anbringen, die den Reiter „reflektieren". In Abb. 10.4 sieht man zwei Reiter der Massen m_1 und m_2, die sich mit den Geschwindigkeiten v_1 und v_2 aufeinander zubewegen (die Vektorpfeile über v kann man bei eindimensionalen Bewegungen weglassen). Die

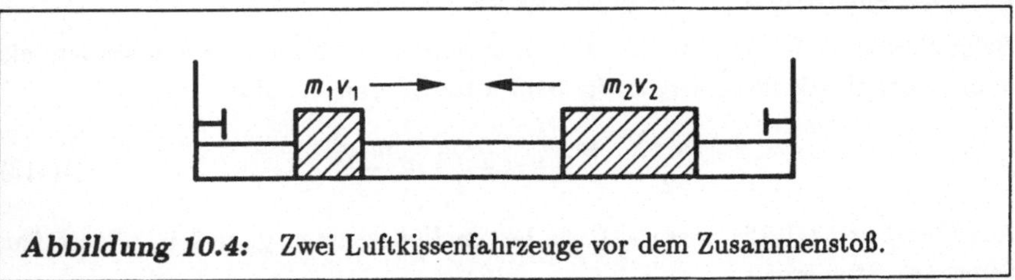

Abbildung 10.4:   Zwei Luftkissenfahrzeuge vor dem Zusammenstoß.

beiden Reiter werden zusammenstoßen und dadurch neue Geschwindigkeiten $\varkappa_1$ und $\varkappa_2$ annehmen. m_1 und m_2 sowie die Geschwindigkeiten v_1 und v_2 vor dem Stoß seien bekannt. Frage: Wie groß sind die Geschwindigkeiten $\varkappa_1$ und $\varkappa_2$ nach dem Stoß? Zur Bestimmung der beiden Unbekannten brauchen wir zwei Gleichungen. Eine Gleichung liefert der Impulserhaltungssatz (10.5):

$$m_1\varkappa_1 + m_2\varkappa_2 = m_1 v_1 + m_2 v_2 \,. \tag{10.9}$$

Die zweite Gleichung hängt von den Umständen ab, unter denen der Stoß erfolgt.
Wir betrachten zwei Extremfälle:

(α) Völlig *unelastischer* Stoß. Wir kleben dazu auf einen der beiden Reiter eine
Klebmasse, so daß die Reiter beim Stoß zusammenkleben und nicht mehr auseinanderfliegen. Eine genaue Untersuchung zeigt, daß sich die Klebmasse dabei
etwas erwärmt.

(β) Völlig *elastischer* Stoß. An den Stirnflächen der Reiter werden Puffer montiert,
die während des Stoßes vorübergehend zusammengepreßt werden und sich danach wieder entspannen. Bei diesem Stoßvorgang entsteht keine Wärme.

Beim unelastischen Stoß wird offenbar ein Teil der mechanischen Energie in Wärme
verwandelt, beim elastischen Stoß dagegen nicht.

Weil die beiden Reiter nach dem *unelastischen* Stoß (α) zusammenkleben, ist

$$u_1 = u_2, \qquad (10.10)$$

und das ist die neben (10.9) gesuchte zweite Gleichung zur Lösung des Problems. Aus
beiden Gleichungen folgt

$$u_1 = u_2 = \frac{m_1 v_1 + m_2 v_2}{m_1 + m_2} . \qquad (10.11)$$

Prallen z.B. zwei massengleiche Reiter $m_1 = m_2 = m$ mit entgegengesetz gleichen
Geschwindigkeiten $v_1 = -v_2 = v$ unelastisch aufeinander, so bleiben sie wegen $u_1 =
u_2 = (mv - mv)/(m + m) = 0$ einfach stehen.

Beim *elastischen* Stoß (β) bleibt, wie wir im nächsten Absatz beweisen werden, die
Summe der kinetischen Energien der beiden Reiter erhalten, also

$$\frac{m_1 u_1^2}{2} + \frac{m_2 u_2^2}{2} = \frac{m_1 v_1^2}{2} + \frac{m_2 v_2^2}{2} . \qquad (10.12)$$

Aus (10.9) und (10.12) lassen sich die beiden Unbekannten u_1 und u_2 ohne Mühe
berechnen. Man erhält:

$$u_1 = \frac{2 m_2 v_2}{m_1 + m_2} + \frac{m_1 - m_2}{m_1 + m_2} v_1 \qquad u_2 = \frac{2 m_1 v_1}{m_1 + m_2} - \frac{m_1 - m_2}{m_1 + m_2} v_2 . \qquad (10.13)$$

Wenn die Stoßpartner massengleich sind, vereinfacht sich (10.13) zu $u_1 = v_2$ und
$u_2 = v_1$. Beim elastischen Stoß tauschen gleichschwere Reiter also einfach ihre Geschwindigkeiten aus. Wenn andererseits $m_1 \gg m_2$ ist, darf man m_2 gegen m_1 vernachlässigen und erhält $u_1 \approx v_1$ und $u_2 \approx -v_2 + 2 v_1$. Der schwere Reiter m_1 behält
beim Stoß also seine Geschwindigkeit bei, der leichte Reiter m_2 wird am schweren

reflektiert wie an einem mit v_1 bewegten „mechanischen Spiegel". Die Verhältnisse lassen sich mit den Luftkissenfahrzeugen eindrucksvoll demonstrieren.

Wir müssen noch Gleichung (10.12) beweisen. Der in Kapitel 9 durchgeführte Beweis des Energieerhaltungssatzes (9.15) mit nur *einem* bewegten Körper läßt sich nicht ohne weiteres auf den vorliegenden Fall mit *zwei* bewegten Körpern übertragen. Wir gehen von der sich während des Zusammenstoßes ändernden kinetischen Energie der beiden Reiter $E_{\text{kin}}(t) = m_1 v_1^2(t)/2 + m_2 v_2^2(t)/2$ aus, differenzieren diese nach der Zeit und berücksichtigen das Grundgesetz $m_1 \dot{v}_1 = F_1$, $m_2 \dot{v}_2 = F_2$ und $F_1 = -F_2$ (actio = reactio):

$$\frac{dE_{\text{kin}}}{dt} = m_1 \dot{v}_1 v_1 + m_2 \dot{v}_2 v_2 = F_1 v_1 + F_2 v_2 = F_2(-\frac{dx_1}{dt} + \frac{dx_2}{dt}) = \frac{F_2 d(x_2 - x_1)}{dt} \,. \quad (10.14)$$

F_2 ist die Kraft, mit der die während des Stoßes gestauchte Pufferfeder zwischen den Reitern den Reiter 2 nach rechts drückt. Wenn sich der Reiterabstand x_2-x_1 ändert, ändert sich auch die Pufferfederlänge l, und zwar um den gleichen Wert. Daher ist $F_2 d(x_2 - x_1) = F_2 dl$ die Arbeit, die die gestauchte Feder nach außen abgibt. Sie wird aus der Spannarbeit A der Feder (9.5) genommen, so daß $F_2 d(x_2 - x) = F_2 dl = -dA$ ist. Man kann deshalb die rechte Seite von (10.14) durch $-dA/dt$ ersetzen und erhält nach einfacher Umformung:

$$\frac{d}{dt}(E_{\text{kin}} + A) = 0 \,. \quad (10.15)$$

Da eine Größe, deren Zeitableitung verschwindet, zeitlich konstant ist, folgt aus (10.15)

$$E_{\text{kin}} + A = \text{const} \,. \quad (10.16)$$

Weil die Pufferfeder vor und nach dem Stoß entspannt ist, ist die Spannarbeit $A(t)$ vor und nach dem Stoß Null. Nach (10.16) muß $E_{\text{kin}}(t)$ dann vor und nach dem Stoß denselben Wert haben, wie in (10.12) behauptet. Damit ist (10.12) bewiesen.

b) **Raketenantrieb:** Jeder weiß, daß der Raketenantrieb auf dem Impulserhaltungssatz beruht. Die Rakete stößt Treibstoff „nach unten" aus und erhält dadurch einen „Rückstoß nach oben". Die Verhältnisse sind in Abb. 10.5 dargestellt. Wir betrachten die Rakete im Weltraum weit weg von Sternen und Planeten, um frei zu sein von Gravitationskräften. In die Raketenmasse m beziehen wir die Masse des noch nicht verbrauchten Treibstoffes mit ein. Da die Rakete während der Beschleunigungsphase leichter und schneller wird, hängen ihre Masse m und Geschwindigkeit $\vec{v}$ von der Zeit t ab. Während des infinitesimalen Zeitintervalls dt ändern m und $\vec{v}$ sich um dm und $d\vec{v}$. Weil m abnimmt, ist $dm < 0$. Die positive Größe $-dm$ ist offenbar die Masse des Treibstoffes, der während der Zeit dt mit der Treibstoffgeschwindigkeit $\vec{V}_{\text{Tr}}$ relativ zu den Raketendüsen nach unten ausgestoßen wird. Dieser Treibstoff ändert seinen

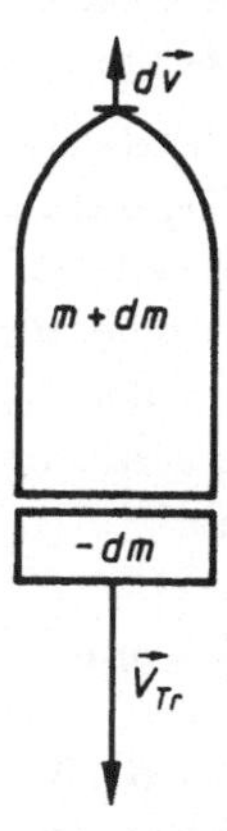

Abbildung 10.5
Eine Rakete stößt Treibstoff der Masse $|dm| = -dm$ mit der
Geschwindigkeit $\vec{V}_{\mathrm{Tr}}$ aus und erhält dabei einen Rückstoß,
der die Raketengeschwindigkeit $\vec{v}$ um $d\vec{v}$ verändert.

Impuls also um den Wert

$$\Delta \vec{p}_{\mathrm{Tr}} = -dm\, \vec{V}_{\mathrm{Tr}} \, . \tag{10.17}$$

Die um die Treibstoffmasse $-dm$ erleichterte Rakete mit der Masse $m + dm$ wird
durch den „Rückstoß" um $d\vec{v}$ schneller. Ihr Impuls ändert sich daher während der
Zeit dt um

$$\Delta \vec{p}_{\mathrm{Rak}} = (m + dm)d\vec{v} = m\, d\vec{v} + dm\, d\vec{v} \, . \tag{10.18}$$

Der letzte Term $dm d\vec{v}$ kann weggelassen werden, weil er von zweiter Ordnung klein
ist. Wegen des Impulserhaltungssatzes ist nun der Gesamtimpuls vor und nach dem
Ausstoßen der Treibstoffmasse $-dm$ gleich groß. Mit anderen Worten: Die Summe
der Impulsänderungen (10.17) und (10.18) muß verschwinden:

$$\Delta \vec{p}_{\mathrm{Tr}} + \Delta \vec{p}_{\mathrm{Rak}} = -dm\, \vec{V}_{\mathrm{Tr}} + m\, d\vec{v} = 0 \, . \tag{10.19}$$

Dividiert man die Gleichung durch dt, so erhält man die sog. *Raketengleichung*:

$$m\frac{d\vec{v}}{dt} = \vec{V}_{\mathrm{Tr}}\frac{dm}{dt} \, . \tag{10.20}$$

Löst man diese Beziehung nach der Beschleunigung der Rakete $\vec{a}_{\mathrm{Rak}} = d\vec{v}/dt$ auf,
ergibt sich

$$\vec{a}_{\mathrm{Rak}} = \frac{1}{m}\frac{dm}{dt}\vec{V}_{\mathrm{Tr}} = \vec{V}_{\mathrm{Tr}}\frac{d(\ln m)}{dt} \, . \tag{10.21}$$

Das rechte Gleichheitszeichen gilt wegen der Ableitungsformel für den natürlichen Lo-
garithmus in Verbindung mit der Kettenregel: $d(\ln m)/dt = [d(\ln m)/dm] \cdot [dm/dt] =$

$[1/m] \cdot [dm/dt]$. Weil die Raketenmasse abnimmt, ist $d(\ln m)/dt$ negativ. $\vec{a}_{\text{Rak}}$ und $\vec{V}_{\text{Tr}}$ sind daher entgegengesetzt gerichtet.

Die Ausstoßgeschwindigkeit V_{Tr} ist für eine vorgegebene Treibstoffart konstant und liegt bei einigen km/s. Der Massenausstoß und damit $d(\ln m)/dt$ kann vom Raketenpiloten reguliert werden. Er hat es damit in der Hand, die Rakete z.B. mit konstanter Beschleunigung zu fliegen, was sich für seine Passagiere als besonders angenehm erweist, wenn a_{Rak} gleich der Erdbeschleunigung g ist. Sie fühlen sich dann „wie zu Hause auf der Erde".

Die Raketengeschwindigkeit $\vec{v}$ erhält man, wenn man $\vec{a}_{\text{Rak}}$ aus (10.21) über die Zeit integriert:

$$\vec{v} = \int \vec{a}_{\text{Rak}} dt = \int \vec{V}_{\text{Tr}} \frac{d(\ln m)}{dt} dt = \vec{V}_{\text{Tr}} \ln m + \text{const} . \qquad (10.22)$$

Die Integrationskonstante ergibt sich aus der Masse $m(t{=}0) = m_o$ und der Geschwindigkeit $v(t{=}0) = 0$ beim Start der Rakete zu $-\vec{V}_{\text{Tr}} \ln m_o$, so daß

$$\vec{v} = -\vec{V}_{\text{Tr}} \ln(m_o/m) . \qquad (10.23)$$

Da sich m_o aus der Treibstoffmasse m_{Tr} und der Nutzlastmasse m_N zusammensetzt, ist die von der Nutzlast erreichte Endgeschwindigkeit

$$v_{\text{max}} = V_{\text{Tr}} \ln \left(\frac{m_{\text{Tr}} + m_N}{m_N} \right) . \qquad (10.24)$$

Will man beispielsweise $v_{\text{max}} = 5V_{\text{Tr}}$ erreichen, so braucht man eine Treibstoffmasse $m_{\text{Tr}} \approx 150 m_N$. Die benötigte Treibstoffmasse ist also viel größer als die Nutzlast, wenn man Geschwindigkeiten erreichen will, die merklich größer als die Treibstoffgeschwindigkeiten sind. Deshalb sind Raketenbauer an Treibstoffen mit möglichst großen Ausstoßgeschwindigkeiten interessiert. Ihr Wunschtraum ist die „Photonenrakete", die durch Photonen = Lichtquanten angetrieben wird.

Kapitel 11

Der Drehimpulserhaltungssatz

Neben den Erhaltungssätzen für Energie und Impuls läßt sich der Drehimpulserhaltungssatz aus dem Grundgesetz der Mechanik ableiten.

11.1 Drehimpuls eines Massenpunktes und Drehmoment

Sei $\vec{r}$ der vom Koordinatenursprung ausgehende Ortsvektor eines Massenpunktes der Masse m, der sich mit der Geschwindigkeit $\vec{v} = \dot{\vec{r}}$ bewegt und den Impuls $\vec{p} = m\vec{v}$ besitzt. Man definiert den *Drehimpuls* $\vec{l}$ des Massenpunktes durch das Vektorprodukt

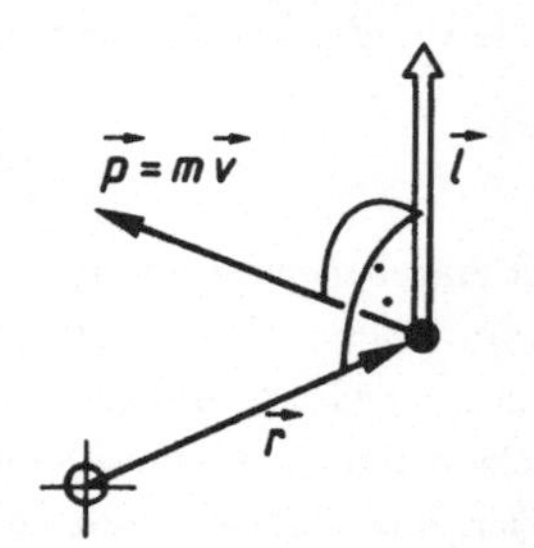

$$\vec{l} := \vec{r} \times \vec{p} = m\vec{r} \times \vec{v}. \tag{11.1}$$

Die Verhältnisse sind in Abb. 11.1 dargestellt. $\vec{l}$ steht senkrecht auf $\vec{r}$ und $\vec{v}$. Da das Vektorprodukt zum Sinus des eingeschlossenen Winkels proportional ist, verschwindet $\vec{l}$, wenn $\vec{r}$ und $\vec{v}$ auf einer Linie liegen.

Der Drehimpuls $\vec{l}$ kann sich im Laufe der Zeit ändern. Die Ableitung nach t ergibt:

$$\dot{\vec{l}} = \frac{d}{dt}(\vec{r} \times \vec{p}) = \dot{\vec{r}} \times \vec{p} + \vec{r} \times \dot{\vec{p}}. \tag{11.2}$$

Das erste Glied rechts fällt weg, da $\dot{\vec{r}}$ und $\vec{p} = m\dot{\vec{r}}$ zueinander parallel sind. Im zweiten ersetzen wir $\dot{\vec{p}}$ unter Hinweis auf das Grundgesetz der Mechanik durch die Kraft $\vec{F}$, die auf das Teilchen wirkt, also

$$\dot{\vec{l}} = \vec{r} \times \vec{F} \quad \text{oder} \quad \dot{\vec{l}} = \vec{D} \quad \text{mit} \quad \vec{D} := \vec{r} \times \vec{F}. \tag{11.3}$$

Man bezeichnet $\vec{D}$ als *Drehmoment der am Orte $\vec{r}$ angreifenden Kraft $\vec{F}$*. Das Drehmoment steht zu $\vec{r}$ und $\vec{F}$ senkrecht und verschwindet, wenn $\vec{r}$ und $\vec{F}$ auf einer Linie liegen. Letzteres ist der Fall, wenn $\vec{F}$ zum Koordinatenursprung hin oder von ihm wegweist (Zentralkraft). Dafür gibt es wichtige Beispiele:

(a) Die Schwerkraft, mit der ein Planet von der Sonne angezogen wird, ist stets zur Sonne gerichtet.

(b) Die elektrische Coulombkraft, mit der das Elektron im Wasserstoffatom vom Atomkern angezogen wird, ist stets zum Kern hin gerichtet.

Legt man den Koordinatenursprung daher in die Sonne bzw. in den Atomkern, so ist $\vec{D} = 0$. Aus (11.3) folgt dann $\vec{l} = $ const. Planeten und Atomelektronen besitzen also zeitlich konstante Drehimpulse.

11.2 Drehimpuls von N Massenpunkten und Drehimpulserhaltung

Wir betrachten nun ein System von N Massenpunkten, etwa die Gasatome eines mit Helium gefüllten Ballons oder die Natrium- und Chlorionen eines NaCl-Kristalls. Die Massenpunkte werden mit $i = 1, 2 \cdots N$ durchnumeriert. Seien m_i, $\vec{r}_i$, $\vec{v}_i = \dot{\vec{r}}_i$, $\vec{p}_i = m_i \vec{v}_i$ und $\vec{l}_i = \vec{r}_i \times \vec{p}_i$ die Größen des i^{ten} Teilchens. Die Teilchen üben aufeinander *innere Kräfte* aus. Gemeint sind die Kräfte, die zwischen zwei zusammenstoßenden Gasatomen wirken, oder die elektrischen Coulombkräfte zwischen den Ionen eines NaCl-Kristalls, die für seine Formbeständigkeit verantwortlich sind. Sei $\vec{F}_{ik}$ die innere Kraft, die Teilchen i auf Teilchen k ausübt. Über $\vec{F}_{ik}$ werden folgende Annahmen gemacht:

(i) Es gelte actio = reactio, also $\vec{F}_{ik} + \vec{F}_{ki} = 0$.

(ii) Die Kraft $\vec{F}_{ik}$ zwischen den beiden Teilchen i und k weise entlang der Verbindungslinie von Teilchen zu Teilchen, also parallel zum Abstandsvektor $\vec{r}_k - \vec{r}_i$. Dann ist $(\vec{r}_k - \vec{r}_i) \times \vec{F}_{ik} = 0$.

Diese Annahmen gelten nur für den nicht-relativistischen Grenzfall, auf den wir uns zunächst beschränken.

Auf das i^{te} Teichen könnte neben den inneren Kräften $\vec{F}_{ki}$ auch eine *äußere Kraft* $\vec{F}_i^{\text{außen}}$ wirken, etwa sein Gewicht im Schwerefeld der Erde. Dann spürt das i^{te} Teilchen insgesamt die Kraft

$$\vec{F}_i = \vec{F}_i^{\text{außen}} + \sum_{k=1}^{N} \vec{F}_{ki} \,. \tag{11.4}$$

In der Summe über k kommt auch das Glied $\vec{F}_{ii}$ vor. Weil Teilchen i keine Kraft auf sich selber ausüben kann, ist $\vec{F}_{ii} = 0$. Der Drehimpuls $\vec{l}_i$ ändert sich wegen (11.3) und (11.4) im Laufe der Zeit wie folgt:

$$\dot{\vec{l}}_i = \vec{r}_i \times \vec{F}_i = \vec{r}_i \times (\vec{F}_i^{\text{außen}} + \sum_k \vec{F}_{ki}) \,. \tag{11.5}$$

Wir führen den Gesamtdrehimpuls $\vec{L}$ des Systems ein

$$\vec{L} := \sum_{i=1}^{N} \vec{l}_i \tag{11.6}$$

und untersuchten die Zeitableitung von $\vec{L}$. Unter Berücksichtigung von (11.5) ergibt sich

$$\dot{\vec{L}} = \sum_i \dot{\vec{l}}_i = \sum_i \vec{r}_i \times \vec{F}_i^{\text{außen}} + \sum_i \sum_k \vec{r}_i \times \vec{F}_{ki} \,. \tag{11.7}$$

In der Doppelsumme rechts kommen z.B. die beiden Glieder $\vec{r}_1 \times \vec{F}_{21} + \vec{r}_2 \times \vec{F}_{12}$ vor. Dafür läßt sich wegen Annahme (i) schreiben $(\vec{r}_1 - \vec{r}_2) \times \vec{F}_{21}$, und dieses Vektorprodukt verschwindet wegen Annahme (ii). Man überlegt sich leicht, daß sich alle Glieder der Doppelsumme paarweise wegheben, so daß sich (11.7) auf

$$\dot{\vec{L}} = \sum_i \vec{r}_i \times \vec{F}_i^{\text{außen}} = \sum_i \vec{D}_i^{\text{außen}} := \vec{D}^{\text{außen}} \tag{11.8}$$

reduziert. Die inneren Kräfte kommen nicht mehr vor. Für die Änderung des Gesamtdrehimpulses ist die Summe der Drehmomente der äußeren Kräfte verantwortlich.

Um zum Drehimpulserhaltungssatz zu gelangen, betrachten wir ein System von Teilchen, auf das von außen kein Drehmoment einwirkt. Wenn $\vec{D}^{\text{außen}} = 0$ ist, dann ist wegen (11.8) auch $\dot{\vec{L}} = 0$ und folglich $\vec{L} = $ const. Die Voraussetzung $\vec{D}^{\text{außen}} = 0$ ist z.B. gegeben, wenn die Teilchen ein „abgeschlossenes System" bilden, das mit der übrigen Welt keine Wechselwirkung hat. Die Feststellung:

$$\vec{L} = \text{const} \qquad \text{wenn} \qquad \vec{D}^{\text{außen}} = 0, \tag{11.9}$$

nennt man den *Drehimpulserhaltungssatz*, der – obwohl hier unter den nicht-relativistischen Annahmen (i) und (ii) abgeleitet – allgemeingültig ist. Jedenfalls ist niemals ein Fall bekannt geworden, bei dem der Drehimpulserhaltungssatz verletzt wurde. Die mathematischen Physikerinnen haben denn auch einen Beweis des Drehimpulserhaltungssatzes gefunden, der ohne die Annahme (i) und (ii) auskommt. Sie konnten mit Hilfe des Noetherschen Theorems zeigen, daß der Erhaltungssatz eine Folge der „Isotropie des Raumes"(Gleichwertigkeit aller Raumrichtungen) ist.

11.3   Drehbewegung starrer Körper

Drehimpuls und Drehmoment sind geeignete Größen zur Beschreibung der Drehbewegung starrer Körper. Eine allgemeine Behandlung dieses Bewegungstyps erfolgt in den weiterführenden Vorlesungen der Theoretischen Physik. Wir beschränken uns hier auf einfache Fälle. Betrachte zunächst die in Abb. 11.2 dargestellte Anordnung. Eine kleine Stahlkugel der Masse m ist über eine Fahrradspeiche der Länge $\bar{r}$ fest

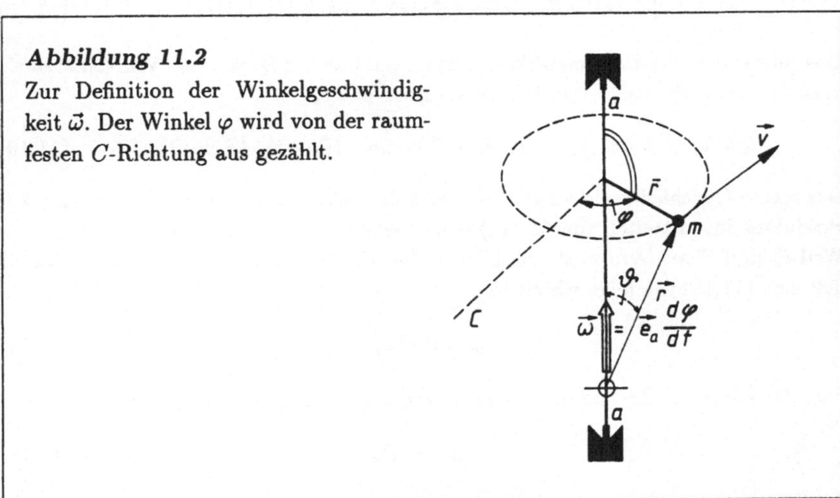

Abbildung 11.2
Zur Definition der Winkelgeschwindigkeit $\vec{\omega}$. Der Winkel φ wird von der raumfesten C-Richtung aus gezählt.

mit einer vertikalen Drehachse a verbunden. Speiche und Achse stehen aufeinander senkrecht. Der Koordinatenursprung $\oplus$ liege auf der Drehachse. Der Ortsvektor $\bar{r}$ von $\oplus$ nach m bildet mit der Drehachse den Winkel ϑ. Daher ist $\bar{r} = r\sin\vartheta$. Wenn sich die Anordnung dreht, bewegt sich m mit der Geschwindigkeit $\vec{v}$ auf einer Kreisbahn mit Radius $\bar{r}$. Es erweist sich als zweckmäßig, die Winkelgeschwindigkeit $d\varphi/dt$ der Drehbewegung als Vektor $\vec{\omega}$ vom Betrage $|\,d\varphi\,|\,/dt$ aufzufassen. Die Richtung von $\vec{\omega}$ soll mit der Drehachse zusammenfallen und in Richtung des abgespreizten Daumens weisen, wenn man mit der rechten Hand den Umlaufsinn nachformt. Die

Teilchengeschwindigkeit $\vec{v}$ ist dann

$$\vec{v} = \vec{\omega} \times \vec{r} . \tag{11.10}$$

Denn nach Abb. 11.2 weist $\vec{\omega} \times \vec{r}$ parallel zum Geschwindigkeitsvektor $\vec{v}$ und hat den Betrag $\omega r \sin \vartheta = \omega \bar{r} = \bar{r} \mid d\varphi \mid /dt = v$, weil $\bar{r} \mid d\varphi \mid$ der in der Zeit dt zurückgelegte Weg auf der Kreisbahn ist.

Wir wollen den Drehimpuls $\vec{l}$ des zum Massenpunkt idealisierten Kügelchens in Abb. 11.2 berechnen. Der Einheitsvektor auf der Drehachse a werde $\vec{e}_a$ genannt. Sei ω_a die Komponente von $\vec{\omega}$ in Richtung $\vec{e}_a$. Weil $\vec{\omega}$ zu $\vec{e}_a$ parallel ist, gilt

$$\vec{\omega} = \vec{e}_a \omega_a . \tag{11.11}$$

Wegen (11.1), (11.10) und (11.11) ist dann

$$\vec{l} = m\vec{r} \times \vec{v} = m\vec{r} \times (\vec{\omega} \times \vec{r}) = m\omega_a \vec{r} \times (\vec{e}_a \times \vec{r}) . \tag{11.12}$$

Uns interessiert die Drehimpulskomponente parallel zur Drehachse. Wir erhalten sie nach (4.14) durch skalare Multiplikation von $\vec{l}$ mit $\vec{e}_a$:

$$l_a = \vec{e}_a \cdot \vec{l} = m\omega_a \vec{e}_a \cdot (\vec{r} \times (\vec{e}_a \times \vec{r})) = m\omega_a (\vec{e}_a \times \vec{r}) \cdot (\vec{e}_a \times \vec{r}) . \tag{11.13}$$

Das rechte Gleichheitszeichen gilt, weil man die Vektoren $\vec{e}_a$, $\vec{r}$ und $(\vec{e}_a \times \vec{r})$ des $(\cdot \times)$-Produktes im Mittelteil von (11.13) nach Regel (4.19) zyklisch durchschieben darf. Weil $\vec{e}_a$ und $\vec{r}$ den Winkel ϑ einschließen, hat $\vec{e}_a \times \vec{r}$ den Betrag $r \sin \vartheta = \bar{r}$. Damit läßt sich (11.13) wie folgt schreiben:

$$l_a = m\bar{r}^2 \omega_a . \tag{11.14}$$

$\bar{r}$ ist der kürzeste Abstand der Masse m von der Drehachse a. Man nennt

$$m\bar{r}^2 =: \Theta_a \tag{11.15}$$

das *Trägheitsmoment von m in Bezug auf a*. Für die in Abb. 11.2 dargestellte Anordnung ist Θ_a eine zeitlich konstante Größe. Die Bewegung kommt durch die Winkelgeschwindigkeit ω_a zum Ausdruck:

$$l_a = \Theta_a \omega_a . \tag{11.16}$$

Wir wollen nun statt der einen Masse m viele Massen m_i mit $i = 1, 2 \cdots N$ an der Drehachse befestigen. Um dem Gebilde (Abb. 11.3) eine hinreichende Steifigkeit zu geben, verbinden wir die Massen zusätzlich durch massenlose Stangen untereinander. Man kann die z.B. mit Kügelchen und Speichen realisierbare Konstruktion als „Modell

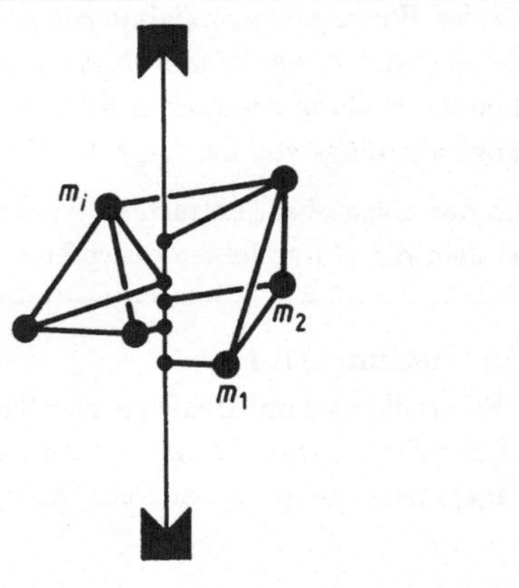

Abbildung 11.3
Modell eines starren Körpers, der um
eine Drehachse rotieren kann.

eines starren Körpers" betrachten. Unter einem starren Körper stellen wir uns einen
Holzklotz oder einen Kupferzylinder oder eine leere Glasflasche vor. Starre Körper
sind aus Atomen zusammengesetzt, zwischen denen so starke innere Kräfte wirken,
daß die Körper ihre Form nicht verändern. Im Modell Abb. 11.3 stellen die Massen
m_i die „Atome" und ihre gegenseitige Stützung durch die Verbindungsstangen die
„inneren Kräfte"zwischen ihnen dar. Da die zwischenatomaren Kräfte in Wirklichkeit
nicht beliebig stark sind, sind reale Gegenstände niemals im idealen Sinne „starr".
Trotzdem benimmt sich z.B. ein Holzklotz, wenn man ihn nicht zu sehr strapaziert,
näherungsweise wie ein starrer Körper. Der starre Körper ist daher eine nützliche
Fiktion.

Wenn sich ein starrer Körper oder sein Modell Abb. 11.3 um eine feste Achse a
dreht, bewegen sich alle seine Massenpunkte m_i mit derselben Winkelgeschwindigkeit
$\vec{\omega} = \vec{e}_a \omega_a$. Der Drehimpuls des i^{ten} Teilchens $\vec{l}_i$ besitzt dann wegen (11.14) die a-
Komponente

$$\vec{e}_a \cdot \vec{l}_i = m_i \bar{r}_i^2 \omega_a \;. \tag{11.17}$$

Summiert man über alle N Teilchen, erhält man die *a-Komponente* $L_a = \vec{e}_a \cdot \vec{L}$ des
Gesamtdrehimpulses

$$L_a = \sum_{i=1}^{N} m_i \bar{r}_i^2 \omega_a = \Theta_a \omega_a \;, \tag{11.18}$$

also das Produkt des *Gesamtträgheitsmoments um die a-Achse*

$$\Theta_a = \sum_{i=1}^{N} m_i \bar{r}_i^2 \tag{11.19}$$

mit der *Winkelgeschwindigkeitskomponente* ω_a. Bei einem starren Körper ändert sich der Abstand $\bar{r}_i$ der Masse m_i von der Drehachse nicht. Θ_a ist daher eine für die Massenverteilung des starren Körpers charakteristische, zeitlich konstante Größe. Θ_a hängt allerdings von der Lage der Drehachse ab.

Um das einzusehen, betrachten wir den in Abb. 11.4 dargestellten „Fahrradkreisel", bei dem der Gummireifen durch eine schwere Bleifelge der Masse M ersetzt ist. Die

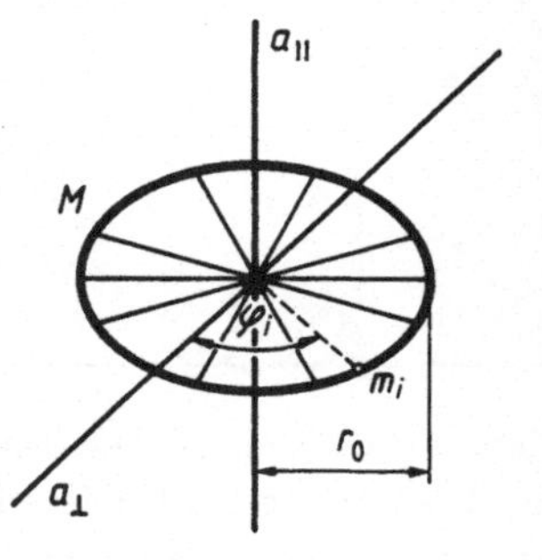

Abbildung 11.4
Fahrradkreisel mit Bleifelge. Der Kreisel kann um seine Symmetrieachse $a_{\parallel}$ rotieren, aber auch um irgendeine Achse $a_{\perp}$ senkrecht zu $a_{\parallel}$.

Masse der Speichen und des Achsenlagers sind dagegen vernachlässigbar klein. Wenn das Rad um seine Symmetrieachse $a_{\parallel}$ rotiert, haben alle Bleiatome der Felge, die hier als Massenpunkte m_i betrachtet werden, etwa den gleichen Abstand $\bar{r}_i \approx$ Radradius r_o von der Drehachse. Aus (11.19) ergibt sich dann für das Trägheitsmoment um $a_{\parallel}$

$$\Theta_{\parallel} = \sum_i m_i \bar{r}_i^2 \approx \sum_i m_i r_o^2 = M r_o^2 \; . \tag{11.20}$$

Das rechte Gleichheitszeichen gilt, weil die Summe über alle Bleiatommassen m_i gleich der Felgenmasse M ist. - Das Rad kann aber auch um eine Achse $a_{\perp}$ senkrecht zur Symmetrieachse rotieren, so daß es bei schneller Drehung wie eine Kugel aussieht. Sei φ_i der Winkel zwischen der zum Massenpunkt m_i weisenden Speiche und $a_{\perp}$. Dann ist $\bar{r}_i \approx r_o \sin \varphi_i$ der kürzeste Abstand von der Drehachse und folglich

$$\Theta_{\perp} = \sum_i m_i \bar{r}_i^2 \approx \sum_i m_i r_o^2 \sin^2 \varphi_i \tag{11.21}$$

das Trägheitsmoment um $a_{\perp}$. Aus Symmetriegründen ändert sich das Aussehen des Rades nicht, wenn man es um einen beliebigen Winkel um die Symmetrieachse $a_{\parallel}$ verdreht. Wir erhalten deshalb denselben $\Theta_{\perp}$-Wert, wenn wir φ_i in (11.21) durch $\varphi_i + 90°$ ersetzen. Da $\sin(\varphi_i + 90°) = \cos \varphi_i$ ist, folgt aus (11.21)

$$\Theta_{\perp} \approx \sum_i m_i r_o^2 \cos^2 \varphi_i \; . \tag{11.22}$$

Wegen $\sin^2 \varphi_i + \cos^2 \varphi_i = 1$ gibt die halbe Summe von (11.21) und (11.22)

$$\Theta_\perp \approx \frac{1}{2} \sum_i m_i r_o^2 = \frac{M r_o^2}{2} \ . \tag{11.23}$$

Ein Vergleich mit (11.20) zeigt, daß das Trägheitsmoment eines Fahrradkreisels um seine Symmetrieachse doppelt so groß ist wie um eine Achse senkrecht dazu.

11.4 Drehschemelversuche

Wir wollen jetzt Beispiele für den Drehimpulserhaltungssatz beschreiben. Für Demonstrationszwecke eignet sich insbesondere der in Abb. 11.5 dargestellte Drehschemel, dessen Achse auf Kugellagern nahezu reibungsfrei läuft. Die Drehachse falle mit

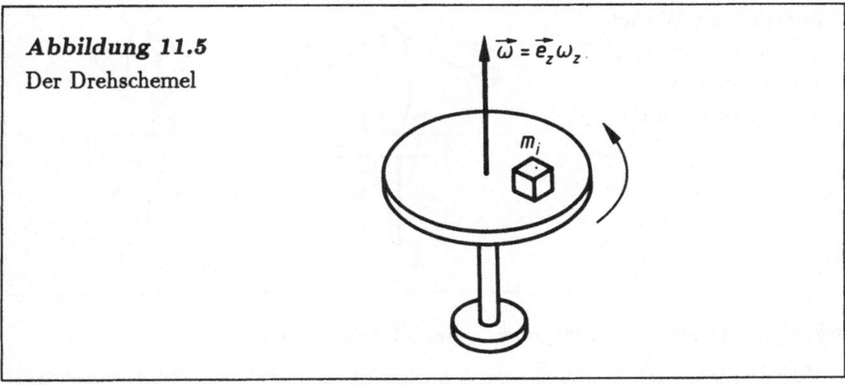

Abbildung 11.5
Der Drehschemel

der vertikalen z-Achse des Koordinatensystems zusammen, dessen Ursprung in der Schemelmitte liegen soll. Die vektorielle Winkelgeschwindigkeit der Schemeldrehung ist dann durch $\vec{\omega} = \vec{e}_z \omega_z$ gegeben, wobei $\vec{e}_z$ der aufwärtsgerichtete Einheitsvektor ist. Der Drehschemel kann mit Gegenständen belastet sein. Auf den drehbaren Teil des Schemels einschließlich seiner Last wirken dann die folgenden äußeren Kräfte:

(i) die nach unten weisenden Gewichte $-\vec{e}_z g m_i$,

(ii) die zur Achsenmitte gerichteten Druckkräfte des Kugellagers.

Eine einfache Überlegung zeigt, daß die von (i) und (ii) hervorgerufenen Drehmomente $\vec{D} = \vec{r} \times \vec{F}^{\text{außen}}$ keine z-Komponente besitzen. Da somit $D_z^{\text{außen}} = 0$ ist, bleibt die Drehimpulskomponente L_z wegen des Drehimpulserhaltungssatzes (11.9) im Laufe der Zeit konstant. Wenn wir L_z nach (11.18) durch das Trägheitsmoment um die z-Achse Θ_z und die zugehörige Winkelgeschwindigkeit ω_z ausdrücken, gilt also

$$L_z = \Theta_z \omega_z = \quad \text{const} . \tag{11.24}$$

Wir demonstrieren diese Beziehung durch zwei Versuche.

1. Versuch: (Abb. 11.6). Eine Versuchsperson nimmt zwei Massen von je 2 kg in die Hände, setzt sich auf den Drehschemel, streckt die Arme weit von sich und läßt sich in langsame Rotation versetzen. Wenn sie die Massen an sich heranzieht, wird die Winkelgeschwindigkeit merklich größer. Erklärung: Weil die beiden Massen zum Trägheitsmoment Θ_z des Gesamtsystems den Wert $2m\bar{r}^2$ beitragen und $\bar{r}$ in Position b kleiner als in Position a ist, nimmt Θ_z beim Übergang von a nach b ab. Da $\Theta_z \omega_z$

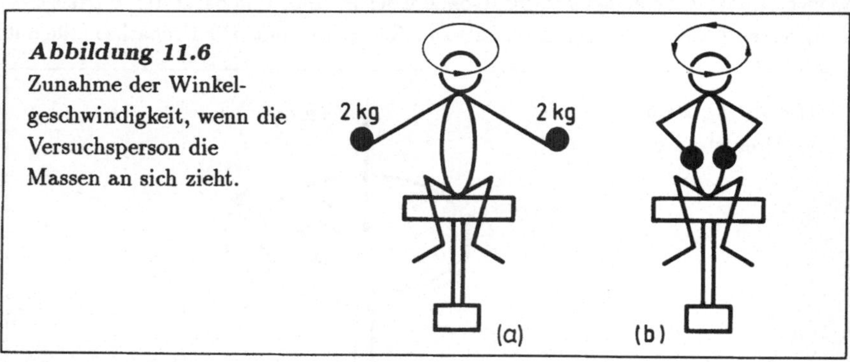

Abbildung 11.6
Zunahme der Winkelgeschwindigkeit, wenn die Versuchsperson die Massen an sich zieht.

wegen (11.24) konstant bleibt, muß ω_z beim Übergang von a nach b zunehmen.

2. Versuch: (Abb. 11.7). Bei diesem Versuch wird neben dem Drehschemel der Fahrradkreisel aus Abb. 11.4 verwendet. Sei $\vec{e}_\parallel$ der Einheitsvektor auf der Kreiselsymmetrieachse und $\Theta_\parallel$ das zugehörige Trägheitsmoment (11.20). Wenn der Kreisel um seine Achse mit der Winkelgeschwindigkeit $\omega_\parallel$ rotiert, ist sein Drehimpuls $\vec{L}(Kr) = \vec{e}_\parallel \Theta_\parallel \omega_\parallel$ parallel zur Kreiselachse gerichtet. Zu Beginn des Versuches wird einer ruhenden Versuchsperson auf dem Drehschemel der rotierende Kreisel mit waagerechter Achse (Position a) übergeben. Die Person beginnt sich zu drehen, wenn sie die Kreiselachse in die vertikale Lage (Position b) bringt. Erklärung: Da der Drehimpuls des Kreisels in Position a keine z-Komponente besitzt und der Rest des Systems (Schemel + Person) ruht, ist $L_z = L_z(Kr) + L_z(Rest) = 0$. In Position b hat der Kreiseldrehimpuls die z-Komponente $L_z(Kr) = \Theta_\parallel \omega_\parallel$. Weil wegen (11.24) für das Gesamtsystem immer noch $L_z = 0$ ist, muß der Rest in Position b die Komponente $L_z(Rest) = -\Theta_\parallel \omega_\parallel$ aufweisen. Die Person auf dem Schemel dreht sich also entgegengesetzt zum Umlaufsinn des Kreisels.

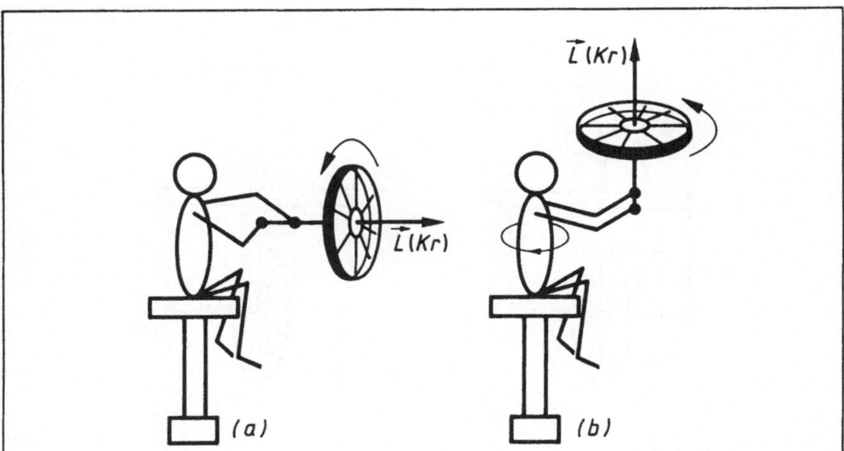

Abbildung 11.7: Eine ruhende Person mit rotierendem Kreisel kann sich in Drehung versetzen, indem sie die Kreiselachse aus der waagerechten Lage (a) in die senkrechte Lage (b) bringt.

11.5 Kreisel

Kinder erleben die Bewegung ihres Spielzeugkreisels als „Wunder". Wir wollen versuchen, das eigentümliche Kreiselverhalten etwas zu „entzaubern". Abb. 11.8 links zeigt eine dafür geeignete Versuchsanordnung. Die Achse $\overline{ab}$ des Fahrradkreisels hängt an zwei Seilen $\overline{ac}$ und $\overline{bd}$ an einer nahezu masselosen Stange $\overline{cd}$, deren Mittelpunkt durch das Seil $\overline{ef}$ mit der Decke verbunden ist. Die Aufhängung läßt eine freie Bewegung des Kreisels um seinen Mittelpunkt als Drehpunkt zu. Der Kreisel kann offenbar nicht nur um seine Symmetrieachse $\overline{ab}$ (Einheitsvektor $\vec{e}_{\parallel}$) rotieren, sondern auch um irgendeine auf $\vec{e}_{\parallel}$ senkrechte Drehachse (Einheitsvektor $\vec{e}_{\perp}$), z.B. um das Aufhängeseil $\overline{ef}$ in Abb. 11.8 links. Wir zerlegen die Winkelgeschwindigkeit $\vec{\omega}$ des Kreisels und seinen Drehimpuls $\vec{L}$ dementsprechend in zwei Komponenten, (i) Rotation um die Symmetrieachsenrichtung $\vec{e}_{\parallel}$ und (ii) Rotation um eine dazu senkrechte Drehachsenrichtung $\vec{e}_{\perp}$:

$$\text{Rotation (i)} \qquad \vec{\omega}_{\parallel} \;=\; \vec{e}_{\parallel}\omega_{\parallel} \qquad \vec{L}_{\parallel} \;=\; \vec{e}_{\parallel}\Theta_{\parallel}\omega_{\parallel}$$
$$\text{Rotation (ii)} \qquad \vec{\omega}_{\perp} \;=\; \vec{e}_{\perp}\omega_{\perp} \qquad \vec{L}_{\perp} \;=\; \vec{e}_{\perp}\Theta_{\perp}\omega_{\perp} \, . \tag{11.25}$$

Die Trägheitsmomente $\Theta_{\parallel}$ und $\Theta_{\perp}$ sind die in (11.20) und (11.23) berechneten Größen $\Theta_{\parallel} = Mr_o^2$ und $\Theta_{\perp} = \Theta_{\parallel}/2 = Mr_o^2/2$. Wenn beide Rotationen (i) und (ii) gleichzeitig

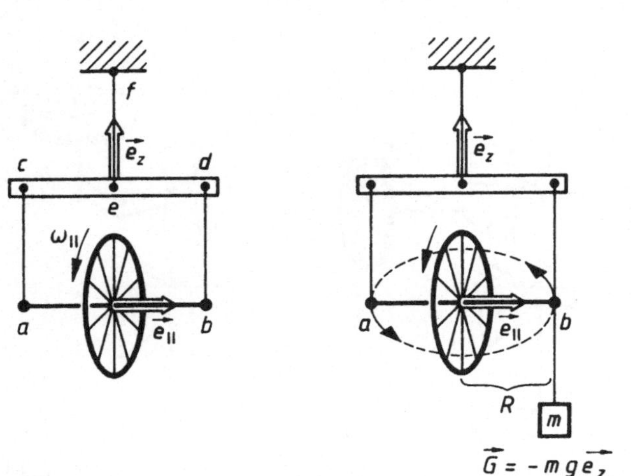

Abbildung 11.8:   Die Symmetrieachse $\vec{e}_\parallel$ eines kräftefrei aufgehängten Kreisels (links) ändert ihre Lage nicht, wenn der Kreisel um $\vec{e}_\parallel$ rotiert. Hängt man bei b ein Gewicht $\vec{G}$ an die Kreiselachse (rechts), so vollführt sie eine Präzessionsbewegung um $\vec{e}_z$ herum.

erfolgen, setzen sich die Winkelgeschwindigkeiten und Drehimpulse – wie hier ohne Beweis mitgeteilt wird – additiv nach den Regeln der Vektorrechnung zusammen:

$$\vec{\omega} = \vec{\omega}_\parallel + \vec{\omega}_\perp = \vec{e}_\parallel \omega_\parallel + \vec{e}_\perp \omega_\perp \tag{11.26}$$

$$\vec{L} = \vec{L}_\parallel + \vec{L}_\perp = \vec{e}_\parallel \Theta_\parallel \omega_\parallel + \vec{e}_\perp \Theta_\perp \omega_\perp \ . \tag{11.27}$$

$\vec{L}$ genügt der Bewegungsgleichung (11.8):

$$\dot{\vec{L}} = \vec{D}^{\text{außen}} = \sum_i \vec{r}_i \times \vec{F}_i^{\text{außen}} \ . \tag{11.28}$$

Die Aufhängung des Kreisels in Abb. 11.8 links ist nun gerade so eingerichtet, daß $\vec{D}^{\text{außen}}$ verschwindet.[1] Ein Kreisel heißt *kräftefrei*, wenn $\vec{D}^{\text{außen}} = 0$ ist. Für solche

---

[1] Man sieht das, wenn man den Ursprung des Koordinatensystems in den Kreismittelpunkt legt. Wegen der Symmetrie der Anordnung heben sich dann die auf den Kreisel wirkenden Drehmomente $\vec{r}_i \times \vec{F}_i^{\text{außen}}$ der äußeren Kräfte - das sind die Gewichte der verschiedenen Kreiselteile und die Zugkräfte der Drahtseile $\overline{ac}$ und $\overline{bd}$ - paarweise weg.

Kreisel gilt wegen (11.28) der Drehimpulserhaltungssatz $\vec{L} = $ const oder, mit $\vec{L}$ aus (11.27),

$$\vec{e}_\parallel \Theta_\parallel \omega_\parallel + \vec{e}_\perp \Theta_\perp \omega_\perp = \text{const} . \qquad (11.29)$$

Wenn man den Fahrradkreisel um seine Symmetrieachse in Drehung versetzt hat, ist $\omega_\perp = 0$. Dann vereinfacht sich (11.29) zu

$$\vec{e}_\parallel \Theta_\parallel \omega_\parallel = \text{const} . \qquad (11.30)$$

Ein um seine Symmetrieachse rotierender kräftefreier Kreisel rotiert also mit konstanter Winkelgeschwindigkeit ($\omega_\parallel = $ const), wobei die Kreiselsymmetrieachse fest im Raume steht ($\vec{e}_\parallel = $ const).

Wir gehen vom kräftefreien zum sog. *schweren* Kreisel über, indem wir – wie in Abb. 11.8 rechts – an das b-Ende der Kreiselachse $\overline{ab}$ im Abstand R von der Kreiselmitte ein Gewichtsstück der Masse m hängen, das eine abwärtsgerichtete Kraft $\vec{G} = -\vec{e}_z gm$ und damit ein Drehmoment $\vec{D}^{\text{außen}}$ auf den Kreisel ausübt. Vom Koordinatenursprung = Kreiselmitte aus gesehen, greift $\vec{G}$ an der Stelle $\vec{r} = R\vec{e}_\parallel$ an, so daß

$$\vec{D}^{\text{außen}} = \vec{r} \times \vec{G} = R\vec{e}_\parallel \times (-\vec{e}_z gm) = mgR\vec{e}_z \times \vec{e}_\parallel . \qquad (11.31)$$

Wenn sich der Kreisel nicht dreht, bewirkt (11.31), daß die Kreiselachse dem Gewicht $\vec{G}$ folgt und umkippt. Ganz anders verhält der Kreisel sich aber, wenn man ihn zunächst in schnelle Rotation um seine Symmetrieachse $\overline{ab}$ versetzt und erst dann bei b das Gewicht anhängt: Sobald es hängt, bewegen sich die Achsenenden a und b mit der in Abb. 11.8 rechts angedeuteten waagerechten Kreisbahn. Man sagt, die Kreiselachse vollführe eine *Präzessionsbewegung*.

Zur Erklärung dieses eigentümlichen Verhaltens setzten wir (11.31) in die Drehimpulsbewegungsgleichung (11.28) ein:

$$\frac{d\vec{L}}{dt} = mgR\vec{e}_z \times \vec{e}_\parallel . \qquad (11.32)$$

Hier läßt sich $\vec{e}_\parallel$ wegen (11.27) durch $(\vec{L} - \vec{L}_\perp)/\Theta_\parallel \omega_\parallel$ ausdrücken:

$$\frac{d\vec{L}}{dt} = \frac{mgR}{\Theta_\parallel \omega_\parallel} \vec{e}_z \times (\vec{L} - \vec{L}_\perp) . \qquad (11.33)$$

Wenn der Kreisel – wie z.B. in Abb. 11.8 rechts – schnell um seine Symmetrieachse $\vec{e}_\parallel$ rotiert, ist die zu $\vec{e}_\parallel$ orthogonale Drehimpulskomponente $L_\perp$ viel kleiner als der Betrag des Gesamtdrehimpulses $|\vec{L}|$, so daß man $\vec{L}_\perp$ in (11.33) neben $\vec{L}$ vernachlässigen kann. Dann vereinfacht sich (11.33) zu

$$\frac{d\vec{L}}{dt} \approx \Omega \vec{e}_z \times \vec{L} \quad \text{mit} \quad \Omega := \frac{mgR}{\Theta_\parallel \omega_\parallel} . \qquad (11.34)$$

Die rechts definierte Größe Ω wird sich etwas später als *Winkelgeschwindigkeit der Präzessionsbewegung* erweisen. Weil wir den Fall $L_\perp \ll |\,\vec{L}\,|$ betrachten, können wir $\vec{L}_\perp$ auch in der Drehimpulskomponentengleichung (11.27) neben $\vec{L}$ vernachlässigen und erhalten

$$\vec{L} \approx \vec{L}_\| = \vec{e}_\| \Theta_\| \omega_\| \,. \tag{11.35}$$

Der Drehimpuls $\vec{L}$ des Kreisels liegt also auf der Kreiselsymmetrieachse $\vec{e}_\|$.

Um die Lösungen $\vec{L} = \vec{L}(t)$ der Differentialgleichung (11.34) zu finden, multiplizieren wir (11.34) zunächst skalar mit $\vec{e}_z$ bzw. $\vec{L}$ und beachten, daß die rechte Seite jeweils verschwindet, da sie wegen des Faktors $\vec{e}_z \times \vec{L}$ sowohl auf $\vec{e}_z$ als auch auf $\vec{L}$ senkrecht steht:

$$\vec{e}_z \cdot \frac{d\vec{L}}{dt} = \frac{d(\vec{e}_z \cdot \vec{L})}{dt} = \frac{dL_z}{dt} = 0 \tag{11.36}$$

$$\vec{L} \cdot \frac{d\vec{L}}{dt} = \frac{1}{2}\frac{d(\vec{L} \cdot \vec{L})}{dt} = \frac{1}{2}\frac{dL^2}{dt} = 0 \,. \tag{11.37}$$

Aus (11.36) bzw. (11.37) folgt $L_z = $ const bzw. $L^2 = $ const. Beim schweren Kreisel bleiben also sowohl die z-Komponente L_z als auch der Betrag L des Drehimpulses zeitlich konstant. Das ist erfüllt, wenn sich der Drehimpulsvektor $\vec{L}$ auf einem Kegelmantel zum $\vec{e}_z$ herum bewegt (Abb. 11.9). Der Öffnungswinkel ϑ des Kegels ergibt sich aus der Beziehung $\cos\vartheta = L_z/L$. Daß die Bewegung von $\vec{L}$ auf einem Kegelmantel erfolgt, läßt sich auch unmittelbar aus der linken Gleichung (11.34) ablesen. Wegen

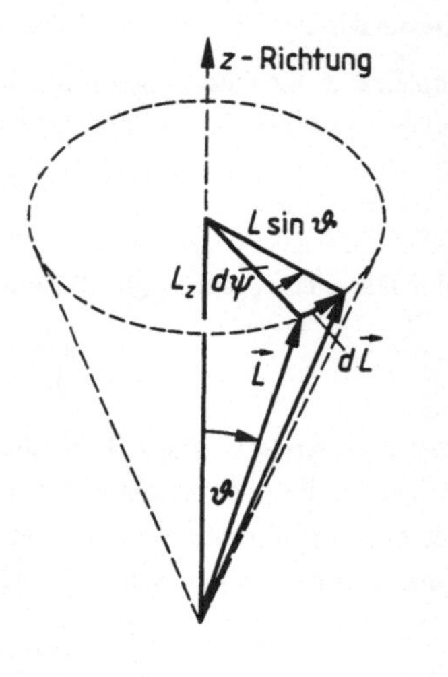

Abbildung 11.9
Der Drehimpuls $\vec{L}$ eines schweren Kreisel bewegt sich auf einem Kegelmantel um die vertikale z-Richtung.

des dort vorkommenden Vektorproduktes $\Omega\vec{e}_z \times \vec{L}$ steht die infinitesimale Drehimpulsänderung $d\vec{L}$ sowohl auf $\vec{e}_z$ als auch auf $\vec{L}$ senkrecht, was nur möglich ist, wenn $d\vec{L}$ auf dem kreisförmigen Kegelschnitt der Abb. 11.9 liegt. Um die Winkelgeschwindigkeit $d\psi/dt$ zu erhalten, mit der die Pfeilspitze von $\vec{L}$ auf dem Kegelschnittkreis voranschreitet, nehmen wir den Betrag der Vektorgleichung (11.34)

$$\frac{|d\vec{L}|}{dt} = \Omega|\vec{e}_z \times \vec{L}| = \Omega L \sin\vartheta \tag{11.38}$$

und drücken hier $|d\vec{L}|$ durch die aus Abb. 11.9 ablesbare Beziehung $|d\vec{L}| = L\sin\vartheta\, d\psi$ aus:

$$\frac{L\sin\vartheta\, d\psi}{dt} = \Omega L \sin\vartheta \ . \tag{11.39}$$

$L\sin\vartheta$ kürzt sich weg und es bleibt

$$\frac{d\psi}{dt} = \Omega = \frac{mgR}{\Theta_\parallel \omega_\parallel} \ . \tag{11.40}$$

Der Kreiseldrehimpuls $\vec{L}$ bewegt sich also mit konstanter Winkelgeschwindigkeit $d\psi/dt = \Omega$ auf dem Kegelmantel der Abb. 11.9 herum. Weil der auf der Kreiselsymmetrieachse $\overline{ab}$ liegende Einheitsvektor $\vec{e}_\parallel$ nach (11.35) in $\vec{L}$-Richtung weist, vollführt dann auch die Kreiselachse $\overline{ab}$ die gleiche „Präzessionsbewegung" mit der gleichen „Präzessionswinkelgeschwindigkeit" Ω auf dem gleichen Kegelmantel wie der Kreiseldrehimpuls $\vec{L}$. Man beachte, daß Ω aus (11.40) vom Öffnungswinkel ϑ des Kegels unabhängig ist. Wenn man $\vartheta = 90°$ wählt, erhält man den in Abb. 11.8 rechts geschilderten Fall, den wir erklären wollten: Die Endpunkte a und b der Kreiselachse wandern mit der Präzessionswinkelgeschwindigkeit $\Omega = mgR/\Theta_\parallel \omega_\parallel$ auf einer waagerechten Kreisbahn um $\vec{e}_z$ herum.

Abschließend sei erwähnt, daß ein schwerer Kreisel neben dieser Präzessionsbewegung eine sog. *Nutation* ausführen kann. Sie besteht in einer verhältnismäßig schnellen Zirkulation der Kreiselachse um die $\vec{L}$-Richtung. Dieser Bewegungstyp tritt auch auf, wenn der Kreisel kräftefrei ist, und zwar unter der Bezeichnung *reguläre Präzession*. Dabei bewegen sich die momentane Winkelgeschwindigkeit $\vec{\omega}$ und die Kreiselachse $\vec{e}_\parallel$ auf Kegelmänteln um $\vec{L}$ herum, und zwar so, daß $\vec{\omega}$, $\vec{e}_\parallel$ und $\vec{L}$ stets in einer Ebene liegen.

11.6 Rotationsenergie

In der Drehbewegung eines Körpers, der mit der Winkelgeschwindigkeit $\vec{\omega}$ rotiert, steckt Bewegungsenergie, die man *Rotationsenergie* nennt und mit E_{rot} bezeichnet.

Wenn man nämlich den Drehimpuls $\vec{L} = \sum_i m_i \vec{r}_i \times \vec{v}_i$ skalar mit $\vec{\omega}$ multipliziert, in den dabei auftretenden Spatprodukten $(\vec{r}_i \times \vec{v}_i) \cdot \vec{\omega}$ die Faktoren nach Regel (4.19) zyklisch durchschiebt und wegen (11.10) $\vec{\omega} \times \vec{r}_i = \vec{v}_i$ setzt, erhält man $\vec{L} \cdot \vec{\omega} = \sum_i m_i (\vec{r}_i \times \vec{v}_i) \cdot \vec{\omega} = \sum_i m_i (\vec{\omega} \times \vec{r}_i) \cdot \vec{v}_i = \sum_i m_i v_i^2$, und das ist die doppelte kinetische Energie der Massenpunkte, aus denen der rotierende Körper zusammengesetzt ist. Es gilt also

$$E_{\text{rot}} = \frac{\vec{L} \cdot \vec{\omega}}{2} \, . \tag{11.41}$$

Falls der rotierende Körper ein axialsymmetrischer Kreisel vom Typ des Fahrradkreisels Abb. 11.4 ist, kann man (11.26) und (11.27) verwenden und für (11.41) schreiben:

$$E_{\text{rot}} = \frac{L_\parallel \omega_\parallel}{2} + \frac{L_\perp \omega_\perp}{2} = \frac{\Theta_\parallel \omega_\parallel^2}{2} + \frac{\Theta_\perp \omega_\perp^2}{2} = \frac{L_\parallel^2}{2\Theta_\parallel} + \frac{L_\perp^2}{2\Theta_\perp} \, . \tag{11.42}$$

Die Rotationsenergie von Molekülen bzw. Atomkernen spielt in der Molekül- bzw. Kernphysik eine Rolle. Dabei ist von Bedeutung, daß Drehimpulse – ähnlich wie die Energie (9.22) des harmonischen Oszillators – „gequantelt" sind. Für ein CO-Molekül, beispielsweise, kann $L_\perp^2$ nur die „diskreten" Werte

$$L_\perp^2 = l(l+1)\hbar^2 \qquad \text{mit} \qquad l = 0, 1, 2, 3, \ldots \tag{11.43}$$

annehmen, wobei $\hbar$ die Plancksche Konstante (35.8) und l die *Drehimpulsquantenzahl* ist. Da in solchen Molekülen aus quantenmechanischen Gründen $L_\parallel^2 = 0$ ist, folgt aus (11.42) und (11.43)

$$E_{\text{rot}} = \frac{\hbar^2}{2\Theta_\perp} l(l+1) \, . \tag{11.44}$$

Ähnliche Ausdrücke erhält man für die Rotationsenergie von Atomkernen.

11.7   Drehimpuls von Elementarteilchen (Spin)

CO-Moleküle und Atomkerne lassen sich in Elektronen, Protonen und Neutronen zerlegen. Und jedes dieser Teilchen besitzt einen Drehimpuls $\vec{j}$, der sich als Vektorsumme

$$\vec{j} = \vec{l} + \vec{s} \tag{11.45}$$

aus dem *Bahndrehimpuls* $\vec{l} = \vec{r} \times \vec{p}$ und dem Eigendrehimpuls oder *Spin* $\vec{s}$ zusammensetzt. $\vec{s} \neq 0$ bedeutet, daß sich das Teilchen wie ein Kreisel um sich selber dreht. Die Drehachse ist frei einstellbar, der Spinbetrag $|\vec{s}| = s$ ist zeitlich konstant und für die Teilchenart charakteristisch. Elektronen, Protonen, Neutronen und die beim K-Einfang (Abb. 2.2) auftretenden Neutrinos haben z.B. alle den gleichen Spin $s = \hbar/2$.

Teilchen	Spin/$\hbar$
Leptonen	1/2
Quarks	1/2
Gluonen	1
Photonen	1
W^+, W^-, Z^o	1
Gravitonen	2

Tabelle 11.1: Die Spins der Elementarteilchen und Feldquanten.

Elektronen und Neutrinos sind, so weit wir heute wissen, elementar, d.h. nicht weiter zerlegbar. Protonen und Neutronen sind dagegen aus je drei Quarks zusammengesetzt. Auch die π- und K-Mesonen aus Tab. 13.1 sind Quarksystem (Quark-Antiquark-Paare). Die eigentlichen Bausteine der Materie sind also einerseits Elektronen und Neutrinos, die zur sechsköpfigen Familie der *Leptonen* (e, ν_e, μ, ν_μ, τ, ν_τ) gehören, und andererseits Quarks aus der ebenfalls sechsköpfigen *Quarkfamilie* (d, u, s, c, b, t), von denen das t-Quark allerdings noch nicht in Erscheinung getreten ist. Mit den zwischen diesen elementaren Bausteinen wechselwirkenden Kraftfeldern sind sog. „Feldquanten" verbunden: Die „Gluonen" mit der starken Wechselwirkung, die „Photonen" mit der elektromagnetischen Wechselwirkung, die „intermediären Vektorbosonen" W^+, W^-, Z^o mit der schwachen Wechselwirkung und die „Gravitonen" mit der Gravitation. Die Spins der Elementarteilchen und Feldquanten sind in Tab. 11.1 zusammengestellt. Sie sind halb- oder ganzzahlig, wenn man sie in der natürlichen Drehimpulseinheit $\hbar$ angibt.

Kapitel 12

Relativistische Mechanik

Wir haben die Erhaltungssätze der Mechanik (Energie, Impuls, Drehimpuls) nur für den nicht-relativistischen Grenzfall $v \ll c$ behandelt. Sie gelten auch, wenn sich die Körper mit großen Geschwindigkeiten $v \sim c$ bewegen. Diese Allgemeingültigkeit der Erhaltungssätze läßt sich erzwingen, indem man die naturgesetzlich miteinander verknüpften physikalischen Größen (Masse, Kraft, Impuls, Energie, Drehmoment, Drehimpuls usw.) so definiert, daß einige von ihnen unter sehr allgemeinen Umständen erhalten bleiben. Daß solche Definitionen gefunden werden können, ist allerdings nicht selbstverständlich. Für Energie, Impuls und Drehimpuls gelingt es.

Wir beschränken uns im folgenden auf die relativistische Formulierung der Energie- und Impulserhaltung. Zunächst notieren wir einige Beziehungen der klassischen Mechanik (Newton), die schon in den Kapiteln 7, 9 und 10 behandelt wurden:

$$
\begin{aligned}
\vec{F} &= \dot{\vec{p}} & m &= \text{const} \\
\vec{p} &= m\vec{v} & E_{\text{kin}} &= mv^2/2.
\end{aligned}
\tag{12.1}
$$

Die beiden linken Gleichungen sind allgemeingültig. Die rechten gelten nur, wenn $v \ll c$ ist, etwa für Raketen, die mit $v = 30\,\text{km/s} = 10^{-4}c$ zum Mond reisen. Die Elektronen in Farbfernsehbildröhren bzw. medizinischen Röntgengeräten bewegen sich dagegen mit etwa 20 % bzw. 50 % der Lichtgeschwindigkeit. Für so schnelle Teilchen gelten statt (12.1) die folgenden Beziehungen:

$$
\begin{aligned}
\vec{F} &= \dot{\vec{p}} & m &= \frac{m_o}{\sqrt{1 - (v/c)^2}} \\
\vec{p} &= m\vec{v} & E_{\text{kin}} &= (m - m_o)c^2.
\end{aligned}
\tag{12.2}
$$

Man nennt m_o die „Ruhmasse" des mit v bewegten Teilchens, da die Masse m in Ruhe $v = 0$ den Wert m_o annimmt.

12.1 Newtonsche Mechanik als Grenzfall v/c $\ll$ 1

Bevor wir (12.2) begründen, zeigen wir, daß (12.2) für $v/c \ll 1$ in die nicht-relativistischen Formeln (12.1) übergeht. Da die linken Gleichungen (Grundgesetz der Mechanik und Definition des Impulses) im relativistischen und nicht-relativistischen Fall identisch sind, brauchen wir nur die rechten Gleichungen (Masse und kinetische Energie) zu untersuchen. Wenn man $1/\sqrt{1 - (v/c)^2}$ in eine Potenzreihe entwickelt (Taylor-Entwicklung) und die Reihe nach dem Glied $\sim (v/c)^2 \ll 1$ abbricht, erhält man[1]

$$\frac{1}{\sqrt{1 - (v/c)^2}} \approx 1 + \tfrac{1}{2}(v/c)^2 \; . \tag{12.3}$$

Für die Massenformel (12.2) rechts oben ergibt sich damit

$$m = \frac{m_o}{\sqrt{1 - (v/c)^2}} \approx m_o(1 + \tfrac{1}{2}(v/c)^2) \; . \tag{12.4}$$

Wenn $v/c \ll 1$ ist, darf man auf der rechten Seite von (12.4) den Term $\tfrac{1}{2}(v/c)^2$ neben 1 vernachlässigen, so daß

$$m \approx m_o = \text{const} \tag{12.5}$$

wird, wie in (12.1) vermerkt. Daß der relativistische Ausdruck für die kinetische Energie (12.2) rechts unten für $v \ll c$ in die nicht-relativistische Form (12.1) rechts unten übergeht, zeigen die folgenden Gleichungen:

$$\begin{aligned} E_{\text{kin}} &= (m - m_o)c^2 = (m_o/\sqrt{1 - (v/c)^2} - m_o)c^2 \\ &\approx [m_o(1 + \tfrac{1}{2}(v/c)^2) - m_o]c^2 = m_o v^2/2 \approx mv^2/2 \; . \end{aligned} \tag{12.6}$$

Dabei wurde wieder die Taylor-Entwicklung (12.3) verwendet. *Die Newtonsche Mechanik (12.1) ist also als Grenzfall $v \ll c$ in der von Einstein formulierten relativistischen Mechanik (12.2) enthalten.*

12.2 Impulserhaltung und relativistische Massenformel

Wir wollen jetzt die relativistischen Gleichungen (12.2) begründen, zunächst die Massenformel. Man fordert, daß der Impulserhaltungssatz auch im relativistischen Bereich $v \sim c$ gilt. Die Forderung ist erfüllbar, allerdings nur dann, wenn man zuläßt, daß die Masse eines bewegten Körpers von seiner Geschwindigkeit abhängt. Um die

---

[1] Wer die Taylor-Entwicklung noch nicht kennt, kann sich z.B. mit einem Taschenrechner numerisch davon überzeugen, daß die beiden Seiten von (12.3) für v/c-Werte $\leq 10^{-2}$ bis auf einen Fehler der Größenordnung $(v/c)^4 \leq 10^{-8}$ übereinstimmen.

Geschwindigkeitsabhängigkeit der Masse zu erhalten, führen wir das sog. „Tolmansche Gedankenexperiment" durch (Abb.12.1):

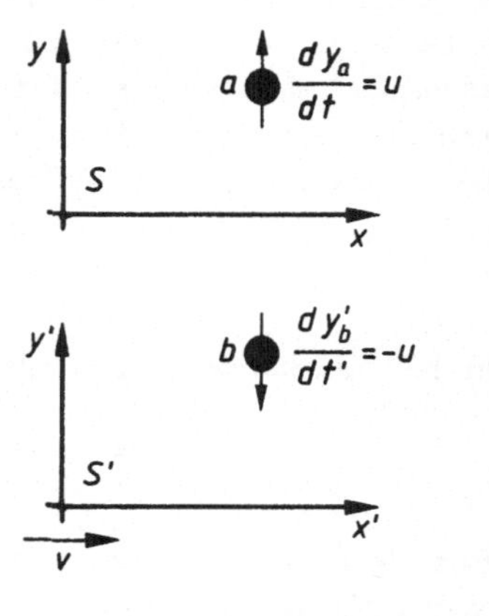

Abbildung 12.1
Zwei in S bzw. S' zunächst ruhende gleichartige Teilchen a bzw. b üben beim Vorbeiflug entgegengesetzt gleiche Kräfte aufeinander aus und bekommen dadurch entgegengesetzt gerichtete Geschwindigkeitskomponenten in y-Richtung.

Betrachte zwei Inertialsysteme S und S', die sich relativ zueinander mit konstanter Geschwindigkeit v in x-Richtung bewegen. In S bzw. S' befinden sich zwei gleichartige Teilchen a bzw. b, zum Beispiel zwei Protonen. Vor ihrer Begegnung sollen a bzw. b in den Koordinatensystemen S bzw. S' ruhen. Während sie wie in Abb. 12.1 mit der Relativgeschwindigkeit v in x-Richtung aneinander vorbeifliegen, üben a und b vorübergehend Kräfte aufeinander aus. Sie erhalten dadurch Geschwindigkeitskomponenten in y-Richtung, die ein Beobachter in S mit dy_a/dt und dy_b/dt bezeichnet. Seien nun m_a und m_b die Massen der Teilchen a und b von S aus betrachtet. Dann ist die y-Komponente des Gesamtimpulses der Teilchen durch

$$p_y^{(a+b)} = p_y^{(a)} + p_y^{(b)} = m_a \frac{dy_a}{dt} + m_b \frac{dy_b}{dt} \tag{12.7}$$

gegeben. Weil die Teilchen vor der Begegnung keine Bewegung in y-Richtung ausführten, war dort $p_y^{a+b} = 0$. Wegen des Impulserhaltungssatzes, *dessen Gültigkeit wir ja ausdrücklich fordern*, ändert sich dieser Nullwert im Laufe der Zeit nicht, so daß auch nach dem Vorbeiflug

$$m_a \frac{dy_a}{dt} + m_b \frac{dy_b}{dt} = 0 \tag{12.8}$$

ist. Die y-Komponente $dy_a/dt =: u$ der Geschwindigkeit von a bezüglich S ist nun aus Symmtriegründen bis auf das Vorzeichen genauso groß wie die y'-Komponente

dy'_b/dt' der Geschwindigkeit von b bezüglich S':

$$\frac{dy'_b}{dt'} = -\frac{dy_a}{dt} = -u \; . \tag{12.9}$$

Aus (12.9) läßt sich die in (12.8) auftretende y-Komponente dy_b/dt von b bezüglich S erhalten. Denn dy'_b bzw. dt' können von S aus als bewegter Querstab bzw. als Zeitintervall einer mit v bewegten Uhr angesehen werden. Da bewegte Querstäbe ihre Längen nicht ändern, bewegte Uhren aber gemäß (6.17) um den Faktor $1/\sqrt{1 - (v/c)^2}$ verlangsamt werden, gilt

$$dy_b = dy'_b \quad \text{und} \quad dt = dt'/\sqrt{1 - (v/c)^2} \; . \tag{12.10}$$

Daraus ergibt sich dann zusammen mit (12.9):

$$\frac{dy_b}{dt} = \frac{dy'_b}{dt'/\sqrt{1 - (v/c)^2}} = -u\sqrt{1 - (v/c)^2} \; . \tag{12.11}$$

Setzt man dy_b/dt aus (12.11) und $dy_a/dt = u$ in Gleichung (12.8) ein, erhält man

$$[m_a - m_b\sqrt{1 - (v/c)^2}]u = 0 \; . \tag{12.12}$$

Weil im allgemeinen $u \neq 0$ ist, muß der Klammerausdruck $= 0$ sein, d.h.

$$m_b = \frac{m_a}{\sqrt{1 - (v/c)^2}} \; . \tag{12.13}$$

Man kann den „Gedankenversuch" mit den beiden gleichartigen Teilchen a und b so durchführen, daß u beliebig klein wird, etwa durch großen Abstand beim Vorbeiflug. Dann sind die Geschwindigkeiten von a bzw. b in S auch nach dem Vorbeiflug in beliebig guter Näherung 0 bzw. v. Unter diesen Umständen bedeutet m_a in (12.13) die Ruhmasse m_o des Teilchens a, während m_b die Masse m_v des mit v bewegten Teilchens b darstellt, welches wegen der Gleichartigkeit beider Teilchen die gleiche Ruhmasse m_o wie a besitzt. Deshalb folgt aus (12.13)

$$m_v = \frac{m_o}{\sqrt{1 - (v/c)^2}} \; , \tag{12.14}$$

wobei sich m_v und m_o auf dasselbe Teilchen b beziehen. Das ist der in (12.2) angegebene Zusammenhang zwischen Masse und Geschwindigkeit. Den Index v von m_v läßt man meistens weg.

Welche der vier Beziehungen (12.2) wären außerdem noch zu begründen? Sicher nicht die Formel $\vec{p} = m\vec{v}$ mit m aus (12.14). Sie kann als Definitionsgleichung für den Impuls

$\vec{p}$ betrachtet werden, der dann jedenfalls einen Erhaltungssatz erfüllt. Wie steht es mit $\vec{F} = \dot{\vec{p}}$, dem Grundgesetz der Mechanik? Wir sparen uns seine Begründung, indem wir es zur Definitionsgleichung für die Kraft $\vec{F}$ erklären. Bleibt festzustellen, ob mit diesem $\vec{F}$ der Energieerhaltungssatz gilt. Wir werden sehen, daß das wirklich der Fall ist, wenn man für die kinetische Energie die in (12.2) angegebene Formel $(m - m_o)c^2 = E_{\text{kin}}$ verwendet.

12.3   Energieerhaltung und Energie-Masse-Äquivalenz

Energieerhaltung bedeutet, daß die von einer Kraft $\vec{F}$ an einem bewegten Körper verrichtete Arbeit $\vec{F} \cdot d\vec{r}$ in kinetische Energie verwandelt wird, daß also

$$E_{\text{kin}} = \int \vec{F} \cdot d\vec{r} = \int \dot{\vec{p}} \cdot \vec{v}\, dt \ . \tag{12.15}$$

Das rechte Integral folgt aus dem linken, wenn man das Grundgesetz $\vec{F} = \dot{\vec{p}}$ und die Geschwindigkeitsdefinition $d\vec{r} = \vec{v}\, dt$ verwendet. Die Integrationsgrenzen werden später so gewählt, daß $E_{\text{kin}} = 0$ wird, wenn der Körper ruht. Der Integrand in (12.15) rechts läßt sich umformen. Wir lösen dazu die Massenformel (12.14) nach m_o auf und quadrieren:

$$m_o^2 = m^2 - (mv/c)^2 = m^2 - (\vec{p} \cdot \vec{p})/c^2 \tag{12.16}$$

Das rechte Gleichheitszeichen gilt wegen der Impulsdefinition $\vec{p} = m\vec{v}$. Differenziert man (12.16) nach der Zeit, so erhält man

$$0 = 2m\dot{m} - 2(\vec{p} \cdot \dot{\vec{p}})/c^2 \tag{12.17}$$

oder, nach einfacher Umordnung,

$$\frac{d(mc^2)}{dt} = (\dot{\vec{p}} \cdot \vec{p})/m = \dot{\vec{p}} \cdot \vec{v} \ . \tag{12.18}$$

Das ist der Integrand im rechten Integral (12.15). Einsetzen von (12.18) in (12.15) ergibt;

$$E_{\text{kin}} = \int \dot{\vec{p}} \cdot \vec{v}\, dt = \int \frac{d(mc^2)}{dt}\, dt = mc^2 + \text{const} \ . \tag{12.19}$$

Damit die kinetische Energie eines ruhenden Körpers mit der Masse m_o verschwindet, muß man der Integrationskonstanten den Wert $-m_o c^2$ geben, also

$$E_{\text{kin}} = (m - m_o)c^2 \ . \tag{12.20}$$

Genau das ist die in (12.2) angegebene Gleichung für die kinetische Energie, die wir begründen wollten.

Man kann (12.20) wie folgt umschreiben:

$$m = m_o + E_{\text{kin}}/c^2 \ . \tag{12.21}$$

Ein Körper wird dadurch, daß man ihm kinetische Energie zuführt, schwerer. Die Massenzunahme beträgt E_{kin}/c^2. Kinetische Energie besitzt also Masse. Albert Einstein hat erstmalig darauf hingewiesen, daß wegen der Umwandelbarkeit verschiedener Energieformen ineinander nicht nur kinetische Energie E_{kin}, sondern irgendeine Energie E der Masse E/c^2 äquivalent sein müßte. Man schreibt

$$E = mc^2 \tag{12.22}$$

und nennt E die *relativistische Gesamtenergie eines Körpers der Masse m*. Wenn der Körper ruht, verfügt er über die sog. *Ruhenergie E_o*, die man aus (12.22) erhält, wenn man dort für m die Ruhmasse m_o einsetzt

$$E_o = m_o c^2 \ . \tag{12.23}$$

Die kinetische Energie, die ihm aufgrund seiner Bewegung zukommt, ist dann wegen (12.20), (12.22) und (12.23)

$$E_{\text{kin}} = E - E_o \ . \tag{12.24}$$

Es könnte sein, daß die Ruhenergie eines Körpers bis in alle Ewigkeit im Körper „eingefroren" ist. Dem ist aber nicht so. Man kann sie in andere Energieformen überführen. Das bestätigt z.B. die in Kap. 1.2 erwähnte Zerstrahlung eines Elektron-Positron-Paares unter Erzeugung elektromagnetischer Vernichtungsstrahlung. Die Strahlungsenergie erweist sich als genau so groß wie die Ruhenergie des vernichteten Elektron-Positron-Paares.

Zwischen dem Impuls $\vec{p} = m\vec{v}$ und der relativistischen Gesamtenergie $E = mc^2$ eines mit $\vec{v}$ bewegten Teilchens mit der Ruhmasse m_o besteht ein einfacher Zusammenhang:

$$E^2 - (pc)^2 = (m_o c^2)^2 \ . \tag{12.25}$$

Zum Beweis dieser Beziehung braucht man nur Gleichung (12.16) mit c^4 zu multiplizieren. (12.25) ist eine häufig verwendete Relation der relativistischen Mechanik. Anwendungsbeispiele folgen u.a. im nächsten Kapitel.

12.4 Lorentztransformation für Impuls und Energie

Impuls und Energie sind eng miteinander verknüpft. Wir wollen die Verknüpfung auffinden und betrachten dazu zwei Koordinatensysteme S und S', die sich relativ zueinander in x-Richtung mit der konstanten Geschwindigkeit v bewegen. Beobachter in S und S' untersuchen die Bewegung ein und desselben Massenpunktes mit der Ruhmasse m_o und finden die Koordinaten x, y, z, t in S bzw. x', y', z', t' in S'. Die Koordinaten gehen durch Lorentztransformation (6.1) auseinander hervor:

$$x' = \frac{x - vt}{\sqrt{1 - (v/c)^2}} \quad y' = y \quad z' = z \quad t' = \frac{t - (v/c^2)x}{\sqrt{1 - (v/c)^2}} \,. \tag{12.26}$$

Aus den Koordinaten läßt sich die Geschwindigkeit $\vec{u} = (dx/dt, dy/dt, dz/dt)$ in S bzw. $\vec{u}' = (dx'/dt', dy'/dt', dz'/dt')$ in S' ableiten. Impuls und Energie des Massenpunktes ergeben sich daraus

$$\text{in S zu:} \qquad \vec{p} = \frac{m_o\vec{u}}{\sqrt{1 - (u/c)^2}} \qquad E = \frac{m_oc^2}{\sqrt{1 - (u/c)^2}}$$
$$\text{in S' zu:} \qquad \vec{p}' = \frac{m_o\vec{u}'}{\sqrt{1 - (u'/c)^2}} \qquad E' = \frac{m_oc^2}{\sqrt{1 - (u'/c)^2}} \,. \tag{12.27}$$

Angenommen, der Beobachter in S hätte $\vec{p}$ und E bestimmt. Lassen sich daraus Impuls $\vec{p}'$ und Energie E' in S' berechnen? Die Antwort lautet: Ja, und zwar nach folgendem Schema:

$$p'_x = \frac{p_x - vE/c^2}{\sqrt{1 - (v/c)^2}} \quad p'_y = p_y \quad p'_z = p_z \quad E' = \frac{E - vp_x}{\sqrt{1 - (v/c)^2}} \,. \tag{12.28}$$

Diese Beziehungen werden *Lorentztransformation für Impuls und Energie* genannt.

Zum Beweis von (12.28) denken wir uns am Massenpunkt eine kleine Uhr befestigt, die die Zeit τ anzeigt. Man nennt τ die *Eigenzeit des Massenpunktes*. Sei nun $d\tau$ ein kleines Zeitintervall auf dieser Uhr. Da sich der Massenpunkt mit seiner Uhr relativ zu S bzw. S' mit der Geschwindigkeit $\vec{u}$ bzw. $\vec{u}'$ bewegt, und da bewegte Uhren langsamer gehen (vgl. (6.17)), wird $d\tau$, von S bzw. S' aus betrachtet, gedehnt:

$$dt = d\tau/\sqrt{1 - (u/c)^2} \quad \text{bzw.} \quad dt' = d\tau/\sqrt{1 - (u'/c)^2}.$$

Wir fassen beide Gleichungen zusammen:

$$dt\sqrt{1 - (u/c)^2} = dt'\sqrt{1 - (u'/c)^2} = d\tau \,. \tag{12.29}$$

An dieser Beziehung ist bemerkenswert, daß zwar die Faktoren dt und $\sqrt{1 - (u/c)^2}$ vom Koordinatensystem abhängen, nicht aber das Produkt, da es in S und S' denselben Wert $d\tau$ ergibt. Man sagt, die Größe $dt\sqrt{1 - (u/c)^2}$ sei *invariant gegen Lorentztransformation*. Dann ist auch der mit der Ruhmasse m_o multiplizierte Differentialoperator

$$m_o\frac{d}{d\tau} = \frac{m_o}{\sqrt{1 - (u/c)^2}}\frac{d}{dt} = \frac{m_o}{\sqrt{1 - (u'/c)^2}}\frac{d}{dt'} \tag{12.30}$$

lorentzinvariant. Wir wenden $m_o d/d\tau$ auf die Koordinaten x, y, z, t des Massenpunktes an:

$$m_o \frac{d}{d\tau}(x,y,z,t) = \frac{m_o}{\sqrt{1-(u/c)^2}}\left(\frac{dx}{dt}, \frac{dy}{dt}, \frac{dz}{dt}, \frac{dt}{dt}\right) = \frac{m_o}{\sqrt{1-(u/c)^2}}(\vec{u},1) = (\vec{p}, E/c^2) \,.$$

$$(12.31)$$

Dabei haben wir den Mittelteil von (12.30) eingesetzt und die Definitionen für Geschwindigkeit, Impuls und Energie benützt. Mit dem rechten Teil von (12.30) finden wir genau so

$$m_o \frac{d}{d\tau}(x',y',z',t') = (\vec{p}', E'/c^2) \,.$$

$$(12.32)$$

Aus dem lorentzinvarianten Operator (12.30) und den Teilchenkoordinaten (x,y,z,t) bzw. (x',y',z',t') in S bzw. S' folgen also Teilchenimpuls und -energie in S bzw. S'. Um (12.28) zu beweisen, wenden wir $m_o d/d\tau$ auf die Lorentztransformation (12.26) an und erhalten direkt (12.28). Wir zeigen das exemplarisch für die x'-Gleichung aus (12.26):

$$m_o \frac{dx'}{d\tau} = m_o \frac{d}{d\tau}\left\{\frac{x-vt}{\sqrt{1-(v/c)^2}}\right\} = \frac{m_o dx/d\tau - vm_o dt/d\tau}{\sqrt{1-(v/c)^2}} \,.$$

$$(12.33)$$

Die Relativgeschwindigkeit v zwischen S und S' wurde beim Differenzieren in (12.33) natürlich als Konstante betrachtet. Mit (12.31) und (12.32) wird aus (12.33)

$$p'_x = \frac{p_x - vE/c^2}{\sqrt{1-(v/c)^2}},$$

$$(12.34)$$

und das ist die erste Gleichung von (12.28), die damit bewiesen ist.

12.5 Verknüpfung von Impuls- und Energieerhaltung

Betrachte zwei Teilchen 1 und 2, die zusammenstoßen und dadurch ihre Impulse $\vec{p}_1$, $\vec{p}_2$ und relativistischen Energien E_1, E_2 in $\underset{\sim}{\vec{p}}_1$, $\underset{\sim}{\vec{p}}_2$ und $\underset{\sim}{E}_1$, $\underset{\sim}{E}_2$ verwandeln. Der Impulserhaltungssatz

$$\underset{\sim}{\vec{p}}_1 + \underset{\sim}{\vec{p}}_2 = \vec{p}_1 + \vec{p}_2$$

$$(12.35)$$

gilt im Bereich der relativistischen Mechanik gewissermaßen per definitionem, wenn man die relativistische Massenformel (12.14) akzeptiert, die ja unter der Annahme des Impulserhaltungssatzes abgeleitet wurde. Bemerkenswerterweise folgt nun aus der Impulserhaltung (12.35) ein Erhaltungssatz für die relativistische Gesamtenergie der beiden Teilchen:

$$\underset{\sim}{E}_1 + \underset{\sim}{E}_2 = E_1 + E_2 \,.$$

$$(12.36)$$

Die Energie ist also vor und nach dem Zusammenstoß gleich groß.

Um (12.36) zu beweisen, lösen wir die p'_x-Gleichung (12.34) nach E auf:

$$E = \frac{c^2}{v}[p_x - \sqrt{1 - (v/c)^2}\,p'_x]\,. \tag{12.37}$$

(12.37) gilt gleichwohl für Teilchen 1 und 2. Wir indizieren E, p_x und p'_x mit 1 und 2 und bilden die Summe:

$$E_1 + E_2 = \frac{c^2}{v}[(p_{1x} + p_{2x}) - \sqrt{1 - (v/c)^2}(p'_{1x} + p'_{2x})]\,. \tag{12.38}$$

(12.38) enthält die Energien und Impulse vor dem Stoß. Die entsprechende Gleichung nach dem Stoß lautet:

$$\underset{\sim}{E}_1 + \underset{\sim}{E}_2 = \frac{c^2}{v}[(\underset{\sim}{p}_{1x} + \underset{\sim}{p}_{2x}) - \sqrt{1 - (v/c)^2}(\underset{\sim}{p}'_{1x} + \underset{\sim}{p}'_{2x})]\,. \tag{12.39}$$

Da der Impulserhaltungssatz (12.35) wegen des Relativitätsprinzips sowohl in S als auch in S' gilt (d.h. sowohl für $\vec{p}_1 + \vec{p}_2$ als auch für $\vec{p}\,'_1 + \vec{p}\,'_2$), sind die rechten Seiten von (12.38) und (12.39) gleich. Folglich müssen es auch die linken sein, und damit ist (12.36) bewiesen.

Die Erkenntnis, daß der relativistische Energieerhaltungssatz zwangsläufig aus dem Impulserhaltungssatz folgt, ist durchaus nicht trivial. Das wird besonders deutlich, wenn man sich vergegenwärtigt, wie wenig der Energieerhaltungssatz der Newtonschen Mechanik ($v \ll c$) mit dem Impulserhaltungssatz zu tun hat. Man denke etwa an den inelastischen Stoß, der dem Impulserhaltungssatz uneingeschränkt genügt, dem Energieerhaltungssatz aber nur dann, wenn man die beim Stoß entstandene Wärmemenge – eine Größe also, die eigentlich nicht in der Mechanik zu Hause ist – mit in die Energiebilanz einbezieht. Natürlich kann man den inelastischen Stoß auch mit den relativistischen Erhaltungssätzen (12.35) und (12.36) behandeln. Dabei kommt man zu der Einsicht, daß die beim Stoß erzeugte Wärme mit in E_1 und E_2 enthalten sein muß. Daraus folgt u.a., daß ein Körper schwerer wird, wenn man ihm Wärme zuführt.[2]

---

[2]Die Massenzunahme durch Erwärmung rührt von der chaotischen Wärmebewegung der Atome her, aus denen der Körper zusammengesetzt ist. Die Atommassen hängen nach der relativistischen Massenformel von der Wärmegeschwindigkeit ab, die bei Erwärmung zunimmt.

Kapitel 13

Anwendungen der relativistischen Mechanik

Um uns an die relativistische Mechanik zu gewöhnen, wollen wir Experimente mit schnell bewegten Teilchen (Elektronen, Protonen, π-Mesonen usw.) betrachten. Die Teilchen sollen sich durch elektrische und magnetische Felder bewegen. Die Eigenschaften dieser Felder werden in Teil IV (Elektromagnetismus) systematisch behandelt. Für das Folgende genügt es, sich an die einfachsten Grundlagen der Elektrizitätslehre und des Magnetismus zu erinnern (Schulstoff).

13.1 Elektrische und magnetische Größen

(a)**Ladung und Stromstärke:** Es gibt elektrisch geladene Körper. Die vom Körper getragene Ladung q ist meßbar. q ist positiv oder negativ und erweist sich stets als ganzzahliges Vielfaches einer kleinsten Ladungsmenge, der Elementarladung $e = 1{,}60 \cdot 10^{-19}$ As. Dabei ist As (*Amperesekunde*) die Ladungseinheit des SI-Systems (Seite 488). Wenn sich viele geladene Körper schwarmartig bewegen, stellen sie einen elektrischen Strom dar. Man bezeichnet die Ladung pro Zeit, die durch eine Querschnittsfläche strömt, als elektrische Stromstärke $I = q/t$. Die Stromstärke wird in der Einheit As/s = A (*Ampere*) gemessen.

(b) **Elektrisches Feld:** Es gibt Stellen im Raume, an denen auf ruhende Probeladungen q Kräfte $\vec{F}$ ausgeübt werden, die sich proportional zu q erweisen. Das Verhältnis $\vec{F}/q =: \vec{E}$ ist also eine von der Probeladung unabhängige Vektorgröße, die für die Raumstelle charakteristisch ist. Man sagt, an der Stelle herrsche ein elektrisches Feld mit der Feldstärke $\vec{E}$. Die Einheit der elektrischen Feldstärke ergibt sich aus der Krafteinheit N und der Ladungseinheit As zu N/As. Offenbar ist

$$\vec{F} = q\vec{E} \tag{13.1}$$

die Kraft, die ein elektrisches Feld $\vec{E}$ auf eine Ladung q ausübt.

(c) **Magnetfeld:** Es gibt Stellen im Raume, an denen auf frei drehbare Magnetnadeln (Kompaßnadel mit "Nordpol" und "Südpol") Richtwirkungen ausgeübt werden. Man sagt, an einer solchen Stelle herrsche ein magnetisches Feld mit der Feldstärke $\vec{B}$ und vereinbart als $\vec{B}$-Richtung diejenige, in welche die Nordpolspitze der Magnetnadel weist. Bevor wir $\vec{B}$ endgültig definieren, nehmen wir ein experimentelles Resultat zur Kenntnis: Wenn sich ein Körper, der die elektrische Ladung q trägt, mit der Geschwindigkeit $\vec{v}$ durch ein Magnetfeld $\vec{B}$ bewegt, erfährt er eine Kraft $\vec{F}$, die sich zu q und $\vec{v}$ proportional erweist und sowohl auf $\vec{v}$ als auch auf $\vec{B}$ senkrecht steht. Die Abhängigkeiten lassen sich mit Hilfe des Vektorproduktes ausdrücken:

$$\vec{F} = q\vec{v} \times \vec{B} \tag{13.2}$$

Da wir über den Betrag von $\vec{B}$ noch nicht verfügt haben, kann (13.2) als endgültige $\vec{B}$-Definitionsgleichung angesehen werden. Als Einheit von $\vec{B}$ ergibt sich dann N/Am. Beachte, daß die Kraft (13.2) verschwindet, wenn $\vec{v}$ und $\vec{B}$ zueinander parallel oder antiparallel sind.

(d) **Lorentzkraft**: Wenn sich ein mit q geladener Körper mit der Geschwindigkeit $\vec{v}$ durch einen Raum bewegt, in dem ein elektrisches Feld $\vec{E}$ und ein magnetisches Feld $\vec{B}$ vorhanden sind, so wirkt auf ihn die sog. *Lorentzkraft*

$$\vec{F} = q(\vec{E} + \vec{v} \times \vec{B}), \tag{13.3}$$

die durch Zusammenfassung von (13.1) und (13.2) entsteht.

(e) **E-Feld eines Kondensators**: $\vec{E}$ und $\vec{B}$ werden durch elektrische Ladungen und Ströme erzeugt. Zwei einfache Beispiele sind das elektrische Feld zwischen den Platten eines geladenen Kondensators und das magnetische Feld im Innern einer Stromspule. Beim Kondensator, den wir zunächst betrachten, stehen sich zwei ebene Metallplatten im Abstand d gegenüber (Abb. 13.1). Wenn man sie leitend mit den beiden Polen einer elektrischen Stromquelle verbindet, laden sie sich mit entgegengesetz gleichen Ladungen auf. Die Ladungen erzeugen zwischen den Platten ein homogenes (d.h. ein vom Orte unabhängiges) elektrisches Feld $\vec{E}$, das in Abb. 13.1 durch Feldlinien veranschaulicht wird. Wenn sich eine punktförmige Probeladung q von der Platte a zur Platte b bewegt, verrichtet das elektrische Feld die vom Wege unabhängige Arbeit

$$A(a,b) = \int_a^b \vec{F} \cdot d\vec{r} = q \int_a^b \vec{E} \cdot d\vec{r} = q|\vec{E}|d \ . \tag{13.4}$$

$|\vec{E}|$ ist der Betrag der elektrischen Feldstärke und d der Plattenabstand. Das Verhältnis $A(a,b)/q$ ist nicht nur vom Weg, sondern auch von der Probeladung q unabhängig und wird die elektrische Spannung U zwischen a und b genannt:

$$U = \frac{A(a,b)}{q} = \int_a^b \vec{E} \cdot d\vec{r} = |\vec{E}|d \ . \tag{13.5}$$

Der U-Wert hängt von der Stromquelle ab, mit der das Plattenpaar verbunden ist. Da $|\vec{E}|$ in der Einheit N/As gemessen wird, ist die Spannungseinheit ersichtlich durch

Abbildung 13.1
Verbindet man zwei parallele Metallplatten im Abstand d mit den Polen einer Stromquelle der Spannung U, so herrscht zwischen den Platten ein homogenes elektrisches Feld der Feldstärke $E = U/d$.

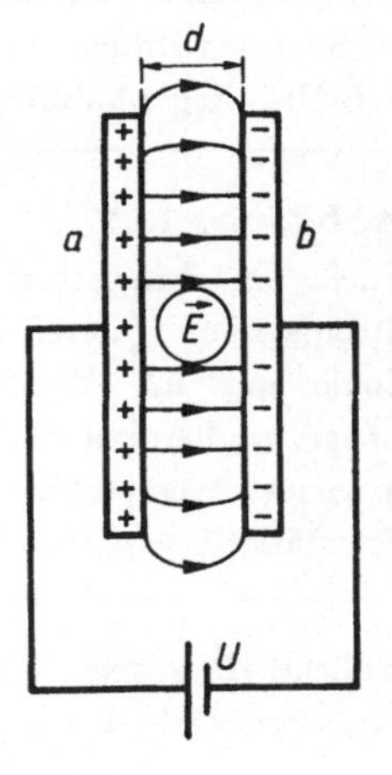

die Größe Nm/As $=$: V(*Volt*) gegeben. Man sagt, die Strom- oder Spannungsquelle $\dashv\vdash$ in Abb. 13.1 habe eine Spannung U von soundsoviel Volt. – Wir entnehmen aus den Gleichungen (13.5) zweierlei:

1) Legt man an ein Plattenpaar (Abstand d) eine Spannung U, herrscht zwischen den Platten ein elektrisches Feld mit der Feldstärke

$$|\vec{E}| = U/d . \tag{13.6}$$

2) Durchläuft ein Teilchen mit der Ladung q auf einem Weg zwischen zwei Punkten a und b die Spannung $U = \int_a^b \vec{E} \cdot d\vec{r}$, so verrichtet das $\vec{E}$-Feld an ihm die Arbeit

$$A = qU . \tag{13.7}$$

Erfolgt die Bewegung im Vakuum, wird die Arbeit A aus (13.7) aus Energieerhaltungsgründen in Bewegungsenergie E_{kin} des Teilchens verwandelt.

Geladene Teilchen tragen häufig eine positive oder negative Elementarladung $q = \pm e$. Man mißt die Energie in der Atom- und Kernphysik daher in der Einheit eV (*Elektronenvolt*), das ist die vom elektrischen Feld verrichtete Arbeit, wenn eine Elementarladung die Spannung $U = 1$V durchläuft. Die Ionisationsenergie des H-Atoms (vgl. Abb. 36.3) beträgt beispielsweise $13{,}6$ eV und die Ruhenergie des Elektrons $m_o c^2 = 511\,003$ eV $= 511$ keV.

(f) B-Feld einer Stromspule: Im Innern einer langen vom elektrischen Strom durchflossenen Drahtspule (Abb. 13.2) herrscht ein homogenes magnetisches Feld $\vec{B}$. Die $\vec{B}$-Richtung ist durch die Pfeilspitzen auf den magnetischen Feldlinien veran-

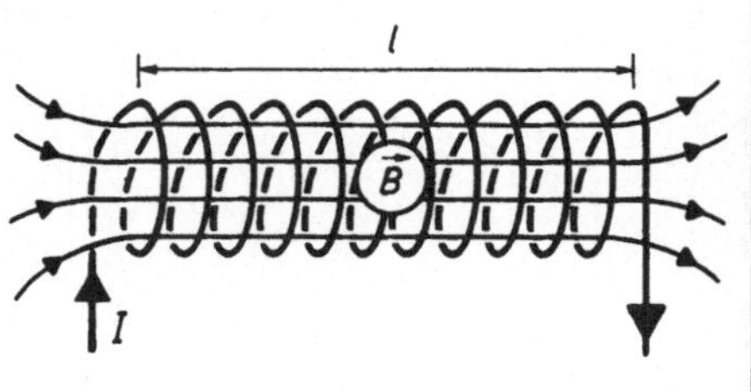

Abbildung 13.2
Fließt ein elektrischer Strom der Stromstärke I durch eine lange Spule mit n/l Windungen pro Länge, so herrscht in ihr ein homogenes magnetisches Feld der Feldstärke $B = \mu_o In/l$.

schaulicht. $|\vec{B}|$ erweist sich zur Anzahl n der Windungen pro Spulenlänge l und zur Spulenstromstärke I proportional

$$|\vec{B}| = \mu_o \frac{n}{l} I \qquad \text{mit} \qquad \mu_o = 4\pi \cdot 10^{-7} \text{N/A}^2 \, . \tag{13.8}$$

Der Wert des Proportionalitätsfaktors μ_o ist ein Charakteristikum des SI-Systems. Dort wird das *Ampere* A, das ja in μ_o vorkommt, so definiert, daß μ_o den angegebenen Wert annimmt. Und noch eine Bemerkung über die $\vec{B}$-Feldrichtung in Abb. 13.2: Wenn man mit den Fingern der rechten Hand die Stromrichtung durch die Spulenwindungen nachbildet, weist der abgespreizte Daumen in Richtung der $\vec{B}$-Feldlinien.

Nach dieser kurzgefaßten Zusammenstellung einiger elektrischer und magnetischer Größen folgen verschiedene Anwendungen der relativistischen Mechanik.

13.2   Elektronenkanone und Grenzgeschwindigkeit

Viele elektrische Geräte verwenden einen Elektronenstrahl. Zur Strahlherstellung dient eine Elektronenkanone (Abb. 13.3). Aus einem elektrisch geheizten Glühdraht treten Elektronen aus und geraten in ein elektrisches Feld, das durch Anlegen einer Spannung U zwischen dem Glühdraht (Kathode K) und einer durchbohrten Metallplatte (Anode A) erzeugt wird. Die Polarität der Spannung wird so gewählt, daß das elektrische Feld die Elektronen in Richtung der Anode beschleunigt. Einige Teilchen geraten durch das Anodenloch in den feldfreien Raum rechts des Anodenbleches. Diese Elektronen bilden den gewünschten Elektronenstrahl. Der ganze Vorgang findet im Vakuum statt.

Wie groß ist die relativistische Energie E eines einzelnen Elektrons im Strahl? Da es die Kathode mit geringer Geschwindigkeit $v \ll c$ verläßt, beträgt die Energie dort

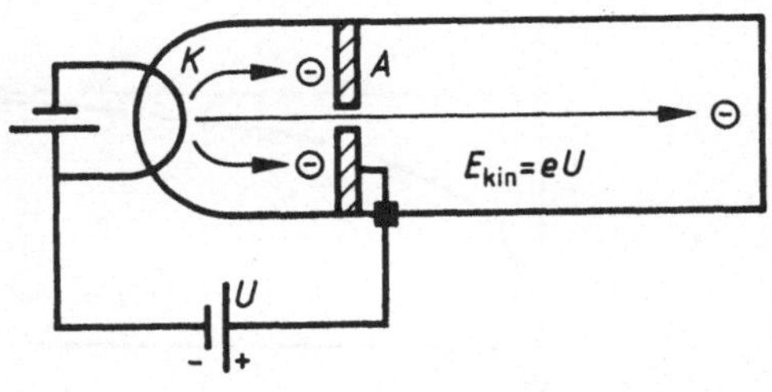

Abbildung 13.3
Elektronenkanone. Aus der Kathode K (Glühdraht) treten Elektronen, die durch eine Spannung U zwischen K und der Anode A (Blech mit Loch) beschleunigt werden. Rechts von A liegt ein Elektronenstrahl vor.

ungefähr $E_o = m_o c^2$. Auf dem Weg zur Anode verrichtet das elektrische Feld an der Elementarladung e des Elektrons nach (13.7) die Arbeit eU, die sich als kinetische Elektronenenergie wiederfindet, also

$$E = E_o + E_{kin} = m_o c^2 + eU \ . \tag{13.9}$$

Glühkathoden und Anoden zur Herstellung von Elektronenstrahlen findet man z.B. in Rundfunkröhren, Fernsehbildröhren und Röntgenstrahlröhren. Für diese drei Gerätearten typische kinetische Elektronenenergien $E_{kin} = eU$ betragen rund 10^2 eV, 10^4 eV und 10^5 eV. Mit modernen Elektronenbeschleunigern, die man als Fortentwicklung der Elektronenkanone bezeichnen kann, werden inzwischen noch wesentlich höhere Elektronenenergien erreicht, z.B. in den sog. Elektronen-Positronen-Speicherringen: rund 10^9 eV um 1970, rund 10^{10} eV um 1980 und rund 10^{11} eV um 1990.

Welche Geschwindigkeit v besitzt ein Elektron, nachdem es in einer Elektronenkanone die Beschleunigungsspannung U durchlaufen hat? Man findet die Antwort, indem man E in (13.9) durch mc^2 ersetzt

$$mc^2 = \frac{m_o c^2}{\sqrt{1 - (v/c)^2}} = m_o c^2 + eU \tag{13.10}$$

und diese Beziehung nach v auflöst:

$$v = c\sqrt{1 - 1/(1 + eU/m_o c^2)^2} \ . \tag{13.11}$$

In Abb. 13.4 ist (13.11) graphisch dargestellt. Man entnimmt aus (13.11), daß die Teilchengeschwindigkeit v stets kleiner als die Lichtgeschwindigkeit c ist, gleichgültig, wie groß die Beschleunigungsspannung U gewählt wird. Für $U \to \infty$ geht $v \to c$. Die Lichtgeschwindigkeit c spielt also die Rolle einer Grenzgeschwindigkeit, die von Elektronen niemals ganz erreicht werden kann. Das ist beruhigend, da die Massenformel $m = m_o/\sqrt{1 - (v/c)^2}$ für $v = c$ sinnlos wird. Nur Teilchen mit verschwindender Ruhmasse $m_o = 0$ bewegen sich mit Lichtgeschwindigkeit (Lichtquanten und möglicherweise Neutrinos).

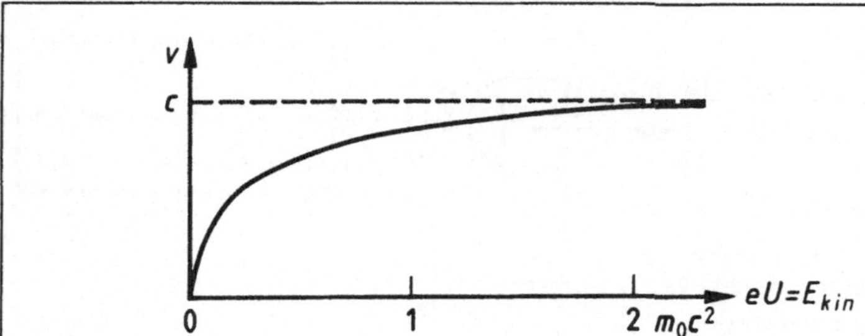

Abbildung 13.4: Die Geschwindigkeit v eines Elektrons, das durch die Spannungen U beschleunigt wurde.

13.3 Ablenkung bewegter Teilchen durch ein Magnetfeld

Betrachte ein elektrisch geladenes Teilchen der Ladung q, das sich mit der Geschwindigkeit $\vec{v}$ durch ein Magnetfeld der Feldstärke $\vec{B}$ bewegt. Die Lorentzkraft $\vec{F} = q\vec{v} \times \vec{B}$ bewirkt nach dem Grundgesetz der Mechanik

$$\dot{\vec{p}} = q\vec{v} \times \vec{B} \tag{13.12}$$

eine zeitliche Änderung des Impulses $\vec{p} = m\vec{v}$. Wir zeigen zunächst, daß sich die relativistische Masse $m = m_o/\sqrt{1 - (v/c)^2}$ im $\vec{B}$-Feld nicht ändert, weil die Kraft immer senkrecht auf der Teilchengeschwindigkeit steht und deshalb zwar die Richtung, nicht aber den Betrag von $\vec{v}$ beeinflußt. Formal folgt die Massenkonstanz z.B. aus (12.18) und (13.12):

$$d(mc^2)/dt = \dot{\vec{p}} \cdot \vec{v} = q(\vec{v} \times \vec{B}) \cdot \vec{v} = 0 \ . \tag{13.13}$$

Das rechte Gleichheitszeichen gilt, weil das Vektorprodukt $(\vec{v} \times \vec{B})$ auf $\vec{v}$ senkrecht steht. Wenn man (13.13) über dt integriert, erhält man

$$mc^2 = E = \quad \text{const} \ . \tag{13.14}$$

Im B-Feld bleibt also die relativistische Gesamtenergie $E = mc^2$ und damit die Masse m eines Teilchens konstant. Da nun allgemein $\dot{\vec{p}} = d(m\vec{v})/dt = m\dot{\vec{v}} + \dot{m}\vec{v} = m\vec{a} + \dot{m}\vec{v}$ ist, im vorliegenden Fall der $\dot{m}$-Term aber wegfällt, nimmt das Grundgesetz (13.12) die klassische Form

$$q\vec{v} \times \vec{B} = m\vec{a} \tag{13.15}$$

an. Im Magnetfeld gilt also auch für relativistische Bewegungen das Newtonsche Gesetz "Kraft gleich Masse mal Beschleunigung".

Wir wenden (13.15) auf einen einfachen, aber wichtigen Spezialfall an (Abb. 13.5). In einer Drahtspule mit großem Durchmesser wird durch einen elektrischen Strom I ein Magnetfeld $\vec{B}$ erzeugt. In Abb. 13.5 stehen die magnetischen Feldlinien senkrecht zur

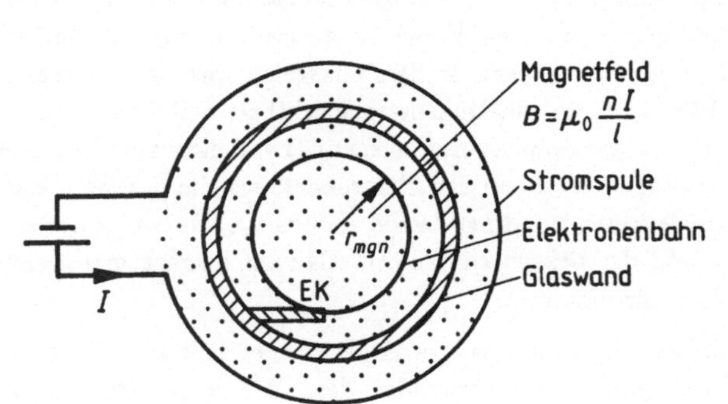

Abbildung 13.5: Das Magnetfeld im Innern einer Stromspule zwingt einen Elektronenstrahl auf eine Kreisbahn. Die Elektronen laufen in einem nicht völlig evakuierten Glasgefäß und bringen die Gasmoleküle längs der Kreisbahn zum Leuchten.

Zeichenebene und sind durch Punkte angedeutet. Im Innern der Spule befindet sich ein evakuiertes Glasgefäß mit einer Elektronenkanone EK. Wenn die Elektronen die Kanone verlassen, liegt ihre Geschwindigkeit $\vec{v}$ in der Zeichenebene von Abb. 13.5. Wegen der Richtung von $\vec{B}$ liegen dann auch $\vec{v} \times \vec{B}$ und die Beschleunigung $\vec{a}$ aus (13.15) in dieser Ebene. Die Elektronenbewegung spielt sich folglich in der Zeichenebene ab. Die stets senkrecht auf $\vec{v}$ wirkende Lorentzkraft zwingt die Elektronen auf eine Kreisbahn mit dem Radius r_{mgn}. Die Elektronen erfahren deshalb nach (4.35) eine zum Kreismittelpunkt gerichtete Beschleunigung vom Betrag

$$a = \frac{v^2}{r_{mgn}}\,. \tag{13.16}$$

Setzt man nun in (13.15) für q die Elektronenladung $-e$ ein und nimmt dann beidseitig die Beträge, so folgt unter Verwendung von (13.16):

$$evB = ma = m\frac{v^2}{r_{mgn}}\,. \tag{13.17}$$

Dabei wurde berücksichtigt, daß $\vec{v}$ und $\vec{B}$ aufeinander senkrecht stehen. (13.17) kann nach $mv = p$ aufgelöst werden:

$$p = eBr_{\mathrm{mgn}} \ . \tag{13.18}$$

Aus dem Krümmungsradius r_{mgn} der Teilchenbahn im $\vec{B}$-Feld läßt sich also der Betrag des Impulses p bestimmen. In der Versuchsanordnung Abb.13.5 ist die Magnetfeldstärke $B = \mu_o n I/l$ bekannt. In dem Glasgefäß, das zwar luftleer ist, aber etwas Edelgas enthält, wird der Elektronenstrahl sichtbar, weil einige Elektronen auf ihrer Kreisbahn mit Edelgasatomen zusammenstoßen und diese zum Leuchten anregen. Da die Zusammenstöße überall auf der Elektronenkreisbahn passieren können, beobachtet man einen leuchtenden Ring, dessen Radius r_{mgn} direkt gemessen werden kann. Mit B, r_{mgn} und der bekannten Elementarladung e kennt man dann nach (13.18) auch den Elektronenimpuls p.

Bei quantitativer Durchführung des Experimentes läßt sich die Ruhmasse m_o der Elektronen bestimmen. Wir verwenden dazu den relativistischen Zusammenhang (12.25) zwischen Energie und Impuls:

$$E^2 - (pc)^2 = (m_o c^2)^2 \ . \tag{13.19}$$

Die Elektronenkanone werde mit einer Beschleunigungsspannung U betrieben. Wir können E daher aus (13.9) übernehmen:

$$E = m_o c^2 + eU \ . \tag{13.20}$$

Mit p aus (13.18) und E aus (13.20) wird aus (13.19) die Gleichung

$$(m_o c^2 + eU)^2 - (eBr_{\mathrm{mgn}}c)^2 = (m_o c^2)^2, \tag{13.21}$$

die sich nach m_o auflösen läßt:

$$m_o = \frac{e}{2}\left[\frac{(Br_{\mathrm{mgn}})^2}{U} - \frac{U}{c^2}\right] \ . \tag{13.22}$$

Da B, r_{mgn} und U Meßgrößen sind, kann m_o bestimmt werden, wenn man die Elementarladung $e = 1,602 \cdot 10^{-19}$ As kennt.[1] Man findet so für Ruhmasse bzw. Ruhenergie des Elektrons den Meßwert $m_o = 0,911 \cdot 10^{-30}$ kg bzw. $E_o = m_o c^2 = 511$ keV.

Was wäre, wenn wir die m_o-Gleichung (13.22) nicht mit der relativistischen Mechanik Einsteins, sondern mit der nicht-relativistischen Mechanik Newtons abgeleitet hätten? Die Antwort ist einfach: Da die Newtonsche Mechanik – wie wir in Kap 12.1

---

[1]Die Elementarladung folgt z.B. aus dem Öltröpfenversuch von Millikan, vgl. Abb. 28.8

gezeigt haben – aus der Einsteinschen Mechanik durch den Grenzübergang $v/c \to 0$ oder $c \to \infty$ hervorgeht, verschwindet in (13.22) der U/c^2-Term und es bleibt

$$m_o = \frac{e}{2} \frac{(Br_{\mathrm{mgn}})^2}{U} \, . \tag{13.23}$$

Die relativistische m_o-Formel (13.22) unterscheidet sich von der nicht-relativistischen Näherung (13.23) also durch das Glied $-eU/2c^2$, das man bei einer angestrebten m_o-Meßgenauigkeit von z.B. 0,1% nur für kleine Beschleunigungsspannungen $U < 1000\,\mathrm{V}$ vernachlässigen darf. Für größere U-Werte wird die nicht-relativistische Beziehung (13.23) einfach falsch. Würde man das Experiment Abb. 13.5 trotzdem mit (13.23) auswerten, erhielte man von U abhängige m_o-Werte, was in der Newtonschen Mechanik mit konstanten Massen keinen Sinn ergibt. Die m_o-Werte wären auch nicht – wie man vermuten könnte – die relativistischen Massen $m = E/c^2$, sondern irgendwelche unsinnigen Werte. Die relativistische m_o-Formel (13.22) gibt dagegen für alle Elektronen dieselbe Ruhmasse, gleichgültig mit welcher Spannung U man sie beschleunigt hat.

13.4 Blasenkammeruntersuchungen

Die Blasenkammer – 1952 von D. Glaser erfunden, der dafür 1960 den Nobelpreis erhielt – dient zum Nachweis von schnellen, elektrisch geladenen Teilchen. Sie besteht aus einem allseitig geschlossenen Behälter mit durchsichtigen Wänden, der vollständig mit einer leicht überhitzten Flüssigkeit gefüllt ist, z.B. mit flüssigem Wasserstoff. Wenn das nachzuweisende Teilchen durch die Flüssigkeit saust, werden zahlreiche Flüssigkeitsmoleküle längs der Teilchenbahn ionisiert, d.h. es werden Elektronen aus den Hüllen der Moleküle herausgeschlagen. Ein geringer Bruchteil der kinetischen Energie des Primärteilchens wird dabei auf die losgerissenen Elektronen übertragen, die aber sofort von der Flüssigkeit abgebremst werden, wodurch sich die Flüssigkeit lokal erhitzt und längst der Teilchenbahn zu sieden beginnt. Allerdings bleiben die Dampfbläschen unsichtbar klein, weil im vollständig gefüllten Flüssigkeitsbehälter für große Bläschen kein Platz ist. Um sichtbare Bläschen zu erhalten, wird das Behältervolumen mit einem Kolbenmechanismus schlagartig etwas vergrößert. Danach wachsen die winzigen Dampfbläschen in etwa 10^{-3} Sekunden auf sichtbare Größe an. Die Blasenkammer wird dann mit einem Blitzlicht beleuchtet und (zur räumlichen Festlegung der Bahnen mit mehreren Kameras gleichzeitig) photographiert. Auf den Aufnahmen sehen die Teilchenspuren wie weiße Perlenketten aus.

Abb. 13.6 zeigt eine typische Blasenkammeraufnahme. Bei den von links in die Kammer eintretenden Teilchenspuren handelt es sich um negativ geladene π-*Mesonen* (vgl.

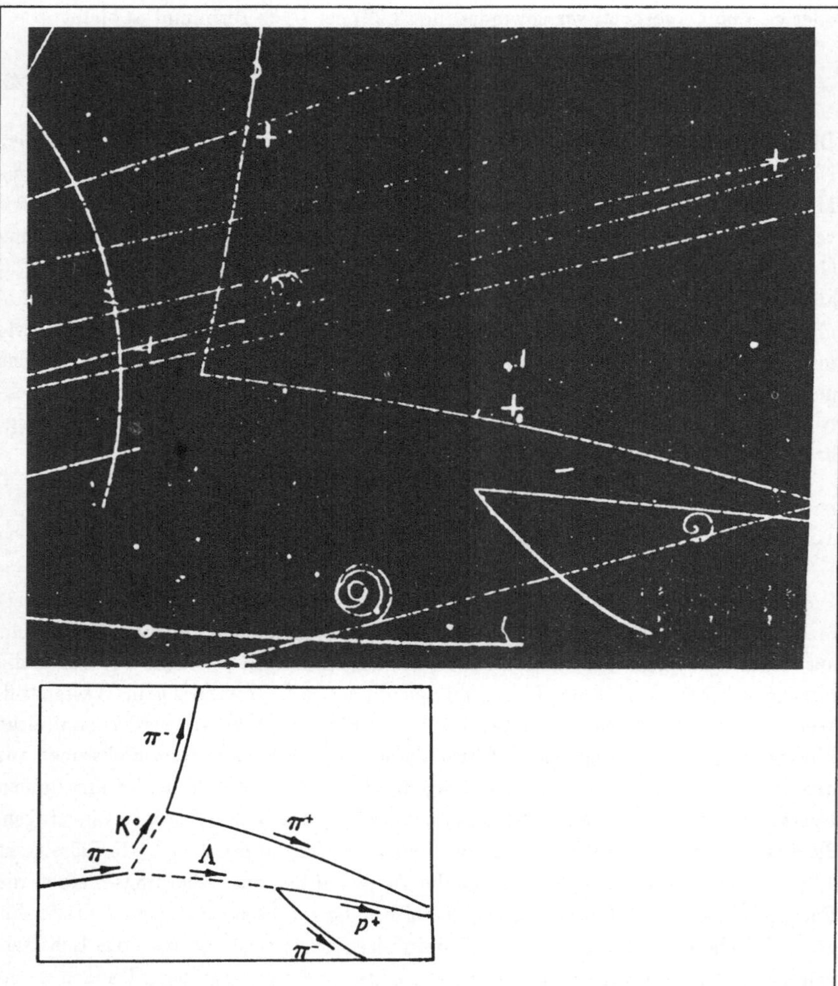

Abbildung 13.6: Blasenkammeraufnahme mit Nachzeichnung wesentlicher Spuren. Die unsichtbaren Bahnen neutraler Teilchen sind gestrichelt gezeichnet. Die Bahnen der geladenen Teilchen werden durch ein Magnetfeld gekrümmt.

Tab. 13.1), die unmittelbar vorher von einem Protonenbeschleuniger hergestellt wurden: durch Materialisierung von kinetischer Protonenenergie E_{kin} in π-Mesonenmasse m nach Einsteins Formel $m = \Delta E_{kin}/c^2$. Die Spuren sind gekrümmt, weil sich die Kammer in einem starken Magnetfeld bekannter Feldstärke $\vec{B}$ befindet. Aus dem Bahnkrümmungsradius r_{mgn} folgt nach (13.18) der Teilchenimpuls $p = eBr_{mgn}$. Die beiden Spiralen rühren von angestoßenen Elektronen der Blasenkammerfüllung her, die auf ihren "Kreisbahnen" ständig kinetische Energie an die Flüssigkeit abgeben und dadurch Impuls p verlieren. Und mit p nimmt auch r_{mgn} ab. Die beiden V-förmigen Spuren, deren Schenkel auf der Nachzeichnung der Blasenkammeraufnahme mit π^+ und π^- bzw. p und π^- bezeichnet sind, haben mit der Vernichtung kurzlebiger Teilchen K° und Λ zu tun, die erstmalig um 1950 in der kosmischen Strahlung beobachtet und strange particles (seltsame Teilchen) genannt wurden.

Wir wollen die V-Ereignisse auf der nachgezeichneten Blasenkammeraufnahme genauer betrachten. Die dort vorkommenden Teilchen und einige ihrer Eigenschaften sind in Tab. 13.1 zusammengestellt. Die Teilchenladungen betragen $\pm e$ oder 0. Anstelle der Massen sind die Ruhenergien in MeV aufgeführt. Bis auf das Proton sind die Teilchen radioaktiv; nach mittleren Lebensdauern der Größenordnung 10^{-8}s bzw. 10^{-10}s zerfallen sie in leichtere Teilchen. Die drei oberen Teilchen p, π^+ und π^- der Tabelle waren schon 1950 bekannt. Die beiden unteren, das K°-$Meson$ und das Λ-$Hyperon$, wurden entdeckt, als man die ersten V-Ereignisse analysierte.

Name	Symbol	Ladung	Ruhenergie m_0c^2	mittlere Lebensdauer $<\tau>$
Proton	p	$+e$	938,3 MeV	∞
π^+-Meson	π^+	$+e$	139,6 MeV	$2,60 \cdot 10^{-8}$s
π^--Meson	π^-	$-e$	139,6 MeV	$2,60 \cdot 10^{-8}$s
K°-Meson[2]	K°	0	497,7 MeV	$0,89 \cdot 10^{-10}$s
Λ-Hyperon	Λ	0	1115,6 MeV	$2,63 \cdot 10^{-10}$s

Tabelle 13.1: Eigenschaften von Teilchen, die in Abb. 13.6 vorkommen.

Nun zurück zur Blasenkammeraufnahme Abb. 13.6: Dort tritt ein von links kommendes hochenergetisches π^--Meson in die mit flüssigem Wasserstoff gefüllte Blasenkammer ein, trifft an der Stelle ① mit einem Wasserstoffatomkern p zusammen und

---

[2]Es gibt zwei Sorten von K°-Mesonen, die kurzlebigen $K^\circ_S(<\tau> = 0,89 \cdot 10^{-10}$s) und die langlebigen $K^\circ_L(<\tau> = 5,18 \cdot 10^{-8}$s). Die K°_S zerfallen überwiegend in zwei π-Mesonen, die K°_L tun das nur mit 0,3% Wahrscheinlichkeit und verletzen dann die in Kap. 2.5 erwähnte CP-Invarianz.

verursacht folgende Reaktion:

$$\pi^- + p \;\rightarrow\; K^\circ + \Lambda \qquad \text{①} \;.$$

(13.24)

Das π^- und das p verschwinden also. Die freiwerdende Energie wird zur Erzeugung eines K° und eines Λ verwendet. Das K° fliegt von ① nach ②, das Λ von ① nach ③. Da die Teilchen elektrisch neutral sind, bewegen sie sich auf geraden Bahnen und hinterlassen keine Spuren in der Blasenkammer.[3] Bei ② verwandelt sich das K° und bei ③ das Λ durch radioaktiven Zerfall

$$K^\circ \;\rightarrow\; \pi^+ + \pi^- \qquad \text{②}$$

(13.25)

$$\Lambda \;\rightarrow\; p + \pi^- \qquad \text{③}$$

(13.26)

in elektrisch geladenen Teilchen, deren Spuren V-förmig angeordnet und leicht gekrümmt sind. Aus der Krümmungsrichtung folgt das Vorzeichen der elektrischen Ladung. Die Teilchenart – Proton oder π-Meson – kann ein geübter Spurenleser aus den Feinheiten der Spuren entnehmen, etwa aus der Tröpfchenzahl pro Spurenlänge in Kombination mit der Bahnkrümmung. Es ist daher möglich, neben jeder Spur in Abb. 13.6 die Teilchenart zu notieren. Abb. 13.6 enthält auch Informationen über die unsichtbaren seltsamen Teilchen K° und Λ. Man kann z.B. unter Verwendung der bekannten Ruhenergien[4] $m_\pi c^2$ und $m_p c^2$ vom π-Meson und Proton (Tab. 13.1) die Ruhenergien $m_K c^2$ und $m_\Lambda c^2$ vom K°-Meson und Λ-Hyperon bestimmen – eine Aufgabe, die sich zur Zeit der Entdeckung dieser Teilchen immer wieder stellte.

Zunächst das K°-Meson. Aus dem relativistischen Zusammenhang (12.25) zwischen Energie E_K, Impuls p_K und Ruhenergie $m_K c^2$ folgt:

$$m_K c^2 = \sqrt{E_K^2 - (c p_K)^2} \;.$$

(13.27)

Um E_K und p_K zu erhalten, notieren wir für den bei ② stattfindenden K°-Zerfall (13.25) die Erhaltungssätze für Energie und Impuls:

$$E_K = E_{\pi^+} + E_{\pi^-}$$

(13.28)

$$\vec{p}_K = \vec{p}_{\pi^+} + \vec{p}_{\pi^-}$$

(13.29)

Die Bezeichnungsweise versteht sich von selbst. Die Impulsvektoren $\vec{p}_{\pi^+}$ und $\vec{p}_{\pi^-}$ der π-Mesonen können direkt aus der Blasenkammeraufnahme abgelesen werden; die

---

[3]Um die Flüssigkeitsmoleküle zu ionisieren, braucht man Kräfte, die an den Elektronenhüllen angreifen. Neutrale Teilchen üben nur so schwache Kräfte auf Elektronen aus, daß keine Ionisation stattfindet.

[4]In der Teilchenphysik bezeichnet man die Ruhmasse einer Teilchenart a meistens nicht mit m_o, sondern mit m_a.

Richtung von $\vec{p}$ fällt mit der Spurrichtung zusammen, der Betrag p folgt aus dem Krümmungsradius r_{mgn}. Mit den Impulsen kennen wir aber auch die Energien der π-Mesonen. Denn wenn man die Energie-Impuls-Gleichung (12.25) nach E auflöst, erhält man beispielsweise für das π^+-Meson:

$$E_{\pi^+} = \sqrt{(m_\pi c^2) + (cp_{\pi^+})^2},\tag{13.30}$$

und hier ist rechts alles bekannt. Ein analoger Ausdruck gilt für E_{π^-}. Aus den π-Mesonenenergien und Impulsen folgen nach (13.28) und (13.29) die entsprechenden Größen E_K und $\vec{p}_K$ des K^o-Mesons, die in (13.27) zur $m_K c^2$-Berechnung benötigt werden. Der so erhaltene $m_K c^2$-Wert ist in Tab. 13.1 angegeben. Die Λ-Ruhenergie ergibt sich in gleicher Weise aus dem an der Stelle ③ stattfindenden Λ-Zerfall und ist ebenfalls in der Tabelle aufgeführt.

Neben der Ruhenergie ist die mittlere Lebensdauer für die Teilchenart charakteristisch. Es ist möglich, aus Abb. 13.6 die individuelle Lebensdauer des K^o-Mesons und des Λ-Hyperons abzuleiten. Da wir die Impulse und Energien von K^o bzw. Λ schon bestimmt haben, kennen wir auch die Geschwindigkeiten $\vec{v}_K$ bzw. $\vec{v}_\Lambda$. Aus den Abständen $(\overline{12}) =: l_K$ bzw. $(\overline{13}) =: l_\Lambda$ zwischen Geburts- und Sterbeort der Teilchen und den Teilchengeschwindigkeiten v_K bzw. v_Λ folgen dann die Flugzeiten (individuelle Lebensdauern) $\tau_K = l_K/v_K$ bzw. $\tau_\Lambda = l_\Lambda/v_\Lambda$ des K^o bzw. Λ. Wenn man nun sehr viele Blasenkammeraufnahmen von der Art Abb. 13.6 untersucht, findet man im Rahmen der Meßfehler immer dieselben Ruhenergien $m_K c^2 = 498\,\text{MeV}$ bzw. $m_\Lambda c^2 = 1116\,\text{MeV}$, aber individuell verschiedene Lebensdauern τ_K bzw. τ_Λ. Man gibt deshalb die arithmetischen Mittelwerte $< \tau_K >$ bzw. $< \tau_\Lambda >$ an und bezeichnet sie als *mittlere Lebensdauer* des K^o-Mesons bzw. Λ-Hyperons (vgl. Tab. 13.1). Eventuell muß man vor der Mittelwertbildung die Einsteinsche Zeitdilatation (6.17) berücksichtigen.

Man kann natürlich auch die $(K^o + \Lambda)$-Erzeugung (13.24) an der Stelle ① analysieren. Hier lauten die Erhaltungssätze:

$$E_{\pi^-} + E_p = E_K + E_\Lambda\tag{13.31}$$

$$\vec{p}_{\pi^-} + \vec{p}_p = \vec{p}_K + \vec{p}_\Lambda\tag{13.32}$$

Energie und Impuls des einfallenden π^--Mesons können aus der zugehörigen Spur entnommen werden. Die entsprechenden Protonengrößen sind $E_p = m_p c^2$ und $\vec{p}_p = 0$, da das Proton – das nicht mit der bei ③ beginnenden p-Spur verwechselt werden darf - der Atomkern eines praktisch ruhenden Wasserstoffatoms der Blasenkammerflüssigkeit ist. Man kennt also die linken Seiten der Gleichungen (13.31) und (13.32). Die rechten Seiten enthalten die Energien und Impulse des K^o bzw. Λ, die uns ebenfalls bekannt sind (aus den Prozessen bei ② und ③). Wir können daher prüfen,

ob die in (13.31) und (13.32) behaupteten Gleichheiten tatsächlich zutreffen. Sie tun
es! Hätte man die Analysen mit nicht-relativistischen Energie-Impuls-Beziehungen
durchgeführt, so wären spätestens bei dieser letzten Überprüfung Widersprüche auf-
getreten; denn die Elementarteilchen in Abb. 13.6 bewegen sich durchweg mit relativistischen Geschwindigkeiten.

Kapitel 14

Gravitation

Elektronen, Protonen und π-Mesonen, die sich mit relativistischen Geschwindigkeiten unter dem Einfluß künstlich erzeugter elektrischer und magnetischer Felder durch Blasenkammern bewegen und dabei Spuren hinterlassen – das ist die *mikroskopische* Welt der Elementarteilchen, welche den Physikern erst seit einigen Jahrzehnten experimentell zugänglich ist. Sonne, Mond und Sterne, die mit nicht-relativistischen Geschwindigkeiten unter dem Einfluß von Gravitationsfeldern planetarischen Ausmaßes am Himmel ihre ehernen Bahnen ziehen – das ist die *makroskopische* Welt des Kosmos, die bereits die „Physiker der ersten Stunde" buchstäblich vor Augen hatten und die deshalb zum Prüfstein der ersten physikalischen Methoden wurde. Grund genug, daß wir uns etwas ausführlicher mit dem Gravitationsgesetz beschäftigen, das die kosmischen Bewegungsabläufe überwiegend bestimmt.

14.1 Das Newtonsche Gravitationsgesetz und die Keplerschen Gesetze

Im Jahre 1666 formulierte der 25jährige Newton das Gravitationsgesetz über die Anziehungskraft $\vec{F}$, die eine punktförmige Masse M auf eine punktförmige Masse m im Abstand r ausübt:

$$\vec{F} = -\frac{\gamma M m}{r^3}\vec{r} \qquad \text{mit} \qquad \gamma = 6{,}67 \cdot 10^{-11} \text{Nm}^2/\text{kg}^2 \,. \qquad (14.1)$$

$\vec{r}$ ist der Verbindungsvektor von M zu m mit der Länge r. Die Anziehungskraft ist offenbar zum Quadrat des Abstandes r umgekehrt proportional. Die Kraft, mit der m auf M zurückwirkt, unterscheidet sich von (14.1) nur im Vorzeichen. Der Wert der Gravitationskonstanten γ wurde erst 131 Jahre später von Cavendish bestimmt. Die Entdeckungsgeschichte von (14.1) ist Physikgeschichte.

Die Geschichte beginnt mit der Entdeckung und Beobachtung der Planeten im Altertum. Die alten Griechen wußten schon, daß sich die Planeten um die Sonne bewegen. Dieser Sachverhalt wurde zu Beginn der Neuzeit von Copernicus (um 1500) wiederentdeckt. In jener Zeit wurde von den Gelehrten endlos darüber debattiert, von welcher Art die Planetenbewegung denn wohl genau sei. Tycho Brahe in Dänemark kam dann auf die revolutionäre Idee, daß man genaue Bewegungsvorgänge nicht durch fruchtlose Streitgespräche, sondern durch möglichst genaue Messungen ergründen sollte. Er führte deshalb etwa 20 Jahre lang (1580-1600) sehr genaue Beobachtungen der Planetenbewegungen durch und notierte die Resultate in Tabellen. Diese Tabellen übernahm nach seinem Tode (1601) sein Assistent Johannes Kepler, der die Meßdaten analysierte und aus ihnen die drei Keplerschen Gesetze (1609) abstrahierte:

I. Planetenbahnen sind Ellipsen, in deren einem Brennpunkt die Sonne steht.

II. Der Abstandsvektor von der Sonne zum Planeten überstreicht in gleichen Zeitabschnitten gleiche Flächen (Flächensatz).

III. Die Kuben (3.Potenz) der großen Halbachsen verschiedener Ellipsenbahnen verhalten sich wie die Quadrate (2.Potenz) ihrer Umlaufzeiten.

Während Kepler diese quantitativen Zusammenhänge entdeckte, untersuchte Galilei in Pisa und Florenz die Gesetze der Bewegung. Warum bewegen sich die Planeten überhaupt? Müßten sie nicht eigentlich, wenn man das Alter der Welt bedachte, schon längst zur Ruhe gekommen sein? Es gab damals eine Theorie, die unsichtbare Engel, welche durch ihren Flügelschlag die Planeten vor sich hertreiben sollten, für die ständige Bewegung verantwortlich machte. Galilei fand aber, daß solche Engel überflüssig seien, weil sich ein bewegter Körper von selbst weiterbewegt, wenn er nicht ausdrücklich gebremst wird. Ein halbes Menschenalter später fragte Newton sich dann, warum die Planetenbahnen nicht geradlinig, sondern zur Ellipse gekrümmt sind. Seine Antwort: Weil eine zur Sonne weisende und deshalb quer zur Bewegungsrichtung wirkende Kraft vorhanden sein müsse, die die Bahnkrümmung hervorruft. Das nennt man die „Entzauberung der Welt", wenn Engel in Pension geschickt werden, weil sie durch die Einstellung neuer Kräfte ihren Job verloren haben.

Die mathematische Formel (14.1) des Kraftgesetzes leitete Newton aus den Keplerschen Gesetzen ab (veröffentlicht 1687). Wegen der vergleichsweise großen Entfernung zwischen Sonne und Planeten betrachtete er die Himmelskörper näherungsweise als „Massenpunkte". Zunächst zeigte er, daß die auf einen Planeten wirkende Kraft $\vec{F}$ genau zur Sonne hin gerichtet sein müsse. **Beweis:** Sei $\vec{r}$ der Vektor von der als ruhend angenommenen Sonne zum Planeten der Masse m mit der Bahngeschwindigkeit $\vec{v} = \dot{\vec{r}}$. Wegen (11.3) ändert sich der Bahndrehimpuls $\vec{l} = m\vec{r} \times \vec{v}$ im Laufe der Zeit gemäß:

$$\dot{\vec{l}} = \vec{r} \times \vec{F} \, . \tag{14.2}$$

Wir werden gleich zeigen, daß aus dem zweiten Keplerschen Gesetz $\vec{l} = $ const folgt, so daß $\dot{\vec{r}} \times \vec{F} = \dot{\vec{l}} = 0$ ist, was genau dann zutrifft, wenn die auf den Planeten ausgeübte Anziehungskraft zur Sonne weist, wenn $\vec{F}$ also die Form

$$\vec{F} = -\frac{\vec{r}}{r}F \tag{14.3}$$

besitzt. F ist der Betrag von $\vec{F}$. Daß $\vec{l} = m\vec{r} \times \vec{v}$ konstant ist, stimmt sicher für die $\vec{l}$-Richtung, da $\vec{r} \times \vec{v}$ immer senkrecht auf der Ellipsenebene steht. Der Betrag von $\vec{l}$

$$l = m|\vec{r} \times \vec{v}| = m\frac{|\vec{r} \times d\vec{r}|}{dt} \tag{14.4}$$

läßt sich durch den Abstandsvektor $\vec{r}$ und seine Änderung $d\vec{r}$ während der Zeit dt ausdrücken. Wegen der geometrischen Bedeutung des Vektorproduktes ist $|\vec{r} \times d\vec{r}|$ die Fläche des von $\vec{r}$ und $d\vec{r}$ aufgespannten Parallelogramms, die genau doppelt so groß ist wie die Fläche dA, die während der Zeit dt von $\vec{r}$ überstrichen wird, so daß (14.4) in

$$l = 2m\frac{dA}{dt} = 2m\dot{A} \tag{14.5}$$

umgeschrieben werden kann. Weil $\vec{r}$ wegen Kepler II in gleichen Zeiten gleiche Flächen überstreicht, ist $\dot{A} = $ const und folglich auch $l = $ const. Damit ist die Konstanz von $\vec{l}$ bewiesen und der Beweis von (14.3) abgeschlossen.

Um die Entfernungsabhängigkeit des Betrages F der Gravitationskraft zu erhalten, betrachte man einen fiktiven Planeten, der mit der Umlaufszeit T die Sonne umkreist. Die Kreisbahn kann als entartete Ellipse mit der großen Halbachse = Kreisradius r angesehen werden und ist deshalb mit Kepler I verträglich. Für die Kreisbewegung folgt aus dem Grundgesetz der Mechanik und der Kreisbeschleunigungsgleichung (4.35):

$$F = ma = m\frac{v^2}{r} = \frac{m}{r}\left(\frac{2\pi r}{T}\right)^2 = \frac{4\pi^2 mr}{T^2}. \tag{14.6}$$

Da T^2 wegen Kepler III zu r^3 proportional ist, muß F in (14.6) die Form

$$F = C\frac{m}{r^2} \tag{14.7}$$

haben. Die Konstante C ist für alle Sonnenplaneten gleich, kann also nur noch von den Eigenschaften der Sonne abhängen. Wegen der gegenseitigen Anziehung nahm Newton an, daß die Sonnen- und Planeteneigenschaften symmetrisch in das Kraftgesetz eingehen. Weil die Massenanziehung nach (14.7) zur Planetenmasse m proportional ist, ist sie dann auch zur Sonnenmasse M proportional, so daß $C = \gamma M$ mit $\gamma = $ Naturkonstante. Zusammen mit (14.3) und (14.7) ergibt sich daher

$$\vec{F} = -\frac{\vec{r}}{r}\frac{\gamma Mm}{r^2} = -\frac{\gamma Mm}{r^3}\vec{r}. \tag{14.8}$$

Wenn man dieses Resultat vom Spezialfall Sonne-Planet auf beliebige Punktmassen M und m verallgemeinert, ist (14.8) das in (14.1) behauptete Gravitationsgesetz.

Nachdem Newton aus den Kepler-Gesetzen das Gravitationsgesetz abgeleitet hatte, konnte er auch umgekehrt aus dem Gravitationsgesetz (14.8) mit dem Grundgesetz der Mechanik (7.4)

$$m\ddot{\vec{r}} = \vec{F} = -\frac{\gamma M m}{r^3}\vec{r} \tag{14.9}$$

die Kepler-Gesetze ableiten. Die verhältnismäßig aufwendigen Rechnungen werden am Ende dieses Kapitels für Interessenten vorgeführt. Statt Kepler I findet man etwas allgemeiner, daß sich eine Masse m im Anziehungsbereich einer anderen Masse M auf einem Kegelschnitt (Ellipse oder Hyperbel) bewegt. Die Planetenbahnen sind Ellipsen, die sich, wenn man sie verkleinert aufzeichnet, mit bloßem Auge kaum von einem Kreis unterscheiden. Kometen bewegen sich auf langgestreckten Ellipsenbahnen um die Sonne. Der Vorbeiflug der Raumsonde Mariner II an der Venus im Spätherbst 1962 erfolgte auf einer Hyperbelbahn, in deren einem Brennpunkt die Venus stand.

14.2 Gravitationskonstante und Masse von Himmelskörpern

Die Gravitationskonstante γ wurde erstmalig 1797 von Henry Cavendish bestimmt. Im Cavendish-Experiment (Abb. 14.1) wird eine leichte Stange, die zwei kleine Kugeln der Masse m verbindet, an einem dünnen Faden drehbar aufgehängt (Drehwaage).

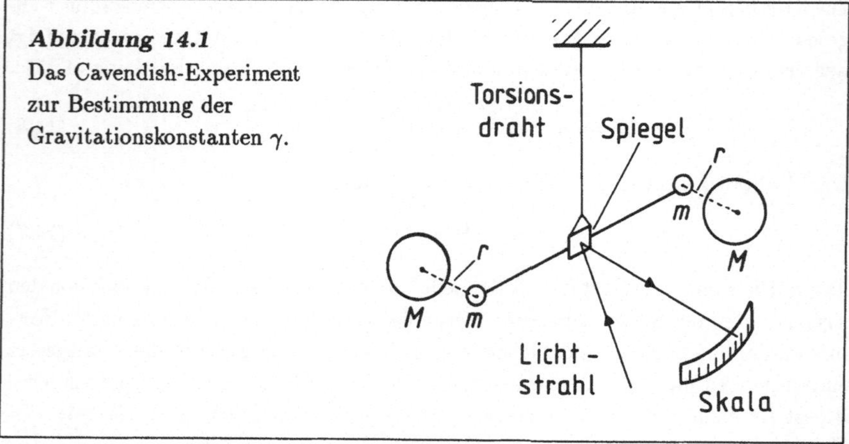

Abbildung 14.1
Das Cavendish-Experiment
zur Bestimmung der
Gravitationskonstanten γ.

Um Luftzug zu vermeiden, wird die Drehwaage in einen luftdichten Glaskasten gesperrt. Nachdem sie zur Ruhe gekommen ist, bringt man außerhalb des Kastens zwei große Kugeln der Masse M bis auf den Abstand r an die beiden kleinen Kugeln heran (Abb.14.1). Danach werden die kleinen Kugeln von den großen Kugeln angezogen und „fallen" auf sie zu. Durch die Fallbewegung dreht sich die Drehwaage, auf der ein kleiner Spiegel befestigt ist, der einen Lichtstrahl auf eine Skala reflektiert. Aus der Bewegung des „Lichtzeigers" schließt man auf die Beschleunigung $\vec{a}$ der kleinen Kugeln und daraus auf die Kraft $\vec{F} = m\vec{a}$, mit der die kleinen Kugeln von den großen angezogen werden. $\vec{F}$ erweist sich als klein, aber gut meßbar. Aus $\vec{F}$, m, M und r folgt dann mit Hilfe des Gravitationsgesetzes (14.1) die unbekannte Gravitationskonstante $\gamma = Fr^2/Mm = 6{,}67 \cdot 10^{-11}\,\mathrm{Nm^2/kg^2}$. Bei der Auswertung des Experimentes tritt ein Problem auf: Welchen Wert soll man im Gravitationsgesetz (14.1) für r einsetzen? Den Abstand zwischen den Kugeloberflächen? Den Abstand zwischen den Kugelmittelpunkten? Dieses Problem war schon vorher von Newton behandelt worden, als erstes Anwendungsbeispiel der von ihm erfundenen Integralrechnung. Er konnte zeigen, daß eine Kugel auf andere Körper eine solche Anziehungskraft ausübt, als ob ihre Masse im Kugelmittelpunkt vereinigt wäre. Für die Gravitationskraft zwischen Kugeln ist also der Abstand zwischen den Kugelzentren entscheidend.

Cavendish hat sein Experiment „weighing the earth" genannt, weil er mit Hilfe von γ die Masse der Erde m_E bestimmen konnte. Das Gewicht $G = mg$ eines Körpers der Masse m ist nichts anderes als die Gravitationskraft $F = \gamma m_E m / R_E^2$, mit der ihn die Erde anzieht. R_E ist der Erdradius. Gleichsetzen von G und F ergibt

$$m_E = gR_E^2/\gamma \, . \tag{14.10}$$

Mit $g = 9{,}82\,\mathrm{m/s^2}$, $R_E = 6370\,\mathrm{km}$ und $\gamma = 6{,}67 \cdot 10^{-11}\,\mathrm{Nm^2/kg^2}$ erhält man $m_E = 5{,}97 \cdot 10^{24}\,\mathrm{kg}$. Die daraus bestimmte mittlere Dichte (Masse pro Volumen) der Erde beträgt $5520\,\mathrm{kg/m^3}$. Die mittlere Dichte der Erdkruste ist nur etwa halb so groß. Die Dichte im Erdinnern muß daher größer als $5520\,\mathrm{kg/m^3}$ sein.

Um einen Wert für die Sonnenmasse m_S zu erhalten, betrachten wir die Erdumlaufbahn um die Sonne näherungsweise als Kreis mit dem Radius $r = 149{,}6 \cdot 10^6\,\mathrm{km}$ = mittlerer Abstand Sonne/Erde (Resultat astronomischer Beobachtungen). Aus r und der Umlaufzeit $T = 1\,\mathrm{Jahr}$ ergibt sich die Umlaufgeschwindigkeit $v = 2\pi r/T = 29{,}8\,\mathrm{km/s}$. Nach dem Grundgesetz der Mechanik ist die mit der Erdmasse m_E multiplizierte Kreisbeschleunigung v^2/r gleich der Gravitationskraft $\gamma m_S m_E/r^2$ zwischen Sonne und Erde, also

$$m_E v^2/r = \gamma m_S m_E/r^2 \qquad \text{oder} \qquad m_S = v^2 r/\gamma \, . \tag{14.11}$$

Mit den angegebenen Werten für v, r und γ erhält man $m_S = 2{,}0 \cdot 10^{30}\,\mathrm{kg} \approx 333\,000\,m_E$. Da zur m_S-Bestimmung die Gravitationskonstante γ benötigt wird, hätte Cavendish sein Experiment natürlich auch „weighing the sun" nennen können.

Die Masse des Mondes ist 80 mal kleiner als die der Erde. Das wüßte man auch, wenn der γ-Wert unbekannt wäre. Um das zu erklären, müssen wir etwas weiter ausholen. Betrachte zwei Punktmassen m_1 und m_2 mit den Ortsvektoren $\vec{r}_1$ und $\vec{r}_2$. Der durch den Vektor

$$\vec{R} = \frac{m_1\vec{r}_1 + m_2\vec{r}_2}{M} \qquad \text{mit} \qquad M = m_1 + m_2 \qquad (14.12)$$

angezeigte Ort wird „Schwerpunkt des Massenpaares" genannt. Differenziert man $\vec{R}$ zweimal nach der Zeit und berücksichtigt das Grundgesetz der Mechanik, erhält man

$$M\ddot{\vec{R}} = m_1\ddot{\vec{r}}_1 + m_2\ddot{\vec{r}}_2 = \vec{F}_1 + \vec{F}_2. \qquad (14.13)$$

$\vec{F}_1$ und $\vec{F}_2$ sind die auf m_1 und m_2 wirkenden Kräfte. Diese lassen sich zerlegen in die inneren Kräfte $\vec{F}_{21} + \vec{F}_{12}$, die die Teilchen wechselseitig aufeinander ausüben, und in die äußeren Kräfte $\vec{F}_1^{außen} + \vec{F}_2^{außen}$, die von außen auf die Teilchen einwirken. Wegen actio = reactio ist $\vec{F}_{21} + \vec{F}_{12} = 0$ und es bleibt

$$M\ddot{\vec{R}} = \vec{F}_1^{außen} + \vec{F}_2^{außen}. \qquad (14.14)$$

Der Schwerpunkt $\vec{R}$ des Massenpaares bewegt sich also wie ein Punkt der Masse $M = m_1 + m_2$, an dem die Summe der äußeren Kräfte angreift. Bei der Abwesenheit äußerer Kräfte ist $\ddot{\vec{R}} = 0$ und die Schwerpunktsgeschwindigkeit $\dot{\vec{R}} = $ const. Da sich Inertialsysteme mit konstanter Geschwindigkeit bewegen dürfen, kann man den Schwerpunkt $\vec{R}$ des Massenpaares zum Ursprung eines Inertialsystems deklarieren. In diesem System, das man cm-System (cm = center of mass) nennt, ist natürlich $\vec{R} = 0$ und folglich, wegen (14.12), auch $m_1\vec{r}_1 + m_2\vec{r}_2 = 0$. Es gilt also

$$\vec{r}_1 = -\frac{m_2}{m_1}\vec{r}_2 \qquad \text{und} \qquad \frac{r_1}{r_2} = \frac{m_2}{m_1}. \qquad (14.15)$$

Die linke Gleichung besagt, daß die vom Schwerpunkt ausgehenden Ortsvektoren $\vec{r}_1$ und $\vec{r}_2$ der Massenpunkte m_1 und m_2 entgegengesetzt gerichtet sind, so daß die Verbindungsstrecke zwischen m_1 und m_2 durch den Schwerpunkt geht und von diesem wegen der rechten Gleichung im Streckenverhältnis $r_1/r_2 = m_2/m_1$ geteilt wird.

Zur Bestimmung der Mondmasse betrachten wir in Abb.14.2 das Paar Erde E und Mond M mit den Massen m_E und m_M. Wir können sie im folgenden zu Massenpunkten im Erdmittelpunkt und Mondmittelpunkt idealisieren und dann die Gleichungen (14.12) bis (14.15) übernehmen, nachdem wir dort die Indizes 1 und 2 durch E und M ersetzt haben. Die äußeren Kräfte in (14.14) sind die Gravitationskräfte, die die Sonne auf Erde und Mond ausübt und die bewirken, daß der gemeinsame Schwerpunkt $\vec{R}$ von Erde und Mond jährlich auf einer Kepler-Ellipse und die Sonne wandert. E und M bewegen sich dabei näherungsweise auf Kreisbahnen mit den Radien r_E und r_M

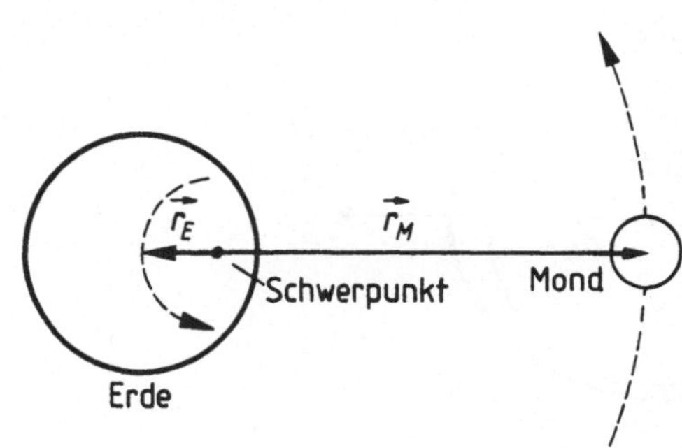

Abbildung 14.2:   Mond und Erde bewegen sich um den gemeinsamen Schwerpunkt. Die Entfernungen r_M bzw. r_E vom Schwerpunkt zum Mond- bzw. Erdmittelpunkt verhalten sich wie 80:1.

um den gemeinsamen Schwerpunkt $\vec{R}$, der auf der Verbindungsstrecke von E und M liegt und diese wegen (14.15) im Verhältnis $r_M/r_E = m_E/m_M$ teilt. Die Umlaufzeit beträgt rund 4 Wochen. Angenommen nun, die in Abb. 14.2 nicht gezeigte Sonne stünde weit links. Dann ist die Erde in der dargestellten Position näher an der Sonne als 2 Wochen später, und zwar um die Strecke $2r_E$. Mit der Entfernung Erde/Sonne ändert sich auch die Größe der von der Erde aus betrachteten Sonnenscheibe. Aus der meßbaren Größenänderung und der bekannten mittleren Sonnenentfernung kann man auf die Abstandsänderung $2r_E = 9480\,\mathrm{km}$ schließen. Der Abstand $r_E = 4740\,\mathrm{km}$ zwischen dem Schwerpunkt des EM-Paares und dem Erdmittelpunkt ist also kleiner als der Erdradius $R_E = 6370\,\mathrm{km}$, der EM-Schwerpunkt liegt daher im Erdkörper. Die Entfernung zwischen Erd- und Mondmittelpunkt beträgt $r_E + r_M = 384\,000\,\mathrm{km}$, so daß $r_E/r_M = 4740/(384\,000 - 4740) \approx 1/80$ ist, woraus nach (14.15) das behauptete Massenverhältnis $m_M/m_E = r_E/r_M \approx 1/80$ folgt.

Der Mond ist übrigens der Hauptverursacher von Ebbe und Flut, weil er die feste Erdkugel und das Wasser in den Ozeanen anzieht (Abb.14.3). Die Anziehungskraft führt zu einer Fallbewegung von Erdkugel und Ozeanen in Richtung Mond, deren Beschleunigung analog zur Erdbeschleunigung $g = \gamma m_E/R_E^2$ durch die „Mondbeschleunigung" $g_M = \gamma m_M/r^2$ ($r = $ Abstand von der Mondmitte) gegeben ist. g_M ist auf der mondzugewandten Seite größer und auf der mondabgewandten Seite kleiner als im Erdzentrum. Von der festen Erde aus betrachtet fällt das Wasser deshalb rechts zu schnell und links zu langsam in Richtung Mond. Dieses hat gleichzeitig zwei Flutberge zur Folge. Weil der Mond einmal täglich über Cuxhaven hinwegstreicht,

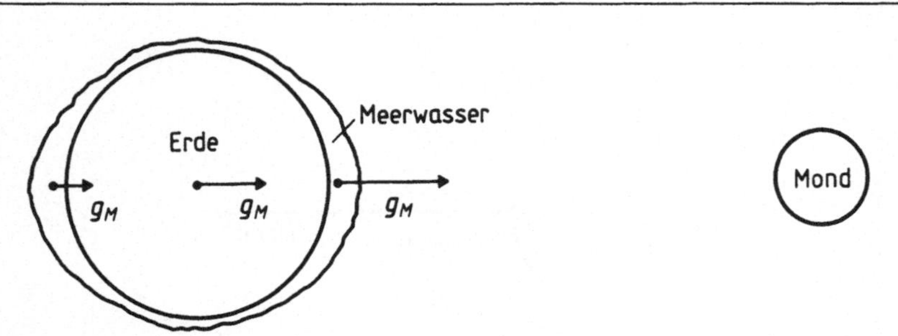

Abbildung 14.3: Die Anziehungskraft des Mondes (Masse mal „Mondbeschleunigung" g_M) nimmt mit wachsender Entfernung vom Mondmittelpunkt ab. Das hat auf der Erde gleichzeitig zwei Flutberge zur Folge.

kann man dort zweimal täglich Wattlaufen.

14.3   Himmelsmechanik und Entwicklung des Universums

Die Newtonsche Himmelsmechanik erweist sich offensichtlich als recht erfolgreich. Ausgehend vom Grundgesetz der Mechanik und dem Gravitationsgesetz gelingt es

1. die Keplerschen Gesetze für die Bewegung der Sonnenplaneten abzuleiten,

2. das Gewicht $\vec{G} = m\vec{g}$ und die Bewegung des Mondes um die Erde auf das von der Erde erzeugte Gravitationsfeld zurückzuführen,

3. die Massen verschiedener Himmelskörper zu bestimmen,

4. das Phänomen „Ebbe und Flut" zu erklären und

5. Bahnberechnungen für künstliche Erdsatelliten und interplanetarische Raumfahrten durchzuführen.

Diese Liste ist alles andere als vollständig. Wir wollen zwei weitere Beispiele hinzufügen. Das erste ist kurz und betrifft die Frage, wie zuverlässig die Vorhersagen der Himmelsmechanik sind (Entdeckung des Planeten Neptun). Das zweite ist länger und weist auf die Bedeutung des Gravitationsgesetzes für die Entwicklung des Universums (Entstehung der Sterne) hin.

Entdeckung des Planeten Neptun (1846): Man kennt heute neun – nach Sonnennähe geordnete – Planeten: Merkur, Venus, Erde, Mars, Jupiter, Saturn, Uranus, Neptun und Pluto. Merkur, Venus, Mars und Pluto sind leichter als die Erde. Schwerer sind Jupiter ($318m_E$), Saturn ($95m_E$), Uranus ($15m_E$) und Neptun ($17m_E$). Die entferntesten Planeten Neptun und Pluto wurden erst nach 1845 entdeckt. Zu jener Zeit stellten die Himmelsmechaniker etwa folgende Überlegungen an: Da sich alle Massen nach dem Gravitationsgesetz gegenseitig anziehen, wirkt auf einen speziellen Planeten – sagen wir Jupiter – nicht nur die Sonne. Auch die anderen Planeten – z.B. der benachbarte Saturn – ziehen den Jupiter an. Da die Saturnmasse rund 3500mal kleiner als die Sonnenmasse ist, ist der Einfluß des Saturns auf die Jupiterbewegung allerdings sehr gering. Der Jupiter weicht deshalb nur wenig, aber gut meßbar, von der idealen Kepler-Ellipse ab. Weil wir das Kraftgesetz zwischen den Planeten kennen, können wir die Abweichungen berechnen. Das wurde insbesondere für die Bahnen des Jupiters, Saturns und Uranus getan. Für Jupiter und Saturn stimmten die Berechnungen genau mit den Beobachtungen überein. Nicht so beim Uranus. Leverrier (Franzose) und Adams (Engländer) hatten dann gleichzeitig und unabhängig voneinander die Idee, daß es in der Nähe des Uranus einen weiteren Planeten geben könnte, schwach leuchtend und deshalb noch niemandem aufgefallen, der die Uranusbewegung störte. Sie berechneten, wo dieser Planet laufen und welche Masse er haben müßte, um die beobachtete Bewegung des Uranus zu erklären. Die Antwort war eindeutig. Leverrier teilte dem deutschen Astronomen Galle an der Berliner Sternwarte mit, daß er einen bisher unbekannten Planeten entdecken wird, wenn er sein neues Teleskop dann und dann in die und die Richtung einstellt. Und so geschah es dann auch. Der neue Planet erhielt den Namen Neptun. Diese Entdeckungsgeschichte bewies den Zeitgenossen (1846), wie sehr man sich auf die Newtonschen Gesetze der Himmelsmechanik und das Können der Himmelsmechaniker verlassen kann.

Entstehung der Sterne: Man weiß aus astronomischen Beobachtungen, daß die Fixsterne nicht gleichmäßig über das Weltall verteilt sind, sondern in gigantischen Anhäufungen auftreten, die *Galaxien* genannt werden. Unsere Galaxie (Milchstraße) enthält rund 10^{11} Sterne, die zu einer verhältnismäßig flachen Scheibe mit einem Durchmesser von knapp 100 000 Lichtjahren angeordnet sind. Der Abstand zwischen benachbarten Galaxien ist merklich größer, typischerweise einige Millionen Lichtjahre. Die folgenden Angaben beziehen sich auf die Verhältnisse innerhalb einer Galaxis, z.B. der Milchstraße.

Der mittlere Abstand zwischen benachbarten Fixsternen beträgt einige Lichtjahre und ist rund 10^7 mal so groß wie der mittlere Sterndurchmesser. Sterne stoßen daher fast nie zusammen. Der Raum zwischen den Sternen ist nicht vollständig leer. Etwa die gleiche Masse, die in den Sternen konzentriert ist, ist noch einmal als Gas (viel) oder Staub (wenig) im interstellaren Raum der Galaxis verteilt. Die Dichte des Gases – vorwiegend Wasserstoff und Helium – beträgt rund 1 Atom pro cm^3. Der Raum zwischen den Galaxien ist dagegen so gut wie leer.

Man nimmt heute an, daß alles (Raum, Zeit, Materie) mit dem sog. *Urknall* begann. Dieser fand vor etwa $15 \cdot 10^9$ Jahren überall gleichzeitig statt. Nach der grandiosen ersten Stunde bestand die Welt überwiegend aus Lichtquanten, Neutrinos, Elektronen, Protonen und Heliumatomkernen, die alle zusammen den ganzen Raum ausfüllten. Die extrem heiße Teilchenmischung dehnte sich mit dem Raume allseitig aus und kühlte dabei ab. Nach rund 500 000 Jahren war die Temperatur so weit gesunken, daß sich aus den elektrisch geladenen Elektronen, Protonen und Heliumatomkernen neutrale Atome ^{1}H (Wasserstoff) und ^{4}He (Helium) bilden konnten. Die Lichtquanten und Neutrinos spielten bei der Atombildung keine Rolle und vagabundieren auch heute noch durchs Universum. Aus dem neutralen Gasgemisch von ^{1}H ($\approx$ 92 Atom%) und ^{4}He ($\approx$ 8 Atom%) hat sich dann die Welt, so wie wir sie heute vorfinden, entwickelt. Der Entwicklungsprozeß ist noch nicht im Detail verstanden, muß sich im großen und ganzen aber wie folgt abgespielt haben: Wegen der Massenanziehung zwischen den Atomen ballt sich das Gas zu riesigen Wolken zusammen, aus denen sich dann durch weiteres Zusammenziehen die Galaxien bilden. Weil im kosmischen Gas nicht gerade Windstille herrscht, hatte eine solche Gaswolke vor der Kontraktion zur Galaxis vermutlich den Drehimpuls $\vec{L} \neq 0$. Da sich das Trägheitsmoment $\Theta = \sum m_i r_i^2$ der Gasmasse bei der Kontraktion beträchtlich verkleinert, muß ihre Winkelgeschwindigkeit $\vec{\omega}$ wegen des Drehimpulserhaltungssatzes $\vec{L} = \Theta \vec{\omega} = $ const entsprechend zunehmen (Drehschemelversuch Abb.11.6). Die sich zusammenziehende Gaswolke rotiert also schneller und schneller. Dabei treten von der Rotationsachse wegweisende Zentrifugalkräfte (siehe (15.15)) auf, die schließlich der Gravitationskraft die Waage halten. Dann ist die Kontraktion in der Ebene senkrecht zur Drehachse beendet. Parallel zur Drehachse ziehen die Gravitationskräfte die Gaswolke noch weiter zusammen, da die Zentrifugalkraft in dieser Richtung keine Komponente hat. Die Galaxien erhalten so die flache Gestalt, die tatsächlich beobachtet wird. Die Rotationsbewegung führt oft zu einer spiralförmigen Struktur der Galaxien, die deshalb auch *Spiralnebel* heißen.

Damit ist die Geschichte aber nicht beendet. Wir sehen Sterne und haben erst Gaswolken. Zum Verständnis der Sternentwicklung in der Galaxis hilft der sog. Virialsatz der Mechanik, den wir zunächst am Beispiel eines künstlichen Erdsatelliten, der auf einer Ellipsenbahn um die Erde läuft, erläutern. Seien $\vec{r}$, $\vec{p}$ und E_{kin} der Ort, der Impuls und die kinetische Energie des Satelliten und $\vec{F}$ die auf ihn wirkende Erdanziehungskraft. Dann ist

$$\frac{d}{dt}(\vec{r}\cdot\vec{p}) = \dot{\vec{r}}\cdot\vec{p} + \vec{r}\cdot\dot{\vec{p}} = \vec{v}\cdot\vec{p} + \vec{r}\cdot\vec{F} = 2E_{\text{kin}} + \vec{r}\cdot\vec{F}\ . \qquad (14.16)$$

Integriert man die linke und die rechte Seite über einen Umlauf und dividiert durch die Umlaufszeit T, erhält man

$$\frac{(\vec{r}\cdot\vec{p})_{t=T} - (\vec{r}\cdot\vec{p})_{t=0}}{T} = 2\frac{\int_0^T E_{\text{kin}}dt}{T} + \frac{\int_0^T(\vec{r}\cdot\vec{F})dt}{T}\ . \qquad (14.17)$$

Die linke Seite verschwindet, weil $\vec{r}\cdot\vec{p}$ am Anfang und Ende des Umlaufes denselben Wert hat. Die durch T dividierten Zeitintegrale geben den *Zeitmittelwert* des Integranden an, der durch einen oberen Querstrich gekennzeichnet wird. Damit folgt aus (14.17)

$$2\overline{E}_{\text{kin}} + \overline{(\vec{r}\cdot\vec{F})} = 0\ . \qquad (14.18)$$

(14.18) ist der *Virialsatz* und $\overline{(\vec{r}\cdot\vec{F})}$ das *Virial der Kraft*. Für die auf den Satelliten wirkende Erdanziehungskraft $\vec{F}$, die durch das Newtonsche Gravitationsgesetz $\vec{F} = -\gamma m m_E \vec{r}/r^3$ gegeben ist, ist $\vec{r}\cdot\vec{F} = -\gamma m m_E/r = E_{\text{pot}}$ die potentielle Energie und daher $\overline{(\vec{r}\cdot\vec{F})} = \overline{E}_{\text{pot}} = E - \overline{E}_{\text{kin}}$, wobei E die mechanische Gesamtenergie des Satelliten bedeutet. Ersetzt man $\overline{(\vec{r}\cdot\vec{F})}$ in (14.18) durch $E - \overline{E}_{\text{kin}}$, so erhält man nach Umordnung

$$\overline{E}_{\text{kin}} = -E\ . \qquad (14.19)$$

Wenn der Satellit nun an der erdnahesten Stelle seiner Ellipsenbahn in die obersten Luftschichten eindringt, gibt er unter Erzeugung von Reibungswärme mechanische Energie ab. E wird deshalb allmählich kleiner. Wegen des Minuszeichens in (14.19) nimmt $\overline{E}_{\text{kin}}$ allerdings zu, wenn E abnimmt. Witzigerweise wird der Satellit also durch Reibungsbremsung schneller, jedenfalls im Mittel. Das ist möglich, weil er sich allmählich der Erde nähert und dadurch potentielle Gravitationsenergie verliert, die zu 50% in Luftreibungswärme und zu 50% in kinetische Satellitenenergie verwandelt wird. – Soweit unser Sallitenbeispiel. Die aus (14.19) folgende Beziehung $\Delta\overline{E}_{\text{kin}} = -\Delta E$ gilt nun nicht nur für Erdsatelliten, sondern viel allgemeiner:

> Wenn ein gebundenes Vielteilchensystem mit der mechanischen Gesamtenergie E, das durch innere, zu $1/r^2$ proportionale Zentralkräfte (Newtonsche und Coulombsche Kräfte zwischen Massen und Ladungen) zusammengehalten wird, nach außen die Energie $|\Delta E|$ abgibt, nimmt die kinetische Energie der Teilchen um $|\Delta E|$ zu und die potentielle Energie des Systems um $2|\Delta E|$ ab.

Diese Virialsatzaussage wird uns bei der Beschreibung der Sternentstehung helfen.

Wir kehren nun zur Galaxis zurück, die noch keine Sterne, sondern mehr oder weniger gleichverteiltes Gas (H + He) enthält. Die Gravitation zwischen den Gasatomen bewirkt, daß sich die Materie hier und dort zu Klumpen ballt, aus denen sich Sterne entwickeln können. Der Raum zwischen ihnen wird mehr und mehr entleert. Ein so entstandener isolierter Gasball, dessen Atome nicht unbedingt neutral sein müssen, sondern durch Stoßionisation geladen sein können, ist ein gebundenes Vielteilchensystem, in dem Newtonsche und Coulombsche Kräfte wirken, so daß die Voraussetzungen der obigen Virialsatzaussage zutreffen. Die Atome und Ionen können durch Stöße zum Leuchten angeregt werden. Der Gasball gibt daher Energie in Form von Licht nach außen ab. Das ist wegen des Virialsatzes nur möglich, wenn der Gasball durch Zusammenschrumpfen potentielle Energie verliert, die zu 50% zur Lichtabstrahlung verwendet wird und zu 50% zur Erhöhung der kinetischen Teilchenenergie. Mit der letzteren erhöht sich auch die Gastemperatur T, die nach der kinetischen Gastheorie (21.14) zur mittleren kinetischen Energie der atomaren Bausteine proportional ist. Die schrumpfende Gaskugel wird übrigens *Protostern* genannt. Man kann dann sagen: *Während sich das galaktische Gasgemisch (92% H + 8% He) zu einem kugelförmigen Protostern verdichtet, leuchtet es und wird ständig heißer.*

Ein Protostern von der Masse unserer Sonne erreicht nach etwa 10^7 Jahren in seinem Zentrum so hohe Temperaturen T ($\approx 10^7$ K) und Dichten ρ ($\approx 10^5$ kg/m^3), daß die Wasserstoffatomkerne = Protonen p über komplizierte Zwischenstufen nach dem Schema

$$p + p + p + p \rightarrow \ ^4\mathrm{He} + \bar{e} + \bar{e} + \nu_e + \nu_e \qquad (14.20)$$

unter Aussendung von Positronen $\bar{e}$ und Neutrinos ν_e zu Heliumatomkernen ^{4}He verschmelzen. Die hohen T- und ρ-Werte sind nötig, um die abstoßenden Coulombkräfte zwischen den Protonen zu überwinden. Bei der Kernverschmelzung (14.20), die Charakteristika der schwachen Wechselwirkung (Neutrinos) und starken Wechselwirkung (Kernkräfte im ^{4}He) aufweist, werden ungeheure Energien frei – fast eine Milliarde Kilowattstunden pro Kilogramm Wasserstoff. Mit dem Einsetzen der Wasserstoffverschmelzung wird der ständig schrumpfende Protostern zum stabilen *Normalstern*, der nicht mehr zu schrumpfen braucht, weil die abgestrahlte Lichtenergie von der Wasserstoffverschmelzung (14.20) im Sterninnern geliefert wird – übrigens auch die nicht unerhebliche von den Neutrinos abgeführte Energie. Ein Normalstern von der Größe der Sonne leuchtet etwa 10^{10} Jahre. Davon hat die Sonne rund die Hälfte hinter sich. Am Ende ihres Daseins wird sie sich wohl zu einem „Roten Riesen" aufblasen und danach unter Ausstoß von Materie zu einem „Weißen Zwerg" zusammenschrumpfen. Aber das ist eine andere Geschichte.

14.4 Ableitung der Keplerschen Gesetze

Die Keplerschen Gesetze werden meistens in der weiterführenden Vorlesung „Theoretische Mechanik" abgeleitet. Wenn Sie trotzdem schon jetzt eine Ableitung kennenlernen möchten, sollten Sie die folgenden Formelzusammenstellungen A und B mit Hilfe der unter den Formeln gegebenen textlichen Erläuterungen Zeile für Zeile durcharbeiten.

$$(A1) \qquad (x/a)^2 + (y/b)^2 = 1$$

$$(A2) \qquad x = \sqrt{a^2 - b^2} + r\cos\varphi \qquad y = r\sin\varphi = \pm r\sqrt{1 - \cos^2\varphi}$$

$$(A3) \qquad \cos\varphi = \frac{b^2}{r\sqrt{a^2 - b^2}} \pm \frac{a}{\sqrt{a^2 - b^2}}$$

$$(A4) \qquad r = \frac{b^2/a}{\pm 1 + \sqrt{1 - (b/a)^2}\,\cos\varphi}$$

$$(A5) \quad r = \frac{c}{1 + \varepsilon\cos\varphi} \qquad \text{mit} \qquad c := \frac{b^2}{a} \qquad \text{und} \qquad \varepsilon := \sqrt{1 - (b/a)^2}.$$

In Abb. 14.4 ist eine Ellipse dargestellt. Die Koordinaten x und y der Ellipsenpunkte P genügen der bekannten Ellipsengleichung (A1). a und b sind die große und die kleine Halbachse. Auf der x-Achse liegen im Abstand $\sqrt{a^2 - b^2}$ vom Koordinatenursprung die beiden Brennpunkte F_1 und F_2 der Ellipse. Es ist zweckmäßig, ein neues Koordinatensystem einzuführen, dessen Ursprung mit dem Brennpunkt F_1 zusammenfällt. Der Abstandsvektor $\vec{r}$ von F_1 zum Ellipsenpunkt P hat die Länge r und bildet mit der x-Achse den Winkel φ. Man nennt r und φ die Polarkoordinaten von P. Aus Abb. 14.4 folgt, daß x und y gemäß (A2) mit r und φ zusammenhängen. Setzt man x und y aus (A2) in (A1) ein, so entsteht eine quadratische Gleichung für $\cos\varphi$, deren Lösungen (A3) sich unschwer finden lassen. Wenn man (A3) nach r auflöst, erhält man (A4). Weil r als Betrag eines Vektors nicht negativ sein kann, gilt das Pluszeichen vor der 1. Das Resultat ist in (A5) zusammengestellt. ε wird *Exzentrizität der Ellipse* genannt. Weil $a \geq b$ ist, liegt ε zwischen 0 und 1. Die linke Gleichung (A5) ist die allgemeine Kegelschnittdarstellung in Polarkoordinaten. Wenn $\varepsilon > 1$ gesetzt wird, beschreibt sie Hyperbeln.

Nach dieser geometrischen Vorbetrachtung kommen wir zur eigentlichen Ableitung der Keplerschen Gesetze. Zunächst wieder die Formeln:

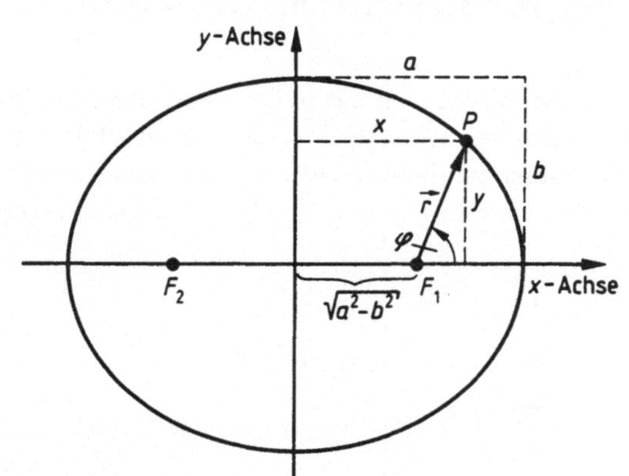

Abbildung 14.4:   Ellipsen werden in kartesischen Koordinaten (x, y) oder Polarkoordinaten (r, φ) dargestellt. Bei der (r, φ)-Darstellung legt man den Ursprung des Koordinatensystems in einen der beiden Brennpunkte F.

(B1)
$$\dot{\vec{p}} = -\frac{\gamma m M}{r^3}\vec{r}$$

(B2)
$$\vec{l} = \vec{r} \times \vec{p} = m\vec{r} \times \dot{\vec{r}} = \text{const} \qquad \text{weil} \qquad \dot{\vec{l}} = \vec{r} \times \dot{\vec{p}} = 0$$

(B3)
$$\frac{d}{dt}(\vec{p} \times \vec{l}) = \dot{\vec{p}} \times \vec{l} = -\gamma m M \frac{\vec{r} \times \vec{l}}{r^3} = -\gamma m^2 M \frac{\vec{r} \times (\vec{r} \times \dot{\vec{r}})}{r^3}$$

(B4)
$$-\frac{\vec{r} \times (\vec{r} \times \dot{\vec{r}})}{r^3} = \frac{\dot{\vec{r}}(\vec{r} \cdot \vec{r}) - \vec{r}(\dot{\vec{r}} \cdot \vec{r})}{r^3} = \frac{\dot{\vec{r}}r^2 - \vec{r}\dot{r}r}{r^3} = \frac{\dot{\vec{r}}}{r} - \vec{r}\frac{\dot{r}}{r^2} = \frac{d}{dt}(\frac{\vec{r}}{r})$$

(B5)
$$\frac{d}{dt}(\vec{p} \times \vec{l}) = \gamma m^2 M \frac{d}{dt}(\frac{\vec{r}}{r})$$

(B6)
$$\vec{p} \times \vec{l} = \gamma m^2 M (\frac{\vec{r}}{r} + \vec{\varepsilon}) \qquad \text{mit} \qquad \vec{\varepsilon} = \text{const}$$

(B7)
$$\vec{r} \cdot (\vec{p} \times \vec{l}) = (\vec{r} \times \vec{p}) \cdot \vec{l} = \vec{l} \cdot \vec{l} = l^2 = \text{const}$$

(B8)
$$\gamma m^2 M \vec{r} \cdot (\frac{\vec{r}}{r} + \vec{\varepsilon}) = \gamma m^2 M r (1 + \varepsilon \cos\varphi)$$

(B9)
$$l^2 = \gamma m^2 M r (1 + \varepsilon \cos\varphi)$$

(B10)
$$r = \frac{c}{1 + \varepsilon \cos\varphi} \qquad \text{mit} \qquad c = l^2 / \gamma m^2 M = \text{const}.$$

Die Sonne mit der Masse M im Ursprung des Koordinatensystems und der Planet mit der Masse $m \ll M$ an der Stelle $\vec{r}$ ziehen sich wegen des Gravitationsgesetzes (14.1) gegensetitig an. (B1) ist die Bewegungsgleichung für den Planetenimpuls $\vec{p} = m\dot{\vec{r}}$. Der in (B2) angegebene Bahndrehimpuls $\vec{l}$ des Planeten ist konstant, weil $\vec{r}$ und $\vec{p}$ wegen (B1) auf einer Linie liegen. Wenn man $\vec{p} \times \vec{l}$ nach der Zeit ableitet und $\dot{\vec{l}} = 0$ sowie (B1) berücksichtigt, erhält man (B3). Das rechts auftretende doppelte Vektorprodukt wird in (B4) in mehreren Schritten ausgewertet. Dabei werden die gängigen Regeln der Vektorrechnung (insbesondere (4.20)) und die Produktregel der Differentialrechnung (beim letzten Schritt) verwendet. Die Auswertung führt auf den einfachen Ausdruck $d(\vec{r}/r)/dt$. Damit läßt sich (B3) in (B5) umschreiben. (B5) enthält auf beiden Seiten gewöhnliche Zeitableitungen und läßt sich deshalb sofort über dt integrieren. Das Resultat (B6) liegt nur bis auf eine vektorielle Integrationskonstante $\vec{\varepsilon}$ fest. Skalare Multiplikation von (B6) mit $\vec{r}$ ergibt (B9). Zum Beweis werden in (B7) und (B8) die Skalarprodukte, die aus der linken und rechten Seite von (B6) hervorgehen, getrennt berechnet und dann gleichgesetzt. Dabei tritt in (B8) das Produkt $\vec{r} \cdot \vec{\varepsilon} = r\varepsilon \cos\varphi$ auf. $\varepsilon \geq 0$ ist der Betrag des konstanten Vektors $\vec{\varepsilon}$ und φ der Winkel zwischen $\vec{\varepsilon}$ und $\vec{r}$. Aus (B9) folgt schließlich (B10), und das ist genau die Kegelschnittgleichung (A5). Damit haben wir das erste Kepler-Gesetz abgeleitet: *Planetenbahnen sind Kegelschnitte, in deren einem Brennpunkt die Sonne steht.*

Das zweite Kepler-Gesetz ergibt sich durch Zusammenfassung von (14.5) und (B2):

$$\dot{A} = l/2m = \text{const} . \tag{14.21}$$

$\dot{A}$ ist die vom Ortsvektor pro Zeit überstrichene Ellipsenfläche.

Um zum dritten Kepler-Gesetz zu gelangen, identifizieren wir die Konstanten c in (A5) und (B10) miteinander

$$b^2/a = l^2/\gamma m^2 M = (2\dot{A})^2/\gamma M . \tag{14.22}$$

Das rechte Gleichheitszeichen gilt wegen (14.21). Nun ist $\dot{A}$ die Ellipsenfläche πab dividiert durch die Umlaufzeit T. Führt man das in (14.22) ein, so erhält man nach einfacher Umordnung:

$$a^3/T^2 = \gamma M/(2\pi)^2 . \tag{14.23}$$

Die Kuben der großen Halbachsen verhalten sich wie die Quadrate der Umlaufszeiten.

Kapitel 15

Beschleunigte Koordinatensysteme

Betrachte zwei Koordinatensysteme S_o und S. In S_o sei die Bewegung kräftefreier Körper gleichförmig. S_o ist deshalb ein Inertialsystem. Wenn S sich relativ zu S_o mit konstanter Geschwindigkeit bewegen würde, wäre auch S ein Inertialsystem. Dieser wichtige Fall wurde in der (speziellen) Relativitätstheorie, insbesondere Kap. 5 und Kap. 6, behandelt. S ist dagegen kein Intertialsystem, wenn seine Bewegung in Bezug auf S_o beschleunigt abläuft. Wir untersuchen zwei Beispiele für beschleunigte Bezugssysteme, den Einsteinschen Fahrstuhl und die Drehscheibe.

15.1 Der Einsteinsche Fahrstuhl

Um einige Züge seiner Allgemeinen Relativitätstheorie verständlich zu machen, hat Albert Einstein sich folgendes Gedankenexperiment ausgedacht: Ein Astronaut im Weltraum erlebt den Zustand der Schwerelosigkeit. Er baue sich dort einen Fahrstuhl wie in Abb. 15.1 und verbinde dessen Dach durch ein langes Seil mit einer zunächst

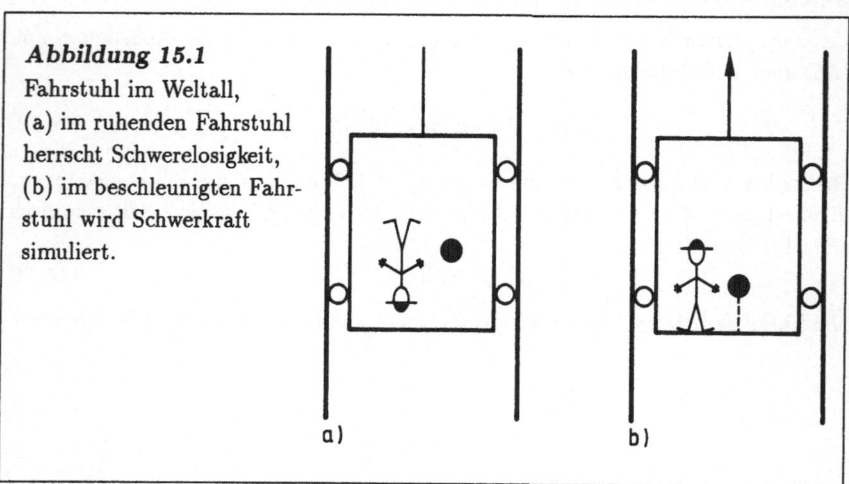

Abbildung 15.1
Fahrstuhl im Weltall,
(a) im ruhenden Fahrstuhl
herrscht Schwerelosigkeit,
(b) im beschleunigten Fahrstuhl wird Schwerkraft
simuliert.

ruhenden Rakete. Im Fahrstuhlkasten betrachtet der Astronaut die Fahrstuhlwände als „sein" Koordinatensystem. Es erweist sich als Inertialsystem, in dem er jede Lage einnehmen kann. Eine Stahlkugel schwebt, wenn er sie sanft aus seiner ruhenden Hand entläßt, vor ihm im Raume (Abb. 15.1a). Nun soll das Triebwerk der Rakete eingeschaltet und so betrieben werden, daß sich Rakete und Fahrstuhl mit konstanter Beschleunigung „aufwärts" bewegen (Abb. 15.1b). Der Boden des Kastens nähert sich dann mit wachsender Geschwindigkeit dem schwebenden Astronauten. Es kommt zu einem Zusammenprall, den der Astronaut nur deshalb glimpflich übersteht, weil er einen Helm trägt. Mühsam „erhebt" er sich und „steht", da der Kastenboden wegen der beschleunigten Aufwärtsbewegung ständig gegen seine Fußsohlen drückt. Eine von ihm losgelassene Stahlkugel fällt jetzt „scheinbar" mit konstanter Beschleunigung nach unten. Wir sagen „scheinbar", weil sich für einen ruhenden Beobachter außerhalb des Fahrstuhls „in Wirklichkeit" der Fahrstuhlboden beschleunigt auf die Stahlkugel zubewegt. Nun sei der Raketenschub noch so eingerichtet, daß die Fahrstuhlbeschleunigung genau $9,81\,\mathrm{m/s^2} = $ Erdbeschleunigung g beträgt. In diesem Fall fühlt sich der Astronaut wie daheim auf der Erde. Zur Erläuterung betrachte man Abb. 15.2 mit dem „ruhenden" Inertialsystem S_o und dem „beschleunigten" Fahrstuhlsystem S. Der Abstandsvektor $\vec{R}$ vom S_o-Ursprung zum S-Ursprung genügt, weil der Fahrstuhl mit

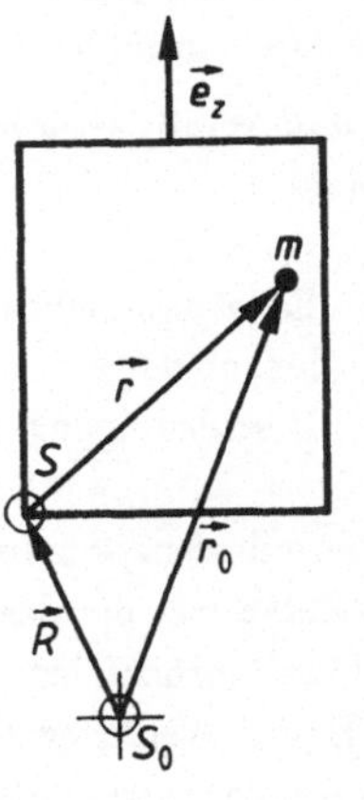

Abbildung 15.2
Ein Körper der Masse m im Koordinatensystem S, das sich relativ zum Inertialsystem S_o mit konstanter Beschleunigung in Richtung $\vec{e}_z$ bewegt.

konstanter Beschleunigung g „aufwärts" fährt, der Bewegungsgleichung[1]

---

[1]Die Relativgeschwindigkeit zwischen S und S_o sei sehr viel kleiner als c. Dann können relativistische Effekte vernachlässigt werden. Insbesondere brauchen wir die Zeit t in S und t_o in S_o nicht voneinander zu unterscheiden.

$$\ddot{\vec{R}} = \vec{e}_z g = \text{ const} .$$
(15.1)

Dabei ist $\vec{e}_z$ der nach oben weisende Einheitsvektor. Nun befinde sich im Fahrstuhl ein Körper der Masse m. Sein Ort wird von S_o bzw. S durch die Ortsvektoren $\vec{r}_o$ bzw. $\vec{r}$ beschrieben, die nach Abb. 15.2 wie folgt zusammenhängen:

$$\vec{r}_o = \vec{R} + \vec{r}.$$
(15.2)

Im Inertialsystem S_o gilt das Grundgesetz der Mechanik:

$$\vec{F} = m\ddot{\vec{r}}_o = m(\ddot{\vec{R}} + \ddot{\vec{r}}) = \vec{e}_z mg + m\ddot{\vec{r}}.$$
(15.3)

Das rechte Gleichheitszeichen berücksichtigt (15.1). Falls die Bewegung von m im S_o-System kräftefrei abläuft ($\vec{F} = 0$), folgt aus (15.3)

$$m\ddot{\vec{r}} = -\vec{e}_z mg.$$
(15.4)

$\ddot{\vec{r}}$ ist die Beschleunigung relativ zum Fahrstuhlsystem S. Beachten Sie, daß (15.4) dieselbe mathematische Form hat wie die Newtonsche Bewegungsgleichung $m\ddot{\vec{r}} = \vec{G}$ eines Körpers der Masse m, der mit dem Gewicht $\vec{G} = -\vec{e}_z mg$ von der Erde angezogen wird. Der Astronaut im beschleunigten Fahrstuhl hat also wirklich Grund, sich „wie zu Hause" zu fühlen.

Einstein verallgemeinert das Resultat der Fahrstuhlbetrachtung zum sog. *Äquivalenzprinzip*:

> Es ist unmöglich, durch Experimente innerhalb eines Kastens festzustellen, ob der Kasten in einem Gravitationsfeld ruht oder sich mit konstanter Beschleunigung durch ein gravitationsfeldfreies Inertialsystem bewegt.

Das Äquivalenzprinzip ist der Ausgangspunkt der Einsteinschen *Allgemeinen Relativitätstheorie*, die das Phänomen der Gravitation auf Geometrie (Krümmung des Raumes) zurückführt. Die elegante und sehr erfolgreiche Theorie entstand während des Ersten Weltkrieges. Sie sollte nicht mit der *Speziellen Relativitätstheorie* aus dem Jahre 1905 verwechselt werden, die sich auf Inertialsysteme beschränkt. Man mache sich klar, daß das Äquivalenzprinzip die Identität von träger und schwerer Masse erklärt.

15.2 Die Drehscheibe als Beispiel eines rotierenden Koordinatensystems

Die Erde dreht sich täglich einmal um die Polachse. Ein rotierendes Koordinatensystem – also z.B. ein an der Erde befestigtes – ist kein Inertialsystem. Wir untersuchen in diesem Zusammenhang folgenden Fall (Abb. 15.3). In einem Inertialsystem S_o rotiere eine Drehscheibe mit konstanter Winkelgeschwindigkeit $\vec{\omega}$. Auf der Scheibe ist

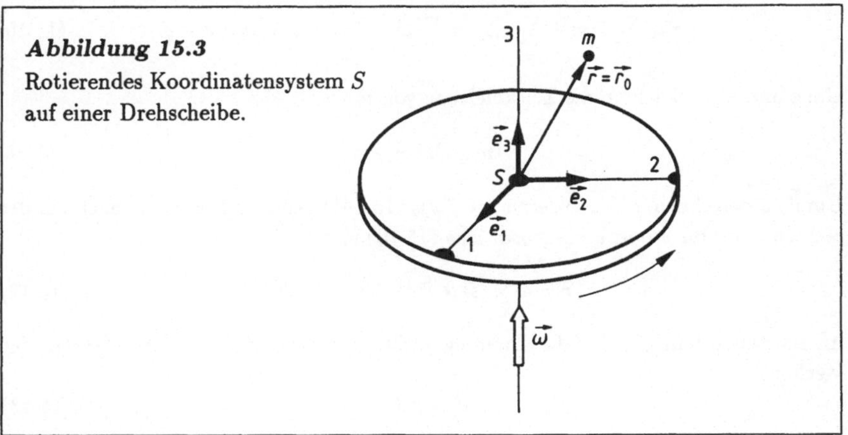

Abbildung 15.3
Rotierendes Koordinatensystem S
auf einer Drehscheibe.

ein Koordinatensystem S montiert. Die Ursprünge von S_o und S fallen zusammen und liegen auf der Drehachse. Die Koordinatenachsen des rotierenden Systems S werden ausnahmsweise nicht durch die Buchstaben x, y und z unterschieden, sondern durch die Ziffern 1, 2 und 3. Die mit diesen Achsen verbundenen Einheitsvektoren $\vec{e}_1$, $\vec{e}_2$ und $\vec{e}_3$ ändern wegen der Rotation im Laufe der Zeit ihre Richtungen gemäß (11.10):

$$\dot{\vec{e}}_i = \vec{\omega} \times \vec{e}_i \qquad \text{für} \qquad i = 1, 2, 3. \tag{15.5}$$

Der Ort eines Massenpunktes m wird von S_o bzw. S aus durch die Ortsvektoren $\vec{r}_o$ bzw. $\vec{r}$ beschrieben. Da die Koordinatenursprünge zusammenfallen, ist

$$\vec{r}_o = \vec{r}. \tag{15.6}$$

Wir bezeichneten die Koordinaten von m im rotierenden System S mit x_1, x_2 und x_3. Es ist zweckmäßig, Ort $\vec{r}$, Geschwindigkeit $\vec{v}$ und Beschleunigung $\vec{a}$, wie sie ein auf der Drehscheibe sitzender Beobachter findet, durch x_1, x_2, x_3 und deren Zeitableitungen auszudrücken:

$$\vec{r} = \sum_{i=1}^{3} \vec{e}_i x_i \tag{15.7}$$

$$\vec{v} = \sum_{i=1}^{3} \vec{e}_i \dot{x}_i \tag{15.8}$$

$$\vec{a} = \sum_{i=1}^{3} \vec{e}_i \ddot{x}_i. \tag{15.9}$$

Wenn man $\vec{r}$ nach der Zeit differenziert, muß man beachten, daß nicht nur x_i, sondern auch $\vec{e}_i$ von t abhängt. Unter Verwendung von (15.5), (15.7) und (15.8) ergibt sich

$$\dot{\vec{r}} = \sum_{i=1}^{3} \dot{\vec{e}}_i x_i + \sum_{i=1}^{3} \vec{e}_i \dot{x}_i = \sum_{i=1}^{3} \vec{\omega} \times \vec{e}_i x_i + \vec{v} = \vec{\omega} \times \vec{r} + \vec{v}. \tag{15.10}$$

Ganz analog findet man die Zeitableitung von $\vec{v}$:

$$\dot{\vec{v}} = \vec{\omega} \times \vec{v} + \vec{a}. \tag{15.11}$$

Um $\ddot{\vec{r}}$ zu berechnen, differenzieren wir $\dot{\vec{r}}$ aus (15.10) nach t und setzen danach auf der rechten Seite für $\dot{\vec{r}}$ und $\dot{\vec{v}}$ die Ausdrücke (15.10) und (15.11) ein:

$$\ddot{\vec{r}} = \vec{\omega} \times (\vec{\omega} \times \vec{r}) + 2\vec{\omega} \times \vec{v} + \vec{a}. \tag{15.12}$$

Im Inertialsystem S_o, das die Drehung nicht mitmacht, gilt das Grundgesetz der Mechanik:

$$\vec{F} = m\ddot{\vec{r}}_o. \tag{15.13}$$

Wegen (15.6) können wir hier $\ddot{\vec{r}}_o$ durch $\ddot{\vec{r}}$ aus (15.12) ersetzen. Nach einfacher Umordnung erhält man

$$\vec{F} - m\vec{\omega} \times (\vec{\omega} \times \vec{r}) - 2m\vec{\omega} \times \vec{v} = m\vec{a}. \tag{15.14}$$

$\vec{r}, \vec{v}$ bzw. $\vec{a}$ sind Ortsvektor, Geschwindigkeit bzw. Beschleunigung des Massenpunktes m in Bezug auf das rotierende Koordinatensystem S. Gleichung (15.14) hat die Newtonsche Form *Kraft = Masse mal Beschleunigung*. Die in S wirkende Gesamtkraft setzt sich aus der in S_o wirkenden „echten Kraft" $\vec{F}$ und aus den „Scheinkräften"

$$\vec{F}_z := -m\vec{\omega} \times (\vec{\omega} \times \vec{r}) \tag{15.15}$$

$$\vec{F}_c := -2m\vec{\omega} \times \vec{v} \tag{15.16}$$

zusammen. Man nennt $\vec{F}_z$ die *Zentrifugalkraft* und $\vec{F}_c$ die *Corioliskraft*. Die Scheinkräfte verschwinden, wenn die Drehscheibe nicht rotiert ($\vec{\omega} = 0$).

Die Zentrifugalkraft $\vec{F}_z$ liegt nach (15.15) in der Ebene senkrecht zur Winkelgeschwindigkeit $\vec{\omega}$ und weist radial nach außen. Der Betrag $F_z = m\omega^2 \bar{r}$ ist zum kürzesten Abstand $\bar{r}$ zwischen m und der Drehachse proportional. Auf der Drehachse ist $\vec{F}_z = 0$, da dort $\bar{r} = 0$ ist. Abb. 15.4a zeigt, wie man $\vec{F}_z$ experimentell vorführen kann: Ein

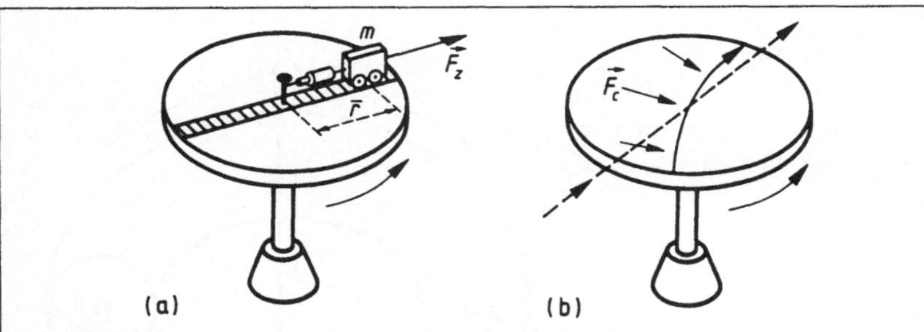

Abbildung 15.4:   Vorführung der Zentrifugalkraft (a) und der Corioliskraft (b) auf einer Drehscheibe.

Wagen im Abstand $\bar{r}$ von der Achse wird durch ein Dynamometer gehindert, der Zentrifugalkraft folgend zum Scheibenrand zu rollen. Das Dynamometer zeigt den F_z-Wert an. Die Corioliskraft $\vec{F_c}$ tritt nach (15.16) nur auf, wenn sich die Masse relativ zur Drehscheibe bewegt. Sie steht senkrecht auf der zur Drehachse parallelen Winkelgeschwindigkeit $\vec{\omega}$ und auf der Teilchengeschwindigkeit $\vec{v}$. Das führt zu einer Krümmung der Teilchenbahn. Die durch $\vec{F_c}$ bewirkte Krümmung der Teilchenbahn ist im Grunde trivial. Betrachte zur Erläuterung Abb. 15,4b. Über eine rotierende Scheibe bewege sich - vom ruhenden System S_o aus betrachtet kräftefrei und folglich gleichförmig - ein Flugkörper der Masse m. Seine Flugbahn ist als gestrichelte Gerade eingezeichnet. Die Punkte, die er überfliegt, werden auf der Drehscheibe markiert. Die so hergestellte Spur ist gekrümmt, da sich die Scheibe unter der Flugroute hinwegdreht. Eine gekrümmte Spur weist auf eine Beschleunigung quer zur Geschwindigkeit hin. Wenn der Beobachter auf der Scheibe das Gesetz „Kraft = Masse mal Beschleunigung" verwenden will, muß er zur Erklärung der Querbeschleunigung eine Kraft einführen. Er erfindet deshalb die Corioliskraft (15.16).

Um mit den Scheinkräften $\vec{F_z}$ und $\vec{F_c}$ vertrauter zu werden, behandeln wir drei Beispiele aus der Raumfahrttechnik und der Geophysik.

a) Weltraumstation: Zur Realisierung einer bemannten Raumstation, in der man sein von der Erde gewohntes Körpergewicht mg ($g = 9,81 \text{m/s}^2$) spüren möchte, wird ein überdimensionales Velovorderrad (Radius $\bar{r} = 100\text{m}$) ins All gebracht und um seine Achse in Drehung versetzt (Umlaufszeit $T = 20,06\text{s}$). Im luftgefüllten Fahrradschlauch – Abb. 15.5 zeigt eine Schlauchhälfte – haben viele Personen Platz. Wer sich so weit wie möglich von der Drehachse entfernt, kann „aufrecht" stehen, weil er dort von der Zentrifugalkraft $F_z = m\omega^2\bar{r} = m(2\pi/T)^2\bar{r} = m \cdot 9,81 \text{ m/s}^2 = mg$, also mit seinem irdischen Gewicht, senkrecht gegen die Schlauchwand gedrückt wird. Bewegt

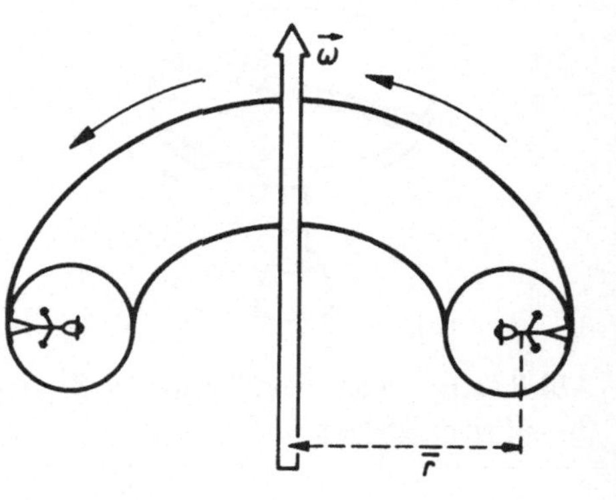

Abbildung 15.5
Schnitt durch eine ringförmige Weltraumstation. Der Ring rotiert mit der Winkelgeschwindigkeit $\vec{\omega}$.

man sich relativ zum Schlauch, tritt zusätzlich die ungewohnte Corioliskraft F_c auf. Man spürt sie aber nicht mehr, wenn das Verhältnis $F_c/F_z = |2m\vec{\omega} \times \vec{v}|/(m\omega^2 \bar{r}) \leq 2v/(\omega\bar{r}) = vT/(\pi\bar{r}) = v/15,7\text{m/s}$ viel kleiner als 1 ist. Das ist für Geschwindigkeiten $v \ll 15,7\text{m/s}$ der Fall.

b) Ostverlagerung der sibirischen Ströme: Die Winkelgeschwindigkeit $\vec{\omega}_E$ der rotierenden Erde (Abb. 15.6) weist vom Süd- zum Nordpol. Die großen sibirischen Ströme fließen von Süden nach Norden. Die mit der Geschwindigkeit $\vec{v}_W$ strömende

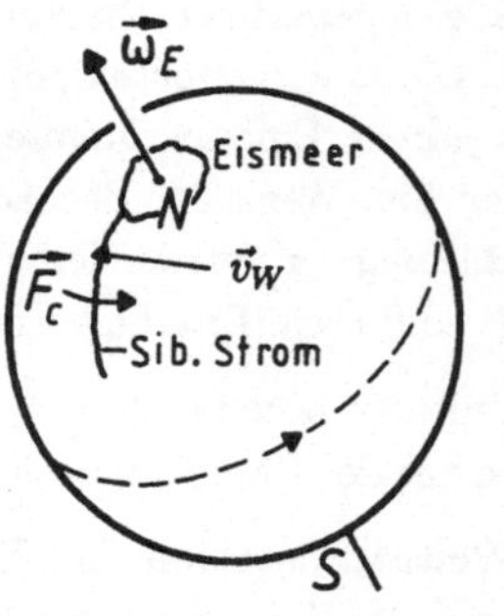

Abbildung 15.6
Die Corioliskraft des strömenden Wassers drückt ständig gegen die Ostufer der sibirischen Ströme.

Wassermasse m_W erleidet eine Corioliskraft $\vec{F}_c = -2m_W\vec{\omega}_E \times \vec{v}_W$, die nach Osten weist. Das Wasser drückt daher ständig gegen die Ostufer dieser Ströme und spült sie aus. Das führte im Laufe der Erdgeschichte zu einer geologisch nachgewiesenen Ostverlagerung der Strombetten. In Geologiebüchern findet man das sog. Baersche Gesetz der Flüsse: Die Erosion der Flüsse ist auf der Nordhalbkugel am rechten Ufer und auf der Südhalbkugel am linken Ufer stärker.

c) **Das Foucault-Pendel**: Das Pendel dient zum Nachweis der Erddrehung. Wir sehen uns zunächst den Modellversuch Abb. 15.7 an. Es zeigt ein Fadenpendel, das an einem Galgen auf einer Drehscheibe genau über der Drehachse aufgehängt ist. Ausgelenkt und dann freigegeben, schwingt es für einen stehenden Beobachter neben der Drehscheibe in einer Ebene, obwohl der Galgen die Drehung mitmacht. Nicht so

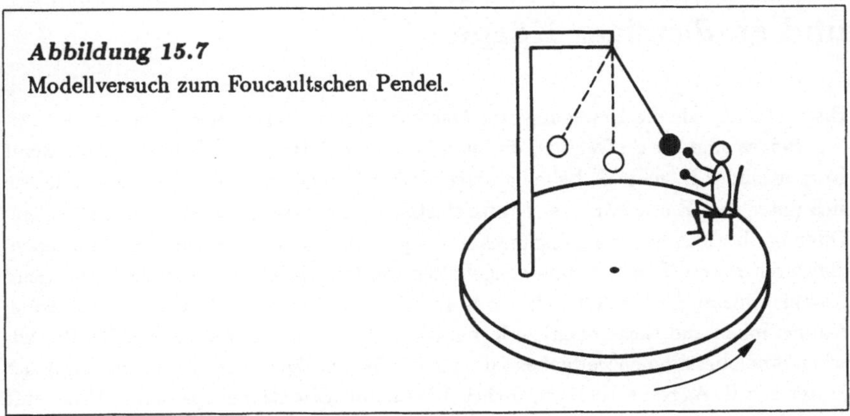

Abbildung 15.7
Modellversuch zum Foucaultschen Pendel.

für einen Mitfahrer auf der Scheibe. Von ihm aus betrachtet dreht sich die Pendelebene mit der Winkelgeschwindigkeit $\vec{\omega}_{\text{Pendelebene}} = -\vec{\omega}_{\text{Drehscheibe}}$ herum. Der Mitfahrer macht dafür die Corioliskraft auf die bewegte Pendelmasse verantwortlich. – Nach dem Modellversuch schreiten wir zum großen Experiment mit der Erde als Drehscheibe und der Decke des Erlanger Physikhörsaals als Galgen. Wir befestigen an ihr ein langes Pendel (Stahlkugel an etwa 6m langem Drahtseil), lenken es aus und geben es vorsichtig frei (Durchbrennen eines Zwirnfadens). Nach 20 min hat sich die Pendelebene relativ zu den Hörsaalwänden um $3,8°$ gedreht. Dem entspricht eine Drehung von $274°$ pro Tag. Haben Sie $360°$ pro Tag erwartet? Sie hätten recht, wenn Erlangen auf dem Nordpol läge. Auf dem Äquator tritt dagegen überhaupt keine Drehung der Pendelebene auf, weil dort die mit der täglichen Erddrehung verknüpfte Corioliskraft auf die pendelnde Stahlkugel in der Pendelebene liegt (senkrecht zur Erdoberfläche). Der Erlanger Meßwert von $274°$/Tag dividiert durch den Nordpolwert von $360°$/Tag ergibt den Sinus der vom Äquator aus gemessenen geographischen Breite Erlangens.

Kapitel 16

Einige mechanische Eigenschaften fester, flüssiger und gasförmiger Körper

Bisher haben wir die Bewegung von Massenpunkten oder starren Körpern betrachtet. Beides sind ideale Gebilde, die man in der Wirklichkeit vergeblich sucht. Reale Körper sind z.B. niemals beliebig starr. Selbst Stahlkugeln oder Diamanten lassen sich unter dem Einfluß äußerer Kräfte elastisch verformen, zersägen oder zerbrechen. Offenbar besteht ein makroskopischer Körper aus mikroskopischen Bestandteilen, die durch *innere Kräfte* zusammengehalten werden. Durch Anwendung hinreichend starker *äußerer Kräfte* läßt sich der Körper in seine atomaren Bausteine (Moleküle, Atome, Ionen und Elektronen) zerlegen. Diese Bausteine und die inneren Kräfte zwischen ihnen bestimmen weitgehend die physikalischen Eigenschaften makroskopischer Materie (z.B. Aggregatzustand, Dichte, Elastizität, Oberflächenspannung, Viskosität u.v.m.).

16.1 Aggregatzustände

Eine chemisch einheitliche Substanz (Element oder Verbindung) kommt in verschiedenen Aggregatzuständen vor. Das populärste Beispiel ist H_2O, welches unterhalb $0°C$ als *festes* Eis, zwischen $0°C$ und $100°C$ als *flüssiges* Wasser und oberhalb $100°C$ als *gasförmiger* Dampf auftritt. Im festen Zustand sind die Moleküle dicht gepackt und regelmäßig angeordnet. Sie bilden ein sog. *Kristallgitter* (siehe z.B. Abb. 16.4), das wegen der zwischenmolekularen (inneren) Kräfte zusammenhält. Im flüssigen Zustand liegen die Moleküle ähnlich dicht wie im Festkörper, sind aber leicht gegeneinander verschiebbar. Im Gas schließlich ist der mittlere Abstand zwischen zwei Nachbarmolekülen wesentlich größer als im festen oder flüssigen Zustand – bei Zimmerluft rund 10 mal. Die stark mit der Entfernung abfallenden zwischenmolekularen Kräfte spielen daher nur noch eine untergeordnete Rolle. Die Gasmoleküle fliegen mit großen Geschwindigkeiten (≈ 500 m/s bei Zimmerluft) durch das vom Gas eingenommene Volumen und stoßen dabei gegeneinander und gegen die Gefäßwände. Je heißer das Gas ist, um so schneller erfolgt die Molekularbewegung. Steigert man die Gastemperatur auf einige 1000°C, so können die Moleküle oder Atome bei Zusammenstößen in Ionen und Elektronen zerbrechen, welche sich gelegentlich wieder zu Molekülen oder Atomen zurückbilden und dabei Licht aussenden. Ein solcherart teilweise ionisiertes, leuchtendes Gas wird *Plasma* genannt. Die Sonne ist ein Beispiel. Ein Plasma ist also ein Gemisch von neutralen (Moleküle, Atome) und elektrisch geladenen (Ionen, Elektronen) Teilchen. Der Bruchteil der geladenen Teilchen nimmt mit wachsender Temperatur zu.

Die Aufzählung „fest, flüssig, gasförmig, Plasma" von möglichen Erscheinungsformen der Materie ist unvollständig. So verwandelt sich z.B. Materie unter sehr hohem Gravitationsdruck, wie er in *Weißen Zwergen* (Sterne so schwer wie die Sonne und so klein wie die Erde) vorliegt, in ein extrem komprimiertes Elektronengas, dessen Druck den Gravitationsdruck kompensiert. Die regelmäßig angeordneten Atomkerne neutralisieren die Elektronenladungen, tragen aber zur Druckbilanz nichts bei. Im Zentrum eines hinreichend massiven Sternes (mehrere Sonnenmassen), dessen Vorräte an verschmelzbaren leichten Kernen erschöpft sind, kann der Elektronendruck so groß werden, daß sich die Elektronen e mit den Kernprotonen p nach dem Schema $e + p \rightarrow \nu_e + n$ in Neutrinos ν_e und Neutronen n verwandeln. Die Neutrinos ν_e entweichen. Gleichzeitig wird ein Teil der Sternmaterie in den interstellaren Raum geschleudert. Das übrige stürzt, weil mit den Elektronen auch der Elektronendruck verschwunden ist, buchstäblich über Nacht zu einer dichtgepackten Neutronenkugel zusammen, gewürzt mit ein paar restlichen Protonen und Elektronen. Solche Kugeln nennt man *Neutronensterne*. In ihnen ist es der Druck der Neutronen, der dem ungeheuren Gravitationsdruck die Waage hält. Neutronensterne sind etwas schwerer als die Sonne und so klein wie München. Aus Drehimpulserhaltungsgründen rotieren sie meistens sehr schnell, z.B. einmal pro Sekunde. Neutronensterne werden seit 1967 als *Pulsare* beobachtet. Pulsare sind natürliche rotierende Leuchttürme der interstellaren Weltraumfahrt. Ein Fingerhut voll Neutronen wiegt auf einem Neutronenstern rund 10^{25} mal so viel wie ein Fingerhut voll Erde auf der Erde.

16.2 Dichte, Druck und Auftrieb

Das Verhältnis Masse m pro Volumen V einer Substanz bezeichnet man als ihre *Massendichte* ρ. Die differentielle ρ-Definition lautet:

$$\rho := \frac{dm}{dV}. \tag{16.1}$$

Beispiel: Ein luftgefülltes Glasgefäß mit dem Volumen $V = 4 \cdot 10^{-3}\text{m}^3$ wird um $m = 5 \cdot 10^{-3}\,\text{kg}$ leichter, wenn man es luftleer pumpt. Daraus folgt $\rho_{\text{Zimmerluft}} = m/V = 1{,}25\,\text{kg/m}^3$. Andere Dichtebeispiele sind in Tabelle 16.1 aufgeführt.

Stoff	Kosmos	Wasser	Alum.	Quecks.	Weiß. Zwg.	n-Stern
$\rho[\mathrm{kgm^{-3}}]$	10^{-27}	$1\cdot 10^3$	$2,8\cdot 10^3$	$13,6\cdot 10^3$	$\sim 10^9$	$\sim 10^{17}$

Tabelle 16.1: Beispiele von Massendichten

Zwischen der mittleren Massendichte im Kosmos und der Dichte in Neutronensternen klaffen 44 Zehnerpotenzen. Ein Vergleich der Dichten von Wasser, Aluminium, Quecksilber und Zimmerluft zeigt, daß Festkörper und Flüssigkeiten rund 1000 mal dichter sind als Gase unter Zimmerluftbedingungen. Im festen und flüssigen Zustand sind die mittleren Molekülabstände offenbar rund 10 mal kleiner als in Luft.

Flüssigkeiten und Gase üben auf die Gefäßwände einen *Druck p* aus. Man definiert:

$$p =: \frac{\text{Kraft auf Wand}}{\text{Wandfläche}} = \frac{F}{A} \; . \tag{16.2}$$

Druck herrscht aber nicht nur an den Gefäßwänden, sondern überall im Innern der Flüssigkeit oder des Gases. Zur Erläuterung betrachten wir ein kleines Würfelchen aus Wasser im Innern eines mit Wasser gefüllten Standglases (Abb.16.1). Die qua-

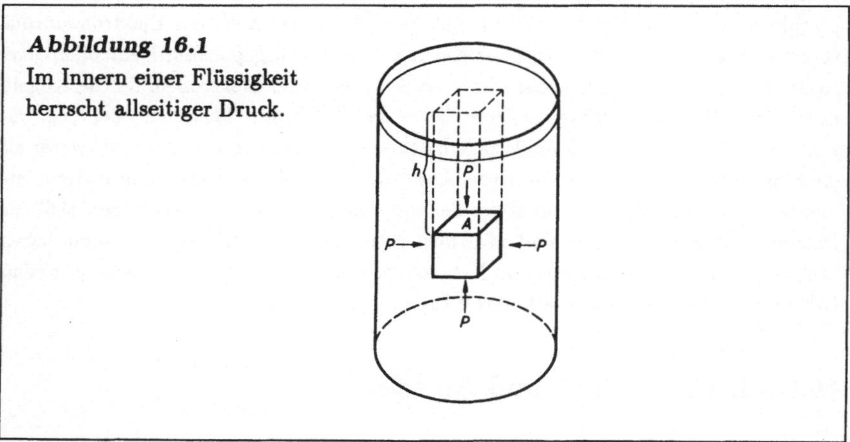

Abbildung 16.1
Im Innern einer Flüssigkeit
herrscht allseitiger Druck.

dratische Würfelfläche heißt A. Über dem Würfel steht eine Wassersäule der Höhe h. Die Masse m in dieser Wassersäule ist dann $m = \rho V = \rho A h$. Dabei ist ρ die Dichte der Flüssigkeit. Das Gewicht von m drückt mit der Kraft $F = gm = g\rho A h$ auf die obere Würfelfläche A, übt also auf diese einen Druck

$$p = \frac{F}{A} = g\rho h \tag{16.3}$$

von oben nach unten aus. Wegen dieser nach unten gerichteten Kraft $F = Ap$ müßte sich der Wasserwürfel beschleunigt nach unten bewegen. In Wirklichkeit ist das Wasser natürlich in Ruhe. Das wird verständlich, wenn man sich klar macht, daß gleichzeitig eine von unten nach oben weisende Gegenkraft auf den Würfel drückt, die von der Elastizität des zusammengepreßten Wassers unterhalb des Würfels herrührt. Wir kommen so zu dem Schluß, daß der Druck in der Tiefe h den Wert $p = g\rho h$ besitzt und allseitig in alle Richtungen wirkt.

Eine Folge dieses Druckes ist der *Auftrieb*, von dem im berühmten Archimedischen Prinzip die Rede ist:

> Ein Körper, der in eine Flüssigkeit oder in ein Gas eintaucht, erfährt eine Kraft nach oben (Auftrieb), die gleich dem Gewicht der verdrängten Flüssigkeits- oder Gasmenge ist.

Wir beweisen das Prinzip für einen Sonderfall (Abb.16.2). Der eingetauchte Körper sei ein Zylinder mit der Grundfläche A und der Höhe H. Auf die obere Zylinderfläche

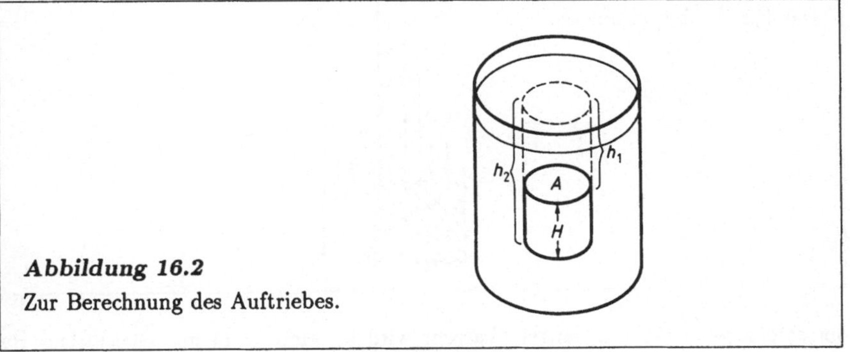

Abbildung 16.2
Zur Berechnung des Auftriebes.

wirkt der Flüssigkeitsdruck $p_1 = g\rho h_1$ und verursacht eine Kraft $F_1 = p_1 A = g\rho A h_1$ nach unten. Auf die untere Fläche in der Tiefe h_2 wirkt entsprechend die Kraft $F_2 = g\rho A h_2$ nach oben. Weil $h_2 > h_1$ ist, ergibt sich eine aufwärts gerichtete Kraft:

$$\text{Auftrieb} = F_2 - F_1 = g\rho A(h_2 - h_1) = g\rho AH . \tag{16.4}$$

Rechts steht ersichtlich das Gewicht der verdrängten Flüssigkeit, da AH das Volumen des Zylinders ist.

Das Archimedische Prinzip gilt gleichwohl in Flüssigkeiten und Gasen. Von zahlreichen Anwendungsbeispielen erwähnen wir nur zwei:

a) Bestimmung der Dichte von Aluminium: Ein Aluminiumklotz hängt an einem Faden und wird zuerst in Luft ($\rho \approx 0$) und dann in Wasser ($\rho = 1\mathrm{g/cm^3}$) gewogen. Resultat in Luft bzw. Wasser: 140 bzw. 90 Gramm Gewicht. Der Klotz hat also $(140\text{--}90)\mathrm{g} = 50\mathrm{g}$ oder $50\mathrm{cm^3}$ Wasser verdrängt. Daraus folgt die Dichte des Aluminiums $\rho_{\mathrm{Al}} = m/V = 140\mathrm{g}/50\mathrm{cm^3} = 2,8\mathrm{g/cm^3} = 2,8 \cdot 10^3 \mathrm{kg/m^3}$.

b) Luftballon: Die Gondel und die leere Hülle eines Freiballons wiegen 200 kg. Die Hülle wird mit 50 kg Wasserstoff auf etwa 500 m³ aufgeblasen. Der startfertige Ballon hat somit eine Masse von 250 kg und verdrängt 500 m³ Luft, die wegen $\rho_{\mathrm{Luft}} = 1,25\,\mathrm{kg/m^3}$ etwa 625 kg wiegt. Der Ballon wird daher mit der Kraft = Auftrieb minus Gewicht = $(625\text{--}250)$ kg $*g$ (Erdbeschleunigung) nach oben getrieben. Er kann vier Fahrgäste (300 kg Lebendgewicht plus 75 kg Zubehör) mitnehmen.

Bei physikalischen und chemischen Experimenten muß oft der Druck bestimmt werden. Druckmesser nennt man „Barometer" oder „Manometer". Zur Messung des Luftdruckes verwendet man gelegentlich Quecksilberbarometer (Abb.16.3).[1] Ein einseitig

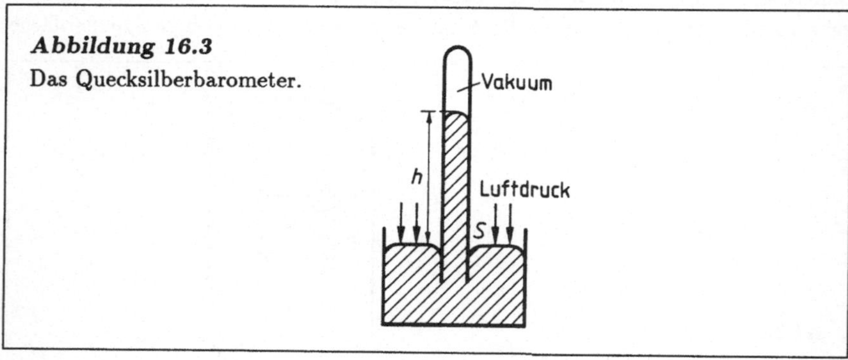

Abbildung 16.3
Das Quecksilberbarometer.

verschlossenes, etwa 1 m langes Glasrohr wird bis zum Rand mit Quecksilber Hg gefüllt, mit einem Daumen verschlossen, umgestülpt und mit der Öffnung nach unten in ein Hg-Bad gestellt. Beim Wegnehmen des Daumens sinkt das Hg im Rohr bis auf etwa 760 mm Höhe ab. Erklärung: Auf dem Niveau des unteren Quecksilberspiegels S ist der Druck innen und außen gleich groß. Innen drückt die Quecksilbersäule mit dem Druck $g\rho_{\mathrm{Hg}}h$, außerhalb herrscht der Luftdruck p_{Luft}, der gemessen werden soll. Es gilt also

$$p_{\mathrm{Luft}} = g\rho_{\mathrm{Hg}}h \, . \tag{16.5}$$

Mit $g = 9,81\,\mathrm{m/s^2}$, $\rho_{\mathrm{Hg}} = 13,59 \cdot 10^3\,\mathrm{kg/m^3}$ und $h = 0,76$ m ergibt sich dann $p_{\mathrm{Luft}} = 1,0132 \cdot 10^5\,\mathrm{N/m^2}$. Die Druckeinheit $\mathrm{N/m^2}$ wird auch Pa (Pascal) genannt. 10^5 Pa

---

[1] Das Quecksilberbarometer wurde 1644 von Galileis Nachfolger Torricelli erfunden.

geben 1 bar. Der Luftdruck ist etwas wetterabhängig. Den Wert $p_n = 1,01325$ bar bezeichnet man als „Normaldruck". In heute verwendeten Hochvakuumgeräten herrschen Restdrücke zwischen 10^{-9} bar $=$ nanobar und 10^{-12} bar $=$ picobar.

16.3 Elastizität von Festkörpern

Die meisten festen Substanzen sind Kristalle. Kristalle sind von gleichmäßig angeordneten ebenen Flächen begrenzte Körper. Bekannte Beispiele sind Diamanten, Schneeflocken, Kalkspate, Zucker- und Salzkörnchen. Aber auch die Metalle bestehen aus ineinander verzahnten Kristallen (kristallines Gefüge). Träger der Kristallstruktur sind die regelmäßig angeordneten Moleküle, Atome oder Ionen der Substanz. Als Beispiel betrachten wir das Cäsiumchlorid CsCl in Abb.16,4. Die Cäsium- bzw. Chlorionen Cs^+ bzw. Cl^- können wir uns als weiche Kugeln vorstellen, die sich mehr oder weniger berühren. Die näherungsweise punktförmigen Atomkerne der Cs^+-Ionen ● besetzen die acht Ecken eines Würfels, die Kerne der Cl^--Ionen O sitzen in den Würfelmitten (kubisch-raumzentriert). Man nennt das in Abb. 16.4 links dargestellte Gebilde eine *Elementarzelle*. Der rechts daneben skizzierte makroskopische Kristall setzt sich aus vielen gleichartigen Elementarzellen zusammen. Da sich gleichartige Punkte der Elementarzellen periodisch (wie die Stäbe eines Gitters) wiederholen, spricht man von einem *Punktgitter*. Das kubisch-raumzentrierte Grundmuster des CsCl-Kristallgitters ist nur ein Beispiel aus einer ganzen Reihe von geometrisch verschiedenen Kristallstrukturen. Die Klassifikation aller möglichen Kristallformen ist eine Angelegenheit der Kristallographie.

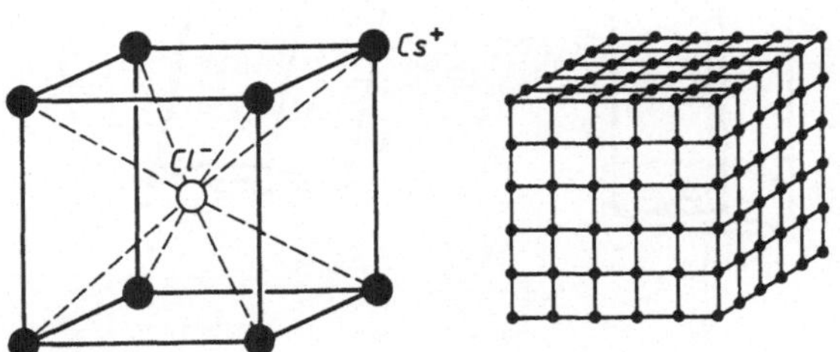

Abbildung 16.4: Cäsiumchlorid. Das Kristallgitter (rechts) ist aus Elementarzellen (links) zusammengesetzt. Die kugeligen Ionen Cs^+ und Cl^- berühren sich eigentlich gegenseitig. Sie müßten deshalb viel größer gezeichnet werden.

Eine Eigenschaft, die den kristallinen Festkörper vor anderen Aggregatzuständen auszeichnet, ist seine *Formelastizität*. Jeder atomare Kristallbaustein ist ja durch innere Kräfte, die seine Nachbarn auf ihn ausüben, an einem bestimmten Gitterplatz gebunden. Wendet man nun zusätzlich eine äußere Kraft auf den Festkörper an, so wird er sich verformen, weil seine Kristallbausteine durch die äußere Kraft etwas von ihren Gitterpunkten weggerückt werden. Sobald die äußere Kraft nachläßt, kehrt jeder Baustein an seinen Platz zurück; der Körper nimmt also seine ursprüngliche Form wieder an. Diese Formelastizität wird durch die *Hookeschen Gesetze* (16.6) und (16.7) quantitativ beschrieben. Betrachte dazu in Abb. 16.5 links eine einseitig eingespannte Stange der Länge l mit der Querschnittsfläche A. Am freien Stangenende greift eine Kraft $\vec{F}$ in Stangenrichtung an und verursacht eine Verlängerung Δl. Man findet experimentell, daß die relative Längenänderung $\Delta l/l$ zu $\vec{F}$ direkt und zu A umgekehrt proportional ist. Außerdem hängt $\Delta l/l$ vom Material der Stange ab, was durch eine Materialkonstante E zum Ausdruck gebracht wird:

$$\frac{\Delta l}{l} = \frac{1}{E} \cdot \frac{F}{A} \, . \tag{16.6}$$

Man nennt E den „Elastizitätsmodul". Wirkt die Kraft $\vec{F}$ wie in Abb. 16.5 rechts

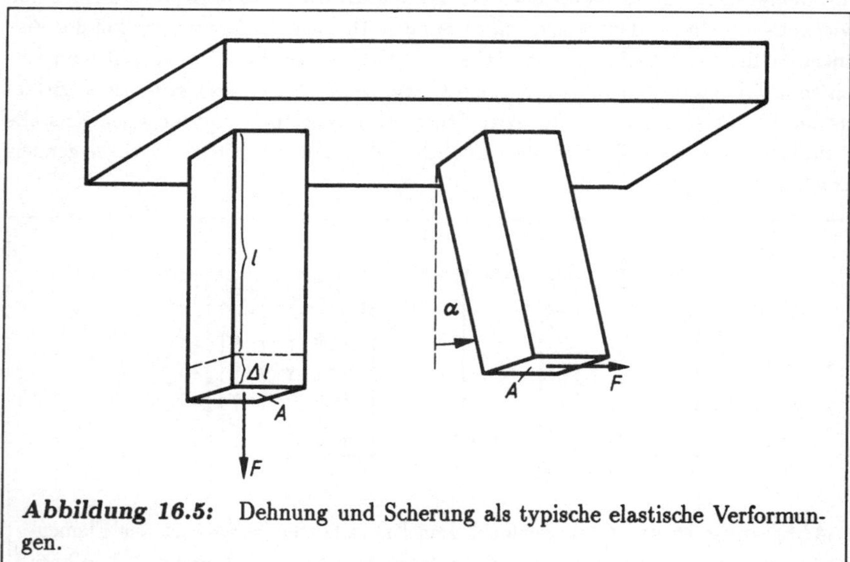

Abbildung 16.5: Dehnung und Scherung als typische elastische Verformungen.

senkrecht zur Stangenrichtung, so wird die Stange nicht gedehnt, sondern seitlich verschoben. Der sog. Scherwinkel α erweist sich experimentell proportional zur Schubkraft

$\vec{F}$ und umgekehrt proportional zur Querschnittsfläche A:

$$\alpha = \frac{1}{\Phi} \cdot \frac{F}{A}. \tag{16.7}$$

Die Materialkonstante Φ heißt „Schub"- oder „Scher"- oder „Torsionsmodul". E und Φ sind für zahlreiche Materialien gemessen und tabelliert. Für Eisen, beispielsweise, ist $E = 2,15 \cdot 10^{11}$ N/m^2 und $\Phi = 0,80 \cdot 10^{11}$ N/m^2.

Die Hookeschen Gesetze (16.6) und (16.7) gelten nur, wenn die Verformungen klein sind. Wird z.B. die Zugkraft, mit der man einen Draht dehnt, zu groß, so wird der Draht bleibend verformt. Er wird in die Länge gezogen, er beginnt zu „fließen". Man nennt diesen Vorgang „das Ziehen eines langen dünnen Drahtes aus einem kurzen dicken Draht durch Überschreiten der Fließgrenze".

Nur wenige feste Stoffe sind nicht kristallin. Bei ihnen sind die Moleküle unregelmäßiger angeordnet. Solche Substanzen heißen *amorph*. Pech, Glas oder Paraffin sind Beispiele. Im Gegensatz zu kristallinen Stoffen, die bei Temperaturerhöhung am Schmelzpunkt plötzlich flüssig werden, erweichen amorphe Substanzen bei Erwärmung allmählich. Man kann sie daher als sehr zähe Flüssigkeiten ansehen. Neuerdings stellt man amorphe Mischmetalle her. Sie haben interessante mechanische und magnetische Eigenschaften, für die die Werkstoffwissenschaftler zuständig sind.

16.4 Oberflächenspannung von Flüssigkeiten

Eine Flüssigkeit besteht aus Molekülen, die sich gegenseitig anziehen, aber – im Gegensatz zum Festkörper – leicht gegeneinander verschiebbar sind. Die molekularen Anziehungskräfte machen sich u.a. bei der *Oberflächenspannung* bemerkbar. Um zu

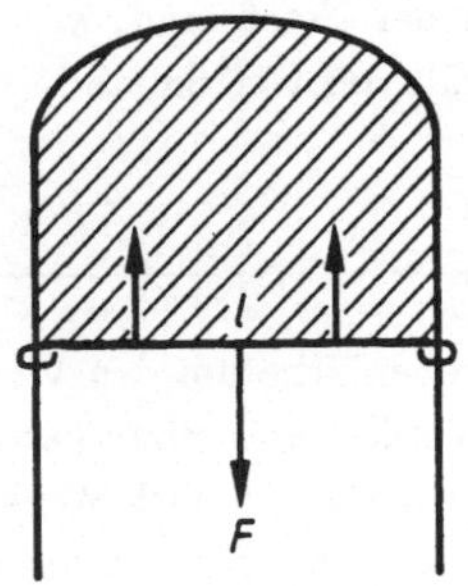

Abbildung 16.6
Die Wasserhaut zieht sich aufgrund der Oberflächenspannung zusammen, wenn man es nicht durch eine Gegenkraft F verhindert.

zeigen, worum es sich dabei handelt, tauchen wir einen U-förmig gebogenen Draht mit beweglichen Quersteg (Abb.16.6) in Seifenwasser. Nach dem Wiederherausnehmen ist über Drahtbogen und Steg eine Seifenblasenhaut gespannt, die auf den Steg eine Zugkraft ausübt und diesen so verschiebt, daß sich die Wasserhaut verkleinert. Durch eine passende Gegenkraft F kann man das Zusammenziehen verhindern. F erweist sich zur Länge l des Steges proportional und ist unabhängig vom Stegmaterial. Man setzt

$$F = 2\sigma l \tag{16.8}$$

und nennt σ den „Koeffizienten der Oberflächenspannung".

Wir wollen uns klarmachen, wie die Oberflächenspannung zustande kommt. Betrachte dazu die Moleküle einer Flüssigkeit in Abb.16.7. Ein Oberflächenmolekül zieht offenbar weniger Nachbarmoleküle an als ein Molekül im Innern der Flüssigkeit. Um letzteres zu einem Oberflächenmolekül zu machen, muß man einige seiner Nachbarn unter Arbeitsaufwand abreißen. Um die Oberfläche S einer vorgegebenen Flüssigkeitsmenge um ΔS zu vergrößern, muß man deshalb eine zu ΔS proportionale Arbeit ΔA aufwenden:

$$\Delta A = \sigma \Delta S \; . \tag{16.9}$$

Die Proportionalitätskonstante σ ist eine für die Flüssigkeit charaktaeristische Größe, die mit der in (16.8) eingeführten Oberflächenspannung σ identisch ist. Um das einzusehen, stellen wir uns vor, daß in Abb.16.6 der Steg mit der Länge l durch eine Kraft F um den Weg Δz gesenkt wird. F verrichtet dabei die Arbeit $\Delta A = F\Delta z$ und

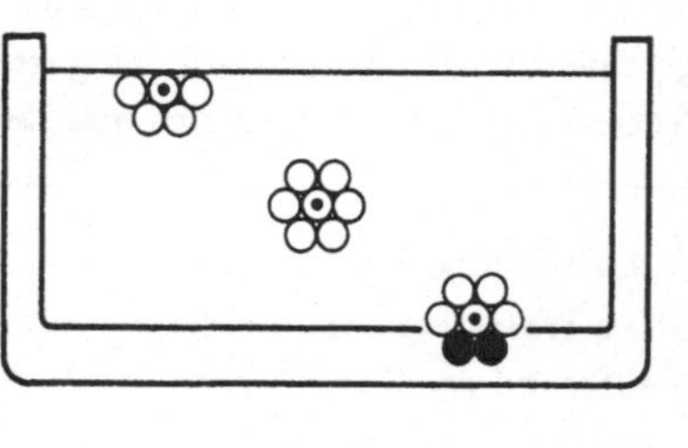

Abbildung 16.7
Ein durch einen Punkt markiertes Flüssigkeitsmolekül $\odot$ hat im Innern mehr artgleiche Nachbarn $\bigcirc$ als auf der Oberfläche oder an der Gefäßwand, wo es artfremde Moleküle des Gefäßmaterials $\bullet$ berührt.

vergrößert die Wasseroberfläche um den Wert $\Delta S = 2l\Delta z$. Der Faktor 2 tritt auf, weil die Wasserhaut Vorder- und Hinterfläche hat. Wegen (16.9) gilt dann $F\Delta z = \Delta A = \sigma \Delta S = 2\sigma l\Delta z$, woraus sich nach Wegkürzen von Δz die Kraft $F = 2\sigma l$ ergibt, die zur Vergrößerung der Wasserhaut erforderlich ist. Wenn F fehlt, zieht sich die Wasserhaut zusammen. Damit ist (16.8) auf (16.9) zurückgeführt.

Wir betrachten nun ein Flüssigkeitsmolekül, das die Behälterwand – also etwa den Gefäßboden in Abb. 16.7 – berührt. Ein solches Molekül hat zwei Arten von Nachbarmolekülen, gleichartige und artfremde. Seine Nachbarschaft unterscheidet sich daher von derjenigen eines Flüssigkeitsmoleküls im Innern. Deshalb ändert sich i.a. die Energie, wenn man die Berührungsfläche S_W von Flüssigkeit und Wand um ΔS_W verändert. Die zur Energieänderung benötigte Arbeit ΔA ist zu ΔS_W proportional:

$$\Delta A = \sigma' \Delta S_W \ . \tag{16.10}$$

Der sog. „Koeffizient der Grenzflächenspannung" σ' hängt von der Flüssigkeit und dem Wandmaterial ab. σ' kann positiv oder negativ sein, je nachdem ob die Flüssigkeitsmoleküle ihresgleichen oder die fremdartigen Wandmoleküle attraktiver finden. $\sigma' < 0$ bedeutet wegen (16.10), daß Energie frei wird, wenn man die Berührungsfläche Flüssigkeit-Wand vergrößert. Falls $\sigma' > 0$, muß bei der Vergrößerung der Berührungsfläche Arbeit verrichtet werden. Vorgänge mit Energieabgabe verlaufen von selbst. Daher „benetzt" die Flüssigkeit im Fall $\sigma' < 0$ die Wand. Die Flüssigkeit ist „nichtbenetzend", wenn $\sigma' > 0$ ist. Glas wird von Wasser benetzt und von Quecksilber nicht (Abb. 16.8).

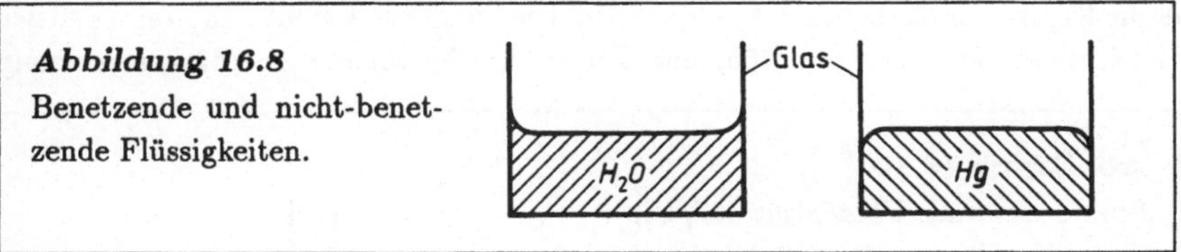

Abbildung 16.8
Benetzende und nicht-benetzende Flüssigkeiten.

16.5   Zwei Beispiele zur Oberflächenspannung

a) **Die Oberflächenspannung des Wassers:** Um die Oberflächenspannung des Wassers zu messen, bringen wir einen ringförmig gebogenen Messingstreifen der Länge $l = 0,5$ m auf eine Wasseroberfläche. Das Wasser benetzt den Streifen. Beim Versuch, den Ring hochzuziehen, bleibt dieser zunächst (wie in Abb. 16.9 angedeutet) mit dem Wasser verbunden. Erst wenn die nach oben wirkende Kraft den Wert $F = 0,075$ N erreicht, reißt der Ring von der Oberfläche ab. Wir können (16.8) anwenden und erhalten $\sigma_{H_2O} = F/2l = 0,075$ N/m. Der Faktor 2 ist dieses Mal nötig, da der Streifen eine Innen- und eine Außenseite hat.

b) **Steighöhe in Kapillaren:** In einem Glasrohr mit kleinem Innenradius r (typische r-Werte ≤ 1 mm), das in einer Wasserschale steht, steigt das Wasser in die Höhe, weil

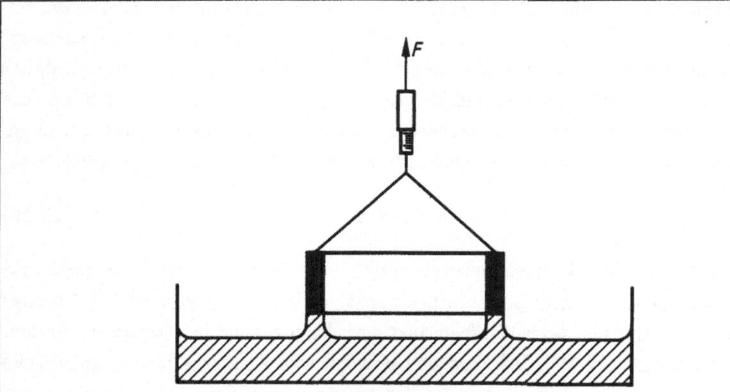

Abbildung 16.9: Einfacher Versuch zur Bestimmung der Oberflächenspannung des Wassers.

es die Kapillarenwände benetzt (Abb.16.10). Die Steighöhe h stellt sich so ein, daß das Gewicht der Wassersäule im Röhrchen $G = \pi r^2 h \rho g$ der von der Oberflächenspannung

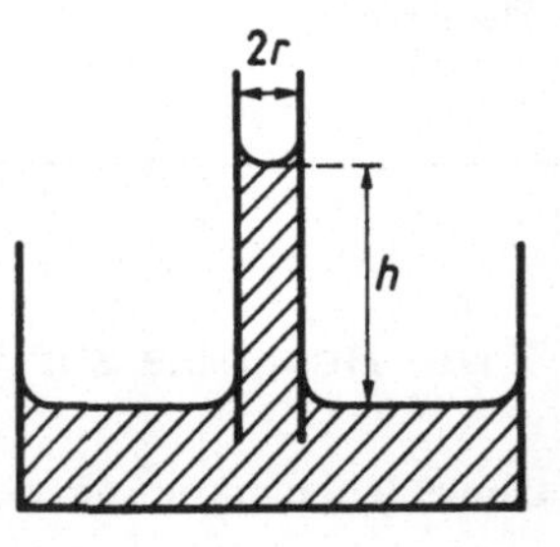

Abbildung 16.10
Eine benetzende Flüssigkeit steigt in einer Kapillaren. Die Steighöhe h erweist sich umgekehrt proportional zum Kapillarenradius r.

hervorgerufenen, nach oben wirkenden Zugkraft $F = \sigma l = \sigma 2\pi r$ die Waage hält. Aus $F = G$ folgt dann durch Auflösen nach h und anschließendem Einsetzen der Größenwerte $g = 9,81\,\text{m/s}^2$, $\sigma_{\text{H}_2\text{O}} = 0,075$ N/m und $\rho_{\text{H}_2\text{O}} = 10^3$ kg/m³:

$$h = \frac{2\sigma}{g\rho r} = \frac{15,3 \cdot 10^{-6}\,\text{m}^2}{r} \,. \tag{16.11}$$

Die Steighöhe ist also zum Kapillarenradius umgekehrt proportional.

16.6   Innere Reibung in Flüssigkeiten und Gasen

Wir haben bis jetzt zwei Phänomene behandelt, die mit zwischemolekularen Kräften zusammenhängen: die Formelastizität von Festkörpern und die Oberflächenspannung von Flüssigkeiten. Zwischenmolekulare Kräfte manifestieren sich auch in der *Viskosität* (Zähigkeit) oder *inneren Reibung* von Flüssigkeiten und Gasen. Man sagt beispielsweise, zähflüssiges Motorenöl habe eine größere innere Reibung als Benzin. Um zu einem meßbaren Ausdruck für die Viskosität zu gelangen, betrachten wir in Abb.16.11 zwei parallel Platten der Fläche A im Abstand d voneinander. Im Zwischenraum befindet sich die zu untersuchende Flüssigkeit. Die obere Platte bewege sich relativ zur unteren mit der Geschwindigkeit v nach rechts. Man findet, daß die

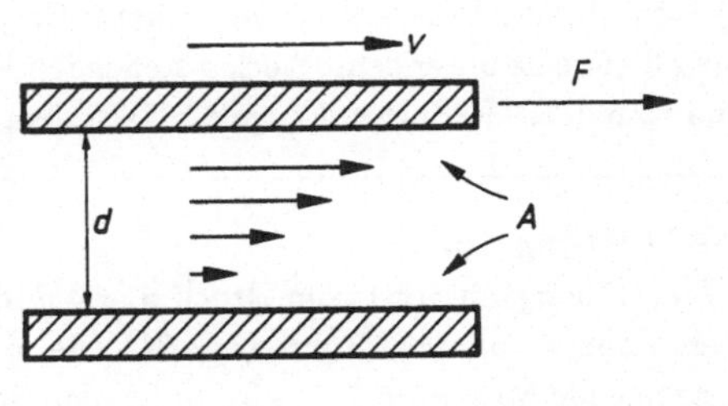

Abbildung 16.11
Die Geschwindigkeitsverteilung einer Flüssigkeit mit innerer Reibung bei Bewegung der oberen Begrenzungsfläche.

Flüssigkeit oben die Plattenbewegung mitmacht und unten in Ruhe bleibt. Zwischen oben und unten nimmt die Geschwindigkeit linear ab, wie durch die Pfeile in der Abb.16.11 angedeutet. Wenn keine Kraft auf die obere Platte wirkt, kommt sie wegen der inneren Reibung bald zur Ruhe. Um v aufrecht zu erhalten, ist eine Kraft F erforderlich, die sich zur Plattenfläche A und zur Geschwindigkeit v direkt und zum Plattenabstand d umgekehrt proportional erweist. Die Abhängigkeit von der Flüssigkeit wird durch den „Koeffizienten η der inneren Reibung" ausgedrückt:

$$F = \eta A v / d \,. \tag{16.12}$$

Da man F, A, v und d leicht messen kann, läßt sich η bestimmen. Man findet, daß η stark von der Temperatur abhängt. So hat Wasser bei 0°, 20° und 100°C die η-Werte $1,79 \cdot 10^{-3}$, $1,00 \cdot 10^{-3}$ und $0,28 \cdot 10^{-3}$ Ns/m².

16.7 Drei Beispiele zur inneren Reibung

a) **Das Reibungsgesetz von Stokes**: Eine Kugel mit dem Radius r, die sich durch ein Medium der Viskosität η bewegt, erfährt eine zur Geschwindigkeit $\vec{v}$ entgegengesetz gerichtete Reibungskraft

$$\vec{F} = -6\pi\eta r\vec{v} \, . \tag{16.13}$$

Die ungefähre Form des Stokesschen Gesetzes (16.13) läßt sich aus (16.12) entnehmen. Wenn man dort für die Reibungsfläche A die Kugeloberfläche $4\pi r^2$ und für die Geschwindigkeitsabfallsstrecke d den Kugelradius r einsetzt, erhält man $F = \eta 4\pi r^2 v/r = 4\pi\eta r v$. Dieser Ausdruck stimmt bis auf einen Zahlenfaktor der Größenordnung 1 mit der korrekten Form (16.13) überein.

b) **Das Hagen-Poiseuillesche Gesetz**: Bei der in Abb. 16.12 dargestellten Anordnung fließt eine unter dem Druck p stehende Flüssigkeit (Dichte ρ, Viskosität η) durch eine Kapillare (Radius r, Länge l). Nach dem Hagen-Poiseuilleschen Gesetz beträgt

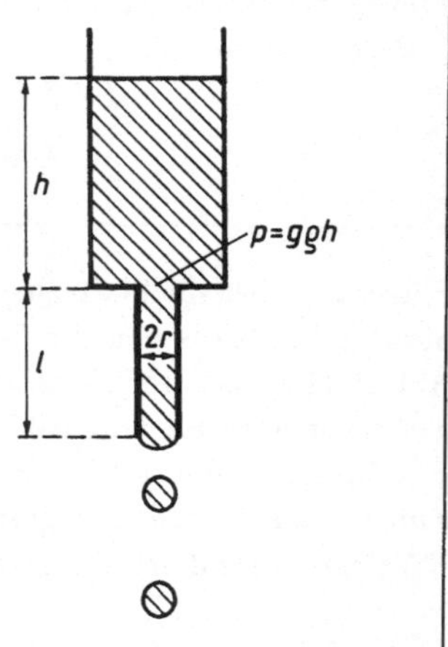

Abbildung 16.12
Eine Flüssigkeit wird vom Druck $p = g\rho h$ durch ein langes, dünnes Rohr gepreßt. Die durchströmende Masse pro Zeit wird durch das Hagen-Poiseuille-Gesetz (16.14) bestimmt.

die Masse der hindurchströmenden Flüssigkeit pro Zeit:

$$\frac{m}{t} = \frac{\pi}{8} \cdot \frac{\rho r^4}{\eta l} \cdot p \, . \tag{16.14}$$

Diese Beziehung läßt sich wieder mit Hilfe von (16.12) plausibel machen. Wenn man dort für F die Druckkraft $\pi r^2 p$, für die reibende Fläche A die Innenfläche $2\pi r l$ des Röhrchens und für die Geschwindigkeitsabfallstrecke d den Röhrchenradius r einsetzt, erhält man $v = Fd/\eta A = r^2 p/2\eta l$, eine Größe, die als Durchflußgeschwindigkeit interpretiert werden kann. Die pro Zeit hindurchströmende Flüssigkeitsmasse m/t ist das Produkt aus Flüssigkeitsdichte ρ, Querschnittsfläche πr^2 und Strömungsgeschwindigkeit v, also $m/t = \rho\pi r^2 v = \pi\rho r^4 p/2\eta l$. Diese intuitiv erhaltene Formel stimmt wieder mit dem korrekten Ausdruck (16.14) bis auf einen Zahlenfaktor 2/8 überein. – Man beachte die r^4-Abhängigkeit im Hagen-Poiseuilleschen Strömungsgesetz! Wenn beispielsweise der Radius r eines Blutgefäßes durch Verkalkung auf die Hälfte schrumpft, muß der Blutdruck p um den Faktor $2^4 = 16$ zunehmen, wenn die gleiche Blutmenge pro Zeit durch das Kreislaufsystem fließen soll.

c) **Die Viskosität von Gasen:** Auch Gase besitzen eine innere Reibung. So ist z.B. $\eta_{\text{Luft}} \approx 0,02 \cdot \eta_{\text{Wasser}}$. Zur Demonstration lassen wir einen genau passenden Metallzylinder durch ein Glasrohr rutschen (Abb. 16.13). Er fällt schnell hindurch. Wir wie-

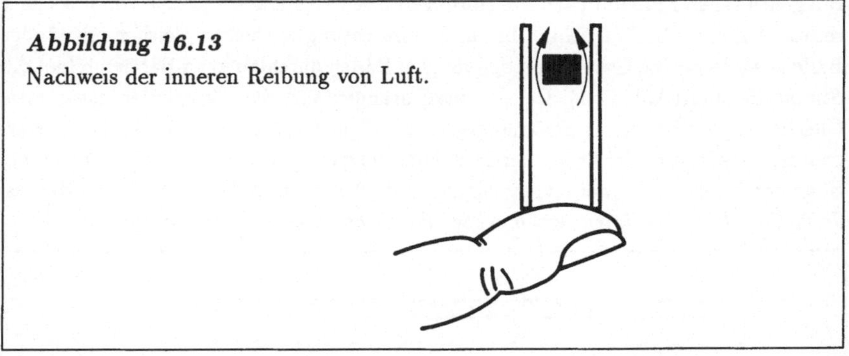

Abbildung 16.13
Nachweis der inneren Reibung von Luft.

derholen den Versuch, schließen aber vorher das Glasrohr mit dem Daumen luftdicht ab. Der Zylinder fällt jetzt viel langsamer. Grund: Die Luft, die er beim Reinfallen verdrängt, muß durch den schmalen Spielraum zwischen Glaswand und Zylinder entweichen und bremst dabei die Bewegung durch innere Reibung.

Kapitel 17

Strömungen in Flüssigkeiten und Gasen

Wenn sich Flüssigkeiten oder Gase bewegen, spricht man von *Strömung*. Um die Wasserströmung eines Flusses sichtbar zu machen, kann man kleine Bälle schwimmen lassen. Die von einem solchen Ball zurückgelegte und mit einem Richtungspfeil versehene Bahn nennt man eine „Stromlinie". In Abb. 17.1 betrachten wir einen überall gleich tiefen Fluß mit einer kreisförmigen Insel. Das Wasser ströme von links nach rechts. Auf einer Linie L senkrecht zur Stromrichtung werden in gleichen Abständen Bälle ausgesetzt. Die Gesamtheit der von den Bällen durchlaufenen Bahnen bildet das *Stromlinienbild* (Abb. 17.1). Bei der Insel drängen sich die Stromlinien zusammen. Gleichzeitig wird dort die Strömungsgeschwindigkeit größer, da die gleiche Wassermenge, die sich vor oder hinter der Insel über die ganze Flußbreite verteilen kann, auf Höhe der Insel durch zwei relativ enge Kanäle fließen muß. Wir entnehmen daraus: *Je dichter die Stromlinien, umso größer die Strömungsgeschwindigkeit v.*

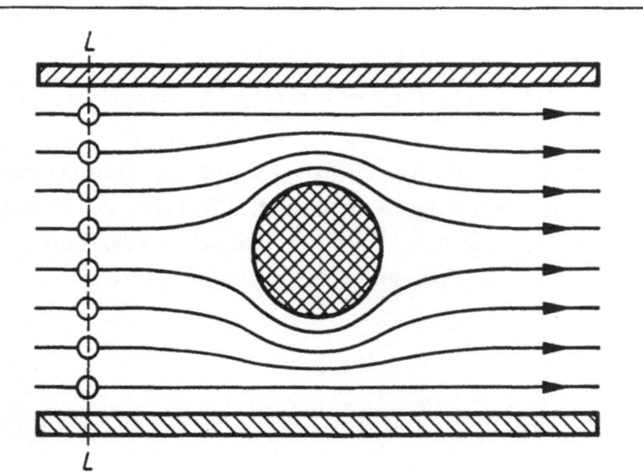

Abbildung 17.1: Stromlinienbild einer Kreisinsel im Strom. Betrachten Sie die dargestellte Situation bitte nur als Gedankenexperiment. In wirklichen Strömen treten meistens Wirbel auf, die alles viel komplizierter machen.

17.1 Laminare und turbulente Strömungen

Das Inselexperiment läßt sich in veränderter Form leicht vorführen. In eine flache, aufrechtstehende Glasküvette (Abb.17.2) wird von oben durch ein System nebenein-

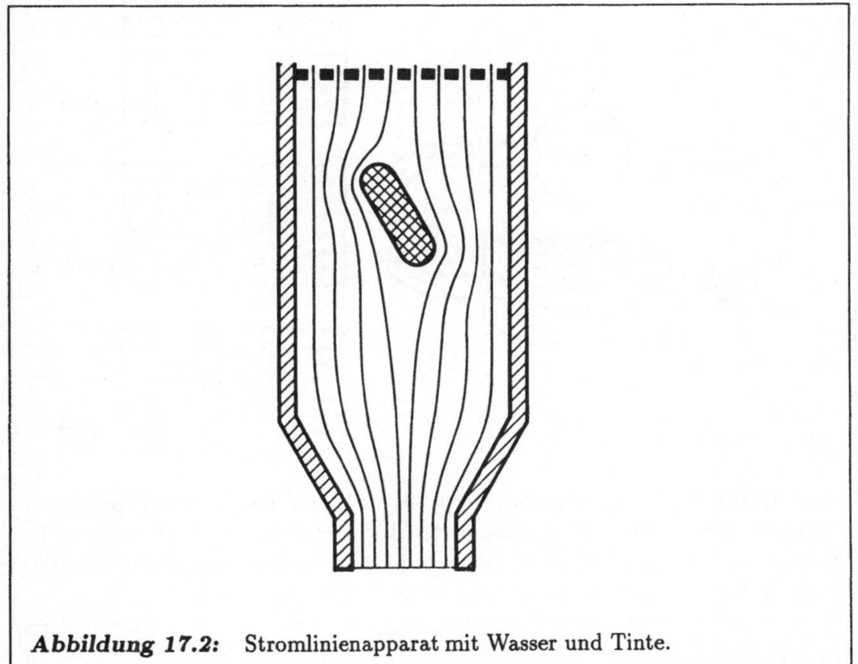

Abbildung 17.2: Stromlinienapparat mit Wasser und Tinte.

anderliegender Röhrchen abwechselnd Wasser und Tinte eingeschleust. Die Flüssigkeiten fließen abwärts und verlassen unten die Küvette durch einen Abfluß. Die Tinte hinterläßt blaue Stromlinien. In die Küvette lassen sich Probekörper (Kreisscheiben, Rechteckscheiben usw.) als Hindernisse einklemmen. Die Stromlinien schmiegen sich in eindrucksvoller Weise glatt, sich nirgendwo überschneidend, an das Hindernis an. Eine solche Strömung heißt *laminar* oder *glatt* oder *wirbelfrei*.

Vergrößert man die Strömungsgeschwindigkeit, so wird die Strömung *turbulent*, d.h. mit Wirbeln durchsetzt. Der Übergang laminar → turbulent kann z.B. mit einem Strömungsapparat (Abb.17.3) untersucht werden, bei dem Wasser von einer Pumpe durch eine kastenartige Glasküvette getrieben wird. Die Stromlinien werden durch Korkstückchen angezeigt, die sich mit dem Wasser bewegen. Als Hindernis wird zunächst ein halbkreisförmiger Körper eingesetzt. Bei kleiner Strömungsgeschwindigkeit v ist die Strömung laminar. Hinter dem Halbkreis liegt ein langgestreckter „toter Raum", in dem die Flüssigkeit in Ruhe ist (Abb.17.3a). Steigert man v durch

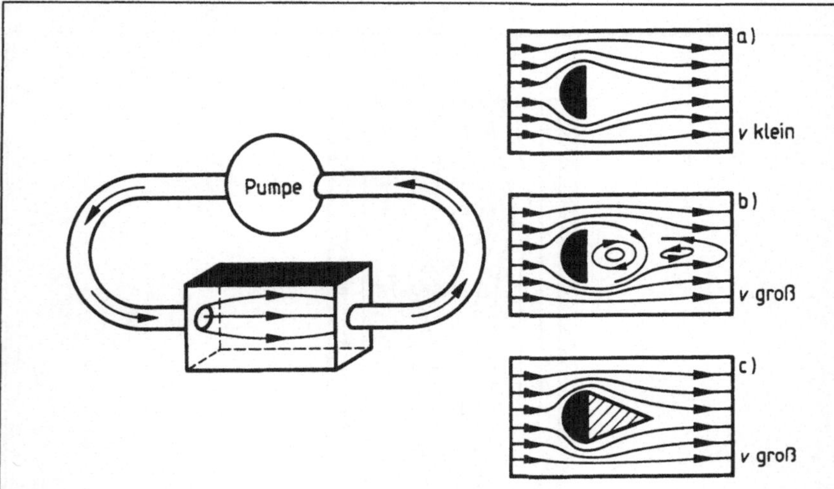

Abbildung 17.3:   Strömungsapparat mit veränderlicher Strömungsgeschwindigkeit v. Wenn man in die durchströmte Glasküvette halbkreis- oder stromlinienförmige Hindernisse bringt, findet man, je nach Geschwindigkeit und Hindernisform, laminare (a und c) oder turbulente (b) Strömungsbilder.

Vergrößerung der Pumpgeschwindigkeit, treten an den Ecken des Halbkreises Wirbel auf, die den toten Raum mehr und mehr ausfüllen (Abb. 17.3b). Die Wirbel lösen sich abwechselnd an den beiden Ecken ab. Die kinetische Energie in den Wirbeln, die schließlich in Wärme verwandelt wird, macht sich als sog. Strömungswiderstand bemerkbar. Wenn man den Halbkreis durch ein spitzes Dreieck zu einem Körper mit „Stromlinienform" ergänzt, läßt sich die Wirbelbildung weitgehend verhindern (Abb. 17.3c). Die Stromlinienform der Delphine und Rennautos verringert also den Strömungswiderstand.

Ob eine Strömung laminar oder turbulent ist, hängt von der sog. Reynoldsschen Zahl R ab,

$$R := \rho l v / \eta \, . \tag{17.1}$$

Dabei sind ρ, η bzw. v die Dichte, die innere Reibung bzw. die Geschwindigkeit des strömenden Mediums. l bedeutet eine charakteristische Länge des Hindernisses, etwa den Radius einer umströmten Halbkugel oder den Durchmesser eines Durchflußrohres. **Beispiel:** Wasser ($\rho = 10^3$ kg/m^3, $\eta = 1,1 \cdot 10^{-3}$ Ns/m^2) fließt mit der Geschwindigkeit $v = 0,1$ m/s durch eine Engstelle der Weite $l = 0,02$ m. Für die Strömung ist $R = (10^3$ kg/m$^3) \cdot (0,02$ m$) \cdot (0,1$ m/s$)/(1,1\cdot10^{-3}$ Ns/m$^2) = 1819$. Die Einheiten kg, m, s und N $=$ kg m/s^2 kürzen sich gerade weg. R ist also eine dimensionslose Zahl.

Um die physikalische Bedeutung der Reynolds-Zahl herauszufinden, führen wir eine „Ungefähr-Betrachtung" durch. Wenn in der Strömung am Hindernis der Länge l Wirbel der Geschwindigkeit v entstehen, erfüllen sie ungefähr ein Gebiet mit dem Volumen l^3. Die kinetische Wirbelenergie beträgt dann ungefähr $E_{\text{kin}} \sim \rho l^3 v^2$. Nun kann die Wirbelenergie durch innere Reibung in Wärme verwandelt werden. Die Wärme entsteht aus der Reibungsarbeit A_r, die im Wirbelgebiet verrichtet wird. Weil die Reibung an der Hindernisfläche $\sim l^2$ erfolgt, ist die Reibungskraft (16.12) ungefähr $F \sim \eta l^2 v/l$ und, folglich, $A_r \sim Fl \sim \eta l^2 v$. Das Verhältnis der kinetischen Wirbelenergie zur Reibungsarbeit gibt nun gerade die Reynoldssche Zahl: $E_{\text{kin}}/A_r \sim (\rho l^3 v^2)/(\eta l^2 v) = \rho l v/\eta = R$. Ein kleiner bzw. großer R-Wert bedeutet also, daß die Wirbelenergie verglichen mit der Reibungswärme klein bzw. groß ist. Im ersten Fall werden die Wirbel durch innere Reibung vernichtet, im zweiten Fall kann ihnen die Reibung nichts anhaben. Mit anderen Worten: *Eine Strömung ist laminar, wenn R klein ist, und turbulent, wenn R groß ist.*

Wenn man also unter sonst gleichen Bedingungen die Strömungsgeschwindigkeit v und damit R von kleinen zu großen Werten anwachsen läßt, wird die anfangs laminare Strömung mehr und mehr turbulent. Der Turbulenzgrad hängt von R ab und steigert sich im Bereich zwischen $R \sim 10$ und $R \sim 10000$ von „nicht der Rede wert" auf „wild dramatisch". Dabei spielt die Form des Hindernisses eine beträchtliche Rolle; bei Stromlinienkörpern tritt merkliche Turbulenz erst bei verhältnismäßig großen R-Werten auf.

In der Strömungstechnik wird die Reynoldssche Zahl beispielsweise wie folgt verwendet: Um einen neuen Sportwagentyp hinsichtlich seines Verhaltens im Fahrtwind zu untersuchen, baut man ein verkleinertes Gipsmodell gleicher Form und setzt es in einem sog. Windkanal einer kräftigen Luftströmung aus. Es läßt sich zeigen, daß die im Modellversuch auftretenden Stromlinienbilder und Wirbel genauso beschaffen sind wie beim Original, vorausgesetzt, daß in beiden Fällen dieselbe Reynoldssche Zahl $R = l v \rho/\eta$ vorliegt. Bei einem 1:3-Modell braucht man z.B. eine Windkanalgeschwindigkeit von 300 km/h, um die Strömungsverhältnisse zu studieren, die vorliegen, wenn der Sportwagen mit 100 km/h fährt.

17.2 Die Bernoulli-Gleichung

Für laminare Strömungen eines inkompressiblen Mediums ($\rho = $ const) mit vernachlässigbarer Viskosität ($\eta \to 0$) gilt die sog. Bernoullische Gleichung (17.6). Zur Erläuterung betrachten wir Wasser, das durch ein Rohr mit Engstelle strömt (Abb. 17.4). In der Engstelle ist die Strömungsgeschwindigkeit größer als davor oder dahinter.

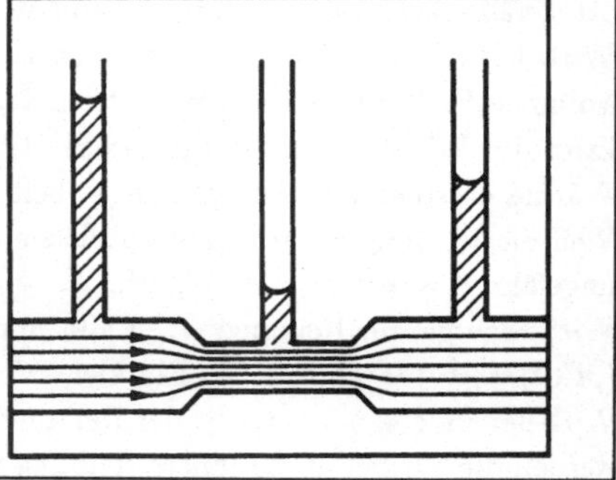

Abbildung 17.4
Druckverhältnisse in einem Wasserrohr mit Engstelle. Der geringe Druck in der Engstelle wird mit der Bernoullischen Gleichung (17.6), der Druckabfall in Strömungsrichtung mit dem Hagen-Poiseuilleschen Gesetz (16.14) erklärt.

Das Wasser wird also beim Durchfluß beschleunigt und wieder verzögert. Wegen des Grundgesetzes der Mechanik sind dazu Kräfte erforderlich, die nur vom Wasserdruck herrühren können. Dieser muß in der Engstelle geringer sein als außen, wenn er die erforderlichen Geschwindigkeitsänderungen bewirken soll. Man kann sich vom Zutreffen der erwarteten Druckverhältnisse experimentell überzeugen, indem man auf das Strömungsrohr Abb. 17.4 an verschiedenen Stellen vertikale Glasrohre setzt. In ihnen steigt das Wasser bis zu einer solchen Höhe h an, daß sich der Druck der Wassersäule $g\rho_{H_2O}h$ und der Druck p in der Strömung die Waage halten. Der experimentelle Befund bestätigt unsere Vermutung: In der Engstelle ist h und damit p merklich kleiner als davor und dahinter.

Um den Zusammenhang zwischen Strömungsgeschwindigkeit v und Druck p quantitativ zu erfassen, betrachten wir in Abb. 17.5 einen Ausschnitt aus dem Stromlinienbild einer laminaren Strömung. Die Strömung erfolge ungefähr in x-Richtung. v und p können vom Ort x abhängen, also $v = v(x)$ und $p = p(x)$. Wir greifen nun ein kleines Volumenelement $\Delta V = \Delta A \cdot \Delta x$ heraus und fragen nach der Kraft F, die der Druck auf dieses Element ausübt. Am Ort x bzw. $x + \Delta x$ der linken bzw. rechten Stirnfläche herrscht der Druck $p(x)$ bzw. $p(x + \Delta x)$. Multipliziert man diese Druckwerte mit dem Flächeninhalt ΔA der Stirnflächen, so erhält man offenbar die nach rechts bzw. links

Abbildung 17.5
Ausschnitt aus dem Stromlinienbild einer laminaren Strömung in x-Richtung. Um die Bernoullische Gleichung abzuleiten, überlegt man, welche Kraft der Druck auf das kleine Flüssigkeitsvolumen $\Delta V = \Delta A \cdot \Delta x$ ausübt.

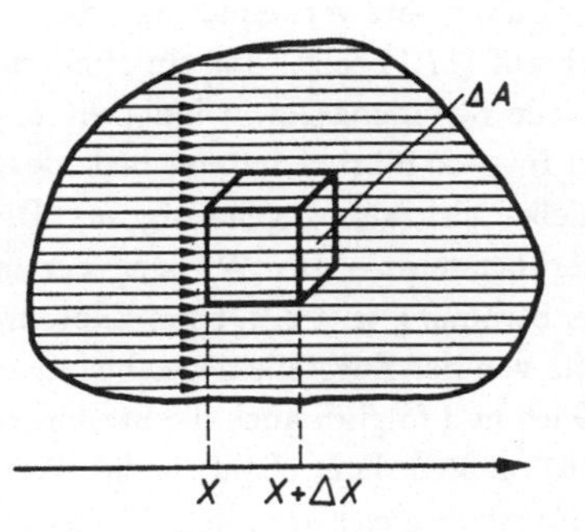

gerichteten Druckkräfte auf ΔV. Ihre Differenz ergibt die gesuchte Kraft F:

$$F = p(x)\Delta A - p(x + \Delta x)\Delta A \approx -\frac{dp}{dx}\Delta x\Delta A = -\frac{dp}{dx}\Delta V \ . \tag{17.2}$$

Im Volumenelement ΔV befindet sich die Masse $m = \rho\Delta V$. Wenn $F \neq 0$ ist, wird m beschleunigt. Weil $v = v(x)$ ist, kann die Beschleunigung dv/dt umgeformt werden:

$$\frac{dv}{dt} = \frac{dv}{dx} \cdot \frac{dx}{dt} = \frac{dv}{dx}v = \frac{1}{2}\frac{dv^2}{dx} \ . \tag{17.3}$$

Wegen des Grundgesetzes der Mechanik $F = mdv/dt$ folgt aus (17.2) und (17.3):

$$-\frac{dp}{dx}\Delta V = \frac{\rho}{2}\frac{dv^2}{dx}\Delta V \tag{17.4}$$

oder, nach Herauskürzen von ΔV und einfacher Umformung,

$$\frac{d}{dx}\left(p + \frac{\rho}{2}v^2\right) = 0 \ . \tag{17.5}$$

Weil die x-Achse in Abb. 17.5 mit der Stromlinienrichtung zusammenfällt, bedeutet (17.5), daß sich der Wert der runden Klammer nicht ändert, wenn man auf einer Stromlinie voranschreitet. Die Aussage

$$p + \frac{\rho v^2}{2} =: p_o = \text{const auf Stromlinie} \tag{17.6}$$

ist die oben erwähnte Bernoulli-Gleichung. Die Größen p, $\rho v^2/2$ bzw. p_o bezeichnet man gelegentlich als „statischen Druck", „Staudruck" bzw. „Gesamtdruck". Die Bernoulli-Gleichung gilt nur für laminare Strömungen reibungsfreier Medien. Laminarität ist erforderlich, weil es in turbulenten Strömungen keine (zeitlich konstanten)

Stromlinien gibt. Reibungsfreiheit ist nötig, weil wir bei der Herleitung von (17.6) das Grundgesetz verwendet und dabei die Reibungskräfte unterschlagen haben. Ein Blick auf (17.1) zeigt, daß ein Hindernis in einer reibungsfreien Flüssigkeit ($\eta \to 0$) für jede Strömungsgeschwindigkeit $v \neq 0$ zu einer beliebig großen Reynoldsschen Zahl $R \to \infty$ führt. Letzteres bedeutet Turbulenz. Reibungsfreiheit und Laminarität schließen sich also gegenseitig aus. Die Bernoulli-Gleichung gilt deshalb höchstens näherungsweise. – Die Wirkung der inneren Reibung auf die Druckverhältnisse in einer Strömung tritt z.B. beim Experiment Abb. 17.4 zu Tage. Da das Rohr links und rechts von der Engstelle denselben Querschnitt hat, sind dort die Geschwindigkeiten v gleich und folglich auch die Staudruckwerte $\rho v^2/2$. Wegen der Bernoulli-Gleichung (17.5) müßten dann ebenfalls die Werte des statischen Druckes p auf beiden Seiten der Engstelle gleich groß sein. Das ist aber keineswegs der Fall. Aus den Steighöhen in den Aufsatzrohren entnimmt man vielmehr einen Druckabfall in Strömungsrichtung. Der Druckabfall folgt aus dem Hagen-Poiseuilleschen Gesetz (16.14).

17.3 Anwendungen der Bernoulli-Gleichung

Eine Gasströmung verläuft qualitativ wie eine Flüssigkeitsströmung. Für Luft ist ρ/η etwa 15 mal kleiner als für Wasser. Wegen der Bedeutung der Reynoldsschen Zahl $R = vl\rho/\eta$ für den Strömungscharakter kann man sich in Luft deshalb 15 mal größere Strömungsgeschwindigkeiten v als in Wasser leisten, ehe Turbulenz einsetzt. Es folgen drei Beispiele aus dem Bereich der Luftströmung.

a) **Ein Demonstrationsexperiment**: Zur Erzeugung eines Luftstromes eignet sich ein starker Ventilator, ausgeführt wie ein Haartrockner-Fön, nur größer (Abb.17.6). Um die Bernoullische Gleichung zu demonstrieren, montieren wir vor der Öffnung des Föns zwei gebogene Bleche, die sich um die mit o bezeichnten Achsen drehen können und durch zwei elastische Federn am Zusammenklappen gehindert werden. Schaltet man den Luftstrom ein, so nähern sich die beiden Bleche bis zur gegenseitigen Berührung. Das ist ganz im Gegensatz zur naiven Erwartung. *Erklärung*: Zwischen den Blechen werden die Stromlinien zusammengedrängt. Dichte Stromlinien bedeuten große Strömungsgeschwindigkeit v, und damit großen Staudruck $\rho v^2/2$. Je größer der Staudruck ist, umso geringer ist aber nach der Bernoulli-Gleichung (17.6) der statische Druck p. Zwischen den Platten herrscht also Unterdruck, sie werden zusammengesogen.

b) **Das Prandtlsche Staurohr**: Dieses zur Messung der Windgeschwindigkeit verwendbare Gerät ist in Abb.17.7 dargestellt. Der von links wehende Wind fängt sich im Innenrohr und kommt dort zur Ruhe. Innen herrscht dann wegen $v = 0$ und (17.6)

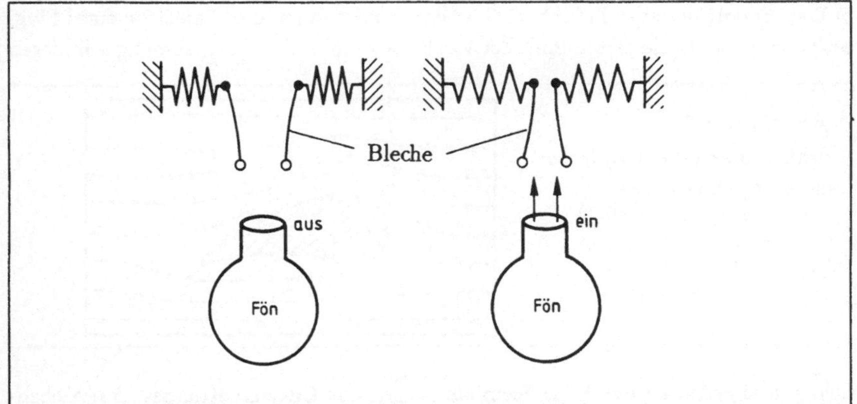

Abbildung 17.6:   Ein Luftstrom zwischen zwei Blechen verursacht einen Sog, der zur Berührung der Bleche führt.

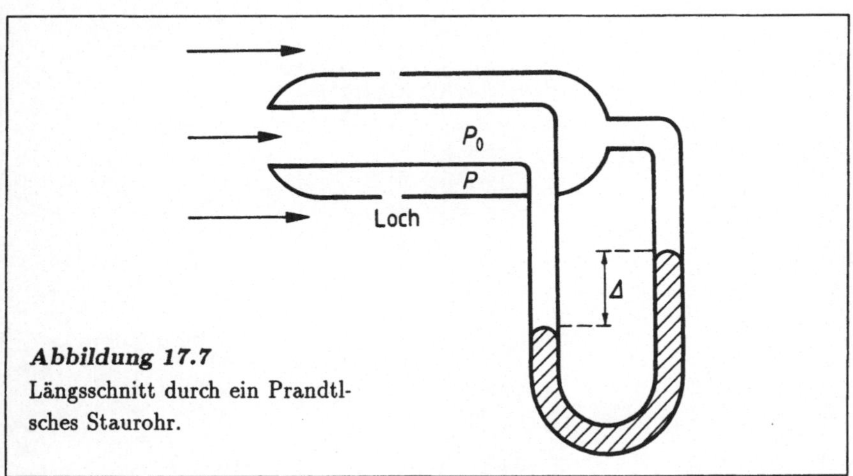

Abbildung 17.7
Längsschnitt durch ein Prandtl-
sches Staurohr.

der statische Druck $p_{\text{innen}} = p_o$. Am durchlöcherten Außenrohr streicht der Wind mit voller Geschwindigkeit v vorbei, so daß hier nach (17.6) der statische Druck $p_{\text{außen}} = p_o - \rho v^2/2$ vorliegt. Die Druckdifferenz $p_{\text{innen}} - p_{\text{außen}} = \rho v^2/2$ wird durch ein mit gefärbtem Wasser gefülltes U-Rohrmanometer angezeigt. Der Höhenunterschied Δ der Wasserstände ist zur Druckdifferenz und damit zu v^2 proportional. Das Staurohr wurde nach dem Göttinger Aerodynamiker L. Prandtl (1875-1957) benannt.

c) **Das Segelflugzeug**: In Abb. 17.8 ist der Schnitt durch die Tragfläche eines Flugzeugs dargestellt. Die Stromlinien der von links kommenden Luftströmung schmiegen

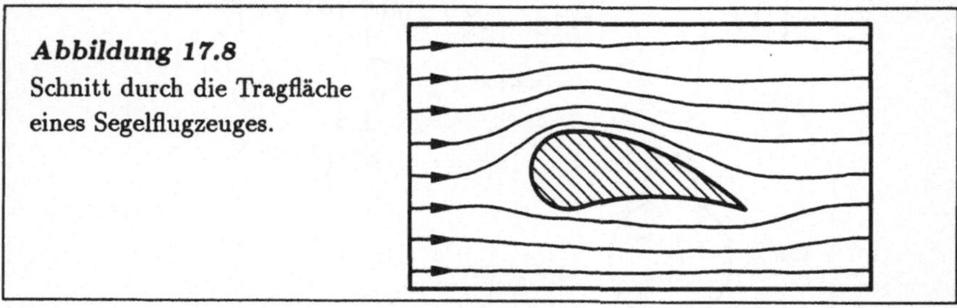

Abbildung 17.8
Schnitt durch die Tragfläche
eines Segelflugzeuges.

sich, wie angedeutet, der Flügelform an. Wegen der Unsymmetrie des Tragflächenquerschnittes ist die Stromliniendichte und damit die Geschwindigkeit über der Tragfläche größer als unter ihr. Der statische Druck ist daher wegen (17.6) oben geringer
als unten. Das Flugzeug wird nach oben gesogen.

Teil III

Thermodynamik und statistische Mechanik

Kapitel 18

Temperatur, Wärme, Zustandsgleichung

Man kann die Wärmelehre entweder als phänomenologische THERMODYNAMIK oder als atomistische STATISTISCHE MECHANIK (Spezialfall: Kinetische Gastheorie) betreiben. Wir werden beides tun. Während man in der statistischen Mechanik die Grundgleichungen der Wärmelehre aus der Hypothese, *daß makroskopische Materie aus immens vielen Atomen besteht, die sich nach den Gesetzen der Mechanik bewegen*, abzuleiten versucht, tritt die Thermodynamik zunächst als eine von der Mechanik unabhängige Wissenschaft auf. Die Eigenständigkeit der Thermodynamik kommt u.a. darin zum Ausdruck, daß in ihr zwei neue physikalische Größen eingeführt werden: die mit Thermometern in der Einheit „Grad" gemessene *Temperatur T* und die mit Kalorimetern in der Einheit „Kalorie" gemessene *Wärmemenge Q*. Es versteht sich, daß man diese beiden Größen unterscheiden muß. So enthalten 20 kg siedendes Wasser 10 mal soviel Wärme wie 2 kg siedendes Wasser, während die Temperaturen der beiden Wassermengen gleich hoch sind, nämlich 100° Celsius.

18.1 Temperaturmessung

Wenn man Eis und Wasser vermischt und unter gelegentlichem Schütteln einige Minuten wartet, können drei Fälle eintreten: (i) das Eis hat sich vollständig in Wasser verwandelt, (ii) die Mischung ist zu einem großen Eisblock erstarrt, (iii) im Wasser schwimmen Eisstückchen. Solches Eiswasser (iii) fühlt sich immer gleich kalt an, egal ob viel oder wenig Eis im Wasser schwimmt. Eiswasser hat also eine wohl definierte Temperatur, die nach dem gängigen Sprachgebrauch beträchtlich „unter" der ebenfalls wohl definierten Temperatur kochenden Wassers liegt. Man hat nun vereinbart, die Temperaturen von Eiswasser bzw. siedendem Wasser (jeweils bei Normaldruck $p_n = 1013,25$ mbar) „0°C" bzw. „100°C" zu nennen. „C" steht für „Celsius". Nach Festlegung dieser beiden „Fixpunkte" kann man sich in folgender Weise ein Quecksilberthermometer bauen: In eine kleine Hohlkugel mit aufgesetztem Glasröhrchen wird wie in Abb. 18.1 Quecksilber gefüllt. Beim Eintauchen der Kugel in Eiswasser stellt

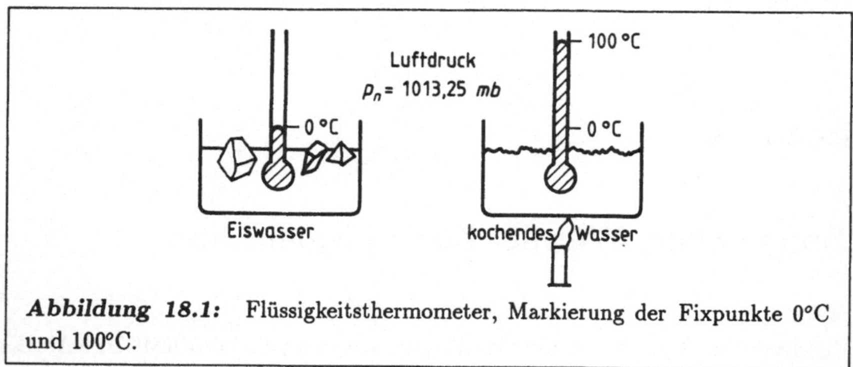

Abbildung 18.1: Flüssigkeitsthermometer, Markierung der Fixpunkte 0°C und 100°C.

sich die Quecksilbersäule im Röhrchen auf eine bestimmte Höhe ein. Man markiert diese Stelle mit „0°C". Anschließend taucht man das System in siedendes Wasser. Die Quecksilbersäule steigt auf eine Höhe an, die mit der Marke „100°C" versehen wird. Um Temperaturen im Zwischenbereich messen zu können, liegt es nahe, die Strecke zwischen den beiden Marken geometrisch in 100 gleichlange Teilstücke zu zerlegen und den Abstand von Stück zu Stück ein „Grad" zu nennen. – Statt mit Quecksilber kann man natürlich auch mit anderen Flüssigkeiten Thermometer herstellen. Üblich ist gefärbter Alkohol. Bei den Fixpunkten 0°C und 100°C stimmen Quecksilber- und Alkoholthermometer per definitionem überein. Nicht so im Zwischenbereich. So findet man beim Eintauchen beider Thermometer in ein und dasselbe Wasserbad beispielsweise 60° auf dem Quecksilberthermometer und 61,9° auf dem Alkoholthermometer.

Welche Angabe ist „richtig "? Dieses Problem tritt nicht auf, wenn man Gasthermometer verwendet, die im Prinzip gemäß Abb.18.2 konstruiert sind. Das für die

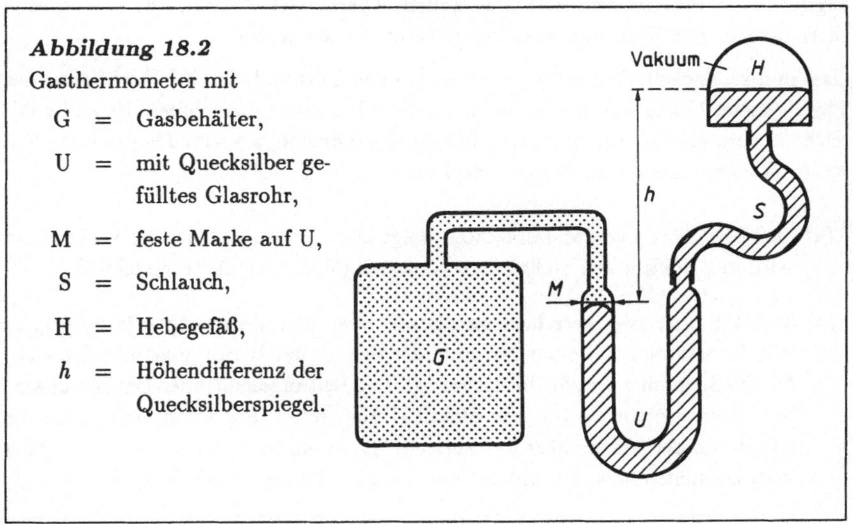

Abbildung 18.2
Gasthermometer mit

G = Gasbehälter,

U = mit Quecksilber ge-
fülltes Glasrohr,

M = feste Marke auf U,

S = Schlauch,

H = Hebegefäß,

h = Höhendifferenz der
Quecksilberspiegel.

Temperaturmessung verwendete Gas befindet sich in einem Gefäß G, an welches ein Glasrohr U anschließt. Das rechte U-Rohrende ist durch einen biegsamen Schlauch S mit einem Hebegefäß H verbunden. U-Rohr, Schlauch und Hebegefäß sind mit Quecksilber gefüllt. Durch Heben oder Senken von H läßt sich der Quecksilberstand im linken Schenkel des U-Rohres auf die feste Marke M einstellen. Dem Gas wird damit ein festes Volumen zugewiesen. Die von M aus gemessene Höhe h des Quecksilberspiegels in H ist dann ein Maß für den Gasdruck $p = g\rho_{Hg}h$ in G. Um den äußeren Luftdruck nicht mitberücksichtigen zu müssen, wird der quecksilberfreie Raum in H evakuiert. Es stellt sich heraus, daß h und folglich p mit wachsender Temperatur des Gases ansteigen. Um die Temperatur eines Wärmebades (Eiswasser oder Badewasser oder siedendes Wasser) zu messen, taucht man G in das Bad, stellt den linken Quecksilberspiegel durch Vertikalverschiebung von H auf die Marke M ein und erhält so die zum Gasdruck proportionale Höhe h. Nachdem h für Eiswasser und siedendes Wasser bestimmt und der Zwischenraum geometrisch in 100 gleiche Teile eingeteilt ist, lassen sich Zwischentemperaturen messen. Dabei erweist sich, daß die Meßresultate im Rahmen der Meßgenauigkeit nicht davon abhängen, ob als Gasfüllung Helium, Wasserstoff, Stickstoff oder Luft gewählt wurde.[1] Die Temperaturbestimmung ist also von

---

[1]Diese Feststellung gilt allerdings nur, wenn man die Kräfte zwischen den Molekülen vernachlässigen darf, was bei nicht zu dichten und nicht zu kalten Gasen der Fall ist („ideale Gase").

der Thermometerfüllung weitgehend unabhängig, wenn man mit Gasthermometern arbeitet. Wir legen deshalb bei der Temperaturmessung vorerst die „Gastemperatur" zugrunde. Es versteht sich, daß man andere Thermometertypen, z.B. Flüssigkeitsthermometer, mit Hilfe eines Gasthermometers eichen kann.

Gas- und Flüssigkeitsthermometer verwenden den Umstand, daß bei Erwärmung der Thermometerfüllung Druck oder Volumen der Füllsubstanz zunehmen. Es gibt zahlreiche andere von der Temperatur abhängige Phänomene, die zum Thermometerbau verwendet werden können. Einige Beispiele:

(a) Der Widerstand von Metalldrähten steigt mit der Temperatur. Der Widerstand wird mit elektrischen Meßgeräten gemessen (Widerstandsthermometer).

(b) Verlötet man zwei verschiedene Metalle oder Metallegierungen (z.B. Kupfer und Konstantan) miteinander, so bildet sich an der Berührungstelle eine elektrische Spannung aus, da die freibeweglichen Leitungselektronen Energie gewinnen, wenn sie von Metall I in Metall II übertreten. Die Berührungsspannung hängt von der Temperatur der Lötstelle ab. Wenn man daher wie in Abb.18.3 zwei Lötstellen herstellt und auf verschiedene Temperaturen T_1 und T_2 bringt,

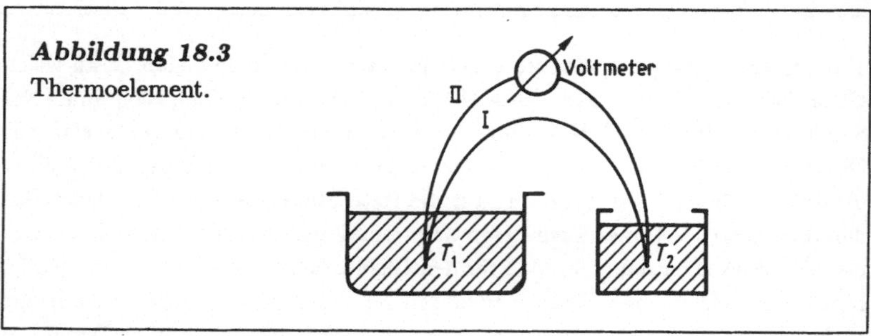

Abbildung 18.3
Thermoelement.

beobachtet man einen Ausschlag des Voltmeters. Man nennt die Anordnung „Thermoelement". Die vom Voltmeter angezeigte Thermospannung U ist näherungsweise der Temperaturdifferenz $T_1 - T_2$ proportional. Die Spannung beträgt etwa 10^{-5} Volt pro Grad Temperaturdifferenz. Wenn man das Thermoelement als Thermometer verwenden will, hält man die eine Lötstelle auf konstanter Temperatur (z.B. Eiswasser $T_2 = 0°C$) und benutzt die andere als Meßsonde. Vorher nimmt man eine Eichkurve $U = U(T_1)$ auf.

(c) Heiße Körper senden elektromagnetische Strahlung aus. Intensität und Frequenzverteilung hängen von der Temperatur des Strahlers ab. Aus den optischen Sternspektren lassen sich deshalb die Temperaturen der Sternoberfläche bestimmen.

Wir kehren noch einmal zum Gasthermometer Abb. 18.2 zurück. Um aus der Höhendifferenz h der Quecksilberspiegel bequem die Gastemperatur T ablesen zu können, fertigt sich der Thermometerbenutzer das in Abb. 18.4 gezeigte $T(h)$-Diagramm an.

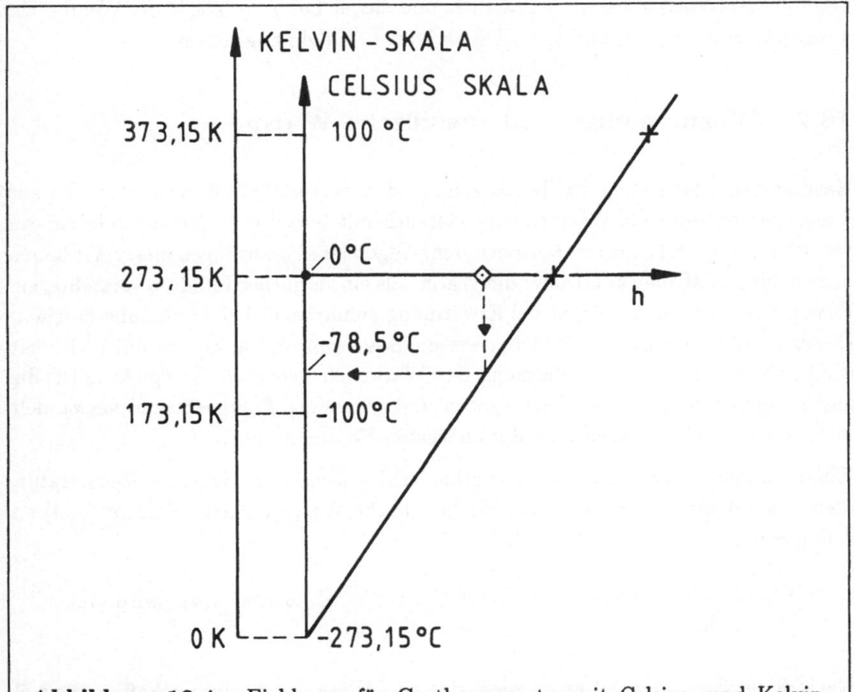

Abbildung 18.4: Eichkurve für Gasthermometer mit Celsius- und Kelvin-Skala.

Dazu mißt er die h-Werte für 0°C (Eiswasserbad) und 100°C (kochendes Wasserbad), markiert die Meßresultate in der (T, h)-Ebene als Kreuze und zeichnet durch diese Kreuze die „Eichgerade" des Thermometers. Findet man nun beim Eintauchen des Gasthermometers in irgendein Temperaturbad – etwa eine Kältemischung aus festem CO_2 (Trockeneis) und flüssigem Alkohol – den in Abb. 18.4 durch ein Karo dargestellten h-Wert, so läßt sich der zugehörige T-Wert auf der T-Achse ablesen: –78,5°C für die CO_2-Alkohol-Kältemischung.

Nach Ausweis des Experimentes trifft die Eichgerade (Abb.18.4) eines Gasthermometers die T-Achse bei $-273{,}15°$Celsius.[2] Bei dieser Temperatur ist der zu h proportionale Gasdruck Null. Da der Druck nicht negativ werden kann, können tiefere Temperaturen nicht vorkommen. Man nennt diesen Grenzwert den *absoluten Nullpunkt*. Es ist üblich, eine neue Temperaturskala einzuführen, die beim absoluten Nullpunkt mit dem Wert $T = 0\,$K beginnt. „K" steht für „Kelvin". In Bezug auf die Kelvinskala gefriert Wasser bei T = 273,15 K und siedet bei T = 373,15 K. Wenn nicht ausdrücklich anders vermerkt, wird T ab jetzt in Kelvin angegeben.

18.2 Wärmemenge und spezifische Wärme

Gasflammen oder elektrische Tauchsieder sind Beispiele für Wärmequellen. Die aus ihnen herausströmende Wärmemenge läßt sich mit technischen Hilfsmitteln nahezu verlustfrei zum Verbraucher transportieren. Allgemeine Erfahrungen dieser Art haben dazu geführt, daß man sich früher die Wärme als ein stoffliches Fluidum vorstellte, ein Etwas, das man einem Körper bei Erwärmung zuführt und bei Abkühlung entzieht. Dieses Fluidum könnte unzerstörbar wie die Seele sein und so alt wie die Welt. Seit rund 150 Jahren weiß man allerdings, daß Wärme eine spezielle Energieform ist, die aus anderen Energieformen hervorgehen und in andere Energieformen verwandelt werden kann. Wir kommen darauf im nächsten Kapitel zurück.

Wenn man einer Substanz Wärme zuführt, erhöht sich in der Regel die Temperatur. Man benutzt diesen Umstand, um die historische Wärmeeinheit „Kalorie" (cal) zu definieren:

> Um ein Gramm Wasser von 14,5°C auf 15,5°C zu erwärmen, wird eine Kalorie benötigt.

Nach dieser Festlegung ist es möglich, sich eine Wärmequelle zu beschaffen, die z.B. eine Kalorie pro Sekunde (1 cal/s) abgibt, und damit den Wärmebedarf zur Temperaturerhöhung einer beliebigen Wassermenge zu ermitteln. Dabei stellt sich heraus, daß die zur Erwärmung um $1°$ erforderliche Wärmemenge zur Wassermenge proportional ist und praktisch nicht von der Ausgangstemperatur des zu erwärmenden Wassers abhängt.

Führt man einem beliebigen Körper die kleine Wärmemenge ΔQ zu, so erhöht sich seine Temperatur T um einen zu ΔQ proportionalen kleinen Wert ΔT. Man setzt

$$\Delta Q = C_W \cdot \Delta T \qquad (18.1)$$

---

[2]Diese Aussage gilt wiederum nur, wenn sich die Gasfüllung wie ein ideales Gas verhält.

und nennt C_W die „Wärmekapazität" des Körpers. Für stofflich homogene Körper erweist sich C_W zur Körpermasse m proportional, so daß

$$\Delta Q = c \cdot m \cdot \Delta T \ . \tag{18.2}$$

Der Proportionalitätsfaktor c wird die *spezifische Wärme* des Stoffes genannt. Aus der Definition der Kalorie ergibt sich für Wasser der Wert c_{H_2O} = eine Kalorie pro Gramm und Grad (1 cal/g · Grad). Um die spezifische Wärme anderer Substanzen zu messen, macht man sich die Erfahrung zu Nutze, daß bei der innigen Berührung zweier verschieden temperierter Körper Wärme vom heißeren zum kälteren strömt, bis beide die gleiche „Mischtemperatur" angenommen haben. Bei der Wärmeströmung geht keine Wärmemenge verloren. **Beispiel**: In einem Demonstrationsexperiment erhitzen wir einen 500g schweren Kupferblock durch längeres Eintauchen in ein kochendes Wasserbad auf 100°C und bringen ihn dann in ein mit 250g Wasser von 20°C gefülltes Glasgefäß. Nach etwa einer Minute hat sich eine Mischtemperatur von 31°C eingestellt. Das Wasser wird also um 11° wärmer, wozu wegen (18.2) die Wärme $\Delta Q = (m \cdot c \cdot \Delta T)_{H_2O}$ = 250g·(1 cal/g · Grad) · 11^0 = 2750 cal erforderlich ist. Diese Wärme kommt aus dem Kupferblock, dessen Temperatur um 69° abgenommen hat. Ihm wurde also die Wärmemenge ΔQ = 2750 cal = $(m \cdot c \cdot \Delta T)_{Cu}$ = 500g·c_{Cu}·69° entzogen. Hieraus ergibt sich die spezifische Wärme des Kupfers c_{Cu} = 0,08 cal/g · Grad. Der genaue Wert beträgt 0,091 cal/g · Grad. Die Diskrepanz rührt vor allem daher, daß wir die Wärmekapazität des Glasgefäßes nicht mit in die Wärmebilanz einbezogen haben.

Metall	$c \ [\frac{\text{cal}}{\text{g·Grad}}]$	$A[\frac{\text{g}}{\text{mol}}]$	$A \cdot c[\frac{\text{cal}}{\text{mol·Grad}}]$
Al	0,214	27,0	5,8
Fe	0,101	55,8	6,1
Cu	0,091	63,5	5,8
Ag	0,056	107,9	6,0
Pt	0,032	195,1	6,2
Pb	0,031	207,2	6,4

Tabelle 18.1: Spezifische Wärmen einiger Metalle

In Tabelle 18.1 sind die spezifischen Wärmen c verschiedener Metalle zusammengestellt. Die Tabelle enthält auch Angaben über das Atomgewicht in der Form A = Masse/mol. Das „Mol" (= mol, genaue Definition im SI-Anhang) ist ein von Chemikern verwendetes Stoffmengenmaß. Es bezeichnet eine Menge von $6,022 \cdot 10^{23}$ Atomen oder Molekülen einer chemisch einheitlichen Substanz. Um ein Mol eines Stoffes um ΔT zu erwärmen, benötigt man offenbar die Wärmemenge $\Delta Q = A \cdot c \cdot \Delta T$. Das Produkt $A \cdot c$ wird „Molwärme" genannt. Die in der rechten Tabellenspalte angegebenen $A \cdot c$-Werte bestätigen die sog. *Dulong-Petitsche Regel*:

$$\text{Alle reinen Metalle haben etwa die gleiche Molwärme} \approx 6 \frac{\text{cal}}{\text{Mol} \cdot \text{Grad}} .$$

Da ein Mol ungefähr $6 \cdot 10^{23}$ Atome enthält, trägt jedes Metallatom also mit rund 10^{-23} cal/Grad zur spezifischen Wärme bei. Die Erfahrung zeigt allerdings, daß die Dulong-Petitsche Regel für tiefe Temperaturen falsch wird. Am absoluten Nullpunkt $T = 0$ findet man für alle spezifischen Wärmen den Wert Null. Die Temperaturabhängigkeit der Molwärme c_{mol} eines typischen Metalls (Cu) ist in Abb. 18.5 dargestellt. Für kleine T-Werte ist c_{mol} zu T^3 proportional (Debyesches Gesetz), für große T-Werte erreicht c_{mol} den Dulong-Petitschen Grenzwert.

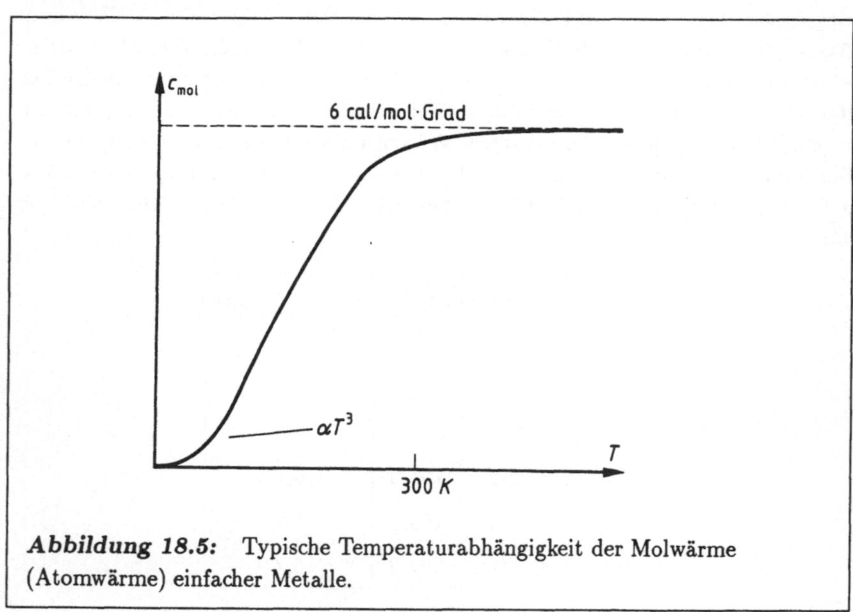

Abbildung 18.5: Typische Temperaturabhängigkeit der Molwärme (Atomwärme) einfacher Metalle.

Historische Bemerkung: Das auffällige Absinken der Molwärmen mit fallender Temperatur war bis zum ersten Jahrzehnt dieses Jahrhunderts ein ernstes Problem, da es den Gesetzen der „klassischen Physik" widersprach. Albert Einstein hat erstmalig 1907 gezeigt, daß die Molwärmen mit der Temperatur absinken müssen, wenn in Festkörpern die Gesetze der „neuen Quantenmechanik" gelten – eine kühne Idee, weil man damals nur dem Licht Quanteneigenschaften zubilligte. Das Bohrsche Wasserstoffatommodell kam erst später, 1913.

18.3   Zustandsgleichungen

Druck p, Volumen V und Temperatur T einer gegebenen Stoffmenge sind miteinander verknüpft. Betrachte z.B. das Füllgas des Gasthermometers Abb. 18.2. Das Gasvolumen V wird mit Hilfe des Quecksilberhebegefäßes konstant gehalten. Zu jeder Temperatur T des Gases stellt sich ein bestimmter Gasdruck p ein, der sich aus der Höhe h des Quecksilberspiegels entnehmen läßt. Es ist offenbar möglich, für die Gasfüllung des Thermometers V und T innerhalb gewisser Bereiche willkürlich vorzugeben. p ist dann allerdings nicht mehr frei wählbar, sondern durch V und T eindeutig bestimmt. Man sagt, p sei eine Funktion von V und T, und schreibt

$$p = p(V, T) \,. \tag{18.3}$$

Diese Relation heißt *Zustandsgleichung*. Sie ist eine stoffspezifische Funktion und muß (bis auf wenige Ausnahmen) experimentell bestimmt werden.

Um die Zustandsgleichung von Gasen zu ermitteln, bedient man sich der in Abb.18.6 schematisch skizzierten Apparatur. Das Gas ist in ein Zylindergefäß mit Kolbenverschluß gesperrt. Das Gasvolumen V kann durch Verschiebung des Kolbens geändert werden. Aus der Höhendifferenz h des mit dem Gasvolumen verbundenen Quecksilberbarometers folgt der Gasdruck $p = g\rho_{\mathrm{Hg}}h$. Die Gastemperatur T wird durch ein Wärmebad eingestellt und mit einem geeichten Thermometer gemessen.

Wenn man als Gas z.B. Helium verwendet und den Druck p bei konstanter Temperatur als Funktion von V mißt, erhält man eine der in Abb. 18.7 dargestellten Kurven. Die verschiedenen Kurven, die man wegen $T =$ const die „Isothermen" des Gases nennt, gehören zu verschiedenen T-Werten. Für Gase mit geringer Dichte erweisen sich die Isothermen als Hyperbeln $p \propto V^{-1}$. Daher gilt das sog. Boyle-Mariottesche Gesetz:

$$pV = \text{const} \,. \tag{18.4}$$

Die Konstante ändert sich mit T. Ihre T-Abhängigkeit ergibt sich aus dem Hinweis, daß man die Apparatur Abb.18.6 als Gasthermometer verwenden kann, wenn man das Volumen konstant hält, $V \to V_o$. Da in einem Gasthermometer der Druck $p = g\rho_{\mathrm{Hg}}h$ zu T proportional ist (das ist nach Abb.18.4 geradezu die Definition der absoluten Gastemperatur), muß pV_o und folglich auch die rechte Seite von (18.4) bis

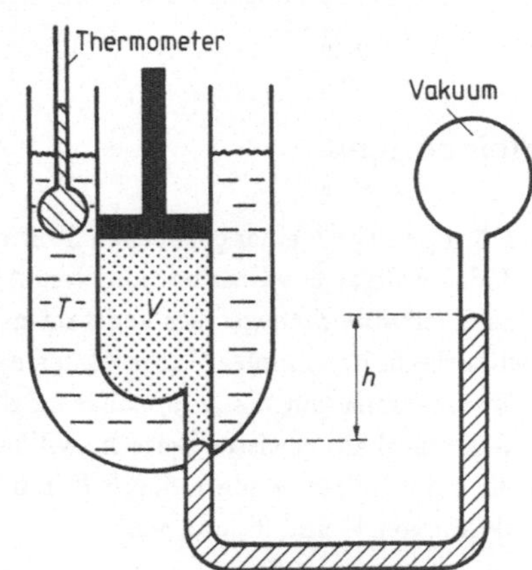

Abbildung 18.6: Apparat zur Ermittlung der Zustandsgleichung von Gasen. Aus dem Höhenunterschied h der Quecksilberspiegel schließt man auf den Druck, der zur Temperatur T und zum Volumen V des Gases gehört.

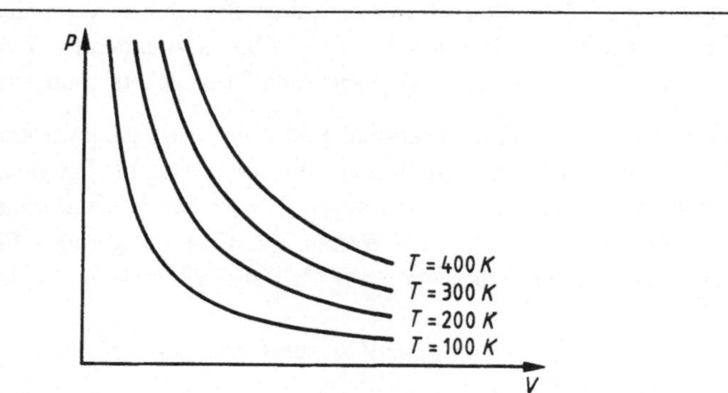

Abbildung 18.7: Die Isothermen eines idealen Gases (nicht zu kaltes Helium) erweisen sich als Hyperbeln.

auf einen konstanten Faktor R die Temperatur sein:

$$pV = RT \ . \tag{18.5}$$

R ist natürlich zur eingeschlossenen Gasmenge proportional. Avogadro hat im Jahre 1811 die Hypothese aufgestellt, daß der R-Wert nur von der Anzahl und nicht von der Art der Gasmoleküle abhängt. Diese Hypothese erwies sich als richtig. Wenn man sich deshalb z.B. auf ein Mol $= 6,02 \cdot 10^{23}$ Moleküle[3] bezieht, findet man für alle Gase denselben Wert $R = 8,31$ Joule/Grad$\cdot$mol $= 8,31\,\mathrm{JK^{-1}mol^{-1}}$. Man nennt R die *allgemeine Gaskonstante* und (18.5) die *Zustandsgleichung für ideale Gase*.

Es ist üblich, von *idealen* und *realen* Gasen zu sprechen. Der Unterschied läßt sich am anschaulichsten im atomistischen Bild beschreiben. Ein Gas besteht aus Molekülen, die kreuz und quer durcheinander fliegen und durch den Zusammenprall mit den Gefäßwänden den Druck erzeugen. Die Moleküle eines idealen Gases sind ausdehnungslose Massenpunkte, die keine Kräfte aufeinander ausüben. Im Gegensatz zu diesem Ideal sind die Moleküle eines realen Gases ausgedehnte Teilchen (Durchmesser einige 10^{-10} m), zwischen denen kurzreichweitige Kräfte wirken, die unter Umständen zur Verflüssigung des Gases führen können. Die ideale Gasgleichung (18.5) gilt daher höchstens näherungsweise, und zwar umso besser, je weiter man von den Verflüssigungsvoraussetzungen (hinreichend hoher Druck p und hinreichend niedrige Temperatur T) entfernt ist. He-Gas benimmt sich in einem großen Druck- und Temperaturbereich recht „ideal". Auch die Luft der Erdatmosphäre kann als ideales Gas betrachtet werden. Nicht so CO_2-Gas. Dieses Gas läßt sich bei Zimmertemperatur unter Anwendung nur mäßig hoher Drücke verflüssigen. Wenn man mit der Versuchsanordnung Abb.18.6 die Isothermen von CO_2 ermittelt, findet man die in Abb.18.8 schematisch dargestellte Kurvenschar. Die Temperaturen sind wie folgt geordnet: $T_1 < T_2 < T_c < T_3 < T_4$. Für hohe Temperaturen T_3 und T_4 ergeben sich näherungsweise die für ideale Gase charakteristischen Hyperbeln des Boyle-Mariotteschen Gesetzes. Ganz anders erweist sich der Verlauf bei tiefen Temperaturen. Wir verfolgen z.B. die T_2-Isotherme und beginnen mit einem großen Gasvolumen V. Bei V-Verkleinerung wächst der Druck p, bis der Punkt α erreicht wird. Wenn man V weiter verkleinert, bleibt p bis zum Punkt β konstant. Zwischen α und β beobachtet man, daß sich das Gas in Flüssigkeit verwandelt. Bei β ist alles CO_2 verflüssigt. Wegen der geringen Komprimierbarkeit von Flüssigkeiten steigt der Druck bei noch weiterer Volumenverringerung steil an. – Unterhalb des umgestülpten U-Bogens in Abb.18.8 existieren somit Gas und Flüssigkeit nebeneinander. Man spricht hier vom „Zweiphasengebiet". Der auf der Isothermen T_c liegende Punkt c wird „kritischer

---

[3]In der Chemie zählt man nicht die Moleküle des Mols, sondern wiegt es ab. Man braucht so viele Gramm, wie das Molekulargewicht (= Summe der Atomgewichte) des Gasmoleküls angibt.

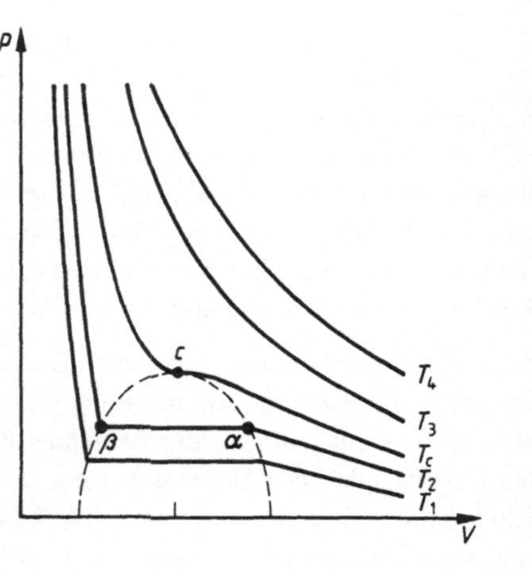

Abbildung 18.8
Die Isothermen eines realen Gases (nicht zu heißes CO_2). Der gestrichelte Bogen verbindet die Knickstellen der Isothermen. Unter ihm liegt das Gebiet, in dem Gas und Flüssigkeit koexistieren.

Punkt" genannt. Gasverflüssigung tritt nur bei Temperaturen unterhalb der „kritischen Temperatur" T_c auf. T_c ist stoffspezifisch und hat beispielsweise für He bzw. CO_2 bzw. H_2O die Werte 5,3 K bzw. 304,3 K bzw. 647,2 K.

Abb. 18.8 ist eine graphische Darstellung der experimentell ermittelten Zustandsgleichung $p = p(V, T)$ eines realen Gases. Die Meßkurven lassen sich verhältnismäßig gut durch die *Van der Waalssche Zustandsgleichung*

$$\left(p + \frac{a}{V^2}\right) \cdot (V - b) = RT \tag{18.6}$$

wiedergeben. a und b sind stoffspezifische Konstanten. (18.6) unterscheidet sich von der Zustandsgleichung (18.5) für ideale Gase durch die Zusatzglieder a/V^2 und b. Der sog. Binnendruck a/V^2 kommt durch die kurzreichweitigen Anziehungskräfte zwischen den Gasmolekülen zustande. Diese Kräfte „halten das Gas zusammen" und haben daher eine ähnliche Wirkung wie der von außen aufzuwendende Druck p. Durch b wird das Eigenvolumen der Moleküle berücksichtigt. Wenn man (18.6) nach p auflöst

$$p = \frac{RT}{V - b} - \frac{a}{V^2} \tag{18.7}$$

und p als Funktion von V für $T = $ const graphisch darstellt, erhält man für hinreichend kleine T-Werte den in Abb. 18.9 gezeigten S-förmigen Verlauf. Er unterscheidet sich von dem einer wirklichen Isothermen Abb. 18.8 durch das Fehlen des waagerechten Stückes $\overline{\beta\alpha}$. Aus der Van der Waalsschen Gleichung läßt sich also nicht die Koexistenz zweier Phasen (gasförmig/flüssig) ablesen. Sie ist deshalb nur außerhalb des

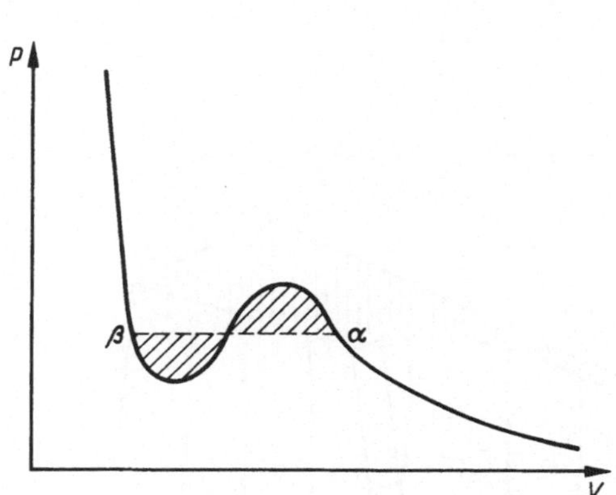

Abbildung 18.9: Eine Isotherme der Van der Waalsschen Zustandsgleichung (ausgezogene Kurve). Um der Wirklichkeit besser gerecht zu werden, ersetzt man den S-Bogen zwischen α und β durch ein waagerechtes Linienstück (gestrichelt) in einer solchen Höhe, daß die beiden schraffierten Gebiete flächengleich werden. Dieses Vorgehen wird in Lehrbüchern der Physikalischen Chemie begründet.

Zweiphasengebietes eine brauchbare Näherung für die wirkliche Zustandsgleichung, eine bessere allerdings als die ideale Gasgleichung (18.5).

Jede einfache Substanz läßt sich sowohl in der gasförmigen als auch in der flüssigen und festen Phase durch ihre Zustandsgleichung $p = p(V, T)$ charakterisieren. Es ist möglich, den Inhalt der Gleichung dreidimensional zu veranschaulichen, indem man über der (V, T)-Ebene die zugehörigen p-Werte aufträgt. Man erhält dann die sog. Zustandsfläche. Abb. 18.10 zeigt einen Ausschnitt (schematisch). Die ausgezogenen Kurven auf der Fläche sind Isothermen, unter ihnen die zur kritischen Temperatur T_c gehörige. Es ist vermerkt, wo die Substanz als Festkörper F, Flüssigkeit Fl und Gas G vorliegt. In den Zweiphasengebieten a bzw. b bzw. c sind F/Fl bzw. Fl/G bzw. F/G koexistent. Die gestrichelte Kurve auf der Zustandsfläche stellt eine „Isobare" (Kurve konstanten Druckes) dar. Wenn man auf ihr in Richtung steigender Temperatur entlang fährt, durchläuft man den Festkörper F, den Schmelzprozeß $F \to Fl$, die Flüssigkeit Fl, den Verdampfungsvorgang $Fl \to G$ und die Gasphase G.

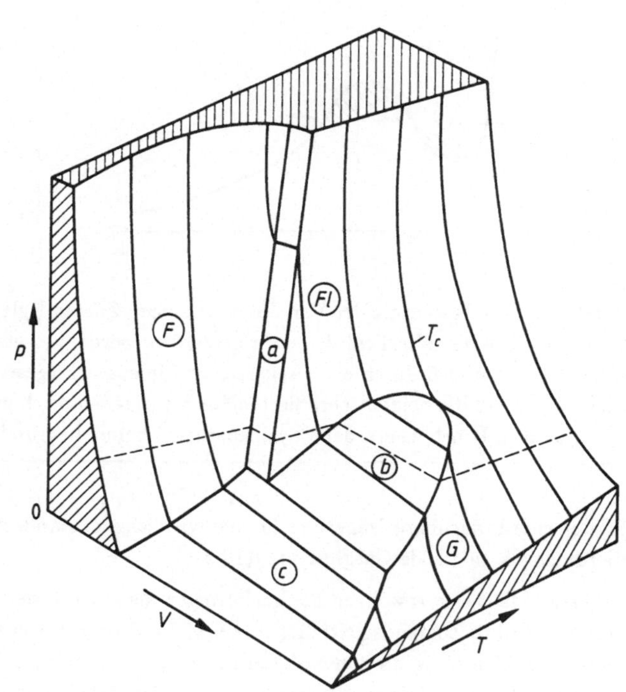

Abbildung 18.10: Zustandsfläche (weiß) eines einfachen Stoffes, der als F = Festkörper oder Fl = Flüssigkeit oder G = Gas vorkommt. a, b und c sind Zweiphasengebiete. Die ausgezogenen Kurven stellen Isothermen dar, darunter die zur kritischen Temperatur T_c gehörige. Die gestrichelte Kurve ist eine Isobare.

Kapitel 19

Der erste Hauptsatz der Wärmelehre

Während die Mechanik von den *drei Newtonschen Axiomen* (Kap.7) ausgeht, basiert die Thermodynamik auf den *drei Hauptsätzen der Wärmelehre*. Der *3. Hauptsatz* (Walther Nernst 1906) behauptet, daß es unmöglich ist, den absoluten Nullpunkt zu erreichen. Man braucht ihn für die Behandlung sehr spezieller Probleme, die uns in dieser Einführung nicht begegnen werden. Der *2. Hauptsatz* (Rudolf Clausius 1850), der mit der endgültigen Festlegung der Temperaturskala zusammenhängt, wird in Kap.20 behandelt. Im vorliegenden Kapitel wollen wir uns mit dem *1. Hauptsatz* (Robert Mayer 1842) beschäftigen, der besagt, daß die Wärme eine Energieform ist, die in andere Energieformen umgewandelt werden kann.

Bevor wir den 1. Hauptsatz mathematisch formulieren, erinnern wir an den Energie-erhaltungssatz der Mechanik: *In einem abgeschlossenen System bleibt die Summe aus kinetischer und potentieller Energie erhalten, wenn man verhindert, daß durch Reibung Wärme entsteht.* Wir wissen ferner, daß die Wärmemenge erhalten bleibt, wenn man kalte und warme Körper in Kontakt bringt, wie z.B. beim Demonstrationsexperiment zur Bestimmung der spezifischen Wärme von Kupfer in Kap. 18.2. Das legt nahe, die Wärme als Energieform aufzufassen und folgende Sprechweise einzuführen. *Wenn bei einem Bewegungsvorgang mechanische Energie durch Reibung verlorengeht, entsteht Wärme als neue Energieform, und zwar in einem solchen Maße, daß die Summe noch vorhandener mechanischer Energie und erzeugter Wärmemenge zeitlich konstant ist.* Dabei tritt ein kleines Problem auf. Mechanische Energie wird in der Einheit $\mathrm{kg\,m^2 s^{-2}} =$ Joule angegeben, Wärmemenge in der Einheit cal = Kalorie. Wie viele Joule ist eine Kalorie wert? Die Antwort findet man experimentell:

Bei der Umwandlung von 4,18 Joule mechanischer Energie in Wärme (z.B. durch Reibung), entsteht eine Kalorie. Bei der Umwandlung von 0,24 Kalorien Wärme in mechanische Energie (z.B. mit einer Wärme-kraftmaschine), entsteht ein Joule.

Die einschlägigen Experimente zur Bestimmung dieses Umrechnungsfaktors (*mecha-nisches Wärmeäquivalent*) wurden vor rund 150 Jahren durchgeführt. Um Umrechnungen zu vermeiden, verzichtet man heutzutage auf die historische Kalorie und gibt Wärmemengen in Joule an.

19.1 Erster Hauptsatz und innere Energie U

Der erste Hauptsatz der Thermodynamik bezieht sich auf ein „System", dem eine kleine Wärmemenge ΔQ zugeführt wird. Ein System ist z.B. ein Mol Gas oder eine Taschenlampenbatterie. Im System ist die „innere Energie" U enthalten. Bei einem aus punktförmigen Atomen zusammengesetzten idealen Gas ist U einfach die gesamte kinetische Energie $\sum_i m_i v_i^2/2$ der kreuz und quer durcheinander fliegenden Gasatome. Zur inneren Energie einer Batterie trägt auch die potentielle Energie ihrer verschiedenen Bestandteile bei, die chemisch miteinander reagieren und so elektrische Energie erzeugen können. Ein System ist fähig, „äußere Arbeit" A zu verrichten. Ein Gas kann sich z.B. ausdehnen und dabei den Kolben einer Wärmekraftmaschine bewegen. Mit der Batterie läßt sich ein Elektromotor betreiben. Der erste Hauptsatz lautet nun:

Die einem System zugeführte Wärmemenge ΔQ ändert die innere Energie des Systems um ΔU oder wird vom System in äußere Arbeit ΔA verwandelt, und zwar gilt

$$\Delta Q = \Delta U + \Delta A \, . \tag{19.1}$$

Wir wollen (19.1) speziell auf ein Gas anwenden, das in ein Zylindergefäß (Abb.19.1) mit beweglichem Kolben gesperrt ist. Um den äußeren Luftdruck nicht mitberücksichtigen zu müssen, denken wir uns das Gefäß im luftleeren Raum. Das eingesperrte

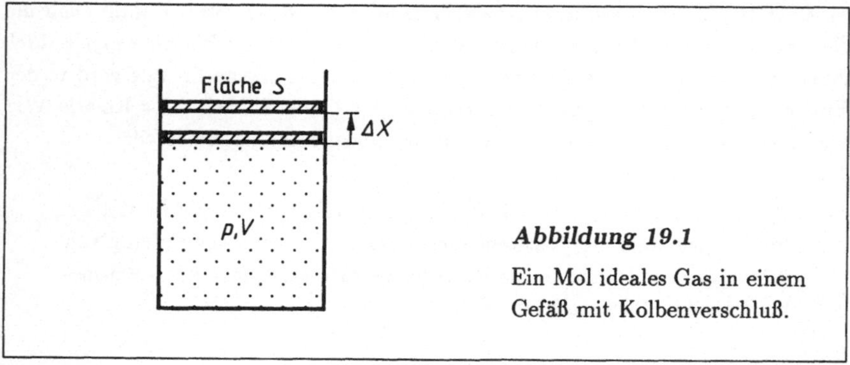

Abbildung 19.1

Ein Mol ideales Gas in einem Gefäß mit Kolbenverschluß.

Gas übt mit dem Druck p auf die Kolbenfläche S eine Kraft $F = pS$ aus. Wenn der

Kolben um die Strecke Δx verschoben wird, verrichtet es die Arbeit

$$\Delta A = F\Delta x = pS\Delta x = p\Delta V \,, \tag{19.2}$$

wobei $S\Delta x = \Delta V$ die Vergrößerung seines Volumens bedeutet. Einsetzen von (19.2) in (19.1) ergibt dann

$$\Delta Q = \Delta U + p\Delta V \,. \tag{19.3}$$

Diese Form des 1. Hauptsatzes gilt für ideale und reale Gase.

Für die folgende Betrachtung wird angenommen, daß der Zylinder aus Abb. 19.1 mit einem Mol idealem Gas gefüllt ist. Wir wollen die spezifische Wärme dieses Gases ermitteln. Bei Gasen ist es üblich, die spezifischen Molwärmen anzugeben und mit c zu bezeichnen. Weil das Gefäß Abb. 19.1 genau ein Mol Gas enthält, gilt ersichtlich

$$\Delta Q = c\Delta T \,. \tag{19.4}$$

Durch Einsetzen von (19.4) in (19.3) erhält man

$$c\Delta T = \Delta U + p\Delta V \,. \tag{19.5}$$

Eine c-Messung kann nun auf verschiedene Weisen durchgeführt werden. Man kann z.B. den Kolben festhalten, während das Gas durch Wärmezufuhr ΔQ um ΔT erwärmt wird. In diesem Fall ist das Gasvolumen $V = $ const oder $\Delta V = 0$. Die bei konstanten Volumen ermittelte Molwärme wird mit c_v bezeichnet. Aus (19.5) folgt dann wegen $\Delta V = 0$:

$$c_v\Delta T = \Delta U \qquad \text{oder} \qquad c_v = \frac{dU}{dT} \,. \tag{19.6}$$

Eine andere Möglichkeit besteht darin, die Erwärmung des Gases bei konstantem Druck p vorzunehmen. Dabei muß sich das Gas während der Erwärmung ausdehnen und nach außen Arbeit $p\Delta V$ verrichten können. Die so ermittelte Molwärme heißt c_p. Aus (19.5) ergibt sich dann

$$c_p \cdot \Delta T = \Delta U + p\Delta V = c_v\Delta T + p\Delta V \,. \tag{19.7}$$

Dabei wurde ΔU gemäß (19.6) durch $c_v\Delta T$ ersetzt.[1] Wir dividieren (19.7) durch ΔT und gehen vom Differenzen- zum Differentialquotienten über:

$$c_p = c_v + p\frac{dV}{dT} \,. \tag{19.8}$$

---

[1]Das ist zulässig, obwohl in (19.7) der Druck und in (19.6) das Volumen konstant gehalten wird – zulässig deshalb, weil sich die innere Energie eines idealen Gases (= kinetische Energie aller Gasatome) als eine vom Gasvolumen unabhängige Größe erweist (experimentell gesichert durch den Gay-Lussac-Versuch).

Um pdV/dT zu erhalten, differenzieren wir die ideale Gasgleichung $pV = RT$ nach T und beachten, daß im vorliegenden Fall $p = $ const ist:

$$\frac{d(pV)}{dT} = p\frac{dV}{dT} = \frac{d(RT)}{dT} = R \, . \tag{19.9}$$

Einsetzen in (19.8) ergibt dann nach einfacher Umordnung für die spezifischen Molwärmen c_p und c_v eines idealen Gases die experimentell nachprüfbare Relation:

$$c_p - c_v = R \, . \tag{19.10}$$

Die Messung von c_p ist verhältnismäßig einfach. Man läßt eine bekannte Gasmenge durch eine Heizanlage mit bekannter Heizleistung strömen und mißt die Temperaturerhöhung des Gases, dessen Druck sich bei dem Experiment praktisch nicht ändert. Eine c_v-Messung ist viel schwieriger, da der Gasbehälter, der für konstantes Volumen sorgt, eine störende Wärmekapazität besitzt. Es ist leichter, das Verhältnis

$$\kappa := c_p/c_v \tag{19.11}$$

zu messen und daraus $c_v = c_p/\kappa$ zu berechnen. κ spielt bei den im folgenden Abschnitt behandelten adiabatischen Zustandsänderungen eine Rolle.

19.2 Adiabatische Zustandsänderungen

In der Wärmelehre bezeichnet man einen Vorgang, bei dem das System keine Wärme mit seiner Umgebung austauscht ($\Delta Q = 0$), als „adiabatisch". Man muß das System dazu thermisch isolieren oder Vorgänge untersuchen, die so schnell ablaufen, daß Wärme aus Zeitgründen weder zu- noch abgeführt werden kann. Für das eine Mol ideale Gas im Zylindergefäß Abb. 19.1 folgt im adiabatischen Fall $\Delta Q = 0$ aus dem 1. Hauptsatz der Wärmelehre (19.3):

$$0 = \Delta U + p\Delta V = c_v\Delta T + \frac{RT}{V}\Delta V \, . \tag{19.12}$$

Das rechte Gleichheitszeichen gilt wegen (19.6) und der idealen Gasgleichung (18.5). Wenn man (19.12) durch $c_v \cdot T$ dividiert und von den Differenzen ΔV und ΔT zu den Differentialen dV und dT übergeht, erhält man

$$\frac{dT}{T} + \frac{R}{c_v} \cdot \frac{dV}{V} = 0 \, . \tag{19.13}$$

Weil $\int \frac{dx}{x} = \ln x + $ const   ist, folgt durch Integration von (19.13)

$$\ln T + \frac{R}{c_v}\ln V = \ln(TV^{R/c_v}) = \text{const} \tag{19.14}$$

und damit auch

$$TV^{R/c_v} = \text{const}. \tag{19.15}$$

Aus dieser Adiabatengleichung geht hervor, daß die Temperatur eines Gases steigt bzw. sinkt, wenn man sein Volumen adiabatisch verkleinert (Kompression) bzw. vergrößert (Expansion). Solche Vorgänge spielen sich in der Erdatmosphäre ab. Sie sind wetterbestimmend.

In (19.15) kann man T wegen der idealen Gasgleichung (18.5) durch pV/R ersetzen:

$$\frac{pV}{R}V^{R/c_v} = \frac{p}{R}V^{(R+c_v)/c_v} = \text{const}. \tag{19.16}$$

Der Exponent $(R+c_v)/c_v$ ist nun wegen (19.10) gerade das Verhältnis $c_p/c_v = \kappa$ der spezifischen Molwärmen bei konstantem Druck bzw. Volumen. Die Gaskonstante R läßt sich mit der Konstanten auf der rechten Seite von (19.16) zusammenfassen, so daß

$$pV^\kappa = \text{const}. \tag{19.17}$$

Man nennt (19.17) die „Poissonsche Gleichung". Sie gilt, um es noch einmal zu sagen, für *adiabatische* Zustandsänderungen ($\Delta Q = 0$) idealer Gase. Für *isotherme* Zustandsänderungen ($\Delta T = 0$) idealer Gase gilt das „Boyle-Mariottesche Gesetz" $pV = \text{const}$ (18.4).

Zur Messung von κ eignet sich z.B. die in Abb. 19.2 dargestellte Anordnung. In einer großen Flasche mit dem Volumen V befindet sich ein Mol des zu untersuchenden Ga-

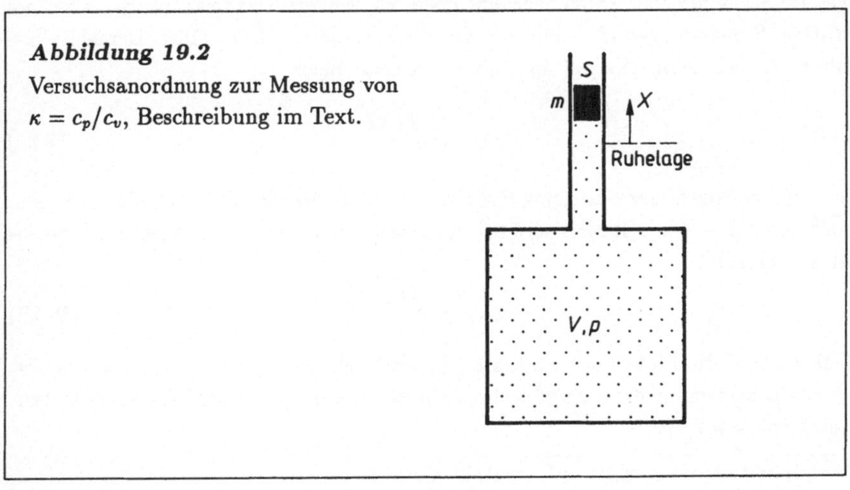

Abbildung 19.2
Versuchsanordnung zur Messung von
$\kappa = c_p/c_v$, Beschreibung im Text.

ses. Auf die Flasche ist ein Glasrohr gesetzt, in dem sich ein genau passendes zylindrisches Metallstück der Masse m auf und ab bewegen kann. Wenn man das Metallstück aus seiner Gleichgewichtslage herauslenkt und dann frei läßt, schwingt es mit einer meßbaren Kreisfrequenz ω um die Ruhelage herum. Aus ω kann man κ entnehmen, wie sich aus der nun folgenden Betrachtung ergibt: Bei der Schwingung wird das Gas abwechselnd komprimiert und expandiert. Die damit verbundenen Erwärmungen und Abkühlungen verlaufen so schnell, daß zwischen dem Gas und seiner Umgebung kein Wärmeaustausch stattfindet. Die Änderungen erfolgen also adiabatisch und (19.17) ist gültig. Wenn wir (19.17) einer kleinen Änderung Δ unterwerfen, erhalten wir mit den Regeln der Differentialrechnung

$$\Delta(pV^\kappa) = \Delta p \cdot V^\kappa + p \cdot \kappa V^{\kappa-1} \Delta V = 0, \tag{19.18}$$

und daraus, nach Division durch V^κ und unter Verwendung von $pV = RT$,

$$\Delta p = -p\kappa \frac{V^{\kappa-1}}{V^\kappa} \cdot \Delta V = -\frac{\kappa RT}{V^2} \cdot \Delta V \ . \tag{19.19}$$

Bei der Versuchsanordnung Abb. 19.2 hängt die Volumenänderung ΔV mit der Querschnittsfläche S des Aufsatzrohres und der Auslenkung x des schwingenden Metallzylinders zusammen, $\Delta V = Sx$. Um die Kraft F zu erhalten, die das Gas auf den Metallzylinder ausübt, multiplizieren wir den Überdruck Δp aus (19.19) mit S:

$$F = -\kappa RT(S/V)^2 \cdot x =: -Dx \ . \tag{19.20}$$

Der konstante Faktor vor x wurde mit D bezeichnet, um an das formal gleiche Kraftgesetz (8.1) einer elastischen Schraubenfeder zu erinnern, das bekanntlich zu harmonischen Schwingungen (8.3) mit der Kreisfrequenz $\omega = \sqrt{D/m}$ führt. Der Metallzylinder der Masse m schwingt also mit der Kreisfrequenz

$$\omega = \frac{S}{V}\sqrt{\frac{\kappa RT}{m}} \tag{19.21}$$

auf und ab. Aus dieser Beziehung läßt sich κ erhalten, da alle übrigen Größen bequem meßbar sind. – Ohne Beweis sei noch mitgeteilt, daß κ auch in die Schallgeschwindigkeit eingeht:

$$v_{\text{Schall}} = \sqrt{\frac{\kappa RT}{M}} \ . \tag{19.22}$$

Dabei ist M die Molmasse[2] des Gases, in dem sich der Schall ausbreitet. v_{Schall} ist ebenfalls bequem meßbar. Es gibt also mehrere experimentelle Verfahren zur Bestimmung von $\kappa = c_p/c_v$.

---

[2]Das ist die Masse der $6{,}02 \cdot 10^{23}$ Moleküle eines Mols.

Gas	He	Ar	H_2	O_2	N_2	CO_2
c_p	5,00	4,99	6,89	6,95	7,01	8,80
κ	1,63	1,65	1,41	1,40	1,40	1,29
$c_p - c_v = c_p(1 - \dfrac{1}{\kappa})$	1,94	1,97	2,00	1,99	2,00	1,99

Tabelle 19.1: Spezifische Molwärmen von Gasen bei 20°C. Die Größen c_p und $c_p - c_v$ sind in der Einheit cal/mol· Grad angegeben.

19.3 Ein quantitativer Test

Wir sind jetzt in der Lage, die aus dem 1. Hauptsatz und der idealen Gasgleichung abgeleitete Beziehung (19.10) $c_p - c_v = R$ quantitativ mit der Erfahrung zu vergleichen. Zu diesem Zweck sind in Tabelle 19.1 einige Daten für sechs verschiedene Gase zusammengestellt. c_p und κ sind die eigentlichen Meßgrößen, aus denen die in der unteren Zeile aufgeführten Differenzen $c_p - c_v = c_p(1 - c_v/c_p) = c_p(1 - 1/\kappa)$ berechnet wurden. $c_p - c_v$ erweist sich für alle sechs Gase als nahezu[3] gleich groß, im Mittel 1,98 cal/mol· Grad. Mit dem mechanischen Wärmeäquivalent 1 cal = 4,18 J wird daraus $c_p - c_v = 1,98 \cdot 4,18$ J/mol· Grad $\approx 8,3$ J/mol· Grad. Letzteres ist aber genau der Wert der allgemeinen Gaskonstanten R, die in der Zustandsgleichung $pV = RT$ für ein Mol ideales Gas vorkommt. Die Relation $c_p - c_v = R$ ist also mit der Erfahrung im Einklang. Sie geht übrigens auf Robert Mayer, den Entdecker des 1. Hauptsatzes, zurück. Er hat sie nicht nur abgeleitet, sondern auch zur Bestimmung des mechanischen Wärmeäquivalents benutzt.

---

[3]Die geringen Abweichungen der angegebenen $(c_p - c_v)$-Werte vom Mittelwert 1,98 cal/mol· Grad sind nicht etwa Meßfehler, sondern dadurch bedingt, daß sich die Gase unter den vorliegenden Bedingungen nur näherungsweise „ideal" verhalten.

Kapitel 20

Der zweite Hauptsatz der Wärmelehre

Zur Entdeckung des zweiten Hauptsatzes hat der junge französische Ingenieur Sadi
Carnot (1796-1832) wesentliche Vorarbeit geleistet. Carnot dachte über den Wir-
kungsgrad von Wärmekraftmaschinen nach und erfand in diesem Zusammenhang die
„Carnotmaschine", die einen „Carnotschen Kreisprozeß" durchläuft.

20.1 Der Carnotsche Kreisprozeß

Die Carnotmaschine Abb. 20.1α besteht aus einem Zylinder mit Kolben, der über ein
Gestänge ein Schwungrad antreibt. Im Zylinder befindet sich ein Mol ideales Gas,
dessen Druck auf den Kolben die Antriebskraft liefert. Wenn die Maschine läuft,

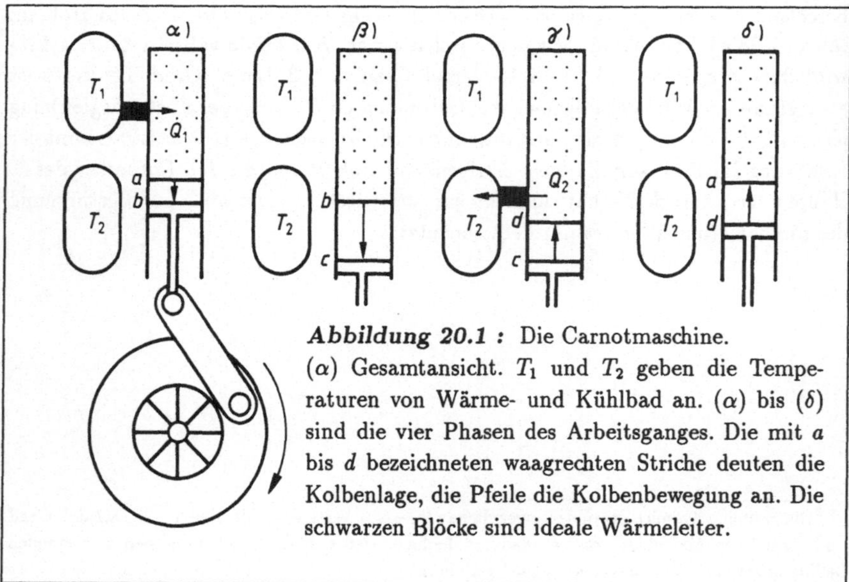

Abbildung 20.1 : Die Carnotmaschine.
(α) Gesamtansicht. T_1 und T_2 geben die Temperaturen von Wärme- und Kühlbad an. (α) bis (δ)
sind die vier Phasen des Arbeitsganges. Die mit *a*
bis *d* bezeichneten waagrechten Striche deuten die
Kolbenlage, die Pfeile die Kolbenbewegung an. Die
schwarzen Blöcke sind ideale Wärmeleiter.

ändert sich das Gasvolumen periodisch. Die Zustandsänderung des Gases erfolgt teils adiabatisch – das Gas ist dann von seiner Umgebung thermisch isoliert – und teils isotherm – das Gas ist dann entweder mit einem Wärmebad der Temperatur T_1 oder mit einem Kühlbad der Temperatur T_2 in thermischem Kontakt. Das Wärmebad kann z.B. ein Kessel mit siedendem Wasser, das Kühlbad ein Gefäß mit Eiswasser sein. Die Carnotmaschine ist in der Lage, Wärme in mechanische Arbeit zu verwandeln, und zwar in folgender Weise (vgl. Abb. 20.1α bis δ): Der Gaszylinder hat in der Arbeitsphase α thermischen Kontakt mit dem Wärmebad; der Kolben bewegt sich von a nach b; das Gasvolumen vergrößert sich isotherm bei der Temperatur T_1 von V_a auf V_b. Dabei strömt die Wärmemenge Q_1 aus dem Wärmebad in den Gaszylinder. In der Arbeitsphase β ist der Wärmekontakt mit den Temperaturbädern unterbrochen; das Gasvolumen expandiert adiabatisch von V_b auf V_c. Die Gastemperatur kühlt sich dabei von T_1 auf T_2 ab. Jetzt wird das Gas thermisch mit dem Kühlbad der Temperatur T_2 kontaktiert und in der Arbeitsphase γ isotherm von V_c auf V_d komprimiert. Dabei strömt die Wärmemenge Q_2 aus dem Gaszylinder in das Kühlbad. In der letzten Arbeitsphase δ ist der Kontakt mit den Bädern wieder unterbrochen. Das Gas wird adiabatisch von V_d auf V_a komprimiert, wobei die Temperatur von T_2 auf T_1 ansteigt. Das Gas ist dann im selben Zustand (V_a, T_1) wie zu Beginn des Kreisprozesses; das Schwungrad hat sich einmal herumgedreht.

Bevor wir den Carnotschen Kreisprozeß auswerten, betrachten wir seine graphische Darstellung Abb. 20.2 in der (p, V)-Ebene. Die mit T_1 und T_2 gekennzeichneten Hy-

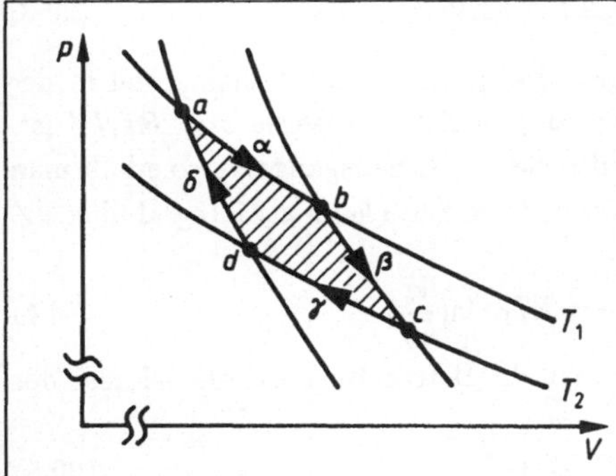

Abbildung 20.2

Darstellung des Carnotschen Kreisprozesses als (p, V)-Diagramm. Die schraffierte Fläche $\oint p\,dV$ ist die pro Zyklus gewonnene mechanische Arbeit.

perbeln $pV = $ const sind die zu diesen beiden Temperaturen gehörigen „Isothermen". Die beiden anderen Kurven sind sog. „Adiabaten", die man erhält, wenn man die Poissonsche Gleichung $pV^\kappa = $ const (19.17) graphisch darstellt. Weil $\kappa > 1$ ist, fallen die Adiabaten steiler aus als die Isothermen. Beim Carnot-Prozeß wird das Diagramm in der Reihenfolge $a \rightarrow b \rightarrow c \rightarrow d \rightarrow a$ durchlaufen. Die umfahrene Fläche $\oint p\,dV$, in

Abb. 20.2 schraffiert, ist die pro Zyklus gewonnene mechanische Arbeit A.

Ein zum Profitdenken angehaltener Maschinenbauer könnte nun etwa wie folgt argumentieren: Die gewonnene Arbeit A ist verkäuflich, z.B. nachdem sie mit Hilfe eines Stromgenerators in elektrische Energie verwandelt worden ist. Die aus dem Wärmebehälter entnommene Wärmemenge Q_1 muß investiert werden, z.B. durch Verbrennen von Öl. Die Wärme Q_2 geht ins Kühlsystem und bringt – außer Ärger mit den Umweltschutzbehörden wegen der thermischen Verseuchung unserer Flüsse – weiter nichts ein. Deswegen ist das Verhältnis

$$\eta := A/Q_1 \,, \tag{20.1}$$

das man den „Wirkungsgrad" der Wärmekraftmaschine nennt, ein Maß für die wirtschaftliche Effektivität. Je größer η, um so größer ist der wirtschaftliche Gewinn.

Wir wollen den Wirkungsgrad der Carnotmaschine berechnen. Die Maschine soll ohne Reibungsverluste arbeiten. Dann muß die Wärmemenge $Q_1 - Q_2$, die beim Carnotschen Kreisprozeß verbraucht wurde, wegen des 1. Hauptsatzes der Wärmelehre in Arbeit verwandelt worden sein, also $A = Q_1 - Q_2$. Anstelle von (20.1) können wir daher schreiben:

$$\eta_c = \frac{Q_1 - Q_2}{Q_1} \,. \tag{20.2}$$

Der Index c bedeutet „Carnot". Um Q_1 zu berechnen, wenden wir den 1. Hauptsatz (19.3) auf ein kleines Stück des Arbeitsganges α der Abb. 20.1 an:

$$\Delta Q = \Delta U + p\Delta V = c_v \Delta T + p\Delta V = \frac{RT_1}{V}\Delta V \,. \tag{20.3}$$

Das mittlere Gleichheitszeichen gilt wegen (19.6), das rechte deshalb, weil in der isothermen α-Phase $T = T_1 = $ const und folglich $\Delta T = 0$ sowie $p = RT_1/V$ ist. Summiert man (20.3) über alle kleinen Teilstücke des Arbeitsganges α, so erhält man auf der linken Seite Q_1. Die Summe auf der rechten Seite kann als Integral über dV ausgeführt werden:

$$Q_1 = RT_1 \int_a^b \frac{dV}{V} = RT_1 \cdot \ln\left(\frac{V_b}{V_a}\right) \,. \tag{20.4}$$

Auf dieselbe Weise findet man Q_2, wenn man die Betrachtung auf die γ-Phase der Abb. 20.1 anwendet:

$$-Q_2 = RT_2 \cdot \ln\left(\frac{V_d}{V_c}\right) \,. \tag{20.5}$$

Das Minuszeichen tritt auf, weil Q_2 nicht zu-, sondern abgeführt wird. Die in (20.4) und (20.5) auftretenden Volumenverhältnisse sind miteinander verknüpft. Das folgt aus der Adiabatengleichung $TV^{R/c_v} = $ const (19.15). Ein Blick auf Abb. 20.2 zeigt, daß die Punktepaare (b,c) bzw. (a,d) auf Adiabaten liegen, daß also

$$T_1 V_b^{R/c_v} = T_2 V_c^{R/c_v} \quad \text{bzw.} \quad T_1 V_a^{R/c_v} = T_2 V_d^{R/c_v} \,.$$

Wenn man beide Gleichungen durcheinander dividiert, fallen die Temperaturen heraus und es bleibt (nach Weglassen des überall gleichen Exponenten R/c_v)

$$V_b/V_a = V_c/V_d \; . \tag{20.6}$$

Damit läßt sich (20.5) umschreiben:

$$Q_2 = RT_2 \cdot \ln(\frac{V_b}{V_a}) \; . \tag{20.7}$$

Um zum gesuchten Wirkungsgrad zu gelangen, setzen wir nun Q_1 aus (20.4) und Q_2 aus (20.7) in (20.2) ein und erhalten nach Herauskürzen des im Zähler und Nenner gemeinsam auftretenden Terms $R\ln(V_b/V_a)$:

$$\eta_c = \frac{T_1 - T_2}{T_1} \; . \tag{20.8}$$

Der Wirkungsgrad einer Carnotmaschine hängt also nur von den Temperaturen des Wärme- und Kältebades ab.

20.2 Reversible und irreversible Vorgänge

Bevor wir den 2. Hauptsatz formulieren, müssen wir die Begriffe *reversibel* und *irreversibel* erläutern. Diese Begriffe sind Atribute von Vorgängen, die sich im Laufe der Zeit abspielen. Wenn von irgend einem Vorgang ein Film hergestellt und dann zeitumgekehrt vorgeführt wird, können zwei Fälle eintreten. Fall I: Man merkt gar nicht, daß der Film rückwärts läuft, weil das Geschehen auf der Leinwand wie ein natürlicher Vorgäng aussieht. Fall II: Man merkt sehr wohl, daß der Film rückwärts läuft, weil das Geschehen auf der Leinwand unnatürlich, vielleicht sogar lächerlich wirkt. Beispiel zu I: Ein Gas wird adiabatisch komprimiert und erwärmt sich. Beispiel zu II: Viele über den Boden verteilte Glasscherben fügen sich zu einem liegenden Weinglas zusammen, das dann auf einen Tisch springt und dort stehenbleibt. Vorgänge vom Typ I bzw. II heißen „reversibel" bzw. „irreversibel".

Ein relativ einfacher irreversibler Prozeß ist der Temperaturausgleich. Wenn man einen heißen und einen kalten Gegenstand in thermischen Kontakt bringt, fließt solange Wärme vom heißen zum kalten Körper, bis sich eine einheitliche Endtemperatur eingestellt hat. Man nennt diesen Endzustand den „Gleichgewichtszustand". Vorher war das System nicht im Gleichgewicht. Ein anderer irreversibler Vorgang ist der Druckausgleich durch ausströmendes Gas, der z.B. beim Öffnen einer Sektflasche auftritt. Auch in diesem Fall stellt sich schließlich ein Gleichgewichtszustand ein. Daß Temperatur- und Druckausagleichsprozesse irreversibel verlaufen, können Sie sich leicht klar machen, wenn Sie sich die rückwärts abgespielten Filme vorstellen.

Wir entnehmen aus dem Ablauf der beschriebenen Ausgleichsvorgänge einerseits, daß ein System, welches nicht im Gleichgewicht ist, mit der Zeit einem Gleichgewichtszustand zustrebt, und andererseits, daß die Einstellung des Gleichgewichtszustandes ein irreversibler Vorgang ist. In einem System spielen sich also ohne äußeres Zutun irreversible Prozesse ab, wenn es sich nicht im Gleichgewicht befindet. Nach diesen Bemerkungen wird die folgende Definition der Reversibilität verständlich:

> Reversible Prozesse bestehen aus einer stetig zusammenhängenden Folge von Gleichgewichtszuständen, die zeitlich nacheinander durchlaufen werden.

Um Gleichgewichtsstörungen (endliche Druck- und Temperaturdifferenzen) zu vermeiden, sollte der Prozeßablauf hinreichend langsam erfolgen.

Der Carnotsche Kreisprozeß ist ein reversibler Vorgang. Wir können die Carnotmaschine nämlich auch rückwärts laufen lassen. Ein Blick auf Abb. 20.1 zeigt, was das bedeutet: Man dreht das Schwungrad z.B. mit Hilfe einer Kurbel entgegengesetzt zum Uhrzeigersinn und steckt auf diese Weise mechanische Arbeit A in das System hinein. A wird zusammen mit der Wärmemenge Q_2, die dem T_2-Kühlbad entzogen wurde, als Wärmemenge $Q_1 = A + Q_2$ dem T_1-Wärmebad zugeführt. Eine rückwärtslaufende Carnotmaschine kann also als Kälteanlage eingesetzt werden, da sie den Kühlbehälter durch Wärmeentzug abkühlt.

20.3 Zweiter Hauptsatz und Temperatur

Angenommen, wir hätten neben einer Carnotmaschine C noch eine zweite periodisch und reversibel arbeitende Wärmekraftmaschine X, die keine Carnotmaschine sein soll, mit dieser aber gemeinsam hat, daß sie aus einem Wärmebad eine Wärmemenge Q_x entnimmt, davon den Bruchteil $\eta_x Q_x = A_x$ in mechanische Arbeit verwandelt (η_x ist also der Wirkungsgrad der X-Maschine) und die Restwärme $Q_x - A_x = Q_2$ in ein Kühlbad abführt. Wir könnten mit dieser X- Maschine und der C-Maschine eine raffinierte Maschinenkombination herstellen, die schematisch in Abb. 20.3 dargestellt ist. Als Wärmebad mit der Temperatur T_1 verwenden wir das Weltmeer, dem man praktisch unbegrenzt Wärme entziehen kann. Als Kühlbad mit der Temperatur T_2 richten wir z.B. eine Badewanne mit Eiswasser her. Die Maschine X entnimmt dem Weltmeer die Wärmemenge Q_x, erzeugt die Arbeit $A_x = \eta_x Q_x$ und führt die Wärmemenge Q_2 an das Eiswasser ab. Damit das kostspielige Eis nicht auftaut, holt die als

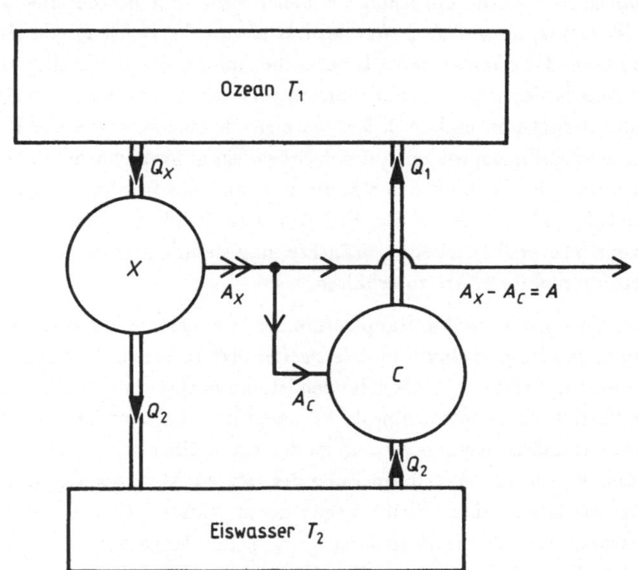

Abbildung 20.3:   Die Kombination einer reversibel arbeitenden Wärmekraft-maschine X mit einer Carnotmaschine C als Versuch, ein perpetuum mobile 2. Art herzustellen.

Kühlanlage betriebene rückwärtslaufende Carnotmaschine die Wärmemenge Q_2 wieder aus dem Eiswasser heraus. Dazu benötigt sie die mechanische Arbeit $A_c = \eta_c Q_1$, die von der Arbeit A_x der X-Maschine abgezweigt wird. Die Differenz

$$A = A_x - A_c = \eta_x Q_x - \eta_c Q_1 \tag{20.9}$$

ist offenbar die von der Maschinenkombination erzeugte mechanische Arbeit. Wegen des 1. Hauptsatzes (Energieerhaltung) ist A andererseits gleich der Wärmemenge $Q_x - Q_1$, die dem Weltmeer entzogen wurde. Ersetzt man dementsprechend Q_1 in (20.9) durch $Q_x - A$, so erhält man nach einfacher Umformung

$$A(1 - \eta_c) = (\eta_x - \eta_c)Q_x \,. \tag{20.10}$$

Es können nun drei Fälle eintreten. Die Maschinenkombination ist so beschaffen, daß entweder

$$A > 0 \qquad \text{oder} \qquad A < 0 \qquad \text{oder} \qquad A = 0 \tag{20.11}$$

ist. Im Fall $A > 0$ würde die Anlage Arbeit liefern. Wir hätten eine *periodisch arbeitende Maschine, die nichts weiter bewirkt als die Verrichtung von Arbeit und die Abkühlung eines Wärmereservoirs.* Eine solche Anlage, die gleichzeitig als Motor und Kältemaschine laufen würde, nennt man ein *perpetuum mobile zweiter Art.* Ein funktionierendes perpetuum mobile 2. Art wäre sicher eine sensationelle Erfindung, die das Energiebeschaffungsproblem auf der Erde elegant lösen würde; denn Wärme aus dem Weltmeer gibt es dank der ständigen Sonneneinstrahlung genug. – Der Fall $A < 0$ aus (20.11) läßt sich auf den Fall $A > 0$ zurückführen. Da die Anlage voraussetzungsgemäß reversibel arbeitet, bräuchte man sie nur rückwärts zu betreiben, um ein perpetuum mobile 2. Art zu erhalten.

Eine Formulierung des zweiten Hauptsatzes der Wärmelehre lautet: *Es ist unmöglich, ein funktionierendes perpetuum mobile zweiter Art zu bauen.* Zur Begründung wird darauf verwiesen, daß es noch nie gelungen ist, ein perpetuum mobile - gleich welcher Art[1] - in Betrieb zu nehmen, obwohl es Laien und Erfinder seit eh und je immer wieder probiert haben. Kehren wir nun zu den drei Fällen (20.11) zurück. Da sich die beiden Fälle $A > 0$ und $A < 0$ am Ende des letzten Absatzes als perpetua mobilia zweiter Art erwiesen haben, bleibt wegen deren Nichtexistenz nur der Fall $A = 0$ übrig, was nach (20.10) die Beziehung $\eta_x = \eta_c$ zur Folge hat. Wir gelangen so zu einer anderen Formulierung des zweiten Hauptsatzes:

Alle periodisch und reversibel arbeitenden Wärmekraftmaschinen, die zwischen einem Wärmebad und einem Kühlbad der Temperaturen T_1 und T_2 betrieben werden, haben – unabhängig von ihrer Bauweise – denselben Wirkungsgrad wie die Carnotmaschine:

$$\eta = \eta_c = \frac{T_1 - T_2}{T_1} \, . \tag{20.12}$$

Der Wirkungsgrad von periodisch und *irreversibel* arbeitenden Wärmekraftmaschinen, ist, wie man sich an Beispielen klarmachen kann, stets kleiner als η_c.

Der zweite Hauptsatz macht es möglich, die bisher nur vorläufig (mit einem „idealen Gasthermometer") festgelegte Temperaturskala endgültig zu definieren. Um die Temperaturen T_1 und T_2 zweier Körper zu vergleichen, betreibe man zwischen ihnen irgendeine *reversibel und periodisch arbeitende Wärmekraftmaschine* und messe die gewonnene Arbeit A sowie die Wärmemenge Q_1, die dem Körper mit der Temperatur T_1 entzogen wurde. Der daraus berechnete Wirkungsgrad $A/Q_1 = \eta$ ist

---

[1]Unter einem perpetuum mobile 1. Art versteht man eine periodisch arbeitende Maschine, welche mechanische Arbeit A aus dem Nichts erzeugt - im Widerspruch zum 1. Hauptsatz der Wärmelehre. Ein perpetuum mobile 2. Art verletzt den 1. Hauptsatz nicht.

wegen des 2. Hauptsatzes (20.12) durch $\eta = (T_1 - T_2)/T_1$ gegeben, woraus sich $T_2 = T_1(1 - \eta) = T_1(1 - A/Q_1)$ ergibt. Wenn T_1 bekannt ist – z.B. per definitionem $T_1 = 373{,}15$ K für siedendes Wasser bei Normaldruck –, kennt man dann auch T_2. Der wesentliche Punkt dieser „thermodynamischen Temperaturskala" ist, daß man *irgendeine* der oben charakterisierten Wärmekraftmaschinen verwenden kann, z.B. eine Carnotmaschine, die nicht mit *idealem*, sondern mit *realem* Gas gefüllt ist.

20.4 Die Dampfdruckkurve

Als Anwendungsbeispiel des 2. Hauptsatzes wollen wir die Dampfdruckkurve einer Flüssigkeit ableiten. Betrachte dazu Abb. 20.4. Die Abbildung zeigt ein Gefäß,

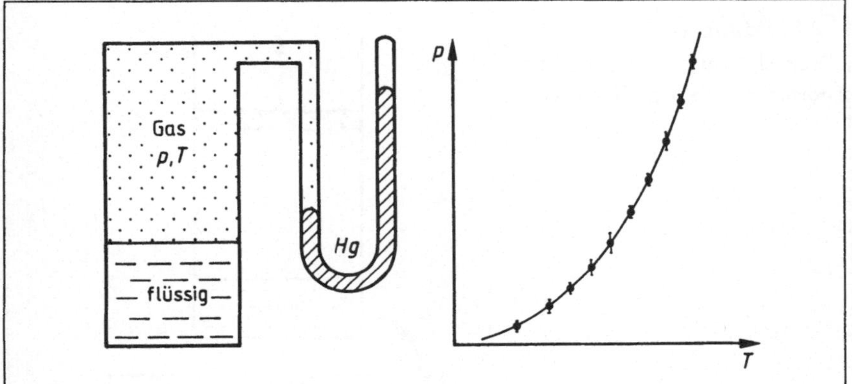

Abbildung 20.4: Die Messung des Dampfdrucks p einer Substanz in einem abgeschlossenen Gefäß (links) erfolgt mit Hilfe eines Quecksilberbarometers. Trägt man die gemessenen p-Werte gegen die Temperatur T auf, erhält man die Dampfdruckkurve (rechts).

das in ein Quecksilberbarometer einmündet und durch Eintauchen in Wärmebäder (nicht mitgezeichnet) auf verschiedene Temperaturen T gebracht werden kann. Das Gefäß enthält eine Flüssigkeit, z.B. Wasser, über der sich durch Verdunsten der zugehörige Dampf, z.B. Wasserdampf, gebildet hat. Der Dampf (= Gas) übt auf die Gefäßwände den Druck p aus, der mit dem Quecksilberbarometer gemessen wird. Bei Temperaturerhöhung steigt der Dampfdruck kräftig an. Die experimentell gefundene Temperaturabhängigkeit des Druckes zeigt den in Abb. 20.4 dargestellten Verlauf, der sich, wie man durch Probieren herausfindet, recht gut durch die Formel

$$p(T) = p_o e^{-Q_v/RT} \tag{20.13}$$

reproduzieren läßt. R ist die allgemeine Gaskonstante. Die für die Substanz charakteristischen Konstanten p_o und Q_v werden so gewählt, daß die Formel (20.13) den gemessenen Zusammenhang $p(T)$ möglichst gut wiedergibt. Q_v erweist sich dabei als die molare Verdampfungswärme der Substanz, das ist die Wärmemenge, die man aufwenden muß, um ein Mol Flüssigkeit zu verdampfen. Soweit das experimentelle Resultat.

Es ist nun möglich, die Dampfdruckkurve (20.13) mit Hilfe des 2. Hauptsatzes der Wärmelehre zu berechnen. Wir stellen uns dazu die in Abb. 20.5 dargestellte, pe-

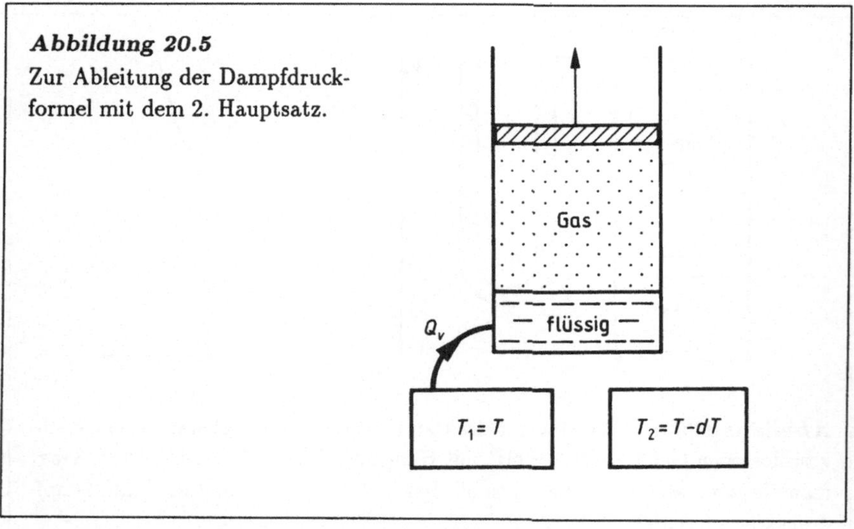

Abbildung 20.5
Zur Ableitung der Dampfdruckformel mit dem 2. Hauptsatz.

riodisch und reversibel arbeitende Wärmekraftmaschine vor: Ein Zylindergefäß mit beweglichem Kolbenverschluß wird mit einem Mol der interessierenden Flüssigkeit gefüllt. Es stehen zwei Wärmebäder mit den Temperaturen T_1 und T_2 zur Verfügung. Die Temperaturen seien nur infinitesimal um dT verschieden, so daß man $T_1 = T$ und $T_2 = T - dT$ setzen kann. Zu Beginn sei die Substanz vollständig flüssig; der Kolben bedeckt die Flüssigkeitsoberfläche. Das Volumen der Flüssigkeit werde mit V_{fl} bezeichnet. Der Zylinder habe thermischen Kontakt mit dem T_1-Bad. Wenn der Kolben langsam angehoben wird, verdampft ein Teil der Flüssigkeit, und es stellt sich über der Flüssigkeitsoberfläche der zu $T_1 = T$ gehörige Dampfdruck $p(T)$ ein.

Der Kolben wird solange gehoben, bis die Flüssigkeit vollständig verdampft ist. Der Dampf (= Gas) nehme das Volumen V_g ein. Bei diesem Verdampfungsvorgang verrichtet die Maschine ersichtlich die Arbeit $p(T_1) \cdot \Delta V = p(T) \cdot (V_g - V_{fl})$. Da genau ein Mol verdampft, strömt dabei die molare Verdampfungswärme Q_v aus dem „warmen" T_1-Bad in das System. Als nächstes wird das Gas vom T_1-Bad getrennt, durch eine infinitesimale adiabatische Expansion auf die Temperatur $T_2 = T - dT$ abgekühlt und mit dem „kalten" T_2-Bad in Kontakt gebracht. Durch langsame Abwärtsbewegung des Kolbens wird das Gas dann wieder verflüssigt. Im Gas herrscht dabei der zu $T_2 = T - dT$ gehörige Dampfdruck $p(T - dT) = p(T) - dp$. Zur Verflüssigung muß die Kompressionsarbeit $p(T_2) \cdot \Delta V = (p(T) - dp)(V_g - V_{fl})$ aufgebracht werden. Insgesamt wird also die Arbeit

$$A = p(T_1) \cdot \Delta V - p(T_2) \cdot \Delta V = dp \cdot (V_g - V_{fl}) \qquad (20.14)$$

gewonnen. Durch eine infinitesimale adiabatische Kompression der Flüssigkeit kehrt man schließlich zum Anfangsstadium zurück.

Der Vorgang stellt offenbar eine reversibel arbeitende Wärmekraftmaschine dar. Ihr in (20.1) definierten Wirkungsgrad η, das ist die gewonnene Arbeit A dividiert durch die aus dem T_1-Wärmebad entnommene Verdampfungswärme Q_v, beträgt nach (20.15):

$$\eta = \frac{(V_g - V_{fl}) \cdot dp}{Q_v} \, . \qquad (20.15)$$

Andererseits ist η wegen des 2. Hauptsatzes durch $(T_1 - T_2)/T_1 = dT/T$ gegeben, so daß

$$\frac{dT}{T} = \frac{V_g - V_{fl}}{Q_v} \cdot dp \, . \qquad (20.16)$$

Um zur Dampfdruckformel (20.13) zu gelangen, vernachlässigt man in (20.16) das Flüssigkeitsvolumen neben dem Gasvolumen (in typischen Fällen ist $V_{fl} \sim 10^{-3} V_g$) und ersetzt V_g durch RT/p, wenn auch die ideale Gasgleichung hier nur näherungsweise gültig ist. Dann folgt aus (20.16) nach einfacher Umformung:

$$\frac{dp}{p} = \frac{Q_v}{R} \cdot \frac{dT}{T^2} \qquad (20.17)$$

oder, wegen $\dfrac{dp}{p} = d\ln p$ und $\dfrac{dT}{T^2} = -d(\dfrac{1}{T})$, nach Integration von (20.17):

$$\ln p = -\frac{Q_v}{R} \cdot \frac{1}{T} + \text{const} =: -\frac{Q_v}{RT} + \ln p_o \, . \qquad (20.18)$$

Die Integrationskonstante $\ln p_o$ muß experimentell bestimmt werden. Wenn wir die beiden Seiten von (20.18) in den Exponenten von $e = 2{,}71828...$ (Basis der natürlichen

Logarithmen) erheben, erhalten wir:

$$p = p_o e^{-Q_v/RT} \, , \tag{20.19}$$

und das ist genau die experimentell gefundene Dampfdruckformel (20.13). Dieses
Beispiel zeigt, wie man mit Hilfe des 2.Hauptsatzes experimentell nachprüfbare Aus-
sagen gewinnen kann. Es gibt zahlreiche ähnlich gelagerte oder auch andersgeartete
Folgerungen aus dem 2.Hauptsatz, die alle mit der Erfahrung übereinstimmen. Dieser
Umstand ist wohl die Hauptstütze für die Richtigkeit der eigentümlichen Behauptung
von der Nicht-Existenz eines perpetuum mobiles zweiter Art.

20.5   Die Clausius-Clapeyron-Gleichung

Gleichung (20.16) ist verallgemeinerungsfähig. Eine vorgegebene Substanz kann in
verschiedenen „Phasen" – damit sind z.B. Aggregatzustände oder Kristallstrukturen gemeint – vorkommen. Zwischen zwei Phasen a und b herrscht bei vorgegebener Temperatur T ein definierter Gleichgewichtsdruck $p(T)$, den man im Prinzip
wie in Abb. 20.6 messen kann (Beispiel: a = Eis, b = Wasser). Um die a- in die b-

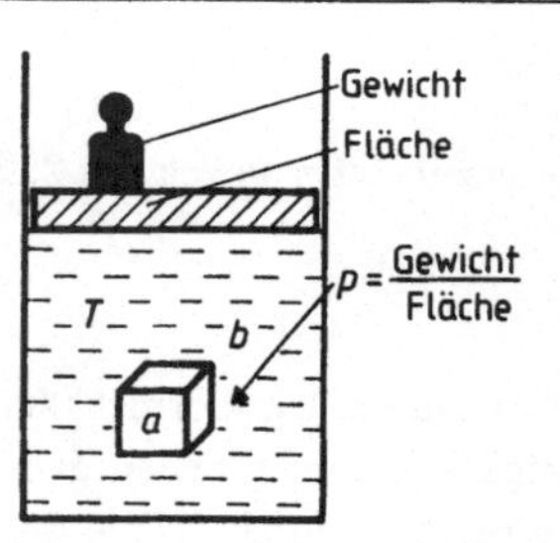

Abbildung 20.6
Zwischen der festen (a) und flüssigen (b)
Phase einer Substanz herrscht bei vorgegebener Temperatur T ein wohldefinierter
Gleichgewichtsdruck p. Wählt man das für
den Druck zuständige Gewicht zu groß oder
zu klein, so verschwindet eine Phase auf Kosten der anderen.

Phase zu überführen, ist die Umwandlungswärme Q_{ab} erforderlich (Beispiel: $Q_{ab} =$
Schmelzwärme des Eises). Wenn man die Temperatur infinitesimal um dT verändert,
so ändert sich der Gleichgewichtsdruck um dp, und es gilt analog zu (20.16):

$$\frac{dT}{T} = \frac{V_b - V_a}{Q_{ab}} \cdot dp \, . \tag{20.20}$$

Man nennt (20.20) die *Clausius-Clapeyron-Gleichung*. Wenden wir sie auf das Schmel-
zen von Eis an: Da Eisberge schwimmen, ist das Eisvolumen V_a größer als das Volumen
V_b des Schmelzwassers. $(V_b - V_a)/Q_{ab}$ ist also eine negative Größe. Daher haben dp

und dT in (20.20) entgegengesetzte Vorzeichen. Folglich nimmt die Schmelztemperatur T des Eises ab, wenn man Eis unter Druck setzt. Deshalb „fließen" Gletscher, deren tiefen Schichten wegen des Gletschergewichtes unter hohem Druck stehen, ins Tal.

20.6 Phasendiagramme

Das Auftreten eines Stoffes in mehreren Phasen, die auf der zugehörigen Zustandsfläche Abb. 18.10 durch „Stufen" voneinander getrennt sind, läßt sich in einem sog. *Phasendiagramm* darstellen. Das (schematisch vereinfachte) Phasendiagramm von H_2O hat beispielsweise die in Abb. 20.7 gezeigte Struktur. Man trägt den zwischen

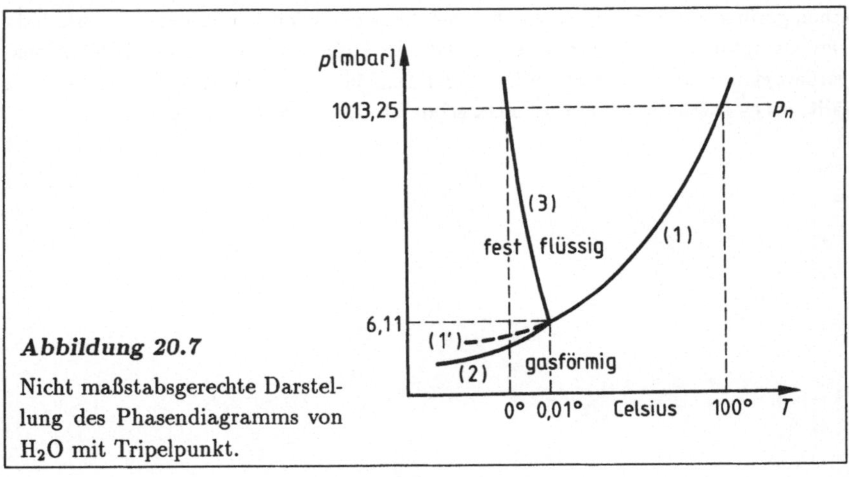

Abbildung 20.7

Nicht maßstabsgerechte Darstellung des Phasendiagramms von H_2O mit Tripelpunkt.

verschiedenen Phasen herrschenden Gleichgewichtsdruck p gegen die Temperatur T auf, die hier ausnahmsweise in Celsiusgraden angegeben wird. (1) ist die Dampfdruckkurve von flüssigem Wasser, (2) ist die Dampfdruckkurve von festem Eis. Für (p, T)-Werte unterhalb der Dampfdruckkurven liegt H_2O als Gas vor. Bei $T = 100°C$ erreicht der Dampfdruck des Wassers den atmosphärischen Normaldruck $p_n = 1013,25\,\text{mbar}$, d.h. das Wasser siedet. Kurve (3), die das Gebiet über den Kurven (1) und (2) in die Bereiche flüssig und fest einteilt, stellt den Gleichgewichtsdruck zwischen Wasser und Eis dar. Bei Normaldruck p_n und der Temperatur $T = 0°C$ schmilzt Eis. Weil die Schmelztemperatur von Eis mit wachsendem Druck abnimmt, ist Kurve (3) etwas nach links geneigt. Der den Kurven (1), (2) und (3) gemeinsame Punkt heißt *Tripelpunkt*. Am Tripelpunkt sind die drei Phasen fest, flüssig und gasförmig im Gleichgewicht. Er liegt für H_2O bei $p = 6{,}11$ mbar und $T = 0{,}010°C = 273{,}16$ K.

Wenn man die Dampfdruckkurve (1) des flüssigen Wassers über den Tripelpunkt zu kleineren Temperaturen extrapoliert, erhält man die in Abb. 20.7 mit (1') bezeichnete Dampfdruckkurve für unterkühltes Wasser. Die Erstarrung von kaltem Wasser zu Eis geht in der Regel von sog. Erstarrungskernen aus, z.B. von Staubteilchen oder Kratzern in den Gefäßwänden. Wenn Erstarrungskerne fehlen, kann man flüssiges Wasser bis weit unter den Gefrierpunkt abkühlen, ohne daß es fest wird. In Wolken (Menge von Wassertröpfchen) sind Unterkühlungstemperaturen bis zu -80°C festgestellt worden. Wenn in einer solchen Wolke ein unterkühltes Tröpfchen zufällig ein Staubkorn trifft und zu einem Eiskörnchen erstarrt, sinkt sein Dampfdruck von einem Wert auf der Kurve (1') ab auf einen Wert auf der Kurve (2). Es bekommt dadurch einen geringeren Dampfdruck als die noch flüssigen Tröpfchen in der Nachbarschaft. Der Dampfdruckunterschied bewirkt, daß die Tropfen zugunsten des Eiskörnchens verdampfen, welches dadurch wächst und schließlich so groß wird, daß es zur Erde fällt, wo es - wenn es unterwegs nicht schmilzt - als Hagelkorn ankommt.

Kapitel 21

Kinetische Gastheorie

Die kinetische Gastheorie ist ein Teilgebiet der statistischen Mechanik. Sie geht von der Tatsache aus, daß Gase aus Molekülen bestehen, die kreuz und quer durcheinanderfliegen und dabei gegen die Gefäßwände prasseln. Das Geprassel der Moleküle verursacht den Gasdruck. Wir wollen aus diesem atomistischen Bild zunächst die Gasgesetze für ideale Gase ableiten.

21.1 Die Poissonsche Gleichung

Betrachte ein Mol Gas mit Molmasse M. Dieses Gas besteht aus L Molekülen der Masse $m = M/L$. Man nennt L entweder die *Loschmidtsche* oder die *Avogadrosche Zahl*, weil Loschmidt erstmalig ihren Wert abschätzte und Avogadro (schon vorher) die Hypothese aufstellte, daß L für alle Stoffe gleich groß sei. Wie groß L wirklich ist, brauchen wir zunächst nicht zu wissen. Das Gas sei in einem würfelförmigen Kasten der Kantenlänge a eingesperrt. Das Gasvolumen beträgt also $V = a^3$. Die Moleküle bewegen sich mit den verschiedensten Geschwindigkeiten zwischen den Kastenwänden hin und her. Es läßt sich zeigen, daß man richtige Resultate erhält, wenn man die komplizierten Bewegungsverhältnisse wie folgt vereinfacht: Alle Moleküle haben, abgesehen von der Flugrichtung, die gleiche „mittlere Geschwindigkeit" v. Der Würfel wird durch 6 Flächen begrenzt. In jedem Moment fliegen $L/6$ Moleküle senkrecht auf eine dieser Flächen zu. Ein Molekül braucht die Zeit $\Delta t = a/v$, um den Kasten zu durchqueren. Auf jede quadratische Würfelfläche treffen deshalb $(L/6)/\Delta t = Lv/6a$ Moleküle pro Zeit. Jedes Molekül wird beim Aufprall wie ein Tennisball reflektiert. Es ändert seinen Impuls dabei von mv in $-mv$, so daß seine Impulsänderung $-2mv$ beträgt. Die Impulsänderung pro Zeit, die das eingesperrte Gas an einer Kastenwand erfährt, ist also durch

$$\frac{Impuls\ddot{a}nderung}{\Delta t} = \frac{Lv}{6a} \cdot (-2mv) = -\frac{Lmv^2}{3a} \tag{21.1}$$

gegeben. Nach dem Grundgesetz der Mechanik ist die linke Seite von (21.1) gleich der Kraft, die die Kastenwand auf das Gas ausübt. Sie ist wegen actio = reactio bis auf das Vorzeichen gleich der Gegenkraft, mit der das Gas auf die Kastenwand drückt. Druckkraft pro Wandfläche a^2 ergibt den Gasdruck

$$p = -\frac{Impuls\ddot{a}nderung/\Delta t}{a^2} = \frac{Lmv^2}{3a^3}$$

oder, wegen $a^3 = V$ und $Lm = M$ nach Umordnung,

$$pV = \frac{2}{3} \cdot L \cdot \frac{mv^2}{2} = \frac{2}{3} \cdot \frac{Mv^2}{2} \, . \tag{21.2}$$

Wenn man die oben gemachten einfachen Annahmen über die in Wirklichkeit ja recht chaotische Molekülbewegung fallen läßt, erhält man die gleiche Formel (21.2) mit dem Vermerk, daß v^2 der Mittelwert des Geschwindigkeitsquadrates der verschieden schnell fliegenden Gasmoleküle ist. Wir deuten diese Mittelwertbildung durch einen oberen Querstrich an:

$$pV = \frac{2}{3} \cdot L \cdot \frac{m\overline{v^2}}{2} = \frac{2}{3} \cdot \frac{M\overline{v^2}}{2} \, . \tag{21.3}$$

$m\overline{v^2}/2$ ist dann offenbar die mittlere kinetische Energie, die von der Translationsbewegung eines Moleküls – das ist die lineare Bewegung seines Schwerpunktes – herrührt.

Wir interessieren uns nun für die innere Energie U, die in einem Mol Gas enthalten ist. U setzt sich in der Regel aus mehreren Beiträgen zusammen:

$$U = E_{\mathrm{trans}} + E_{\mathrm{pot}} + E_{\mathrm{rot}} + E_{\mathrm{osz}} \, . \tag{21.4}$$

Die Terme haben folgende Bedeutung. $E_{\mathrm{trans}} = Lm\overline{v^2}/2$ ist die kinetische Energie der Translationsbewegung. E_{pot} stellt die potentielle Energie dar, die von den Kräften zwischen den Gasmolekülen herrührt. In idealen Gasen ist $E_{\mathrm{pot}} = 0$, weil die zwischenmolekularen Kräfte ignoriert werden. Die letzten beiden Terme in (21.4) treten bei mehratomigen Molekülen auf, beispielsweise beim Sauerstoff O_2. Man darf sich das O_2-Molekül wie in Abb. 21.1 vorstellen. Die beiden kugelartigen Atome werden durch chemische Bindungskräfte zusammengehalten, als ob sie durch eine elastische Feder verbunden wären. Das hantelartige Gebilde kann um seinen Schwerpunkt ro-

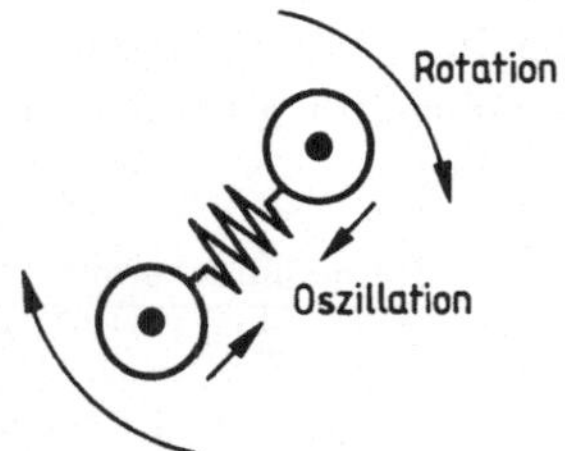

Abbildung 21.1
Modell eines O_2-Moleküls, das
rotieren und oszillieren kann.

tieren. Außerdem können die beiden Atome gegeneinander oszillieren. $E_{\text{rot}} + E_{\text{osz}}$ stellen die Energien dar, die in der Rotation bzw. Oszillation der Moleküle enthalten sind. Die Moleküle einatomiger Gase – dazu zählen z.B. die Edelgase und Quecksilberdampf – rotieren und oszillieren nicht. Für einatomige ideale Gase reduziert sich (21.4) also auf den ersten Term

$$U = L\frac{\overline{mv^2}}{2} \, , \tag{21.5}$$

so daß man (21.3) in

$$pV = \frac{2}{3}U \tag{21.6}$$

umschreiben kann. Angenommen nun, das Gas sei von der Umwelt thermisch isoliert (kein Wärmeaustausch = adiabatischer Fall). Wenn sich das Gasvolumen um dV ändert, verrichtet das Gas die Arbeit pdV, die wegen des Energieerhaltungssatzes nur durch eine Abnahme der inneren Energie des Gases gedeckt werden kann:

$$pdV = -dU \, . \tag{21.7}$$

Wenn man (21.6) differenziert

$$d(pV) = pdV + Vdp = \frac{2}{3}dU \tag{21.8}$$

und dU in (21.8) durch (21.7) eliminiert, erhält man nach Umordnung der Terme:

$$Vdp + \frac{5}{3}pdV = 0 \, . \tag{21.9}$$

Division durch pV und Integration führt auf

$$\int \frac{dp}{p} + \frac{5}{3}\int \frac{dV}{V} = \ln p + \frac{5}{3}\cdot \ln V = \text{ const} \tag{21.10}$$

oder, nach einfacher Umformung,

$$pV^{\frac{5}{3}} = \text{ const} \, . \tag{21.11}$$

Eine ähnliche Gleichung hatten wir schon in Kap. 19.2 mit Hilfe des 1. Hauptsatzes aus dem idealen Gasgesetz $pV = RT$ gewonnen. Ich meine die Poissonsche Adiabatengleichung (19.17)

$$pV^{\kappa} = \text{const} \qquad \text{mit} \qquad \kappa = c_p/c_v \, .$$

Der Wert von κ mußte dort dem Experiment entnommen werden. Unsere gaskinetische Ableitung von (21.11) führt nicht nur auf die allgemeine Form des Gesetzes (19.17), sondern liefert darüber hinaus den κ-Wert einatomiger idealiger Gase, $\kappa = 5/3$. Ein Blick auf Tabelle 19.1 zeigt, daß die gemessenen κ-Werte für He und Ar tatsächlich bis auf wenige Prozent mit dem theoretisch erwarteten Wert übereinstimmen. Die geringen Diskrepanzen rühren daher, daß die betrachteten Gase nur näherungsweise ideal sind.

21.2 Das ideale Gasgesetz und die Boltzmannkonstante k

Wir kehren zur Gleichung (21.3) zurück. Sie gilt nicht nur für einatomige Gase, sondern auch dann, wenn die Gasmoleküle mehratomig sind. Kombiniert man (21.3) mit dem idealen Gasgesetz $pV = RT$, so erhält man:

$$\frac{2}{3} \cdot L \cdot \frac{\overline{mv^2}}{2} = pV = RT \; . \tag{21.12}$$

Es ist nützlich, (21.12) umzuschreiben. Man führt dazu die sog. *Boltzmannkonstante*[1]

$$k := R/L \tag{21.13}$$

ein, die gelegentlich als „Gaskonstante eines Gases, das nur ein Molekül enthält", bezeichnet wird. Dann folgt aus (21.12):

$$\frac{\overline{mv^2}}{2} = 3\frac{kT}{2} \; . \tag{21.14}$$

Ein Gasmolekül kann sich nun in drei voneinander unabhängigen Raumrichtungen bewegen, entlang der x-, der y- und der z-Achse. Man sagt, es habe *drei Freiheitsgrade der Translation*. Die mittlere Translationsenergie $\overline{mv^2}/2 = m(\overline{v_x^2} + \overline{v_y^2} + \overline{v_z^2})/2$ setzt sich aus drei Anteilen zusammen. Je ein Drittel kommt von der Bewegung entlang einer der drei Achsen, kommt von einem Freiheitsgrad. Die mittlere Energie pro Freiheitsgrad beträgt daher wegen (21.14)

$$\frac{\text{mittlere Energie}}{\text{Freiheitsgrad}} = \frac{kT}{2} \; . \tag{21.15}$$

Eine präzisere Formulierung und eine Abgrenzung des Gültigkeitsbereiches von (21.15) finden Sie später bei (21.43).

Gleichung (21.15) ist vielseitig anwendbar. Man sieht zunächst, daß die Temperatur ein Maß für die mittlere kinetische Energie der durcheinander fliegenden Gasmoleküle ist. (21.15) verknüpft also die thermodynamische Größe *Temperatur* mit der mechanischen Größe *kinetische Energie* und bildet somit eine Nahtstelle zwischen der phänomenologischen Wärmelehre und der atomistischen Mechanik. Neben dieser mehr grundsätzlichen Bedeutung wollen wir zwei praktische Anwendungen betrachten, die spezifischen Wärmen idealer Gase (a) und eine experimentelle Bestimmung der Boltzmannkonstanten (b).

---

[1]Der Österreicher Ludwig Boltzman (1844-1906) gehört zu den Urvätern der statistischen Mechanik. Seinen Namen tragen: Die Boltzmannkonstante, der Boltzmannfaktor, die Boltzmann-Statistik, die Boltzmannschen Stoßgleichungen, das Boltzmannsche H-Theorem, das Stefan-Boltzmannsche Gesetz. Die Aufzählung ist vielleicht nicht einmal vollständig. Er schied freiwillig aus dem Leben.

(a) **Spezifische Molwärmen idealer Gase:** Sei f die Zahl der Freiheitsgrade eines Gasmoleküls. Die innere Energie U eines Mols des Gases ist dann wegen (21.15):

$$U = Lf\frac{kT}{2} = f\frac{RT}{2}\,. \tag{21.16}$$

Aus U erhält man nach (19.6) durch Ableiten nach T die spezifische Molwärme bei konstantem Volumen

$$c_v = \frac{dU}{dT} = f\frac{R}{2}\,. \tag{21.17}$$

Nimmt man die Beziehung $c_p - c_v = R$ aus (19.10) und die Definition $\kappa = c_p/c_v$ hinzu, so ergibt sich aus (21.17)

$$c_p = (f+2)\frac{R}{2} \quad \text{und} \quad \kappa = 1 + \frac{2}{f}\,. \tag{21.18}$$

Wenn man also die Zahl f der Freiheitsgrade kennt, kann man c_v, c_p und κ berechnen. Die Moleküle einatomiger Gase (He, Ar usw.) besitzen beispielsweise 3 Freiheitsgrade der Translation und sonst keine. Aus $f = 3$ folgt $c_v = 3R/2$, $c_p = 5R/2$ und $\kappa = 5/3$. Ein Blick auf Tabelle 19.1 zeigt, daß diese Werte für He und Ar recht gut mit den Meßwerten übereinstimmen.[2]

Zweiatomig Gasmoleküle (H_2, O_2, N_2) haben neben den 3 translatorischen Freiheitsgraden zusätzliche 3 Freiheitsgrade der Rotation, da sie um 3 aufeinander senkrechte Achsen rotieren können, und 2 Freiheitsgrade der Oszillation, je einen für die kinetische und die potentielle Oszillationsenergie. Man erwartet also $f = 3 + 3 + 2 = 8$. Ein Blick auf Tabelle 19.1 zeigt nun, daß man die Meßwerte von c_v, c_p und κ für H_2, O_2 und N_2 recht gut mit $f = 5$, aber nicht mit $f = 8$ beschreiben kann. Was ist hier los? Die Diskrepanz zwischen den gemessenen und den erwarteten Daten ist eine Auswirkung der Quantenmechanik. Man sagt, die beiden Freiheitsgrade der Oszillation und der Freiheitsgrad der Rotation um die Kernverbindungsachse seien „eingefroren". Was man darunter versteht, wird bei Betrachtung der Abb. 9.6 deutlich. Dort sind die möglichen Energiewerte eines Oszillators der Kreisfrequenz ω dargestellt. Der Abstand zwischen zwei Energieniveaus beträgt mindestens $\hbar\omega$. Für die betrachteten Gasmoleküle ist $\hbar\omega$ nun merklich größer als die für die Wärmebewegung charakteristische Energie kT. Die thermischen Energien reichen dann nicht aus, den Oszillator zum Schwingen anzuregen. Die Freiheitsgrade der Oszillation treten nicht in Aktion. Ähnlich erklärt man das Einfrieren der Rotation des Moleküls um die Verbindungsachse der beiden Atomkerne: Nach (11.44) ist die Rotationsenergie $E_{\text{rot}} = l(l+1)\hbar^2/2\Theta$ mit $l = 0, 1, 2\ldots$ gequantelt. Um die Rotation anzuregen ($l = 0 \rightarrow l = 1$), braucht man

---

[2] Verwenden Sie beim Vergleich den abgerundeten Wert $R \approx 2$ cal/mol $\cdot$ Grad.

also mindestens[3] die Energie $\hbar^2/\Theta$. Nun kann das Molekül um die Kernverbindungsachse oder um eine dazu senkrechte Drehachse rotieren. Die zugehörigen Trägheitsmomente $\Theta_\parallel$ und $\Theta_\perp$ unterscheiden sich beträchtlich. Weil die nahezu punktförmigen Atomkerne auf der Kernverbindungsachse liegen, tragen sie zu $\Theta_\parallel$ nicht bei. Deshalb ist $\Theta_\parallel$ viele tausendmal kleiner als $\Theta_\perp$. Es gibt daher einen Temperaturbereich, in dem die folgenden Ungleichungen gelten: $\hbar^2/\Theta_\parallel \gg kT \gg \hbar^2/\Theta_\perp$. Sie besagen, daß die thermischen Energien kT zwar völlig ausreichen, um die beiden mit $\Theta_\perp$ verbundenen Rotationsfreiheitsgrade zu aktivieren (rechte Ungleichung), aber viel zu klein sind, um den Rotationsfreiheitsgrad mit dem kleinen Trägheitsmoment $\Theta_\parallel$ anzukurbeln (linke Ungleichung). Die Ungleichungen sind unter üblichen Experimentierbedingungen gut erfüllt. Bei sehr tiefen Temperaturen können allerdings auch die beiden $\Theta_\perp$-Rotationsfreiheitsgrade einfrieren. Dieses gilt insbesondere für H_2-Gas (kleine Molekülmasse und daher kleines Trägheitsmoment $\Theta_\perp$).

b) **Messung der Boltzmannkonstanten:** Es ist möglich, durch geeignete Experimente die mittlere Energie pro Freiheitsgrad zu messen und daraus nach (21.15) die Boltzmannkonstante k zu entnehmen. Ein Experiment (Kappler) wurde beispielsweise folgendermaßen ausgeführt. Ein winziger Spiegel (Abb. 21.2) hängt an einem dünnen Torsionsdraht. Weil die Drahtatome hin und her wackeln und dauernd Luftmoleküle

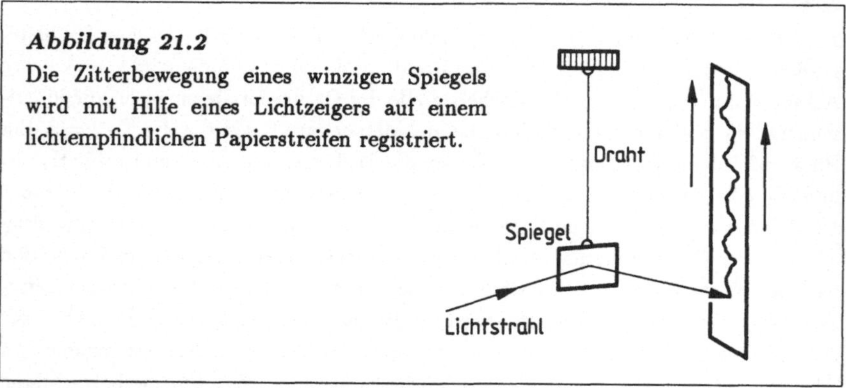

Abbildung 21.2
Die Zitterbewegung eines winzigen Spiegels wird mit Hilfe eines Lichtzeigers auf einem lichtempfindlichen Papierstreifen registriert.

auf den Spiegel prasseln, führt dieser eine mit einem Lichtzeiger gut nachweisbare Zitterbewegung aus. Die Lichtzeigerbewegung wird auf einem bewegten Streifen registriert. Die momentane Lage des um die Drahtachse drehbaren Spiegels kann durch

---

[3]Wenn die beiden Atomkerne der zweiatomigen Gasmoleküle von gleicher Art sind, kann l entweder nur gerade oder nur ungerade Werte annehmen. Dann erfolgen die niedrigsten Rotationsanregungen entweder von $l = 0 \rightarrow l = 2$ oder von $l = 1 \rightarrow l = 3$. Die entsprechenden Anregungsenergien betragen $3\hbar^2/\Theta$ bzw. $5\hbar^2/\Theta$.

den Winkel φ beschrieben werden, um den der Draht verdrillt ist. Wegen seiner elastischen Eigenschaften übt der Draht auf den Spiegel ein zu φ proportionales, rücktreibendes Drehmoment D aus:

$$D = -c\varphi \ . \tag{21.19}$$

c ist eine für den Draht chrakteristische Konstante, die experimentell bestimmt werden kann. Um den Draht zu verdrillen, muß – analog zur Spannarbeit (9.5) bei der Schraubenfeder – die Drillarbeit

$$A = -\int D d\varphi = c \int \varphi d\varphi = \frac{c}{2}\varphi^2 \tag{21.20}$$

aufgewendet werden. Diese Arbeit steckt dann als potentielle Energie $E_{\text{pot}} = c\varphi^2/2$ im verdrillten Draht. Da die Verdrillung mit *einem* Freiheitsgrad verknüpft ist, besitzt die potentielle Energie aufgrund der Zitterbewegung des Spiegels nach (21.15) den Mittelwert $\overline{E_{\text{pot}}} = c\overline{\varphi^2}/2 = kT/2$, so daß

$$k = \frac{c\overline{\varphi^2}}{T} \ . \tag{21.21}$$

T ist die Tempratur der umgebenden Luft, die als Wärmebad betrachtet werden kann. Der auf dem Meßstreifen in Abb. 21.2 registrierte φ-Wert ändert sich natürlich ständig. Es ist aber möglich, aus dem Streifen den Mittelwert $\overline{\varphi^2}$ zu entnehmen. Einsetzen der Meßwerte von c, T und $\overline{\varphi^2}$ in (21.21) ergibt dann die Boltzmannkonstante k. Aus sorgfältigen Messungen erhielt man

$$k = 1,38 \cdot 10^{-23} \text{JK}^{-1} \ . \tag{21.22}$$

Wegen (21.13) kennt man mit k auch die Loschmidtsche Zahl

$$L = \frac{R}{k} = \frac{8,31 \text{J}^{-1}\text{K}^{-1}\text{mol}^{-1}}{1,38 \cdot 10^{-23}\text{J}^{-1}\text{K}^{-1}} = 6,02 \cdot 10^{23} \frac{\text{Moleküle}}{\text{mol}} \ . \tag{21.23}$$

Es gibt heute zahlreiche Methoden zur Bestimmung von k und L. Sie führen alle zum gleichen Resultat. Dieses bezeugt die Richtigkeit der in der kinetischen Gastheorie verwendeten atomistischen Modellvorstellungen.

21.3 Der Boltzmannfaktor $e^{-E/kT}$

Ob der gesunde Herr Meyer (50) aus Hamburg in 10 Jahren noch am Leben sein wird, ist eine sehr *schwierige medizinische* Frage, die sogar seinen Hausarzt völlig überfordert. Die Frage hingegen, wie viele der heute 50jährigen Hamburger die nächsten

10 Jahre überleben, ist ein verhältnismäßig *einfaches statistisches* Problem, das die Versicherungsmathematiker durch Auswertung von Volkszählungen und Krankengeschichten längst gelöst haben. Sie können wenigstens die *Wahrscheinlichkeit* dafür angeben, daß Herr Meyer in den nächsten 10 Jahren nicht stirbt.

Ob man ein individuelles Gasmolekül, das sich jetzt in der unteren Hälfte einer Gasflasche befindet, nach 24 Stunden in der oberen Flaschenhälfte antreffen wird, vermag niemand mit Sicherheit zu sagen, obwohl das Grundgesetz der Mechanik gestattet, Zukünftiges vorauszuberechnen. Dagegen findet wohl jeder sehr schnell eine Antwort auf die Frage, wie viel Gasmoleküle nach 24 Stunden in der oberen Flaschenhälfte sein werden: rund 50%. Um auf diese Antwort zu kommen, stellt man – bewußt oder unbewußt – einfache *statistische* und *wahrscheinlichkeietstheoretische* Überlegungen an. Über die Mechanik der Molekülbewegungen macht man sich so wenig Gedanken wie die Versicherungsmathematiker über die Gesundheit des Herrn Meyer. *Statistik und Wahrscheinlichkeitsrechnung* sind als *Teilgebiete der Mathematik* natürlich ganz andere wissenschaftliche Disziplinen als *die in der Physik beheimatete Mechanik.*

Die Verschiedenheit von Statistik und Mechanik macht verständlich, daß aus der Sicht der statistischen Mechanik die ersten beiden Hauptsätze der Wärmelehre ganz verschiedene Wurzeln haben. Der erste Hauptsatz ist eine Folge des mechanischen Energieerhaltungssatzes und deshalb rein mechanischen Ursprungs. Der zweite Hauptsatz hängt dagegen eng mit dem sog. *Boltzmannfaktor* zusammen, der eine Wahrscheinlichkeitsaussage macht und deshalb statistischen Ursprungs ist.

Zur Vorbereitung auf den Boltzmannfaktor behandeln wir die sog. *barometrische Höhenformel eines isothermen Gases* (Luft). Darunter versteht man die Abhängigkeit des Luftdruckes p von der Höhe h für den Fall konstanter Lufttemperatur.[4] Um die Funktion $p(h)$ zu finden, betrachten wir (Abb. 21.3) in der Höhe h eine flache Luftscheibe der Fläche S und der Dicke dh. Der Luftdruck $p(h)$ an der unteren Begrenzungsfläche ist etwas größer als der Druck $p(h + dh)$ an der oberen, da das zur Luftdichte ρ proportionale Gewicht $dG = g\rho S dh$ der Luftscheibe zusätzlich auf die

---

[4]In Wirklichkeit ist die Erdatmosphäre nicht isotherm. Normalerweise nimmt die Temperatur mit steigender Höhe ab und erreicht bei etwa 18 km den Minimalwert von rund -80°C. Darüber nimmt die Temperatur der dort schon stark verdünnten Luft langsam wieder zu. Weil warme Luft aufsteigt, sorgt dieser Temperaturverlauf dafür, daß die „bodennahe" Luft ständig durch „frische" Höhenluft ersetzt wird, was für unsere Gesundheit wichtig ist. Durch aufsteigenden SMOG (= *smoke and fog*) kann gelegentlich eine „Inversionswetterlage" eintreten, bei welcher der Temperaturverlauf invertiert und der Luftaustausch blockiert wird. Bei einem denkbaren nuklearen Schlagabtausch der Supermächte müßte man mit einer viele Monate dauernden und global verbreiteten Inversionswetterlage rechnen, deren katastrophalen ökologischen Folgen das menschliche Vorstellungsvermögen überfordern („Nuklearer Winter").

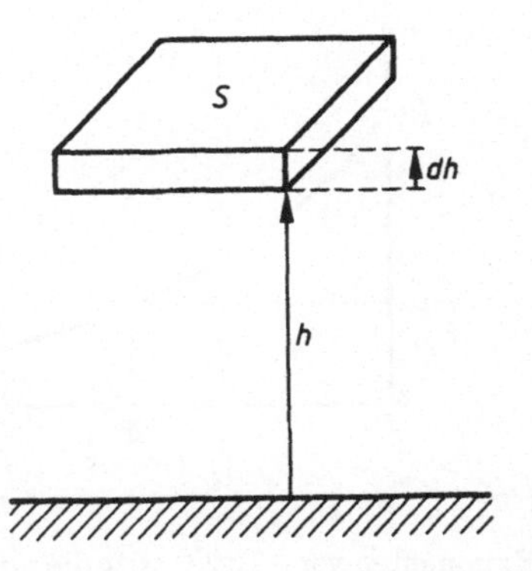

Abbildung 21.3
Zur Ableitung der barometrischen Höhenformel.

untere Fläche drückt. Die Druckdifferenz beträgt offenbar

$$dp = p(h + dh) - p(h) = -dG/S = -g\rho dh \ . \tag{21.24}$$

Für isotherme Gase ist ρ zu p proportional. Denn es gilt ja für ein Mol Gas mit dem Molekulargewicht M wegen $pV = RT$:

$$\rho = \frac{M}{V} = \frac{M}{RT}p = \frac{M/L}{R/L} \cdot \frac{p}{T} = \frac{m}{kT} \cdot p \ . \tag{21.25}$$

k ist die Boltzmannkonstante und m die Masse eines Luftmoleküls.[5] Wir setzen ρ aus (21.25) in (21.24) ein, dividieren durch p und integrieren

$$\int \frac{dp}{p} = -\frac{mg}{kT} \int dh \ . \tag{21.26}$$

Die Integrationen lassen sich leicht durchführen und ergeben

$$\ln p = -\frac{mgh}{kT} + \text{const} \ . \tag{21.27}$$

Die Integrationskonstante ergibt sich aus dem Druck $p = p_o$ an der Stelle $h = 0$ zu $\ln p_o$. Statt (21.27) kann man auch

$$p(h) = p_o e^{-mgh/kT} \tag{21.28}$$

schreiben. (21.28) ist die gesuchte barometrische Höhenformel. Sie ist in Abb. 21.4 graphisch dargestellt. In 8 km Höhe ist der Druck p vom Bodenwert p_o auf den Wert $p = p_o/e = p_o/2,718...$ abgefallen. Bergsteiger benutzen Barometer als Höhenmesser.

---

[5]Daß die Luft aus mehreren Gassorten zusammengesetzt ist, spielt keine Rolle, da die Betrachtung für jede Gasart gesondert durchgeführt werden kann.

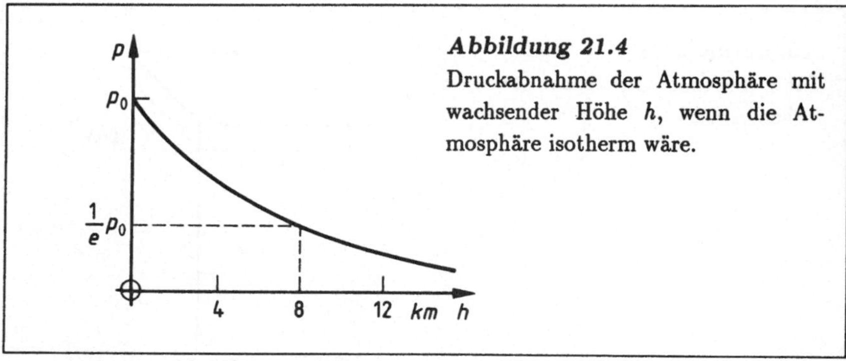

Abbildung 21.4
Druckabnahme der Atmosphäre mit wachsender Höhe h, wenn die Atmosphäre isotherm wäre.

Im Exponenten von (21.28) tritt die potentielle Gravitationsenergie $E_{\mathrm{pot}} = mgh$ eines Gasmoleküls auf, das mit der isothermen Atmosphäre (Wärmebad der Temperatur T) Wärmekontakt hat. Da ferner der Druck p und die Dichte ρ eines isothermen Gases wegen (21.25) zueinander proportional sind, folgt aus (21.28):

$$\rho(h)/\rho_o = e^{-E_{\mathrm{pot}}/kT} \ . \tag{21.29}$$

Bevor wir dieses Resultat diskutieren, erinnern wir an die mit Hilfe des 2. Hauptsatzes abgeleitete Dampfdruckformel (20.19):

$$p = p_o e^{-Q_v/RT} \ .$$

Führt man hier im Exponenten anstelle der molaren Verdampfungswärme Q_v die zur Verdampfung eines einzelnen Moleküls erforderliche Verdampfungsenergie $E_v = Q_v/L$ ein und geht vom Dampfdruck p zur dazu proportionalen Dampfdichte ρ über, erhält man

$$\rho/\rho_o = e^{-E_v/kT} \ . \tag{21.30}$$

Die formale Ähnlichkeit von (21.29) und (21.30) ist kein Zufall. In beiden Fällen steht links ein Dichteverhältnis. Je größer die Dichte ist, um so größer ist die Wahrscheinlichkeit, ein Molekül anzutreffen. Deswegen ist die linke Seite von (21.29) bzw. (21.30) ein Maß für die Wahrscheinlichkeit, irgendein Gasmolekül in der Höhe h über dem Erdboden bzw. in der Dampfphase über der Flüssigkeit vorzufinden. Um das Molekül auf die Höhe h bzw. in die Dampfphase zu bringen, ist die Energie $E_{\mathrm{pot}} = mgh$ bzw. E_v erforderlich, die in beiden Fällen auf der rechten Seite in der Form „e hoch minus Energie durch kT" vorkommt. Weil, was zweimal zutrifft, immer zutreffen könnte[6], vermuten wir den folgenden allgemeingültigen Zusammenhang:

---

[6] „Einmal ist keinmal, zweimal ist immer" (alte Bäuerinnenregel).

Ein System (Elektron, Ion, Atom, Molekül, Mikrokristall...), das mit einem Wärmebad der Temperatur T im thermischen Kontakt ist, ändert ständig seine Energie E. Die Wahrscheinlichkeit $w(E)$, es bei der Energie E anzutreffen, ist zum Boltzmannfaktor proportional:

$$w(E) \propto e^{-E/kT} \,. \tag{21.31}$$

Unsere Vermutung ist tatsächlich richtig. (21.31) ist das zentrale Theorem der statistischen Mechanik und wird dort mit physikalischen und statistischen Argumenten begründet. Daß (21.31) in der statistischen Mechanik die Rolle übernimmt, die in der Thermodynamik dem 2. Hauptsatz zukommt, wird deutlich, wenn man aus (21.31) über (21.30) die Dampfdruckformel (20.19) zurückgewinnt, die ja andererseits auch aus dem 2. Hauptsatz folgt.

21.4 Der Energiegleichverteilungssatz

Die Aussage (21.15) über die mittlere Energie pro Freiheitsgrad ist eine Folge des Boltzmannfaktors. Wir zeigen das am Beispiel des Spiegels aus Abb. 21.2. Die elastische Energie im verdrillten Draht hängt wegen (21.20) quadratisch vom Drillwinkel φ ab:

$$E(\varphi) = \frac{c}{2}\varphi^2 \,. \tag{21.32}$$

Die Wahrscheinlichkeit $w(\varphi)d\varphi$ dafür, daß man den Winkel φ in einem $d\varphi$-Intervall um φ herum antrifft, beträgt nach (21.31):

$$w(\varphi)d\varphi = Ae^{-E(\varphi)/kT}d\varphi \,. \tag{21.33}$$

Bevor wir den Proportionalitätsfaktor A bestimmen, machen wir einen kleinen Abstecher in die Wahrscheinlichkeitsrechnung.

Wahrscheinlichkeitsaussagen betreffen Ereignisse. Wenn man z.B. würfelt, fällt irgendeine natürliche Zahl zwischen 1 und 6. Es können also sechs voneinander unabhängige Fälle eintreten. Sie bilden die *Menge E der möglichen Ereignisse e*. Ein $e \in E$ ist beispielsweise das Würfeln der „6". Die Wahrscheinlichkeit für das Eintreten eines e wird mit $w(e)$ bezeichnet. Um die Wahrscheinlichkeit zu finden, daß entweder $e \in E$ oder $e' \in E$ ($e' \neq e$) eintritt – daß also beispielsweise entweder die „6" oder die „1" gewürfelt wird –, bildet man die Summe der Einzelwahrscheinlichkeiten, $w(e \, oder \, e') = w(e) + w(e')$. Einem Ereignis, das mit Sicherheit stattfindet, ordnet man die Wahrscheinlichkeit 1 zu. Ein solches Ereignis besteht darin, daß z.B. beim

Würfeln eine beliebige Augenzahl fällt, daß also irgendeines der möglichen Ereignisse eintrifft:

$$\sum_{e \in E} w(e) = 1 \; . \tag{21.34}$$

Man nennt (21.34) die *Normierungsbedingung*. Es kann nun vorkommen, daß mit den betrachteten Ereignissen eine „meßbare" Größe G verbunden ist – etwa die Augenzahl beim Würfelspiel. Sei $G(e)$ der zu e gehörige *Meßwert*. Wenn man die möglichen Meßwerte $G(e)$ mit den entsprechenden Wahrscheinlichkeiten $w(e)$ multipliziert und dann über alle $e \in E$ summiert, erhält man den sog. *Erwartungswert* $\overline{G}$ *der Größe* G:

$$\overline{G} := \sum_{e \in E} G(e) \cdot w(e) \; . \tag{21.35}$$

$\overline{G}$ ist im wesentlichen der Mittelwert von G. Wir demonstrieren das am Würfel-spiel. Es gibt sechs Ereignisse e, die wir durch die Augenzahlen 1 bis 6 unterscheiden können. Bei einem gleichmäßig gearbeiteten Würfel sind alle sechs Wahrscheinlich-keiten gleich groß, nämlich $w(e) = 1/6$ wegen der Normierung (21.34). Um den Er-wartungswert der Augenzahl zu berechnen, setzen wir in (21.35) für $G(e)$ die Werte 1 bis 6 ein und erhalten $\overline{G} = (1/6) \cdot (1 + 2 + 3 + 4 + 5 + 6) = 3,5$. Wenn man nun sehr oft würfelt und aus den beobachteten Augenzahlen den arithmetischen Mittelwert bildet, findet man eine Zahl in der Nähe von 3,5. *Das arithmetische Mittel der experimentell bestimmten G-Werte stimmt also mit dem nach* (21.35) *berechneten Erwartungswert* $\overline{G}$ *näherungsweise überein.* Die Übereinstimmung wird beliebig gut, wenn genügend oft gewürfelt wird.

Wir kehren jetzt zur Gleichung (21.33) zurück und bestimmen die Konstante A. Da φ mit Sicherheit irgendeinen Wert zwischen $-\infty$ und $+\infty$ annimmt, lautet die in Integralform gebrachte Normierungsbedingung (21.34)

$$\int_{-\infty}^{+\infty} w(\varphi)d\varphi = A \int_{-\infty}^{+\infty} e^{-E(\varphi)/kT} d\varphi = 1 \; , \tag{21.36}$$

woraus sich A entnehmen läßt. Einsetzen von A in (21.33) ergibt dann die richtig normierte und gelegentlich als *Wahrscheinlichkeitsdichte* bezeichnete Funktion

$$w(\varphi) = \frac{e^{-E(\varphi)/kT}}{\displaystyle\int_{-\infty}^{+\infty} e^{-E(\varphi)/kT} d\varphi} \; . \tag{21.37}$$

Multipliziert man die Energie $E(\varphi)$ mit der Wahrscheinlichkeit $w(\varphi)d\varphi$ und summiert dann (hier durch Integration) über alle möglichen φ-Werte, so erhält man nach (21.35) den Energieerwartungswert $\overline{E}$:

$$\overline{E} = \int_{-\infty}^{+\infty} E(\varphi)w(\varphi)d\varphi = \frac{\int_{-\infty}^{+\infty} \frac{1}{2}c\varphi^2 e^{-c\varphi^2/2kT}d\varphi}{\int_{-\infty}^{+\infty} e^{-c\varphi^2/2kT}d\varphi} \; . \tag{21.38}$$

Dabei wurde $E(\varphi)$ aus (21.32) eingesetzt. Um die bestimmten Integrale auszuwerten, kann man durch die Substitution $\varphi = \sqrt{2kT/c} \cdot x$ eine neue Integrationsvariable x einführen:

$$\overline{E} = kT \frac{\int_{-\infty}^{+\infty} x^2 e^{-x^2}dx}{\int_{-\infty}^{+\infty} e^{-x^2}dx} \; . \tag{21.39}$$

Das Zählerintegral läßt sich durch partielle Integration umformen:

$$\int_{-\infty}^{+\infty} x^2 e^{-x^2}dx = -\frac{1}{2}\int_{-\infty}^{+\infty} x(e^{-x^2})'dx = \frac{1}{2}\int_{-\infty}^{+\infty} e^{-x^2}dx - \frac{1}{2}xe^{-x^2}\Big|_{-\infty}^{+\infty} \; . \tag{21.40}$$

An den Integrationsgrenzen $x = \pm\infty$ verschwindet der rechte Term und es bleibt

$$\int_{-\infty}^{+\infty} x^2 e^{-x^2}dx = \frac{1}{2}\int_{-\infty}^{+\infty} e^{-x^2}dx \; . \tag{21.41}$$

Aus (21.39) folgt dann

$$\overline{E} = \frac{1}{2}kT \; , \tag{21.42}$$

was wir ja zeigen wollten. Entscheidend für das Resultat ist nur, daß die Integrationsvariable φ quadratisch in $E(\varphi)$ vorkommt. Wir können die Aussage (21.15) damit präziser formulieren:

> Die mittlere Energie pro Freiheitsgrad $\overline{E}/f$ eines Systems, das mit einem Wärmebad der Temperatur T in Kontakt ist, beträgt
>
> $$\frac{\overline{E}}{f} = \frac{1}{2}kT \; , \tag{21.43}$$
>
> wenn die Energie des Systems quadratisch von der für den Freiheitsgrad charakteristischen Variablen abhängt und der Freiheitsgrad nicht (aus quantenmechanischen Gründen) eingefroren ist.

Man nennt diese Aussage den *Energiegleichverteilungssatz.* Er wird oft verwendet, weil viele Energieformen die quadratische Variablenabhängigkeit zeigen, z.B. die kinetische Translationsenergie $\propto v^2$, die Rotationsenergie $\propto L^2$, die potentielle Energie des harmonischen Oszillators $\propto x^2$, die Feldenergie von elektrischen und magnetischen Feldern $\propto |\vec{E}|^2$ und $|\vec{B}|^2$ usw.

21.5   Die Maxwell-Verteilung

Wir wenden uns noch einmal der kinetischen Gastheorie zu. Von welcher Größenordnung sind die Geschwindigkeiten v der durcheinandersausenden Gasmoleküle? Darüber gibt (21.3) Auskunft, wenn wir dort pV durch RT ersetzen, die Gleichung nach dem mittleren Geschwindigkeitsquadrat $\overline{v^2}$ auflösen und die Wurzel ziehen:

$$\sqrt{\overline{v^2}} = \sqrt{\frac{3RT}{M}} \,. \tag{21.44}$$

Daraus erhält man für Luft mit den Molmassen $M_{N_2} = 0,028\,\text{kg}$ bzw. $M_{O_2} = 0,032\,\text{kg}$ bei Zimmertemperatur $T \approx 300\,\text{K}$ etwa $\sqrt{\overline{v^2}} \approx 500\,\text{m/s}$. Luftmoleküle bewegen sich also durchschnittlich mit Geschwindigkeiten der Größenordnung 0,5 km/s. Einige sind natürlich schneller, andere langsamer. Man bezeichnet nun die Wahrscheinlichkeit dafür, für den Betrag der Geschwindigkeit eines Gasmoleküls einen Wert zwischen v und $v + dv$ anzutreffen, mit $w(v)dv$ und nennt $w(v)$ die *Maxwellsche Geschwindigkeitsverteilung*. Um zu einem Ausdruck für $w(v)$ zu gelangen, denken wir uns zunächst den Geschwindigkeitsvektor $\vec{v}_i$ eines jeden Moleküls Nr. i des Gases vom Ursprung des Koordinatensystems aus abgetragen. Alle Vektoren $\vec{v}_i$, deren Betrag v_i kleiner als ein vorgegebener v-Wert ist, liegen im Innern einer Kugel mit dem „Radius" v und dem „Volumen" $4\pi v^3/3$. Wenn man dieses Volumen differenziert, erhält man

$$d(4\pi v^3/3) = 4\pi v^2 dv \,, \tag{21.45}$$

und das ist das Volumen einer Kugelschale der infinitesimalen Dicke dv. Die kinetische Energie E_{kin} derjenigen Gasmoleküle, deren Geschwindigkeitsvektoren $\vec{v}_i$ genau bis in die Kugelschale reichen, beträgt $mv^2/2$. Die Wahrscheinlichkeit für das Vorkommen dieses E_{kin}-Wertes ist nach (21.31) zum Boltzmannfaktor $e^{-E_{\text{kin}}/kT} = e^{-mv^2/2kT}$ proportional. Der Proportionalitätsfaktor ist bis auf eine Konstante A durch das Kugelschalenvolumen (21.45) gegeben, also

$$w(v)dv = A \cdot 4\pi v^2 dv \cdot e^{-mv^2/2kT} \,. \tag{21.46}$$

A ist wieder durch die Normierungsbedingung $\int_0^\infty w(v)dv = 1$ festgelegt. Man findet so die auf 1 normierte Maxwell-Verteilung:

$$w(v) = \frac{4}{\sqrt{\pi}} \left(\frac{m}{2kT} \right)^{\frac{3}{2}} v^2 e^{-mv^2/2kT} \,. \tag{21.47}$$

$w(v)$ ist in Abb. 21.5 für zwei Temperaturen graphisch dargestellt. Die theoretische Geschwindigkeitsverteilung (21.47) ist mit der Erfahrung in quantitativer Übereinstimmung. Die ersten $w(v)$-Messungen wurden von O. Stern und seinen Mitarbeitern während der zwanziger Jahre in Hamburg durchgeführt. Die Versuchsanordnung

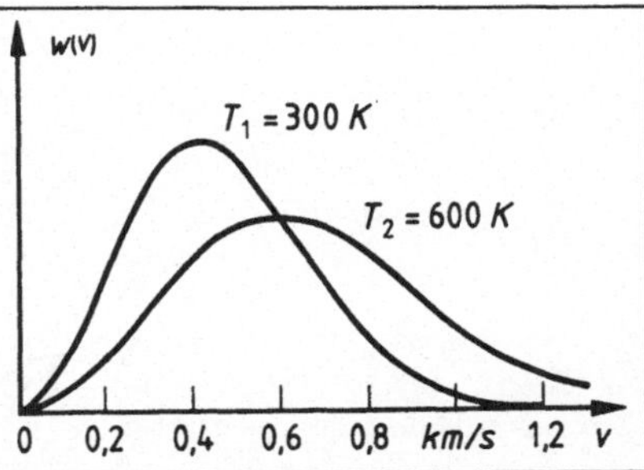

Abbildung 21.5
Die Geschwindigkeitsverteilung von Gasmolekülen (Stickstoff N_2) für zwei Temperaturen $T_1 = 300\,\mathrm{K}$ und $T_2 = 600\,\mathrm{K}$.

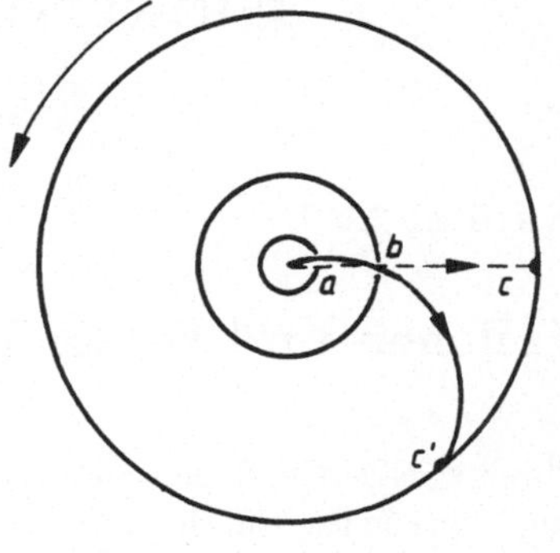

Abbildung 21.6
Schematische Darstellung des Sternschen Versuches zur Messung der Geschwindigkeitsverteilung der Atome eines Cs-Atomstrahls unter Ausnutzung der Corioliskraft im Innern einer Zentrifuge.

(Abb. 21.6) besteht im Prinzip aus drei konzentrischen, starr miteinander verbundenen Zylindern. Die inneren sind bei a und b durchlöchert. Der Innenzylinder wird mit dem zu untersuchenden Gas gefüllt, z.B. mit Cs-Dampf. Der übrige Teil der Anordnung wird evakuiert. Die Gasatome können durch die Löcher a und b fliegen und den Außenzylinder bei c erreichen. Sie bilden einen verhältnismäßig eng begrenzten „Atomstrahl". Die Zahl der Atome, die pro Sekunde bei c eintreffen, kann gemessen werden. Es genügt dazu, den Außenzylinder zu kühlen. Dann bleiben die Cs-Atome haften und bilden einen wägbaren Niederschlag. Wenn man nun die Zylinderanordnung in Rotation um ihre Symmetrieachse versetzt und das Atomstrahlexperiment wiederholt, treten bezüglich des rotierenden Systems Corioliskräfte (15.16) auf, die zur Folge haben, daß ein mitrotierender Beobachter gekrümmte Atomstrahlen feststellen würde. Die Cs-Atome erreichen die Wand nicht bei c, sondern bei einer von der Fluggeschwindigkeit abhängigen Stelle c'. Eine quantitative Auswertung des Experimentes ergab, daß die Geschwindigkeitsverteilung im Cs-Atomstrahl tatsächlich der Maxwellverteilung (21.47) genügt.

Teil IV

Elektromagnetismus

Kapitel 22

Teilchen und Felder im Raum-Zeit-Kontinuum

Physik spielt sich in Raum und Zeit ab. Sie behandelt „Ereignisse", die z.B. „punktförmig" sein können. Um ein punktförmiges Ereignis festzulegen, führten wir in Kap. 5.1
ein Koordinatensystem S mit einer Uhr im Ursprung ein, in Bezug auf welches das
Ereignis die Koordinaten (x,y,z,t) besitzt. Koordinatenachsen und Uhr sind reale Gebilde; wir dachten an ein Gerüst aus konkreten Maßstäben mit einem vom Uhrmacher
hergestellten Chronometer im Zentrum. Man kann ein und dasselbe Punktereignis auf
zwei verschiedene Koordinatensysteme S bzw. S' (beides Inertialsysteme) beziehen.
Die Ereigniskoordinaten (x,y,z,t) bzw. (x',y',z',t') sind im allgemeinen verschieden,
lassen sich aber – da es sich um dasselbe Ereignis handelt – durch Lorentztransformation auseinander berechnen. Wenn S und S' wie in Abb. 5.1 orientiert und mit
konstanter Geschwindigkeit v parallel zur x-Achse relativ zueinander bewegt sind,
lautet das Transformationsschema nach (5.1) wie folgt:

$$x' = \frac{x - vt}{\sqrt{1 - (v/c)^2}} \qquad y' = y \qquad z' = z \qquad t' = \frac{t - (v/c^2)x}{\sqrt{1 - (v/c)^2}} \,. \tag{22.1}$$

Im Kap. 6 haben wir aus den Lorentztransformationsformeln (22.1) das Verhalten
bewegter Maßstäbe und Uhren abgeleitet. Da Koordinatensysteme aus Stäben und
Uhren zusammengesetzt sind, bringt die Lorentztransformation auch das Verhalten bewegter Koordinatensysteme zum Ausdruck. Weil man zur Festlegung eines

punktförmigen Ereignisses vier Zahlenangaben (x,y,z,t) benötigt, spricht man vom „vierdimensionalen Raum-Zeit-Kontinuum RZK, in das die physikalischen Ereignisse eingebettet sind". Die Lorentztransformationen (22.1), die sich auf konkrete Koordinatensysteme im RZK beziehen, hat Einstein im wesentlichen aus dem Relativitätsprinzip deduziert (Kap. 6.1). Dieses Prinzip entscheidet auch, ob ein denkbares Objekt überhaupt in das RZK-Bett paßt.

22.1 Massenpunkte und starre Körper

Fragen wir also nach möglichen Objekten im RZK. In Teil II (Mechanik) wurden z.B. *Massenpunkte* (Kap. 3) und *ausgedehnte starre Körper* (Abb. 11.3) behandelt. Massenpunkte können das RZK bevölkern; denn wir konnten ja in den Gleichungen (12.28) angeben, wie sich Impuls und Energie eines Massenpunktes bei der Lorentztransformation (22.1) transformieren:

$$p'_x = \frac{p_x - vE/c^2}{\sqrt{1-(v/c)^2}} \qquad p'_y = p_y \qquad p'_z = p_z \qquad E' = \frac{E - vp_x}{\sqrt{1-(v/c)^2}} \, . \qquad (22.2)$$

Starre Körper lassen sich dagegen nicht ins RZK einbetten. Zum Beweis dieser Behauptung werden wir zeigen, daß die Annahme, es gäbe starre Körper, dem Relativitätsprinzip widerspricht.

Ein ausgedehnter starrer Körper ließe sich als „Stange" verwenden. Starr heißt, daß sich die beiden Enden der Stange *gleichzeitig* in Bewegung setzen, wenn man an einem Stangenende schiebt. Man kann auch sagen, daß sich der Schub durch die starre Stange unendlich schnell ausbreitet. Mit zwei starren Stangen können zwei Spieler A und B das folgende, in Abb. 22.1 dargestellte, fernsehgerätezerstörende Gesellschaftsspiel durchführen. In der Mitte zwischen den Fernsehgeräten von A und B steht ein Sender X, der plötzlich beginnt, ein Bild auszusenden. Sobald A (oder B) dieses Bild bei sich empfängt, darf A (oder B) mit seiner starren Stange das Gerät des Partners B (oder A) zerstören. Soweit die Spielregeln. Das Spiel findet auf einer riesigen Plattform statt, die zunächst in einem Inertialsystem S ruht. Ein in S ruhender „Hellseher" hat es leicht, den Spielausgang vorherzusagen: Da sich elektromagnetisch Wellen allseitig gleichschnell mit Lichtgeschwindigkeit ausbreiten und der Sender genau zwischen A und B steht, erscheint das Bild gleichzeitig auf beiden Empfangsgeräten. Jeder Spieler wird also (nach seiner individuellen Reaktionszeit) das Gerät des anderen zerstören. Am Ende des Spieles sind dann beide Geräte kaputt. – Der in S ruhende „Hellseher" bittet nun die Spieler, das Spiel auf der Plattform zu wiederholen, wenn sich diese mit allem, was auf ihr drauf ist, relativ zu ihm mit konstanter Geschwindigkeit v nach rechts bewegt. Wieder fällt es ihm nicht schwer, aus

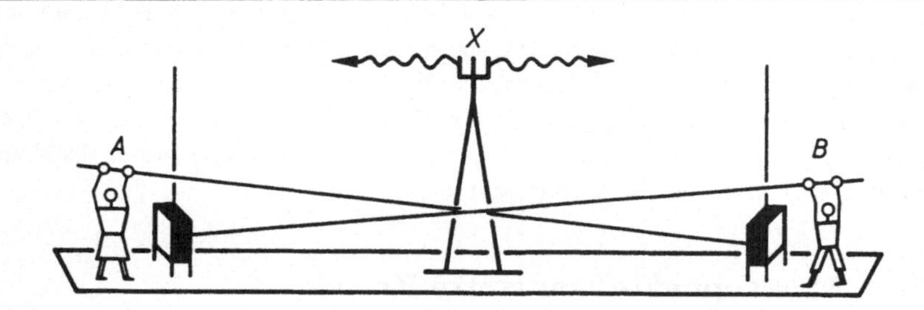

Abbildung 22.1: Ein Sender X beginnt mit der Aussendung eines Fernsehprogramms, das von A und B empfangen wird, wenn sich A und B durch lange starre Stangen nicht gegenseitig die Geräte zerstören. Das Spiel findet auf einer Plattform statt, die in einem Inertialsystem S ruht oder sich relativ zu S mit $v =$ const nach rechts bewegt. Ein Hellseher in S macht widersprüchliche Prognosen.

seiner Sicht den Spielausgang vorherzusagen: Weil A jetzt den Fernsehwellen entgegeneilt, B aber vor ihnen davonläuft, erreichen die Wellen A früher als B. A zerstört dann nach den Spielregen das B-Gerät, noch ehe dort das Bild empfangen wird. Da B somit niemals ein Bild empfängt, bleibt das A-Gerät heil. Das Resultat des Spieles – entweder beide Geräte kaputt oder nur eines – hängt also davon ab, ob das Spiel auf einer ruhenden Plattform stattfindet oder auf einer Plattform, die sich mit konstanter Geschwindigkeit bewegt. Man kann somit durch ein Experiment (Spiel) feststellen, ob man sich in einem ruhenden oder gleichförmig bewegten Inertialsystem befindet. Das widerspricht nach den Ausführungen am Ende von Kap. 5 dem Relativitätsprinzip. Also muß die Annahme, es gäbe starre Körper, falsch sein.

22.2 Felder

Die Einsicht, daß sich starre Körper nicht im RZK unterbringen lassen, hat weitreichende Konsequenzen. Wie stellt man sich z.B. ein Elementarteilchen vor, sagen wir ein Elektron? Als Massepunkt ohne jede räumliche Ausdehnung? Ich gebe zu, daß mir der Punkt nicht in die Anschauung paßt, daß ich stattdessen eine kleine starre Kugel vor Augen habe, wenn ich an ein Elektron denke. Aber das ist verboten; denn starre Kugeln passen nicht in das vom Relativitätsprinzip beherrschte RZK. Wenn ich mich also mit dem punktförmigen Elektron nicht befreunden kann, bleibt mir nur übrig, das Elektron als ein räumlich ausgedehntes und dabei weiches Gebilde zu betrachten, vielleicht wabbelig wie ein Pudding, jedenfalls nicht starr. Ob das Elektron nun ein

Punkt oder ein Wabbelpudding ist, brauchen wir jetzt nicht zu entscheiden.[1] Eines von beiden (oder von jedem etwas) muß es wohl sein.

Man nennt ein im vierdimensionalen RZK angesiedeltes Gebilde, das kontinuierlich über ein größeres Raumgebiet verteilt ist und dessen benachbarten Teile nicht starr sondern weich miteinander zusammenhängen, ein Feld. Es gibt verschiedene Feldtypen, die nach der Anzahl der Feldkomponenten klassifiziert werden, etwa einkomponentige skalare Felder [z.B. das hypothetische Higgs-Feld], zweikomponentige Spinorfelder [z.B. die Materiefelder der Leptonen und Quarks], vierkomponentige Vektorfelder [z.B. die Felder der starken, elektromagnetischen und schwachen Wechselwirkungen] und zehnkomponentige Tensorfelder [z.B. das Gravitationsfeld]. Mit diesen Feldern sind Feldquanten verbunden, deren Spins in Einheiten von $\hbar$ die Werte 0 (skalar), $\frac{1}{2}$ (Spinor), 1 (Vektor) und 2 (Tensor) besitzen (vgl. Tabelle 11.1). Die oben in vier eckigen Klammern als Beispiele aufgeführten Felder bzw. die ihnen zugeordneten Feldquanten [Higgs-Teilchen], [Leptonen, Quarks], [Gluonen, Photonen, intermediäre Bosonen] und [Gravitonen] sind nach der heute allgemein akzeptierten „Standard-Theorie" der Stoff, aus dem die Welt gemacht ist.

Wir wollen Feldphysik betreiben. Die elektrischen und magnetischen Felder sind am längsten bekannt und am besten verstanden. Wir wenden uns deshalb zunächst den elektromagnetischen Erscheinungen zu.

---

[1]Für die Existenz eines Objektes ist seine Einbettbarkeit im RZK notwendig aber nicht hinreichend. So werden wir z.B. bei (25.25) sehen, daß elektrisch geladene Massenpunkte unendlich schwer sein müssen und deshalb mit der Endlichkeit der Welt unvereinbar sind.

Kapitel 23

Ladungen, Ströme, Felder

Die Physik der elektrischen und magnetischen Erscheinungen wird zusammengefaßt und „Elektrodynamik" genannt. Die Grundgesetze der Elektrodynamik nennt man die „Maxwellschen Gleichungen". In diesen kommen die folgenden physikalischen Größen vor: die *elektrische Ladungsdichte* ρ, die *elektrische Stromdichte* $\vec{j}$, die *elektrische Feldstärke* $\vec{E}$ und die *magnetische Feldstärke* $\vec{B}$. Wir wollen diese Größen in diesem Kapitel definieren. Dabei spielen „Meßverfahren" eine Rolle. Wir beginnen daher mit der Beschreibung elektrischer Meßinstrumente.

23.1 Elektrostatische und elektromagnetische Meßgeräte

Aus der Sicht des Benutzers ist ein Meßgerät heutzutage sehr oft ein handlicher Kasten mit Kabelsteckerbuchsen und Digitalanzeige. Wer in den Kasten guckt, um zu verstehen, wie das Gerät funktioniert, wird meist enttäuscht, weil er die Funktion der Teile – z.B. mikroelektronische Bauelemente – nicht durchschaut. Wir wollen Physik verstehen und versetzen uns deshalb zurück in die gute alte Zeit, zu der es die modernen elektronisierten Meßgeräte noch nicht gab. Man unterschied damals u.a. die folgenden zwei Gerätearten:

(a) Elektrostatische Meßgeräte, bei denen die Kraftwirkung eines elektrischen Feldes auf eine Ladung ausgenützt wird (Elektroskop, Elektrometer), zur Ladungs- und Spannungsmessung geeignet. Durch das Instrument fließt kein elektrischer Strom. Es hat also einen unendlich großen elektrischen Widerstand.

(b) Elektromagnetische Meßgeräte, bei denen die magnetische Wirkung eines elektrischen Stromes ausgenützt wird (Drehspulgalvanometer, Weicheiseninstrument), zur Strom- und Ladungsmessung geeignet. Während der Messung fließt ein Strom durch das Instrument, welches einen möglichst kleinen elektrischen Widerstand haben sollte.

Ohne schon jetzt physikalisches Verständnis anzustreben, beschreiben wir zunächst die Bau- und Verwendungsweise von zwei Meßgeräten ausführlicher, dem elektrostatischen Einfadenvoltmeter und dem elektromagnetischen Drehspulgalvanometer.

a) **Einfadenelektrometer**: Das Einfadenelektrometer ist in Abb. 23.1 dargestellt. Ein sehr dünner Metallfaden F (Durchmesser 2μ) ist bei a an einem Metallstift P und bei b an einem gebogenen, elektrisch-isolierenden Quarzglasbügel Q befestigt. Der elastische Bügel spannt den Faden. Bügel und Faden befinden sich in einem Metallkasten K, dessen Wände an verschiedenen Stellen durchbohrt sind, um z.B. den Faden durch ein Mikroskop, in dessen Okular O eine Strichskala eingraviert ist, beobachten zu können. Die schraffierten Klötze sind Isolatoren, z.B. Bernstein, durch die Metallstifte gesteckt sind. Der Faden befindet sich zwischen zwei mit + und − bezeichneten Metallplatten, die in der angedeuteten Weise mit zwei gleichgroßen Batterien B_1 und B_2 von je etwa 50 Volt verbunden sind. Die Batterien stehen außerdem mit dem Metallkasten K in leitender Verbindung. Will man nun feststellen, ob zwischen zwei Punkten 1 und 2 im Raum (etwa den beiden Polen einer Taschenlampenbatterie oder den beiden Platten eines Kondensators) eine elektrische Spannung $U(1,2)$ herrscht, so verbindet man Kasten K und Stift P durch Metalldrähte mit den Punkten 1 und 2. Der Faden zeigt dann einen zu $U(1,2)$ proportionalen Ausschlag, der mit Hilfe des Mikroskops abgelesen wird. Vertauscht man die Drahtanschlüsse bei 1 und 2, so kehrt der Fadenausschlag seine Richtung um.

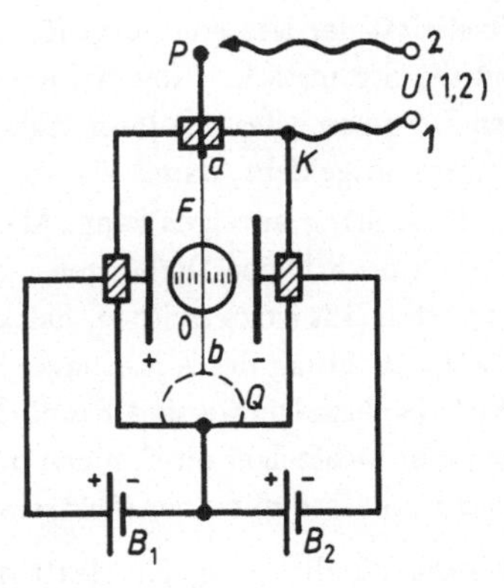

Abbildung 23.1

Einfadenelektrometer. Mit Hilfe von Batterien B_1 und B_2 wird zwischen den Platten + und − ein elektrisches Feld erzeugt. Der durch einen Quarzbügel Q gespannte Faden $\overline{ab}$ schlägt seitlich aus, wenn man zwischen P und Metallkasten K eine Spannung U liegt. Der Ausschlag wird durch ein Mikroskop mit Okularskala O beobachtet.

b) **Drehspulgalvanometer**: Das Drehspulgalvanometer ist in Abb. 23.2 dargestellt, und zwar in einer besonders empfindlichen Ausführungsform, die man „Spiegelgalvanometer" nennt. Eine aus oberflächlich isoliertem Draht um einen rechteckförmigen

Rahmen gewickelte Spule befindet sich zwischen den beiden Polen N und S eines Hufeisenmagneten. Die Spule ist leicht um die vertikalen Zuführungsdrähte drehbar. Die

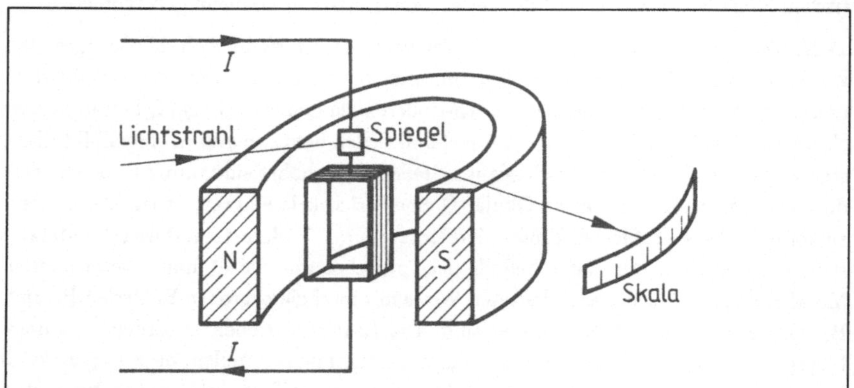

Abbildung 23.2: Drehspulspiegelgalvanometer: Eine rechteckig gewickelte Drahtspule dreht sich im Magnetfeld eines Hufeisenmagneten, wenn ein Strom I durch sie hindurchfließt. Die Drehung wird mit Lichtzeiger und Spiegel Sp nachgewiesen.

Elastizität der letzteren sorgt für ein rücktreibendes Drehmoment. Fließt ein Strom mit der Stromstärke I durch die Spule, so wird sie trotz des elastischen rücktreibenden Drehmomentes aus ihrer Ruhelage herausgedreht. Auf die Spule ist ein kleiner Spiegel Sp geklebt, damit ein von ihm reflektierter Lichtstrahl auf einer Skala die Spulendrehung anzeigen kann. Man kann diesen Lichtzeiger sehr lang machen und so auch noch kleine Drehungen messen. Durch geeignete Formgebung der Pole des Magneten läßt sich erreichen, daß der Zeigerausschlag zur Stromstärke proportional ist. Die Richtung des Ausschlages kehrt sich um, wenn man die Stromrichtung umkehrt. Drehspulgeräte sind handlicher zu bedienen, aber weniger empfindlich, wenn man den Lichtzeiger durch einen mechanischen Zeiger ersetzt und die Drehspule auf einer Drehachse mit einer rücktreibenden elastischen Spiralfeder montiert.

Es kann nützlich sein, für elektrostatische (a) und elektromagnetische (b) Meßinstrumente verschiedene Zeichensymbole zu verwenden (Abb. 23.3). Das Elektrometersymbol (a) bringt zum Ausdruck, daß die beiden Anschlüsse 1 und 2 durch einen Isolator ▨ getrennt sind. Der unterbrochene Kreis erinnert an ein Metallgehäuse, das Lambda Λ an die Metallstreifen eines sog. Blättchenelektroskops; in einem solchen hängen zwei Lamettastreifen an einem Metallstift und spreizen sich, sobald man zwischen 1 und 2 eine Spannung legt. Das Blättchenelektroskop ist nicht so leistungsfähig

Abbildung 23.3
Schematische Zeichen für (a) elektrostatische und (b) elektromagnetische Meßinstrumente.

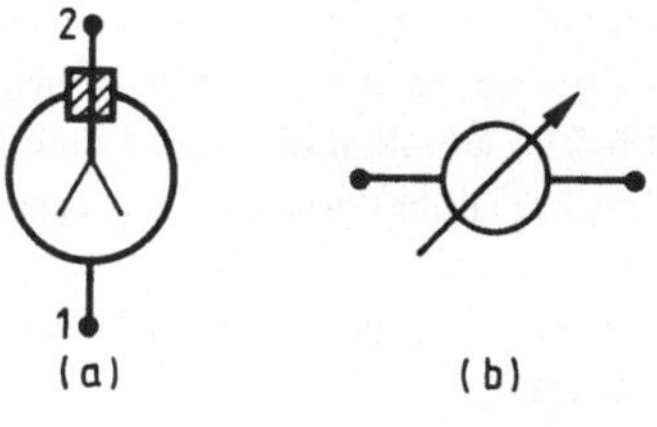

wie das Einfadenelektrometer, weil es nicht so empfindlich ist, die Polarität der Spannung (+– oder –+) nicht feststellen kann und der Blättchenausschlag zwar monoton, aber nicht proportional mit der angelegten Spannung anwächst. Wir wollen trotzdem für alle elektrostatischen Meßgeräte, also auch für das Einfadenelektrometer, das Symbol (a) aus Abb. 23.3 verwenden. – Das Zeichensymbol für elektromagnetische Meßinstrumente (b) enthält einen Pfeil, der den Zeiger darstellen soll. Es wird nicht nur für Drehspulgalvanometer, sondern z.B. auch für sog. Weicheiseninstrumente verwendet. Bei letzteren fließt der zu messende Strom durch eine feststehende Drahtspule, die dann ein Eisenplättchen in sich hineinzieht. Das Plättchen ist auf einer Drehachse mit rücktreibender, elastischer Spiralfeder befestigt. Die von der Stromstärke abhängige Achsendrehung wird durch einen Zeiger angezeigt. Weicheiseninstrumente haben Drehspulgalvanometern gegenüber zwei Nachteile: Sie können nicht die Stromrichtung feststellen, und ihr Zeigerausschlag ist nicht zur Stromstärke proportional.

23.2 Ladung

Wir wollen jetzt die elektrische Ladung q durch Angabe eines Meßverfahrens definieren. Die zu messende Ladung sitze auf einem Körper K etwa auf einem Kamm, mit dem man sich gerade die frischgewaschenen Haare gekämmt hat. Er zieht dann bekanntlich Papierstückchen an. – In Abb. 23.4 ist ein zur Ladungsmessung geeignetes Gerät dargestellt. K wird mit Hilfe einer Nylonschnur in einen nach Faraday benannten Metallbecher F mit Deckel D hineinmanövriert, ohne die Becherwände zu berühren. Der Faradaybecher ist mit dem Faden eines Einfadenelektrometers verbunden, dessen Metallkasten „geerdet" ist. Unter „Erdung" versteht man die Herstellung einer leitenden Verbindung mit einem vergrabenen, als „Erde" bezeichneten und durch ⏚ dargestellten Metallstück. Das Elektrometer zeigt einen Ausschlag, sobald K in F gebracht wird, vorausgesetzt, K ist geladen.

Wenn man verschiedene geladene Körper K untersucht, stellt man fest, daß es zwei Sorten von Ladungen gibt, solche, bei denen der Elektrometerfaden nach rechts, und solche, bei denen er nach links ausschlägt. Falls die beiden Elektrometerbatterien wie in Abb. 23.4 gepolt sind[1], nennt man K positiv (negativ) geladen, wenn der Ausschlag nach rechts (links) erfolgt. Man vereinbart nun:

(i) Zwei Ladungen sind genau dann gleich, wenn sie gleiche Fadenausschläge bewirken.

(ii) Wenn man zwei Körper K_1 und K_2 mit den Ladungen q_1 und q_2 zusammenfügt, entsteht ein Gebilde mit der Ladung $q_1 + q_2$.

Durch diese beiden Vereinbarungen ist die elektrische Ladung vollständig definiert; denn wir sind jetzt in der Lage, das Elektrometer in Abb. 23.4 mit einer Skala zu versehen, auf der man die Ladung eines beliebigen Körpers ablesen kann. Wir haben dann ein geeichtes Meßinstrument für q.

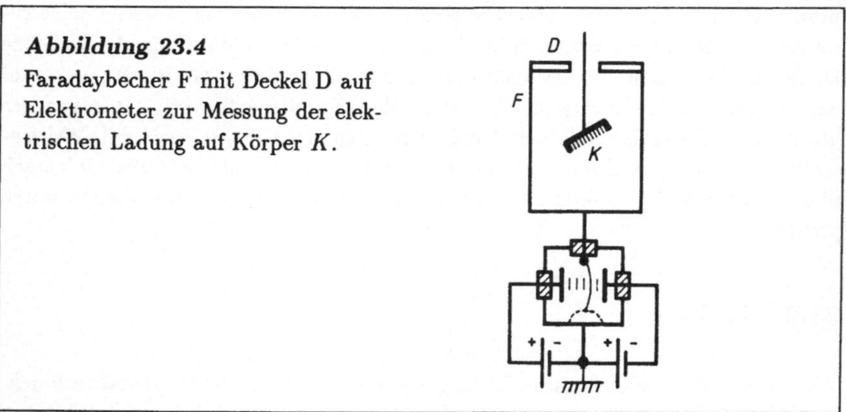

Abbildung 23.4
Faradaybecher F mit Deckel D auf
Elektrometer zur Messung der elek-
trischen Ladung auf Körper K.

Um die geeichte q-Skala zu erhalten, erklären wir zunächst eine in reproduzierbarer Weise herstellbare Ladungsmenge q_o willkürlich zur „Ladungseinheit". Wir beschaffen uns nun viele Körper, die alle mit q_o geladen sind, was wegen Vereinbarung (i) dann der Fall ist, wenn sie alle den gleichen Elektrometerausschlag verursachen. Aus der Menge dieser Körper fügen wir einen oder zwei oder drei usw. zu Komplexen zusammen, die dann wegen (ii) die Ladungen q_o oder $2q_o$ oder $3q_o$ usw. tragen. Diese

---

[1]Die Polarität $(+ -)$ hat der Hersteller auf den Batterien vermerkt.

Gebilde bringen wir nacheinander in den Faradaybecher F aus Abb. 23.4. Die Fadenausschläge des Elektrometers nehmen mit der Größe der Komplexe zu. Wir notieren bei den Fadenstellungen auf der Skala die ganzzahligen Werte „$q_o, 2q_o, 3q_o$" usw. Halbzahlige q_o-Werte erhält man mit Hilfe gleichgeladener Körper (gleiche Fadenausschläge), von denen jeweils zwei die Einheitsladung q_o ergeben. So läßt sich die Skaleneinteilung verfeinern. Ein Körper trägt die negative Einheitsladung $-q_o$, wenn er nach Vereinigung mit einem Körper der Ladung $+q_o$ im Ladungsmesser Abb. 23.4 den Fadenausschlag „Null" ergibt. Damit läßt sich die Skaleneichung auch in den Bereich negativer Ladungen ausdehnen.

Eine Möglichkeit, Körper elektrisch aufzuladen, ist das Haarekämmen. Es geht natürlich auch professioneller, z.B. mit einem Van-de-Graaff-Generator, wie er in Abb. 23.5 zu sehen ist. Über zwei Rollen läuft, mit einer Kurbel K angetrieben, ein breites Gum-

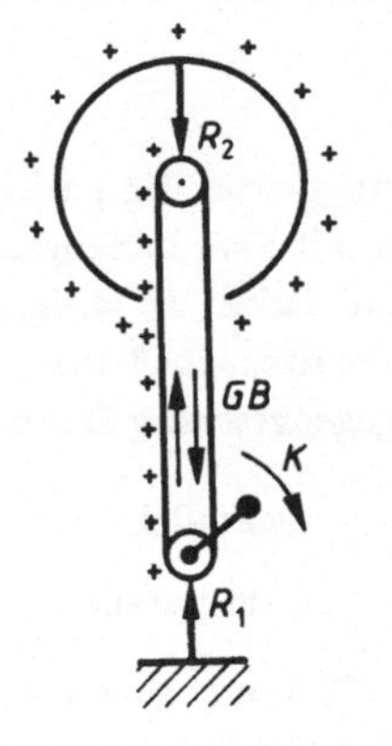

Abbildung 23.5
Bandgenerator nach van-de-Graaff mit Kurbel K, breitem Gummiband GB und metallischen Reibern R_1 und R_2.

miband GB. Gummi ist – wie jede andere Substanz – aus negativ geladenen Elektronen und positiv geladenen Atomkernen zusammengesetzt. Durch einen Reiber R_1 (Drahtbürste) werden vom Gummiband ständig Elektronen abgestreift und zur Erde geleitet. Das dadurch positiv gewordene GB bewegt sich in eine Metallhohlkugel, in der ein zweiter Reiber R_2 angebracht ist. Die beweglichen Elektronen der Metallkugel werden von den Plusladungen auf dem GB angezogen. Sie fließen deshalb zu R_2 und neutralisieren das Gummiband. Durch Abwandern der Elektronen lädt sich die Metallkugel positiv auf.

Für Demonstrationsexperimente stehen heute verhältnismäßig kleine, etwa 50cm hohe Tisch-Van-de-Graaffen zur Verfügung. Man kann mit ihrer Hilfe andere Körper durch Berührung aufladen, etwa einen oberflächlich metallisierten Tischtennisball, der an einem Nylonfaden hängt. Nach der Berührung stoßen sich Kugel und Ball kräftig ab. Die Ladung auf dem Ball läßt sich mit dem Ladungsmesser Abb. 23.4 quantitativ bestimmen. Große Van-de-Graaff-Generatoren (Kugeldurchmesser einige Meter) werden in der Kernphysik verwendet, um Atomkerne auf große Geschwindigkeiten zu beschleunigen.

23.3   Stromstärke

Nach der Ladung behandeln wir die Stromstärke. Wenn sich geladene Teilchen durch einen Leiter bewegen (Elektronen durch einen Draht, Ionen durch eine elektrolytische Lösung, Protonen durch das evakuierte Rohr eines Beschleunigers), so stellen sie einen elektrischen Strom dar. Sei dq die Ladung, die in der Zeit dt den Leiterquerschnitt passiert. Man definiert dann die elektrische Stromstärke I durch

$$I := \frac{dq}{dt} \ . \tag{23.1}$$

Wenn gleichzeitig positiv und negativ geladene Teilchen am Strom teilnehmen, hat man mit zwei Ladungsarten $q_+ = +|q_+|$ und $q_- = -|q_-|$ und folglich auch mit zwei Stromstärken $I_+ = dq_+/dt$ und $I_- = dq_-/dt$ zu tun. Um die Gesamtstromstärke I zu erhalten, muß man I_+ und I_- addieren oder subtrahieren, je nachdem, ob die entgegengesetzt geladenen Teilchen parallel oder antiparallel zueinander fließen:

$$\begin{aligned} \text{parallel:} \qquad I \ &= \ I_+ + I_- \ = \ (dq_+ + dq_-)/dt \\ \text{antiparallel:} \qquad I \ &= \ I_+ - I_- \ = \ (dq_+ - dq_-)/dt \ . \end{aligned} \tag{23.2}$$

Abb. 23.6 zeigt eine Anordnung, mit der man einen Strom realisieren kann. Der Reiber R_1 des Bandgenerators aus Abb. 23.5 ist über ein stromdurchlässiges Drehspulgalvanometer mit einer Metallplatte verbunden, die sich mit den durch R_1 vom Gummiband abgestreiften Elektronen negativ auflädt. Ihr steht eine zweite Metallplatte gegenüber, die leitend mit der Generatorkugel verbunden und deshalb positiv geladen ist. Zwischen den beiden Platten pendelt ein isoliert aufgehängter Pingpongball B mit leitender Oberfläche hin und her, der durch Berührung der Platten abwechselnd negative und positive Ladung aufnimmt. B transportiert so in sichtbarer Weise positive Ladung von links nach rechts und negative von rechts nach links. Die Ladung fließt durch das Galvanometer, bildet also einen elektrischen Strom. Der Van-de-Graaff-Generator sorgt dafür, daß die von der Kugel abgenommenen Ladungen nachgeliefert werden.

Es ist im Prinzip einfach, die Stromstärke I im Stromkreis der Abb. 23.6 zu messen. Man bringe den Ball B unmittelbar nach der Berührung mit der linken bzw. rechten

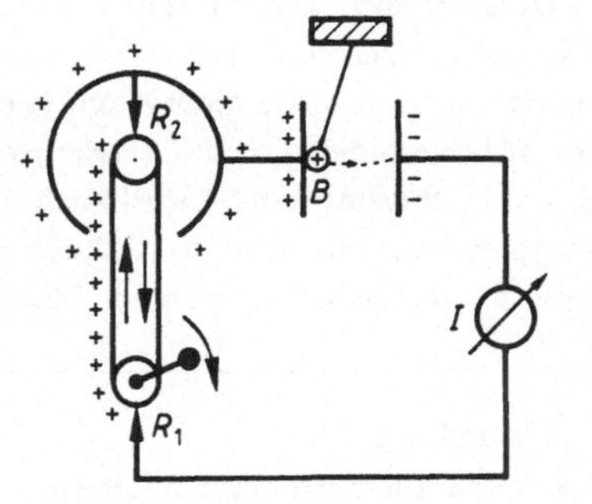

Abbildung 23.6
Einfacher elektrischer Stromkreis. Ein metallisierter Ball B transportiert sichtbar Ladungen von Platte zu Platte. Die Ladung fließt durch das Galvanometer zum Generator zurück. Das Galvanometer zeigt eine Stromstärke I an.

Platte in den Faradaybecher des Ladungsmessers Abb. 23.4 und bestimme so die Ladungen q_+ bzw. q_- auf B. Sei T die Zeit, die der Ball für eine Hin- und Herbewegung benötigt. Dann ergibt sich I aus der unteren Formel (23.2) zu

$$I = \frac{q_+ - q_-}{T} = \frac{q_+ + |q_-|}{T} = (q_+ + |q_-|)\nu \ . \tag{23.3}$$

Dabei ist $\nu = 1/T$ die Frequenz der Pendelbewegung, die sich mit Hilfe einer Uhr durch Auszählung bestimmen läßt. Wenn man den Plattenabstand Abb. 23.6 verkleinert, wird die Stromstärke größer.

Das angegebene Verfahren zur Messung von I ist verhältnismäßig umständlich. Wir halten deshalb nach einem bequemeren Meßgerät Ausschau. Beachte dazu das Drehspulgalvanometer in Abb. 23.6. Es zeigt einen Ausschlag, sobald die Anordnung in Betrieb genommen wird. Der Ausschlag nimmt zu, wenn die Stromstärke zunimmt. Wir können das Galvanometer deshalb zur Stromstärkemessung verwenden, wenn wir die Instrumentenskala als Stromstärkeskala einrichten. Letzteres ist mit Hilfe der Anordnung Abb. 23.6 grundsätzlich möglich, da man I z.B. durch Veränderung des Plattenabstandes variieren und gemäß (23.3) messen kann. Bei einem gut gebauten Drehspulgalvanometer erweist sich der Zeigerausschlag zur Stromstärke proportional.

Wir müssen über „Einheiten" reden. Um den Ladungsmesser Abb. 23.4 zu eichen, hatten wir eine reproduzierbare Ladungsmenge q_o willkürlich zur Ladungseinheit erklärt, ohne uns um irgendwelche Vereinbarungen zu kümmern. Aus q_o und der Zeiteinheit Sekunde s folgt dann wegen (23.1) die zugehörige Stromstärkeeinheit $I_o = q_o/\text{s}$. Nun läßt sich der Zusammenhang (23.1) zwischen Ladung und Strom differentiell oder integral schreiben:

$$I = \frac{dq}{dt} \quad \text{oder} \quad q = \int I\,dt \ . \tag{23.4}$$

Es ist daher auch möglich, statt der Ladungseinheit die Stromstärkeeinheit I_o willkürlich festzusetzen und daraus die Ladungseinheit $q_o = I_o \cdot$ s abzuleiten. Wir wollen das internationale Maßsystem (siehe SI-Anhang, S.488) verwenden, in dem die Stromstärkeeinheit $I_o = $ A (*Ampere*) vereinbart wird. Die zugehörige Ladungseinheit $q_o = $ As (*Amperesekunde*) wird auch As $= $ C (*Coulomb*) genannt. Zur Definition des Amperes betrachte Abb. 23.7. Durch zwei beliebig dünne gerade Drähte der Länge l, die parallel nebeneinander im Abstand $\bar{r}$ verlaufen, fließen elektrische Ströme der

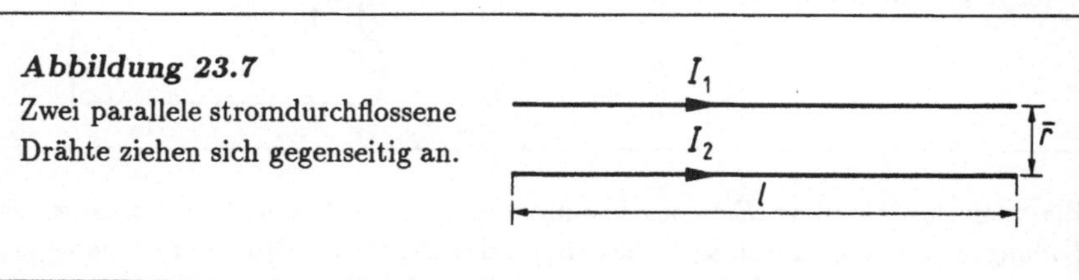

Abbildung 23.7
Zwei parallele stromdurchflossene
Drähte ziehen sich gegenseitig an.

Stromstärke I_1 und I_2. Die Erfahrung zeigt, daß die Drähte sich anziehen bzw. abstoßen, wenn I_1 und I_2 gleich bzw. entgegengesetzt gerichtet sind (Amperesches Gesetz 1820). Die Kraft F zwischen den Drähten erweist sich für große Drahtlängen $l \gg \bar{r}$ zu I_1, I_2 und l direkt und zu $\bar{r}$ umgekehrt proportional:

$$F = \alpha \frac{I_1 I_2 l}{\bar{r}} \; . \tag{23.5}$$

Der Proportionalitätsfaktor α hängt von der Krafteinheit (Newton N) und der Stromstärkeeinheit ab. Man setzt $\alpha =: 2 \cdot 10^{-7}$ N/A^2 und definiert damit das Ampere A. Der Faktor 2 im α-Wert hat historische Gründe. Der Faktor 10^{-7} wurde vereinbart, um den Elektrikern das Rechnen mit Zehnerpotenzen zu ersparen. Die in Elektrogeräten fließenden Stromstärken sind dann nämlich von der Größenordnung Ampere.

23.4 Ladungsdichte ρ und Stromdichte $\vec{j}$

Die elektrische Ladung q eines geladenen Körpers K (Abb. 23.8) braucht nicht gleichmäßig über ihn verteilt zu sein. Sei dq die Ladung im kleinen Volumenelement dV an der Stelle $\vec{r}$. Man bezeichnet die ortsabhängige Größe

$$dq/dV =: \rho(\vec{r}) \tag{23.6}$$

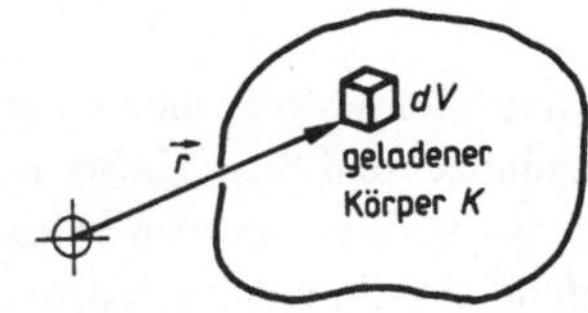

Abbildung 23.8
Zur Definition der elektrischen
Ladungsdichte $\rho = \dfrac{dq}{dV}$.

als *Ladungsdichte*. Aus $\rho(\vec{r})$ erhält man durch Volumenintegration[2] die Ladung q des Körpers K:

$$q = \int_K dq = \int_{V_K} \rho(\vec{r})dV \ . \tag{23.7}$$

V_K ist das Körpervolumen, über das integriert wird.

Betrachte nun einen stromdurchflossenen Leiter. Sei ρ die Ladungsdichte der fließenden Ladungsträger und $\vec{v}$ ihre mittlere Strömungsgeschwindigkeit. ρ und $\vec{v}$ können vom Ort $\vec{r}$ abhängen. Man nennt das Produkt

$$\rho(\vec{r})\vec{v}(\vec{r}) =: \vec{j}(\vec{r}) \tag{23.8}$$

die *Stromdichte*. Wenn positive und negative Ladungsträger mit den Ladungsdichten ρ_+ und ρ_- und den Geschwindigkeiten $\vec{v}_+$ und $\vec{v}_-$ zum elektrischen Strom beitragen, ist

$$\vec{j} = \rho_+'\vec{v}_+ + \rho_-\vec{v}_- \tag{23.9}$$

die Gesamtstromdichte. $\vec{j}$ hängt mit der Stromstärke $I = dq/dt$ zusammen. Betrachte etwa den zylindrischen Leiter mit Querschnittsfläche S aus Abb. 23.9. Durch ihn mögen Ladungen fließen, und zwar in die durch Pfeile angedeutete x-Richtung. Sei

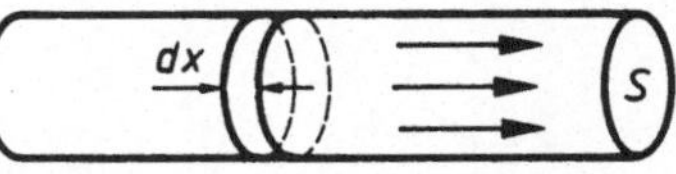

Abbildung 23.9
Bewegte Ladungen strömen
durch zylindrischen Leiter.

dq die mit der Geschwindigkeit $v = dx/dt$ bewegte Ladung in der münzenartigen Kreisscheibe vom Volumen $dV = Sdx$. Der Betrag des Vektors $\vec{j}$ ergibt sich dann nach (23.8) zu

$$j = \rho v = \frac{dq}{Sdx} \cdot \frac{dx}{dt} = \frac{dq/dt}{S} = \frac{I}{S} \ . \tag{23.10}$$

j ist also die Stromstärke pro Querschnittsfläche des Leiters.

---

[2]Keine Angst vor Volumenintegralen! Man teilt das Volumen des geladenen Körpers in sehr viele kleine Volumenelemente dV, multipliziert dV mit der Ladungsdichte $\rho(\vec{r})$ am Orte $\vec{r}$ von dV und summiert über alle dV-Elemente des Körpers. Den Grenzwert, dem diese Summe bei Verfeinerung der Volumeneinteilung zustrebt, schreibt man $\int \rho(\vec{r})dV$.

23.5   Elektrische und magnetische Feldstärke

In den Maxwellschen Gleichungen, die im nächsten Kapitel formuliert werden, kommen neben der Ladungs- und Stromdichte ρ und $\vec{j}$ die elektrische und magnetische Feldstärke $\vec{E}$ und $\vec{B}$ vor. Diese wurden schon in Kap. 13.1 eingeführt. $\vec{E}$ und $\vec{B}$ bestimmen die Kraft $\vec{F}$, die ein mit q geladenes Teilchen erfährt, wenn es sich mit der Geschwindigkeit $\vec{v}$ durch ein elektrisches und ein magnetisches Feld bewegt (Lorentzkraft (13.3)):

$$\vec{F} = q(\vec{E} + \vec{v} \times \vec{B}) \ . \tag{23.11}$$

Da man Kräfte, Ladungen und Geschwindigkeiten messen kann, kann man auch die Feldstärken $\vec{E}$ und $\vec{B}$ bestimmen.

Damit sind die wichtigsten elektromagnetischen Größen $\vec{E}$, $\vec{B}$, ρ und $\vec{j}$ eingeführt. Bleibt noch zu sagen, daß diese Größen im allgemeinen orts- und zeitabhängig sind, was man z.B. durch die Schreibweise $\vec{E}(\vec{r}, t)$, $\vec{B}(\vec{r}, t)$, $\rho(\vec{r}, t)$ und $\vec{j}(\vec{r}, t)$ zum Ausdruck bringen kann.

Kapitel 24

Die Maxwellschen Gleichungen

Die Maxwellschen Gleichungen (1861-1864) sind die Grundgesetze der elektrischen
und magnetischen Erscheinungen. In ihrer Bedeutung stehen sie dem Grundgesetz
der Mechanik oder den Hauptsätzen der Wärmelehre nicht nach. Grundgesetze fassen
alle Erfahrungen, die in ihren Gültigkeitsbereichen gesammelt wurden, in mathematischer Kurzform zusammen. Grundgesetze mitzuteilen und zu erläutern heißt also,
Erfahrungen in komprimierter Form weiterzureichen. Ich hoffe, daß es mir im folgenden gelingt, Sie von der Richtigkeit der Maxwellschen Gleichungen zu überzeugen.

Wie schon im letzten Kapitel erwähnt, kommen in Maxwells Gleichungen die elektrische und magnetische Feldstärke $\vec{E}$ und $\vec{B}$ und die Ladungs- und Stromdichten ρ
und $\vec{j}$ vor. Außerdem treten in ihnen die Lichtgeschwindigkeit c und die sog. Influenzkonstante ε_o auf. Sie lauten:

$$
\begin{aligned}
\text{(I)} \qquad & \oint_K \vec{E} \cdot d\vec{r} = -\frac{d}{dt} \int_{SK} \vec{B} \cdot d\vec{S} \\[2mm]
\text{(II)} \qquad & c^2 \oint_K \vec{B} \cdot d\vec{r} = \frac{d}{dt} \int_{SK} \vec{E} \cdot d\vec{S} + \frac{1}{\varepsilon_o} \int_{SK} \vec{j} \cdot d\vec{S} \\[2mm]
\text{(III)} \qquad & \oint_{SO} \vec{E} \cdot d\vec{S} = \frac{1}{\varepsilon_o} \int_{V_{SO}} \rho \, dV \\[2mm]
\text{(IV)} \qquad & \oint_{SO} \vec{B} \cdot d\vec{S} = 0
\end{aligned}
\tag{24.1}
$$

Hier bedeutet d/dt die Zeitableitung. Das Volumenintegral über die Ladungsdichte ρ
auf der rechten Seite von (III) kennen wir schon aus Gleichung (23.7). Die Symbole
$\oint_K ..d\vec{r}$, $\int_{SK} ..d\vec{S}$ und $\oint_{SO} ..d\vec{S}$ enthalten die Aufforderung, über die durch Punkte
angedeuteten Größen $\vec{E}$, $\vec{B}$ oder $\vec{j}$ in bestimmter Weise zu „integrieren". Mit diesen
Integrationsoperationen müssen wir uns zunächst vertraut machen.

$\vec{E}$, $\vec{B}$ und $\vec{j}$ sind Beispiele für Vektorfelder. Wir bezeichnen ein Vektorfeld zunächst
mit $\vec{V}$ und können später $\vec{V}$ je nach Bedarf durch $\vec{E}$, $\vec{B}$ oder $\vec{j}$ ersetzen. Ein Vektorfeld
liegt vor, wenn jeder Raumstelle $\vec{r}$ zur Zeit t ein Vektor $\vec{V} = \vec{V}(\vec{r}, t)$ zugeordnet ist.
Oft interessiert uns eine „Momentaufnahme" für $t = $ const. Dann lassen wir die
Zeit im Argument von $\vec{V}$ einfach weg. Man kann $\vec{V}(\vec{r})$ durch ein sog. Feldlinienbild
veranschaulichen. Dazu denkt man sich den vom Feld erfüllten Raum mit Feldlinien

durchzogen. Die Richtung der Feldlinien in der Umgebung von $\vec{r}$ fällt mit der Richtung von $\vec{V}(\vec{r})$ zusammen. Ihre Flächendichte – das ist die Zahl der Feldlinien pro Fläche durch ein Flächenstück senkrecht zu den Linien – ist zum Betrag des Vektors $\vec{V}(\vec{r})$ proportional. Feldlinien sind eine Fiktion, die es in Wirklichkeit nicht gibt – es sei denn, man zeichnet sie.

Zweidimensionale Versionen von Feldlinienbildern (dreidimensionale Zeichnungen sind nicht so einfach herzustellen) sind in Abb. 24.1 zusammengestellt. (a) zeigt ein „homogenes" Feld, bei dem $\vec{V}(\vec{r})$ gar nicht von $\vec{r}$ abhängt. (b) ist ein Feld mit einer „starken Quelle", bei der Feldlinien beginnen und einer „schwächeren Senke", bei der Feldli-

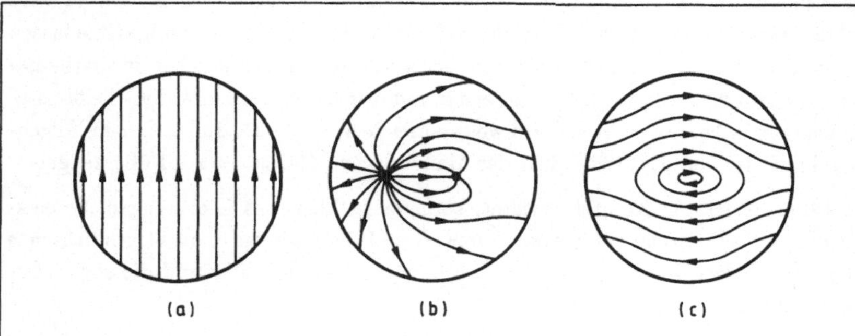

Abbildung 24.1: Feldlinienbilder, die Ausschnitte zeigen aus (a) einem homogenen Feld, (b) einem Feld mit Quelle und Senke, (c) einem Feld mit Wirbel.

nien enden. (c) stellt ein „Wirbelfeld" dar, mit in sich geschlossenen Feldlinien ohne Anfang und Ende. Quellen bzw. Senken (= Quellen mit negativer Quellstärke) und Wirbel sind die interessanten Teile eines Vektorfeldes. Die Maxwellschen Gleichungen machen Aussagen über die Quellen und Wirbel von $\vec{E}$ und $\vec{B}$.

24.1 Zirkulation und Fluß von Vektorfeldern

Wir definieren jetzt das in zwei Maxwellschen Gleichungen vorkommende Wegintegral $\oint_K \vec{V} \cdot d\vec{r}$ über ein Vektorfeld $\vec{V}(\vec{r})$. Sei K eine beliebige, sich nicht überschneidende geschlossene Kurve mit Umlaufsinn (vgl. Abb. 24.2). Wir teilen K in viele kleine Stückchen $d\vec{r}$ ein, die im Umlaufsinn aneinandergehängt sind, bilden an jeder Stelle $\vec{r}$ von K mit dem dort herrschenden Vektorfeld $\vec{V}(\vec{r})$ das Skalarprodukt $\vec{V}(\vec{r}) \cdot d\vec{r}$ und summieren über alle $d\vec{r}$-Stückchen. Man bezeichnet die Summe (bei unendlich feiner

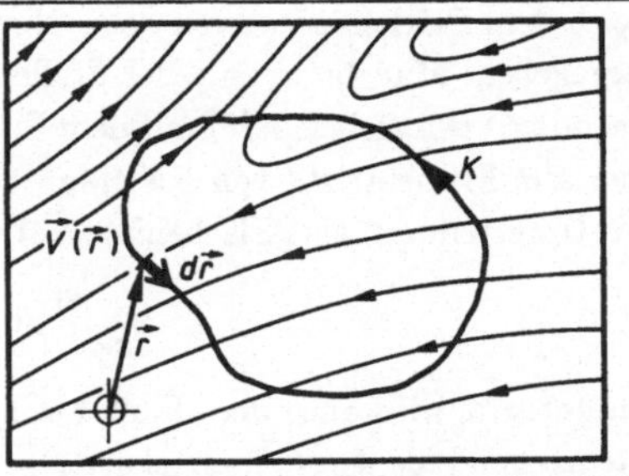

Abbildung 24.2
Eine geschlossene, doppelpunktfreie
Kurve K mit Umlaufsinn in einem
vom Vektorfeld $\vec{V}(\vec{r})$ erfüllten Gebiet.

K-Unterteilung) als das „geschlossene Wegintegral längs K" und schreibt:

$$\oint_K \vec{V} \cdot d\vec{r} =: Z_K(\vec{V}) \, . \tag{24.2}$$

Das Integral wird auch die „Zirkulation Z von $\vec{V}$ längs K" genannt und dementsprechend als $Z_K(\vec{V})$ abgekürzt.

Als nächstes erklären wir das sog. Flächenintegral $\int_{SK} \vec{V} \cdot d\vec{S}$. Sei K wieder eine geschlossene Kurve mit Umlaufsinn und SK eine Fläche, die von K begrenzt wird. Zu vorgegebenem K gibt es beliebig viele SK. Abb. 24.3 zeigt drei Beispiele von Flächen, die man über einer Kreiskurve K errichten kann. Wir teilen eine Fläche SK nun in viele kleine Flächenelemente dS auf und ordnen jedem dS einen Umlaufsinn

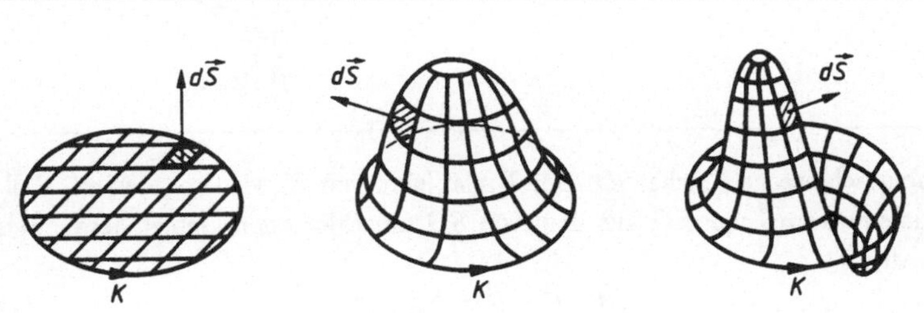

Abbildung 24.3:   Drei Möglichkeiten, über K eine Fläche SK aufzuspannen. SK wird in vektorielle Flächenelemente $d\vec{S}$ unterteilt.

und einen Vektor $d\vec{S}$ zu. Der Umlaufsinn folgt aus demjenigen von K, wenn man K bis zum Rand des Flächenelementes zusammengezogen denkt. Der Vektor $d\vec{S}$ stehe vereinbarungsgemäß senkrecht auf dem Flächenstückchen und zwar so, daß Umlaufsinn und $d\vec{S}$-Richtung eine Rechtsschraube definieren. Der Betrag des Vektors $d\vec{S}$ ist gleich dem Flächeninhalt von dS. – Nun sei ein Vektorfeld $\vec{V}(\vec{r})$ und eine Fläche SK vorgegeben. Man bilde an jeder Stelle $\vec{r}$ von SK das Skalarprodukt des dort herrschenden Vektorfeldes $\vec{V}(\vec{r})$ mit dem Flächenelement $d\vec{S}$, also $\vec{V}(\vec{r}){\cdot}d\vec{S}$, und summiere über alle Elemente $d\vec{S}$ von SK. Man bezeichnet diese Summe (bei unendlich feiner SK-Unterteilung) als „Flächenintegral über SK" und schreibt:

$$\int_{SK} \vec{V} \cdot d\vec{S} =: \Phi_{SK}(\vec{V}) \, . \tag{24.3}$$

Das Integral wird auch der „Fluß Φ von $\vec{V}$ durch die Fläche SK" genannt und dementsprechend als $\Phi_{SK}(\vec{V})$ abgekürzt.

In den beiden letzten Maxwellschen Gleichungen (24.1) tritt das Zeichen SO auf. SO ist eine geschlossene Oberfläche von der Art einer (beliebig verbogenen) Kugelfläche. Die Bezeichnung SO kommt wie folgt zustande. Betrachte in Abb. 24.4 eine kleine geschlossene Kurve K, über der eine große ballonartige Fläche SK aufgespannt ist. Wenn man K zu einem Punkt zusammenschrumpfen läßt ($K \rightarrow 0$), erhält man aus

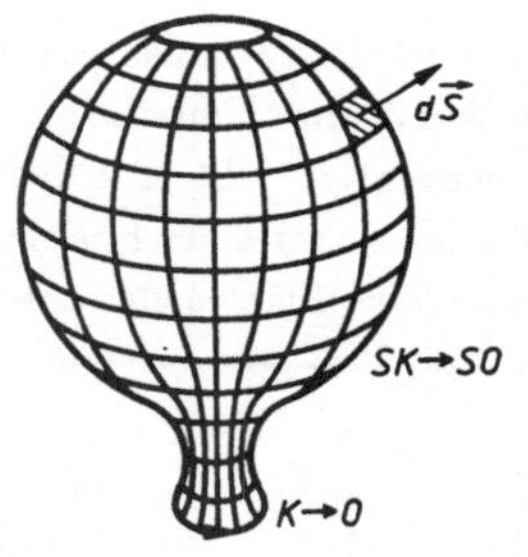

Abbildung 24.4
Man erhält durch den Übergang $K \rightarrow 0$
aus SK eine geschlossene Fläche SO.

SK eine geschlossene Fläche SO. Der Umlaufsinn von K wird so gewählt, daß die Flächenelemente $d\vec{S}$ von SO aus dem von SO umschlossenen Gebiet herausweisen. Der Ausdruck

$$\oint_{SO} \vec{V} \cdot d\vec{S} = \Phi_{SO}(\vec{V}) \tag{24.4}$$

ist das Flächenintegral über die geschlossene Fläche SO oder, wie man auch sagt, der „totale Fluß von $\vec{V}$, der aus dem von SO eingeschlossenen Gebiet heraustritt".

Um mit den Integralen (24.2), (24.3) und (24.4) vertraut zu werden, betrachten wir drei Beispiele.

a) Zirkulation in Wirbelfeldern: Abb. 24.1(c) zeigt das Feldlinienbild eines Wirbelfeldes $\vec{V}(\vec{r})$. Um die Zirkulation $Z_K(\vec{V})$ zu berechnen, müssen wir zunächst einen geschlossenen Weg K mit Umlaufsinn festlegen. Wir wählen für K eine der geschlossenen Feldlinien, etwa die dritte von innen. Da K mit einer Feldlinie zusammenfällt, ist der Winkel ϑ zwischen dem Linienelement $d\vec{r}$ und dem Feldvektor $\vec{V}$ gleich Null. Das in (24.2) vorkommende Skalarprodukt $\vec{V} \cdot d\vec{r} = V\,dr\cos\vartheta = V\,dr$ ist daher das Produkt zweier positiver Zahlen V und dr. Dann ist auch

$$Z_K(\vec{V}) = \oint_K \vec{V} \cdot d\vec{r} = \oint_K V\,dr > 0 \tag{24.5}$$

eine positive Größe. Aus diesem Resultat folgt eine wichtige Aussage:

Wenn für beliebige K die Zirkulation $Z_K(\vec{V}) = 0$ ist, gibt es im Feld $\vec{V}(\vec{r})$ keine geschlossenen Feldlinien. Ein solches Feld heißt „wirbelfrei". $\tag{24.6}$

b) **Bedeutung des Flusses** Φ: In der Definitionsgleichung (24.3) für Φ kommt $\vec{V} \cdot d\vec{S}$ vor. Dieses Skalarprodukt ist ein Maß für die Zahl der Feldlinien, die das Flächenelement $d\vec{S}$ durchsetzen. Um das einzusehen, betrachte man Abb. 24.5. Sie zeigt außer den betroffenen Feldlinien und $d\vec{S}$ noch die senkrecht zu $\vec{V}$ orientierte Hilfsfläche $dS_\perp = dS\cos\vartheta$, mit $\vartheta = $ Winkel zwischen $d\vec{S}$ und Feldrichtung. Da nun das

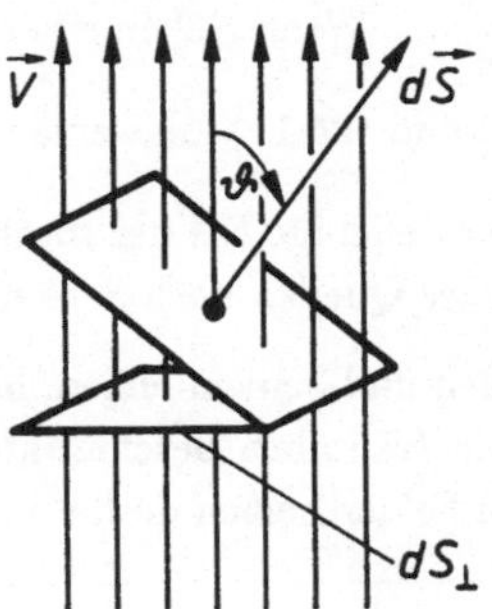

Abbildung 24.5
Die Größe $\vec{V} \cdot d\vec{S}$ ist ein Maß für die Zahl der $\vec{V}$-Feldlinien durch $d\vec{S}$.

Feldlinienbild eines Vektorfeldes $\vec{V}$ vereinbarungsgemäß so konstruiert wird, daß die Feldlinienflächendichte ein Maß für den Betrag V abgibt, kann die Größe

$$d\Phi := V\,dS_\perp = V\,dS\cos\vartheta = \vec{V} \cdot d\vec{S} \tag{24.7}$$

als Feldlinienzahl durch $dS_\perp$ und damit (wegen Abb. 24.5) auch durch $d\vec{S}$ bezeichnet werden. Man beachte, daß $d\Phi$ negativ wird, wenn $\vartheta > 90°$ ist, wenn also Feldlinien und Flächenvektor $d\vec{S}$ entgegengesetzt orientiert sind. Wir bezeichnen Feldlinien mit $\vartheta < 90°$ bzw. $\vartheta > 90°$ als solche mit positiver bzw. negativer Flußrichtung. Damit läßt sich der in (24.3) definierte Fluß von $\vec{V}$ durch eine von einer geschlossenen Kurve K begrenzten Fläche SK

$$\Phi_{SK}(\vec{V}) = \int_{SK} d\Phi = \int_{SK} \vec{V} \cdot d\vec{S} \tag{24.8}$$

folgendermaßen geometrisch interpretieren:

$\Phi_{SK}(\vec{V})$ ist ein Maß für die Differenz: Zahl der Feldlinien durch SK
mit positiver Flußrichtung minus Zahl der Feldlinien durch SK mit   (24.9)
negativer Flußrichtung.

c) Der totale Fluß einer Feldquelle: Die Abb. 24.1(b) zeigt das Feldlinienbild eines
Feldes mit Quelle und Senke. In Abb. 24.6 ist das Quellengebiet herausgezeichnet
und mit einer geschlossenen Fläche SO umgeben. Die Flächenelemente $d\vec{S}$ weisen
vereinbarungsgemäß nach außen. Da die von der Quelle stammenden Feldlinien in
Abb. 24.6 ebenfalls von innen nach außen verlaufen, haben alle Feldlinien durch SO
eine positive Flußrichtung. Wir entnehmen daher aus (24.9):

$$\text{Wenn } SO \text{ eine Quelle umschließt, ist } \Phi_{SO}(\vec{V}) > 0 \,. \qquad (24.10)$$

Ganz entsprechend gilt natürlich:

$$\text{Wenn } SO \text{ eine Senke umschließt, ist } \Phi_{SO}(\vec{V}) < 0 \,. \qquad (24.11)$$

Aus (24.10) und (24.11) folgt eine wichtige Aussage:

Wenn für beliebige SO der totale Fluß $\Phi_{SO}(\vec{V}) = 0$ ist, gibt es im Feld
$\vec{V}(\vec{r})$ weder Quellen noch Senken. Ein solches Feld heißt „quellenfrei".   (24.12)

Wenn Quellen und Senken fehlen, haben die Feldlinien weder Anfang noch Ende. Sie
müssen dann (räumlich beschränkte Felder vorausgesetzt) in sich geschlossen sein.
Quellenfreie Felder heißen deshalb auch „Wirbelfelder".

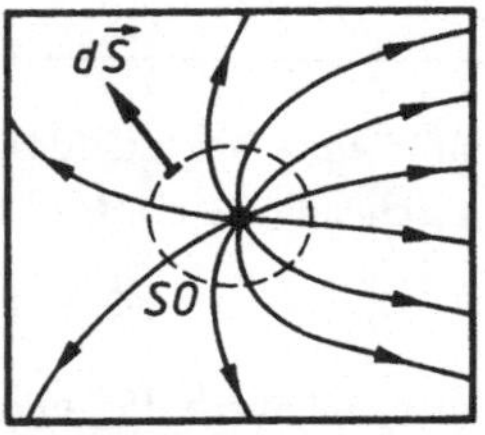

Abbildung 24.6
Um eine Feldquelle ist eine geschlossene
Fläche SO gelegt (auf räumliche Darstel-
lung aus Bequemlichkeit verzichtet).

24.2   Die Aussagen der Maxwellschen Gleichungen

Wir sind jetzt mit den physikalischen Größen $\rho, \vec{j}, \vec{E}, \vec{B}$ sowie den Weg- und Flächenin-
tegralen vertraut, die in den Maxwellschen Gleichungen (24.1) vorkommen. Um einen

ersten Überblick über die elektromagnetischen Erscheinungen zu gewinnen, schreiben
wir die Gleichungen unter Verwendung der in (24.2), (24.3) und (24.4) eingeführten Integralabkürzungen nacheinander hin und versehen sie mit einem Kommentar.
Zunächst die einfachste Maxwellsche Gleichung IV:

$$\Phi_{SO}(\vec{B}) = 0 \ . \tag{24.13}$$

In Worten: *„Der totale magnetische Fluß $\Phi_{SO}(\vec{B})$ durch eine beliebige geschlossene
Fläche SO ist stets Null."* Das ist nach (24.12) nur mögich, wenn das $\vec{B}$-Feld quellenfrei, wenn es also ein reines Wirbelfeld ist. Alle magnetischen Feldlinien sind in sich
geschlossen.

Die Maxwellsche Gleichung I aus (24.1)

$$Z_K(\vec{E}) = -\frac{d}{dt}\Phi_{SK}(\vec{B}) \tag{24.14}$$

besagt in Worten: *„Die Zirkulation $Z_K(\vec{E})$ des elektrischen Feldes längs jeder geschlossenen Kurve K ist gleich der negativen Zeitableitung des magnetischen Flusses
$\Phi_{SK}(\vec{B})$ durch eine beliebige von K begrenzte Fläche SK".* Dieser Zusammenhang
wurde 1831 von Michael Faraday in England entdeckt und wird seitdem als „Induktionsgesetz" bezeichnet. Wir werden den Induktionsvorgang in Kap. 29 ausführlich
behandeln. Hier möchten wir auf einen Zusammenhang zwischen den beiden Gleichungen I und IV hinweisen. Wenn man die Kurve K in (24.14) wie in Abb. 24.4 zu
einem Punkt zusammenzieht ($K \rightarrow 0$), wird SK eine geschlossene Fläche SO. Da
die Zirkulation $Z_{K=0}(\vec{E})$ längs einer zum Punkt entarteten Kurve verschwindet, geht
(24.14) beim Übergang $K \rightarrow 0$ in

$$\frac{d}{dt}\Phi_{SO}(\vec{B}) = 0 \tag{24.15}$$

über, woraus $\Phi_{SO}(\vec{B})$ = const (unabhängig von der Zeit) folgt. Die Integrationskonstante hat den Wert 0, da man magnetische Felder abschalten kann ($\vec{B} \rightarrow 0$). Wir
haben aus der Maxwellschen Gleichung I also die Gleichung IV ableiten können. Die
Quellenfreiheit des magnetischen Feldes ist eine Folge des Induktionsgesetzes.

Die Gleichung III aus (24.1) lautet:

$$\Phi_{SO}(\vec{E}) = \frac{1}{\varepsilon_o} \int_{V_{SO}} \rho dV \ . \tag{24.16}$$

In Worten: *„Der totale elektrische Fluß $\Phi_{SO}(\vec{E})$ durch eine beliebige geschlossene
Oberfläche SO ist gleich dem Raumintegral der Ladungsdichte ρ über das Volumen*

V_{SO} *des von SO umschlossenen Gebietes, dividiert durch die Influenzkonstante*[1] $\epsilon_o =$
$8,8541878 \cdot 10^{-12}\, As/Vm$.*"* Das Raumintegral ist nach (23.7) gleich der Ladung q,
die von SO eingehüllt wird. Da $\Phi_{SO}(\vec{E})$ nach (24.10) und (24.11) die Quellen und
Senken bestimmt, besagt (24.16), daß die positiven bzw. negativen Ladungen die
Quellen bzw. Senken des elektrischen Feldes sind. Im Gegensatz zu den magnetischen
Feldlinien können elektrische Feldlinien also Anfang und Ende besitzen.

Die Maxwellsche Gleichung II aus (24.1)

$$c^2 Z_K(\vec{B}) = \frac{d}{dt}\Phi_{SK}(\vec{E}) + \frac{1}{\varepsilon_o}\Phi_{SK}(\vec{j}) \qquad (24.17)$$

lautet in Worten: *„Die mit dem Quadrat der Lichtgeschwindigkeit multiplizierte Zir-*
kulation $Z_K(\vec{B})$ des Magnetfeldes längs jeder geschlossenen Kurve K ist gleich der
Zeitableitung des elektrischen Flusses $\Phi_{SK}(\vec{E})$ durch eine beliebige von K begrenzte
Fläche SK plus dem Fluß der elektrischen Stromdichte $\vec{j}$ durch die gleiche Fläche
dividiert durch ε_o".

Die Größe $\Phi_{SK}(\vec{j})$ hat übrigens eine einfache physikalische Bedeutung. Sei $d\vec{S}$ ein
Element der Fläche SK. Durch Inspektion von (23.10), (24.7) und Abb. 24.5 wird
klar, daß $\vec{j} \cdot d\vec{S} = jdS\cos\vartheta = jdS_\perp$ die Stromstärke dI durch $d\vec{S}$ ergibt. Aus der
Definitionsgleichung (24.3) des Flusses folgt daher, daß

$$\Phi_{SK}(\vec{j}) = \int_{SK}\vec{j}\cdot d\vec{S} = \int_{SK} dI = I_{SK} \qquad (24.18)$$

die Stromstärke I_{SK} des elektrischen Stromes durch die Fläche SK bedeutet. – Die
Maxwellsche Gleichung (24.17) faßt zwei bedeutsame Entdeckungen zusammen.
(i) Im Jahr 1820 fand Oersted in Kopenhagen, daß ein stromdurchflossener Draht
von einem Magnetfeld umgeben ist. Dieses Faktum ist in $\Phi_{SK}(\vec{j})/\varepsilon_o = I_{SK}/\varepsilon_o$, dem
2. Term auf der rechten Seite von (24.17), enthalten. Das Oersted-Experiment zeigte
erstmalig, daß Elektrizität und Magnetismus etwas miteinander zu tun haben.
(ii) Der 1. Term auf der rechten Seite von (24.17), die Zeitableitung des elektrischen
Flusses $d\Phi_{SK}(\vec{E})/dt$, wurde 41 Jahre nach Oersteds Entdeckung von J.C. Maxwell
eingeführt und ist (nach Multiplikation mit ε_o) als sog. „Maxwellscher Verschiebungsstrom" in die Literatur eingegangen. Maxwell entdeckte seinen Strom nicht experimentell, sondern durch Nachdenken über die zu jener Zeit (1861) bekannten elektromagnetischen Grundgleichungen. Wir werden gleich sehen, wie.

---

[1] Die Konstante ε_o läßt sich wegen (27.2) durch die Lichtgeschwindigkeit c ausdrücken. Es gilt
$4\pi\varepsilon_o c^2 = 10^7 Vs/Am$, woraus der angegebene ε_o-Wert folgt. Es wäre falsch, ε_o als eine von c unabhängige „Naturkonstante" zu betrachten. In der (klassischen) Elektrodynamik gibt es nur eine
Naturkonstante, und das ist die Lichtgeschwindigkeit.

Wenn man die Kurve K in (24.17) zum Punkt zusammenzieht ($K \to 0$, $SK \to SO$, $Z_K(\vec{B}) \to Z_O(\vec{B}) = 0$), geht (24.17) in

$$\frac{d}{dt}\Phi_{SO}(\vec{E}) + \frac{1}{\varepsilon_o}\Phi_{SO}(\vec{j}) = 0 \qquad (24.19)$$

über. Nach (24.18) ist nun $\Phi_{SO}(\vec{j})$ die Stromstärke des elektrischen Stromes, der aus dem von SO umhüllten Gebiet herausfließt. Der Stromfluß nach außen bewirkt eine zeitliche Abnahme der Ladung $q = \int_{V_{SO}} \rho dV$ im umhüllten Gebiet, nämlich

$$\Phi_{SO}(\vec{j}) = -\frac{dq}{dt} = -\frac{d}{dt}\int_{V_{SO}} \rho dV \;. \qquad (24.20)$$

Setzt man (24.20) in (24.19) ein, so erhält man nach Integration über die Zeit:

$$\Phi_{SO}(\vec{E}) - \frac{1}{\varepsilon_o}\int_{V_{SO}} \rho dV \;=\; \text{const}\;. \qquad (24.21)$$

Da man Ladungen entfernen und Felder abschalten kann ($\rho \to 0, \vec{E} \to 0$), ist die Integrationskonstante in (24.21) Null, also

$$\Phi_{SO}(\vec{E}) = \frac{1}{\varepsilon_o}\int_{V_{SO}} \rho dV \;. \qquad (24.22)$$

Das ist aber die Maxwellsche Gleichung III, die hier aus Gleichung II gewonnen worden ist. Die Gleichungen II und III sind also nicht unabhängig voneinander. – Beachten Sie, daß die linke Seite von (24.22) aus dem Maxwellschen Verschiebungsstrom in (24.17) hervorgegangen ist. Ohne ihn stünde auf der linken Seite von (24.22) Null, und das wäre im Widerspruch mit der Maxwellschen Gleichung III. Diesen Widerspruch hat Maxwell 1861 bemerkt und – um ihn zu beheben – den Verschiebungsstrom eingeführt.

Kapitel 25

Elektrostatik

Elektrische und magnetische Felder werden durch elektrische Ladungen und elektrische Ströme erzeugt. Die Maxwellschen Gleichungen

$$\oint_K \vec{E} \cdot d\vec{r} = -\frac{d}{dt} \int_{SK} \vec{B} \cdot d\vec{S} \qquad \oint_{SO} \vec{E} \cdot d\vec{S} = \frac{1}{\varepsilon_o} \int_{V_{SO}} \rho dV$$

$$c^2 \oint_K \vec{B} \cdot d\vec{r} = \frac{d}{dt} \int_{SK} \vec{E} \cdot d\vec{S} + \frac{1}{\varepsilon_o} \int_{SK} \vec{j} \cdot d\vec{S} \qquad \oint_{SO} \vec{B} \cdot d\vec{S} = 0 \tag{25.1}$$

erlauben die mathematische Lösung des folgenden Problems:

> Gegeben seien die Ladungsdichte $\rho(\vec{r}, t)$ und die Stromdichte $\vec{j}(\vec{r}, t)$.
> Man berechne die von ρ und $\vec{j}$ erzeugten Felder $\vec{E}(\vec{r}, t)$ und $\vec{B}(\vec{r}, t)$.

Daß dieses Problem lösbar ist, werden wir in den Kapiteln 25, 26 und 27 an Hand von Beispielen demonstrieren. Wir beginnen mit den *statischen Feldern*. Das sind solche, die sich im Laufe der Zeit nicht ändern. Da $\vec{E}$ und $\vec{B}$ von ρ und $\vec{j}$ erzeugt werden, liegen statische Felder dann vor, wenn ρ und $\vec{j}$ zeitunabhängig sind. In diesem Fall verschwinden die Zeitableitungen in (25.1), und die Maxwellschen Gleichungen vereinfachen sich zu

$$\oint_K \vec{E} \cdot d\vec{r} = 0 \qquad \oint_{SO} \vec{E} \cdot d\vec{S} = \varepsilon_o^{-1} \int_{V_{SO}} \rho dV \tag{25.2}$$

$$c^2 \oint_K \vec{B} \cdot d\vec{r} = \varepsilon_o^{-1} \int_{SK} \vec{j} \cdot d\vec{S} \qquad \oint_{SO} \vec{B} \cdot d\vec{S} = 0 \,. \tag{25.3}$$

Die Gleichungen (25.2) sind von $\vec{B}$, die Gleichungen (25.3) von $\vec{E}$ unabhängig. Man sagt, im statischen Fall seien das $\vec{E}$- und das $\vec{B}$-Feld „entkoppelt". Die Gleichungen (25.2) bzw. (25.3) sind die Grundgesetze der *Elektrostatik* bzw. *Magnetostatik*.

Wir behandeln zunächst die Elektrostatik. Wegen (23.7) ist das Volumenintegral auf der rechten Seite von (25.2) die von der Fläche SO eingehüllte Ladung q_{SO}. Damit lauten die elektrostatischen Gleichungen (25.2):

$$\oint_K \vec{E} \cdot d\vec{r} = 0 \tag{25.4}$$

$$\varepsilon_o \oint_{SO} \vec{E} \cdot d\vec{S} = q_{SO} \qquad q_{SO} = \int_{V_{SO}} \rho dV \tag{25.5}$$

(25.4) besagt wegen (24.6), daß das elektrostatische Feld wirbelfrei ist, daß es in ihm also keine geschlossenen Feldlinien gibt. Die Feldlinien haben nach (25.5) wegen (24.10) und (24.11) Anfang und Ende in den positiven und negativen Ladungen. Diese Aussagen reichen schon aus, um den Verlauf der Feldlinien in der Nähe geladener Körper qualitativ anzugeben. Abb. 25.1 zeigt Beispiele. Wir wollen $\vec{E}(\vec{r})$ für einige Fälle auch quantitativ bestimmen.

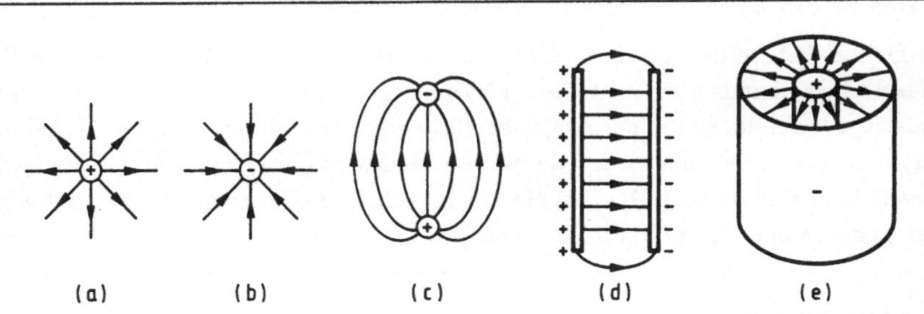

Abbildung 25.1: Elektrische Felder geladener Körper. (a) positive „Punktladung", (b) negative „Punktladung", (c) „Dipol" bestehend aus entgegengesetzt gleichen Punktladungen, (d) entgegengesetzt geladene Parallelplatten, (e) entgegengesetzt geladene Zylinderoberflächen.

25.1 Bestimmung elektrostatischer Felder

Wir machen im folgenden von Symmetriebetrachtungen Gebrauch, die wir zunächst an einem Beispiel erläutern wollen. Sei $\rho(\vec{r})$ die Ladungsdichte einer Kugel, deren Oberfläche gleichmäßig mit positiver Ladung belegt ist. Wir können nun die Kugellage verändern, sei es durch eine Verschiebung (Translation) der Kugel oder durch eine Verdrehung (Rotation). Die Translationen und Rotationen bilden die Menge der „Verlagerungsoperationen" V. Mit der Verlagerung der Kugel wird die ursprüngliche Ladungsdichte $\rho(\vec{r})$ in eine verlagerte Ladungsdichte $\tilde{\rho}(\vec{r})$ überführt. Man schreibt das $V\{\rho(\vec{r})\} = \tilde{\rho}(\vec{r})$ und sagt: „V angewendet auf ρ gibt $\tilde{\rho}$". Es kann vorkommen, daß $\tilde{\rho}$ für gewisse V gleich ρ ist, daß also

$$V\{\rho(\vec{r})\} = \rho(\vec{r})\,. \tag{25.6}$$

Man sagt dann, ρ sei *"gegen V invariant"* oder *„bezüglich V symmetrisch"*. So ist das $\rho(\vec{r})$ unserer oberflächlich geladenen Kugel symmetrisch bezüglich allen Rotationen um den Kugelmittelpunkt (rotationssymmetrisch).

Da die Ladungsdichte $\rho(\vec{r})$ nach der elektrostatischen Grundgleichung (25.5) die Feldstärke $\vec{E}(\vec{r})$ verursacht, besitzt das Feldlinienbild dieselben Symmetrien wie die Ladungsverteilung. In Kurzform:

$$\text{Wenn } V\{\rho(\vec{r})\} = \rho(\vec{r}) \text{ , dann } V\{\vec{E}(\vec{r})\} = \vec{E}(\vec{r}) \text{ .} \tag{25.7}$$

In einigen Fällen ist das Feldlinienbild weitgehend durch seine Symmetrien bestimmt. Davon werden wir in den folgenden Beispielen profitieren.

a) **Das $\vec{E}$-Feld einer oberflächlich geladenen Kugel:** Die Kugel habe den Radius r_o. Ihre Ladung q sei positiv und gleichmäßig über die Oberfläche verteilt. Dann müssen alle Feldlinien auf der Kugeloberfläche beginnen. Da $\rho(\vec{r})$ um den Kugelmittelpunkt rotationssymmetrisch ist, erwarten wir wegen (25.7) auch ein rotationssymmetrisches Feldlinienbild. Das läßt nur den in Abb. 25.2 skizzierten Fall zu: Im Innern der Kugel kann es keine Feldlinien geben; denn sie müßten wegen der dort herrschen-

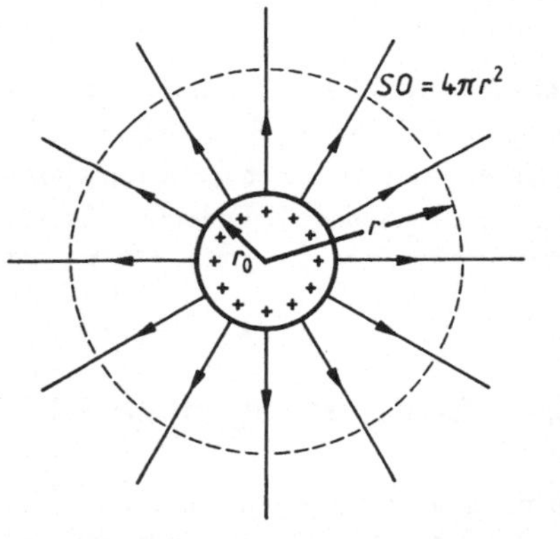

Abbildung 25.2
Das $\vec{E}$-Feld einer Kugel, deren Oberfläche geladen ist. SO ist eine gedachte Kugeloberfläche im Abstand r vom Zentrum, die nicht mit der geladenen Oberfläche verwechselt werden darf.

den Ladungsfreiheit von der Kugeloberfläche kommen und zu ihr zurückkehren, was nicht mögich ist, ohne die geforderte Rotationssymmetrie zu verletzen. Außerhalb der Kugel weisen die $\vec{E}$-Feldlinien strahlenförmig vom Kugelzentrum weg und sind gleichmäßig dicht über die Kugeloberfläche verteilt. Um den Betrag E der Feldstärke an einer Stelle im Abstand $r > r_o$ vom Kugelmittelpunkt zu berechnen, legt man in Gedanken eine Kugeloberfläche mit dem Radius r um das Zentrum (vgl. Abb. 25.2) und verwendet diese als geschlossene Fläche SO in (25.5):

$$\varepsilon_o \oint_{SO} \vec{E} \cdot d\vec{S} = q_{SO} = q \text{ .} \tag{25.8}$$

Das rechte Gleichheitszeichen gilt, weil SO die Kugel mit der Gesamtladung q einhüllt. Im Flächenintegral über SO kann man, weil $\vec{E}$ und $d\vec{S}$ parallel sind, $\vec{E} \cdot d\vec{S} = E dS$

und $E = $ const setzen:

$$\varepsilon_o \oint_{SO} \vec{E} \cdot d\vec{S} = \varepsilon_o E \oint_{SO} dS = \varepsilon_o E \cdot 4\pi r^2 \; . \tag{25.9}$$

Gleichsetzen der rechten Seiten von (25.8) und (25.9) gibt dann

$$E = \frac{q}{4\pi\varepsilon_o r^2} \; . \tag{25.10}$$

Das $\vec{E}$-Feld einer Kugel mit Radius r_o, deren Oberfläche gleichmäßig mit der Ladung $q > 0$ bedeckt ist, hat also den Betrag

$$E = \begin{cases} \dfrac{q}{4\pi\varepsilon_o r^2} & \text{für } r > r_o \\ 0 & \text{für } r < r_o \end{cases} \tag{25.11}$$

und weist vom Kugelzentrum weg radial nach außen.

b) **Das Coulombsche Gesetz**: Die mit q geladene Kugel in Abb. 25.2 schrumpft zur „Punktladung", wenn ihr Radius r_o nach Null geht. Betrachte zwei ruhende Punktladungen q_1 und q_2 im Abstand r voneinander. Die Feldstärke $\vec{E}_1$ des von q_1 erzeugten elektrischen Feldes hat nach (25.11) den Betrag

$$E_1 = \frac{q_1}{4\pi\varepsilon_o r^2} \qquad \text{für } r > 0 \; . \tag{25.12}$$

Die Ladung q_1 übt über $\vec{E}_1$ auf die Ladung q_2 die Kraft $\vec{F}_{12} = \vec{E}_1 \cdot q_2$ aus. Für den $\vec{F}_{12}$-Betrag gilt dann

$$F_{12} = \frac{q_1 q_2}{4\pi\varepsilon_o r^2} \qquad \text{für } r > 0 \; . \tag{25.13}$$

$\vec{F}_{12}$ ist abstoßend (anziehend), wenn $q_1 q_2$ positiv (negativ) ist. Gleichung (25.13) ist das berühmte Coulombsche Kraftgesetz, das 1785 von Coulomb experimentell verifiziert wurde.

c) **Das $\vec{E}$-Feld eines geladenen geraden Drahtes**: Der Draht sei beliebig dünn, unendlich lang und gleichmäßig mit positiver Ladung belegt, d.h. Ladung pro Länge $q/l = $ const. Die Ladungsdichte $\rho(\vec{r})$ ist bezüglich der folgenden Verlagerungen symmetrisch:

(1) 180°-Drehungen um irgendeine Drehachse, die die Drahtachse schneidet und auf ihr senkrecht steht,

(2) beliebige Verschiebungen längs der Drahtachse,

(3) beliebige Drehungen um die Drahtachse.

Die $\rho(\vec{r})$-Symmetrien übertragen sich auf das Feldlinienbild. Wegen (1) hat das $\vec{E}$-Feld keine Komponente parallel zur Drahtachse – die Feldlinien verlaufen also in Ebenen senkrecht zum Draht. Wegen (2) sehen die Feldlinienbilder in diesen Ebenen alle gleich aus. Wegen (3) müssen die ebenen Feldlinienbilder drehsymmetrisch um den Durchstoßpunkt des Drahtes sein. Das läßt genau zwei Möglichkeiten zu: Die $\vec{E}$-Feldlinien in den Ebenen senkrecht zum Draht sind entweder konzentrische Kreise um den Draht herum, oder sie strahlen vom Draht allseitig in alle Richtungen der Ebene aus. Die Kreise kommen wegen der Wirbelfreiheit des elektrostatischen Feldes nicht in Betracht. Die Feldlinien sind also gleichmäßig über alle Richtungen verteilte, wegen der positiven Ladungen von Draht wegweisende Radialstrahlen senkrecht zum Draht. Damit liegt die $\vec{E}$-Richtung fest. Um den Betrag E des elektrischen Feldes im Abstand $\vec{r}$ vom Draht zu erhalten, denken wir uns wie in Abb. 25.3 einen Zylinder der Höhe l mit dem Radius $\vec{r}$ konzentrisch um den Draht herumgelegt und verwenden

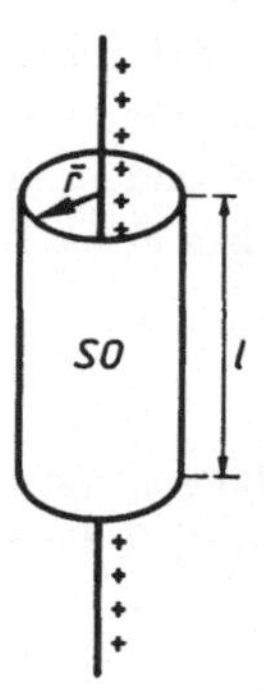

Abbildung 25.3
Zur Berechnung des $\vec{E}$-Feldes um einen geladenen Draht wird ein Drahtstück durch eine Zylinderoberfläche eingehüllt.

dessen Oberfläche als geschlossene Fläche SO in der Gleichung (25.5):

$$\varepsilon \oint_{SO} \vec{E} \cdot d\vec{S} = q_{SO} = q \; . \tag{25.14}$$

Dabei ist q die auf dem von SO eingehüllten Drahtstück der Länge l haftende Ladung. Bei der Berechnung des Oberflächenintgrals beachte man, daß $\vec{E} \cdot d\vec{S}$ auf den Stirnflächen des Zylinders verschwindet, weil $\vec{E}$ und $d\vec{S}$ dort orthogonal sind. Auf der Mantelfläche zeigen $\vec{E}$ und $d\vec{S}$ in dieselbe Richtung. Dort ist $\vec{E} \cdot d\vec{S} = E dS$ und $E =$ const. (25.14) ergibt

$$\varepsilon_o \oint_{SO} \vec{E} \cdot d\vec{S} = \varepsilon_o E \int_{\text{Mantel}} dS = \varepsilon_o E \cdot 2\pi \vec{r} l = q \; . \tag{25.15}$$

Hieraus folgt der Betrag E des $\vec{E}$-Feldes um einen gleichmäßig geladenen, beliebig dünnen, unendlich langen geraden Draht:

$$E = \frac{q/l}{4\pi\varepsilon_o \bar{r}} \; . \tag{25.16}$$

Die Richtung von $\vec{E}$ weist – je nach Ladungsvorzeichen plus oder minus – vom Draht weg oder zum Draht hin.

d) **Das $\vec{E}$-Feld geladener ebener Platten:** Betrachte eine beliebig dünne, unendlich ausgedehnte ebene Platte, die gleichmäßig mit positiver Ladung belegt ist. Die Ladung pro Fläche q/f, die man auch „Flächendichte der Ladung" nennt, ist also überall auf der Platte gleich. Dann besitzt die Ladungsdichte $\rho(\vec{r})$ folgende Verlagerungssymmetrien:

(1) Beliebige Drehungen um jede Drehachse senkrecht zur Plattenebene,

(2) 180°-Drehung um jede Drehachse, die in der Plattenebene liegt,

(3) beliebige Verschiebungen innerhalb der Plattenebene.

Die $\rho(\vec{r})$-Symmetrien übertragen sich auf das Feldlinienbild. Die Feldlinien müssen bei den positiven Ladungen auf der Platte beginnen. Wegen (1) stehen sie senkrecht zur Plattenebene. Wegen (2) gehen von jedem Plattenpunkt zwei entgegengesetzt gerichtete Feldlinien aus. Wegen (3) ist die Feldliniendichte und damit der Betrag E der $\vec{E}$-Feldstärke überall gleich groß. So entsteht das in Abb. 25.4(a) gezeigte Feldlinienbild: $\vec{E}$ steht senkrecht auf der Platte und weist auf beiden Seiten von ihr weg. Um den Betrag E zu erhalten, hüllen wir ein Plattenstück der Fläche f – wie in Abb. 25.4(a) angedeutet – in eine flache Doppelhaut und verwenden diese als geschlossene Fläche SO in Gleichung (25.5). Die Integration ist so einfach, daß wir sie ohne weiteren Kommentar ausführen:

$$\varepsilon_o \oint_{SO} \vec{E} \cdot d\vec{S} = \varepsilon_o E \cdot 2f = q_{SO} = q \; . \tag{25.17}$$

Hieraus ergibt sich der Betrag der Feldstärke

$$E = \frac{q/f}{2\varepsilon_o} \tag{25.18}$$

des elektrischen Feldes, das von einer unendlich ausgedehnten ebenen Platte mit konstanter Ladungsflächendichte q/f erzeugt wird. Die $\vec{E}$-Felder in den beiden durch die Plattenebene getrennten Halbräumen sind also homogen (ortsunabhängig) und entgegengesetzt gleich.

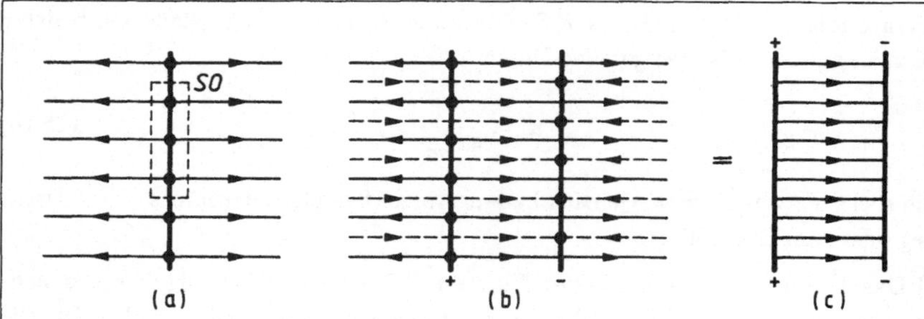

Abbildung 25.4: Die fetten Linien stellen Ausschnitte von unendlich großen Platten dar. Eine positiv geladene Platte erzeugt das in (a) gezeigte Feldlinienbild. Das Feldlinienbild (c) zweier entgegengesetz gleich geladener Platten kann man wie in (b) durch Überlagerung erhalten.

Abb. 25.4(c) zeigt das Feld eines Parallelplattenpaares mit entgegengesetzt gleichen Ladungsflächendichten $\pm q/f$. Man kann es sich, wie in Abb. 25.4(b) angedeutet, aus den Feldern zweier entgegengesetzt gleich geladener Einzelplatten zusammengesetzt denken. Die Felder heben, sich, außer im Raum zwischen den Platten, gegenseitig weg. Im Zwischenraum verdoppelt sich die Feldstärke (25.18) der Einzelplatte:

$$E = \begin{cases} \dfrac{q/f}{\varepsilon_o} & \text{zwischen den Platten} \\[2mm] 0 & \text{außerhalb} \end{cases} \qquad (25.19)$$

Das $\vec{E}$-Feld zwischen den Platten ist homogen. $\vec{E}$-Felder vom Typ (25.19) liegen z.B. in geladenen Plattenkondensatoren vor, die in Kap. 26.6 behandelt werden.

25.2 Energie in elektrischen Feldern

Daß in elektrischen Feldern Energie steckt, wird im Gewitter deutlich: Gewitterwolken sind oben positiv und unten negativ geladen. Die Ladungen erzeugen ein $\vec{E}$-Feld, das gelegentlich unter Blitz und Donner zusammenbricht. Um einen allgemeingültigen Ausdruck für die Energie im $\vec{E}$-Feld zu erhalten, betrachte das homogene Feld Abb. 25.4(c) zwischen zwei entgegengesetzt gleich geladenen Platten im Abstand d voneinander. Aus d und der (unendlich großen) Plattenfläche f ergibt sich das Volumen $V = fd$ des Gebietes zwischen den Platten, in dem die elektrische Feldstärke nach (25.19) den Betrag $E = q/(\varepsilon_o f)$ besitzt. In diesem $\vec{E}$-Feld steckt die Feldenergie W[1]

$$W = \frac{\varepsilon_o E^2}{2} V \quad \text{mit} \quad E = \frac{q}{\varepsilon_o f} \ . \tag{25.20}$$

Um dieses zu beweisen, zeigen wir, daß W genauso groß wie die mechanische Arbeit ist, die gewonnen wird, wenn man die beiden mit $\pm q$ geladenen Platten in Abb. 25.4(c) zusammenbringt, indem man die rechte Platte nach links verschiebt. Wir setzen dazu in die W-Formel (25.20) für E und V die oben angegebenen Ausdrücke ein und ordnen um:

$$W = \frac{\varepsilon_o}{2} E^2 V = \frac{\varepsilon_o}{2} \left(\frac{q}{\varepsilon_o f} \right)^2 fd = \left(\frac{q/f}{2\varepsilon_o} \right) \cdot (-q) \cdot (-d) = E_+ \cdot (-q) \cdot (-d) \ . \tag{25.21}$$

Die Faktoren E_+, $(-q)$ und $(-d)$ auf der rechten Seite haben folgende Bedeutung: E_+ stellt nach (25.18) die von den Plusladungen der linken Platte erzeugte elektrische Feldstärke dar, die auf die Ladung $(-q)$ der rechten Platte die nach links weisende Kraft $F = E_+ \cdot (-q)$ ausübt, welche dann bei der Linksverschiebung der rechten Platte längs des Weges $(-d)$ die Arbeit $= F \cdot (-d) = E_+ \cdot (-q) \cdot (-d)$ verrichtet. Die beim Zusammenschieben der Platten gewonnene Arbeit ist also genauso groß wie die in (25.20) angegebene Feldenergie W. Weil sich die Platten beim Zusammenschieben schließlich berühren und neutralisieren, verschwindet das $\vec{E}$-Feld und damit auch die Feldenergie W. Was an mechanischer Energie gewonnen wird, geht an Feldenergie verloren. Der Energieerhaltungssatz wird also nicht verletzt.

Bisher ist offen, wo die Feldenergie „lokalisiert" ist. Es ist naheliegend und zweckmäßig, den Sitz der Energie ins Feld und damit in den Raum zu legen, nach dorthin also, wo eine elektrische Feldstärke herrscht. Die Feldenergie pro Volumen, die als „Energiedichte" bezeichnet wird, hängt dann von der Feldstärke und damit vom Ort ab.[2] Da sich das Feld in Abb. 25.4(c) auf das Volumen V zwischen den beiden Platten konzentriert, erhalten wir aus (25.20) für die

$$\text{Energiedichte im } \vec{E}\text{-Feld}: \qquad \frac{dW}{dV} = \frac{\varepsilon_o E^2}{2} \ . \tag{25.22}$$

---

[1]Für die Feldenergie verwenden wir den Buchstaben W (von „work") statt E, um Verwechslungen mit der elektrischen Feldstärke zu vermeiden.

[2]Man kann fragen, ob es nötig ist, die Feldenergie im Raum zu lokalisieren. Der Energietransport durch elektromagnetische Wellen legt die Energielokalisierung zwar nahe. Notwendig wird sie aber erst, wenn man Gravitationserscheinungen mit einbeziehen möchte. Denn nach Einstein ist der Feldenergie W eine Masse $m = W/c^2$ äquivalent, und Massen ziehen sich gegenseitig an. W wirkt also über das Gravitationsgesetz auf andere Massen. Um diese Gravitationskräfte zu berechnen, muß der Ort von W bekannt sein.

Obwohl (25.22) für den Spezialfall Abb. 25.4(c) eines homogenen Feldes abgeleitet wurde, gilt der Energiedichteausdruck auch für inhomogene Felder. Denn hinreichend kleine Feldausschnitte sind immer homogen.

Wir wollen (25.22) anwenden und die Energie im $\vec{E}$-Feld der oberflächlich mit q geladenen Kugel aus Abb. 25.2 berechnen. Nach (25.11) ist der Betrag E der Feldstärke im Abstand r von der Kugelmitte außerhalb der Kugel

$$E = \frac{q}{4\pi\varepsilon_o r^2} \qquad \text{für} \qquad r > r_o = \text{Kugelradius} \,. \tag{25.23}$$

Innerhalb der Kugel ist kein Feld vorhanden. Aus (25.23) erhält man die Energiedichte:

$$\frac{dW}{dV} = \frac{\varepsilon_o}{2}E^2 = \frac{\varepsilon_o}{2}\left(\frac{q}{4\pi\varepsilon_o r^2}\right)^2 \qquad \text{für} \qquad r > r_o \,. \tag{25.24}$$

Als Volumenelement dV wählen wir in diesem Fall eine Kugelschale mit Radius r und Dicke dr, also $dV = d(4\pi r^3/3) = 4\pi r^2 dr$. Multiplikation von (25.24) mit dV und Integration über den Raum außerhalb der Kugel ergibt dann die Energie W im $\vec{E}$-Feld der Kugel:

$$W = \int dW = \frac{\varepsilon_o}{2}\left(\frac{q}{4\pi\varepsilon_o}\right)^2 \int_{r_o}^{\infty} \frac{4\pi r^2 dr}{r^4} = \frac{1}{2}\cdot\frac{q^2}{4\pi\varepsilon_o r_o} \,. \tag{25.25}$$

W ist also zum Quadrat der Kugelladung direkt und zum Kugelradius indirekt proportional.

Wenn man die Ladung q nicht gleichmäßig über die Kugeloberfläche, sondern über das Kugelvolumen verteilt, erhält man für die Feldenergie einen mit (25.25) vergleichbaren Ausdruck, nämlich $W = (3/5)q^2/4\pi\varepsilon_o r_o$. In beiden Fällen wird W beim Übergang zur endlichen Punktladung (d.h. $q \neq 0, r_o \rightarrow 0$) unendlich. Dieser Umstand verbietet es, sich geladene Elementarteilchen als geometrische Punkte vorzustellen, die doch nach Kap. 22.1 so schön ins Raum-Zeit-Kontinuum passen würden. Da im $\vec{E}$-Feld von Punktladungen unendlich viel Energie steckt, bräuchte man zur Produktion solcher Gebilde unendlich viel Energie. De facto lassen sich aber z.B. Elektronen und Positronen paarweise aus Gammastrahlung mit endlicher Strahlungsenergie erzeugen (vgl. Kap. 1.2). Sie können deshalb nicht punktförmig sein.

Nehmen wir also an, daß der Elektronenradius r_e endlich ist. Die Einsteinsche Energie-Massen-Äquivalenz $E = mc^2$ legt dann nahe, die Ruhenergie des Elektrons $m_e c^2$ mit der Feldenergie W des von der ruhenden Elektronenladung $q = -e$ (Elementarladung) erzeugten elektrostatischen Feldes zu identifizieren, also $m_e c^2 = W$ zu setzen. Daraus läßt sich der Radius r_e abschätzen. Man unterdrückt dazu in der W-Gleichung

(25.25) den unbedeutenden Faktor 1/2, der die Ladungsverteilung über die Kugel widerspiegelt, und erhält

$$m_e c^2 = W = \frac{q^2}{4\pi\varepsilon_o r_o} = \frac{e^2}{4\pi\varepsilon_o r_e} \ . \tag{25.26}$$

Hieraus folgt mit den bekannten Größen $m_e c^2 = 511$ keV und $e = 1,60 \cdot 10^{-19}$ As:

$$r_e = \frac{e^2}{4\pi\varepsilon_o m_e c^2} = 2,82 \cdot 10^{-15} \text{m} \ . \tag{25.27}$$

Man nennt r_e den „klassischen Elektronenradius". Nach Ausweis von modernen Streuexperimenten mit hochenergetischen Elektronen ist der wirkliche Elektronenradius allerdings mindestens 1000mal kleiner als der klassische Elektronenradius r_e. Demnach wäre die Energie im $\vec{E}$-Feld des Elektrons mindestens 1000mal größer als die Ruhenergie $m_e c^2$. Dieser Widerspruch läßt sich im Rahmen der „klassischen Elektrodynamik" nicht auflösen. Man braucht dazu die sog. „Quantenelektrodynamik", auf die hier nicht weiter eingegangen werden kann.

Kapitel 26

Leiter im elektrischen Feld

Die Maxwellschen Gleichungen gestatten die Berechnung der Felder $\vec{E}(\vec{r}, t)$ und $\vec{B}(\vec{r}, t)$, wenn die Ladungs- und Stromdichten $\rho(\vec{r}, t)$ und $\vec{j}(\vec{r}, t)$ gegeben sind. In der Praxis stellen sich die Probleme aber oft in anderer Form. Es ist beispielsweise nicht immer möglich, die Stromdichte $\vec{j}$ willkürlich vorzugeben. Denn nach (23.8) ist $\vec{j} = \rho \vec{v}$ von der Geschwindigkeit $\vec{v}$ der den Strom darstellenden Ladungsträger abhängig, und diese Geschwindigkeit wird wegen des Grundgesetzes der Mechanik $d(m\vec{v})/dt = \vec{F}$ durch die Kraft $\vec{F}$ beeinflußt, die auf die Ladungsträger wirkt. Wir müssen also $\vec{F}$ kennen, um $\vec{j}$ vorgeben zu können. $\vec{F}$ enthält aber die Lorentzkraft $q(\vec{E} + \vec{v} \times \vec{B})$ auf die bewegten Ladungsträger und damit die Feldstärken $\vec{E}$ und $\vec{B}$, die berechnet werden sollen und noch gar nicht bekannt sind. $\vec{E}$ und $\vec{B}$ sind mit ρ und $\vec{j}$ also nicht nur durch die Maxwellschen Gleichungen, sondern auch durch das Grundgesetz der Mechanik miteinander verknüpft.

26.1 Ohmsches Gesetz und Joulesche Wärme

Eine technisch besonders wichtige Verknüpfungsgleichung mechanischen Ursprungs ist das Ohmsche Gesetz. Es lautet:

> In bestimmten elektrischen Leitern (Metalle, Halbleiter, Elektrolyte) verursacht ein elektrisches Feld einen elektrischen Strom, dessen Stromdichte $\vec{j}$ an jeder Stelle des Leiters zur dort herrschenden Feldstärke $\vec{E}$ proportional ist:
>
> $$\vec{j} = \sigma \vec{E} \, . \tag{26.1}$$
>
> Man nennt σ die spezifische Leitfähigkeit des Materials.

Es ist nicht schwierig, das Ohmsche Gesetz aus einer atomistischen Modellvorstellung abzuleiten. Betrachte dazu einen Leiter (z.B. einen Metalldraht oder einen Elektrolyten = wässrige Lösung von Säuren, Basen oder Salzen). In Leitern gibt es frei bewegliche Ladungsträger (z.B. freie Elektronen in Metallen oder Ionen in Elektrolyten). Jeder Ladungsträger trägt die Ladung q. Die Anzahldichte n (= Zahl der Träger pro Volumen) ergibt, mit q multipliziert, die Ladungsdichte ρ. Wenn ein elektrischer Strom fließt, bewegen sich die Ladungsträger mit einer Durchschnittsgeschwindigkeit $\vec{v}$. Aus $\rho = nq$ und $\vec{v}$ folgt nach (23.8) die Stromdichte

$$\vec{j} = \rho\vec{v} = nq\vec{v} \,. \tag{26.2}$$

Die Ursache für die Bewegung der Ladungen ist das elektrische Feld im Leiter, das auf den Ladungsträger die Kraft $\vec{F}_q = q\vec{E}$ ausübt. Wenn sich der Träger mit der Geschwindigkeit $\vec{v}$ bewegt, erleidet er neben der elektrischen Kraft $\vec{F}_q$ eine Reibungskraft $\vec{F}_r$, die sich in Metallen und Elektrolyten als geschwindigkeitsproportional erweist,

$$\vec{F}_r = -r\vec{v} \,. \tag{26.3}$$

Die Reibungskonstante r hängt vom Leitermaterial ab. Das Minuszeichen drückt aus, daß die Reibungskraft bremst. Die Gesamtkraft $\vec{F}_q + \vec{F}_r$ verursacht nach dem Grundgesetz der Mechanik eine Beschleunigung $\vec{a}$:

$$q\vec{E} - r\vec{v} = m\vec{a} \,. \tag{26.4}$$

Dadurch wächst $\vec{v}$ so lange, bis die linke Seite von (26.4) verschwindet. Dieser „Endzustand" stellt sich sehr schnell ein, so daß fast immer $\vec{a} = 0$ ist und daher

$$\vec{v} = \frac{q}{r}\vec{E} \,. \tag{26.5}$$

Einsetzen in (26.2) ergibt das Ohmsche Gesetz (26.1):

$$\vec{j} = \sigma\vec{E} \quad \text{mit} \quad \sigma = \frac{nq^2}{r} \,. \tag{26.6}$$

Die Ableitung zeigt, daß das Ohmsche Gesetz gilt, wenn (i) die Ladungsträgerdichte n von $\vec{E}$ unabhängig ist, und (ii) die Ladungsträger eine geschwindigkeitsproportionale Reibungskraft erleiden.

Die Reibungskraft bewirkt eine Erwärmung des Leiters (Joulesche Wärme). Um die Erwärmung zu berechnen, gehen wir von der Leistung = Arbeit/Zeit aus, die das elektrische Feld an einem Ladungsträger verrichtet:

$$\frac{dA}{dt} = \frac{\vec{F}_q \cdot d\vec{r}}{dt} = q\vec{E} \cdot \frac{d\vec{r}}{dt} = q\vec{v} \cdot \vec{E} \,. \tag{26.7}$$

Multiplikation mit n gibt ersichtlich die Leistung pro Volumen:

$$\frac{\text{Leistung}}{\text{Volumen}} = n\frac{dA}{dt} = nq\vec{v} \cdot \vec{E} = \vec{j} \cdot \vec{E} \,. \tag{26.8}$$

Da die vom $\vec{E}$-Feld am elektrischen Strom verrichtete Arbeit in Wärme (Stromwärme) verwandelt wird, folgt aus (26.8)

$$\frac{\text{Stromwärme}}{\text{Zeit} * \text{Volumen}} = \vec{j} \cdot \vec{E} = \sigma E^2 = j^2/\sigma \ . \tag{26.9}$$

Die beiden rechten Gleichheitszeichen gelten wegen des Ohmschen Gesetzes (26.1).

Materialien mit der spezifischen Leitfähigkeit $\sigma = 0$ heißen „Isolatoren". Bernstein, Plexiglas und Hartgummi sind Beispiele. In Isolatoren existieren keine beweglichen Ladungsträger, so daß $n = 0$ und folglich wegen (26.6) auch $\sigma = 0$. Materialien mit $\sigma \neq 0$ heißen „Leiter" und solche mit $\sigma = \infty$ „Supraleiter". Ein Leiter ist um so besser, je weniger Stromwärme bei vorgegebener Stromdichte entsteht, also wegen (26.9) rechts, je größer σ ist. Stark verdünnte Elektrolyten sind schlechte, die meisten Metalle gute Leiter.

26.2　Stromlose Elektrostatik

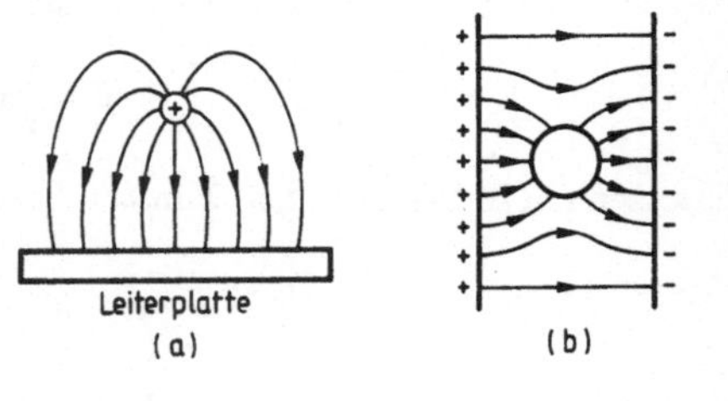

Abbildung 26.1
Beispiele für stromlose elektrostatische Felder. (a) Punktladung über Leiter. (b) Metallkugel zwischen geladenen Platten.

Wenn in einem Leiter ein $\vec{E}$-Feld herrscht, so fließt durch ihn nach dem Ohmschen Gesetz (26.1) ein elektrischer Strom der Stromdichte $\vec{j} = \sigma\vec{E}$. Wir wollen jetzt Fälle betrachten, die durch die folgenden drei Merkmale charakterisiert sind: (i) *Teile des Raumes sind mit elektrischen Leitern erfüllt.* (ii) *In Teilen des Raumes herrschen elektrostatische Felder.* (iii) *Nirgends fließt ein elektrischer Strom* (stromlose Elektrostatik). Wegen des Ohmschen Gesetzes und (iii) ist überall $\sigma\vec{E} = \vec{j} = 0$. Da in den elektrischen Leitern $\sigma \neq 0$, muß dort also $\vec{E}$ verschwinden:

$$\text{In der stromlosen Elektrostatik ist das Innere von Leitern feldfrei, also } \vec{E} = 0 \ . \tag{26.10}$$

Beispiele aus der stromlosen Elektrostatik zeigt Abb. 26.1. In (a) sieht man das $\vec{E}$-Feld einer Punktladung über einer Leiterplatte. Im Leiter verschwindet das Feld. In (b) ist eine Metallkugel zwischen zwei entgegengesetzt gleich geladenen Platten gebracht. Das Innere der Kugel ist feldfrei. Man kann fragen, warum in Leiterplatte (a) und Metallkugel (b) keine Ströme fließen, warum dort also $\vec{E} = \vec{j}/\sigma = 0$ ist. Die Antwort lautet: Weil, wo Strom fließt, ständig Stromwärme anfällt. Da sich sonst nichts ändert, widerspräche solche Wärmeerzeugung dem 1. Hauptsatz der Wärmelehre.

Die Beispiele aus Abb. 26.1 zeigen, daß es zwar nicht innerhalb der Leiter, wohl aber außerhalb von ihnen elektrische Felder gibt. Für diese Felder gilt

Die elektrischen Feldlinien stehen auf den Leiteroberflächen senkrecht. (26.11)

Zum Beweis dieser Aussage benutzt man die Wirbelfreiheit des elektrostatischen Feldes: $\oint \vec{E} \cdot d\vec{r} = 0$ und wählt als Integrationsweg wie in Abb. 26.2(a) eine beliebig schmale geschlossene Kurve K, die zur Hälfte im Inneren des Leiters verläuft. Da

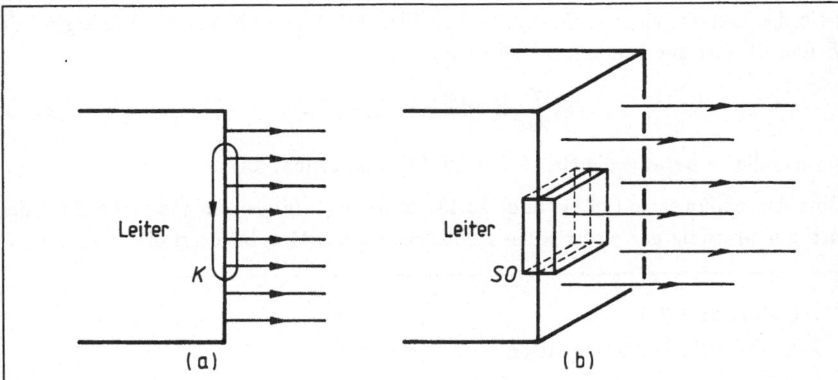

Abbildung 26.2: (a) Eine schmale, geschlossene Kurve K läuft halb inner- und außerhalb eines Leiters. (b) eine flache, geschlossene Fläche SO umhüllt ein Stück der Leiteroberfläche.

dieser Teil wegen (26.10) feldfrei ist, trägt nur die äußere Hälfte von K zum Wegintegral bei:

$$\oint_K \vec{E} \cdot d\vec{r} = \int_{\text{außen}} \vec{E} \cdot d\vec{r} = \vec{E}_{\text{außen}} \cdot \vec{l} = 0 \ . \tag{26.12}$$

Dabei ist $\vec{l}$ der als Vektor aufgefaßte, außerhalb des Leiters gelegene Kurventeil, der ersichtlich parallel zur Leiteroberfläche verläuft. Da ein Skalarprodukt verschwindet, wenn die Vektoren orthogonal sind, folgt aus (26.12), daß $\vec{E}_{\text{außen}}$ auf der Leiteroberfläche senkrecht steht, was zu beweisen war.

Die Feldlinien von $\vec{E}_{\text{außen}}$ starten oder enden auf der Oberfläche. Da an Feldlinienenden Ladungen sitzen, sind Leiteroberflächen i.a. geladen. Sei q/f die Flächendichte dieser Oberflächenladung und $E_{\text{außen}}$ der Betrag der elektrischen Feldstärke an der betrachteten Oberflächenstelle. Dann gilt:

$$q/f = \varepsilon_o E_{\text{außen}} \ . \tag{26.13}$$

Um (26.13) zu beweisen, umhüllen wir ein Stückchen f der Leiteroberfläche wie in Abb. 26.2(b) mit einer flachen geschlossenen Fläche SO, die zur Hälfte innerhalb des Leiters liegt, und verwenden (25.5):

$$\varepsilon_o \oint_{SO} \vec{E} \cdot d\vec{S} = q_{SO} = q \ . \tag{26.14}$$

Dabei ist q die auf f sitzende Oberflächenladung. Wegen (26.10) trägt nur die außerhalb des Leiters gelegene SO-Hälfte zum Flächenintegral (26.14) bei und ergibt, da $\vec{E}$ und $d\vec{S}$ hier zueinander parallel stehen,

$$\varepsilon_o \oint_{SO} \vec{E} \cdot d\vec{S} = \varepsilon_o E_{\text{außen}} f = q \ , \tag{26.15}$$

woraus die zu beweisende Beziehung (26.13) unmittelbar folgt.

Eine Anwendung von (26.11) und (26.13) ist der sog. *Influenzvorgang* Abb. 26.3, der sich zur Messung der elektrischen Feldstärke eignet. Man benötigt ein Paar ebener,

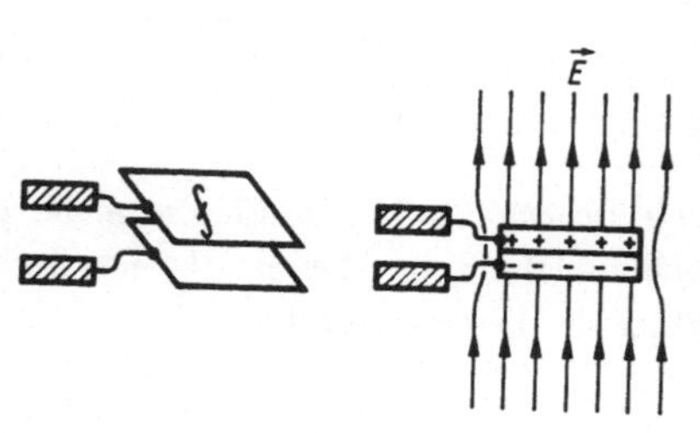

Abbildung 26.3
Zwei ebene flache Metallplatten der Fläche f werden aufeinander gelegt und im zu messenden $\vec{E}$-Feld voneinander getrennt. Nach der Trennung sind sie entgegengesetzt gleich aufgeladen.

flacher Metallplatten an Isoliergriffen. Die Platten werden aufeinander gelegt, in das zu messende $\vec{E}$-Feld gebracht und senkrecht zu dessen Feldlinien orientiert. Da sie sich berühren, bilden sie einen zusammenhängenden und in Abb. 26.3 übertrieben dick gezeichneten Leiterblock, dessen obere und untere Oberfläche sich entgegengesetzt gleich aufladen, und zwar gemäß (26.13) mit den Ladungen $q = \pm\varepsilon_o E f$. Dabei ist f die Plattenfläche. Wenn man die Platten an Ort und Stelle voneinander trennt, hat man zwei entgegengesetzt gleich geladene Metallplatten, deren Ladungen sich nach Herausnahme aus dem Feld z.B. mit dem Ladungsmesser aus Abb. 23.4 bestimmen lassen. Aus q und f folgt dann der gesuchte Betrag $E = q/f\varepsilon_o$ der elektrischen Feldstärke.

26.3 Der Faradaybecher

Elektrische Felder sind durch Leiter abschirmbar. Um das zu verdeutlichen, betrachten wir den Faradaybecher (Blechdose mit Deckel) in Abb. 26.4. Der isoliert aufgestellte Becher befindet sich in einem $\vec{E}$-Feld, das von zwei geladenen Platten erzeugt wird. Seine Wände tragen Oberflächenladungen. Dann gilt:

$$\text{Wenn der Innenraum des Bechers ladungsfrei ist,} \qquad (26.16)$$
$$\text{herrscht dort die Feldstärke } \vec{E} = 0 \,.$$

(26.16) trifft auch zu, wenn der Faradaybecher geerdet oder das äußere $\vec{E}$-Feld abgeschaltet wird. Wichtig ist nur, daß man im Bereich der stromlosen Elektrostatik ist. Um (26.16) zu beweisen, haben wir in Abb. 26.4 drei mögliche $\vec{E}$-Feldlinien a, b, c gezeichnet. Die Linie a beginnt im Innenraum und ist verboten, weil dort nach (26.16)

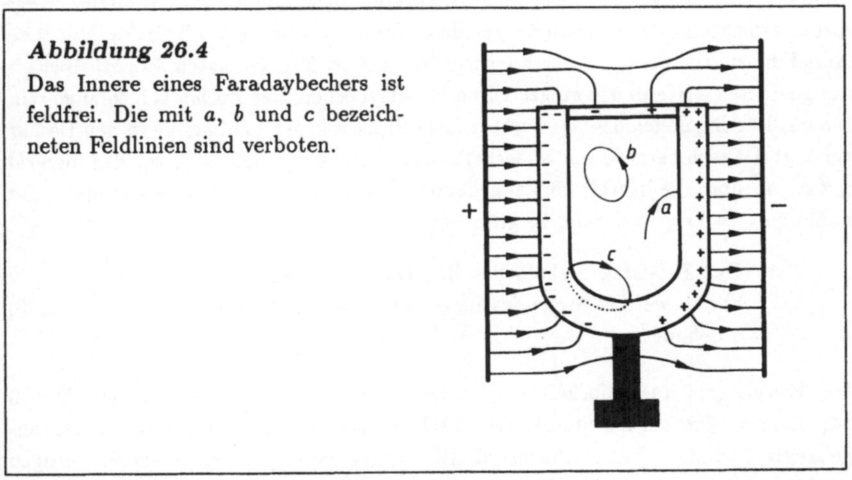

Abbildung 26.4
Das Innere eines Faradaybechers ist feldfrei. Die mit a, b und c bezeichneten Feldlinien sind verboten.

keine Ladungen sitzen. Die Linie b ist verboten, weil sie in sich geschlossen und das elektrostatische Feld wirbelfrei ist. Die Feldlinie c läßt sich durch die gepunktete Linie in Abb. 26.4 zu einer geschlossenen Kurve K ergänzen, längs der $\oint \vec{E} \cdot d\vec{r} = 0$ sein muß. Da nach (26.10) innerhalb der leitenden Becherwand kein $\vec{E}$-Feld existiert, trägt nur das mit der c-Feldlinie zusammenfallende K-Stück im Innenraum des Bechers zum Wegintegral bei:

$$0 = \oint_K \vec{E} \cdot d\vec{r} = \int_{c\text{-Linie}} \vec{E} \cdot d\vec{r} = \int_{c\text{-Linie}} E\,dr \ . \tag{26.17}$$

Weil dr im rechten Integral stets positiv ist und der Vektorbetrag E nicht negativ werden kann, muß E überall auf der c-Linie verschwinden. Dann kann c aber keine Feldlinie sein. Damit ist (26.16) bewiesen; denn die Feldlinientypen a, b, c erschöpfen alle Möglichkeiten.

Daß das elektrische Feld in einem Hohlraum, der allseitig von leitenden Wänden umgeben ist, verschwindet, ist experimentell mit hoher Genauigkeit nachgewiesen. Es kommt dabei nicht darauf an, daß die Wände kompakt sind. Nicht zu weitmaschige Drahtnetze erfüllen den gleichen Zweck (Faradayscher Käfig). Man findet heute in technischen Museen Drahtkäfige, in denen sich Besucher einsperren lassen und erleben, wie zwischen Käfig und Erde einige hunderttausend Volt angelegt werden, ohne daß die Eingesperrten etwas spüren – während es außerhalb des Käfigs wegen der unvermeidbaren Hochspannungsüberschläge beängstigend blitzt und knallt.

Bei der Ladungsmessung mit der in Abb. 23.4 gezeigten Anordnung wurde die zu messende Ladung in einen Faradaybecher gehängt, der mit einem Elektrometer verbunden ist. Dabei wurde stillschweigend angenommen, daß die Elektrometeranzeige nicht davon abhängt, wo genau der geladene Körper sich im Becher befindet. Um diese Annahme zu begründen, betrachten wir den in Abb. 26.5 gezeigten, isoliert über einer geerdeten Leiterplatte aufgestellten Faradaybecher. Der Becher sei, solange sein Inneres leer ist, ungeladen. Nun werde ein Körper mit der Ladung $+q$ in den Becher gehängt. Danach herrscht u.a. außerhalb des Bechers ein $\vec{E}$-Feld $\neq 0$, weil das Integral $\varepsilon_o \oint \vec{E} \cdot d\vec{S}$ über die in Abb. 26.5 angedeutete Fläche SO nach (25.5) die eingehängte Ladung $+q \neq 0$ ergeben muß. Es gilt:

> Das $\vec{E}$-Feld außerhalb des Bechers hängt nicht davon
> ab, an welcher Stelle des Innenraumes sich die Ladung   (26.18)
> q befindet.

Der Beweis geht aus Abb. 26.5 hervor. Da in den leitenden Becherwänden $\vec{E} = 0$ ist, sammeln sich auf der inneren Oberfläche so viele Minusladungen an, bis die eingehängte Ladung $+q$ abgeschirmt ist. Die vorher neutralen Becherwände verfügen somit über eine ungebundene Ladungsmenge $+q$, die sich aufgrund gegenseitiger Abstoßungskräfte auf der äußeren Oberfläche verteilt und zum Außenfeld $\vec{E}$ Anlaß gibt.

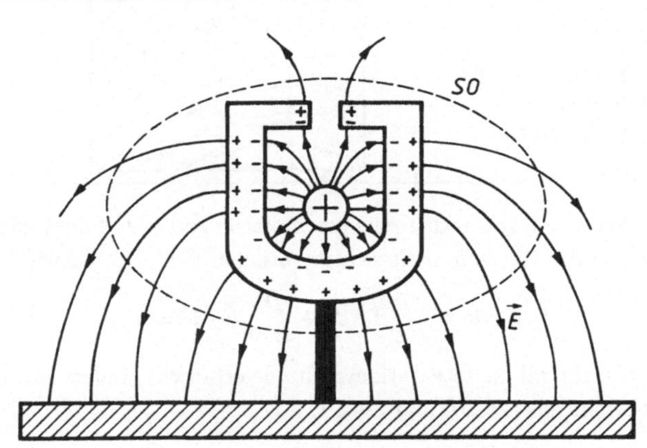

Abbildung 26.5: Isoliert über einer geerdeten Leiterplatte aufgestellter Faradaybecher mit geladenem Körper im Innern.

Die für die Verteilung verantwortlichen Kräfte können nicht vom Ort der Innenladung $+q$ abhängen, da letztere durch die Minusladungen auf der Innenwand vollständig abgeschirmt wird, so daß keine Feldlinien nach dorthin gelangen, wo sich die Außenladungen verteilen. Damit ist (26.18) bewiesen. Aus (26.18) folgt natürlich auch, daß es bei der Ladungsmessung nach Abb. 23.4 nicht auf den Ort der zu messenden Ladung innerhalb des Faradaybechers ankommt; denn die Elektrometeranzeige hängt nur vom $\vec{E}$-Feld außerhalb des Bechers ab.

26.4 Spannung

Für die Meßtechnik spielt die elektrische Spannung U eine wichtige Rolle. Um U zu definieren, wählen wir in einem elektrischen Feld (Abb. 26.6) zwei feste Punkte 1 und 2 aus, verbinden sie in Gedanken durch eine Kurve C und berechnen auf dieser das Wegintegral über die Feldstärke $\vec{E}(\vec{r})$:

$$U := \int_{1\,C}^{2} \vec{E} \cdot d\vec{r} \, . \tag{26.19}$$

In der Elektrostatik hängt U von den Punkten 1 und 2, nicht aber vom Weg C zwischen ihnen ab. Zum Beweis denkt man sich neben C eine zweite Kurve C', die 1 mit 2 verbindet. Aus Abb. 26.6 liest man dann ab, daß der Weg von 1 über C nach 2

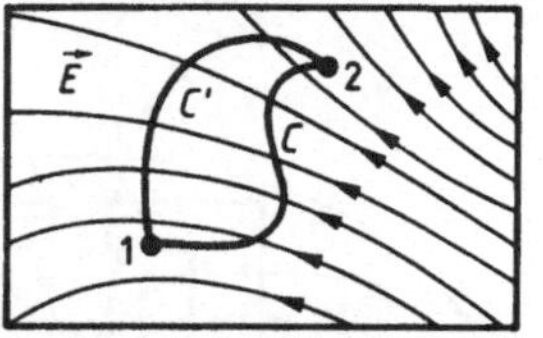

Abbildung 26.6
Die Spannung zwischen zwei
Punkten 1 und 2 ist vom
Weg C oder C' unabhängig.

und von dort über C' zurück nach 1 eine geschlossene Kurve K bildet, längs der das Wegintegral wegen der Wirbelfreiheit elektrostatischer Felder verschwinden muß:

$$\oint_K \vec{E} \cdot d\vec{r} = \int_{1\,C}^{2} \vec{E} \cdot d\vec{r} + \int_{2\,C'}^{1} \vec{E} \cdot d\vec{r} = 0 \,. \tag{26.20}$$

Wenn man im C'-Integral die Integrationsgrenzen vertauscht, ändert sich das Vorzeichen und man erhält aus (26.20) und (26.19)

$$\int_{1\,C'}^{2} \vec{E} \cdot d\vec{r} = \int_{1\,C}^{2} \vec{E} \cdot d\vec{r} = U \,. \tag{26.21}$$

Die Spannung U zwischen zwei Punkten 1 und 2 ist in der Elektrostatik also tatsächlich vom Weg unabhängig. Um die Abhängigkeit vom Punktepaar $\{1,2\}$ auszudrücken, schreibt man gelegentlich $U = U(1,2)$.

Im stromlosen elektrostatischen Fall herrscht zwischen Punkten, die leitend miteinander verbunden sind, die Spannung Null. Denn da wegen (26.10) im Inneren eines Leiters $\vec{E} = 0$ ist, verschwindet hier auch das für die Spannung maßgebende Integral $\int \vec{E} \cdot d\vec{r}$. Man kann daher die Spannung $U(1,2)$ zwischen zwei Punkten 1 und 2 durch ein Drähtepaar zu einem Punktepaar 3 und 4 leiten, so daß $U(3,4) = U(1,2)$ wird. Davon macht man in der elektrischen Meßtechnik oft Gebrauch.

Wir kehren noch einmal zu Abb. 26.6 zurück. Wenn sich dort ein mit q geladenes Teilchen z.B. auf dem Weg C von 1 nach 2 bewegt, verrichtet die Kraft $\vec{F} = q\vec{E}$ des elektrischen Feldes am Teilchen die Arbeit

$$A(1,2) = \int_{1\,C}^{2} \vec{F} \cdot d\vec{r} = q \int_{1\,C}^{2} \vec{E} \cdot d\vec{r} = qU(1,2) \,. \tag{26.22}$$

Wir bringen (26.22) in die Form „Spannung U = Arbeit A/Ladung q", um unter Verwendung der Arbeitseinheit Nm und Ladungseinheit As die Spannungseinheit V (*Volt*) zu definieren:

$$V = \frac{Nm}{As} \quad \text{oder} \quad Nm = VAs = Ws \,. \tag{26.23}$$

Das Produkt $VA = Nm/s = W$ (*Watt*) ist die Leistungseinheit. Die elektrische Feldstärke $\vec{E}$ = Kraft/Ladung wird in der Einheit N/As gemessen. Wegen (26.23) ist N/As = V/m. Man kann $\vec{E}$ also auch in Volt pro Meter angeben.

26.5 Stromquellen

Um eine Spannung zu erzeugen und aufrecht zu erhalten, wenn ein elektrischer Strom fließt, verwendet man eine Spannungs- oder Stromquelle. Wir bevorzugen die Bezeichnung „Stromquelle". Eine besonders durchsichtige Stromquelle ist der in Abb. 23.5 beschriebene Bandgenerator von van-de-Graaff, der jetzt wie in Abb. 26.7 betrachtet werden soll. Der Generator ist zusammen mit einem Arbeiter in einen Kasten

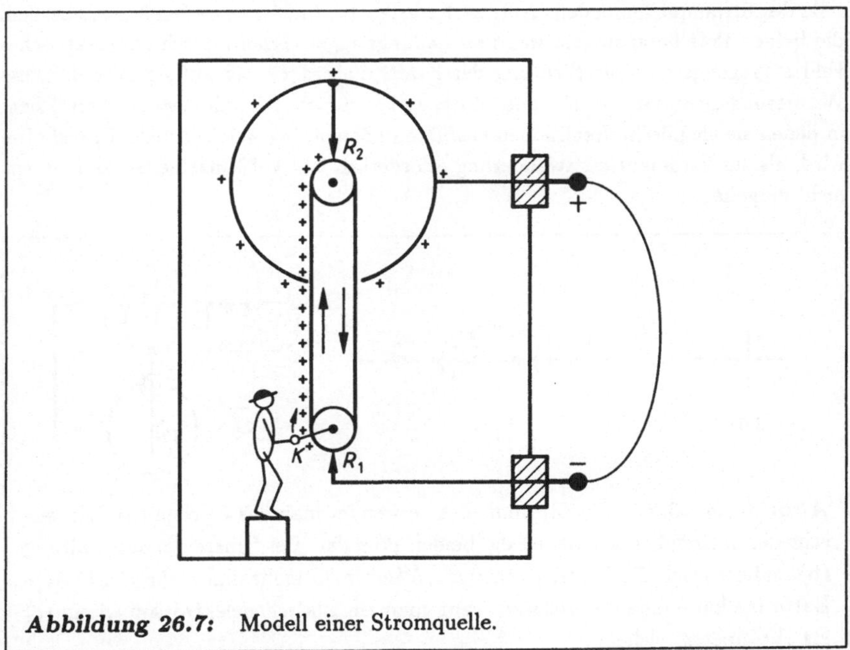

Abbildung 26.7:   Modell einer Stromquelle.

gesperrt, den wir das „Gehäuse der Stromquelle" nennen. Die Kugel und der untere Reiber R_1 sind mit Metallstiften verbunden, die am Gehäuse isoliert montiert sind. Die Stifte werden als „Plus- und Minuspol" der Stromquelle bezeichnet. Wenn der Arbeiter die Kurbel K betätigt, herrscht zwischen den beiden Polen ein elektrisches Feld und folglich eine Spannung. Sobald zwischen den Polen eine leitende Verbindung hergestellt wird – etwa durch den in Abb. 26.7 als Bogen gezeichneten dünnen Draht —, fließt ein elektrischer Strom. Der Strom wird z.B. durch bewegliche Plusladungen[1] dargestellt, die das Gehäuse beim Pluspol verlassen, vom $\vec{E}$-Feld getrieben durch den Leiter fließen, dabei Stromwärme erzeugen und beim Minuspol wieder in das Gehäuse eintreten, wo sie dann mittels des vom Arbeiter bewegten Bandes gegen die abstoßende elektrische Kraft der auf der Kugel sitzenden Plusladungen zum Pluspol zurücktransportiert werden. Beachte, daß der Arbeiter gegen das im Gehäuse herrschende elektrische Feld Arbeit verrichtet, die im äußeren „Stromkreis" in Stromwärme verwandelt wird!

In einer einzelligen Taschenlampenbatterie findet man alle entscheidenden Bestandteile des Stromquellenmodells Abb. 27.7 wieder. Im Innern eines Gehäuses, aus dem die beiden Pole herausragen, wandern Ladungsträger (Ionen) durch ein elektrisches Feld entgegengesetzt zur Richtung der Kraft, die das $\vec{E}$-Feld auf sie ausübt. Diese Wanderung „stromaufwärts" findet statt, weil die Ionen dadurch Gegenden erreichen, in denen sie chemische Reaktionen ausführen können, bei welchen mehr Energie frei wird, als zur Stromaufwärtswanderung erforderlich ist. Auf Einzelheiten können wir nicht eingehen.

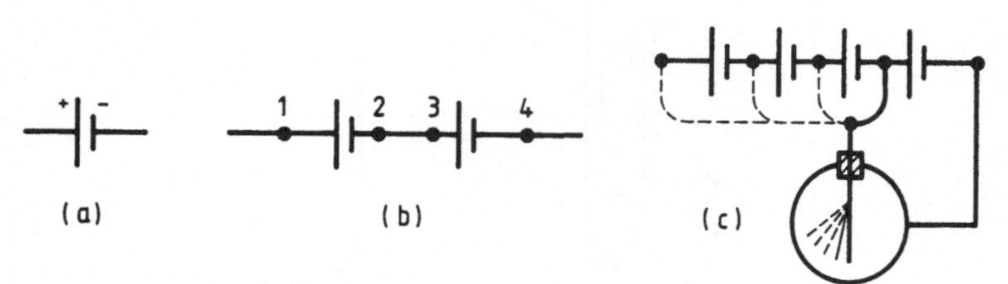

Abbildung 26.8:   Für Stromquellen verwendet man das Zeichen (a). Die verschieden langen Striche stellen die beiden Pole dar. Bei Hintereinanderschaltung (b) addieren sich die Einzelspannungen. Wenn man mehr und mehr gleichartige Batterien hintereinander schaltet, kann man ein Blättchenelektroskop wie in (c) als „Voltmeter" eichen.

Heute übliche Batteriezellen haben eine Spannung von 1,5 V. Es ist möglich, mehrere Zellen zu einer Batterie mit einer größeren Spannung zusammenzuschalten (9 V-Transistorbatterie, 120 V-Anodenbatterie); denn bei Hintereinanderschaltung zweier Stromquellen (d.h. Schaltung wie in Abb. 26.8(b)) addieren sich die Einzelspannungen zur Gesamtspannung. Die Additivität der Spannung folgt direkt aus der Spannungs-

---

[1]Daß in einem metallischen Leiter in Wirklichkeit die negativen Elektronen die beweglichen Ladungsträger sind, ist im Moment unwesentlich.

definition (26.19) mit den Punktbenennungen aus Abb. 26.8(b):

$$U(1,4) = \int_1^4 \vec{E}\cdot d\vec{r} = \int_1^2 \vec{E}\cdot d\vec{r} + \int_2^3 \vec{E}\cdot d\vec{r} + \int_3^4 \vec{E}\cdot d\vec{r} = U(1,2) + 0 + U(3,4) \; . \quad (26.24)$$

Dabei wurde berücksichtigt, daß $\vec{E}$ in der leitenden Verbindung zwischen 2 und 3 verschwindet, jedenfalls im stromlosen Fall. Abb. 28.8(c) zeigt, wie man ein Blättchenelektroskop (vgl. Abb. 23.3a) als „Voltmeter" eichen kann, wenn man mehr und mehr Batterien bekannter Spannung hintereinander schaltet und die so erhaltene Gesamtspannung durch ein Drähtepaar zum Gehäuse und Blättchen des Elektroskops leitet. Der Ausschlag des Blättchens wächst mit der angelegten Spannung.

26.6 Kondensatoren

Betrachte ein Paar ebener Metallplatten, die parallel in kleinem Abstand d voneinander aufgestellt sind (Abb. 26.9). Verbindet man das Plattenpaar mit einer Batterie

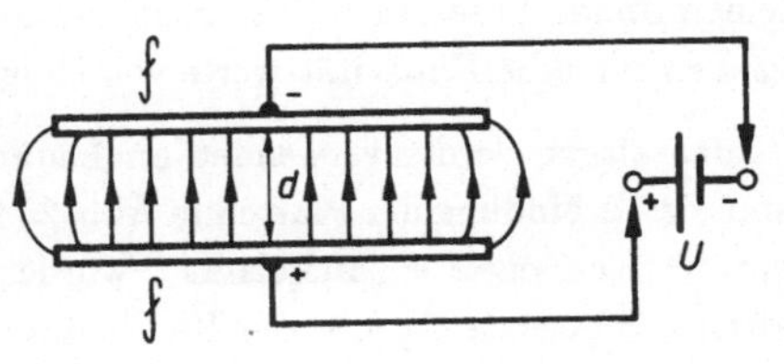

Abbildung 26.9
Zwischen Parallelplatten (Fläche f, Abstand d) herrscht ein $\vec{E}$-Feld $E = U/d$, wenn man die Platten mit einer Stromquelle der Spannung U verbindet.

der Spannung U, so herrscht im Zwischenraum ein nahezu homogenes $\vec{E}$-Feld, dessen Feldlinien nach (26.11) auf den Plattenoberflächen senkrecht stehen, so daß das Wegintegral $\int \vec{E}\cdot d\vec{r}$ von Platte zu Platte den Wert Ed ergibt. Wegen (26.19) ist dieses Integral andererseits die Spannung U zwischen den Platten, die wiederum gleich der Batteriespannung ist, weil die Platten leitend und stromlos mit den Batteriepolen verbunden sind. Es gilt also $Ed = U$ und, folglich,

$$E = \frac{U}{d} \; . \quad (26.25)$$

Da die Feldlinien des homogenen $\vec{E}$-Feldes auf den Innenflächen des Plattenpaares beginnen und enden, müssen dort entgegengesetzt gleiche Ladungen sitzen. Nach (26.13) ist

$$\frac{q}{f} = \varepsilon_o E \; , \quad (26.26)$$

wobei q/f die Oberflächenladung pro Plattenfläche f und E die Feldstärke des von diesen Ladungen erzeugten elektrostatischen Feldes bedeutet. Setzt man E aus (26.25) in (26.26) ein, so erhält man, wenn man die Beziehung nach q auflöst,

$$q = CU \qquad \text{mit} \qquad C = \varepsilon_o \frac{f}{d} \,. \tag{26.27}$$

Man nennt das Plattenpaar aus Abb. 26.9 einen *Plattenkondensator*. Wenn man also einen Plattenkondensator wie in Abb. 26.9 mit einer Stromquelle der Spannung U verbindet, laden sich seine Platten mit entgegengesetzt gleichen Ladungen $\pm q$ auf, q erweist sich zur angelegten Spannung U proportional. Der Proportionalitätsfaktor $C = q/U$ wird die *Kapazität* des Kondensators genannt und in der Einheit As/V = F (*Farad*) angegeben, die nach Faraday benannt ist.

Für Plattenkondensatoren ist C nach (26.27) zur Plattenfläche f direkt und zum Plattenabstand d umgekehrt proportional. Um Kondensatoren großer Kapazität zu erhalten, verwendet man z.B. zwei großflächige Aluminiumfolien, trennt sie voneinander durch dünnes Wachspapier und faltet oder rollt das ganze zu einem möglichst kleinen Bündel zusammen (Radiokondensator). Faustgroße Kondensatoren dieser Art besitzen typische Kapazitätswerte von einigen 10^{-6}F $= \mu$F.

Kondensatoren werden verwendet, um Ladungen vorübergehend aufzubewahren. Man kann die Verbindung der Platten in Abb. 26.9 zur Batterie nämlich wegnehmen, nachdem der Kondensator „aufgeladen" wurde. Die entgegengesetzt gleichen Ladungen halten sich gegenseitig fest, der Kondensator bleibt geladen. Erst wenn man die beiden Platten leitend miteinander verbindet, findet ein Ladungsausgleich statt: Der Kondensator entlädt sich. Dabei fließt durch die Verbindungsleitung ein elektrischer Strom. Ein in die Leitung gebrachtes Glühbirnchen kann kurzzeitig aufleuchten, weil die Stromwärme den Heizfaden des Lämpchens zum Glühen bringt. Woher stammt die ausgestrahlte Lichtenergie? Offenbar aus dem geladenen Kondensator. Ein Kondensator speichert also nicht nur Ladungen, sondern auch Energie. Es wird sich zeigen, daß im elektrischen Feld zwischen den Platten eines Kondensators der Kapazität C die Feldenergie

$$W = \frac{qU}{2} = \frac{CU^2}{2} = \frac{q^2}{2C} \tag{26.28}$$

steckt. Dabei ist $q = CU$ die Ladung auf einer der beiden Kondensatorplatten und U die zur Aufladung angelegte Spannung. Um die Energieformel (26.28) zu beweisen, berechnen wir W, indem wir den Ausdruck (25.22) für die Energiedichte im $\vec{E}$-Feld

$$\frac{dW}{dV} = \frac{\varepsilon_o E^2}{2} \tag{26.29}$$

mit dem Volumen $V = fd$ des vom $\vec{E}$-Feld erfüllten Raumes zwischen den Kondensatorplatten multiplizieren und E nach (26.25) durch U/d ersetzen:

$$W = \frac{dW}{dV}V = \frac{\varepsilon_o E^2}{2}fd = \frac{\varepsilon_o(U/d)^2}{2}fd = \frac{CU^2}{2} \, . \tag{26.30}$$

Das rechte Gleichheitszeichen gilt wegen (26.27). Unter Verwendung von $q = CU$ kann man aus (26.30) alle Beziehungen (26.28) erzeugen.

Wie hier ohne Beweis mitgeteilt sei, gelten die folgenden aus (26.27) und (26.28) übernommenen Beziehungen

$$q = CU \quad W = qU/2 = CU^2/2 = q^2/2C \tag{26.31}$$

nicht nur für den Plattenkondensator, sondern für jedes beliebig geformte und voneinander isoliert aufgestellte Leiterpaar. Verbindet man die Leiter mit den Polen einer Batterie, so laden sie sich mit einer zur Batteriespannung U proportionalen Ladung q entgegengesetzt gleich auf. Der *Kapazität* genannte Proportionalitätsfaktor $C = q/U$ hängt von Form, Abstand und Größe des Leiterpaares ab, nicht aber von der angelegten Spannung U. Wir betrachten zwei Beispiele.

a) **Kugelkondensator:** Zwischen zwei konzentrisch angeordneten Blechkugeln mit den Radien r_o und $r_1 > r_o$ liegt eine Spannung U (Abb. 26.10). Die Kugeln tragen dann entgegengesetzt gleiche Ladungen $\pm q$. Wegen der Kugelsymmetrie der Anord-

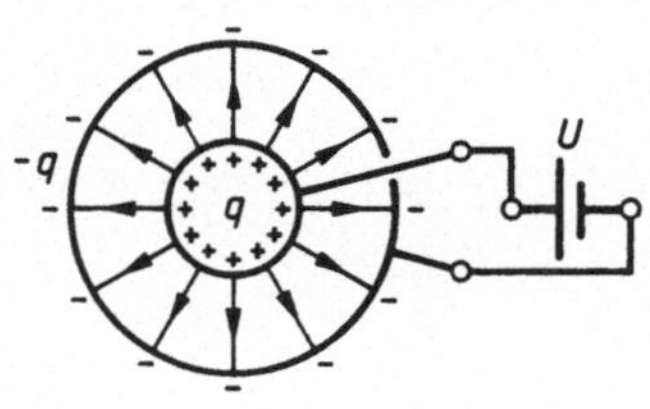

Abbildung 26.10
Kugelkondensator aus zwei dünnwandigen
Blechkugeln mit Radien r_o und $r_1 > r_o$.

nung ist die elektrische Feldstärke zwischen den Kugeln durch (25.10) gegeben:

$$E = \frac{q}{4\pi\varepsilon_o r^2} \, . \tag{26.32}$$

Nach (26.19) ist E mit der angelegten Spannung verknüpft:

$$U = \int_{r_o}^{r_1} \vec{E} \cdot d\vec{r} = \frac{q}{4\pi\varepsilon_o}\int_{r_o}^{r_1}\frac{dr}{r^2} = \frac{q}{4\pi\varepsilon_o}\left(\frac{1}{r_o} - \frac{1}{r_1}\right) \, . \tag{26.33}$$

Nach q aufgelöst erhält man daraus

$$q = CU \quad \text{mit} \quad C = 4\pi\varepsilon_o r_o \cdot \frac{r_1}{r_1 - r_o} \, . \tag{26.34}$$

Man erkennt, daß C von der Geometrie des Leiterpaares abhängt. In der Literatur findet man gelegentlich die „Kapazität einer Kugel vom Radius r_o" angegeben:

$$C_{\text{Kugel}} = 4\pi\varepsilon_o r_o \, . \tag{26.35}$$

Sie folgt aus (26.34), wenn man den Radius r_1 der äußeren Kugel aus Abb. 26.10 unendlich groß wählt. In diesem Fall ist die Energie W im $\vec{E}$-Feld gemäß (26.31) durch

$$W = \frac{q^2}{2C} = \frac{q^2}{8\pi\varepsilon_o r_o} \tag{26.36}$$

gegeben, ein Resultat, das wir schon von früher (25.25) kennen.

b) **Einfadenelektrometer**: Wir können jetzt die Funktionsweise des in Abb. 23.1 eingeführten Einfadenelektrometers verstehen (Abb. 26.11). Der Metallkasten und der von ihm isolierte Elektrometerfaden bilden einen Kondensator der Kapazität C_{KF}. Zwischen den Punkten 1 und 2 herrscht eine Spannung U, die gemessen werden soll.

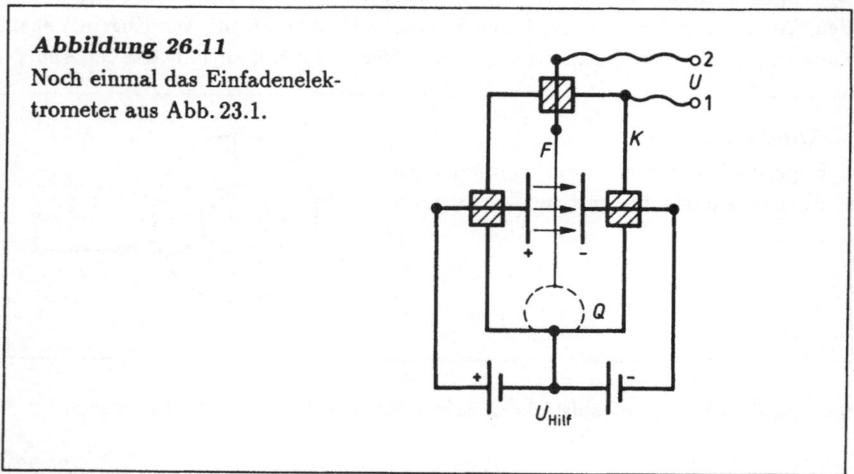

Abbildung 26.11
Noch einmal das Einfadenelektrometer aus Abb. 23.1.

Man verbindet 1 und 2 dazu mit Kasten K und Faden F des Elektrometers, was zur Folge hat, daß F sich mit der Ladung

$$q_{\text{F}} = C_{\text{KF}}U \tag{26.37}$$

auflädt. Nun wird am Fadenort durch zwei im Abstand d voneinander aufgestellte Platten + und –, die mit Batterien der Spannung U_{Hilf} verbunden sind, ein „Hilfsfeld" mit der Feldstärke

$$E_{\text{Hilf}} = U_{\text{Hilf}}/d \tag{26.38}$$

erzeugt, das auf den Faden eine Querkraft

$$F_{\text{Quer}} = q_{\text{F}} E_{\text{Hilf}} = \frac{C_{\text{KF}} U_{\text{Hilf}}}{d} \cdot U = A \cdot U \tag{26.39}$$

ausübt. A ist eine Apparatekonstante. F_{Quer} verursacht eine Verschiebung des durch den gebogenen Quarzbügel Q elastisch gespannten Fadens, die wegen des Hookeschen Gesetzes (16.6) zum F_{Quer}-Wert proportional ist, und damit wegen (26.39) auch proportional zur Spannung U, die gemessen werden soll. Man beachte, daß die Empfindlichkeit des Elektrometers – das ist der Fadenausschlag pro Spannung – durch Änderung der Apparatekonstanten $A = C_{\text{KF}} U_{\text{Hilf}}/d$ in weiten Bereichen variiert werden kann.

Kapitel 27

Magnetostatik

Von der Elektrostatik gehen wir zur Magnetostatik über. Die Grundgleichungen der Magnetostatik werden aus (25.3) übernommen:

$$c^2 \oint_K \vec{B} \cdot d\vec{r} = \varepsilon_o^{-1} \int_{SK} \vec{j} \cdot d\vec{S} \qquad \oint_{SO} \vec{B} \cdot d\vec{S} = 0 \; . \tag{27.1}$$

Man bezeichnet die Größe $1/\varepsilon_o c^2$ als μ_o. Wir werden bald zeigen, daß μ_o den Wert

$$\mu_o = 1/\varepsilon_o c^2 = 4\pi \cdot 10^{-7} \mathrm{N/A}^2 \tag{27.2}$$

besitzt. Die Gleichungen (27.1) werden gewöhnlich in der Form

$$\oint_K \vec{B} \cdot d\vec{r} = \mu_o I_{SK} \quad \text{mit} \quad I_{SK} = \int_{SK} \vec{j} \cdot d\vec{S} \tag{27.3}$$

$$\oint_{SO} \vec{B} \cdot d\vec{S} = 0 \tag{27.4}$$

geschrieben. Dabei ist I_{SK} die elektrische Stromstärke durch eine beliebige von der geschlossenen Kurve K begrenzte Fläche. (27.3) verrät den Ursprung des magnetostatischen Feldes: Die Wirbel im Feld werden von elektrischen Strömen erzeugt. Wegen (27.4) ist das Magnetfeld quellenfrei. $\vec{B}$-Feldlinien sind in sich geschlossen.

Wir sahen in Kap. 25.1, daß das elektrostatische Feld $\vec{E}(\vec{r})$ durch die zeitlich konstante Ladungsdichte $\rho(\vec{r})$ bestimmt ist. Jetzt wird deutlich, daß das magnetostatische Feld $\vec{B}(\vec{r})$ von bewegten Ladungen mit der zeitlich konstanten Stromdichte $\vec{j}(\vec{r})$ hervorgerufen wird. Damit fällt die Aufgabe an, das von einer vorgegebenen Stromdichte erzeugte magnetostatische Feld zu berechnen. Die Gleichungen (27.3) und (27.4) sind zur Lösung der Aufgabe hinreichend. Wir wollen das für mehrere Fälle demonstrieren.

27.1 Das $\vec{B}$-Feld um stromdurchflossenen geraden Draht

Durch einen dünnen, unendlich langen, geraden Draht fließe ein elektrischer Strom mit der Stromstärke I. Der Strom erzeugt ein Magnetfeld, dessen Feldlinien wegen der Quellenfreiheit des $\vec{B}$-Feldes (27.4) in sich geschlossen sind. Die Stromdichte $\vec{j}(\vec{r})$

ist bezüglich beliebigen Drehungen um die Drahtachse symmetrisch. Diese Axialsymmetrie wird auf das $\vec{B}$-Feld übertragen (vgl. (25.7)). Die geschlossenen $\vec{B}$-Feldlinien sind daher Kreise in Ebenen senkrecht zum Draht mit dem Durchstoßpunkt des Drahtes als Mittelpunkt (Abb. 27.1). Da die Stromdichte gegen beliebige Verschiebungen

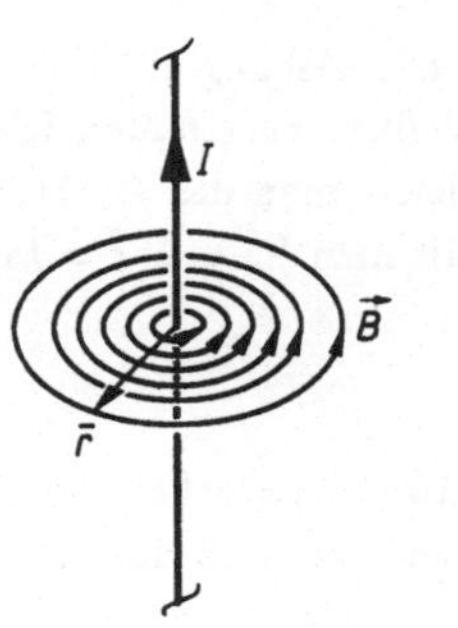

Abbildung 27.1
Das Feldlinienbild eines unendlich langen stromdurchflossenen Drahtes in einer Ebene senkrecht zum Draht.

entlang der Drahtachse symmetrisch ist, sind die Feldlinienbilder in allen Ebenen senkrecht zum Draht gleich. Um herauszufinden, wie groß der Betrag B des Magnetfeldes im Abstand $\bar{r}$ von der Drahtmitte ist, wählen wir die $\vec{B}$-Feldlinie im Abstand $\bar{r}$ als geschlossene Kurve K mit Umlaufsinn und verwenden (27.3). Da $\vec{B}$ und $d\vec{r}$ auf K in dieselbe Richtung weisen und B auf K konstant ist, erhalten wir

$$\oint_K \vec{B} \cdot d\vec{r} = B \oint_K dr = B2\pi\bar{r} = \mu_o I_{SK} = \mu_o I \qquad (27.5)$$

und daraus

$$B = \frac{\mu_o I}{2\pi\bar{r}} . \qquad (27.6)$$

Die Richtung von $\vec{B}$ geht aus Abb. 27.1 hervor. Daß ein langer stromdurchflossener Draht von kreisförmigen Magnetfeldlinien umgeben ist, wurde 1820 von Oersted entdeckt. Er wies das $\vec{B}$-Feld mit Hilfe von Magnetnadeln nach.

Man kann ein $\vec{B}$-Feld auch durch seine Kraftwirkungen auf stromdurchflossene Leiter nachweisen. Im Leiter bewegen sich Ladungsträger der Ladung q mit der Durchschnittsgeschwindigkeit $\vec{v}$. Aus q, $\vec{v}$ und der Anzahldichte n ($=$ Zahl der bewegten Ladungsträger pro Volumen) folgt nach (26.2) die Stromdichte im Leiter

$$\vec{j} = nq\vec{v} . \qquad (27.7)$$

Wenn sich der Leiter in einem $\vec{B}$-Feld befindet, erfährt jeder Ladungsträger durchschnittlich die Lorentzkraft (23.11):

$$\vec{F}_q = q\vec{v} \times \vec{B} . \qquad (27.8)$$

Multiplikation von $\vec{F}_q$ mit der Anzahldichte n der bewegten Ladungsträger ergibt die Kraft $\vec{F}$ pro Volumen V, die das $\vec{B}$-Feld auf den Leiter ausübt:

$$\frac{\vec{F}}{V} = nq\vec{v} \times \vec{B} = \vec{j} \times \vec{B} \ . \tag{27.9}$$

Diese Beziehung gilt insbesondere für einen Draht der Querschnittsfläche S mit der als Vektor aufgefaßten Länge $\vec{l}$, durch den ein Strom der Stromstärke I fließt. Multipliziert man das Drahtvolumen $V = lS$ mit der zu $\vec{l}$ parallelen Stromdichte $\vec{j}$, so erhält man $V\vec{j} = lS\vec{j} = \vec{l}Sj = \vec{l}I$. Aus (27.9) folgt dann

$$\vec{F}_{\text{auf Draht}} = I\vec{l} \times \vec{B} \ . \tag{27.10}$$

(27.10) ist natürlich die Kraft, die Elektromotoren treibt. Wir wollen uns nun mit der in Abb. 27.2 dargestellten Situation befassen. Durch zwei sehr lange parallele

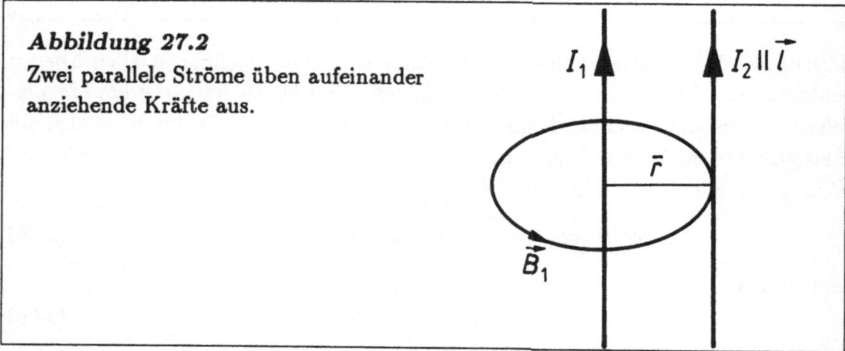

Abbildung 27.2
Zwei parallele Ströme üben aufeinander anziehende Kräfte aus.

Drähte im Abstand $\vec{r}$ voneinander fließen elektrische Ströme mit den Stromstärken I_1 und I_2. Sei $\vec{B}_1$ das Magnetfeld, das I_1 am Ort des zweiten Drahtes erzeugt, und $\vec{l}$ die vektorielle Länge des zweiten Drahtes. Dann beträgt die Kraft $\vec{F}_{12}$, die I_1 auf I_2 ausübt, nach (27.10):

$$\vec{F}_{12} = I_2\vec{l} \times \vec{B}_1 \ . \tag{27.11}$$

Aus Abb. 27.2 geht hervor, daß $\vec{l}$ und $\vec{B}_1$ aufeinander senkrecht stehen und daß die Kraft zwischen den Drähten anziehend ist. Für den Betrag der Kraft ergibt sich unter Verwendung von (27.6):

$$F_{12} = I_2 l B_1 = \frac{\mu_o}{2\pi} I_1 I_2 \frac{l}{r} \ . \tag{27.12}$$

Wenn I_1 und I_2 entgegengesetzt gerichtet sind, ist $\vec{F}_{12}$ abstoßend.

Das Kraftgesetz (27.12) wurde schon in Kap. 23.3 zur Definition der Stromstärkeeinheit Ampere A verwendet. Die entsprechende Gleichung (23.5) lautete dort:

$$F = \alpha I_1 I_2 \frac{l}{r} \quad \text{mit} \quad \alpha = 2 \cdot 10^{-7} \text{N/A}^2 \,, \tag{27.13}$$

wobei der Wert von α die Ampere-Definition beinhaltet. Da (27.12) und (27.13) dieselbe Kraft beschreiben, müssen die Konstanten $\mu_o/2\pi$ und α identisch sein. Daraus folgt der μ_o-Wert

$$\mu_o = 2\pi\alpha = 4\pi \cdot 10^{-7} \text{N/A}^2 \,, \tag{27.14}$$

der schon in (27.2) angegeben wurde.

27.2 Das $\vec{B}$-Feld einer langen Stromspule

Wenn man einen stromdurchflossenen und deshalb von einem Magnetfeld umgebenen Draht zu einer Spule aufwickelt, zeigt das $\vec{B}$-Feld qualitativ den in Abb. 27.3a dargestellten Verlauf. Im Innern der Spule drängen sich die Feldlinien eng zusammen und

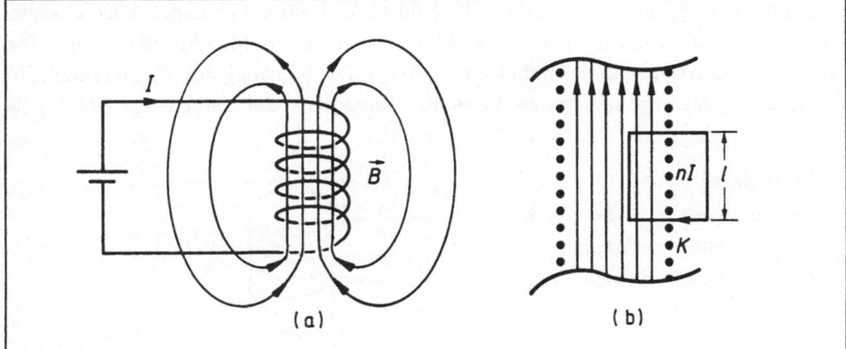

Abbildung 27.3: (a) Qualitativer Verlauf der $\vec{B}$-Feldes einer aus 5 Windungen bestehenden Stromspule. (b) Ausschnitt aus dem Längsschnitt durch eine unendlich lange Stromspule mit sehr dicht gewickelten Windungen.

bilden hier näherungsweise ein homogenes Feld. Außen verteilen sich die $\vec{B}$-Linien auf ein großes Gebiet, so daß die Feldstärke dort sehr klein wird. Die Verhältnisse werden besonders einfach, wenn die Spule unendlich lang und sehr dicht gewickelt ist. Ab. 27.3b zeigt einen Ausschnitt aus dem Längsschnitt durch eine solche Spule.

Die Punkte links und rechts bedeuten die Durchstoßpunkte des Drahtes durch die
Schnittebene. Das $\vec{B}$-Feld ist außen Null (es verschwindet dort mit wachsender Spu-
lenlänge) und innen aus Symmetriegründen zur Spulenachse parallel. Um den Betrag
B zu erhalten, setzen wir die in Abb. 27.3b gezeichnete Rechteckkurve K in das Wegintegral (27.3) ein:

$$\oint_K \vec{B} \cdot d\vec{r} = lB = \mu_o I_{SK} = \mu_o nI \; . \tag{27.15}$$

Das linke Gleichheitszeichen gilt, weil zum Wegintegral nur das linke Stück von K
mit der Länge l beiträgt, da überall sonst entweder $\vec{B} = 0$ ist oder $\vec{B}$ und $d\vec{r}$ aufeinander senkrecht stehen. n ist die Anzahl der Drahtdurchstoßpunkte durch die von K
begrenzte Fläche SK oder, was dasselbe ist, die Zahl der Drahtwindungen auf der
Länge l. Durch den Spulendraht fließt ein Strom mit der Stromstärke I, so daß nI
den Strom I_{SK} durch SK bedeutet. Nach B aufgelöst ergibt (27.15):

$$B = \mu_o \frac{nI}{l} \; . \tag{27.16}$$

Weil man die linke Seite der Kurve K in Abb. 27.3b verschieben kann, hat B im
Spuleninnern überall denselben Wert. Das Feld ist also homogen.

Gleichung (27.16) macht es möglich, die Feldstärke $\vec{B}$ eines beliebigen Magnetfeldes,
z.B. des magnetischen Erdfeldes, wie in Abb. 27.4 zu messen. Man bringt dazu eine frei
drehbare Magnetnadel in das unbekannte $\vec{B}$-Feld. Die Richtung der Magnetnadel gibt
die Richtung des unbekannten $\vec{B}$-Feldes an. Man schiebt dann eine lange Drahtspule

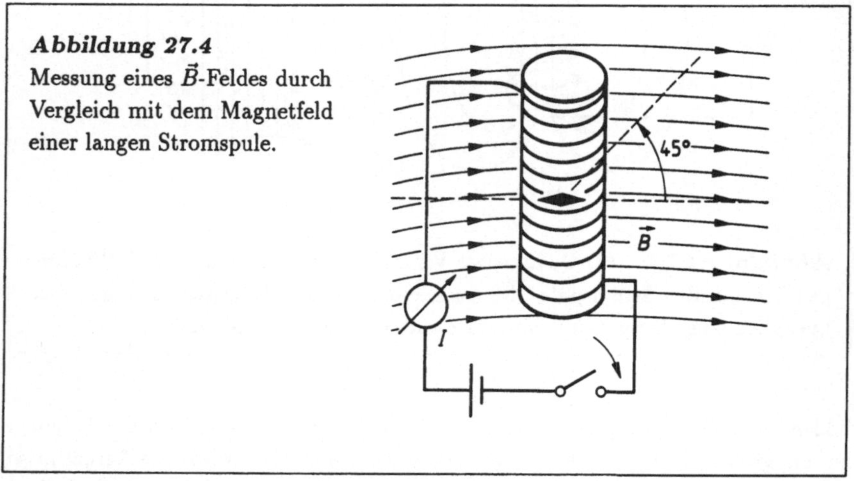

Abbildung 27.4
Messung eines $\vec{B}$-Feldes durch
Vergleich mit dem Magnetfeld
einer langen Stromspule.

mit der Windungsdichte n/l über die Nadel, und zwar so, daß Nadelrichtung und

Spuleachse orthogonal sind. Wenn man einen elektrischen Strom durch die Spule schickt, dreht sich die Nadel auf die Spulenachse zu. Man stellt die Stromstärke I so ein, daß die Nadeldrehung 45° beträgt. Dann sind die Feldstärken $\vec{B}$ des unbekannten Feldes und des Spulenfeldes offenbar dem Betrage nach gleich, d.h. es gilt wegen (27.16)

$$B_{\text{unbekannt}} = \mu_o n I / l \,,$$

jedenfalls dann, wenn die Meßspule „unendlich lang" (viel länger als dick) ist.

27.3 Das $\vec{B}$-Feld eines Stabmagneten

Wir stellen uns vor, die Stromspule aus Abb. 27.3a sei zusammen mit der Stromquelle in eine eng anliegende zylindrische Papphülse gepackt, so daß nur der Außenraum für Magnetfeldmessungen zugänglich ist (Abb. 27.5). Die im Außenraum ermittelten Feldlinien sind in Abb. 27.5 links dargestellt. Wir wollen dieses $\vec{B}$-Feld mit dem $\vec{B}$-

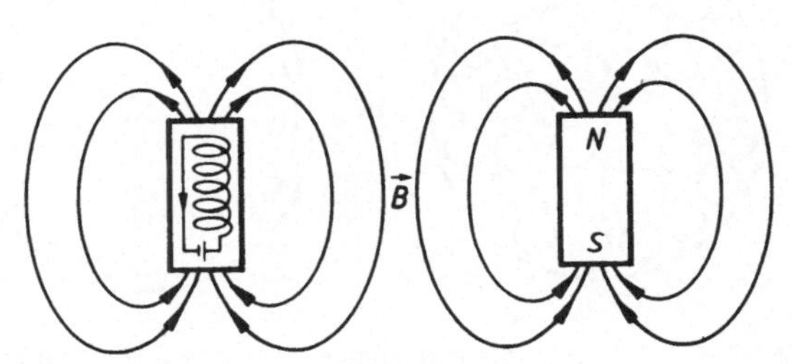

Abbildung 27.5: Die $\vec{B}$-Felder im Außenraum einer langen Stromspule und eines Stabmagneten aus Stahl sind gleich.

Feld eines Stabmagneten vergleichen. Ein Stabmagnet ist ein zylindrischer Stahlstab, der durch Einbringen in ein sehr starkes Magnetfeld parallel zur Stabachse, das dann abgeschaltet wurde, „magnetisiert" worden ist. Der Stabmagnet stellt sich, wenn man ihn um eine vertikale Achse frei drehbar aufhängt, etwa in Nord-Süd-Richtung ein. Man bezeichnet die beiden Stabenden entsprechend als „Nord- und Südpol". In der Umgebung des magnetisierten Stabes herrscht erfahrungsgemäß ein Magnetfeld, dessen Feldlinien in Abb. 27.5 rechts dargestellt sind. Ein sorgfältiger Vergleich des $\vec{B}$-Feldes der Stromspule einerseits und des Stabmagneten andererseits ergibt nun, daß die Felder außerhalb der Zylinder gleich aussehen. Man müßte also in die zylindrische Papphülse hineinschauen, um festzustellen, ob sie eine Stromspule oder einen

Stabmagneten enthält. Diese Gleichheit der beiden Magnetfelder deutet darauf hin,
daß ein Magnetstab so etwas ähnliches wie eine Stromspule sein könnte. Das wurde
erstmalig von Ampere erkannt, und zwar schon bald nach Oersteds Entdeckung der
Verknüpfung von Strom und Magnetfeld. Ampere stellte damals die folgende Hypothese auf:

> In Atomen fließen elektrische Kreisströme[1], ohne Stromwärme zu erzeu-
> gen. Die Atome eines Stabmagneten sind so ausgerichtet, daß ihre Kreis-
> ströme vorwiegend in Ebenen senkrecht zur Stabachse fließen und dabei
> vorwiegend den gleichen Umlaufsinn besitzen.

Wie man mit dieser Hypothese das Magnetfeld eines magnetisierten Stahlstabes
erklären kann, geht aus Abb. 27.6 hervor. Die beiden großen Kreise stellen Querschnitte

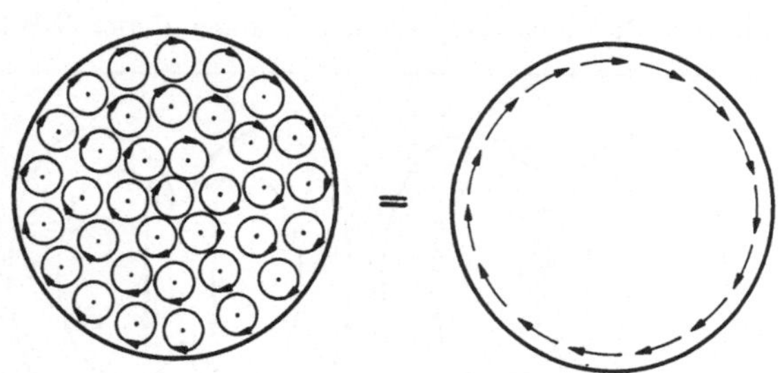

Abbildung 27.6:   Gleichsinnig orientierte, atomare Kreisströme heben sich im
Innern eines Zylinderstabes gegenseitig weg. Übrig bleibt ein Oberflächenkreis-
strom auf dem Zylindermantel.

durch den Stab dar. Die kleinen Kreise links sind atomare Kreisströme, die alle im
Uhrzeigersinn umlaufen. Man erkennt leicht, daß sich im Innern des Stabmagneten
benachbarte Kreisströme stückweise aufheben, da sie entgegengesetzte Stromrich-
tungen haben. Nur die unmittelbar unter der Manteloberfläche (= großer Kreis in
Abb. 27.6) gelegenen Stromstückchen sind davon nicht betroffen. Das ist schematisch

---

[1]Wir wissen heute, daß die Amperesche Kreisstromhypothese im wesentlichen richtig ist. Im Atom
bewegen sich negativ geladene Elektronen um den Kern und stellen somit Kreisströme dar. Jedes
Elektron rotiert zusätzlich um eine Achse, die durch seinen eigenen Schwerpunkt geht. Mit diesem
„Elektronenspin" ist wiederum rotierende Elektronenladung und folglich elektrischer Kreisstrom
verbunden. Im Falle des Eisens ist vorwiegend der vom Spin herrührende Strom für den Magnetismus
zuständig.

in Abb. 27.6 rechts dargestellt. Die sich nicht weghebenden atomaren Stromstückchen bilden, aneinandergehängt, einen Kreisstrom makroskopischen Ausmaßes, so als ob die Mantelfläche des zylindrischen Stabes eng mit stromdurchflossenem Draht umwickelt wäre. Kein Wunder also, daß Stromspule und Magnetstab im Außenraum ununterscheidbare Magnetfelder erzeugen.

Die behandelten Beispiele für magnetostatische Felder (gerader Draht, Stromspule, Stabmagnet) machen deutlich, daß die oben gestellte Aufgabe, $\vec{B}$-Felder für vorgegebene Stromdichten zu berechnen, mit Hilfe der magnetostatischen Grundgleichungen (27.3) und (27.4) lösbar ist. In der Magnetostatik gibt es offenbar genau eine Ursache für das $\vec{B}$-Feld, nämlich den elektrischen Strom. Die Ströme können mit Hilfe von Stromquellen und Drähten *künstlich* hergestellt werden oder in magnetisierten Körpern als *natürliche* atomare Kreisströme vorliegen – es sind immer elektrische Ströme, die für magnetostatische Felder verantwortlich zeichnen. So sagen jedenfalls die Maxwellschen Gleichungen.[2]

27.4 Das magnetische Moment

Das sog. magnetische Moment wird sowohl in der Elektrotechnik als auch in der Festkörper- und Teilchenphysik verwendet. Um mit ihm vertraut zu werden, betrachten wir zunächst eine rechteckige Drahtschleife in einem homogenen Magnetfeld. Schleifenlage und Abmessungen gehen aus Abb. 27.7 hervor. Sobald ein Strom

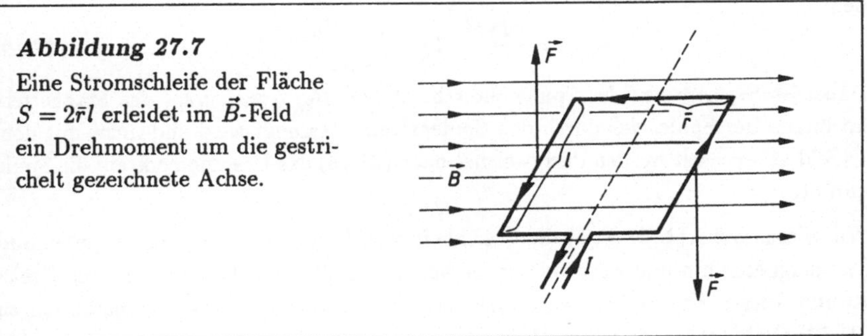

Abbildung 27.7
Eine Stromschleife der Fläche
$S = 2\vec{r}l$ erleidet im $\vec{B}$-Feld
ein Drehmoment um die gestrichelt gezeichnete Achse.

I durch die Schleife fließt, wirken wegen (27.10) auf das linke bzw. rechte Drahtstück

---

[2]Es gibt Spekulationen darüber, daß es analog zur elektrischen Ladung magnetische Ladungen geben könnte, die dann Quellen und Senken des $\vec{B}$-Feldes wären. Gäbe es sie wirklich, müßten die Maxwellschen Gleichungen (24.1) abgeändert werden. Man hat immer wieder solche „magnetischen Monopole" gesucht, stets ohne Erfolg.

nach oben bzw. unten gerichtete Kräfte $\vec{F}$ vom Betrag $F = IlB$. Die Schleife sei um die gestrichelt gezeichnete Achse drehbar. Die Kräfte $\vec{F}$ haben nach (11.3) ein mechanisches Drehmoment $\vec{D} = \sum \vec{r} \times \vec{F}$ um diese Achse zur Folge, dessen Betrag im vorliegenden Fall durch $D = 2\bar{r}lIB = SIB$ gegeben ist. $S = 2\bar{r}l$ ist die Fläche des von der Drahtschleife umrandeten Rechteckes. Wir ordnen ihr den orthogonalen Flächenvektor $\vec{S}$ vom Betrag S zu und zwar derart, daß die $\vec{S}$-Richtung und der Umlaufsinn des Stromes I eine Rechtsschraube definieren. Das Produkt

$$\vec{\mu} := I\vec{S} \qquad (27.17)$$

wird als *magnetisches Moment der Stromschleife* bezeichnet. Mit Hilfe von $\vec{\mu}$ läßt sich das mechanische Drehmoment $\vec{D}$, das ein $\vec{B}$-Feld auf die Stromschleife ausübt, als Vektorprodukt schreiben:

$$\vec{D} = \vec{\mu} \times \vec{B} \, . \qquad (27.18)$$

Man überzeuge sich an Hand von Abb. 27.7, daß $\vec{D}$ aus (27.18) hinsichtlich Betrag und Richtung mit dem Drehmoment übereinstimmen.

Das magnetische Moment $\vec{\mu}$ einer Stromschleife ist also die Stromstärke I in der Schleife mal den Flächenvektor $\vec{S}$, der der Schleife zugeordnet ist. Das trifft auch zu, wenn die Stromschleife kein Rechteck, sondern irgendeine andere ebene geschlossene Kurve bildet, z.B. einen Kreis. So hat eine lange Stromspule mit n kreisförmigen Windungen vom Radius r ein zur Spulenachse paralleles magnetisches Moment $\mu_{\text{Spule}} = nI\pi r^2$. Wir können die Länge der Spule als Vektor $\vec{l}$ auf der Spulenachse auffassen und das magnetische Moment der langen Stromspule in Vektorform schreiben:

$$\vec{\mu}_{\text{Spule}} = \frac{nI\pi r^2}{l} \cdot \vec{l} = \frac{B_{\text{Spule}}S_{\text{Spule}}}{\mu_o} \cdot \vec{l} \, . \qquad (27.19)$$

Dabei ist $S_{\text{Spule}} = \pi r^2$ der Spulenquerschnitt und $B_{\text{Spule}} = \mu_o nI/l$ das Magnetfeld im Innern der Spule, das durch den Spulenstrom I erzeugt wird und nicht mit dem $\vec{B}$-Feld verwechselt werden darf, welches nach (27.18) das Drehmoment auf die Spule ausübt.

Wir wiesen bei Abb. 27.5 auf die Gleichheit der Magnetfelder von Stromspulen und Stabmagneten hin und begründeten sie bei Abb. 27.6 mit Hilfe der atomaren Kreisströme. Dieser Kreisströme wegen besitzt auch ein magnetisierter Stahlstab ein zu (27.19) analoges magnetisches Moment:

$$\vec{\mu}_{\text{Stab}} = \frac{B_{\text{Stab}}S_{\text{Stab}}}{\mu_o} \cdot \vec{l}_{\text{Stab}} \, . \qquad (27.20)$$

In einem fremden $\vec{B}$-Feld erfährt der Magnetstab deshalb nach (27.18) ein Drehmoment:

$$\vec{D}_{\text{Stab}} = \vec{\mu}_{\text{Stab}} \times \vec{B} \, . \qquad (27.21)$$

Da man $\vec{D}_{\text{Stab}}$ mit mechanischen Methoden messen kann, ist (27.21) zur $\vec{B}$-Feldmessung geeignet. (27.21) ist natürlich auch der Grund dafür, daß sich eine Kompaßnadel in $\vec{B}$-Richtung einstellt.

Das magnetische Moment eines Stabmagneten $\vec{\mu}_{\text{Stab}}$ setzt sich additiv aus den magnetischen Momenten seiner Atome $\vec{\mu}_a$ zusammen, die von den atomaren Kreisströmen herrühren, die in Abb. 27.6 als kleine Kreise dargestellt sind. Um $\vec{\mu}_a$ zu berechnen, stellt man sich ein geladenes Teilchen (Ladung q, Masse m) auf einer Kreisbahn (Radius r_a, Umlaufszeit T, Winkelgeschwindigkeit $\omega = 2\pi/T$) vor, das mit der Stromstärke $I = q/T$ um die Kreisfläche $S = \pi r_a^2$ „fließt" und deshalb wegen (27.17) betragsmäßig das magnetische Moment $\mu_a = IS = (q/T)\pi r_a^2 = (q/2m)mr_a^2\omega$ besitzt. Dabei ist $mr_a^2\omega$ der Betrag des atomaren Drehimpulses $\vec{L}_a$, der richtungsmäßig mit $\vec{\mu}_a$ zusammenfällt, so daß man

$$\vec{\mu}_a = \frac{q}{2m}\vec{L}_a \qquad (27.22)$$

setzen kann. Um das magnetische Moment $\vec{\mu}_{\text{Stab}}$ eines Stabmagneten zu berechnen, multipliziert man das atomare magnetische Moment $\vec{\mu}_a$ mit der Anzahl der Atome des Stabes = Anzahldichte N_V mal Stabvolumen $V_{\text{Stab}} = S_{\text{Stab}}l_{\text{Stab}}$:

$$\vec{\mu}_{\text{Stab}} = \vec{\mu}_a N_V V_{\text{Stab}} = \mu_a N_V S_{\text{Stab}}\vec{l}_{\text{Stab}} \ . \qquad (27.23)$$

Ein Vergleich der $\vec{\mu}_{\text{Stab}}$-Gleichungen (27.20) und (27.23) zeigt dann, daß $B_{\text{Stab}}/\mu_o = \mu_a N_V$ sein muß, woraus

$$\mu_a = \frac{B_{\text{Stab}}}{\mu_o N_V} \qquad (27.24)$$

folgt. In Magnetstäben aus Eisen findet man z.B. experimentell, daß $B_{\text{Stab}}(\text{Fe})\approx$ 2,1 N/Am ist. Mit $N_V(\text{Fe}) \approx 8,5 \cdot 10^{28}/\text{m}^3$ und $\mu_o = 4\pi \cdot 10^{-7}$ N/A^2 ergibt sich dann aus (27.24) das magnetische Moment des Eisenatoms $\mu_a(\text{Fe}) \approx 2 \cdot 10^{-23}$ Am^2. Es ist interessant, diesen Wert mit $\vec{\mu}_a$ (27.22) zu vergleichen. Setzt man dort für q und m die Elektronenwerte $q_e = -e$ und m_e ein und für L_a die atomare Drehimpulseinheit $\hbar$ (vgl. Kap 11.7), erhält man für den Betrag von $\vec{\mu}_a$

$$\mu_a = \frac{e}{2m_e}\hbar = 0,92741 \cdot 10^{-23}\text{Am}^2 =: \mu_{\text{Bohr}} \ . \qquad (27.25)$$

Man nennt diese Größe das *Bohrsche Magneton*. Daß sich $\mu_a(\text{Fe})$ und μ_{Bohr} nur um einen Faktor 2 unterscheiden, ist eine qualitative Bestätigung dafür, daß die für den Magnetismus verantwortlichen atomaren Ströme Elektronenströme sind und nicht etwa Protonenströme im Atomkern, was ja auch hätte sein können.

Wir können jetzt übrigens die noch anstehende Beschreibung der Funktionsweise des in Abb. 23.2 vorgestellten Drehspulgalvanometers nachholen. Die atomaren Kreisströme im Hufeisenmagneten sorgen für ein konstantes Magnetfeld der Feldstärke $\vec{B}$

zwischen den „Polschuhen". In diesem Feld befindet sich, drehbar aufgehängt und durch elastische Kräfte an eine Ruhelage gebunden, eine Drahtspule, durch die der zu messende elektrische Strom fließt. Der Strom gibt der Spule ein zur Stromstärke I proportionales magnetisches Moment, auf welches das $\vec{B}$-Feld ein mechanisches Drehmoment ausübt und bewirkt, daß sich die Spule dreht, bis die elastischen Kräfte der Aufhängung das I-proportionale Drehmoment kompensieren.

27.5   Magnetostatik und Elektrostatik

Die Maxwellschen Gleichungen haben die Eigenschaft, „lorentzinvariant" zu sein. Das bedeutet, daß sie in allen Inertialsystemen, die durch Lorentztransformationen auseinander hervorgehen, mathematisch gleiche Gestalt besitzen. Dieser Umstand war für die Entdeckung der speziellen Relativitätstheorie von entscheidender Bedeutung. Wir können nicht näher darauf eingehen. Daß Elektromagnetismus und Lorentztransformation zusammengehören, soll aber wenigstens an einem speziellen Beispiel demonstriert werden.

Betrachte Abb. 27.8. Auf der x-Achse eines Koordinatensystems S liegt ein gerader Draht, durch den ein elektrischer Strom der Stromstärke I fließt. Er erzeugt ein durch kreisförmige Feldlinien veranschaulichtes Magnetfeld $\vec{B}$, dessen Betrag im Abstand $\bar{r}$ von der Drahtmitte wegen (27.6) den Wert

$$B = \frac{\mu_o I}{2\pi \bar{r}} \tag{27.26}$$

besitzt. Der Draht besteht aus ruhenden Metallionen (Plusladungen) und nach links fließenden Leitungselektronen (Minusladungen). In der Abbildung ist das zwischen $x = 0$ und $x = l$ gelegene Teilstück des Drahtes als ein „Röhrchen" dargestellt, durch welches eine „Perlenkette von Elektronen" gezogen wird. Für einen Beobachter in S ist der Draht elektrisch neutral. Dann sind in dem Teilstück gleich viele Plus- und Minusladungen vorhanden. Um diesen Zustand aufrecht zu erhalten, muß jedesmal dann, wenn ein Elektron rechts in das Drahtstück eintritt, ein anderes links wieder austreten. Wir nehmen an, daß die Elektronenaustritte bei $x = 0$ zeitlich äquidistant erfolgen, und numerieren die Elektronen mit $n = 0, 1, 2 \ldots$ gemäß der Reihenfolge ihrer Austrittszeiten $t^{\mathrm{aus}} = 0, \tau, 2\tau \ldots$ durch. Das Elektron Nr. n, welches zur Zeit

$$t_n^{\mathrm{aus}} = n\tau \tag{27.27}$$

das Drahtstück bei $x = 0$ verläßt, ist zur früheren Zeit

$$t_n^{\mathrm{ein}} = t_n^{\mathrm{aus}} - T = n\tau - T \tag{27.28}$$

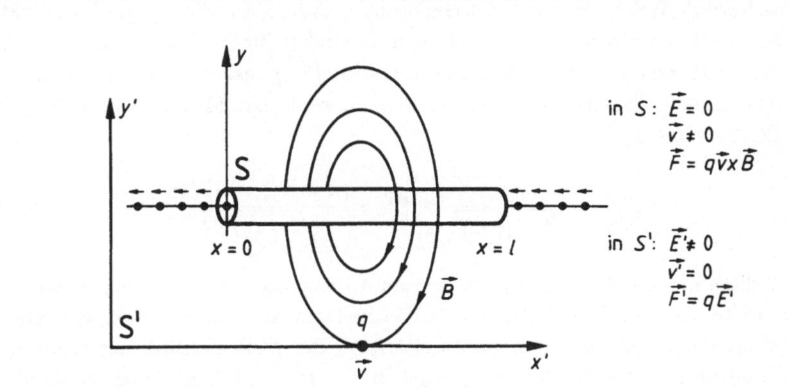

Abbildung 27.8: Schematische Darstellung eines Elektronenstromes durch ein Drahtstück der Länge l im Koordinatensystem S. Vom Koordinatensystem S' aus betrachtet erweist sich der in S neutrale Draht als negativ geladen.

bei $x = l$ eingetreten. T ist offenbar die Elektronenlaufzeit durch das Drahtstück.

Welche Nummer m hat nun das links austretende Elektron, wenn Elektron Nr. n rechts eintritt? Da Aus- und Eintritt *gleichzeitig* erfolgen, gilt $t_m^{\text{aus}} = t_n^{\text{ein}}$ und daher $m\tau = n\tau - T$. Hieraus kann man m entnehmen: $m = n - N_o$ mit $N_o := T/\tau$. Da sich alle Elektronen mit Nummern zwischen m und n zum betrachteten Augenblick im elektrisch neutralen Drahtstück befinden, ist $n - m = N_o$ offenbar die Zahl der Leitungselektronen, die benötigt werden, um die ruhenden Metallionen zu neutralisieren. Gleichung (27.28) lautet nach Einführung von $T = N_o\tau$:

$$t_n^{\text{ein}} = (n - N_o)\tau . \tag{27.29}$$

Nun sind die Aus- und Eintritte der Leitungselektronen „punktförmige Ereignisse", wie sie in der Einsteinschen Relativitätstheorie (vgl. Kap. 6.2) behandelt werden. Für den Austritt und Eintritt des Elektrons Nr. n lauten die relevanten „Ereigniskoordinaten" ersichtlich:

$$
\begin{array}{llll}
\text{Austritt} & x = x_n^{\text{aus}} = 0 & t = t_n^{\text{aus}} = n\tau & \\
\text{Eintritt} & x = x_n^{\text{ein}} = l & t = t_n^{\text{ein}} = (n - N_o)\tau .
\end{array} \tag{27.30}
$$

Es sei jetzt ein zweites Koordinatensystem S' gegeben, das sich relativ zum System S, in dem der Draht ruht, mit konstanter Geschwindigkeit v parallel zur x-Achse nach rechts bewegt. Welche Werte findet ein Beobachter in S' für die Ereigniskoordinaten des Aus- und Eintritts von Elektron Nr. n, insbesondere für die Aus- und Eintrittszeit? Die Werte können mit der Lorentztransformation (6.1), insbesondere mit der Formel $t' = (t - xv/c^2)/\sqrt{1 - (v/c)^2}$ berechnet werden, wenn man für x und t die Angaben aus (27.30) einsetzt:

$$t_n^{\text{aus}'} = \frac{n\tau}{\sqrt{1 - (v/c)^2}} \qquad t_n^{\text{ein}'} = \frac{(n - N_o)\tau - lv/c^2}{\sqrt{1 - (v/c)^2}} \,. \tag{27.31}$$

Wir richten nun die gleiche Frage, die wir am Anfang dieses Absatzes dem Beobachter in S stellten, an den Beobachter in S': „Welche Nummer k hat das links austretende Elektron, wenn Elektron Nr. n rechts eintritt"? Der S'-Beobachter antwortet: „Da Aus- und Eintritt *gleichzeitig* erfolgen, gilt $t_k^{\text{aus}'} = t_n^{\text{ein}'}$ und daher unter Verwendung von (27.31) nach Wegkürzen der Wurzel,

$$k\tau = (n - N_o)\tau - lv/c^2 \,. \tag{27.32}$$

Hieraus kann man k entnehmen". Da alle Elektronen mit Nummern zwischen k und n ihren Eintritt in das Drahtstück schon hinter sich, ihren Austritt aber noch vor sich haben, ist $n - k =: N_v$ offensichtlich die Zahl der Leitungselektronen, die der mit der Geschwindigkeit v bewegte S'-Beobachter zum vorgegebenen Zeitpunkt im betrachteten Drahtstück vorfindet. Ersetzt man k in (27.32) durch $n - N_v$, ergibt sich nach einfacher Umformung

$$N_v - N_o = \frac{lv}{\tau c^2} \,. \tag{27.33}$$

Dieses Resultat ist bemerkenswert: Da N_o Elektronen benötigt werden, um die positiven Metallionen im Drahtstückchen der Länge l zu neutralisieren, ist $N_v - N_o$ der Elektronenüberschuß über die zur Neutralisierung erforderliche Menge. Für den S'-Beobachter ist der Draht deshalb nicht elektrisch neutral, sondern negativ geladen. Um die Ladung q_{Draht} zu erhalten, multiplizieren wir den Elektronenüberschuß $N_v - N_o$ mit der Elektronenladung $-e$. Aus (27.33) folgt dann

$$\frac{q_{\text{Draht}}}{l} = -e\frac{N_v - N_o}{l} = -\frac{v}{c^2} \cdot \frac{e}{\tau} = -\frac{vI}{c^2} \,. \tag{27.34}$$

Das rechte Gleichheitszeichen gilt, weil e/τ die fließende Ladung pro Zeit und damit die elektrische Stromstärke I durch den Draht darstellt.

Wenn man sich also relativ zu einem stromdurchflossenen Draht in Stromrichtung mit der Geschwindigkeit v bewegt, lädt sich der Draht gemäß (27.34) negativ auf. Um einen negativ geladenen Draht herrscht aber nach (25.16) ein elektrostatisches

Feld, dessen Feldstärke $\vec{E}'$ zum Draht weist und im Abstand $\bar{r}$ von der Drahtmitte den Betrag

$$E' = \frac{q/l'}{2\pi\varepsilon_o\bar{r}} \qquad (27.35)$$

besitzt. Die Striche bedeuten, daß E' und l' auf das bewegte Koordinatensystem S' bezogen sind.[3] Wenn wir uns auf hinreichend kleine Geschwindigkeiten v beschränken – und das wollen wir ab jetzt tun –, können wir in (27.35) die Länge l' des für den S'-Beobachter bewegten Drahtstückchens durch die Ruhlänge l annähern und (27.34) in (27.35) einführen:

$$E' \approx \frac{vI/c^2}{2\pi\varepsilon_o\bar{r}} \ . \qquad (27.36)$$

Jetzt möge sich eine in S' ruhende, positive Probeladung q im Abstand $\bar{r}$ vom Draht befinden. Von S' aus betrachtet übt dann das $\vec{E}'$-Feld auf q eine zum Draht weisende elektrostatische Kraft $\vec{F}' = q\vec{E}'$ vom Betrag

$$F' = qE' \approx qv\frac{I}{2\pi\varepsilon_o c^2\bar{r}} \qquad (27.37)$$

aus. Wir begeben uns nun wieder in das Koordinatensystem S, in dem der stromdurchflossene Draht ruht und elektrisch neutral ist. Von S aus betrachtet bewegt sich die Probeladung q mit der Geschwindigkeit v nach rechts. Für kleine Relativgeschwindigkeiten ist die Kraft auf q, die wir eben in S' berechnet und mit $\vec{F}'$ bezeichnet haben, ebenso groß wie die Kraft $\vec{F}$, die ein Beobachter in S feststellt, also $\vec{F} \approx \vec{F}'$. Allerdings kann der S-Beobachter $\vec{F}$ nicht als elektrostatische Kraft $q\vec{E}$ deuten, da es in S der elektrischen Neutralität des Drahtes wegen gar kein elektrisches Feld $\vec{E}$ gibt. Er wird stattdessen das Magnetfeld $\vec{B}$ um den Draht für $\vec{F}$ verantwortlich machen, das ja nach (27.26) zu $I/\bar{r}$ proportional ist und damit die gleiche Strom- und Abstandsabhängigkeit besitzt wie die Kraft $\vec{F}'$ aus (27.37). Führt man B aus (27.26) in (27.37) ein, so erhält man

$$F \approx F' \approx \frac{qvB}{\mu_o\varepsilon_o c^2} \ . \qquad (27.38)$$

Man überlegt sich mühelos, daß man unter Verwendung des Vektorproduktes auch die Richtungen von $\vec{F}$, $\vec{v}$ und $\vec{B}$ einbeziehen kann:

$$\vec{F} \approx q\vec{v} \times \vec{B}\frac{1}{\mu_o\varepsilon_o c^2} \ . \qquad (27.39)$$

---

[3]Massen, Längen und Zeiten ändern sich bei Bewegung. Man könnte meinen, daß auch bewegte Ladungen einen anderen Wert als ruhende haben. Dem ist aber nicht so. Andernfalls wären die Atome nicht neutral. Im Atom bewegen sich nämlich die negativen Elektronen verhältnismäßig schnell um die relativ langsamen Protonen des Atomkerns. Wären die Ladungen geschwindigkeitsabhängig, würden sich die Elektronen- und Protonenladungen nicht kompensieren. Die elektrische Neutralität von Atomen ist aber mit großer Meßgenauigkeit nachgewiesen.

Fassen wir noch einmal zusammen, wie wir (27.39) gewonnen haben: Ein elektrisch neutraler, stromdurchflossener Draht erscheint für eine Ladung, die sich parallel zum Draht bewegt, elektrisch geladen. Die Ladung spürt daher eine vom Draht ausgehende elektrostatische Kraft. Ein Beobachter, der neben dem Draht steht und die Bewegung der Ladung nicht mitmacht, stellt die auf die Ladung wirkende Kraft ebenfalls fest, macht dafür aber das Magnetfeld um den Draht herum verantwortlich. Die Kraft, die eine bewegte Ladung in einem Magnetfeld erfährt und die als „magnetische Lorentzkraft" bezeichnet wird, ist damit auf die elektrische Kraft „Ladung mal $\vec{E}$-Feldstärke" zurückgeführt. In Kurzform: *Elektrostatik plus Lorentztransformation gibt Magnetostatik mit Lorentzkraft.*

Gleichung (27.39) ist natürlich nur dann mit dem geschwindigkeitsproportionalen Term der Lorentzkraftformel (23.11) identisch, wenn

$$\mu_o \varepsilon_o c^2 = 1 \qquad\qquad (27.40)$$

ist. Diese Beziehung kennen wir schon aus (27.2). Dort war c^2 allerdings die Konstante, die neben der Zirkulation des $\vec{B}$-Feldes in den Maxwellschen Gleichungen vorkommt. In (27.40) ist c^2 dagegen das Quadrat der Lichtgeschwindigkeit, die durch die Lorentztransformation (27.31) ins Spiel kam. Wir haben also etwas dazugelernt: *Die Konstante c in den Maxwellschen Gleichungen ist die Lichtgeschwindigkeit!*

Kapitel 28

Stromkreise und Leitungsmechanismen

Dieses Kapitel ist dem elektrischen Strom gewidmet. Für unser Hauptanliegen, den Inhalt der Maxwellschen Gleichungen aufzudecken, sind die folgenden Betrachtungen nicht erforderlich. Sie sind trotzdem nützlich, weil sie einerseits den elektrotechnischen Aspekt der Elektrizitätslehre und andererseits den atomistischen Charakter der Ladungen und Ströme darlegen.

28.1 Das Ohmsche Gesetz

Wir kennen es schon aus (26.1) und wiederholen: In vielen leitenden Substanzen erleiden die beweglichen Ladungsträger eine zu ihrer Geschwindigkeit proportionale Reibungskraft. Wenn in einer solchen Substanz ein $\vec{E}$-Feld herrscht, fließt ein elektrischer Strom mit der Stromdichte

$$\vec{j} = \sigma \vec{E} \; . \tag{28.1}$$

Die spezifische Leitfähigkeit σ erweist sich als eine von $\vec{E}$ unabhängige Materialkonstante.

Wir wählen als Leiter einen dünnen Draht der Länge l mit konstanter Querschnittsfläche S und verbinden die beiden Drahtenden mit den Polen einer Stromquelle der Spannung U. Dann fließt ein Strom der Stromstärke I durch den Draht – ein *Stromkreis* ist hergestellt. Die Situation ist in Abb. 28.1 links „realistisch" und rechts „schematisch" dargestellt. Um I zu berechnen, wählen wir die Drahtachse als mathematische Kurve C vom Plus- zum Minuspol der Batterie und verwenden, daß dann $\int_C \vec{E} \cdot d\vec{r}$ nach (26.19) die Batteriespannung U ergibt. Wenn wir deshalb (28.1) längs C integrieren, erhalten wir:

$$\int_C \vec{j} \cdot d\vec{r} = \sigma U \; . \tag{28.2}$$

Da nun der Strom im Draht fließt, ist $\vec{j}$ zu $d\vec{r}$ parallel und deshalb $\int_C \vec{j} \cdot d\vec{r} = jl$. Beachtet man doch, daß die Stromdichte j gleich der Stromstärke I dividiert durch die Leiterquerschnittsfläche S ist, so erhält man aus (28.2) nach einfacher Umordnung:

$$I = \frac{\sigma S}{l} U \; . \tag{28.3}$$

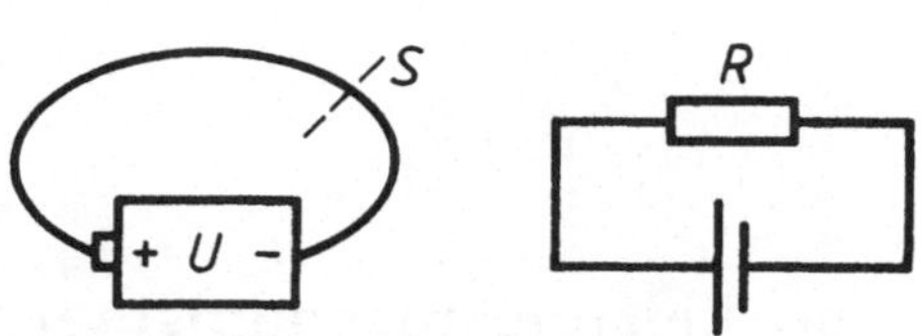

Abbildung 28.1:   Die Pole einer Batterie (links) werden durch einen Draht der Querschnittsfläche S miteinander verbunden. Rechts ist derselbe Stromkreis schematisch dargestellt. Der Kasten symbolisiert den Widerstand R des Drahtes. Die Verbindungen zum Batteriesymbol sind „widerstandslos" zu denken.

Strom und Spannung sind also zueinander proportional. Man nennt den reziproken Proportionalitätsfaktor

$$ R = \frac{l}{\sigma S} \qquad \text{oder} \qquad R = \rho \frac{l}{S} \qquad \text{mit} \qquad \rho := \frac{1}{\sigma} \tag{28.4}$$

den *Ohmschen Widerstand* des Drahtes und ρ den *spezifischen Widerstand* des Drahtmaterials. Aus (28.3) und (28.4) folgt dann

$$ U = IR \quad R = \text{const}. \tag{28.5}$$

In dieser Form wird das Gesetz in der Elektrotechnik verwendet. Die Widerstandseinheit ist wegen $R = U/I$ durch $V/A = \Omega$ (Ohm) gegeben.

Wie in Kap 26.1 näher erläutert wurde, hängt das Ohmsche Gesetz eng mit der Wärmewirkung des elektrischen Stromes zusammen. Wir übernehmen die dort abgeleitete Formel (26.9)

$$ \frac{\text{Stromwärme}}{\text{Zeit} * \text{Volumen}} = \vec{j} \cdot \vec{E}. $$

Im Draht der Abb. 28.1 ist $j = I/S$ und $E = U/l$. Da $\vec{j}$ und $\vec{E}$ zueinander parallel sind, ist somit $\vec{j} \cdot \vec{E} = jE = IU/Sl$. Im Nenner steht das Drahtvolumen Sl. Aus (26.9) folgt daher

$$ \frac{\text{Stromwärme}}{\text{Zeit}} = IU = RI^2 = \frac{U^2}{R}. \tag{28.6}$$

Die beiden rechten Gleichheitszeichen gelten wegen des Ohmschen Gesetzes (28.5). Die Stromwärme wird in Elektroöfen, Tauchsiedern und Glühbirnen technisch genutzt.

28.2　Die Kirchhoffschen Regeln

Betrachte den in Abb. 28.2 dargestellten Stromkreis. Auf den Widerstandssymbolen sind willkürlich Richtungspfeile angebracht. Die durch die $R_i (i = 1, 2, 3, 4)$ fließenden Ströme I_i werden positiv bzw. negativ gezählt, wenn der Strom parallel bzw. antiparallel zur jeweiligen Pfeilrichtung fließt. Es sei die Aufgabe gestellt, die I_i für vorgegebene Widerstände R_i und Batteriespannung U zu berechnen. Zur Lösung dieser Aufgabe betrachte man Abb. 28.2. Man findet in ihr drei geschlossene Wege K. Der erste K-Weg führt über die Widerstände R_1, R_2 und R_4 vom Plus- zum Minuspol der Batterie (Batteriespannung U) und durch die Batterie hindurch zum Pluspol

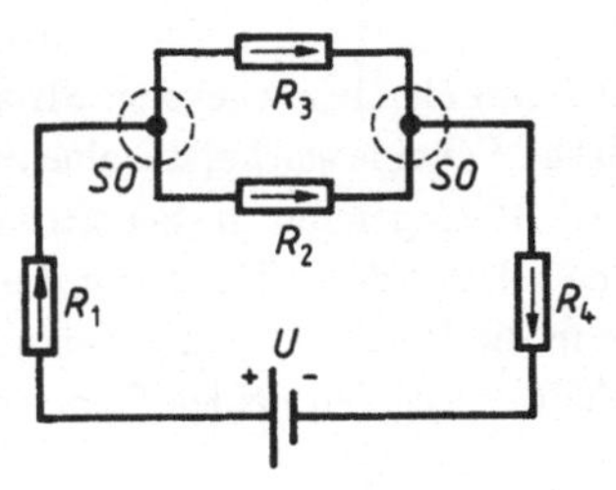

Abbildung 28.2
Vier Ohmsche Widerstände R_1 bis R_4
sind mit einer Batterie der Spannung
U verschaltet.

zurück, in Kurzform $R_1 R_2 R_4 U$. Der zweite K-Weg ist ähnlich: $R_1 R_3 R_4 U$. Der dritte K-Weg $R_2 R_3$ enthält nur die Widerstände R_2 und R_3. Setzt man diese drei Wege nacheinander in die aus (25.4) übernommene elektrostatische Grundgleichung

$$\oint_K \vec{E} \cdot d\vec{r} = 0 \tag{28.7}$$

ein, erhält man die folgenden drei Gleichungen:

$$\begin{aligned}
I_1 R_1 + I_2 R_2 + I_4 R_4 - U &= 0 \\
I_1 R_1 + I_3 R_3 + I_4 R_4 - U &= 0 \\
I_2 R_2 - I_3 R_3 &= 0 \,.
\end{aligned} \tag{28.8}$$

Wieso das? Weil z.B. das Wegintegral $\int_{R_1} \vec{E} \cdot d\vec{r}$ durch den Widerstand R_1 die Spannung U_1 zwischen Anfang und Ende des Widerstandsdrahtes ergibt, und weil diese Spannung nach dem Ohmschen Gesetz $I_1 R_1$ beträgt. Das Minuszeichen vor $I_3 R_3$ in der letzten Gleichung rührt daher, daß man im geschlossenen Weg $R_2 R_3$ den Widerstand R_3 entgegengesetzt zu dessen Pfeilrichtung durchläuft. Das Minuszeichen vor der Batteriespannung U ist erforderlich, weil der Integrationsweg durch die Batterie vom Minus- zum Pluspol führt, also entgegengesetzt zur elektrischen Feldstärke $\vec{E}$.

Die drei linearabhängigen Gleichungen (28.8) reichen noch nicht aus, um die vier gesuchten Größen I_1 bis I_4 zu berechnen. Wir erhalten weitere Bestimmungsgleichungen, wenn wir die zweite Maxwellsche Gleichung (24.1)

$$c^2 \oint_K \vec{B} \cdot d\vec{r} = \frac{d}{dt} \int_{SK} \vec{E} \cdot d\vec{S} + \frac{1}{\varepsilon_o} \int_{SK} \vec{j} \cdot d\vec{S} \qquad (28.9)$$

auf die vorliegende statische Situation ($d/dt \to 0$) spezialisieren und die geschlossene Kurve K zu einem Punkt zusammenziehen ($K \to 0$, $SK \to SO$). Aus (28.9) folgt dann

$$\oint_{SO} \vec{j} \cdot d\vec{S} = 0 \, . \qquad (28.10)$$

Abb. 28.2 enthält oben zwei sog. Stromverzweigungen. Man wähle nun als geschlossene Fläche SO eine solche, die eine Stromverzweigung einhüllt. Zum Oberflächenintegral (28.10) tragen nur die Schnittflächen von SO mit den Leitern bei. Das Integral über jede solche Schnittfläche gibt die jeweilige Stromstärke I_i und ist positiv (negativ), wenn die Pfeile auf den zugehörigen R_i aus SO heraus (in SO hinein) weisen. Man erhält so aus den beiden Stromverzweigungen der Abb. 28.2:

$$\begin{aligned} -I_1 + I_2 + I_3 &= 0 \\ -I_2 - I_3 + I_4 &= 0 \, . \end{aligned} \qquad (28.11)$$

Die Gleichungen (28.8) und (28.11) bestimmen die gesuchten Ströme I_1 bis I_4 eindeutig.

Kirchhoff hat Regeln formuliert, die die Aufstellung des Systems der linearen Gleichungen (28.8) und (28.11) gestatten. Wir verzichten auf die Angabe dieser Regeln, weil sie in (28.7) und (28.10) enthalten sind. Wer will, kann (28.7) und (28.10) als *Kirchhoffsche Regeln* bezeichnen.

28.3 Einfache Schaltungen

Wir zählen eine Reihe von einfachen Anwendungen des Ohmschen Gesetzes und der Kirchhoffschen Regeln auf. Der Beweis der mitgeteilten Zusammenhänge ist in jedem Fall so einfach, daß Sie ihn selbst führen können.

a) **Messung eines Ohmschen Widerstands:** Die Abb. 28.3 zeigt einen Stromkreis mit mehreren Widerständen und einem Amperemeter, das die Stromstärke I zu messen gestattet. Um einen der Widerstände zu bestimmen, messen wir mit ei-

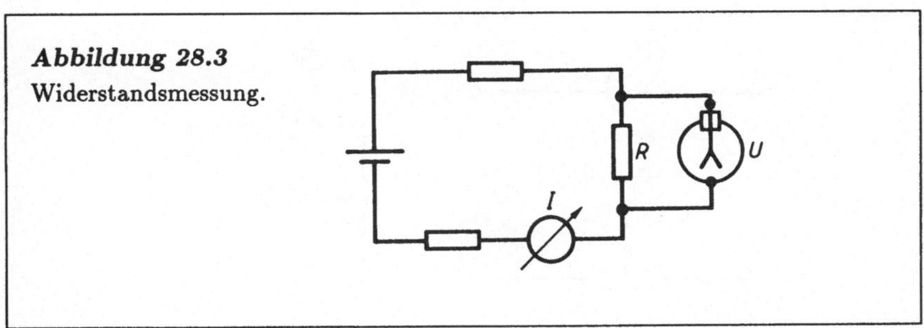

Abbildung 28.3
Widerstandsmessung.

nem elektrostatischen Voltmeter die zwischen den beiden Enden des Widerstandes R herrschende Spannung U. Aus I und U ergibt sich der gesuchte Widerstand $R = U/I$.

b) **Hintereinander oder parallel geschaltete Widerstände**: Zwei Widerstände R_1 und R_2 können wie in Abb. 28.4 hintereinander bzw. parallel geschaltet werden. Beide zusammengenommen wirken dann wie ein einziger Widerstand R_{hin} bzw. R_{par}. Sie können nach den in Abb. 28.4 angegbenen Formeln berechnet werden. $1/R$ wird gelegentlich als *Leitwert* bezeichnet. Bei Hintereinanderschaltung addieren sich also

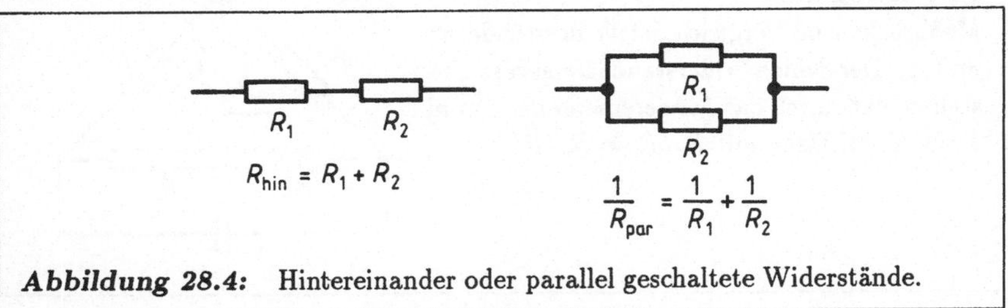

Abbildung 28.4:   Hintereinander oder parallel geschaltete Widerstände.

die Widerstände, bei Parallelschaltung die Leitwerte.

c) **Spannungsteiler**: Abb. 28.5 links zeigt oben eine „realistische" und darunter die „schematische" Darstellung eines Schiebewiderstandes oder „Potentiometers". Zwischen zwei Punkten ist ein dünner blanker Metalldraht der Länge l gespannt. Eine seitlich verschiebbare Metallschneide zerlegt l in zwei Teilstrecken $a + b$. Die Widerstände R_a und R_b links und rechts der Schneide sind zu a und b proportional und geben, zusammengenommen, den zu l proportionalen Gesamtwiderstand R_l. Es ist daher z.B. $R_a/R_l = a/l$. Durch Verschieben der Schneide ändert sich a und folglich R_a. Mit einem solchen Schiebewiderstand und einer Batterie der Spannung U_o kann man gemäß der in Abb. 28.5 rechts gezeigten Spannungsteilerschaltung alle Spannungen U zwischen Null und U_o herstellen.

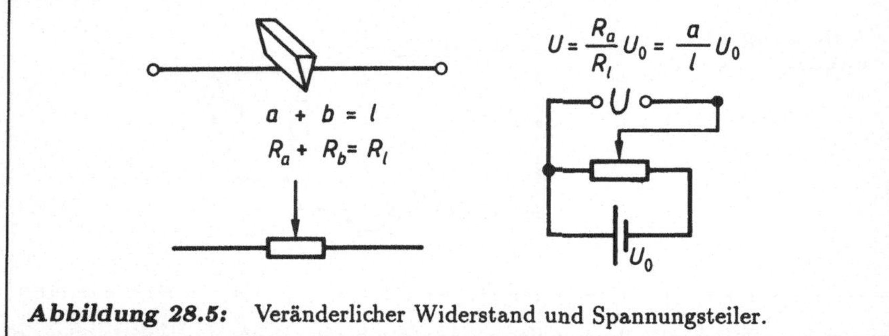

Abbildung 28.5:   Veränderlicher Widerstand und Spannungsteiler.

d) **Meßbrücke:** Die in Abb. 28.6 dargestellte Anordnung wird verwendet, um einen unbekannten Widerstand R_x mit einem bekannten Widerstand R_o zu vergleichen. Außer R_x und R_o braucht man einen Schiebewiderstand (etwa den in Abb. 28.5 oben

Abbildung 28.6
Meßbrücke zum Vergleich der Widerstände R_x und R_o. Der Schiebewiderstand läßt sich so einstellen, daß durch das Amperemeter der Strom $I = 0$ fließt. Dann gilt $R_x/R_o = R_a/R_b$.

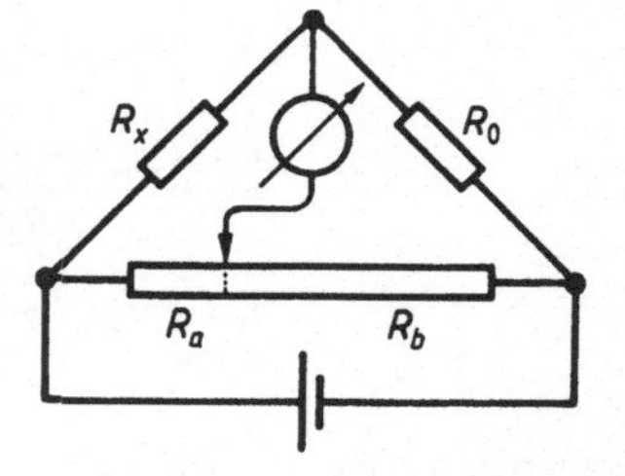

links dargestellten Schleifdraht), ein Amperemeter und eine Stromquelle. Der Schiebewiderstand läßt sich so einstellen, daß durch das Amperemeter kein Strom fließt. Dann gilt $R_x/R_o = R_a/R_b$, woraus sich R_x bestimmen läßt, da R_o bekannt ist und R_a/R_b aus der Stellung des Schiebers entnommen werden kann.

e) **Verwendung von Widerständen bei Strom- und Spannungsmessungen:** Der zur Drehspule aufgewickelte Draht eines Drehspulamperemeters besitzt einen Ohmschen Widerstand, den man den „Innenwiderstand R_i des Instrumentes" nennt. Ein ideales Strommeßgerät wäre widerstandslos. Für die folgenden Überlegungen kann man ein reales Amperemeter mit dem Innenwiderstand R_i ersetzen durch ein ideales Amperemeter, hinter welches ein Ohmscher Widerstand R_i geschaltet ist. Der Innenwiderstand eines elektrostatischen Voltmeters ist natürlich unendlich. Abb. 28.7a zeigt, daß und wie man ein Amperemeter zur Spannungsmessung verwenden kann.

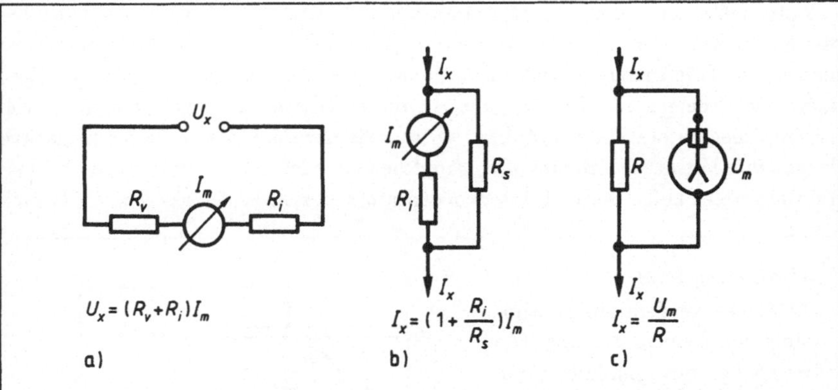

Abbildung 28.7:   Strom- und Spannungsmessungen. Die zu messende Größe ist mit x, die gemessene Größe mit m indiziert. R_i, R_v, R_s und R sind bekannt.

Die zu messende Spannung U_x sei so groß, daß man einen „Vorschaltwiderstand" R_v verwenden muß, weil sonst der Strom I_m durchs Amperemeter zu stark wird. Wenn man Stromstärken I_x messen möchte, die größer als der Meßbereich eines gegebenen Amperemeters sind, verwendet man die in Abb. 28.7b gezeigte Schaltung. Der mit R_s bezeichnete Nebenschlußwiderstand wird „Shunt" genannt. Man „shuntet" ein Amperemeter, um seinen Meßbereich zu erweitern. Zur Messung sehr kleiner Stromstärken eignet sich die Anordnung Abb. 28.7c. Der zu messende Strom I_x erzeugt an einem großen Widerstand R einen Spannungsabfall, der mit einem elektrostatischen Voltmeter bestimmt wird.

28.4 Leitungsmechanismen und Elementarladung

In den folgenden Teilen dieses Kapitels sollen verschiedene Leitungsmechanismen beschrieben werden. Leitende Materialien enthalten frei bewegliche Ladungsträger wie Ionen oder Elektronen, die einen Strom darstellen, wenn sie durch ein elektrisches Feld vorangetrieben werden. Jeder Ladungsträger transportiert eine ganze Zahl von Elementarladungen. Daß die Ladung irgendeines Teilchens oder Körpers stets nur ein ganzzahliges Vielfaches der Elementarladung $e = 1,60 \cdot 10^{-19}$ As sein kann, zeigt insbesondere der *Öltröpfchenversuch von Millikan* (1909), den wir vorweg behandeln wollen.

Durch einen Zerstäuber werden winzige Öltröpfchen hergestellt. Die Tröpfchen sind so klein, daß sie nur unter dem Mikroskop und auch dann nur als Lichtpünktchen beobachtet werden können. Insbesondere ist es nicht möglich, ihren Radius r optisch zu messen. Die Tröpfchen laden sich bei der Herstellung (Reibung an der Zerstäuberdüse) mehr oder weniger auf. Die Aufgabe ist, die elektrische Ladung q möglichst vieler Tröpfchen zu bestimmen. Millikan verwendete dazu die in Abb. 28.8 schematisch dargestellte Versuchsanordnung. Das Tröpfchen befindet sich im elektrischen Feld eines waagerecht aufgestellten Plattenkondensators, dessen Feldstärke $E = U/d$ durch

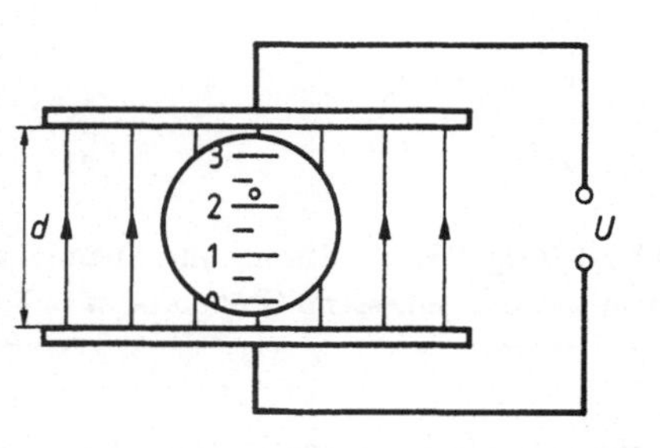

Abbildung 28.8
Öltröpfchenversuch zur Bestimmung der Elementarladung. Die Bewegung des punktförmigen Tröpfchens im kreisförmigen Gesichtsfeld eines Mikroskops wird mit Hilfe einer ins Mikroskopokular geritzten Skala beobachtet.

Variation der angelegten Spannung U verändert werden kann. Auf das Tröpfchen wirken die folgenden Kräfte:

$$\text{Kraft des } \vec{E}\text{-Feldes auf Tröpfchenladung} \quad : \quad F_q \; = \; qU/d$$

$$\text{Gewicht des Kugeltröpfchens} \qquad\qquad : \quad F_g \; = \; -\tfrac{4\pi}{3}r^3 s$$

$$\text{Luftreibungskraft bei Bewegung} \qquad\quad : \quad F_\eta \; = \; -6\pi\eta r v \,.$$

In F_g ist s das „spezifische Gewicht" (Gewicht pro Volumen) des Tröpfchenöls. Das Minuszeichen bringt zum Ausdruck, daß das Gewicht nach unten weist. Für die Reibungskraft F_η verwendet man das Stokessche Gesetz (16.13) mit $\eta = $ Viskosität der Luft und $v = $ Geschwindigkeit des Tröpfchens. Das Minuszeichen tritt auf, weil die Reibungskraft entgegengesetzt zur Geschwindigkeit gerichtet ist. Die Reibungskraft sorgt dafür, daß sich das Tröpfchen mit konstanter Geschwindigkeit v bewegt und zwar so, daß die Summe der drei Kräfte $F_q + F_g + F_\eta$ Null ergibt:

$$q\frac{U}{d} - \frac{4\pi}{3}r^3 s - 6\pi\eta r v = 0 \,. \tag{28.12}$$

Hier sind d, s und η bekannte konstante Größen. Die Plattenspannung U kann beliebig eingestellt und die zugehörige Tröpfchengeschwindigkeit v mit Hilfe einer Stoppuhr und einer ins Mikroskopokular geritzten Skala gemessen werden. Die v-Messung wird für ein vorgegebenes Tröpfchen mit zwei verschiedenen Spannungen ausgeführt. Man erhält dann zwei Bestimmungsgleichungen für die noch unbekannten Größen q und r, die man nach diesen Unbekannten auflösen kann. Resultat: Millikan – und nach ihm viele Tausend Physiker, Studenten und Schüler – haben sehr viele Tröpfchen (und nicht nur solche aus Öl) untersucht. Dabei ergaben sich durchaus verschiedene Tröpfchenladungen q. Aber bei allen hinreichend sorgfältig durchgeführten Messungen ließen sich die gefundenen q-Werte durch die Formel $q = ne$ mit $e = 1,60 \cdot 10^{-19}$ As und ganzzahligem $n = 0, \pm 1, \pm 2, \pm 3 \ldots$ darstellen. e ist offenbar der kleinste von Null verschiedene Ladungsbetrag, der in der Natur vorkommt.[1] Man nennt e die *Elementarladung.* Ihr genauer Wert ist $e = (1,602189 \pm 0,000005)$ As.

28.5 Elektrolytische Leitung

Wir behandeln zuerst die elektrolytische Leitung, da sie auf einem verhältnismäßig einfachen Mechanismus beruht. Um diesen Leitungstyp zu demonstrieren, kann man die in Abb. 28.9 dargestellte Glasküvette verwenden. Sie enthält zwei Platinplatten oder „Elektroden", die sich wie bei einem Plattenkondensator im Abstand d voneinander gegenüberstehen. Die Elektroden sind über ein Amperemeter mit einer Stromquelle der Spannung U verbunden, so daß zwischen ihnen ein elektrisches Feld der Feldstärke $E = U/d$ herrscht. Die mit dem Plus- bzw. Minuspol der Stromquelle verbundene Elektrode heißt *Anode* bzw. *Kathode.* Bevor die Küvette mit Flüssigkeit gefüllt wird, zeigt das Amperemeter den Strom $I = 0$ an, weil sich im elektrischen Feld zwischen den Platten keine beweglichen Ladungsträger befinden. Wenn man destilliertes Wasser in die Glasküvette gießt, bleibt der Strom praktisch Null. Offenbar sind auch im destillierten Wasser fast keine beweglichen Ladungsträger vorhanden. Die Lage ändert sich drastisch, wenn das Wasser angesäuert wird, z.B. mit etwas H_2SO_4. Man beobachtet, daß dann ein kräftiger Strom I fließt und an den Platinelektroden Gasblasen aufsteigen. Das Gas läßt sich auffangen und chemisch untersuchen. Dabei stellt sich heraus, daß an der Kathode volumenmäßig doppelt so viel Gas entsteht wie an der Anode. Das Gas mit dem doppelten Volumen erweist sich als Wasserstoff, das andere als Sauerstoff. Bei dem Versuch findet offenbar eine Zersetzung des Wassers nach dem Schema $2\,H_2O \rightarrow 2\,H_2 + O_2$ statt. Man nennt den Vorgang „Elektrolyse"

---

[1]Quarks und Antiquarks, die Elementarteilchen, aus denen u.a. die Nukleonen, Antinukleonen und Mesonen zusammengesetzt sind (vgl. Kap. 38), tragen drittelzahlige Elementarladungen ($\pm 2/3$, $\mp 1/3$). Einzelne Quarks, die nicht in Nukleonen oder Mesonen eingesperrt sind, wurden trotz intensiver experimenteller Bemühungen nicht beobachtet. Auch nicht als drittelzahlige Elementarladungen in exotischen Tröpfchen oder Staubkörnchen, die mit modernen Millikan-Apparaturen untersucht wurden.

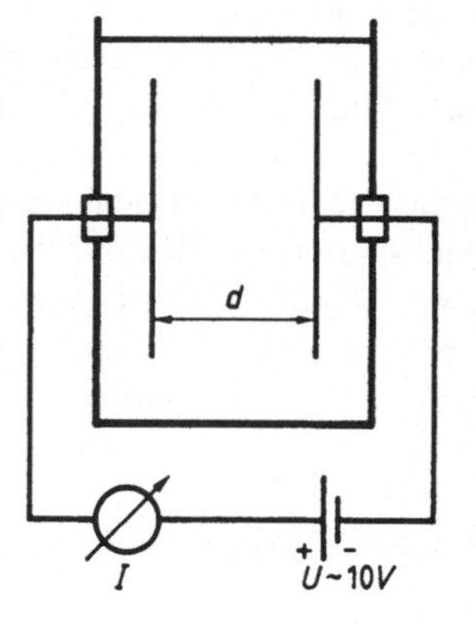

Abbildung 28.9

Glasküvette mit Platinplatten zur Elektrolyse. Die mit dem Pluspol bzw. Minuspol der Batterie verbundene Elektrode wird „Anode" bzw. „Kathode" genannt. Füllt man eine wässerige Lösung von Säuren, Basen oder Salzen in die Küvette, fließt ein elektrischer Strom.

und spricht von „elektrolytischer Zersetzung des Wassers". Da das Amperemeter einen Strom $I \neq 0$ anzeigt, fließt bei der Elektrolyse durch das angesäuerte Wasser ein elektrischer Strom.

Die Zersetzung des H_2O ist nur eines von sehr vielen Beispielen für elektrolytische Vorgänge. Wenn man z.B. die Platinelektroden Abb. 28.9 durch Kupferelektroden ersetzt und im destillierten Wasser Kupfersulfat $CuSO_4$ löst, zeigt das Amperemeter wieder $I \neq 0$ an. Dieses Mal steigen allerdings keine Gasblasen auf. Stattdessen beobachtet man, daß die Kupferanode leichter und die Kupferkathode schwerer wird. Offenbar wandert Kupfer von der einen zur anderen Elektrode, während der Strom durch die Kupfersulfatlösung hindurchfließt.

Man hat festgestellt, daß alle wässrigen Lösungen von Säuren, Basen oder Salzen „elektrolytische Lösungen" sind, die den elektrischen Strom leiten. Mit dem Stromfluß ist Materialtransport verbunden: Wasserstoff, Sauerstoff, Kupfer usw. wandern durch die Lösung zu einer Elektrode und werden dort „abgeschieden". Faraday hat die Abscheidung quantitativ untersucht und 1833 folgendes Gesetz gefunden:

> Bei der Elektrolyse ist die abgeschiedene Stoffmenge zur elektrischen Ladung proportional, die durch die elektrolytische Lösung geflossen ist.
> Um ein Grammäquivalent[2] eines Stoffes abzuscheiden, wird die Ladung $q_{Far} = 96\,500$ As benötigt.

---

[2]Ein Grammäquivalent ist das Atom- bzw. Molekulargewicht in Gramm dividiert durch die Wertigkeit.

Das Faradaysche Gesetz läßt sich atomistisch erklären. Wir greifen die Elektrolyse der $CuSO_4$-Lösung als Beispiel heraus. Wenn sich die charakteristisch blau gefärbten Kupfersulfatkristalle im Wasser auflösen, gehen nicht etwa $CuSO_4$-Moleküle in Lösung, sondern Cu^{++}-Ionen und SO_4^{--}-Ionen. Das SO_4^{--}-Ion hat zwei Elektronen mehr als der elektrisch neutrale SO_4-Komplex, das Cu^{++}-Ion hat zwei Elektronen weniger als das neutrale Cu-Atom. Daß es _zwei_ Elektronen sind, hängt mit der _Zwei_wertigkeit der Ionen zusammen. Wenn elektrischer Strom durch die Lösung fließt, treten Cu-Atome des kupfernen Anodenblechs als Cu^{++}-Ionen unter Zurücklassung von zwei Elektronen in die Lösung ein, wandern zur Kathode und scheiden sich dort unter Aufnahme von zwei Elektronen als elektrisch neutrales Kupfer Cu nieder. Die Elektronen, die bei der Anode zurückbleiben mußten, sind durch Draht und Batterie (Abb. 28.9) „außenherum" zur Kathode geleitet und dort zur Neutralisation eines Cu^{++}-Ions verwendet worden. Da jedes Elektron eine negative Elementarladung $e = 1,6022 \cdot 10^{-19}$ As trägt, muß zur elektrolytischen Ausscheidung eines zweiwertigen Cu-Ions ersichtlich die Ladungsmenge $2e$ durch den Stromkreis fließen. In einem Mol Kupfer befinden sich $L = 6,022 \cdot 10^{23}$ Kupferatome.[3] Wegen der Zweiwertigkeit von Kupfer sind dann in einem Grammäquivalent $L/2$ Atome vorhanden. Um diese elektrolytisch abzuscheiden, ist offenbar die Ladung $(L/2) \cdot 2e = Le = 6,022 \cdot 10^{23} \cdot 1,6022 \cdot 10^{-19}$ As $= 96500$ As erforderlich, und das ist genau der Wert, der im Faradayschen Gesetz vorkommt.

Warum wandern nun die Ionen in elektrolytischen Lösungen durch Küvetten á la Abb. 28.9? Weil das elektrische Feld zwischen den Platten auf die Ionenladung q eine Kraft $F_q = qE = qU/d$ ausübt. Gilt für die elektrolytische Leitung das Ohmsche Gesetz? Um diese Frage zu beantworten, müssen wir prüfen, ob die Ionen neben der elektrischen Kraft F_q noch eine zur Geschwindigkeit proportionale Reibungskraft $\vec{F_r} = -r\vec{v}$ erfahren. Dann folgt nämlich, wie wir in Kap. 26.1 gezeigt haben,

$$\vec{j} = \sigma \vec{E} \quad \text{mit} \quad \sigma = \frac{nq^2}{r} = \text{const} , \qquad (28.13)$$

und das ist das Ohmsche Gesetz. n bedeutet die Teilchenzahldichte der beweglichen Ladungsträger. Da man in elektrolytischen Lösungen mit positiven und negativen Ladungsträgern zu tun hat, muß man den Ausdruck für die spezifische Leitfähigkeit verallgemeinern:

$$\sigma = \frac{n_+ q_+^2}{r_+} + \frac{n_- q_-^2}{r_-} . \qquad (28.14)$$

n_+, q_+ und r_+ bzw. n_-, q_- und r_- sind Teilchenzahldichte, Ladung und Reibungskoeffizient der positiven bzw. negativen Ionen.

---

[3] L ist die Loschmidtssche Zahl. In Kap 21.2 wird ein Experiment (Abb. 21.2) beschrieben, mit dem man den L-Wert messen kann.

Um die Frage nach der Gültigkeit des Ohmschen Gesetzes zu klären, müssen wir also herausfinden, ob die Ionen bei der Bewegung durch die wässrige Lösung eine geschwindigkeitsproportionale Bremskraft erleiden. Wenn sie Kugeln mit dem Radius R wären, könnten wir das Stokessche Reibungsgesetz (16.13) heranziehen,

$$\vec{F}_r = -6\pi\eta R\vec{v} . \tag{28.15}$$

η ist jetzt die Viskosität des Wassers. (28.15) hat, wenn man $6\pi\eta R =: r$ setzt, die zur Gültigkeit des Ohmschen Gesetzes erforderliche Form $\vec{F} = -r\vec{v}$. Wenn wir noch die Radien R_+ und R_- für die positiven und negativen Ionen unterscheiden, erhalten wir aus (28.14) und (28.15)

$$\sigma = \frac{1}{6\pi\eta}\left(\frac{n_+q_+^2}{R_+} + \frac{n_-q_-^2}{R_-}\right) . \tag{28.16}$$

Nun kann man die Ionen in der Tat als Kugeln auffassen. Die Kugelradien R_+ und R_- sind größer als die Ionenradien, und zwar aus folgendem Grund: H_2O-Moleküle haben die in Abb. 28.10 gezeigte Gestalt. Das große Sauerstoffatom hat den beiden

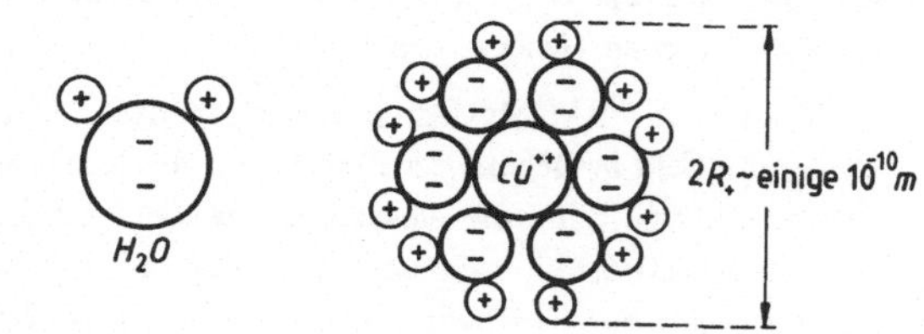

Abbildung 28.10: Im H_2O-Molekül (links) sind die beiden H asymmetrisch angeordnet. Das Molekül besitzt ein elektrisches Dipolmoment. Um ein positives Ion (rechts) lagert sich ein Bausch von H_2O-Molekülen, so daß ein Kugelgebilde vom Radius R_+ entsteht (Hydratisation).

asymmtrisch angesetzten Wasserstoffatomen Elektronen entzogen. Das H_2O-Molekül besitzt deshalb eine negative und eine positive Seite oder, wie man auch sagt, ein „elektrisches Dipolmoment". Schwimmt jetzt z.B. ein Cu^{++}-Ion in einer wässrigen Lösung, dann lagern sich die H_2O-Moleküle aufgrund elektrischer Anziehungskräfte wie in Abb. 28.10 bauschartig um das Ion herum, so daß ein kugeliges Gebilde mit dem Radius R_+ entsteht, das sich bei der Elektrolyse als zusammenhängender Komplex durch die Lösung bewegt.

Mit Gleichung (28.16) haben wir neben der Bestätigung des Ohmschen Gesetzes eine auf atomistischen Modellvorstellungen basierende Formel für die spezifische Leitfähigkeit σ in Elektrolyten gefunden. Stimmt sie mit der Erfahrung überein? Sie tut es – jedenfalls für nicht zu hohe Ionenkonzentrationen. Man kann sich davon überzeugen, indem man für eine vorgegebene elektrolytische Lösung die spezifische Leitfähigkeit σ und die Viskosität η mißt, die Ionendichten n_+, n_- aus der Lösungskonzentration bestimmt, die Ionenladungen q_+, q_- aus den Ionenwertigkeiten entnimmt und die Radien R_+, R_- der hydratisierten Ionen mit einem Blick auf Abb. 28.10 unter Verwendung der bekannten Größe des H_2O-Moleküls abschätzt. Dann sind alle Größen, die in der σ-Formel (28.16) vorkommen, bekannt und können dort eingesetzt werden. Die Gleichung geht auf.

Noch zwei Randbemerkungen: (i) Die Viskosität η nimmt mit wachsender Temperatur ab. Daher nimmt die elektrolytische spezifische Leitfähigkeit $\sigma \propto 1/\eta$ mit der Temperatur zu. – (ii) Wenn man die Reibungskraft F_r (28.15) und die elektrische Kraft qU/d, die das $\vec{E}$-Feld auf ein Ion ausübt, gleichsetzt, erhält man einen Ausdruck für die Ionengeschwindigkeit

$$v = \frac{q}{6\pi\eta R} \cdot U/d \, . \tag{28.17}$$

Setzt man hier für q, η, R, U und d bekannte oder plausible Werte ein, ergeben sich Geschwindigkeiten von rund 0,1 mm/s oder weniger. Die Ionen wandern also sehr langsam durch die Lösung. Mit Hilfe gefärbter Ionen (Kaliumpermanganat) kann man die Ionenwanderung sichtbar machen. In solchen Fällen läßt sich v mit Maßstab und Stoppuhr messen. Das Resultat stimmt mit (28.17) überein.

28.6 Metallische Leitung

Die metallische Leitung erfolgt durch Elektronen. Dabei spielt die atomistische Struktur des Metalls eine entscheidende Rolle. Wir betrachten als Beispiel das Lithium Li, das Metall mit dem kleinsten Atomgewicht. Ein neutrales Li-Atom (Abb. 28.11 links) besteht aus drei Protonen $\oplus$ und drei oder vier Neutronen $\bigcirc$, die den Li-Atomkern bilden, um den sich drei Elektronen $\ominus$ bewegen. Das äußere Elektron ist verhältnismäßig leicht abspaltbar. Der Kern und die beiden inneren Elektronen bilden ein verhältnismäßig schwer zerlegbares Li^+-Ion. Im Li-Metall (Abb. 28.11 rechts) sind Li^+-Ionen zu einem regelmäßigen Kristallgitter angeordnet. Jedes Ion gehört an einen bestimmten Gitterplatz, um den es Wärmeschwingungen ausführt, die mit der Temperatur zunehmen. Ein Platzwechsel ist so gut wie ausgeschlossen. Zwischen den positiv geladenen Li^+-Ionen vagabundieren freibewegliche Elektronen hin und her, und zwar genau so viele, wie erforderlich sind, um das Li-Metall elektrisch zu neutra-

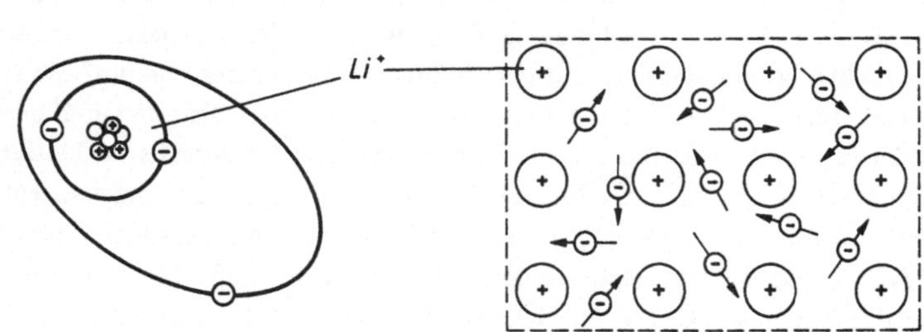

Abbildung 28.11:   Ein neutrales Li-Atom (links) besteht aus dem Atomkern und drei Elektronen. Li-Metall (rechts) ist aus Li^+-Ionen zusammengesetzt, zwischen denen sich freie Elektronen bewegen.

lisieren. Man nennt sie „freie Elektronen" oder „Leitungselektronen". Im Li-Metall gibt es ein Leitungselektron pro Li-Atom. Das ist typisch für alle Metalle in der 1. Spalte des periodischen Systems der Elemente (Alkalimetalle). Für die metallischen Elemente der 2. bzw. 3. Periodenspalte findet man in der Regel zwei bzw. drei Leitungselektronen pro Atom. Wir kehren zum Li-Beispiel zurück.

Wenn man Li-Metall in ein $\vec{E}$-Feld bringt, erfahren die Li^+-Ionen und die freien Leitungselektronen elektrische Kräfte $\vec{F} = \pm e\vec{E}$. Die Kraft auf die Ionen reicht nicht aus, um einen Platzwechsel zu bewirken. Die Kraft auf die Elektronen führt dagegen zu einer Wanderung der Leitungselektronen durch das Ionengitter. Dabei stoßen sie gelegentlich mit Ionen zusammen, die dadurch zu heftigeren Wärmeschwingungen angeregt werden. Mit der Energie in den Wärmeschwingungen wächst auch die Temperatur des Metalls (Stromwärme). Eine genauere mechanische Betrachtung zeigt, daß die Zusammenstöße zwischen Elektronen und Ionen (i) um so häufiger vorkommen, je stärker die Wärmeschwingungen der Ionen sind, und (ii) zu einer geschwindigkeitsproportionalen Abbremskraft für die Elektronen führen. Punkt (ii) hat zur Folge, daß für metallische Leiter das Ohmsche Gesetz gilt. Aus Punkt (i) läßt sich ableiten, daß der spezifische Widerstand ρ bei Metallen mit der Temperatur T zunimmt. Für nicht zu kleine T-Werte erweist sich ρ zu T proportional. Bei tiefen Temperaturen treten zwei qualitativ verschiedene $\rho(T)$-Verläufe auf, die in Abb. 28.12 schematisch dargestellt sind. Manche Metalle (a) – darunter die guten Leiter Kupfer und Silber – zeigen in der Nähe des absoluten Nullpunktes $T = 0$ einen sog. *Restwiderstand* ρ_r, der von der Reinheit der Substanz abhängt (je reiner, desto kleiner). Andere Metalle (b) – darunter Blei, Niob und Zinn – besitzen unterhalb einer für sie charakteri-

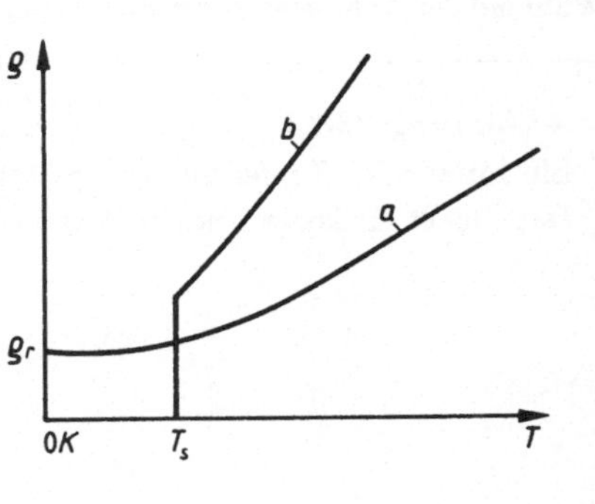

Abbildung 28.12
Die Abhängigkeit des spezifischen Widerstandes ρ von der Temperatur T
für (a) Metalle mit Restwiderstand,
(b) Metalle mit Supraleitung.

stischen *Sprungtemperatur* T_s den Widerstand Null. Sie heißen *Supraleiter*. Durch Supraleiter können beträchtliche Ströme fließen, ohne daß Stromwärme entsteht. T_s liegt für reine Metalle meist bei einigen Grad Kelvin (z.B. Sn: 3,7 K), kann aber für Metall-Legierungen (z.B. Nb_3Sn : 18,2 K) oder sog. oxidische Supraleiter (z.B. $YBa_2Cu_3O_{6,9}$: 93 K) beträchtlich höher liegen. Auf die interessanten magnetischen Eigenschaften von Supraleitern soll in Kap 32.3 eingegangen werden.

Woher weiß man eigentlich, daß es im Metall freie Elektronen gibt, die für die elektrische Leitung verantwortlich sind? Die folgenden Argumente sprechen für die Existenz der Leitungselektronen:

1. Im Gegensatz zur elektrolytischen Leitung ist die metallische Leitung erfahrungsgemäß *nicht* mit dem Abscheiden von Materie verbunden. Wandernde Ionen kommen deshalb nicht als bewegte Ladungsträger in Betracht.

2. Aus einem erhitzten Metalldraht (Glühkathode Abb. 13.3) treten Elektronen heraus. Wir wissen, daß diese Elektronen negativ geladen sind und eine Ruhmasse von $0,911 \cdot 10^{-30}$ kg besitzen (Experiment Abb. 13.5ff.).

3. Daß es im Innern eines Metalls tatsächlich *freie* Elektronen gibt, wurde 1917 durch die amerikanischen Physiker Tolman und Stewart experimentell nachgewiesen. Die Idee ihres Experimentes war die folgende:

Ein Kupferring (Abb. 28.13) rotiert mit der Umfangsgeschwindigkeit v_0 um seine Symmetrieachse. Die freien Elektronen im Kupfer machen die Rotationsbewegung mit. Zur Zeit $t = 0$ wird der Ring plötzlich gestoppt. Dann laufen die Elektronen wegen ihrer Trägheit noch ein Stückchen weiter, bis auch sie durch die Reibungskraft $F_r = -rv$, die für den elektrischen Widerstand verantwortlich ist, gebremst werden.

Während der Abbremszeit der Elektronen fließt durch den Ring ein elektrischer Strom

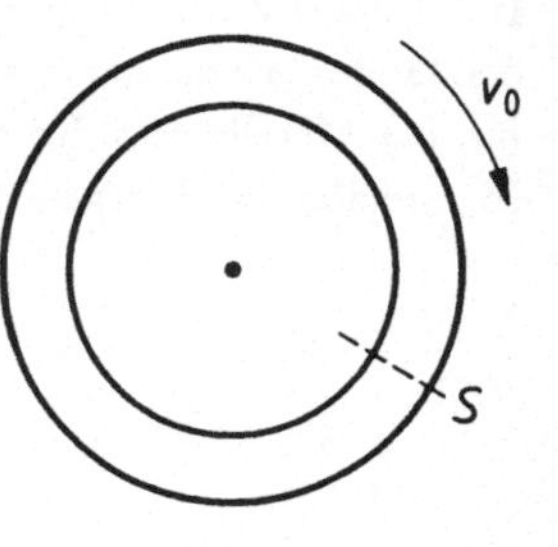

Abbildung 28.13
Ein rotierender Kupferring wird plötzlich gestoppt.
Dann fließt für kurze Zeit ein elektrischer Strom.

$I(t)$. Um $I(t)$ zu berechnen, schreiben wir für ein Leitungselektron im Kupfer das Grundgesetz der Mechanik hin:

$$m\frac{dv}{dt} = F_r = -rv \ . \tag{28.18}$$

m ist die Masse und v die Geschwindigkeit des Elektrons. Unmittelbar nach Abstoppen der Ringrotation zur Zeit $t = 0$ haben die Leitungselektronen noch die ursprüngliche Umfangsgeschwindigkeit v_o. Mit dieser Anfangsbedingung lautet die Lösung von (28.18) für $t > 0$:

$$v(t) = v_o e^{-\frac{r}{m}t} \ . \tag{28.19}$$

Die Elektronengeschwindigkeit klingt also exponentiell ab. Aus Ladung $-e$, Teilchenzahldichte n und Geschwindigkeit v der Elektronen ergibt sich die Stromdichte $j = -env$ und daraus, nach Multiplikation mit der Querschnittsfläche S des Kupferringes, die Stromstärke

$$I(t) = Sj = -Senv = -Senv_o e^{-\frac{r}{m}t} \ . \tag{28.20}$$

Wenn man (28.20) über die Zeit integriert, erhält man die elektrische Ladung, die nach der Abbremsung durch den Ringquerschnitt fließt:

$$\int_0^\infty I(t)dt = -Senv_o \int_0^\infty e^{-\frac{r}{m}t}dt = -\frac{Senmv_o}{r} \ . \tag{28.21}$$

Die Ladung $\int I dt$ ist meßbar. Die Reibungskonstante r hängt nach (26.6) mit der spezifischen Leitfähigkeit $\sigma = ne^2/r$ zusammen und kann deshalb aus (28.21) eliminiert werden:

$$\int_0^\infty I dt = -S\sigma v_o \frac{m}{e} \ . \tag{28.22}$$

Tolman und Stewart haben statt mit einem rotierenden Ring, der plötzlich gestoppt wird, mit einer Kupferdrahtspule gearbeitet, die um ihre Mittelachse schnelle Drehschwingungen ausführte. Sie konnten so den Spulenstrom $I(t)$ direkt mit einem elektrischen Meßgerät bestimmen. Wir kümmen uns nicht um solche meßtechnische Einzelheiten und sagen, die Ladung $\int I\,dt$ sei indirekt gemessen worden. (28.22) gestattet dann, die Masse m der beweglichen Ladungsträger zu ermitteln, da $S\sigma v_o$ bekannt ist und für e die von Millikan bestimmte Elementarladung eingesetzt werden kann. Tolman und Stewart erhielten so $m \approx 10^{-30}$ kg, und das ist die Elektronenmasse, die man damals schon aus Ablenkversuchen von Elektronenstrahlen in Magnetfeldern kannte. Das Ladungsvorzeichen, das die meßbare Stromrichtung bestimmt, erwies sich erwartungsgemäß als negativ.

28.7 Elektronische Halbleiter

Die moderne Elektronik steht und fällt mit den elektronischen Halbleitern (semiconductors). Transistoren, die einst die Radioröhre verdrängten, sind aus Halbleitern zusammengestückelt. Integrierte Schaltkreise, denen z.B. die populären Taschenrechner ihre Existenz verdanken, werden auf halbleitenden Siliziumscheibchen nach dem MOS-Verfahren (Metal-Oxide-Semiconductor) fabriziert. Dabei gelingt es, pro cm^2 Scheibenfläche viele Tausend Schaltelemente (Transistoren u.ä.) unterzubringen. Wir wollen die drei wichtigen Halbleitermechanismen – *Eigenleitung*, *n-Leitung* und *p-Leitung* – am Beispiel des Germaniums Ge erläutern.[4]

Das Ge-Atom besitzt vier Valenzelektronen, d.h. vier Elektronen in der äußeren Schale. Im Ge-Kristall ist jedes Ge-Atom von vier nächsten Nachbarn umgeben. Die Bindung zweier Nachbaratome wird durch ein beiden Atomen gemeinsames Elektronenpaar bewirkt, das man auch „Elektronenbrücke" nennt. Da es genauso viele nächste Nachbarn wie Valenzelektronen gibt (vier pro Atom), werden die Valenzelektronen vollständig zum Brückenbau verwendet.

a) **Eigenleitung**: Um die Leitungseigenschaften von chemisch reinem Germanium zu diskutieren, haben wir in Abb. 28.14 zweidimensional vereinfachte Ausschnitte aus Ge-Kristallen dargestellt. Die großen Kreise sind Ge-Atome, die Doppelstriche zwischen ihnen Elektronenbrücken. Am absoluten Nullpunkt $T = 0$ sind sämtliche Valenzelektronen durch Brücken gebunden. Wenn man ein elektrisches Feld $\vec{E}$ einschaltet, kann kein Strom fließen, da es keine beweglichen Ladungsträger gibt. Anders bei Temperaturen $T > 0$. Hier werden durch die Wärmebewegung der Ge-Atome ge-

---

[4]Neben Germanium und Silizium werden in der Halbleitertechnik sog. „Dreifünfverbindungen" verwendet, die aus drei- und fünfwertigen Elementen zusammengesetzt sind.

legentlich Elektronen aus den Brücken herausgerissen, die dann als freie, negativ

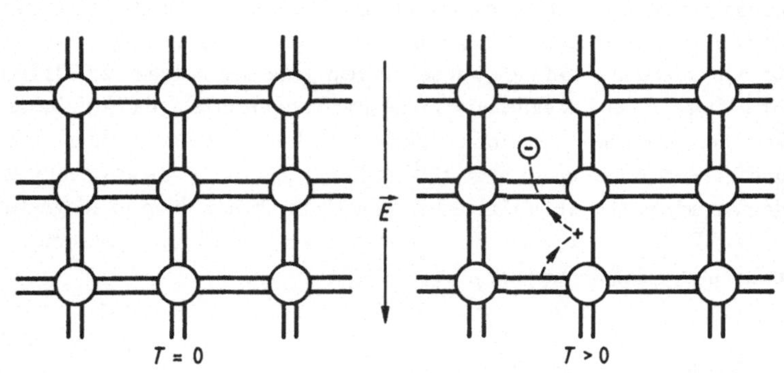

Abbildung 28.14: Schematische Darstellung des Ge-Kristalls bei der Temperatur $T = 0$ und $T > 0$. Die großen Kreise stellen Ge-Atome dar, die Striche zwischen ihnen je ein Elektron. Der Kristall befinde sich in einem elektrischen Feld $\vec{E}$.

geladene Elektronen entgegengesetzt zum angelegten $\vec{E}$-Feld durch den Kristall wandern, bis sie von einer anderen aufgebrochenen Brücke eingefangen werden (rekombinieren). Da der Kristall in der Umgebung einer heilen Brücke elektrisch neutral ist, ist eine aufgebrochene Brücke mit einer Elektronenlücke elektrisch positiv. Durch Aufrücken eines Valenzelektrons aus einer Nachbarbrücke kann die Elektronenlücke, die als „Defektelektron" bezeichnet wird, durch den Kristall wandern, und zwar in Richtung des elektrischen Feldes (vgl. Abb. 28.14 rechts). Defektelektronen bewegen sich also wie positive Ladungsträger. Da die beweglichen negativen und positiven Ladungsträger vom reinen Germaniumkristall und nicht etwa von Fremdatomen in ihm herrühren, spricht man von „Eigenleitung". Charakteristisch für die Eigenleitung ist, daß die Elektronendichte n_- und die Defektelektronendichte n_+ gleich groß sind und zwar gleich der Dichte n der aufgebrochenen Elektronenbrücken. Sei ε die erforderliche Energie, um eine Brücke aufzubrechen. ε ist nach (21.31) mit einer zum Boltzmannfaktor $e^{-\varepsilon/kT}$ proportionalen Wahrscheinlichkeit im Kristallgitter bei der Temperatur T enthalten. Dann ist auch die Aufbrechwahrscheinlichkeit zu $e^{-\varepsilon/kT}$ proportional. Die Rekombinationswahrscheinlichkeit wird, da sich freie Elektronen und Defektelektronen treffen müssen, durch das Produkt $n_- \cdot n_+ = n^2$ bestimmt. Im thermischen Gleichgewicht sind Rekombinations- und Aufbrechwahrscheinlichkeit gleich groß, woraus $n^2 \propto e^{-\varepsilon/kT}$ folgt, so daß sich bei Eigenleitung

$$n_+ = n_- = n = n_\infty e^{-\varepsilon/2kT} \tag{28.23}$$

ergibt. n_∞ ist der Grenzwert $n(T \to \infty)$. Halbleiter genügen dem Ohmschen Gesetz. Für die spezifische Leitfähigkeit gilt dann analog zu (28.14):

$$\sigma = \frac{e^2 n_+}{r_+} + \frac{e^2 n_-}{r_-} = e^2 n_\infty \left(\frac{1}{r_+} + \frac{1}{r_-} \right) e^{-\varepsilon/2kT} . \tag{28.24}$$

Der spezifische Widerstand $\rho = 1/\sigma$ ist also zu $e^{+\varepsilon/2kT}$ proportional, d.h. $\rho(T)$ nimmt mit wachsender Temperatur exponentiell ab und geht für $T \to 0$ gegen unendlich (Isolator).

b) **n-Leitung**: Man kann Ge-Kristalle mit „Fremdatomen dotieren". Darunter versteht man, daß ein geringer Bruchteil (z.B. 10^{-5}) der Ge-Atome durch Fremdatome ersetzt wird. Verwendet man als Dotierungssubstanz beispielsweise Arsen As, stellt sich der in Abb. 28.15 links dargestellte Fall ein: Da As im periodischen System der Elemente auf Ge folgt, hat es fünf Valenzelektronen. Davon werden nur vier zum Bau der Elektronenbrücken verwendet. Das fünfte Elektron ist so locker gebunden, daß es

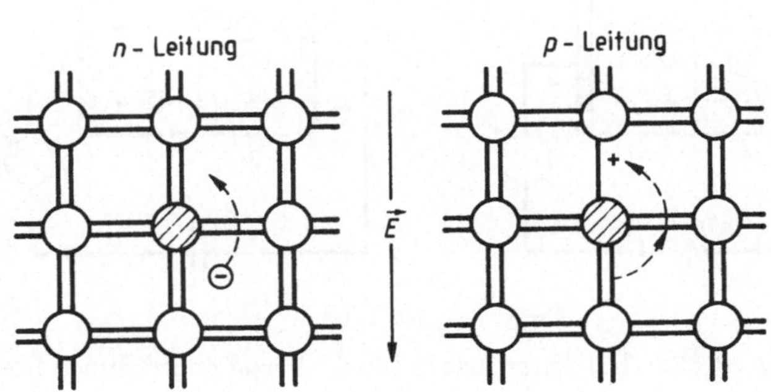

Abbildung 28.15:   Wenn man in den Ge-Kristall schraffiert gezeichnete Fremdatome mit 5 bzw. 3 Valenzelektronen einbaut, erhält man bewegliche Elektronen bzw. Defektelektronen.

schon durch die bei Zimmertemperatur stattfindende Wärmebewegung von seinem Mutteratom abgespalten wird und als frei beweglicher Ladungsträger zur Verfügung steht. Da diese Ladungsträger *negativ* sind, spricht man von *n-Leitung*.

c) p-Leitung: Wenn man Germanium mit Gallium Ga dotiert, entsteht die in der Abb. 28.15 rechts dargestellte Situation. Ga steht im Periodensystem unmittelbar vor Ge. Es hat daher nur drei Valenzelektronen. Zur Herstellung der Elektronenbrücken zu den vier nächsten Ge-Nachbarn fehlt folglich ein Valenzelektron. Hier liegt offenbar ein Defektelektron vor, das durch Nachrücken von Valenzelektronen durchs Gitter wandern kann. Da sich Defektelektronen wie *positive* Ladungsträger verhalten, spricht man von *p-Leitung*.

Durch die Kombination von n- und p-Leitern zu Gebilden mit verschiedenen topologischen Strukturen lassen sich elektronische Schaltelemente für verschiedene Funktionen herstellen. Aus den zahlreichen Möglichkeiten greifen wir ein besonders einfaches Beispiel heraus, die *Halbleiterdiode.* Sie dient als Stromventil oder „Gleichrichter", weil sie den Strom in der einen Richtung hindurchläßt und in der anderen Richtung sperrt. Die Diode (Abb. 28.16) besteht aus einem p-Leiter und einem n-Leiter, die sich flächenhaft berühren und außen von zwei Metallplättchen sandwich-artig eingeklemmt sind. Legt man an die beiden Platten eine Spannung U, so herrscht

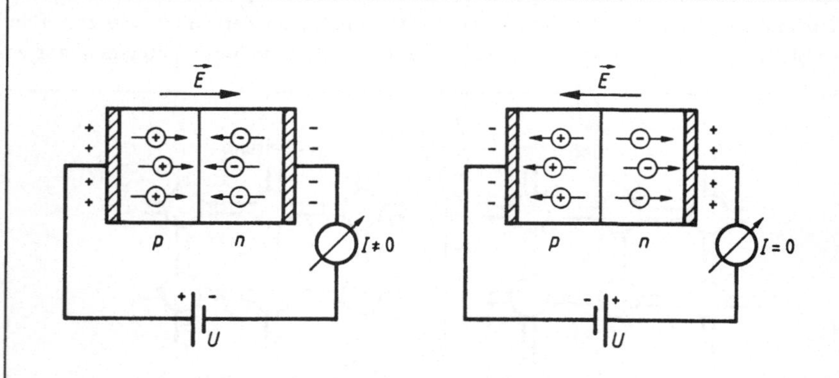

Abbildung 28.16:   Halbleiterdiode in Durchlaß- und Sperrichtung. Die $\oplus$ und $\ominus$ sind Defektelektronen und bewegliche Elektronen.

in den Halbleitern ein $\vec{E}$-Feld, dessen Richtung von der Polung der Batteriespannung abhängt. $\vec{E}$ verursacht eine Wanderung der Defektelektronen $\oplus$ im p-Leiter und der beweglichen Elektronen $\ominus$ im n-Leiter. Polt man U wie in Abb. 28.16 links, so wandern die $\oplus$ und $\ominus$ aufeinander zu und rekombinieren an der Kontaktfläche. Die Metallplatten liefern ständig neue Ladungsträger nach. Durch das Instrument fließt ein elektrischer Strom $I \neq 0$. Bei entgegengesetzter Polung von U wird die Umgebung der Kontaktfläche, wie man in Abb. 28.16 rechts erkennt, von beweglichen Ladungsträgern leergefegt. Am Meßinstrument liest man $I = 0$ ab.

Transistoren sind dreiteilige Halbleiter von Typ $\boxed{p\,|\,n\,|\,p}$ oder $\boxed{n\,|\,p\,|\,n}$. Sie werden z.B. in Verstärkern verwendet. Auf ihre Funktionsweise wollen wir hier nicht eingehen.

Kapitel 29

Das Faradaysche Induktionsgesetz

Bisher haben wir statische und das heißt zeitunabhängige Felder betrachtet, die durch zeitunabhängige Ladungen und Ströme erzeugt wurden. Wir gehen jetzt zum allgemeinen Fall über und behandeln zunächst die vollständige Maxwellsche Gleichung I aus (24.1), die 1831 von Faraday entdeckt wurde:

$$\oint_K \vec{E} \cdot d\vec{r} = -\frac{d}{dt}\Phi_{SK}(\vec{B}) \, . \tag{29.1}$$

Dabei ist K eine geschlossene Kurve mit Umlaufsinn und

$$\Phi_{SK}(\vec{B}) = \int_{SK} \vec{B} \cdot d\vec{S} \tag{29.2}$$

der magnetische Fluß durch eine beliebige Fläche SK, die von K begrenzt wird.

29.1 Drahtschleife und Induktionsspannung

Wenn sich ein magnetischer Fluß verändert, entsteht ein elektrisches Feld $\vec{E}$, das der Gleichung (29.1) genügt. Dieses Phänomen nennt man „Induktion". Zur quantitativen Demonstration des Induktionsvorganges eignet sich insbesondere die in Abb. 29.1 dargestellte Anordnung. Im „Versuchsgebiet" – das ist die Gegend, in der sich der magnetische Fluß ändert – befindet sich eine fast geschlossene Drahtschleife, deren Enden a und b über zwei engbenachbarte Drähte mit den Klemmen c und d eines Drehspulgalvanometers außerhalb des Versuchsgebietes verbunden sind. Es gibt dann eine geschlossene Kurve K, die ganz im Inneren von Drähten verläuft: K beginnt bei a, führt durch die Schleife nach b, läuft im oberen Verbindungsdraht von b zum Galvanometereingang c, durch die Drehspule des Galvanometers (vgl. Abb. 23.2) zum Galvanometerausgang d und von dort durch den unteren Verbindungsdraht zurück nach a. Wir bezeichnen den Spulendraht im Galvanometer zusammen mit den Verbindungsdrähten, also das Stück $bcda$, als „i-Draht" und den Schleifendraht, also das Stück ab, als „k-Draht". Nun möge ein durch Induktion entstandenes elektrisches

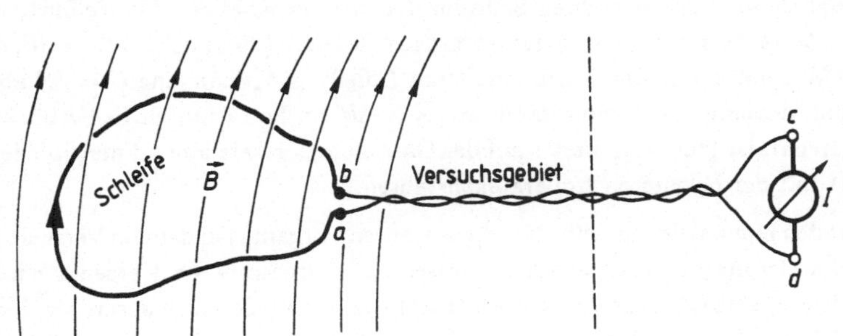

Abbildung 29.1: Drahtschleife für Induktionsversuche. Von den Schleifen-
enden a und b führt ein verdrilltes (oberflächlich isoliertes) Drahtpaar zu den
Klemmen c und d eines Galvanometers außerhalb des Versuchsgebietes.

Feld $\vec{E}$ vorliegen. Das längs der geschlossenen Kurve $K = abcda$ gebildete Wegintegral über $\vec{E}$ läßt sich in zwei Teile zerlegen:

$$\oint_K \vec{E} \cdot d\vec{r} = \int_{ab} \vec{E} \cdot d\vec{r} + \int_{bcda} \vec{E} \cdot d\vec{r} = \int_{\text{k-Draht}} \vec{E} \cdot d\vec{r} + \int_{\text{i-Draht}} \vec{E} \cdot d\vec{r} . \tag{29.3}$$

Nach dem Ohmschen Gesetz verursacht $\vec{E}$ in den Drähten einen elektrischen Strom
mit der Stromdichte $\vec{j} = \sigma \vec{E}$. Weil der Strom in Drahtrichtung (und nicht quer zum
Draht) fließt, ist $\vec{j}$ an jeder Stelle von K zum Wegelement $d\vec{r}$ parallel. Der Betrag
von $\vec{j}$ läßt sich durch die Stromstärke I und die Querschnittsfläche S des Drahtes
ausdrücken, $j = I/S$. Damit können die Integranden von (29.3) in die Form

$$\vec{E} \cdot d\vec{r} = \frac{1}{\sigma} \vec{j} \cdot d\vec{r} = \frac{I}{\sigma S} dr \tag{29.4}$$

gebracht werden. Das Integral $\int dr$ ergibt einfach die jeweilige Drahtlänge l. Wir
erhalten so aus (29.3)

$$\oint_K \vec{E} \cdot d\vec{r} = \left(I \frac{l}{\sigma S} \right)_k + \left(I \frac{l}{\sigma S} \right)_i . \tag{29.5}$$

Nach (28.4) ist $(l/\sigma S)_k = R_k$ bzw. $(l/\sigma S)_i = R_i$ der Ohmsche Widerstand des k-
bzw. i-Drahtes. Da R_k und R_i einen einzigen Stromkreis mit dem Gesamtwiderstand
$R_k + R_i = R$ bilden, hat die Stromstärke I in beiden Drähten denselben Wert. (29.5)
lautet deshalb:

$$\oint_K \vec{E} \cdot d\vec{r} = I(R_k + R_i) = IR = U . \tag{29.6}$$

Hier haben wir auf der rechten Seite für IR den Buchstaben U eingeführt, weil in der elektrotechnischen Version des Ohmschen Gesetzes (28.5) behauptet wird, daß an einem Widerstand R, durch den ein Strom I fließt, die „Spannung $U = IR$ abfällt". Wie die Messung von U und damit von $\oint \vec{E} \cdot d\vec{r}$ im betrachteten Fall Abb. 29.1 zu erfolgen hat, ist klar: Man liest I auf der Galvanometerskala ab und multipliziert den I-Wert mit der bekannten Apparatekonstanten R.

Wir wollen nun auf den in Abb. 29.1 dargestellten Vorgang, bei dem im Versuchsgebiet durch Änderung des magnetischen Flusses ein elektrisches Feld erzeugt wird, das Induktionsgesetz (29.1) anwenden. Als Integrationsweg bietet sich unsere geschlossene Kurve $K = abcda$ an. Dann können wir jedenfalls die linke Seite von (29.1) wegen (29.6) durch die Meßgröße $IR = U$ ersetzen

$$U = -\frac{d}{dt}\Phi_{SK}(\vec{B}) \; . \tag{29.7}$$

Die von K begrenzte Fläche SK läßt sich zwanglos in drei Teilflächen zerlegen: Eine über der Drahtschleife ab aufgespannte Schleifenfläche, eine Fläche im Galvanometerbereich außerhalb des Versuchsgebietes und eine sehr schmale Streifenfläche zwischen den beiden engbenachbarten Verbindungsdrähten. Bei der Berechnung des in (29.7) einzusetzenden magnetischen Flusses $\Phi_{SK}(\vec{B})$ braucht man nur die Schleifenfläche zu berücksichtigen, weil im Galvanometerbereich keine Flußänderungen vorkommen sollen und die Streifenfläche zwischen dem Drähtepaar, das in Praxis eng verdrillt wird, gegen Null geht. Wir schreiben deshalb für (29.7):

$$U = -\frac{d}{dt}\Phi_{\text{Schleife}}(\vec{B}) \; . \tag{29.8}$$

Die mit dem Galvanometer in Abb. 29.1 gemessene Induktionsspannung $U = IR$ ist gleich der negativen Zeitableitung des magnetischen Flusses durch eine von der Drahtschleife ab eingerahmte Fläche.

Wir schieben jetzt eine Bemerkung über das sog. **Stoßgalvanometer** ein. Wenn man einen Kondensator der Kapazität C wie in Abb. 29.2 über ein Drehspulgalvanometer mit einer Batterie der Spannung U verbindet, wird er nach (26.31) mit der Ladung $q = CU$ aufgeladen. Dabei fließt durch das Galvanometer kurzzeitig ein Ladestrom $I(t)$, der nach (23.4) mit q verknüpft ist:

$$\int I(t)dt = q = CU \; . \tag{29.9}$$

Man bezeichnet $\int I dt$ als „Stromstoß". Der Stromstoß, der z.B. innerhalb einer Millisekunde abklingt, versetzt Drehspule und Zeiger des Galvanometers in eine Drehbewegung, die den Stromstoß aus Trägheitsgründen überdauert. Der Zeigerausschlag

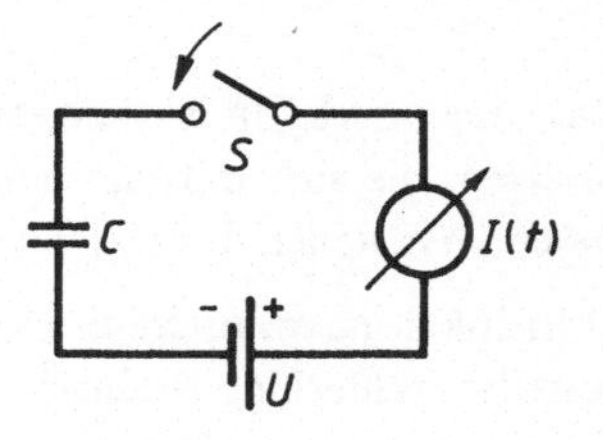

Abbildung 29.2
Stoßgalvanometer. Beim Aufladen des Kondensators C durch Schließen des Schalters S zeigt das Galvanometer einen Stoßausschlag proportional zu $\int I(t)dt$.

nimmt mit der Zeit zu, erreicht aber bald einen Maximalwert A_{max} und kehrt dann um. A_{max} ist bequem ablesbar. Wenn man Kapazität C und Spannung U variiert, findet man experimentell, daß A_{max} zum Produkt CU und damit, wegen (29.9), zum Stromstoß $\int I dt$ proportional ist. Es gibt also eine für das Galvanometer charakteristische Apparatekonstante a, so daß

$$\int I dt = a \cdot A_{\mathrm{max}} \tag{29.10}$$

ist. Diese Beziehung erweist sich als zutreffend, solange die Zeitdauer des Stromstoßes wesentlich kürzer ist als die Zeit, die der Zeiger braucht, um den Maximalausschlag zu erreichen. Der genaue Stromverlauf $I(t)$ spielt keine Rolle. Wenn man ein Drehspulgalvanometer im Sinne von (29.10) zur Messung von Stromstößen betreibt, bezeichnet man es als „Stoßgalvanometer".

Wir kehren nun zum Induktionsgesetz (29.8) zurück, das für die in Abb. 28.1 dargestellten Verhältnisse zuständig ist. Es kann vorkommen, daß sich $\Phi_{\mathrm{Schleife}}(\vec{B})$ nur während eines relativ kleinen Zeitraumes zwischen t_1 und t_2 verändert. Dann ist es zweckmäßig, (29.8) über t zu integrieren:

$$\int_{t_1}^{t_2} U dt = -[\Phi_{t_2}(\vec{B}) - \Phi_{t_1}(\vec{B})] \,. \tag{29.11}$$

$\Phi_{t_1}(\vec{B})$ bzw. $\Phi_{t_2}(\vec{B})$ ist der magnetische Fluß durch die Schleifenfläche zu den Zeiten t_1 bzw. t_2. Auf der linken Seite von (29.11) tritt der Spannungsstoß $\int U dt$ auf, der meßbar ist, wenn man das Galvanometer in Abb. 29.1 als Stoßgalvanometer betreibt. Wegen $U = IR$ und (29.10) gilt dann nämlich $\int U dt = R \int I dt = R \cdot a \cdot A_{\mathrm{max}}$. Der Proportionalitätsfaktor $R \cdot a$ zwischen dem Maximalausschlag des Galvanometers und dem Spannungsstoß ist eine bekannte Apparatekonstante. Der Stoßgalvanometerbetrieb setzt natürlich voraus, daß die Flußänderung hinreichend schnell erfolgt.

29.2   Beispiele für Induktionsvorgänge

Das Faradaysche Induktionsgesetz gehört zu den wenigen allgemeingültigen Naturgesetzen, die sich mit einfachen Mitteln qualitativ und quantitativ demonstrieren lassen. Wir wollen das anhand von drei Beispielen deutlich machen.

a) **Induktionsversuche in einem homogenen Magnetfeld:** Die in Abb. 29.3 dargestellte rechteckige Drahtschleife befinde sich in einem homogenen Magnetfeld $\vec{B}$, das durch einen großen, nicht mitgezeichneten Elektromagneten erzeugt wird. Bei Induktionsexperimenten spielt der magnetische Fluß $\Phi_{\text{Schleife}}(\vec{B})$ eine Rolle, der nach (29.2) durch Integration über eine Schleifenfläche zu berechnen ist. Als solche bietet sich das von der Schleife eingerahmte Rechteck an, dessen orthogonaler Flächenvektor $\vec{S}$ mit $\vec{B}$ den Winkel φ einschließt. Weil $\vec{B}$ eine räumlich konstante Größe ist, darf es bei der Φ-Berechnung vor das Flächenintegral gezogen werden:

$$\Phi_{\text{Schleife}}(\vec{B}) = \int_{\text{Rechteck}} \vec{B} \cdot d\vec{S} = \vec{B} \cdot \int d\vec{S} = \vec{B} \cdot \vec{S} = BS \cos\varphi \, . \tag{29.12}$$

Durch Einsetzen von (29.12) in (29.8) erhält man

$$U = -\frac{d}{dt}(BS \cos\varphi) \, . \tag{29.13}$$

Die Induktionsspannung U kann mit dem Galvanometer in Abb. 29.3 gemessen werden. Damit ein von Null verschiedener U-Wert auftritt, müssen wir $BS \cos\varphi$ im Laufe

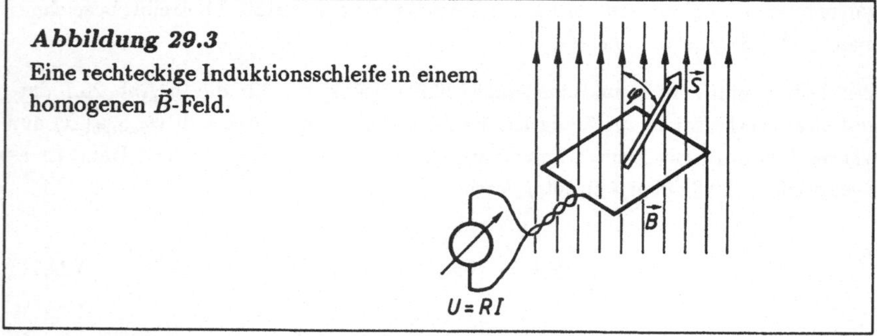

Abbildung 29.3
Eine rechteckige Induktionsschleife in einem homogenen $\vec{B}$-Feld.

der Zeit ändern. Das ist auf mehrere Weisen möglich:

* Eine Drehung der Schleife ändert φ.

* Eine Verbiegung der Schleife ändert S.

* Ein- oder Ausschalten des $\vec{B}$-erzeugenden Elektromagneten ändert B.

Da man die Änderungen verhältnismäßig schnell vornehmen kann, ist es auch möglich, das Galvanometer als Stoßgalvanometer zu verwenden und statt der Induktionsspannung U den Spannungsstoß $\int U dt$ zu messen. Die zugehörige Induktionsgleichung erhält man durch Einsetzen von (29.12) in (29.11):

$$\int_{t_1}^{t_2} U dt = -[(BS\cos\varphi)_2 - (BS\cos\varphi)_1] \ . \tag{29.14}$$

Weil sich hier alle vorkommenden Größen bequem messen lassen, ist (29.14) besonders für quantitative Untersuchungen geeignet. Man drehe beispielsweise die Drahtschleife aus der Ausgangslage $\vec{S}_1$ parallel zu $\vec{B}$ ($\varphi_1 = 0$) in eine Endlage $\vec{S}_2$ senkrecht zu $\vec{B}$ ($\varphi_2 = 90^\circ$) und beobachte den dabei auftretenden Spannungsstoß. Wegen $\cos\varphi_1 = 1$ und $\cos\varphi_2 = 0$ folgt dann aus (29.14)

$$\int U dt = BS \ , \tag{29.15}$$

eine nachprüfbare Beziehung, die mit der Erfahrung übereinstimmt.[1] Anstatt den magnetischen Fluß $BS\cos\varphi$ in (29.14) durch Schleifendrehung zu ändern, kann man auch das Schleifenrechteck in einen Doppelstrich verbiegen ($S_1 = S \rightarrow S_2 = 0$), oder die Schleife schnell aus dem Magnetfeld ziehen ($B_1 = B \rightarrow B_2 = 0$), oder den $\vec{B}$-erzeugenden Elektromagneten ausschalten ($B_1 = B \rightarrow B_2 = 0$). In allen Fällen beobachtet man den gleichen Spannungsstoß $\int U dt = BS\cos\varphi$, der nach (29.14) erwartet wird.

b) **Das elektrische Wirbelfeld um eine Stromspule**: Abb. 29.4 zeigt eine Drahtspule der Länge l mit n kreisförmigen Windungen, durch die ein Strom I fließt, der mit Hilfe eines Schiebewiderstandes verändert werden kann. Dann herrscht im Innern der Spule ein zeitlich veränderliches Magnetfeld

$$B_{\mathrm{Sp}}(t) = \frac{\mu_o n}{l} I(t) \ , \tag{29.16}$$

welches nach (29.1) ein elektrisches Feld $\vec{E}$ mit der Eigenschaft

$$\oint_K \vec{E} \cdot d\vec{r} = -\frac{d}{dt} \int_{SK} \vec{B} \cdot d\vec{S} \tag{29.17}$$

induziert. Wegen des Fehlens elektrischer Ladungen – der Spulendraht ist ja elektrisch neutral – ist $\vec{E}$ quellenfrei. Die elektrischen Feldlinien müssen also in sich geschlossen und aus Symmetriegründen als Kreise um die Spulenachse angeordnet sein. Umlaufsinn und Betrag von $\vec{E}$ lassen sich aus (29.17) ermitteln. Dazu wählen wir als geschlossene Kurve K speziell einen Kreis um die Spulenachse, der außerhalb der Spule

---

[1](29.15) beinhaltet ein Meßverfahren für die magnetische Feldstärke $\vec{B}$: Man bestimmt an der Stelle, an der $\vec{B}$ gemessen werden soll, den Spannungsstoß, der beim Drehen einer Induktionsschleife auftritt, und dividiert ihn durch die Schleifenfläche.

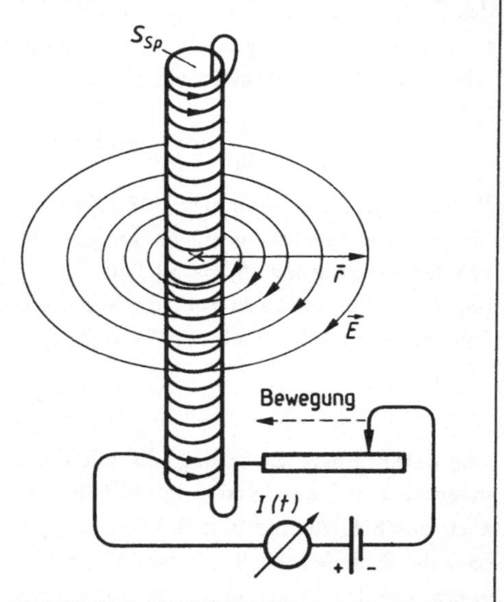

Abbildung 29.4

Mit Hilfe einer Stromquelle und eines Schiebewiderstandes wird durch eine lange Drahtspule ein im Laufe der Zeit wachsender Strom $I(t)$ geschickt. Dann tritt ein elektrisches Feld mit kreisförmigen Feldlinien um die Spulenachse auf. Bei wachsendem $I(t)$ ist der Umlaufsinn von $\vec{E}$ entgegengesetzt zum Stromumlauf gerichtet (Lenzsche Regel).

liegt, den Radius $\bar{r}$ besitzt und mit einer elektrischen Feldlinie zusammenfällt. Den Umlaufsinn von K setzen wir so fest, daß Kurve K und Spulenstrom I gleichsinnig verlaufen. Weil K auf einer $\vec{E}$-Feldlinie liegt, ist

$$\oint_K \vec{E} \cdot d\vec{r} = 2\pi\bar{r}E \; . \tag{29.18}$$

Der Feldstärkewert E ist vorzeichenbehaftet. Das Vorzeichen signalisiert den Umlaufsinn von $\vec{E}$. Als Fläche SK bietet sich die von K begrenzte Kreisfläche an, deren Mittelteil das Magnetfeld $\vec{B}_{Sp}$ der Spule schneidet. Die Schnittfläche ist mit der Spulenquerschnittsfläche S_{Sp} identisch. Zum magnetischen Fluß durch SK trägt nur das Spuleninnere bei. Weil Spulenstrom I und Kreiskurve K denselben Umlaufsinn haben, sind $\vec{B}_{Sp}$ und Flächenvektor $\vec{S}_{Sp}$ gleichgerichtet. Deshalb erhalten wir unter Verwendung von (29.16)

$$\int_{SK} \vec{B} \cdot d\vec{S} = \vec{B}_{Sp} \cdot \vec{S}_{Sp} = B_{Sp}S_{Sp} = \frac{\mu_o n S_{Sp}}{l}I \; . \tag{29.19}$$

Einsetzen von (29.19) und (29.18) in (29.17) führt auf eine Gleichung, die man nach E auflösen kann:

$$E = -\frac{\mu_o n S_{Sp}}{2\pi\bar{r}l} \cdot \frac{dI}{dt} \; . \tag{29.20}$$

Das $\vec{E}$-Feld im Außenraum der Spule ist also zur Entfernung $\bar{r}$ von der Spulenachse umgekehrt proportional und nur vorhanden, wenn sich der Spulenstrom ändert. Wegen des Minuszeichens verlaufen die elektrischen Feldlinien und die Stromrichtung bei Anwachsen des Stromes ($dI/dt > 0$) gegensinnig (Lenzsche Regel). Man beachte, daß das durch Induktion entstandene $\vec{E}$-Feld ein reines *Wirbelfeld* ist. Die in der Elektrostatik behandelten aus ruhenden Ladungen entspringenden $\vec{E}$-Felder sind dagegen stets *wirbelfrei*. – Um das Wirbelfeld aus Abb. 29.4 nachzuweisen, schiebe man die Spule durch die in Abb. 29.1 dargestellte Induktionsschleife, so daß der Schleifendraht eine kreisförmige $\vec{E}$-Feldlinie nachformt. Wenn dann der Spulenstrom I nach der Vorschrift $dI/dt = $ const geändert wird, zeigt das Galvanometer, das mit der Induktionsschleife verbunden ist, einen konstanten Ausschlag, weil das elektrische Wirbelfeld eine konstante Induktionsspannung U bewirkt. Man kann U nach (29.8) berechnen, wenn man sich klar macht, daß die Induktionsschleife alle magnetischen Feldlinien der Stromspule umschlingt, so daß der in (29.8) eingehende Fluß $\Phi_{\text{Schleife}}(\vec{B})$ durch den magnetischen Fluß der Stromspule

$$\Phi_{\text{Sp}}(\vec{B}) = B_{\text{Sp}}S_{\text{Sp}} = \frac{\mu_o n S_{\text{Sp}}}{l}I \tag{29.21}$$

ausgedrückt werden kann, was dann

$$U = -\frac{d\Phi_{\text{Sp}}(\vec{B})}{dt} = -\frac{\mu_o n S_{\text{Sp}}}{l} \cdot \frac{dI}{dt} \tag{29.22}$$

ergibt. (29.20) und (29.22) sind gleichwertig. Anstelle von U kann man natürlich auch die Spannungsstöße

$$\int U dt = \mp \Phi_{\text{Sp}}(\vec{B}) \tag{29.23}$$

messen, die auftreten, wenn man den Spulenstrom I ein- bzw. ausschaltet oder, bei konstanter Stromstärke I, die Induktionsschleife wie in Abb. 29.5 über die Spule schiebt bzw. von ihr abzieht. Dabei ist es wegen des Relativitätsprinzips gleichgültig, ob Schleife oder Spule bewegt wird.

c) **Induktionsversuch mit einem Stabmagneten:** Weil ein Magnetstab nach den Ausführungen Kap. 27.3 hinsichtlich seiner magnetischen Eigenschaften als eine durch atomare Kreisströme realisierte Stromspule aufgefaßt werden kann, läßt sich der in Abb. 29.5 skizzierte Versuch auch mit einem Stabmagneten durchführen. Beim Abziehen der Drahtschleife wird dann analog zu (29.23) und (29.21) der Spannungsstoß

$$\int U dt = \Phi_{\text{Stab}}(\vec{B}) = B_{\text{Stab}}S_{\text{Stab}} \tag{29.24}$$

induziert. Wenn man diese Beziehung experimentell prüfen will, muß man neben der linken Seite $\int U dt$ auch die rechte Seite $B_{\text{Stab}}S_{\text{Stab}}$ bestimmen. Nun haben wir in

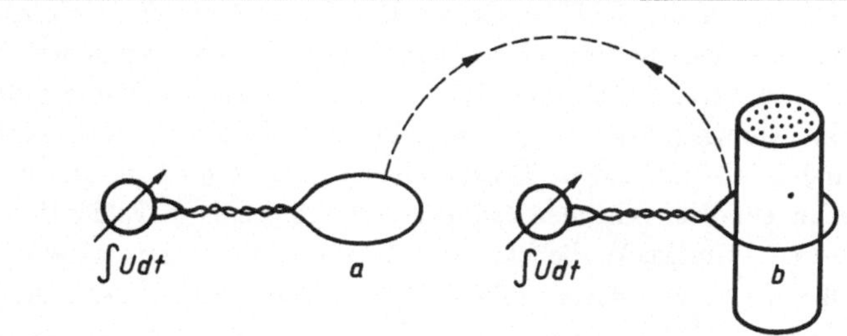

Abbildung 29.5: Der Zylinder stellt eine Stromspule oder einen Stabmagneten dar. Wenn man die Induktionsschleife von a nach b bringt, tritt ein Spannungsstoß auf. Beim Lagewechsel von b nach a wird ein entgegengesetzt gleicher Spannungsstoß beobachtet.

(27.20) das magnetische Moment $\vec{\mu}$ eines Stabmagneten der Länge $\vec{l}_{\text{Stab}}$ eingeführt

$$\vec{\mu}_{\text{Stab}} = \frac{B_{\text{Stab}} S_{\text{Stab}}}{\mu_o} \vec{l}_{\text{Stab}}$$

und in (27.21) festgestellt, daß ein äußeres Magnetfeld $\vec{B}$ auf den Stab ein meßbares mechanisches Drehmoment

$$\vec{D} = \vec{\mu}_{\text{Stab}} \times \vec{B} = \frac{B_{\text{Stab}} S_{\text{Stab}}}{\mu_o} \vec{l}_{\text{Stab}} \times \vec{B}$$

ausübt. Hieraus ergibt sich nach Messung von $\vec{D}$, $\vec{l}_{\text{Stab}}$ und $\vec{B}$ die gesuchte Größe $B_{\text{Stab}} S_{\text{Stab}}$. Sie stimmt nach Ausweis des Experiments mit dem Spannungsstoß $\int U\,dt$ überein, der beim Induktionsexperiment (29.24) beobachtet wird.

29.3 Selbstinduktion und Energie im Magnetfeld

Legt man um die Stromspule Abb. 29.4 eine Drahtschleife, so wird in ihr bei Änderung des Spulenstromes nach (29.22) die Spannung

$$U = -\frac{\mu_o n S_{\text{Sp}}}{l} \cdot \frac{dI}{dt} \tag{29.25}$$

induziert. Nun besteht die Spule selber aus n hintereinandergeschalteten Drahtschleifen (Windungen), und in jeder einzelnen wird die gleiche Spannung U induziert wie in der bisher verwendeten „Fremdschleife". Daher tritt an den Drahtenden einer Spule bei Änderung des Spulenstromes durch sog. Selbstinduktion eine Spannung U_{Sp} auf, die n mal so groß ist wie der in (29.25) angegebene Wert

$$U_{\mathrm{Sp}} = -\frac{\mu_0 n^2 S_{\mathrm{Sp}}}{l} \cdot \frac{dI}{dt} \,. \qquad (29.26)$$

Man nennt die von der Geometrie der Spule abhängige Größe

$$L = \frac{\mu_0 n^2 S_{\mathrm{Sp}}}{l} \qquad (29.27)$$

„Induktivität" oder „Selbstinduktion" und schreibt anstelle von (29.26)

$$U = -L\frac{dI}{dt}. \qquad (29.28)$$

Wegen des Minuszeichens ist die induzierte Spannung so gerichtet, daß sie einen anwachsenden Strom zu bremsen und einen abklingenden aufrecht zu erhalten sucht (Lenzsche Regel). Als Einheit von L ergibt sich aus (29.28) die Größe Vs/A, die von den Elektrotechnikern mit „Henry" (H) bezeichnet wird. Eine Spule mit $l = 0,1\mathrm{m}$, $S_{\mathrm{Sp}} = 10^{-3}\mathrm{m}^2$ und $n = 10^4$ besitzt nach (29.27) eine Induktivität von $1,256\,\mathrm{H}$.

Zur Demonstration der Selbstinduktion eignet sich der in Abb. 29.6 skizzierte Versuch. Parallel zu einer Spule ist ein Glühlämpchen geschaltet. Der bei geschlossenem Schalter S fließende Strom wird durch den Widerstand R so begrenzt, daß das Lämp-

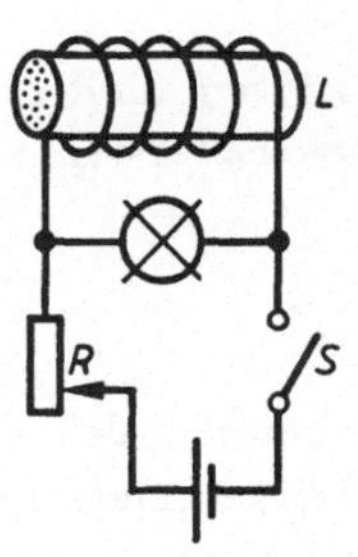

Abbildung 29.6
Parallel zu einer Drahtspule mit Eisenkern (die atomaren Kreisströme im Eisen verstärken die Selbstinduktion L beträchtlich) ist ein Glühlämpchen $\otimes$ geschaltet. Der Widerstand R wird so gewählt, daß das Lämpchen bei geschlossenem Schalter S gerade eben noch nicht glüht. Beim Ein- oder Ausschalten des Stromes leuchtet das Lämpchen kurzzeitig kräftig auf.

chen gerade eben noch nicht glüht. Beim Ein- oder Ausschalten des Stromes leuchtet es kurzzeitig hell auf. Warum? Beim Schließen des Schalters beginnen durch Lämpchen und Spule Ströme zu fließen. Der anwachsende Spulenstrom erzeugt nach (29.28) an den Spulenenden eine Gegenspannung, die gemeinsam mit der Batteriespannung einen starken Strom durch das aufleuchtende Lämpchen treibt. Wenn der Spulenstrom – meistens schon nach Bruchteilen einer Sekunde – seinen Endwert erreicht hat, ist dI_{Spule}/dt und damit auch die induzierte Gegenspannung Null. Das Lämpchen geht aus, da es auf den durch R begrenzten Batteriestrom angewiesen ist. Beim Ausschalten des Stromes durch Öffnen des Schalters entsteht wieder für kurze Zeit eine Induktionsspannung, die einen kräftigen Lämpchenstrom verursacht.

Woher kommt eigentlich die Leuchtenergie beim Abschalten des Stromes, aus der Stromquelle oder aus der Spule? Da die Verbindung des Lämpchens mit der Stromquelle durch Öffnen des Schalters unterbrochen wird, *bevor* das Ausschaltleuchten auftritt, muß das Lämpchen die Leuchtenergie aus der Spule ziehen. Im Magnetfeld der Spule steckt offenbar Feldenergie. Beim Abschalten des Feldes wird die Feldenergie über den Induktionsvorgang in Stromwärme (Glühbirne) verwandelt! Wir wollen die Feldenergie W berechnen und nehmen dazu an, daß der Schalter zur Zeit $t = 0$ geöffnet wird. Dann ist für Zeiten $t > 0$ der Strom $I(t)$ durch Lämpchen und Spule derselbe. Der Strom wird durch die Induktionsspannung $U = -LdI/dt$ verursacht. Die vom Strom erzeugte Wärme beträgt nach (28.6) und (29.28):

$$\frac{\text{Stromwärme}}{\text{Zeit}} = UI = -L\frac{dI}{dt}I\,. \tag{29.29}$$

Wenn man (29.29) von $t = 0$ bis $t = \infty$ integriert, erhält man die gesamte Stromwärme, die nach dem Energieerhaltungssatz vorher als Energie W im Magnetfeld der Spule vorgelegen haben muß, also

$$W = \int_0^\infty UIdt = -L\int_0^\infty I\frac{dI}{dt}dt = \frac{L}{2}I^2\,. \tag{29.30}$$

Dabei ist I auf der rechten Seite der Gleichung die Stromstärke, die zur Zeit $t = 0$ ausgeschaltet wurde. Setzt man L aus (29.27) in (29.30) ein

$$W = \frac{\mu_o}{2}\cdot\frac{n^2 S_{\text{Sp}}}{l}I^2 = \frac{1}{2\mu_o}\left(\frac{\mu_o nI}{l}\right)^2 S_{\text{Sp}}l \tag{29.31}$$

und beachtet, daß $\mu_o nI/l = B$ das Magnetfeld in der Spule und $S_{\text{Sp}}l = V$ das vom Feld eingenommene Spulenvolumen ist, so ergibt sich ein Ausdruck für die magnetische Feldenergie pro Volumen:

$$\text{Energiedichte im B-Feld} = \frac{dW}{dV} = \frac{B^2}{2\mu_o}\,. \tag{29.32}$$

(29.32) ist allgemeingültig, d.h. nicht auf das spezielle Magnetfeld einer geraden Stromspule beschränkt. Wir stellen uns also vor, daß die magnetische Feldenergie im Magnetfeld *lokalisiert* ist. Die Bemerkungen über die Lokalisierung der elektrischen Feldenergie in Kap 25.2 lassen sich sinngemäß auf den magnetischen Fall übertragen.

29.4 Induktionsgesetz und Lorentzkraft

Zwischen den elektromagnetischen Erscheinungen gibt es zahlreiche Zusammenhänge. So konnten wir in Kap. 27.5 Magnetostatik und Lorentzkraft auf Elektrostatik und Lorentztransformation zurückführen. Jetzt wollen wir zeigen, daß man die Induktionsvorgänge in *bewegten* Leitern mit der magnetischen Lorentzkraft erklären kann. Wir erläutern das an Hand der in Abb. 29.7 skizzierten Anordnung. Auf zwei waagerechten blanken Metalldrähten a und b im Abstand l voneinander rutscht ein Metallsteg

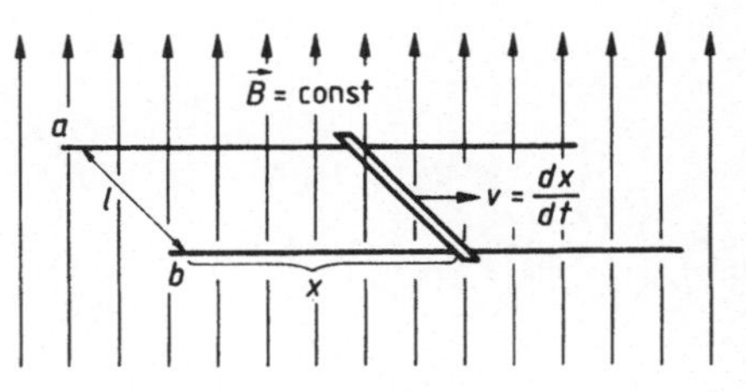

Abbildung 29.7
Auf zwei blanken Drähten bewegt sich ein Metallsteg senkrecht zu einem $\vec{B}$-Feld. Es entsteht eine Spannung U.

mit konstanter Geschwindigkeit $v = dx/dt$ nach rechts. Die Anordnung befindet sich in einem zeitlich konstanten homogenen $\vec{B}$-Feld, welches nach oben weist und damit auf der Geschwindigkeit $\vec{v}$ und der Richtung des Steges senkrecht steht. Die linken Drahtstücke und der Steg definieren ein Rechteck mit den Seitenlängen x und l. Der magnetische Fluß durch die Rechtecksfläche $S = lx$ beträgt

$$\Phi_S(\vec{B}) = BS = Blx \ . \tag{29.33}$$

Wegen der Bewegung des Steges erleiden die Leitungselektronen in ihm eine Lorentzkraft $\vec{F}_B = -e\vec{v} \times \vec{B}$. Sie fließen deshalb auf den a-Draht, der sich dadurch negativ auflädt, während der b-Draht positiv wird. Die Ladungen auf den beiden Drähten erzeugen ein elektrisches Feld, dessen Feldstärke $\vec{E}$ so lange wächst, bis die elektrische Kraft $\vec{F}_E = -e\vec{E}$ auf die Elektronen im Steg die dort wirkende magnetische Kraft $\vec{F}_B$ kompensiert. Aus der Kompensationsbedingung $\vec{F}_E + \vec{F}_B = 0$ folgt

$$\vec{E} = -\vec{v} \times \vec{B} \ . \tag{29.34}$$

Zwischen dem a- und b-Draht herrscht dann die (z.B. mit einem Elektrometer meßbare) Spannung

$$U_{ab} = \int_a^b \vec{E} \cdot d\vec{r} = -\int_a^b (\vec{v} \times \vec{B}) \cdot d\vec{r} \ . \tag{29.35}$$

Auf dem Weg von a nach b sind $d\vec{r}$ und $\vec{v} \times \vec{B}$ gleichgerichtet, so daß $(\vec{v} \times \vec{B}) \cdot d\vec{r} = vB\,dr$ ist. Das Integral $\int_a^b dr$ gibt den Drahtabstand l. Aus (29.35) erhält man daher

$U_{ab} = -vBl = -Bl\,dx/dt$ oder, unter Hinweis auf (29.33):

$$U_{ab} = -\frac{d}{dt}\Phi_S(\vec{B}) \; . \tag{29.36}$$

Diese Gleichung hat die Form des Induktionsgesetzes (29.8). Wir wiederholen noch
einmal, daß die vorgetragene „Ableitung" nur Induktionsvorgänge betrifft, bei denen
elektrische Leiter (z.B. Induktionsschleifen) *bewegt* werden. Das Auftreten einer Induktionsspannung in *unbewegten* Drahtschleifen durch Änderung des Magnetfeldes
läßt sich nicht auf die magnetische Lorentzkraft zurückführen!

Kapitel 30

Wechselstrom und Schwingungen, auch mechanische

Wechselstrom und Schwingungsvorgänge lassen sich besonders einfach mit Hilfe von komplexen Zahlen behandeln. Wir beginnen daher mit einem kleinen Exposé über dieses rein mathematische Gebiet, mit dem jeder Physikstudent vertraut sein muß.

30.1 Komplexe Zahlen

Da das Quadrat einer reellen Zahl niemals negativ ist, kann die als „imaginäre Einheit" bezeichnete Größe i mit der Eigenschaft

$$i^2 = -1 \tag{30.1}$$

keine reelle Zahl sein. Wir bilden aus zwei reellen Zahlen x und y die „komplexe Zahl"

$$z = x + iy \; . \tag{30.2}$$

Man nennt x den „Realteil" und y den „Imaginärteil" von z und schreibt

$$x = \mathrm{Re}\{z\} \quad , \quad y = \mathrm{Im}\{z\} \; . \tag{30.3}$$

Durch die Substitution $i \rightarrow -i$ wird jeder komplexen Zahl z die komplexe Zahl z^* zugeordnet:

$$z = x + iy \quad \rightarrow \quad z^* = x - iy \; . \tag{30.4}$$

z^* heißt die „zu z konjugiert komplexe Zahl". Für komplexe Zahlen gelten ähnliche Rechenregeln wie für reelle Zahlen. Man muß nur beachten, daß $i^2 = -1$ und $i \cdot 0 = 0$ ist. Drei Beispiele machen das deutlich.

$$\text{(a)} \quad z + z^* \;=\; (x + iy) + (x - iy) = (x + x) + i(y - y) = 2x + i \cdot 0 = 2x \; ,$$

$$\text{(b)} \quad z - z^* \;=\; (x + iy) - (x - iy) = (x - x) + i(y + y) = 0 + i2y = 2iy \; ,$$

$$\text{(c)} \quad z \cdot z^* \;=\; (x + iy) \cdot (x - iy) = x^2 - ixy + iyx - iyiy = x^2 + y^2 \; .$$

Wir führen in (a) und (b) die Bezeichnung aus (30.3) ein und notieren (a) bis (c):

$$\mathrm{Re}\{z\} = \frac{z + z^*}{2} \qquad \mathrm{Im}\{z\} = \frac{z - z^*}{2i} \qquad z \cdot z^* = x^2 + y^2 \; . \tag{30.5}$$

Gelegentlich ist es nützlich, z als Zeiger in der sog. Gaußschen Zahlenebene (Abb. 30.1) darzustellen. Die Ebene wird durch die reelle und die imaginäre Achse aufgespannt.

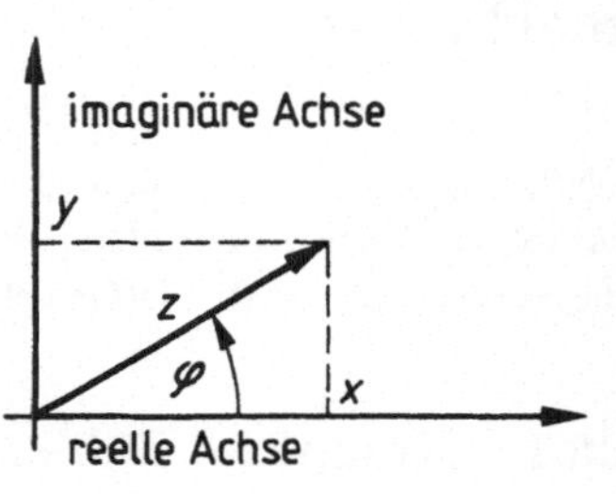

Abbildung 30.1
Die komplexe Zahlenebene wird durch die reelle und die imaginäre Achse aufgespannt.

z ist der Zeiger vom Schnittpunkt der Achsen zum Punkt mit den Koordinaten x und y in Bezug auf die reelle bzw. imaginäre Achse. Man nennt die Länge des Pfeils, die man mit $|z|$ bezeichnet, den „Betrag von z". Der von der reellen Achse aus entgegengesetzt zum Uhrzeigersinn gezählte Winkel φ heißt die „Phase von z". Man kann z somit entweder durch x und y oder durch $|z|$ und φ ausdrücken. Ein Blick auf Abb. 30.1 zeigt, wie die Größen zusammenhängen:

$$x = |z|\cos\varphi \qquad y = |z|\sin\varphi \; , \tag{30.6}$$

$$|z| = \sqrt{x^2 + y^2} \qquad \tan\varphi = y/x \; . \tag{30.7}$$

Wenn man von z Betrag und Phase kennt, kann man mit den Gleichungen (30.6) den Real- und Imaginärteil berechnen. Kennt man umgekehrt den Real- und Imaginärteil, so folgen aus den Gleichungen (30.7) Betrag und Phase.

Wir führen x und y aus (30.6) in (30.2) ein:

$$z = x + iy = |z|(\cos\varphi + i\sin\varphi) \; . \tag{30.8}$$

Die runde Klammer rechts kommt häufig vor und hat bemerkenswerte Eigenschaften. Sie bekommt deshalb eine eigene Bezeichnung:

$$\cos\varphi + i\sin\varphi =: e^{i\varphi} \; . \tag{30.9}$$

Mit diesem „e hoch $i\varphi$" schreibt sich (30.8):

$$z = |z|e^{i\varphi} . \tag{30.10}$$

Wir wollen die Eigenschaften von $e^{i\varphi}$ untersuchen. In der komplexen Zahlenebene Abb. 30.1 ist $e^{i\varphi} = \cos\varphi + i\sin\varphi$ offenbar ein Zeiger der Länge $\sqrt{\cos^2\varphi + \sin^2\varphi} = 1$, der mit der reellen Achse den Winkel φ bildet. Wenn φ alle Werte von 0 bis 2π durchläuft, wandert die Zeigerspitze von $e^{i\varphi}$ einmal auf dem Einheitskreis herum. Für $e^{i\varphi}$ gelten die folgenden Beziehungen:

$$e^{i0} = 1 \tag{30.11}$$

$$(e^{i\varphi})^* = e^{-i\varphi} \tag{30.12}$$

$$1/e^{i\varphi} = e^{-i\varphi} \tag{30.13}$$

$$e^{i\varphi_1} \cdot e^{\pm i\varphi_2} = e^{i(\varphi_1 \pm \varphi_2)} \tag{30.14}$$

$$de^{i\varphi}/d\varphi = ie^{i\varphi} \tag{30.15}$$

$$\cos\varphi = \mathrm{Re}\{e^{i\varphi}\} = (e^{i\varphi} + e^{-i\varphi})/2 \tag{30.16}$$

$$\sin\varphi = \mathrm{Im}\{e^{i\varphi}\} = (e^{i\varphi} - e^{-i\varphi})/2i . \tag{30.17}$$

Zum Beweis verwende man ständig die $e^{i\varphi}$-Definitionsgleichung (30.9):

Beweis von (30.11): $e^{i0} = \cos(0) + i\sin(0) = 1 + i0 = 1$.

Beweis von (30.12): $(e^{i\varphi})^* = (\cos\varphi + i\sin\varphi)^* = \cos\varphi - i\sin\varphi = \cos(-\varphi) + i\sin(-\varphi) = e^{i(-\varphi)} = e^{-i\varphi}$.

Beweis von (30.13): Weil $e^{i\varphi}$ eine komplexe Zahl vom Betrage 1 und $(e^{i\varphi})^* = e^{-i\varphi}$ ist, ist $1 = e^{i\varphi}(e^{i\varphi})^* = e^{i\varphi}e^{-i\varphi}$, woraus $1/e^{i\varphi} = e^{-i\varphi}$ folgt, was zu beweisen war.

Beweis von (30.14): $e^{i\varphi_1} \cdot e^{\pm i\varphi_2} = (\cos\varphi_1 + i\sin\varphi_1) \cdot (\cos\varphi_2 \pm i\sin\varphi_2) = [\cos\varphi_1 \cdot \cos\varphi_2 \mp \sin\varphi_1 \cdot \sin\varphi_2] + i[\sin\varphi_1 \cdot \cos\varphi_2 \pm \cos\varphi_1 \cdot \sin\varphi_2]$. Für die in eckige Klammern gesetzten Ausdrücke findet man in mathematischen Formelsammlungen $\cos(\varphi_1 \pm \varphi_2)$ und $\sin(\varphi_1 \pm \varphi_2)$. Daher ist $e^{i\varphi_1} \cdot e^{\pm i\varphi_2} = \cos(\varphi_1 \pm \varphi_2) + i\sin(\varphi_1 \pm \varphi_2) = e^{i(\varphi_1 \pm \varphi_2)}$, was zu beweisen war.

Beweis von (30.15): $de^{i\varphi}/d\varphi = d(\cos\varphi + i\sin\varphi)/d\varphi = -\sin\varphi + i\cos\varphi = i(\cos\varphi + i\sin\varphi) = ie^{i\varphi}$.

Beweis von (30.16): Wegen (30.3) und (30.9) ist $\cos\varphi = \mathrm{Re}\{e^{i\varphi}\}$. Wegen (30.5) und (30.12) ist $\mathrm{Re}\{e^{i\varphi}\} = (e^{i\varphi} + (e^{i\varphi})^*)/2 = (e^{i\varphi} + e^{-i\varphi})/2$. Damit ist (30.16) bewiesen. Der Beweis von (30.17) verläuft entsprechend.

Die Beziehungen (30.11) und (30.13) bis (30.15) rechtfertigen die Schreibweise $e^{i\varphi}$ und die Lesart „e hoch $i\varphi$". Wir kennen ja die Zahl $e = 2,78128\ldots$ als Basis der natürlichen Logarithmen und bezeichnen e^x als „Exponentialfunktion". Die Eigenschaften der Exponentialfunktion kennt man aus der reellen Analysis. Insbesondere gelten für ein konstantes reelles α und eine reelle Variable x folgende Relationen: $e^{\alpha 0} = 1$, $1/e^{\alpha x} = e^{-\alpha x}$, $e^{\alpha x_1} \cdot e^{\pm \alpha x_2} = e^{\alpha(x_1 \pm x_2)}$ und $de^{\alpha x}/dx = \alpha e^{\alpha x}$. Ersetzt man hier α durch i und x durch φ, so erhält man (30.11), (30.13), (30.14) und (30.15).

Wenn zwei komplexe Zahlen z_1 und z_2 addiert oder subtrahiert werden sollen, verwendet man am besten die (x,y)-Darstellung (30.2). Sollen die Zahlen multipliziert oder dividiert werden, ist die $(|z|, \varphi)$-Darstellung (30.10) zweckmäßiger. Es ist nämlich

$$
\begin{aligned}
z_1 \pm z_2 &= (x_1 \pm x_2) + i(y_1 \pm y_2)\,, \\
z_1 \cdot z_2 &= |z_1||z_2|e^{i(\varphi_1 + \varphi_2)}\,, \\
\frac{z_1}{z_2} &= \frac{|z_1|}{|z_2|} e^{i(\varphi_1 - \varphi_2)}\,.
\end{aligned}
\tag{30.18}
$$

Die unteren beiden Gleichungen gelten wegen (30.14) und (30.13).

30.2 Wechselstrom

Zwischen den Buchsen einer Haushaltssteckdose herrscht eine *Wechselspannung*, die im Elektrizitätswerk von einem *Generator* erzeugt wird, dessen Funktionieren auf dem *Induktionsgesetz* beruht. Abb. 30.2 zeigt ein Generatormodell. Im homogenen Magnetfeld $\vec{B}$ eines Hufeisenmagneten rotiert eine Drahtspule mit n Windungen um

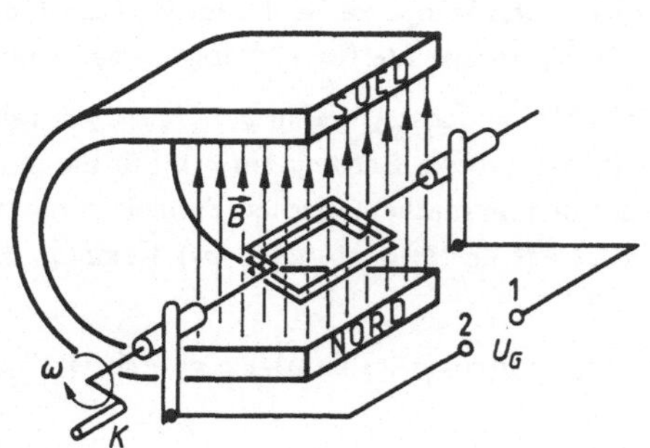

Abbildung 30.2:   Generatormodell. Eine Drahtspule wird über eine Kurbel K mit der Winkelgeschwindigkeit ω um eine Achse senkrecht zum homogenen Magnetfeld $\vec{B}$ gedreht. Zwischen den Klemmen 1 und 2 tritt dann eine Wechselspannung U_G auf.

eine Achse senkrecht zu $\vec{B}$. Die Rotation erfolgt, weil jemand mit konstanter Winkelgeschwindigkeit ω an der Kurbel K dreht. Der Winkel φ zwischen $\vec{B}$ und dem Flächenvektor $\vec{S}$ der Spule nimmt deshalb im Laufe der Zeit linear zu:

$$\varphi = \omega t + \varphi_o \,. \tag{30.19}$$

Da sich der magnetische Fluß durch die Drehspule ständig ändert, tritt zwischen den Anschlußklemmen 1 und 2, die durch Schleifer mit den Drahtenden der Spule verbunden sind, eine Induktionsspannung U auf, die im vorliegenden Fall in Anlehnung an Abb. 29.3 und Gleichung (29.13)

$$U = -nBS\frac{d\cos\varphi}{dt} \tag{30.20}$$

beträgt und „Generatorspannung U_G" genannt werden soll. Setzt man φ aus (30.19) in (30.20) ein, so erhält man

$$U_G = U_o \sin(\omega t + \varphi_o) \quad \text{mit} \quad U_o = nBS\omega \,. \tag{30.21}$$

U_o heißt der „Scheitelwert", ω die „Kreisfrequenz" und φ_o die „Phasenlage" der Wechselspannung. φ_o hängt von der Wahl des Zeitnullpunktes ab, die man z.B. so treffen kann, daß $\varphi_o = 0$ oder $\varphi_o = \pi/2$ wird. Im ersten Fall ist U_G eine reine Sinusschwingung, im zweiten eine reine Kosinusschwingung. Scheitelspannung und Kreisfrequenz des technischen Wechselstromes betragen in Deutschland $U_o = \sqrt{2} \cdot 220\text{V} = 312\text{V}$ und $\omega = 2\pi\nu = 2\pi \cdot 50/\text{s} = 314/\text{s}$. Dabei ist $\nu = 50/\text{s} = 50$ Hz (Hertz) die Frequenz = Anzahl der Schwingungen pro Sekunde.

Wir verbinden nun die beiden Klemmen des Generators aus Abb. 30.2 durch einen Leiter mit dem Ohmschen Widerstand R. Die Schaltung ist in Abb. 30.3 schematisch

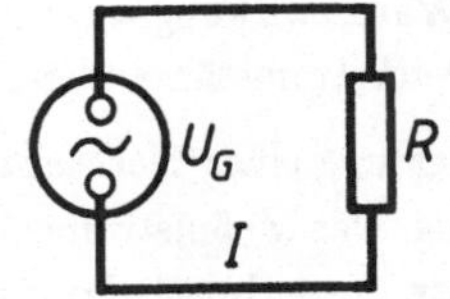

Abbildung 30.3
Der Generator G aus Abb. 30.2 liefert eine Wechselspannung U_G, die durch den Ohmschen Widerstand R einen Wechselstrom $I = U_G/R$ verursacht.

dargestellt. Dann verursacht die kosinusförmig angenommene Generatorspannung $U_G = U_o \cdot \cos\omega t$ nach dem Ohmschen Gesetz den Wechselstrom

$$I = \frac{U_G}{R} = \frac{U_o}{R}\cos\omega t =: I_o \cos\omega t \,. \tag{30.22}$$

Man bezeichnet $I_o = U_o/R$ als „Scheitelwert des Wechselstroms". Der Strom erzeugt in R Stromwärme, die sich nach (28.6) aus der Leistung

$$\frac{\text{Stromwärme}}{\text{Zeit}} = U_\mathrm{G} I = U_o I_o \cos^2 \omega t \qquad (30.23)$$

berechnen läßt. $\cos^2 \omega t$ können wir mit Hilfe (30.16) umformen:

$$\cos^2 \omega t = \left[\frac{e^{i\omega t} + e^{-i\omega t}}{2}\right]^2 = \frac{e^{2i\omega t} + e^{-2i\omega t} + 2}{4} = \frac{1 + \cos 2\omega t}{2} . \qquad (30.24)$$

Damit wird (30.23)

$$\frac{\text{Stromwärme}}{\text{Zeit}} = \frac{U_o I_o}{2}(1 + \cos 2\omega t) . \qquad (30.25)$$

Die Stromwärme pro Zeit ist also zeitabhängig. Über einen größeren Zeitraum gemittelt (wir deuten die Zeitmittelwertbildung durch Überstreichung an) fällt der oszillierende Term $\cos 2\omega t$ weg, da sich die positiven und negativen Halbwellen der Kosinusfunktion gegenseitig aufheben. Es bleibt:

$$\frac{\overline{\text{Stromwärme}}}{\text{Zeit}} = \frac{U_o I_o}{2} . \qquad (30.26)$$

In der Elektrotechnik ist es üblich, die sog. „Effektivwerte"

$$U_\mathrm{eff} := U_o/\sqrt{2} \quad \text{und} \quad I_\mathrm{eff} := I_o/\sqrt{2} \qquad (30.27)$$

einzuführen. Wegen $I_o = U_o/R$ und (30.26) gilt dann

$$U_\mathrm{eff} = R I_\mathrm{eff} \quad \text{und} \quad \frac{\overline{\text{Stromwärme}}}{\text{Zeit}} = U_\mathrm{eff} I_\mathrm{eff} = R I_\mathrm{eff}^2 = \frac{U_\mathrm{eff}^2}{R} . \qquad (30.28)$$

Gleichlautende Beziehungen haben wir in (28.5) und (28.6) für den Gleichstromfall gefunden. In einem Ohmschen Widerstand hat ein Wechselstrom im Zeitmittel dieselbe Wärmewirkung wie ein Gleichstrom, wenn die effektive Wechselstromstärke mit der Gleichstromstärke übereinstimmt. Entsprechendes gilt für die Spannungen.

Zur Messung eines Wechselstromes verwendet man z.B. die in Abb. 30.4 gezeigte Anordnung. Das Meßinstrument ist ein Drehspulgalvanometer mit dem Innenwiderstand R_i (extra gezeichnet). Da die Ausschlagsrichtung des Drehspulinstrumentes von der Stromrichtung abhängt, würde der Instrumentenzeiger um die Null-Lage herumzittern, wenn ein Wechselstrom durch die Drehspule flösse. Eine quantitative Strommessung wäre so nicht möglich. Die Schwierigkeit wird in der Anordnung Abb. 30.4 durch Verwendung von zwei gleichen Stromgleichrichtern $\rightarrow\!\!\mid$ mit entgegengesetzten Durchlaßrichtungen behoben.[1] Der zu messende Wechselstrom fließt je nach der

---

[1] Als Gleichrichter eignet sich z.B. die in Abb. 28.16 dargestellte Halbleiterdiode.

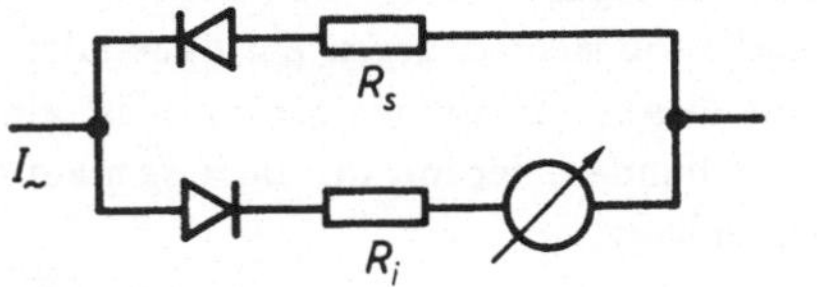

Abbildung 30.4
Drehspulgalvanometer mit
Stromgleichrichtern zur
Messung von Wechselstrom.

gerade vorliegenden Stromrichtung entweder von links nach rechts durch den unteren Zweig mit dem Drehspulinstrument oder von rechts nach links durch den oberen Zweig mit dem Nebenschlußwiderstand $R_S = R_i$. Durch das Drehspulgalvanometer fließt also ein zerhackter Gleichstrom, der einen zu I_{eff} proportionalen Dauerausschlag verursacht. Die natürlich immer noch vorhandene Zitterbewegung des Zeigers spielt wegen der Trägheit der Drehspule für hinreichend hohe Wechselstromfrequenzen keine Rolle. Wegen des Ohmschen Gesetzes $U_{eff} = RI_{eff}$ kann man mit der Anordnung Abb. 30.4 auch Wechselspannungen U_{eff} messen, gegebenenfalls unter Verwendung eines Vorschaltwiderstandes.

30.3   Wechselstromkreise

Abb. 30.5 stellt einen Wechselstromkreis dar, mit einem Generator G à la Abb. 30.2 als Stromquelle. Der Stromkreis besteht aus einem Ohmschen Widerstand R, einer Spule der Induktivität L ohne Ohmschen Widerstand – dieser sei in R enthalten – und einem Kondensator der Kapazität C. Sie könnten sagen, die Anordnung wäre

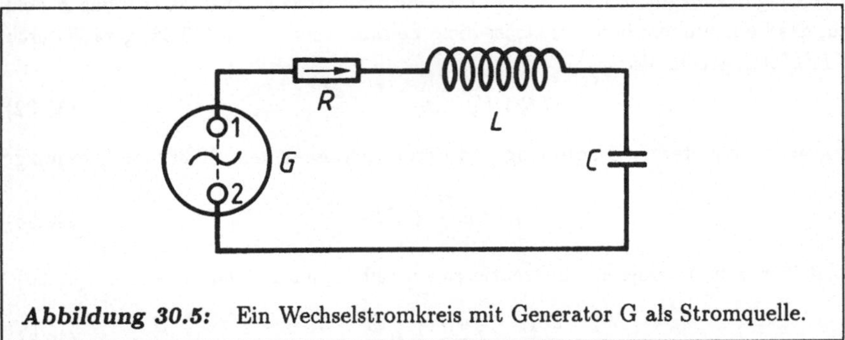

Abbildung 30.5:   Ein Wechselstromkreis mit Generator G als Stromquelle.

kein Stromkreis, weil die leitende Verbindung zwischen den Klemmen 1 und 2 des Generators durch den Kondensator unterbrochen ist. Das Argument träfe zu, wenn die Generatorspannung U_G eine Gleichspannung wäre. Die Wechselspannung $U_\mathrm{G} = U_o \cos\omega t$ verursacht dagegen ein dauerndes Auf- und Entladen des Kondensators, und mit diesen Umladungsvorgängen ist ein elektrischer Wechselstrom I durch R und L verbunden, der mit der Ladung q auf der oberen Kondensatorplatte wie folgt zusammenhängt:

$$I = \frac{dq}{dt} \, .\tag{30.29}$$

Nach (26.31) liegt zwischen den Platten eines geladenen Kondensators eine Spannung U_c, die über C mit q verknüpft ist:

$$U_c = q/C \, .\tag{30.30}$$

Wir bilden im Stromkreis Abb. 30.5 die Zirkulation des elektrischen Feldes längs des geschlossenen Weges $1RLC21$:

$$\oint \vec{E} \cdot d\vec{r} = IR + U_c - U_G \, .\tag{30.31}$$

Dabei ist IR der Spannungsabfall am Ohmschen Widerstand, U_c die Spannung am Kondensator und $-U_\mathrm{G}$ der Beitrag zu $\oint \vec{E}\cdot d\vec{r}$, der von dem kurzen Wegstück zwischen den Generatorklemmen $2 \to 1$ (in Abb. 30.5 gestrichelt gezeichnet) herrührt. Das Minuszeichen tritt auf, weil U_G als Wegintegral der elektrischen Feldstärke nicht von $2 \to 1$, sondern von $1 \to 2$ definiert ist. Die Spule trägt zu $\oint \vec{E} \cdot d\vec{r}$ nicht bei, weil im „widerstandslosen" Spulendraht $\vec{E} = 0$ sein muß, da dort sonst die Stromstärke unendlich wäre.

Nach dem Induktionsgesetz (29.1) ist $\oint \vec{E} \cdot d\vec{r}$ aus (30.31) gleich der negativen Zeitableitung des magnetischen Flusses durch die umfahrene Fläche. Da sich das $\vec{B}$-Feld auf das Spuleninnere beschränkt, ist diese Zeitableitung wie in (29.28) gerade durch $-LdI/dt$ gegeben, also

$$IR + U_c - U_\mathrm{G} = -L\frac{dI}{dt} \, ,\tag{30.32}$$

woraus nach einfacher Umordnung und Berücksichtigung von (30.30) die Gleichung

$$U_\mathrm{G} = L\frac{dI}{dt} + RI + \frac{q}{C}\tag{30.33}$$

folgt. Um q zu eliminieren, differenzieren wir (30.33) nach t und verwenden (30.29):

$$\frac{dU_\mathrm{G}}{dt} = L\frac{d^2I}{dt^2} + R\frac{dI}{dt} + \frac{I}{C} \, .\tag{30.34}$$

Gleichung (30.34) gestattet, für vorgegebene Generatorspannung

$$U_\mathrm{G} = U_o \cos\omega t = \mathrm{Re}\{U_o e^{i\omega t}\}\tag{30.35}$$

die Wechselstromstärke I zu berechnen. Man probiert den Ansatz

$$I(t) = \mathrm{Re}\{\hat{I}e^{i\omega t}\} \tag{30.36}$$

mit einem zeitlich unabhängigen aber möglicherweise komplexen $\hat{I}$-Wert. Setzt man
(30.35) und (30.36) in die Differentialgleichung (30.34) ein, so kommt die Operation
$\mathrm{Re}\{\ldots\}$ auf beiden Seiten der Gleichung vor jedem Summanden vor. Das berechtigt
uns, $\mathrm{Re}\{\ldots\}$ zunächst wegzulassen und erst am Ende der Rechnung den Realteil zu
nehmen. In diesem Sinne setzen wir für U_G und I in (30.34) die komplexen Ausdrücke
$U_o e^{i\omega t}$ und $\hat{I}e^{i\omega t}$ ein. Die Zeit kommt dann nur in der Form $e^{i\omega t}$ vor. Die Differentia-
tionen nach t in (30.34) erfordern daher die Berechnung der Zeitableitungen von $e^{i\omega t}$,
für die man wegen (30.15)

$$\frac{de^{i\omega t}}{dt} = i\omega e^{i\omega t} \quad \text{und} \quad \frac{d^2 e^{i\omega t}}{dt^2} = (i\omega)^2 e^{i\omega t} = -\omega^2 e^{i\omega t} \tag{30.37}$$

erhält. Jede Zeitableitung reproduziert also die Ausgangsfunktion $e^{i\omega t}$ und multipliziert sie mit $i\omega$. Nach Durchführung der Zeitableitungen in (30.34) ist daher jeder
Summand immer noch mit dem zeitabhängigen Faktor $e^{i\omega t}$ behaftet, der sich deshalb
wegkürzen läßt. Aus alledem folgt, daß wir die Differentialgleichung (30.34) durch die
Ersetzungsregeln

$$U_\mathrm{G}(t) \to U_o \qquad I(t) \to \hat{I} \qquad \frac{d}{dt} \to i\omega \tag{30.38}$$

in eine algebraische Gleichung verwandeln können:

$$i\omega U_o = -\omega^2 L\hat{I} + i\omega R\hat{I} + \hat{I}/C \; . \tag{30.39}$$

Nach Division durch $i\omega$ und Ausklammern von $\hat{I}$ wird daraus

$$U_o = (R + i\omega L + \frac{1}{i\omega C})\hat{I} =: \Re\hat{I} \; . \tag{30.40}$$

Man nennt $\Re$ die „Impedanz" oder (in Anlehnung an das Ohmsche Gesetz) den
„Wechselstromwiderstand" des in Abb. 30.5 dargestellten Stromkreises. Wir zerlegen
$\Re$ in Real- und Imaginärteil und bestimmen daraus nach (30.7) den Betrag $|\Re|$ und
die Phase $\varphi_\Re$:

$$\begin{aligned} \Re &= R + i(\omega L - \frac{1}{\omega C}) = |\Re|e^{i\varphi_\Re} \quad \text{mit} \\ |\Re| &= \sqrt{R^2 + (\omega L - 1/\omega C)^2} \quad \text{und} \quad \tan\varphi_\Re = \frac{\omega L - 1/\omega C}{R} \; . \end{aligned} \tag{30.41}$$

Aus (30.40) und (30.41) ergibt sich dann

$$\hat{I} = \frac{U_o}{\Re} = \frac{U_o}{|\Re|e^{i\varphi_\Re}} =: I_o e^{-i\varphi_\Re} \quad \text{mit} \quad I_o := \frac{U_o}{|\Re|} \tag{30.42}$$

und daraus nach Einsetzen in (30.36)

$$I(t) = \mathrm{Re}\{I_o e^{-i\varphi_\Re} e^{i\omega t}\} = I_o \mathrm{Re}\{e^{i(\omega t - \varphi_\Re)}\} = I_o \cos(\omega t - \varphi_\Re); . \tag{30.43}$$

Die Stromstärke $I(t)$ im Wechselstromkreis Abb. 30.5 ändert sich also kosinusförmig wie die Generatorspannung $U_\mathrm{G} = U_o \cos\omega t$, allerdings mit einer um $\varphi_\Re$ verzögerten Phase. Der Scheitelwert I_o des Stromes ist nach (30.42) zur Scheitelspannung U_o proportional. Wechselstrommeßgeräte vom Typ Abb. 30.4 messen, unabhängig von der Phasenlage, Effektivwerte $I_\mathrm{eff} = I_o/\sqrt{2}$ oder $U_\mathrm{eff} = U_o/\sqrt{2}$. Weil $U_\mathrm{eff}/I_\mathrm{eff} = U_o/I_o$ ist, folgt aus der rechten Gleichung (30.42) und der $|\Re|$- Gleichung (30.41):

$$\frac{U_\mathrm{eff}}{I_\mathrm{eff}} = |\Re| = \sqrt{R^2 + (\omega L - 1/\omega C)^2} . \tag{30.44}$$

Da links das Verhältnis zweier Meßwerte steht, läßt sich der Betrag $|\Re|$ des Wechselstromwiderstandes genau wie ein Gleichstromwiderstand aus Strom-Spannungs-Messungen ermitteln. Man erkennt, daß $|\Re|$ von ω abhängt. Für den speziellen Wert

$$\omega = \frac{1}{\sqrt{LC}} =: \omega_o \tag{30.45}$$

ist $|\Re|$ minimal und gleich dem Ohmschen Widerstand R. Wenn $\omega \to 0$ oder ∞ geht, wird $|\Re|$ unendlich. Die ebenfalls von ω abhängige Phasendifferenz $\varphi_\Re$ zwischen Wechselspannung und Wechselstrom nimmt wegen der $\tan\varphi_\Re$-Gleichung (30.41) für die ω-Werte 0 bzw. ω_o bzw. ∞ die Werte $\varphi_\Re = -\pi/2$ bzw. 0 bzw. $+\pi/2$ an. Die Frequenzabhängigkeiten sind in Abb. 30.6 dargestellt. Anstelle von $|\Re|$ haben wir $I_\mathrm{eff}/U_\mathrm{eff} = 1/|\Re|$ aufgetragen, eine bei vorgegebener Effektivspannung zum effektiven Strom proportionale Größe. I_eff erreicht bei $\omega = \omega_o$ den Maximalwert. Je kleiner der Ohmsche Widerstand R ist, um so ausgeprägter ist die Frequenzabhängigkeit.

Der durch den Stromkreis Abb. 30.5 fließende Wechselstrom erzeugt im Ohmschen Widerstand R Stromwärme. Nach (30.28) beträgt die mittlere Wärmeerzeugungsrate RI^2_eff. Da R wegen (30.41) der Realteil des komplexen Wechselstromwiderstands $\Re$ ist, gilt $R = \mathrm{Re}\{|\Re|e^{i\varphi_\Re}\} = |\Re| \cos\varphi_\Re$. Damit erhalten wir unter Verwendung von (30.44):

$$\overline{\left(\frac{\mathrm{Stromwärme}}{\mathrm{Zeit}}\right)}_{\mathrm{in\ R}} = RI^2_\mathrm{eff} = U_\mathrm{eff}I_\mathrm{eff} \cos\varphi_\Re . \tag{30.46}$$

In Spule L und Kondensator C des Wechselstromkreises wird keine Stromwärme erzeugt. Die Feldenergie, die im Magnetfeld der Spule und im elektrischen Feld des Kondensators steckt, wird zwar vom Generator aufgebracht, wird aber immer wieder wegen des wechselnden Stromes durch Induktion und Kondensatorenentladung in den Stromkreis, zu dem ja auch der Generator gehört, zurückgeführt. Die Feldenergie

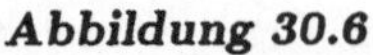

Abbildung 30.6
Die Frequenzabhängigkeit des reziproken Wechselstromwiderstandes $1/|\Re|$ und der Phasendifferenz $\varphi_\Re$ zwischen Generatorspannung und Wechselstrom im Stromkreis der Abb. 30.5.

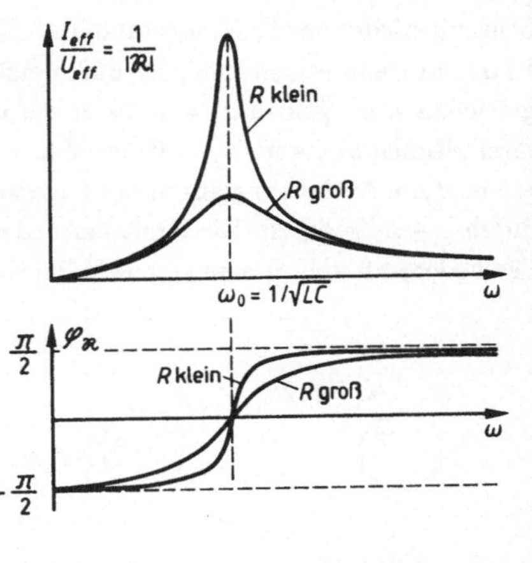

geht also nicht verloren, sondern bleibt im Geschäft. Elektrische Wechselstromzähler sind deshalb so zu konstruieren, daß sie die wirklich verbrauchte Energie = Leistung mal Zeit $= \int (U_{\text{eff}} \cdot I_{\text{eff}} \cdot \cos\varphi_\Re)dt$ anzeigen.

Wir betrachten abschließend noch einmal Abb. 30.5 und die zugehörige Gleichung (30.40). Im Wechselstromkreis sind der Ohmsche Widerstand R, die Spule L und der Kondensator C hintereinander geschaltet. Bei Hintereinanderschaltung von Leitern addieren sich deren Widerstände. Nun setzt sich der Wechselstromwiderstand $\Re$ des Stromkreises nach (30.40) tatsächlich additiv aus den Größen

$$\Re_R = R \quad , \quad \Re_L = i\omega L \quad \text{und} \quad \Re_C = \frac{1}{i\omega C} \tag{30.47}$$

zusammen, die für R, L und C charakteristisch sind. Man bezeichnet $\Re_R$ bzw. $\Re_L$ bzw. $\Re_C$ als *Ohmschen* bzw. *induktiven* bzw. *kapazitiven* Wechselstromwiderstand. $\Re_R$ ist frequenzunabhängig. $|\Re_L|$ nimmt zu und $|\Re_C|$ ab, wenn ω wächst. Für Gleichstrom (d.h. $\omega = 0$) ist $|\Re_L| = 0$ und $|\Re_C| = \infty$.

30.4 Elektrische und mechanische Schwingungen

Abb. 30.7 zeigt drei „schwingungsfähige Systeme", die wir zunächst nacheinander beschreiben, um dann festzustellen, daß sie sich nach mathematisch äquivalenten Differentialgleichungen bewegen.

a) Lineare Federschwingung (Abb. 30.7a): Eine Kugel der Masse m hängt an einer Schraubenfeder der Federkonstanten D. Das obere Federende am Ort x_a wird durch einen Stangenmechanismus, der durch einen Motor mit der Winkelgeschwindigkeit ω getrieben wird, gemäß $x_a = a \cos \omega t$ auf und ab bewegt. Die Kugel befindet sich in ihrer „Ruhelage", wenn $x_a = 0$, der Motor abgeschaltet und die Kugel in Ruhe ist. Die momentane Auslenkung aus dieser Lage werde x genannt. Die Federdehnung ist dann durch $x - x_a$ gegeben. Die Kraft der Feder auf m beträgt daher $-D(x - x_a)$. Neben der Federkraft soll m eine geschwindigkeitsabhängige Reibungskraft $-r\dot{x}$ verspüren,

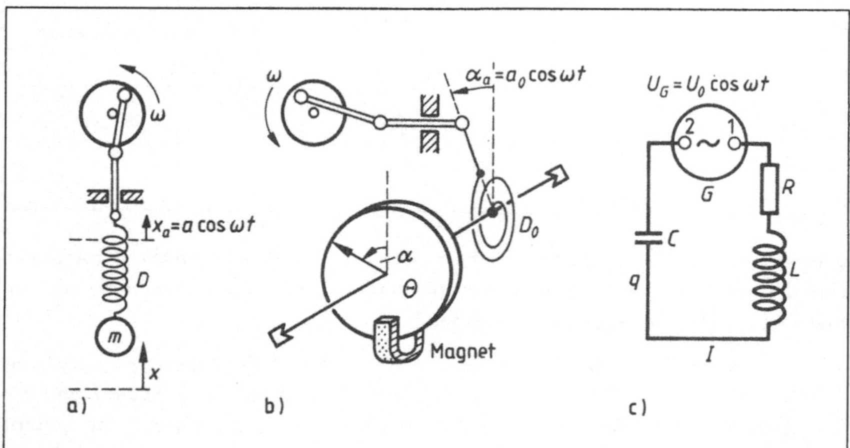

Abbildung 30.7:   Schwingungsfähige Systeme. (a) lineare Federschwingung, (b) Drehschwingung, (c) elektrische Schwingung.

etwa deshalb, weil die Bewegung der Kugel in einem reibenden Medium erfolgt. Dann lautet das Grundgesetz der Mechanik (7.4):

$$F = -D(x - x_a) - r\dot{x} = m\ddot{x}$$

oder nach Umordnung der Terme

$$m\ddot{x} + r\dot{x} + Dx = Dx_a = Da \cos \omega t \; . \tag{30.48}$$

b) Drehschwingungen (Abb.30.7b): Eine Kreisscheibe aus Metall mit dem Trägheitsmoment Θ ist fest mit einer in z-Richtung orientierten Drehachse verschraubt, auf die eine elastische Spiralfeder ein rücktreibendes Drehmoment $D_z = -D_o(\alpha - \alpha_a)$

ausübt, das durch eine Federkonstante D_o und den Verdrillungswinkel $\alpha - \alpha_a$ der Spiralfeder gegeben ist. Dabei beschreibt α nach Abb. 30.7 die Winkelauslenkung der Drehscheibe aus ihrer Ruhelage und α_a die Winkelabweichung des äußeren Federendes von der Mittellage. α_a kann durch ein Motorgestänge gemäß $\alpha_a = a_o \cos \omega t$ bewegt werden. Neben dem von der Spiralfeder verursachten Moment D_z soll ein zur Winkelgeschwindigkeit $\omega_z = \dot\alpha$ der Scheibe proportionales bremsendes Drehmoment $\tilde{D}_z = -r_o \dot\alpha$ auftreten.[2] Um eine Gleichung für α zu erhalten, setzen wir die nach (11.18) gebildete z-Komponente des Drehimpulses

$$L_z = \Theta \omega_z = \Theta \dot\alpha \qquad (30.49)$$

in die Drehimpulsbewegungsgleichung (11.8) ein:

$$\dot{L}_z = \sum D_z^{\text{außen}} = D_z + \tilde{D}_z = -D_o(\alpha - \alpha_a) - r_o \dot\alpha \; . \qquad (30.50)$$

Wegen $\dot{L}_z = \Theta \ddot\alpha$ ergibt sich dann nach Umordnung der Terme:

$$\Theta \ddot\alpha + r_o \dot\alpha + D_o \alpha = D_o \alpha_a = D_o a_o \cos \omega t \; . \qquad (30.51)$$

c) **Elektrische Schwingungen** (Abb. 30.7c): Die Anordnung kennen wir schon aus Abb. 30.5. In (30.32) wurde eine Bewegungsgleichung für den Wechselstrom I abgeleitet, und zwar aus dem Induktionsgesetz $\oint \vec{E} \cdot d\vec{r} = -L dI/dt$. Wir wollen jetzt eine andere Ableitung durchführen, um die Nützlichkeit des elektromagnetischen Energiebegriffes zu demonstrieren. Es ist zweckmäßig, nach der Ladung q auf der unteren Kondensatorplatte zu fragen, die ja gemäß $I = dq/dt = \dot{q}$ mit der Stromstärke verknüpft ist. Die Generatorspannung $U_G = U_o \cos \omega t$ treibt den Strom I und pumpt deshalb die Leistung $U_G I$ in den Stromkreis. Diese Leistung wird entweder im Ohmschen Widerstand R in Wärmeleistung RI^2 umgesetzt oder zur zeitlichen Änderung der im $\vec{E}$-Feld des Kondensators und im $\vec{B}$-Feld der Spule gespeicherten Feldenergien verwendet. Die Feldenergien betragen nach (26.31) und (29.30) zusammengenommen $q^2/2C + LI^2/2$, so daß

$$U_G I = RI^2 + \frac{d}{dt}\left(\frac{q^2}{2C} + \frac{LI^2}{2}\right) = RI^2 + \frac{q\dot{q}}{C} + LI\dot{I} \; . \qquad (30.52)$$

---

[2]Das läßt sich zum Beispiel durch eine „Wirbelstrombremse" realisieren. Sie besteht aus einem ruhenden Hufeisenmagneten, zwischen dessen Polen sich der Scheibenrand bewegt (Abb. 30.7b). Das $\vec{B}$-Feld des Magneten übt auf die Leitungselektronen im Scheibenrand eine Lorentzkraft aus, welche einen Elektronenstrom verursacht (Wirbelstrom). Der Wirbelstrom erzeugt Stromwärme, die wegen des Energieerhaltungssatzes von der mechanischen Rotationsenergie der Scheibe abgeht. Die Scheibe wird also gebremst.

Wegen $\dot{q} = I$ kann man I aus (30.52) herauskürzen. Ersetzt man danach I durch $\dot{q}$ und $\dot{I}$ durch $\ddot{q}$, so erhält man nach Umordnung der Terme:

$$L\ddot{q} + R\dot{q} + \frac{1}{C}q = U_G = U_o \cos \omega t \; . \tag{30.53}$$

Diese aus dem Energieerhaltungssatz (30.52) gewonnene Differentialgleichung stimmt mit der aus dem Induktionsgesetz gewonnenen Gleichung (30.33) überein.

Eine Durchsicht zeigt, daß die Bewegungsgleichungen (30.48), (30.51) und (30.53) für die drei Systeme (a), (b) und (c) der Abb. 30.7 formal äquivalent sind. Sie lassen sich in folgende Einheitsform bringen:

$$\ddot{w} + 2\rho\dot{w} + \omega_o^2 w = \omega_o^2 u = \omega_o^2 u_o \cos \omega t \; . \tag{30.54}$$

Die Bedeutung der Buchstaben geht aus der folgenden Tabelle 30.1 hervor:

System Abb. 30.7 Größe		(a)	(b)	(c)
$u(t)$	= bewegende Größe	x_a	α_a	$C \cdot U_G$
u_o	= Scheitelwert von u	a	a_o	$C \cdot U_o$
$w(t)$	= bewegte Größe	x	α	q
ω_o	= Eigenfrequenz	$\sqrt{D/m}$	$\sqrt{D_o/\Theta}$	$1/\sqrt{LC}$
ρ	= Reibungskoeffizient	$r/2m$	$r_o/2\Theta$	$R/2L$

Tabelle 30.1 Äquivalenz der Bewegungsgleichungen

Die bewegende Größe $u(t)$ ist die Ursache der Bewegung $w(t)$. Gleichung (30.54) beschreibt zwei wesentlich verschiedene Bewegungsformen, die *freie* und die *erzwungene* Schwingung. Wir wollen sie nacheinander behandeln.

30.5   Freie Schwingungen

Wenn wir in Abb. 30.7 bei (a) und (b) den Motor ausschalten und bei (c) den Generator G durch ein die Punkte 1 und 2 verbindendes Drahtstückchen ersetzen, schaffen wir die Voraussetzungen für *freie Schwingungen* der Systeme. Offenbar ist dann die bewegende Größe $u(t) = 0$ und (30.54) vereinfacht sich zu

$$\ddot{w} + 2\rho\dot{w} + \omega_o^2 w = 0 \; . \tag{30.55}$$

Wir bringen nun durch einen einmaligen Eingriff Energie in das System, etwa indem wir Kugel (a) oder Drehscheibe (b) auslenken und loslassen oder den Kondensator in (c) durch kurzzeitige Verbindung mit einer Stromquelle aufladen. Danach ist das System in Bewegung und vollführt eine freie Schwingung $w(t)$. Die durch ρ beschriebene Reibung bewirkt ein Abklingen der Bewegung. Es wird so lange Reibungswärme erzeugt, bis die durch den Eingriff investierte Energie verbraucht ist.

Wir probieren, (30.55) durch den Ansatz

$$w(t) = \hat{w}e^{i\omega t} \quad \text{mit} \quad \hat{w} = w_o e^{i\varphi} = \text{const} \tag{30.56}$$

zu lösen. Einsetzen in (30.55) ergibt die Gleichung:

$$(-\omega^2 + 2i\omega\rho + \omega_o^2)\hat{w} = 0 \ . \tag{30.57}$$

Da $\hat{w} \neq 0$ sein soll, muß die runde Klammer verschwinden. Das ist eine quadratische Gleichung für ω, die durch

$$\omega = i\rho + \sqrt{\omega_o^2 - \rho^2} \tag{30.58}$$

gelöst wird.[3] Der Ansatz (30.56) ist also erfolgreich, wenn wir dort für ω die rechte Seite von (30.58) einsetzen:

$$w(t) = w_o e^{-\rho t} e^{i(\sqrt{\omega_o^2 - \rho^2}t + \varphi)} \ . \tag{30.59}$$

(30.59) hat noch einen Schönheitsfehler. $w(t)$ ist für den interessanten Fall kleiner Reibung $\rho^2 < \omega_o^2$ komplex. Jede wirkliche Bewegung ist natürlich reell. Was tun? Wir dürfen einfach den Realteil von (30.59) nehmen, also

$$w(t) = w_o e^{-\rho t} \cos(\sqrt{\omega_o^2 - \rho^2}t + \varphi) \ . \tag{30.60}$$

w_o und φ sind Integrationskonstanten, die z.B. durch die Anfangswerte von w und $\dot{w}$ zur Zeit $t = 0$ festgelegt sind. In Abb. 30.8 ist die freie Schwingung (30.60) für zwei Reibungskoeffizienten ρ dargestellt. Wegen des zeitlichen Abklingens der Amplitude spricht man von einer *gedämpften Schwingung*. Im reibungsfreien Fall $\rho \to 0$ ist die Schwingung ungedämpft und erfolgt mit der Kreisfrequenz $\omega_o = $ Eigenfrequenz des Systems. Bei vorhandener Reibung ist die Kreisfrequenz $\sqrt{\omega_o^2 - \rho^2}$ kleiner als ω_o, im Fall $\rho = \omega_o/20$ der Abb. 30.8 links allerdings nur um etwa 0,1%.

Ein Beispiel für ein System, das ungedämpfte freie Schwingungen ausführt, ist der ideale elektrische Schwingkreis (Abb. 30.9). Er besteht aus einem Kondensator der Kapazität C und einer widerstandslosen Spule der Selbstinduktion L. Da $R = 0$ ist, ist der Reibungskoeffizient $\rho = 0$. Nachdem der Kondensator kurzzeitig aufgela-

---

[3]Wenn Sie Zeit und Lust haben, können Sie untersuchen, ob die zweite Lösung der quadratischen Gleichung etwas anderes ergibt.

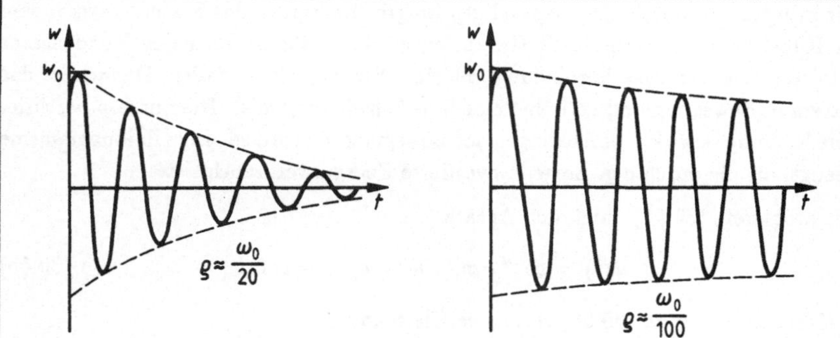

Abbildung 30.8:   Freie Schwingung $w(t)$ für zwei Reibungskoeffizienten ρ. Die gestrichelt gezeichneten Hilfslinien $\pm w_o e^{-\rho t}$ geben die Grenzen an, zwischen denen $w(t)$ gemäß $\cos(\sqrt{\omega_o^2 - \rho^2}\,t + \varphi)$ hin und her schwingt.

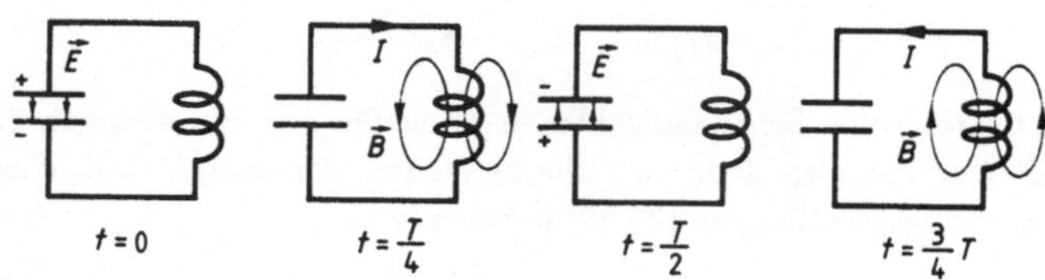

Abbildung 30.9:   In einem idealen elektrischen Schwingkreis wandert elektromagnetische Feldenergie zwischen Kondensator C und Spule L hin und her. Nach der Schwingungsdauer $T = 2\pi\sqrt{LC}$ beginnt das Spiel von neuem.

den wurde, wandert die Ladung q zwischen den Kondensatorplatten durch die Spule hindurch hin und her. Die Ladungsschwingung erfolgt nach Tab. 30.1 mit der Schwingungsdauer

$$T = \frac{2\pi}{\omega_o} = 2\pi\sqrt{LC}\,.\tag{30.61}$$

Je größer L und C sind, um so langsamer oszilliert der Schwingkreis.

30.6 Erzwungene Schwingungen

Nach den freien Schwingungen behandeln wir die *erzwungenen Schwingungen* der in
Abb. 30.7 dargestellten und durch (30.54) einheitlich beschriebenen Systeme. Jetzt
werden die Erreger – das sind die Motoren in (a) und (b) und der Wechselstromgenerator in (c) – eingeschaltet. Die erregende Größe $u(t) = u_o \cos\omega t$ auf der rechten
Seite von (30.54) ist dann vorgegeben. Für die Rechnung ist es wieder zweckmäßig,
$u_o \cos\omega t$ zunächst durch den komplexen Ausdruck $u_o e^{i\omega t}$ zu ersetzen und erst später
zum Realteil überzugehen. Wir fragen dieses Mal nach der erregten oder erzwungenen
Bewegung $w(t)$, die sich lange Zeit nach dem Einschalten des Erregers[4] einstellt, und
probieren (30.54) durch den Ansatz

$$w(t) = \hat{w} e^{i\omega t} \quad \text{mit} \quad \hat{w} = \text{const} \tag{30.62}$$

zu lösen. Im Gegensatz zum Ansatz (30.56) für die freie Schwingung ist ω dieses
Mal die willkürlich, aber fest vorgegebene Erregerfrequenz. Die vermutlich komplexe
Zahl $\hat{w}$ wird gesucht. Wir gehen dazu mit (30.62) in (30.54) ein und erhalten nach
Wegkürzen von $e^{i\omega t}$:

$$(-\omega^2 + 2i\omega\rho + \omega_o^2)\hat{w} = \omega_o^2 u_o \ . \tag{30.63}$$

Der Ansatz (30.62) ist also eine Lösung von (30.54), wenn $\hat{w}$ der Gleichung (30.63)
genügt. Wir setzen dieses $\hat{w}$ in (30.62) ein und nehmen (jetzt!) den Realteil:

$$w(t) = \text{Re}\left\{ \frac{\omega_o^2 u_o}{\omega_o^2 - \omega^2 + 2i\omega\rho} e^{i\omega t} \right\} \ . \tag{30.64}$$

Der Nenner in (30.64) kann wegen (30.7) und (30.10) in die Form

$$\sqrt{(\omega_o^2 - \omega^2)^2 + (2\rho\omega)^2} \cdot e^{i\varphi} \quad \text{mit} \quad \tan\varphi = \frac{2\rho\omega}{\omega_o^2 - \omega^2} \tag{30.65}$$

gebracht werden. Danach ist die Realteilbildung (30.64) trivial und ergibt:

$$w(t) = \frac{\omega_o^2 u_o}{\sqrt{(\omega_o^2 - \omega^2)^2 + (2\rho\omega)^2}} \cos(\omega t - \varphi) =: w_o \cos(\omega t - \varphi) \ . \tag{30.66}$$

Die erzwungene Schwingung $w(t)$ ist also eine mit der Erregerfrequenz ω oszillierende Kosinusfunktion, deren Phase um den Wert φ, der aus (30.65) rechts entnommen werden kann, hinter der Phase des Erregers herhinkt. Der in (30.66) definierte
Scheitelwert w_o der erregten Schwingung ist zum Scheitelwert u_o des Erregers proportional und hängt ebenso wie φ von der Erregerfrequenz ω ab. Die Abhängigkeiten
sind in Abb. 30.10 graphisch dargestellt. Die unten gezeigte Phase $\varphi(\omega)$ geht bei der

---

[4]Beim Einschalten können freie Schwingungen vom Typ (30.60) angestoßen werden, die aber
exponentiell abklingen und deshalb einige Zeit nach dem Einschalten unbeachtet bleiben dürfen.

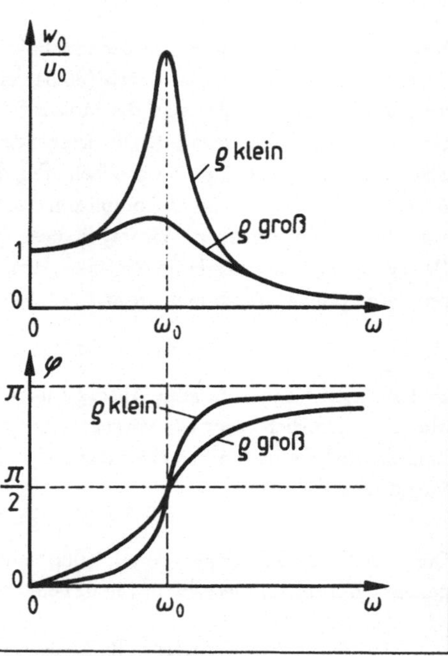

Abbildung 30.10

Der auf die Erregeramplitude u_o bezogene Scheitelwert w_o und die Phasenlage φ für erzwungene Schwingungen als Funktion der Erregerfrequenz ω für zwei verschieden große Reibungskoeffizienten ρ.

Eigenfrequenz ω_o des Systems durch den Wert $\pi/2$. Der oben gezeigte Scheitelwert $w_o(\omega)$ besitzt bei $\omega = \sqrt{\omega_o^2 - 2\rho^2}$ ein ausgeprägtes Maximum. Man sagt, Erreger und System seien dort in Resonanz. Die Graphen in Abb. 30.10 werden „Resonanzkurven" genannt. Die Resonanz ist um so ausgeprägter, je kleiner die Reibung ρ ist. Für das reibungsfreie System $\rho \to 0$ tritt eine sog. „Resonanzkatastrophe" ein, wenn die Erregerfrequenz ω genau mit ω_o übereinstimmt. Der Erreger pumpt dann so lange Energie in das schwingende System, bis etwas Dramatisches passiert. Im elektrischen Schwingkreis Abb. 30.7c können z.B. blitzartige Überschläge zwischen den Kondensatorplatten auftreten.

Kapitel 31

Elektromagnetische Wellen

Unser Hauptanliegen ist immer noch, den Inhalt der Maxwellschen Gleichungen

$$(\text{I}) \qquad \oint_K \vec{E} \cdot d\vec{r} \;=\; -\frac{d}{dt} \int_{SK} \vec{B} \cdot d\vec{S}$$

$$(\text{II}) \qquad c^2 \oint_K \vec{B} \cdot d\vec{r} \;=\; \frac{d}{dt} \int_{SK} \vec{E} \cdot d\vec{S} + \frac{1}{\varepsilon_o} \int_{SK} \vec{j} \cdot d\vec{S}$$

$$(\text{III}) \qquad \oint_{SO} \vec{E} \cdot d\vec{S} \;=\; \frac{1}{\varepsilon_o} \int_{V_{SO}} \rho \, dV$$

$$(\text{IV}) \qquad \oint_{SO} \vec{B} \cdot d\vec{S} \;=\; 0$$

$$(31.1)$$

aufzudecken. Wie weit sind wir damit gediehen? Für den zeitunabhängigen Fall $(d/dt = 0)$ folgten aus (I) und (III) die Grundgesetze der Elektrostatik (Kap. 25) und aus (II) und (IV) diejenigen der Magnetostatik (Kap. 27). Gleichung (I) ist das Faradaysche Induktionsgesetz (Kap. 29). Es steht also nur noch der Term $\frac{d}{dt} \int_{SK} \vec{E} \cdot d\vec{S}$ in (II) zur Debatte, der einst von Maxwell aus theoretischen Gründen eingeführt wurde und heute – nach Multiplikation mit ε_o – „Maxwellscher Verschiebungsstrom" genannt wird. Wir zeigten schon am Ende von Kap. 24.2, daß sich zwischen (II) und (III) ein Widerspruch konstruieren läßt, wenn man den Verschiebungsstrom in (II) unterschlägt.

Um das Auftreten des Verschiebungsstromes in der zweiten Maxwellschen Gleichung experimentell zu verifizieren, sollte man sich in ein Gebiet begeben, das frei von gewöhnlichen Strömen $\vec{j}$ ist. Dort wäre die auf die wesentlichen Terme reduzierte Gleichung

$$c^2 \oint_K \vec{B} \cdot d\vec{r} = \frac{d}{dt} \int_{SK} \vec{E} \cdot d\vec{S} \qquad (31.2)$$

zu überprüfen, die besagt, daß ein zeitlich veränderliches elektrisches Feld $\vec{E}$ ein magnetisches Feld $\vec{B}$ erzeugt, dessen Zirkulation $\oint_K \vec{B} \cdot d\vec{r}$ zum Maxwellschen Verschiebungsstrom durch eine von K begrenzte Fläche proportional ist. Solche Experimente sind schwierig und gelangen erst 22 Jahre nach Bekanntwerden der Maxwellschen

Gleichungen, als Heinrich Hertz im Jahre 1886 mit technischen Mitteln elektromagnetische Wellen erzeugen und nachweisen konnte (Hertzsche Wellen = Radiowellen). Maxwell hatte die Existenz der Wellen als eine Konsequenz seines Verschiebungsstromes vorhergesagt. Wir wollen sehen, wie man von den Maxwellschen Gleichungen auf die Wellen kommt.

Elektromagnetische Wellen breiten sich durch den leeren Raum aus. In ihm sind weder Ladungen noch Ströme vorhanden, also $\rho = 0$ und $\vec{j} = 0$. Die Gleichungen (31.1) vereinfachen sich daher im *materiefreien Raum* zu den folgenden Gleichungen

$$
\text{(I')} \qquad \oint_K \vec{E} \cdot d\vec{r} \;=\; -\frac{d}{dt} \int_{SK} \vec{B} \cdot d\vec{S}
$$

$$
\text{(II')} \qquad c^2 \oint_K \vec{B} \cdot d\vec{r} \;=\; \frac{d}{dt} \int_{SK} \vec{E} \cdot d\vec{S}
$$

$$
\text{(III')} \qquad \oint_{SO} \vec{E} \cdot d\vec{S} \;=\; 0
$$

$$
\text{(IV')} \qquad \oint_{SO} \vec{B} \cdot d\vec{S} \;=\; 0
$$

$$(31.3)$$

Können im leeren Raum, sagen wir 10 Lichtjahre von felderzeugenden Ladungen und Strömen entfernt, überhaupt $\vec{E}$- und $\vec{B}$-Felder existieren? Wenn ja, so müssen sie den Gleichungen (31.3) genügen. Was wäre, wenn der Maxwellsche Verschiebungsstrom auf der rechten Seite von (II') fehlte? Dann wäre $\vec{B}$ wegen (II') und (IV') sowohl wirbel- als auch quellenfrei. Solche Felder gibt es nicht.[1] Wenn aber $\vec{B} = 0$ ist, dann ist wegen (I') und (III') das $\vec{E}$-Feld sowohl wirbel- als auch quellenfrei und damit ebenfalls $\vec{E} = 0$. Bei Abwesenheit des Verschiebungsstromes gäbe es im leeren Raum also keine elektromagnetischen Felder. Die Anwesenheit des Verschiebungsstromes ändert die Situation drastisch. $\vec{E}$ und $\vec{B}$ sind wegen (III') und (IV') zwar immer noch quellenfrei. Ihre Wirbel brauchen aber nicht mehr zu verschwinden, wenn man mit zeitlich veränderlichen Feldern $\vec{E}(t)$ und $\vec{B}(t)$ zu tun hat. Eine Änderung des Magnetfeldes $d\vec{B}(t)/dt$ ruft nach (I') ein elektrisches Wirbelfeld $\vec{E}(t)$ hervor, dessen Änderung $d\vec{E}(t)/dt$ dann wiederum nach (II') ein magnetisches Wirbelfeld $\vec{B}(t)$ bewirkt. Das elektromagnetische Feld kann sich auf diese Weise im leeren Raum gewissermaßen „über Wasser halten". Es hat sich von den Ladungen und Strömen losgelöst und existiert frei im Raum („The caterpillar has turned into a butterfly", Feynman). Wir werden gleich sehen, daß dieser Schmetterling mit Lichtgeschwindigkeit fliegt.

---

[1] Wegen der Wirbelfreiheit gäbe es keine geschlossenen Feldlinien, wegen der Quellenfreiheit keine mit Anfang und Ende. Wie sollten dann Feldlinienbilder von (aus physikalischen Gründen räumlich begrenzten) Feldern aussehen?

31.1 Elektromagnetische Feldscheiben

Die Gleichungen (31.3) sind Bestimmungsgleichungen für freie elektromagnetische Felder $\vec{E}$ und $\vec{B}$. Eine Lösung der Gleichungen ist beispielsweise die folgende:

Eine parallel zur (x,y)-Ebene orientierte und unendlich ausgedehnte Scheibe der Dicke d, die aus einem homogenen $\vec{E}$-Feld parallel zur x-Achse und einem homogenen $\vec{B}$-Feld parallel zur y-Achse besteht, bewegt sich mit Lichtgeschwindigkeit c in z-Richtung. Die Beträge der Feldstärken stehen im Verhältnis $E/B = c$. Außerhalb der Scheibe ist $\vec{E} = \vec{B} = 0$. (31.4)

Wir nennen (31.4) eine „elektromagnetische Feldscheibe". Um zu beweisen, daß (31.4) tatsächlich eine Lösung von (31.3) ist, bemerken wir zunächst, daß die Gleichungen (III') und (IV') erfüllt sind, da die $\vec{E}$- und $\vec{B}$-Feldlinien der Scheibe weder Anfang noch Ende haben. Bleiben die Gleichungen (I') und (II'). Um ihr Zutreffen zu überprüfen,

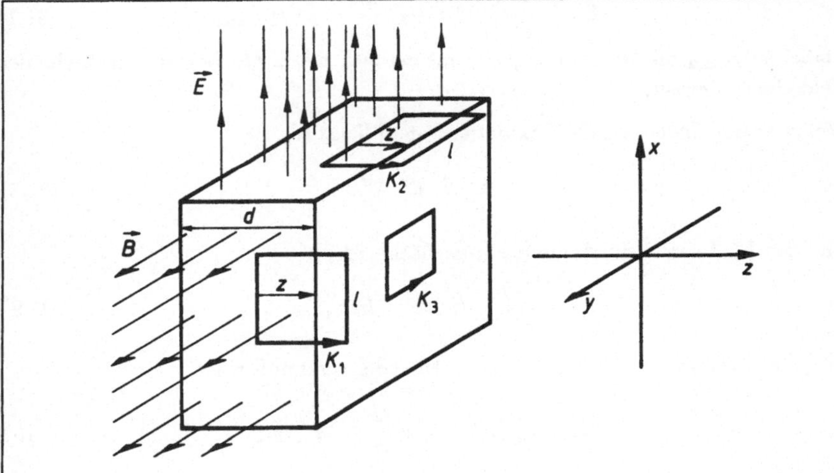

Abbildung 31.1: Kastenförmiger Ausschnitt einer elektromagnetischen Feldscheibe der Dicke d. Der Feldverlauf im Kasteninnern geht aus den dargestellten Feldlinien hervor. K_1 bis K_3 sind gedachte geschlossene Kurven mit Umlaufsinn. Die Scheibe bewegt sich mit der Geschwindigkeit $dz/dt = c$ nach rechts.

betrachten wir den in Abb. 31.1 dargestellten kastenförmigen Ausschnitt der senkrecht zur z-Achse unendlich ausgedehnten Feldscheibe. Für die in (I') und (II') auszuführenden Integrationen wählen wir insbesondere die Rechteckkurven K_1, K_2 und K_3. Man überzeugt sich leicht, daß die Integrale auf beiden Seiten der Gleichungen (I') und (II') meistens Null ergeben, daß also $0 = 0$ ist. Die einzigen Ausnahmen vom $0 = 0$-Resultat erhält man, wenn man Gleichung (I') mit K_1 und Gleichung (II') mit K_2 auswertet. Die Zirkulation von $\vec{E}$ längs K_1 ergibt

$$\oint_{K_1} \vec{E} \cdot d\vec{r} = -lE \, , \tag{31.5}$$

da nur die im Scheibeninneren gelegene linke Rechteckseite von K_1 zum Wegintegral beiträgt. Der magnetische Fluß durch das von K_1 begrenzte Rechteck SK_1 ist offenbar der Fluß von $\vec{B}$ durch die Rechteckteilfläche lz, die innerhalb der Scheibe liegt, also

$$\int_{SK_1} \vec{B} \cdot d\vec{S} = Blz \, . \tag{31.6}$$

Wegen Gleichung (I') aus (31.3) sind (31.5) und die negative Zeitableitung von (31.6) einander gleich:

$$- lE = -\frac{d}{dt}(Blz) = -lB\frac{dz}{dt} =: -lB\dot{z}_{\text{rechts}} \, . \tag{31.7}$$

Dabei ist $\dot{z}_{\text{rechts}}$ die Geschwindigkeit, mit der sich die *rechte* Begrenzungsfläche der Feldscheibe bewegt.

Völlig analog finden wir die Zirkulation von $\vec{B}$ längs K_2

$$\oint_{K_2} \vec{B} \cdot d\vec{r} = lB \tag{31.8}$$

und den Fluß von $\vec{E}$ durch die Rechtecksfläche SK_2

$$\int_{SK_2} \vec{E} \cdot d\vec{S} = Elz \, , \tag{31.9}$$

die gemäß Gleichung (II') aus (31.3) miteinander verknüpft sind:

$$c^2 lB = \frac{d}{dt}(Elz) = lE\frac{dz}{dt} = lE\dot{z}_{\text{rechts}} \, . \tag{31.10}$$

Aus (31.7) bzw. (31.10) entnimmt man die beiden Gleichungen $E = B\dot{z}_{\text{rechts}}$ bzw. $c^2 B = E\dot{z}_{\text{rechts}}$, die sich nach E/B und $\dot{z}_{\text{rechts}}$ auflösen lassen:

$$\frac{E}{B} = c \quad \text{und} \quad \dot{z}_{\text{rechts}} = c \, . \tag{31.11}$$

Diese Beziehungen werden von der in (31.4) beschriebenen Feldscheibe voraussetzungsgemäß erfüllt. Wenn man die Kurven K_1 und K_2 in Abb. 31.1 um die Scheibendicke d nach links verschiebt und die Rechnungen wiederholt, erhält man $E/B = c$

und $\dot{z}_{\text{links}} = c$. Linke wie rechte Scheibenbegrenzungsfläche bewegen sich also mit derselben Geschwindigkeit c nach rechts. Die elektromagnetische Feldscheibe bleibt daher immer gleich dick. Damit ist bewiesen, daß (31.4) eine Lösung der Maxwellschen Gleichungen (31.3) im materiefreien Raum darstellt.

Wir untersuchen die Energiedichten im elektrischen und magnetischen Feld der Scheibe, die nach (25.22) bzw. (29.32)

$$\frac{dW_E}{dV} = \frac{\varepsilon_o E^2}{2} \quad \text{bzw.} \quad \frac{dW_B}{dV} = \frac{B^2}{2\mu_o} \tag{31.12}$$

betragen. Beachtet man, daß sich die Feldstärken in der Scheibe nach (31.4) wie $E/B = c$ verhalten und daß μ_o per definitionem (27.2) gleich $1/\varepsilon_o c^2$ ist, so folgt aus (31.12)

$$\frac{dW_E}{dV} = \frac{\varepsilon_o E^2}{2} = \frac{\varepsilon_o (cB)^2}{2} = \frac{\varepsilon_o c^2 B^2}{2} = \frac{B^2}{2\mu_o} = \frac{dW_B}{dV} \ . \tag{31.13}$$

In der elektromagnetischen Feldscheibe sind also die Energiedichten im $\vec{E}$- und $\vec{B}$-Feld gleich groß.

Da die Bestimmungsgleichungen (31.3) vom Koordinatensystem unabhängig sind, ist es nicht wichtig, daß die Feldstärken $\vec{E}$ und $\vec{B}$ der Feldscheibe in x- und y-Richtung weisen. Entscheidend ist nur, daß $\vec{E}$ und $\vec{B}$ aufeinander senkrecht stehen, und daß sich ihre Beträge wie $E/B = c$ verhalten. Die Flugrichtung der Scheibe, die sich ja mit Lichtgeschwindigkeit senkrecht zu ihrer Ausdehnungsebene bewegt, weist offenbar parallel zu $\vec{E} \times \vec{B}$. Man bezeichnet die Größe

$$\vec{S} := \varepsilon_o c^2 \vec{E} \times \vec{B} \tag{31.14}$$

allgemein als *Poyntingschen Vektor* oder *Energiestromdichte*. Zur Deutung von $\vec{S}$ mache man sich klar, daß mit der Feldscheibe auch die in $\vec{E}$ und $\vec{B}$ gespeicherte Feldenergie mit Lichtgeschwindigkeit c und parallel zu $\vec{S}$ durch den Raum strömt, daß die Scheibe also ein sich schnell bewegendes Energiepaket darstellt (Abb. 31.2). Eine ortsfest und senkrecht zur Strömungsrichtung aufgestellte Fläche f wird während einer zur Scheibendicke d proportionalen Zeit $t = d/c$ von der elektromagnetischen Feldenergie

$$W = W_E + W_B = \left(\frac{dW_E}{dV} + \frac{dW_B}{dV} \right) fd = \varepsilon_o E^2 fd \tag{31.15}$$

getroffen. Das rechte Gleichheitszeichen gilt wegen (31.13). Die auftreffende Energie pro Fläche und Zeit, die man allgemein *Intensität der Strahlung* nennt, beträgt ersichtlich

$$\frac{W}{ft} = \frac{\varepsilon_o E^2 fd}{ft} = \varepsilon_o E^2 c \ . \tag{31.16}$$

Abbildung 31.2

Eine elektromagnetische Feldscheibe der Dicke d (Ausschnitt) stellt ein sich mit c bewegendes Energiepaket dar. Ein Teil der Feldenergie W strömt während der Zeit $t = d/c$ durch eine senkrecht zur Strömungsrichtung aufgestellte Fläche f.

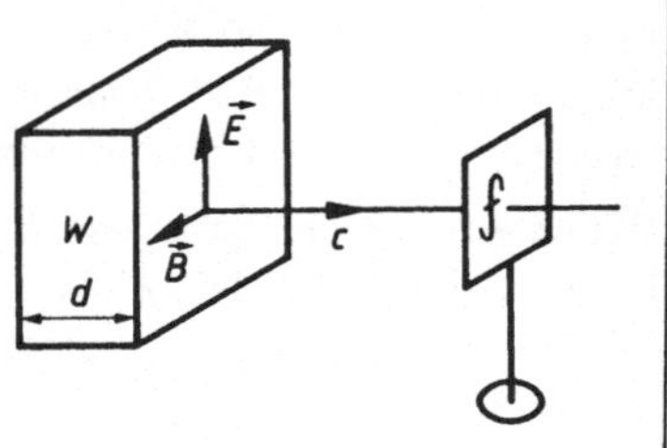

Der Betrag des Poyntingschen Vektors $\vec{S}$ ergibt sich aus (31.14) unter Beachtung der Orthogonalität von $\vec{E}$ und $\vec{B}$ sowie des in der elektromagnetischen Feldscheibe vorliegenden Feldstärkenverhältnisses $E/B = c$ zu,

$$S = \varepsilon_o c^2 EB = \varepsilon_o E^2 c = \frac{W}{ft} \ . \tag{31.17}$$

Das rechte Gleichheitszeichen gilt wegen (31.16). Damit ist $\vec{S}$ gedeutet: $\vec{S}$ beschreibt die Energieströmung einer elektromagnetischen Strahlung; die Richtung von $\vec{S}$ ist die Strahlungsrichtung, der Betrag S die Strahlungsintensität.

Die bisher behandelte elektromagnetische Feldscheibe ist eine spezielle Lösung der Maxwellschen Gleichungen (31.3). Wir suchen jetzt andere Lösungen. Dabei hilft uns folgender Satz:

Wenn $(\vec{E}_1, \vec{B}_1)$ und $(\vec{E}_2, \vec{B}_2)$ zwei Lösungen von (31.3) sind, dann

ist auch $(\vec{E} = \vec{E}_1 + \vec{E}_2, \vec{B} = \vec{B}_1 + \vec{B}_2)$ eine Lösung von (31.3). $\tag{31.18}$

Zum Beweis setze man in (31.3) für $\vec{E}$ und $\vec{B}$ die Vektorsummen $\vec{E}_1 + \vec{E}_2$ und $\vec{B}_1 + \vec{B}_2$ ein und berücksichtige, daß voraussetzungsgemäß sowohl $(\vec{E}_1, \vec{B}_1)$ als auch $(\vec{E}_2, \vec{B}_2)$ Lösungen von (31.3) sind.

Wegen (31.18) können wir beliebig viele Feldscheiben – dicke oder dünne, hier oder dort, mit starken oder schwachen Feldern – additiv zusammensetzen mit dem Ergebnis, daß dieser kreuz und quer sausende „Feldscheibensalat" eine Lösung der Maxwellschen Gleichungen im materiefreien Raum darstellt. Wir behandeln insbesondere zwei Lösungstypen, die linear polarisierten und zirkular polarisierten ebenen Wellen.

31.2 Linear polarisierte Wellen

Abb. 31.3 oben stellt eine zur Zeit $t = 0$ gemachte, schematisch vereinfachte „Momentaufnahme" von parallelen Feldscheiben dar. Die in der (x,y)-Ebene unendlich ausgedehnt zu denkenden Scheiben der Dicke d seien dünner als die Zeichenstrichdicke (d geht später gegen Null). Die im Innern einer jeden Scheibe homogenen Felder $\vec{E}$ und $\vec{B}$ sind als Vektorpfeile (Pfeillängen proportional zum Betrag der Feldstärken, nicht zu verwechseln mit Feldlinienbildern) angegeben. Die Feldstärken sind von Scheibe zu Scheibe verschieden, verhalten sich aber innerhalb einer jeden wie $E/B = c$. Alle Scheiben bewegen sich mit Lichtgeschwindigkeit nach rechts, ohne dabei ihre Dicken oder Abstände zu ändern. Wir wollen den leeren Raum zwischen den in Abb. 31.3 oben gezeigten Feldscheiben mit weiteren dünnen Feldscheiben ausfüllen, bis eine

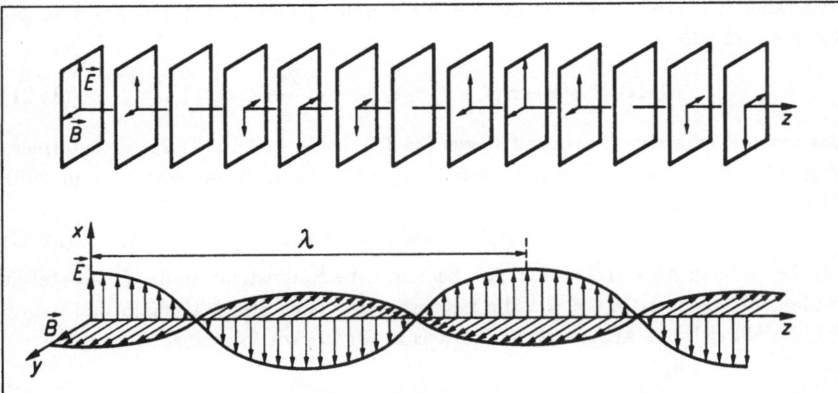

Abbildung 31.3: Eine linear polarisierte ebene Welle mit der Wellenlänge λ, die sich in z-Richtung mit Lichtgeschwindigkeit c ausbreitet (unten), kann aus sehr vielen, sehr dünnen, auf der z-Achse „aufgefädelten" Feldscheiben, von denen oben einige gezeichnet sind, zusammengesetzt werden.

jede gerade ihre Nachbarn berührt. Im unteren Teil von Abb. 31.3 sind nur noch die $\vec{E}$- und $\vec{B}$-Pfeile der auf der z-Achse zu einem kompakten Paket aufgefädelten Feldscheiben zu sehen. Die $\vec{E}$-Feldstärke kann, abgesehen von der Einschränkung, daß $\vec{E}$ in der Scheibenebene liegen muß, für jede Scheibe willkürlich gewählt werden. Um die in Abb. 31.3 dargestellte Welle zu erhalten, legen wir die $\vec{E}$-Feldstärke derjenigen Scheibe, die sich zur Zeit $t = 0$ an der Stelle z befindet, wie folgt fest:

$$\vec{E}(z, t = 0) = \vec{e}_x E_o \cos\left(\frac{2\pi z}{\lambda}\right) . \tag{31.19}$$

$\vec{e}_x$, E_o und λ sind der Einheitsvektor in x-Richtung, der Scheitelwert der $\vec{E}$-Feldstärke und die Wellenlänge = Abstand zwischen benachbarten „Wellenbergen". Mit $\vec{E}$ ist auch $\vec{B}$ eindeutig bestimmt ($B = E/c$ und $\vec{B} \perp \vec{E}$ innerhalb jeder Scheibe):

$$\vec{B}(z, t = 0) = \vec{e}_y \frac{E_o}{c} \cos\left(\frac{2\pi z}{\lambda}\right) . \tag{31.20}$$

$\vec{e}_y$ ist der Einheitsvektor in y-Richtung. Beachte, daß erstens $\vec{E}$, $\vec{B}$ und die Ausbreitungsrichtung paarweise orthogonal sind, zweitens $\vec{E}$ und $\vec{B}$ an denselben Stellen Null werden und drittens die Welle den ganzen Raum ausfüllt, da z in (31.19) von $-\infty$ bis $+\infty$ läuft und jede Feldscheibe unendlich ausgedehnt ist.

Abb. 31.3 stellt eine Momentaufnahme dar. Jede Scheibe und damit die ganze Feldverteilung bewegt sich nun mit Lichtgeschwindigkeit c nach rechts, so daß die elektrische Feldstärke $\vec{E}(z, t)$ zur Zeit t an der Stelle z dieselbe ist wie $\vec{E}$ zur Zeit $t = 0$ an der Stelle $z - ct$, also:

$$\vec{E}(z, t) = \vec{E}(z - ct, t = 0) = \vec{e}_x E_o \cos\left(\frac{2\pi}{\lambda}(z - ct)\right) . \tag{31.21}$$

Das rechte Gleichheitszeichen gilt wegen (31.19). Es ist üblich, (31.21) umzuformen. Man führt dazu den in Ausbreitungsrichtung weisenden „Wellenvektor" $\vec{k}$ und die „Kreisfrequenz" ω ein:

$$k := 2\pi/\lambda \quad \text{und} \quad \omega := kc . \tag{31.22}$$

Für die Welle in Abb. 31.3 ist $\vec{k} = \vec{e}_z k$. Sei nun $\vec{r}$ die Raumstelle, an der $\vec{E}$ angegeben werden soll. Dann ist $\vec{e}_z \cdot \vec{r} = z$ die z-Koordinate dieser Stelle. Deshalb und wegen (31.22) läßt sich das Argument des Kosinus in (31.21) wie folgt ausdrücken:

$$\frac{2\pi}{\lambda}(z - ct) = k(z - ct) = k(\vec{e}_z \cdot \vec{r} - ct) = \vec{k} \cdot \vec{r} - \omega t . \tag{31.23}$$

Die reche Seite von (31.23) ist vom Koordinatensystem unabhängig und auch dann richtig, wenn $\vec{k}$ nicht in z-Richtung weist. Ersetzt man $\vec{e}_x$ in (31.21) durch irgendeinen Einheitsvektor $\vec{e}$ senkrecht zu $\vec{k}$ und läßt noch eine Phasenverschiebung φ zu, erhält man den allgemeinen Ausdruck für die ebene, linear polarisierte Welle

$$\vec{E}(\vec{r}, t) = \vec{e} E_o \cos(\vec{k} \cdot \vec{r} - \omega t + \varphi) , \tag{31.24}$$

wobei $\vec{e} \cdot \vec{k} = 0$ und $\omega = kc$ ist. Gleichung (31.24) wird häufig komplex geschrieben:

$$\vec{E}(\vec{r}, t) = \mathrm{Re}\left\{\vec{e} E_o e^{i(\vec{k} \cdot \vec{r} - \omega t)}\right\} . \tag{31.25}$$

Jetzt kann man die Phase φ weglassen, wenn man $E_o = |E_o| e^{i\varphi}$ komplex ansetzt. Das zu (31.25) gehörige Magnetfeld folgt aus (31.20) und läßt sich in die Form

$$\vec{B}(\vec{r}, t) = \frac{\vec{k} \times \vec{E}(\vec{r}, t)}{\omega} \tag{31.26}$$

bringen. Wenn man von der Welle mit den Feldern (31.25) und (31.26) eine „Momentaufnahme" (etwa zur Zeit $t = 0$) macht, erhält man natürlich Bilder vom Typ Abb. 31.3. Man kann sich auch für die Zeitabhängigkeit der Feldstärken an einer festen Stelle (z.B. $\vec{r} = 0$) interessieren. In diesem Fall ergibt (31.25):

$$\vec{E}(0,t) = \vec{e} E_o \cos(\omega t - \varphi) \, . \tag{31.27}$$

Das ist eine harmonische Schwingung des $\vec{E}$-Feldes in Richtung $\vec{e}$ mit dem Scheitelwert E_o und der Kreisfrequenz ω.

31.3 Zirkular polarisierte Wellen

Auch dieser Wellentyp läßt sich, wie vorher die linear polarisierte Welle, aus Feldscheiben konstruieren, die auf der z-Achse des Koordinatensystems aufgefädelt sind. In Abb. 31.4 sind einige der dichtgepackten dünnen Scheiben (kreisförmige Ausschnitte)

Abbildung 31.4: Eine zirkular polarisierte ebene Welle mit der Wellenlänge λ, die sich in z-Richtung mit Lichtgeschwindigkeit ausbreitet, kann aus auf der z-Achse aufgefädelten Feldscheiben zusammengesetzt werden. Es sind nur die $\vec{E}$-Feldstärken angegeben. Die Pfeilspitzen von $\vec{E}$ liegen auf einer Schraubenlinie, die Beträge $|\vec{E}|$ sind in allen Scheiben gleich.

zur Zeit $t = 0$ dargestellt. Wegen der eindeutigen Verknüpfung von $\vec{E}$ und $\vec{B}$ in den Feldscheiben genügt es, die $\vec{E}$-Pfeile anzugeben. Der Betrag E hat dieses Mal in allen Scheiben denselben Wert E_o, nur die $\vec{E}$-Richtung ändert sich von Scheibe zu Scheibe und zwar so, daß die $\vec{E}$-Pfeilspitzen eine Rechtsschraubenlinie um die z-Achse bilden. Der Winkel ϑ zwischen der x-Richtung und $\vec{E}$ hängt auf der Momentaufnahme Abb. 31.4 linear mit z zusammen:

$$\vartheta = \frac{2\pi}{\lambda} z \, . \tag{31.28}$$

λ ist die Wellenlänge. Da $\vec{E}$ parallel zur (x,y)-Ebene liegt, ist

$$\vec{E}(z, t = 0) = (\vec{e}_x \cos \vartheta + \vec{e}_y \sin \vartheta)E_o \, , \qquad (31.29)$$

wofür man wegen $\cos \vartheta = \mathrm{Re}\{e^{i\vartheta}\}$ bzw. $\sin \vartheta = \mathrm{Re}\{-ie^{i\vartheta}\}$ und (31.28) auch

$$\vec{E}(z, t = 0) = \mathrm{Re}\{(\vec{e}_x - i\vec{e}_y)E_o e^{i\frac{2\pi}{\lambda}z}\} \qquad (31.30)$$

schreiben kann. Nun bewegt sich die ganze Feldverteilung mit Lichtgeschwindigkeit c nach rechts, so daß die Feldstärke $\vec{E}(z, t)$ zur Zeit t an der Stelle z dieselbe ist wie $\vec{E}$ zur Zeit $t = 0$ an der Stelle $z - ct$, also

$$\vec{E}(z, t) = \mathrm{Re}\{(\vec{e}_x - i\vec{e}_y)E_o e^{i\frac{2\pi}{\lambda}(z-ct)}\} \, . \qquad (31.31)$$

Wir können (31.31) wieder in koordinatensystemunabhängiger Schreibweise ausdrükken. Seien $\vec{e}_1$ und $\vec{e}_2$ zwei orthogonale Einheitsvektoren, die außerdem auf dem Wellenvektor $\vec{k}$ senkrecht stehen und zwar so, daß $\vec{e}_1 \times \vec{e}_2$ in $\vec{k}$-Richtung weist. Damit läßt sich (31.31) in die allgemeine Form

$$\vec{E}(\vec{r}, t) = Re\{(\vec{e}_1 - i\vec{e}_2)E_o e^{i(\vec{k}\cdot\vec{r}-\omega t)}\}$$
$$\vec{e}_1 \cdot \vec{k} = \vec{e}_2 \cdot \vec{k} = \vec{e}_1 \cdot \vec{e}_2 = 0, \quad \vec{k} = \vec{e}_1 \times \vec{e}_2\, k, \quad \omega = kc \, . \qquad (31.32)$$

bringen. (31.32) stellt eine rechtsschraubig zirkular polarisierte, ebene Welle dar. Ersetzt man in (31.32) die Klammer $(\vec{e}_1 - i\vec{e}_2)$ durch $(\vec{e}_1 + i\vec{e}_2)$, erhält man eine linksschraubig zirkular polarisierte Welle. Eine „Momentaufnahme" von (31.32) gibt natürlich Bilder vom Typ Abb. 31.4. Wenn man die Zeitabhängigkeit des $\vec{E}$-Feldes an einem festen Ort (z.B. $\vec{r} = 0$ in (31.32)) untersucht, findet man einen Feldstärkevektor $\vec{E}(t)$ vom Betrage $E_o = $ const, der mit der Winkelgeschwindigkeit ω gleich einem Uhrzeiger um die Ausbreitungsrichtung der Welle rotiert. Damit der Uhrzeiger „richtig herum geht", muß man bei einer rechtsschraubig polarisierten (linksschraubig polarisierten) Welle entgegengesetzt zur Ausbreitungsrichtung (in Ausbreitungsrichtung) schauen. Deshalb heißt in der englischsprachigen Literatur linksschraubige Polarisation „right-hand polarization" (hand = Uhrzeiger).

Für ebene Wellen gilt übrigens dasselbe, was wir in (31.13) und anschließend an (31.17) über die Energieverhältnisse in elektromagnetischen Feldscheiben ausgesagt haben: Die Feldenergien in $\vec{E}$ und $\vec{B}$ sind gleich groß und $\vec{S} = \varepsilon_o c^2 \cdot \vec{E} \times \vec{B}$ ist die Energiestromdichte. Der Beweis ist trivial, da wir ebene Wellen aus Feldscheiben zusammengestapelt haben.

Daß die Maxwellschen Gleichungen im leeren Raum (31.3) elektromagnetische ebene Wellen zur Lösung haben, die sich mit Lichtgeschwindigkeit ausbreiten, überzeugte

Maxwells Zeitgenossen vom Zutreffen der Hypothese, daß Licht aus elektromagnetischen Wellen besteht. Die Vermutung lag nahe; denn die Wellennatur des Lichtes war längst bekannt. Man hatte die Lichtwellenlängen λ gemessen – sie hingen von der Farbe ab und lagen zwischen $0,4\mu$m (blau) und $0,8\mu$m (rot) –, kannte die Ausbreitungsgeschwindigkeit c und konnte das Licht mit Hilfe von Kristallen in linear oder zirkular polarisierte Komponenten zerlegen. Elektromagnetische Wellen sind also so alt wie das Licht, das von IHM bekanntlich am ersten Schöpfungstage gemacht wurde. Daß man elektromagnetische Wellen auch mit technischen Mitteln erzeugen kann, zeigte Heinrich Hertz erstmalig im Jahre 1886. Die Wellenlängen seiner Wellen waren rund 100 000 mal länger als die des Lichtes.

31.4   Der Hertzsche Dipol

Bisher haben wir uns mit der Existenz elektromagnetischer Wellen befaßt, uns aber um ihre Erzeugung nicht gekümmert. Das holen wir jetzt nach. Eine linear polarisierte Welle ruft an einem festen Ort ein elektrisches und ein darauf senkrechtes magnetisches Wechselfeld hervor, beide Felder mit der gleichen Kreisfrequenz ω. Da in einem aus Spule und Kondensator bestehenden Schwingkreis (Abb. 31.5 links) ebenfalls elektrische und magnetische Wechselfelder auftreten, liegt es nahe, die Wellenerzeu-

Abbildung 31.5
Ein geschlossener Schwingkreis wird aufgebogen, bis er zu einem Hertzschen Dipol entartet.

gung mit Schwingkreisen zu versuchen. Damit die Felder aus Spule und Kondensator entweichen können, wird der geschlossene Schwingkreis aufgebogen, bis er zu einem geraden Metallstab entartet. Daß die Leitungselektronen in einem solchen Stab ähnlich wie in einem konventionellen Schwingkreis hin und her schwingen können, geht aus Abb. 31.6 hervor. Angenommen, die Elektronen seien zunächst in der unteren Stabhälfte versammelt (a). Dann herrscht ein $\vec{E}$-Feld, das die Elektronen nach oben in Bewegung setzt. Der Elektronenstrom verursacht ein $\vec{B}$-Feld mit kreisförmigen Feldlinien (b), bei dessen Zerfall ein Elektronenstrom induziert wird, der die obere Stabhälfte negativ auflädt (c). Das aus dieser Ladungsverteilung entspringende $\vec{E}$-Feld ruft einen nach unten gerichteten Elektronenstrom hervor, der wieder von einem

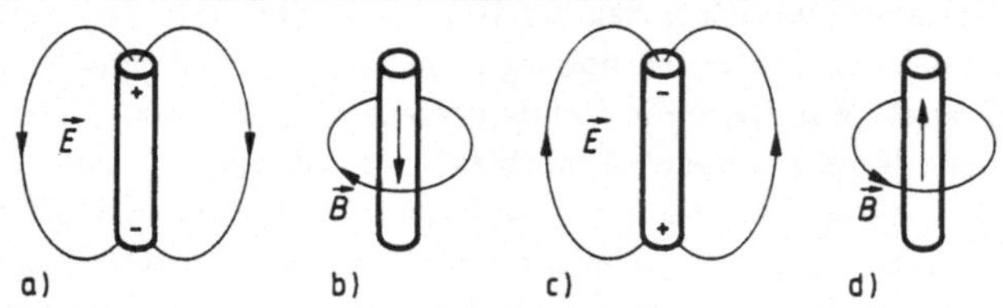

Abbildung 31.6: In einem Metallstab schwingen Leitungselektronen hin und her und erzeugen dadurch abwechselnd elektrische und magnetische Felder (Hertzscher Dipol). Die Strompfeile in (b) und (d) weisen antiparallel zur Bewegungsrichtung der Elektronen.

Magnetfeld mit kreisförmigen $\vec{B}$-Feldlinien umgeben ist (d). Danach kann das Spiel mit (a) erneut beginnen. Man nennt einen solchen elektrisch schwingenden Metallstab nach seinem Erfinder einen „Hertzschen Dipol". Wie groß ist seine Eigenfrequenz $\omega_o = 2\pi/T$, die wir in diesem Fall mit ω_{Dip} bezeichnen wollen? Man erhält die richtige Antwort durch die folgende Plausibilitätsbetrachtung: Das $\vec{E}$-Feld, welches die Elektronen im Metallstab Abb. 31.6 während einer Schwingungsdauer T erst rauf und dann wieder runter treibt, legt in dieser Zeit zweimal die Dipollänge l_{Dip} mit Lichtgeschwindigkeit c zurück, so daß $c = 2l_{\mathrm{Dip}}/T$. Daraus folgt

$$\omega_{\mathrm{Dip}} = \frac{\pi c}{l_{\mathrm{Dip}}} \ . \tag{31.33}$$

Mit dieser Frequenz schwingen die Elektronen im Metallstab hin und her, wenn sie einmal angestoßen und dann sich selbst überlassen sind (freie Schwingung).

Man kann den Dipol zu erzwungenen Schwingungen anregen, etwa dadurch, daß man ihn einer linear polarisierten elektromagnetischen Welle aussetzt, deren $\vec{E}$-Feldstärke am Ort des Dipols wegen (31.27)

$$\vec{E} = \vec{e}E_o \cos\omega t \tag{31.34}$$

beträgt. $\vec{E}$ übt auf die mit q geladenen Leitungselektronen im Stab die Kraft $\vec{F} = q\vec{E}$ aus, die sich deshalb mit der Frequenz ω des $\vec{E}$-Feldes hin und her bewegen. Hier interessiert nur die Bewegungskomponente parallel zur Dipolachse $\vec{e}_{\mathrm{Dip}}$ (Einheitsvektor), für die die Kraftkomponente

$$\vec{e}_{\mathrm{Dip}} \cdot \vec{F} = (\vec{e}_{\mathrm{Dip}} \cdot \vec{e})qE_o \cos\omega t \tag{31.35}$$

maßgebend ist. Die durch (31.35) erzwungene Schwingung der Dipolladungen erfolgt mit der Kreisfrequenz ω des erregenden elektrischen Feldes. Wenn ω mit der

Eigenfrequenz des Dipols ω_{Dip} übereinstimmt, tritt der bei Abb. 30.10 beschriebene Fall der Resonanz ein. Die Dipolladungen werden dann zu Schwingungen mit großer Amplitude aufgeschaukelt. Diese Ladungsschwingungen stellen einen hochfrequenten Wechselstrom dar, den man z.B. mit der in Abb. 31.7 abgebildeten Anordnung messen kann. Der Dipol ist deshalb ein hochempfindliches Nachweisgerät für solche elektro-

Abbildung 31.7

Hertzscher Dipol zum Nachweis elektromagnetischer Wellen. Der Stab wird in der Mitte durchgesägt und so aufgestellt, daß zwischen den Schnittflächen ein Abstand von Bruchteilen eines Millimeters herrscht. Die mit diesem Spalt verbundene Kapazität ist so groß, daß der Spalt nur einen geringen Wechselstromwiderstand besitzt. Wenn der Dipol zu Schwingungen angeregt wird, fließt ein Teil des Wechselstromes durch Gleichrichter G und Drehspulamperemeter A, das einen stromproportionalen Ausschlag zeigt. Typische Dipollänge $l_{\mathrm{Dip}} \sim 30$ cm.

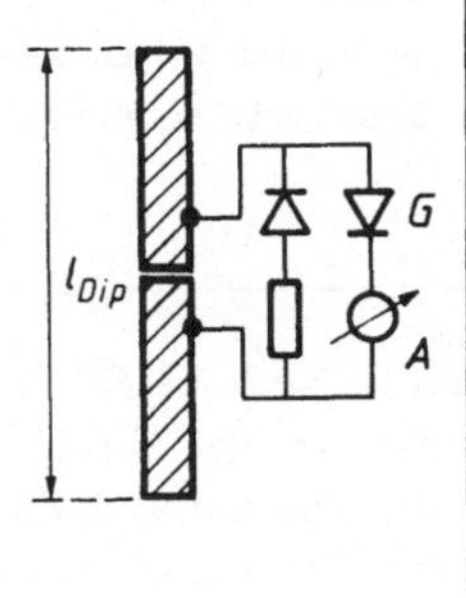

magnetische Wellen, deren Kreisfrequenz ω mit der Eigenfrequenz des Dipols ω_{Dip} übereinstimmt. Da die Dipolschwingungen nach (31.35) von der $\vec{E}$-Feldkomponente in Dipolrichtung verursacht werden, ändert sich die Stromstärke im Drehspulgalvanometer Abb. 31.7, wenn man den Winkel zwischen der Polarisationsrichtung $\vec{e}$ der linear polarisierten Welle und der Dipolachse $\vec{e}_{\mathrm{Dip}}$ ändert. Unter sonst gleichen Bedingungen ist der Galvanometerausschlag maximal, wenn $\vec{e}$ und $\vec{e}_{\mathrm{Dip}}$ parallel gerichtet sind, und Null, wenn sie aufeinander senkrecht stehen. Wir bezeichnen die Dipolanordnung Abb. 31.7 als „Empfänger".

Wir hatten uns zum Ziel gesetzt, elektromagnetische Wellen zu erzeugen, und waren dabei auf den Hertzschen Dipol gestoßen. Da in der Nähe eines freischwingenden Dipols nach Abb. 31.6 zeitlich veränderliche und aufeinander senkrechte $\vec{E}$- und $\vec{B}$-Felder auftreten, sind die Voraussetzungen für elektromagnetische Wellen erfüllt. Von einem solchen Dipol strahlt auch tatsächlich eine Welle ab und breitet sich mit Lichtgeschwindigkeit im Raume aus. Bevor wir diese Ausbreitung untersuchen, geben wir an, wie man die Elektronen im Metallstab zum Schwingen bringen kann. Auch diese Idee geht auf Hertz zurück. Der Dipol wird wieder halbiert und wie in Abb. 31.8 aufgestellt. Dann erzeugt man sich aus der 220V-Netzspannung mit einem Transformator eine etwa 10 000V hohe Wechselspannung und legt diese an die beiden Stabhälften, die durch einen Luftspalt getrennt sind. Die Spannung bewirkt, daß die Stabhälften sich entgegengesetzt gleich aufladen und im Luftspalt ein starkes elektrisches Feld herrscht. Wenn die angelegte Wechselspannung anwächst, wächst

Abbildung 31.8
Hertzscher Dipol zum Senden elektromagnetischer Wellen. Der Dipol ist zweigeteilt. Mit Hilfe eines Transformators wird eine hohe Spannung erzeugt und an die Dipolhälften gelegt, so daß im Spalt eine Funkenstrecke entsteht.

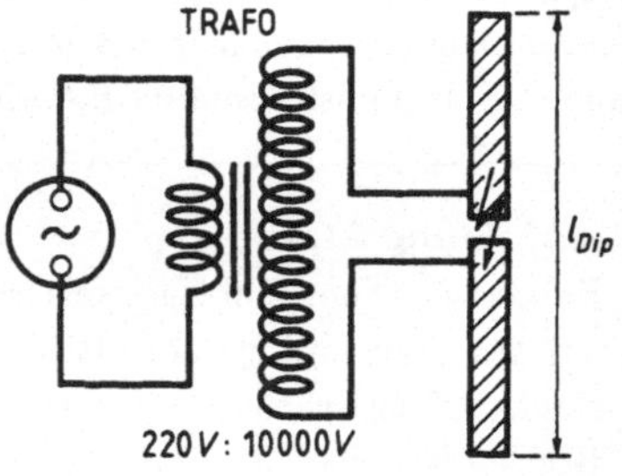

mit ihr auch die $\vec{E}$-Feldstärke im Luftspalt, bis dort ein Funken überschlägt. Er entsteht, weil das $\vec{E}$-Feld aus dem Metall Elektronen herausreißt und so beschleunigt, daß sie im Luftspalt durch Stoß Luftmoleküle in Ionen und Elektronen zerlegen. Die durch Stoßionisation frei gemachten Elektronen werden ebenfalls durch das $\vec{E}$-Feld beschleunigt und ionisieren weitere Moleküle (Kettenreaktion). Bei der gelegentlichen Rückbildung neutraler Moleküle aus Ionen und Elektronen wird Licht ausgesendet: Der Funke leuchtet. Die zahlreichen beweglichen Ladungsträger im Funken stellen eine leitende Verbindung zwischen den beiden Stabhälften her, die unmittelbar vor der Stoßionisation entgegengesetzt gleich geladen waren. Das ist die Ausgangsphase (a) der in Abb. 31.6 dargestellten Dipolschwingungen, die also mit der Zündung des Funkens eingeleitet werden. Die Schwingungen sind stark gedämpft, weil die elektromagnetische Feldenergie mit den elektromagnetischen Wellen abgestrahlt wird.

Die Abstrahlung, das ist die Loslösung der elektromagnetischen Wellen vom schwingenden Dipol, ist ziemlich kompliziert. Wir beschränken uns auf eine qualitative Beschreibung. Betrachte dazu Abb. 31.9 links, die den stabförmigen Dipol und eine Momentaufnahme ($t = $ const) des elektrischen Feldes in Dipolnähe zeigt. Aus Übersichtsgründen sind nur wenige $\vec{E}$-Feldlinien gezeichnet und die $\vec{B}$-Feldlinien weggelassen. Die Feldverteilung ist um die Dipolachse axialsymmetrisch. Die inneren $\vec{E}$-Feldlinien, die am Stab hängen, werden durch die Dipolladungen erzeugt (Quellenfeld). Die äußeren, nierenförmigen $\vec{E}$-Feldlinien (Wirbelfeld) sind mit dem zeitlich veränderlichen Magnetfeld verknüpft (Induktionsgesetz), dessen $\vec{B}$-Feldlinien Kreise um die Dipolachse bilden und deshalb senkrecht auf den $\vec{E}$-Feldlinien stehen. In Dipolnähe wird das $\vec{B}$-Feld vorwiegend durch den Strom im Stab erzeugt (Oersteds Entdeckung), in einiger Entfernung davon hauptsächlich durch das veränderliche $\vec{E}$-Feld (Maxwellscher Verschiebungsstrom). Man soll sich vorstellen, daß die inneren $\vec{E}$-Feldlinien vom Stab abschnüren und unter ständiger Dehnung von innen nach

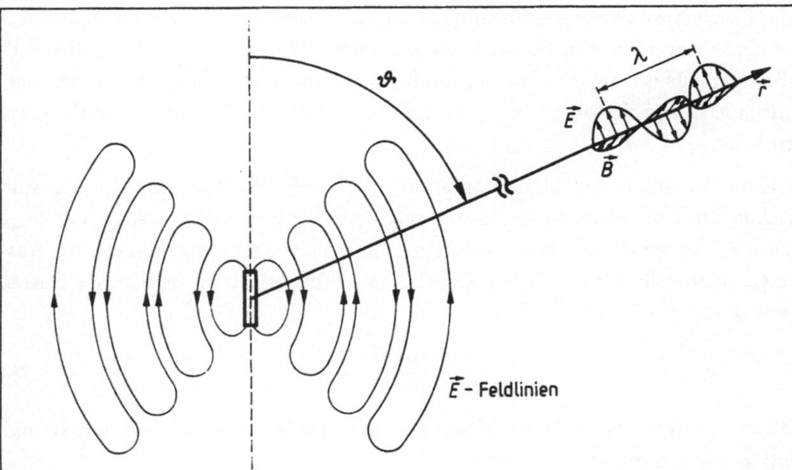

Abbildung 31.9: Ablösung des elektromagnetischen Feldes vom Dipol. Links: Momentaufnahme der $\vec{E}$-Feldlinien. Rechts: In großer Entfernung $\vec{r}$ findet man näherungsweise linear polarisierte ebene Wellen.

außen wandern.

In Abb. 31.9 rechts oben wird gezeigt, wie das elektromagnetische Feld in großer Entfernung r vom Dipol ($r \gg l_{\mathrm{Dip}}$) aussieht. $\vec{E}$ und $\vec{B}$ sind hier nicht durch Feldlinien, sondern durch Vektorpfeile dargestellt. Die Verhältnisse sind ähnlich wie bei einer linear polarisierten Welle. Die zueinander orthogonalen Felder $\vec{E}$ und $\vec{B}$ stehen senkrecht auf der Ausbreitungsrichtung, die vom Dipol wegweist und mit der Dipolachse den Winkel ϑ einschließt. $\vec{E}$ liegt in der Ebene, die durch Ausbreitungsrichtung und Dipolachse aufgespannt wird. Sei $\vec{e}$ der Einheitsvektor in $\vec{E}$-Feldrichtung. Dann gilt für die elektrische Feldstärke in großer Entfernung vom Dipol:

$$\vec{E} = \frac{\vec{e}\sin\vartheta}{r}\mathrm{Re}\{C_o e^{i(kr-\omega t)}\} \,. \tag{31.36}$$

Dabei ist die Kreisfrequenz $\omega = kc = 2\pi c/\lambda$ gleich der Eigenfrequenz (31.33) des Sendedipols $\omega_{\mathrm{Dip}} = c\pi/l_{\mathrm{Dip}}$, woraus sich die einprägsame Formel

$$\lambda = 2l_{\mathrm{Dip}} \tag{31.37}$$

für die Wellenlänge der vom Dipol mit Lichtgeschwindigkeit c wegströmenden Strahlung entnehmen läßt. Die aus Dimensionsgründen spannungsartige Größe C_o in (31.36) ist zur Effektivstromstärke des Wechselstromes im Sendedipol proportional. Die vorhin erwähnte Dämpfung der Dipolschwingung durch Abstrahlung ist in (31.36) nicht berücksichtigt. Es ist vielmehr daran gedacht, daß die vom Dipol wegströmende Energie kontinuierlich nachgeliefert wird, was z.B. mit einem sog. Klystron bewerkstelligt werden kann.

Wir fassen den Inhalt von (31.36) zusammen: In großer Entfernung $r \gg l_{\mathrm{Dip}}$ vom Hertzschen Dipol findet man eine linear polarisierte Welle der Wellenlänge $\lambda = 2l_{\mathrm{Dip}}$, die sich mit Lichtgeschwindigkeit ausbreitet. Ihr $\vec{E}$-Feld schwingt senkrecht zur Ausbreitungsrichtung in der durch Dipol und Ausbreitungsrichtung definierten Ebene. Der Betrag von $\vec{E}$ ist nach (31.36)

$$E \propto \frac{\sin \vartheta}{r} \tag{31.38}$$

zum Sinus des Winkels zwischen Dipolachse und Ausbreitungsrichtung direkt und zur Entfernung r indirekt proportional.

Wir wollen (31.38) begründen, zunächst die $1/r$-Abhängigkeit. Nach (31.17) ist der Betrag der Energiestromdichte $\vec{S}$ einer elektromagnetischen Welle

$$S = \varepsilon_o c E^2 = \text{Strahlungsleistung/Fläche} \tag{31.39}$$

zum Quadrat der $\vec{E}$-Feldstärke proportional. Betrachte nun die Strahlungsleistungen $S_1 f_1$ und $S_2 f_2$ durch die beiden Flächen f_1 und f_2 in Abb. 31.10. Weil die vom Dipol ausgesendeten Wellen auf dem Weg von f_1 nach f_2 ihre Feldenergie behalten,

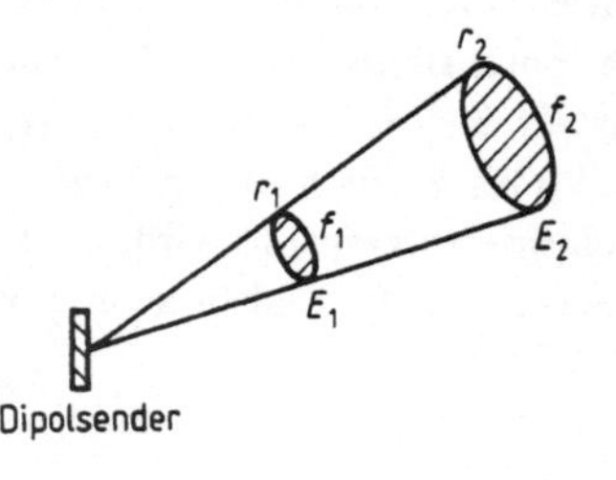

Abbildung 31.10
Die vom Dipol ausgestrahlte elektromagnetische Feldenergie, die durch die (gedachte) Fläche f_1 tritt, trifft auf die Fläche f_2.

muß $S_1 f_1 = S_2 f_2$ sein und daher wegen (31.39)

$$E_1^2 f_1 = E_2^2 f_2 \; . \tag{31.40}$$

Die Flächen sind zum Quadrat der Abstände r proportional, so daß man für (31.40) auch $E_1^2 r_1^2 = E_2^2 r_2^2$ schreiben kann, woraus $E \propto 1/r$ folgt. Die $1/r$-Abhängigkeit

der Feldstärke hängt also damit zusammen, daß vom Hertzschen Dipol Energie weg-
strömt, die nach dem Energieerhaltungssatz nicht verlorengehen kann. Beachte, daß
das $\vec{E}$-Feld einer ruhenden Punktladung wie $1/r^2$ mit der Entfernung abnimmt.
Daß das Feld des strahlenden Dipols nur wie $1/r$ abfällt, macht Funk- und Fern-
sehen möglich und ist mit ein Grund dafür, daß wir uns gegenseitig sehen können.

Zur Begründung der $\sin\vartheta$-Abhängigkeit der elektrischen Dipolfeldstärke (31.38) betrachte Abb. 31.11(a). Der Dipolstab ist um seine Achse drehsymmetrisch. Das von
ihm verursachte $\vec{E}$-Feld muß dieselbe Symmetrie aufweisen. Eine nach oben ($\vartheta = 0$)

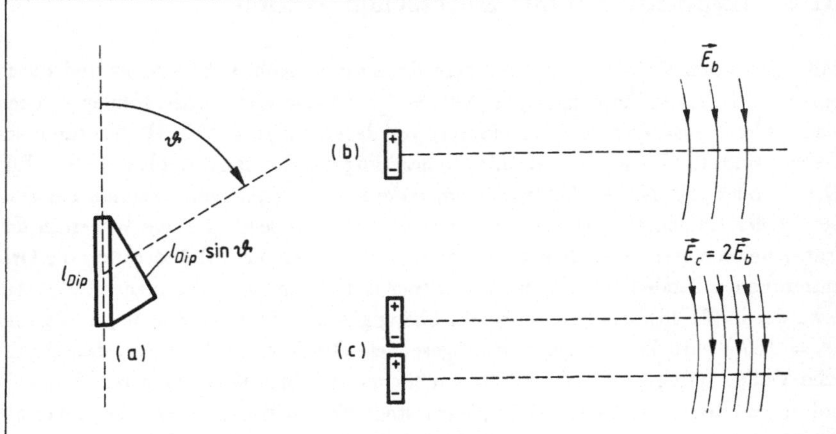

Abbildung 31.11:   (a) Um die in Richtung ϑ gesendete Dipolstrahlung zu
erhalten, wird der Dipol in Komponenten zerlegt. Das $\vec{E}$-Feld eines Dipols (b)
ist halb so groß wie das zweier gleich großer, parallel orientierter Dipole (c).

oder unten ($\vartheta = \pi$) abgestrahlte elektromagnetische Welle hätte ein $\vec{E}$-Feld senkrecht zur Dipolachse und verletzte damit die geforderte Axialsymmetrie. Der Dipol
kann deshalb keine Strahlung parallel zu seiner Achse aussenden. Abstrahlung in der
Äquatorebene ($\vartheta = \pi/2$) ist dagegen möglich. Hier ist die $\vec{E}$-Feldstärke unter sonst
gleichen Bedingungen zur geometrischen Länge des Dipols proportional. Das wird aus
Abb. 31.11(b) und (c) deutlich. Zwei gleiche, parallel orientierte Dipole (c) erzeugen
in einiger Entfernung ein doppelt so starkes $\vec{E}$-Feld wie ein einzelner von ihnen (b).
Da sich die elektrischen Ladungen an der Berührungsstelle in (c) neutralisieren, kann
man die beiden c-Dipole durch einen einzigen doppelter Länge ersetzen. Eine Verdopplung der Dipollänge (Übergang $b \rightarrow c$) hat also eine Verdopplung der Feldstärke

zur Folge. – Um nun das $\vec{E}$-Feld der in eine beliebige Richtung ϑ abgestrahlten Welle zu erhalten, zerlegen wir den Dipol wie in Abb. 31.11(a) in zwei Komponenten parallel und senkrecht zur interessierenden Ausbreitungsrichtung. Nur eine von ihnen, die zu $\sin\vartheta$ proportionale Senkrechtkomponente, sendet nach dem oben Gesagten eine Welle in Richtung ϑ aus und zwar so, daß die $\vec{E}$-Feldstärke unter sonst gleichen Bedingungen zur Länge dieser Komponente und damit zu $\sin\vartheta$ proportional ist, was zu beweisen war.

31.5   Experimente mit Hertzschen Wellen

Mit Hertzschen Wellen – die von einem Sendedipol (Abb. 31.8) erzeugt und durch einen gleich langen Empfangsdipol (Abb. 31.7) nachgewiesen werden können – lassen sich zahlreiche Experimente durchführen, von denen einige in Abb. 31.12 zusammengestellt sind. In Versuch (a) wird die Orientierung des Empfangsdipols geändert. Für $\Theta = 0°$ oder $180°$ ist die effektive Stromstärke I_{eff} im Empfänger maximal. Bei $\Theta = 90°$ ist der Empfang praktisch Null.[2] Dieses Verhalten zeigt, daß die Wellen in der früher behaupteten Weise linear polarisiert sind. Im Versuch (b) ändern wir die Orientierung des Sendedipols und messen wieder den Strom I_{eff} im Empfänger. I_{eff} folgt etwa der in (31.38) behaupteten $\sin\vartheta$-Abhängigkeit. Nach oben ($\vartheta = 0°$) und unten ($\vartheta = 180°$) wird keine Strahlung ausgesendet. Der Versuch (c) zeigt, daß Hertzsche Wellen durch große Blechplatten reflektiert werden. Wenn man den Sendedipol in den Brennpunkt eines Hohlspiegels stellt, dessen Durchmesser viel größer als die Dipollänge ist, erhält man ein Wellenbündel. Ein ebensolcher Hohlspiegel hinter dem Empfängerdipol erhöht die Empfindlichkeit des Empfängers. Richtet man das Wellenbündel auf einen ebenen Metallreflektor, so wird es nach dem bekannten Reflexionsgesetz reflektiert – wie das Lichtbündel einer Taschenlampe (Glühbirne im Brennpunkt eines Hohlspiegels) von einem optischen Planspiegel.

Im Versuch (d) wird ein aus parallelen Drähten hergestelltes Gitter verwendet. Der Abstand zwischen Nachbardrähten sei klein gegen die Dipollänge. Wir bringen das Gitter zwischen die beiden Hohlspiegel der Anordnung (c) und prüfen seine Durchlässigkeit für Hertzsche Wellen. Durch Drehen von Sende- und Empfangsdipol stellen wir fest, daß das Gitter nur die Komponente des $\vec{E}$-Feldes der einfallenden Welle hindurchläßt, die senkrecht zu den Gitterdrähten schwingt. Die Komponente parallel zu den Drähten wird, da sie die Drahtelektronen zum Mitschwingen anregt, wie von einem kompakten Metallspiegel reflektiert. Wenn man vom Empfänger zum Sender

---

[2]Daß I_{eff} bei $\Theta = 90°$ nicht exakt verschwindet, liegt an denjenigen Hertzschen Wellen, die von der Materie in der Umgebung reflektiert oder gestreut wurden.

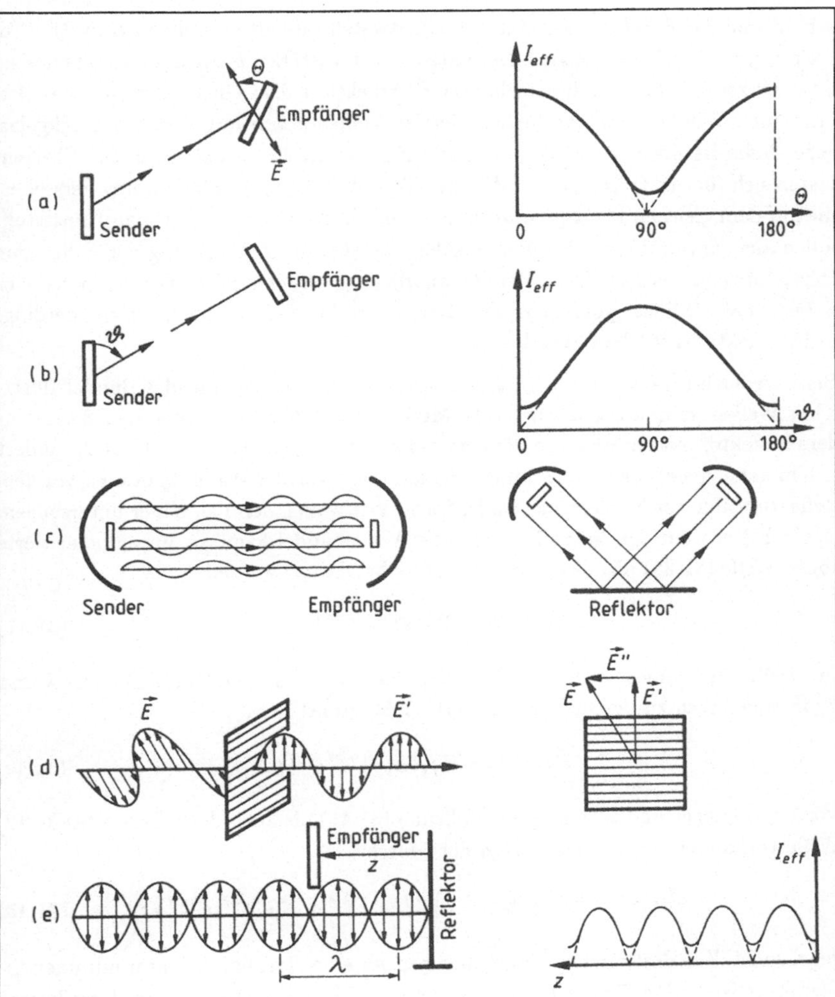

Abbildung 31.12: Versuche mit Hertzschen Wellen. (a) Die Stromstärke im Empfangsdipol I_{eff} hängt vom Winkel Θ zwischen Dipolachse und $\vec{E}$-Feld ab. (b) Das abgestrahlte $\vec{E}$-Feld ist zum Sinus des Winkels ϑ zwischen Sendedipol und Ausstrahlungsrichtung proportional. (c) Wellen werden durch Metallspiegel gebündelt und reflektiert. (d) Ein enges Drahtgitter läßt nur die $\vec{E}$-Komponente senkrecht zu den Drähten durch. (e) Vor einem Metallreflektor bilden sich stehende Wellen, die zur angegebenen $I_{eff}(z)$-Abhängigkeit führen. Gestrichelte Kurvenstücke deuten den idealen Verlauf an (d.h. keine Wandreflexionen).

schaut und die $\vec{E}$-Feldstärken durch Pfeile darstellt, erhält man die in Abb. 31.12(d) rechts gezeigten Verhältnisse. Die einfallende Feldstärke $\vec{E}$ wird in Komponenten $\vec{E}' + \vec{E}''$ zerlegt. $\vec{E}'$ wird durchgelassen, $\vec{E}''$ reflektiert. Das Gitter dient als sog. „Polarisator". Wie auch immer die einfallenden Wellen polarisiert sind, die durchgelassene Welle ist linear polarisiert und schwingt senkrecht zu den Drähten. Übrigens lassen sich für elektromagnetische Lichtwellen ($\lambda \sim 0,5\mu m$) Polarisatoren herstellen, die auf dem gleichen Prinzip beruhen. Statt des Drahtgitters nimmt man Kunststofffolien aus „angefärbten " Fadenmolekülen, die sich durch Streckung der Folie beim Herstellungsprozeß parallel zueinander anordnen. Licht, das solche Polarisationsfolien passiert hat, ist linear polarisiert. Die dazu senkrechte $\vec{E}$-Komponente wird allerdings nicht reflektiert, sondern absorbiert.

Beim Versuch (e) der Abb. 31.12 lassen wir ein von links kommendes Bündel Hertzscher Wellen senkrecht auf eine große Metallplatte fallen und tasten den Raum vor dem Reflektor mit unserem Empfängerdipol ab. Die Empfängerstromstärke I_{eff} ändert sich in der angegebenen Weise mit der Entfernung z von der Wand. Man sagt, vor dem Reflektor bilden sich „stehende Wellen" aus. Wir wollen den Fall näher untersuchen. Das von links auf den Spiegel einfallende Wellenbündel kann als linear polarisierte ebene Welle (31.25) mit dem Wellenvektor $\vec{k}$ betrachtet werden:

$$\vec{E}_{\text{ein}}(\vec{r},t) = \text{Re}\{\vec{e}E_o e^{i(\vec{k}\cdot\vec{r}-\omega t)}\} \; . \tag{31.41}$$

Die Welle wird vom Spiegel reflektiert, und das heißt in diesem Fall, daß $\vec{k}$ in $-\vec{k}$ und E_o in einen noch zu bestimmenden Wert $\tilde{E}_o$ überführt wird:

$$\vec{E}_{\text{ref}}(\vec{r},t) = \text{Re}\{\vec{e}\tilde{E}_o e^{i(-\vec{k}\cdot\vec{r}-\omega t)}\} \; . \tag{31.42}$$

Vor dem Spiegel sind sowohl die einfallende (31.41) als auch die reflektierte (31.42) Welle vorhanden, so daß das $\vec{E}$-Feld dort durch

$$\vec{E}(\vec{r},t) = \vec{E}_{\text{ein}} + \vec{E}_{\text{ref}} = \vec{e}\,\text{Re}\{(E_o e^{i\vec{k}\cdot\vec{r}} + \tilde{E}_o e^{-i\vec{k}\cdot\vec{r}})e^{-i\omega t}\} \tag{31.43}$$

gegeben ist. Zur Bestimmung von $\tilde{E}_o$ nehmen wir einen idealen Reflektor mit unendlicher elektrischer Leitfähigkeit σ an, in dem das $\vec{E}$-Feld verschwinden muß, weil sonst wegen $\vec{j} = \sigma\vec{E}$ unendlich große Ströme fließen würden. Nun folgt aus der Maxwellschen Gleichung I (24.1), daß sich eine zur Leiteroberfläche parallele $\vec{E}$-Feldstärke stetig verhält, wenn man von außen in den Leiter eintritt. Dann muß das $\vec{E}$-Feld auch auf der Spiegeloberfläche verschwinden. Die Spiegeloberfläche möge durch den Ursprung $\vec{r} = 0$ des Koordinatensystems gehen. Wir erhalten dann aus (31.43):

$$0 = \vec{E}(0,t) = \vec{e}\,\text{Re}\{(E_o + \tilde{E}_o)e^{-i\omega t}\} \; , \tag{31.44}$$

was $\tilde{E}_o = -E_o$ nach sich zieht. Damit wird (31.43)

$$\vec{E}(\vec{r},t) = \vec{e}E_o\mathrm{Re}\{(e^{i\vec{k}\cdot\vec{r}} - e^{-i\vec{k}\cdot\vec{r}})e^{-i\omega t}\} = 2\vec{e}E_o\sin(\vec{k}\cdot\vec{r})\cdot\sin\omega t \ . \tag{31.45}$$

Wenn $\vec{k}$ beispielsweise in z-Richtung weist, ist $\vec{k}\cdot\vec{r} = 2\pi z/\lambda$ und daher

$$\vec{E}(\vec{r},t) \propto \sin\frac{2\pi z}{\lambda}\cdot\sin\omega t \ . \tag{31.46}$$

In den Ebenen $z = n\lambda/2$ mit ganzzahligem n ist $\sin(2\pi z/\lambda) = 0$ und daher auch $\vec{E} = 0$. Man nennt diese Ebenen die „Knoten" der Welle. Auf halbem Weg zwischen zwei Knotenebenen ist $\sin(2\pi z/\lambda) = \pm 1$. Diese Ebenen werden die „Bäuche" der Welle genannt. Da die Lagen der Knoten und Bäuche zeitunabhängig sind, nennt man eine Orts-Zeit-Funktion vom Typ (31.46) eine „stehende Welle".[3] Zwei benachbarte Knoten (Bäuche) folgen im Abstand $\lambda/2$ aufeinander. Wenn der Empfängerdipol im Versuch (e) der Abb. 31.12 in einer Knotenebene (Bauchebene) steht, ist die gemessene Stromstärke I_{eff} minimal (maximal). Zwei Empfangsmaxima sind um $\lambda/2$ voneinander entfernt. Nach (31.37) ist dieses gerade die Länge l_{Dip} des Senders.

---

[3]Im Gegensatz dazu bezeichnet man die Ausdrücke (31.41) und (31.42) als „laufende Wellen". Gleichung (31.45) beinhaltet, daß man eine stehende Welle erhält, wenn man zwei laufende Wellen überlagert, die sich einzig und allein im Vorzeichen ihrer $\vec{k}$-Vektoren unterscheiden.

Kapitel 32

Materie im elektromagnetischen Feld

Die Maxwellschen Gleichungen (24.1), die wir mit I, II, III, IV bezeichnet haben, gelten ohne Einschränkung. Es ist allerdings üblich, die Gleichungen II und III umzuformulieren, wenn sich Materie – etwa eine Glasplatte oder eine Eisenstange – im elektromagnetischen Feld befindet. In diesen Gleichungen kommen die Ladungs- und Stromdichten ρ und $\vec{j}$ vor, die sich manchmal über *makroskopische* Bereiche erstrecken und dann mit *makroskopischen* Instrumenten direkt gemessen werden können (z.B. der Strom durch eine Glühbirne mit einem Amperemeter), die manchmal aber auch eine *atomistische* Struktur aufweisen und deshalb *indirekt* ermittelt werden müssen (z.B. die Ladungsdichte der Elektronenhüllen von DNS-Molekülen aus Röntgenbeugungsversuchen). Die Effekte der Atomistik auf das makroskopische elektromagnetische Feld können durch die Einführung der elektrischen Verschiebungsdichte $\vec{D}$ und der magnetischen Erregung $\vec{H}$ erfaßt werden, wie jetzt ausgeführt werden soll.

32.1 Polarisation und Magnetisierung

Die atomistischen Effekte sind einerseits die als *Polarisation* bezeichnete Verschiebung der geladenen Atombausteine durch ein $\vec{E}$-Feld und andererseits die als *Magnetisierung* bezeichnete Ausrichtung der atomaren Ampereschen Kreisströme durch ein $\vec{B}$-Feld. Wir behandeln zunächst die Polarisation.

Ein neutraler Isolator, etwa eine kalte Glasplatte, enthält Plus- und Minusladungen q_+ und q_-, die so angeordnet sind, daß sich ihre (über mikroskopisch kleine, aber noch sehr viele Atome enthaltende Gebiete gemittelten) Ladungsdichten bei Abwesenheit eines elektrischen Feldes gegenseitig aufheben:

$$\rho_+(\vec{r}) + \rho_-(\vec{r}) = 0 \quad \text{wenn} \quad \vec{E} = 0 \,. \tag{32.1}$$

Bringen wir den Isolator, der in diesem Zusammenhang auch „Dielektrikum" genannt wird, in ein elektrisches Feld $\vec{E} \neq 0$, so wirken auf seine geladenen Bausteine die Kräfte $\vec{F}_\pm = q_\pm \vec{E}$. Sie haben zur Folge, daß die durch Coulombkräfte elastisch an ihre Plätze gebundenen Bausteine um winzige Wegstückchen $\vec{u}_\pm$ aus ihren Anfangslagen verschoben werden. Die Verschiebungen $\vec{u}_\pm$ sind zu den Kräften $\vec{F}_\pm$ und damit zur elektrischen Feldstärke $\vec{E}$ proportional und weisen für q_+ bzw. q_- parallel bzw. antiparallel zur $\vec{E}$-Richtung. Die Strecken u_+ und u_- sind kleiner als der Atomdurchmesser. Die Ladungsverschiebung bewirkt, daß sich gegenüberliegende und senkrecht zu einem homogenen Feld $\vec{E}$ orientierte Isolatoroberflächen entgegengesetzt aufladen. Das ist in Abb. 32.1 schematisch dargestellt.

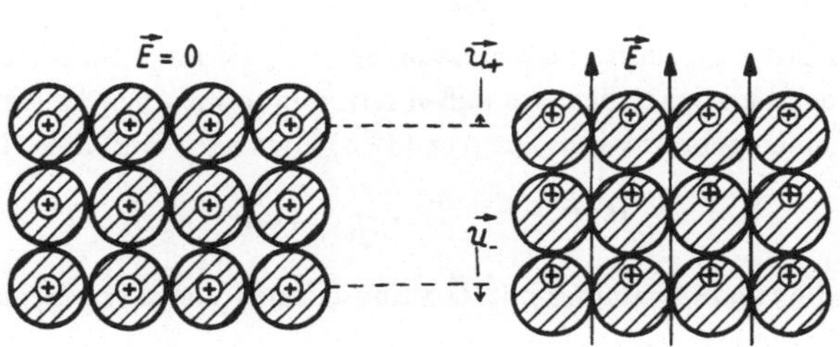

Abbildung 32.1:　　Atome eines Dielektrikums mit positiven Atomkernen und negativen, schraffiert gezeichneten Elektronenhüllen. Links: Bei Abwesenheit eines elektrischen Feldes. Rechts: Ein Feld $\vec{E} \neq 0$ verschiebt die Atomkerne um $\vec{u}_+$ und die Elektronenhüllen um $\vec{u}_-$. Dadurch laden sich die oberen bzw. unteren Begrenzungsflächen des Dielektrikums positiv bzw. negativ auf (Polarisation).

Wir betrachten jetzt den allgemeinen Fall und definieren die *Polarisation*

$$\vec{P} := \rho_+ \vec{u}_+ + \rho_- \vec{u}_- , \tag{32.2}$$

wobei ρ_+, ρ_-, $\vec{u}_+$, $\vec{u}_-$ und $\vec{P}$ von $\vec{r}$ und t abhängen können, und integrieren $\vec{P}$ über eine geschlossene Fläche SO

$$\oint_{SO} \vec{P} \cdot d\vec{S} = \oint_{SO} \rho_+ \vec{u}_+ \cdot d\vec{S} + \oint_{SO} \rho_- \vec{u}_- \cdot d\vec{S} . \tag{32.3}$$

Das Skalarprodukt $\vec{u}_+ \cdot d\vec{S}$ ist das Volumen, aus dem heraus das $\vec{E}$-Feld Plusladungen durch das Oberflächenelemend $d\vec{S}$ geschoben hat. Dann ist das erste Integral auf der rechten Seite von (32.3) die Plusladung, die aus dem von SO eingehüllten Volumen V_{SO} herausgeschoben wurde. Entsprechendes gilt für das zweite Integral. Die in V_{SO} verbleibende Ladung q_{Diel} beträgt dann offenbar:

$$q_{\text{Diel}} = -\oint_{SO} \vec{P} \cdot d\vec{S} . \tag{32.4}$$

Nun enthält die Maxwellsche Gleichung III (24.1) auf der rechten Seite die Gesamtladung $\int_{V_{SO}} \rho \, dV$ im Volumen V_{SO}, also auch den in (32.4) angegebenen Anteil q_{Diel} des Dielektrikums. Wir können Gleichung III deshalb wie folgt schreiben:

$$\oint_{SO} \vec{E} \cdot d\vec{S} \;=\; \frac{1}{\varepsilon_o} q_{\text{Diel}} + \frac{1}{\varepsilon_o} \int_{V_{SO}} \rho_{\text{sonst}} \, dV$$

$$\qquad\qquad =\; -\frac{1}{\varepsilon_o} \oint_{SO} \vec{P} \cdot d\vec{S} + \frac{1}{\varepsilon_o} \int_{V_{SO}} \rho_{\text{sonst}} \, dV \; . \tag{32.5}$$

Die Ladungsdichte ρ_{sonst} rührt von den Ladungen her, die nicht Bausteine des Dielektrikums sind, sondern zusätzlich von außen z.B. mit technischen Hilfsmitteln in das Volumen V_{SO} hineingebracht wurden. Aus (32.5) folgt nach einfacher Umformung:

$$\oint_{SO} (\varepsilon_o \vec{E} + \vec{P}) \cdot d\vec{S} = \int_{V_{SO}} \rho_{\text{sonst}} \, dV \; . \tag{32.6}$$

Es ist üblich, die runde Klammer mit $\vec{D}$ zu bezeichnen und *Verschiebungsdichte* zu nennen:

$$\vec{D} := \varepsilon_o \vec{E} + \vec{P} \; . \tag{32.7}$$

Mit (32.7) schreibt sich (32.6):

$$\oint_{SO} \vec{D} \cdot d\vec{S} = \int_{V_{SO}} \rho_{\text{sonst}} \, dV \; . \tag{32.8}$$

Die Polarisation $\vec{P}$ der Materie kann auch in die Maxwellsche Gleichung II (24.1) explizit eingeführt werden. Wenn das $\vec{E}$-Feld, das die Polarisation verursacht, zeitlich veränderlich ist, ändert sich auch $\vec{P}$. Die Größe

$$\frac{d}{dt} \int_{SK} \vec{P} \cdot d\vec{S} = \frac{d}{dt} \int_{SK} (\rho_+ \vec{u}_+ + \rho_- \vec{u}_-) \cdot d\vec{S} = I_{\text{Diel}} \tag{32.9}$$

ist ersichtlich die Zeitableitung der Ladungen des Dielektrikums, die vom $\vec{E}$-Feld durch die von K umrandete Fläche SK geschoben worden sind, also der Beitrag des Dielektrikums zur elektrischen Stromstärke I. Wir können daher in der Maxwellschen Gleichung II (24.1) auf der rechten Seite das Flächenintegral der Stromdichte $\vec{j}$ in zwei Anteile zerlegen und erhalten:

$$c^2 \oint_{K} \vec{B} \cdot d\vec{r} = \frac{d}{dt} \int_{SK} \vec{E} \cdot d\vec{S} + \frac{1}{\varepsilon_o}\Big(I_{\text{Diel}} + \int_{SK} \vec{j}_{\text{anders}} \cdot d\vec{S}\Big) \; . \tag{32.10}$$

$\vec{j}_{\text{anders}}$ ist die Stromdichte der bewegten elektrischen Ladungen, die nichts mit der Polarisation $\vec{P}$ des Dielektrikums zu tun haben. Mit den Gleichungen (32.9), (32.7) und der μ_o-Gleichung (27.2) können wir (32.10) umformen zu

$$\frac{1}{\mu_o} \oint_{K} \vec{B} \cdot d\vec{r} \;=\; \frac{d}{dt} \int_{SK} (\varepsilon_o \vec{E} + \vec{P}) \cdot d\vec{S} + \int_{SK} \vec{j}_{\text{anders}} \cdot d\vec{S}$$

$$\qquad\qquad =\; \frac{d}{dt} \int_{SK} \vec{D} \cdot d\vec{S} + \int_{SK} \vec{j}_{\text{anders}} \cdot d\vec{S} \; . \tag{32.11}$$

Damit haben wir die Polarisation von Materie explizit in den Maxwellschen Gleichungen II und III zum Ausdruck gebracht. Das gleiche wollen wir nun für die Magnetisierung tun.

Sie erinnern sich: In Kap. 27.3 wurde gesagt, daß die Ampereschen Kreisströme durch die Bahnbewegung und den Spin der Atombausteine zustande kommen. Abb. 27.6 zeigte als Beispiel einen Schnitt durch einen zylindrischen Stabmagneten, bei dem sich die Stromdichten der atomaren Kreisströme $\vec{j}_{\text{Kreis}}$ auf einen schmalen Bereich unter der Manteloberfläche konzentrierten. Um die Kreisstromdichte allgemein in die Maxwellschen Gleichungen einzuführen, spaltet man $\vec{j}_{\text{anders}}$ aus (32.11) wie folgt auf:

$$\vec{j}_{\text{anders}} = \vec{j}_{\text{Kreis}} + \vec{j}_{\text{sonst}} \, . \tag{32.12}$$

Dabei ist $\vec{j}_{\text{sonst}}$ diejenige Stromdichte, die weder von der Polarisierung der Dielektrika noch von den atomaren Kreisströmen herrührt, also etwa die Dichte des elektrischen Stromes in der Heizplatte eines Elektroherdes. Gleichung (32.11) lautet dann:

$$\frac{1}{\mu_o} \oint_K \vec{B} \cdot d\vec{r} = \frac{d}{dt} \int_{SK} \vec{D} \cdot d\vec{S} + \int_{SK} \vec{j}_{\text{Kreis}} \cdot d\vec{S} + \int_{SK} \vec{j}_{\text{sonst}} \cdot d\vec{S} \, . \tag{32.13}$$

Wir wollen das vorletzte Integral auf der rechten Seite durch einen anderen Ausdruck ersetzen. Betrachte dazu ein Stück Materie als Ansammlung gleichartiger Atome. Jedes Atom repräsentiert einen Kreisstrom der Stromstärke i. Es besitzt dann nach (27.17) ein magnetisches Moment $\vec{\mu} = i\vec{f}$, wobei $\vec{f}$ der vom Kreisstrom umrandete Flächenvektor ist (Abb. 32.2a). Die $\vec{f}$-Vektoren der Atome werden i.allg. in die verschiedensten Richtungen weisen. Wir führen den über eine große Zahl N von Atomen gebildeten Mittelwert ein und kennzeichnen ihn durch spitze Klammern:

$$\langle \vec{f} \rangle := \frac{1}{N} \sum_{n=1}^{N} \vec{f}_n \, , \quad \langle \vec{\mu} \rangle = i \langle \vec{f} \rangle \, . \tag{32.14}$$

Multipliziert man das mittlere magnetische Moment pro Atom mit der Anzahl der Atome pro Volumen N_V, erhält man die Größe

$$\vec{M} = N_V \langle \vec{\mu} \rangle = N_V i \langle \vec{f} \rangle \, , \tag{32.15}$$

die *Magnetisierung* genannt wird. $\vec{M}$ ist offenbar das magnetische Moment der makroskopischen Materie pro Volumen. Wenn man (32.15) über den geschlossenen Weg K, der in (32.13) vorkommt, integriert, erhält man

$$\oint_K \vec{M} \cdot d\vec{r} = i \oint_K N_V \langle \vec{f} \rangle \cdot d\vec{r} \, . \tag{32.16}$$

Abb. 32.2b zeigt ein Linienelement $d\vec{r}$ von K, das zwar kurz, aber doch so lang ist, daß es viele der von den atomaren Kreisströmen umrandete Flächen $\vec{f}$ wie ein

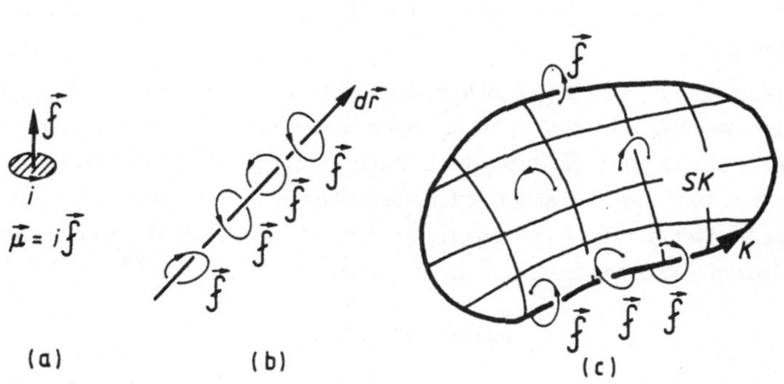

Abbildung 32.2:   (a) Kreisstrom i und magnetisches Moment $\vec{\mu}$ eines Atoms. (b) Linienelement $d\vec{r}$ mit aufgespießten Kreisströmen. (c) Fläche SK mit einigen atomaren Kreisströmen.

Spieß durchstößt. Die von $d\vec{r}$ aufgespießten Atome werden in zwei Gruppen R und L eingeteilt, je nachdem, ob ihr Kreisstrom zusammen mit $d\vec{r}$ eine Rechts- oder Links-schraube definiert. Für R-Atome gilt dann $\vec{f}_R \cdot d\vec{r} > 0$, für L-Atome $\vec{f}_L \cdot d\vec{r} < 0$. Es seien nun dN_R bzw. dN_L die Zahl der R- bzw. L-Atome, die vom $d\vec{r}$-Spieß aufgefädelt sind. Um dN_R zu berechnen, mache man sich klar, daß ein R-Atom mit dem Flächen-vektor $\vec{f}_R$ dem in Richtung des Einheitsvektors $d\vec{r}/dr$ weisenden Spieß die „effektive" Projektion $\vec{f}_R \cdot d\vec{r}/dr$ darbietet, im Mittel also die effektive Fläche $\langle \vec{f}_R \rangle \cdot d\vec{r}/dr$. Die R-Atome, deren Mittelpunkte in eine um $d\vec{r}$ errichtete Säule mit der Grundfläche $\langle \vec{f}_R \rangle \cdot d\vec{r}/dr$ und der Höhe dr fallen, werden offenbar von $d\vec{r}$ durchstoßen. Ihre Anzahl dN_R ergibt sich, wenn man das Säulenvolumen

$$dV_R = \langle \vec{f}_R \rangle \cdot \frac{d\vec{r}}{dr} dr = \langle \vec{f}_R \rangle \cdot d\vec{r} \tag{32.17}$$

mit der Zahl der R-Atome pro Volumen N_V^R multipliziert:

$$dN_R = N_V^R dV_R = N_V^R \langle \vec{f}_R \rangle \cdot d\vec{r}. \tag{32.18}$$

Ebenso findet man die Anzahl dN_L der von $d\vec{r}$ durchstoßenen L-Atome:

$$dN_L = -N_V^L \langle \vec{f}_L \rangle \cdot d\vec{r}. \tag{32.19}$$

Das Minuszeichen ist nötig, weil $\langle \vec{f}_L \rangle \cdot d\vec{r} < 0$ und $dN_L > 0$ ist. Da ein Atom entweder zur R- oder zur L-Gruppe gehört, gilt $N_V^R + N_V^L = N_V$. Die Verhältnisse N_V^R/N_V

und N_V^L/N_V geben die Wahrscheinlichkeit an, ob ein aufgespießtes Atom ein R- oder L-Atom ist. Deshalb ist die mittlere Fläche $\langle \vec{f} \rangle$ aller Atome durch

$$\langle \vec{f} \rangle = \frac{N_V^R}{N_V} \langle \vec{f}_R \rangle + \frac{N_V^L}{N_V} \langle \vec{f}_L \rangle \tag{32.20}$$

gegeben. Aus (32.18), (32.19) und (32.20) folgt dann

$$dN_R - dN_L = (N_V^R \langle \vec{f}_R \rangle + N_V^L \langle \vec{f}_L \rangle) \cdot d\vec{r} = N_V \langle \vec{f} \rangle \cdot d\vec{r} \,. \tag{32.21}$$

Die rechte Seite dieser Gleichung tritt als Integrand auf der rechten Seite von (32.16) auf, so daß wir schließlich

$$\oint_K \vec{M} \cdot d\vec{r} = i \oint_K (dN_R - dN_L) = i(N_R - N_L) \tag{32.22}$$

erhalten. Die Zahlen N_R bzw. N_L geben an, wieviel atomare Kreisströme der Stromstärke i die in Abb. 32.2c gezeigte geschlossene Kurve K umfließen und dabei die über K aufgespannte Fläche SK von unten bzw. von oben durchstoßen. Da Kreisströme, die nicht auf K aufgefädelt sind, SK entweder einmal von unten und einmal von oben oder keinmal durchstoßen, stellt $i(N_R - N_L)$ offenbar die mit den atomaren Kreisströmen verbundene elektrische Stromstärke durch SK dar, die wir als Flächenintgral über die atomare Kreisstromdichte $\vec{j}_{\text{Kreis}}$ ausdrücken können. Dann lautet (32.22)

$$\oint_K \vec{M} \cdot d\vec{r} = \int_{SK} \vec{j}_{\text{Kreis}} \cdot d\vec{S} \,. \tag{32.23}$$

Jetzt kehren wir zur Gleichung (32.13) zurück und ersetzen dort den vorletzten Term auf der rechten Seite durch die linke Seite von (32.23). Das gibt nach Umordnung der Terme

$$\oint_K (\vec{B}/\mu_o - \vec{M}) \cdot d\vec{r} = \frac{d}{dt} \int_{SK} \vec{D} \cdot d\vec{S} + \int_{SK} \vec{j}_{\text{sonst}} \cdot d\vec{S} \tag{32.24}$$

oder, nach Einführung der sog. *magnetischen Erregung*

$$\vec{H} := \vec{B}/\mu_o - \vec{M} \,, \tag{32.25}$$

die früher auch *magnetische Feldstärke* genannt wurde:

$$\oint_K \vec{H} \cdot d\vec{r} = \frac{d}{dt} \int_{SK} \vec{D} \cdot d\vec{S} + \int_{SK} \vec{j}_{\text{sonst}} \cdot d\vec{S} \,. \tag{32.26}$$

Damit ist die Umformung der Maxwellschen Gleichung II beendet.

Wir fassen nun die unverändert gebliebenen Maxwellschen Gleichungen I und IV aus
(24.1) mit (32.8) und (32.26) zusammen:

$$
\begin{array}{ll}
\text{(I)} & \oint_K \vec{E} \cdot d\vec{r} = -\dfrac{d}{dt}\int_{SK} \vec{B} \cdot d\vec{S} \\[2ex]
\text{(II)} & \oint_K \vec{H} \cdot d\vec{r} = \dfrac{d}{dt}\int_{SK} \vec{D} \cdot d\vec{S} + \int_{SK} \vec{j}_{\text{sonst}} \cdot d\vec{S} \\[2ex]
\text{(III)} & \oint_{SO} \vec{D} \cdot d\vec{S} = \int_{V_{SO}} \rho_{\text{sonst}}\, dV \\[2ex]
\text{(IV)} & \oint_{SO} \vec{B} \cdot d\vec{S} = 0
\end{array}
\tag{32.27}
$$

und fügen die Definitionsgleichungen der elektrischen Verschiebungsdichte $\vec{D}$ (32.7)
und magnetischen Erregung $\vec{H}$ (32.25) hinzu:

$$
\vec{D} = \varepsilon_o \vec{E} + \vec{P} \quad , \quad \vec{H} = \vec{B}/\mu_o - \vec{M} \; .
\tag{32.28}
$$

Dieses ist das von Maxwell verwendete Gleichungsschema. Er brauchte vier Vektor-
felder $\vec{E}, \vec{B}, \vec{D}$ und $\vec{H}$, wobei die beiden letzteren nötig waren, um den damals weitgehend unbekannten Vorgängen in polarisierter und magnetisierter Materie Rechnung
zu tragen. Der Kenntnisstand hat sich seitdem gründlich gewandelt. Die für Polarisation und Magnetisierung zuständigen Mechanismen wurden aufgeklärt und mit
Hilfe der Quantenmechanik quantitativ beschrieben. Es gibt daher keinen Grund, die
insgesamt sechs Gleichungen (32.27) und (32.28) den vier Gleichungen (24.1) vorzu-
ziehen.

32.2 Suszeptibilitäten und Brechungsindex

Weil die Polarisation $\vec{P} = \rho_+ \vec{u}_+ + \rho_- \vec{u}_-$ eines Dielektrikums, in dem ein $\vec{E}$-Feld
herrscht, linear von den Ladungsverschiebungen $\vec{u}_\pm$ abhängt und die letzteren in der
Regel zu $\vec{E}$ proportional sind, ist auch $\vec{P}$ zu $\vec{E}$ proportional:

$$
\vec{P} = \chi_{el}\varepsilon_o \vec{E} \; .
\tag{32.29}
$$

Man bezeichnet die Materialkonstante χ_{el} als *dielektrische Suszeptibilität*. Aus (32.7)
und (32.29) ergibt sich

$$
\vec{D} = (1 + \chi_{el})\varepsilon_o \vec{E} =: \varepsilon\varepsilon_o \vec{E} \; .
\tag{32.30}
$$

Die dimensionslose Größe $\varepsilon = 1 + \chi_{el}$ heißt *Dielektrizitätskonstante*.

Ähnliches gilt für die Magnetisierung $\vec{M} = N_V \langle \vec{\mu} \rangle$ der Materie, wenn die Ausrichtung
der atomaren magnetischen Momente $\vec{\mu}$ vom $\vec{B}$-Feld über das Drehmoment $\vec{D} = \vec{\mu} \times \vec{B}$

(27.18) verursacht wird. Für nicht zu starke $\vec{B}$-Felder ist $\vec{M}$ dann zu $\vec{B}$ proportional. Wir berücksichtigen das durch den Ansatz:

$$\vec{M} = \frac{\chi_{mgn}}{\mu_o}\vec{B} \qquad (32.31)$$

und nennen die Materialkonstante χ_{mgn} die *magnetische Suszeptibilität*. Aus (32.25) und (32.31) folgt dann

$$\vec{H} = \frac{\vec{B}}{\mu_o} - \vec{M} = \frac{1 - \chi_{mgn}}{\mu_o}\vec{B} =: \frac{\vec{B}}{\mu_o\mu} : \qquad (32.32)$$

Die dimensionslose Größe $\mu = 1/(1 - \chi_{mgn})$ wird *Permeabilität* genannt.[1]

Zur Messung der Materialkonstanten ε und μ gibt es zahlreiche Verfahren, die hier nicht behandelt werden können. Sie basieren z.B. darauf, daß die Kapazität C eines Plattenkondensators bzw. die Induktivität L einer langen Drahtspule von dem Material abhängt, das den Raum zwischen den Platten bzw. das Innere der Spule ausfüllt. C ist zur Dielektrizitätskonstanten ε und L zur Permeabilität μ des Füllmaterials proportional. Mit C und L sind dann auch ε und μ meßbar. Man kann die Meßresultate zur Klassifizierung der Stoffe verwenden. So heißt ein Material „paramagnetisch" bzw. „diamagnetische", wenn sein μ-Wert in schwachen Magnetfeldern etwas größer bzw. kleiner als 1 ist. Sogenannte „ferromagnetische" bzw. „ferroelektrische" Substanzen zeigen bei nicht zu hohen Temperaturen auch bei Abwesenheit eines äußeren $\vec{B}$- bzw. $\vec{E}$-Feldes eine „spontane" von Null verschiedene Magnetisierung $\vec{M}$ bzw. Polarisierung $\vec{P}$. Diese lassen sich deshalb nicht durch die einfachen Proportionalitätsgleichungen (32.31) und (32.29) mit $\vec{H}$ bzw. $\vec{E}$ verknüpfen. Spontan magnetisierte bzw. polarisierte Körper heißen „Magneten" bzw. „Elektreten". Metallisches Eisen ist unterhalb 775°C ferromagnetisch und darüber paramagnetisch. Bariumtitanat $BaTiO_3$ ist bei Zimmertemperatur ferroelektrisch, also ein Elektret, und verliert diese Eigenschaft bei 118°C.

Wir wollen nun die Ausbreitung elektromagnetischer Wellen in einem Isolator behandeln, etwa in einem Block aus Glas mit den Materialkonstanten ε und μ. Die in den Maxwellschen Gleichungen (32.27) vorkommenden makroskopisch meßbaren Strom- und Ladungsdichten $\vec{j}_{sonst}$ und ρ_{sonst} erweisen sich im Isolator als Null. Wegen (32.30) und (32.32) kann $\vec{D}$ durch $\varepsilon\varepsilon_o\vec{E}$ und $\vec{H}$ durch $\vec{B}/\mu\mu_o$ ersetzt werden. Wir erhalten so

---

[1]Im SI-Einheitssystem wird χ_{mgn} leider anders definiert. Man setzt dort $\vec{M} = \chi_{mgn}\vec{H}$, obwohl nicht $\vec{H}$, sondern $\vec{B}$ die Ursache von $\vec{M}$ ist. Man erhält dann für die Permeabilität μ den Ausdruck $\mu = 1 + \chi_{mgn}$. Für den häufigen Fall $|\chi_{mgn}| \ll 1$ stimmen unsere und die SI-Definition von χ_{mgn} allerdings überein.

aus (32.27):

$$\oint_K \vec{E} \cdot d\vec{r} = -\frac{d}{dt} \int_{SK} \vec{B} \cdot d\vec{S} \qquad \oint_{SO} \vec{E} \cdot d\vec{S} = 0$$
$$\frac{1}{\varepsilon\varepsilon_o\mu\mu_o} \oint_K \vec{B} \cdot d\vec{r} = \frac{d}{dt} \int_{SK} \vec{E} \cdot d\vec{S} \qquad \oint_{SO} \vec{B} \cdot d\vec{S} = 0 \,. \tag{32.33}$$

Diese Gleichungen haben dieselbe Form wie die Gleichungen (31.3) im materiefreien Raum. Der einzige Unterschied ist der Faktor vor der Zirkulation von $\vec{B}$, also c^2 dort und $1/\varepsilon\varepsilon_o\mu\mu_o = c^2/\varepsilon\mu$ hier. Nun wissen wir aus Kap. 31, daß die Vakuumgleichungen (31.3) zu elektromagnetischen Wellen führen, die sich mit Vakuumlichtgeschwindigkeit $c = \sqrt{c^2}$ ausbreiten, wobei c^2 der Vorfaktor der $\vec{B}$-Zirkulation ist. Wegen der formalen Äquivalenz von (31.3) und (32.33) muß es dann auch in Isolatoren elektromagnetische Wellen mit der Ausbreitungsgeschwindigkeit

$$v = \sqrt{c^2/\varepsilon\mu} = c/\sqrt{\varepsilon\mu} \tag{32.34}$$

geben. Man nennt das Verhältnis

$$\frac{\text{Vakuumlichtgeschwindigkeit}}{\text{Lichtgeschwindigkeit in der Substanz}} = \frac{c}{v} = \sqrt{\varepsilon\mu} =: n \tag{32.35}$$

den „Brechungsindex n der Substanz". Wir werden in Kap. 33.6 sehen, daß n von der Frequenz ω der elektromagnetischen Wellen abhängt (Dispersion). Der Brechungsindex ist also keine Materialkonstante, sondern eine für das Material charakteristische Funktion $n(\omega)$.

32.3 Supraleitung und Meißner-Ochsenfeld-Effekt

Die Supraleitung wurde 1911 von Kamerlingh Onnes entdeckt (Nobelpreis 1913). Er fand, daß viele Metalle unterhalb einer charakteristischen Sprungtemperatur T_s keinen Ohmschen Widerstand besitzen, so daß beim Stromfluß keine Joulesche Wärme entsteht (vgl. Abb. 28.12). Rund 40% der Metalle sind Supraleiter mit Sprungtemperaturen zwischen T_s (Wolfram) = 0,01 K und T_s (Technetium) = 11,2 K. Man kennt seit den 60er Jahren Metallegierungen mit T_s-Werten bis zu 20 K (harte Supraleiter) – und seit 1986 supraleitende Mischmetalloxyde mit T_s-Werten um 100 K, zum Beispiel T_s ($Y_1Ba_2Cu_3O_7$) = 95 K und T_s ($Tl_2Ca_2Ba_2Cu_3O_{10}$) = 125 K. Bei Zimmertemperatur sind solche oxidischen oder – wie man auch sagt – keramischen Supraleiter eher Isolatoren als Leiter. Für die Entdeckung der oxidischen Supraleitung erhielten Bednorz und Müller 1987 den Nobelpreis. Keramische Supraleiter sind heute sehr populär, weil man sie mit *billigem* flüssigem Stickstoff (Siedetemperatur 77,4 K) kühlen kann, während man für metallische Supraleiter nicht ohne *teures* flüssiges Helium (Siedetemperatur 4,2 K) auskommt.

1933 entdeckten Meißner und Ochsenfeld, daß supraleitende Metalle ideale Diamagneten mit der Permeabilität $\mu = 0$ sind – was wegen $\vec{B} = \mu\mu_o\vec{H}$ bedeutet, daß es in solchen Supraleitern kein $\vec{B}$-Feld gibt. 1935 veröffentlichten die Brüder F. und H. London dann die *Londonsche Gleichung*, die eine Materialgleichung für Supraleiter ist und eine ähnliche Rolle spielt wie das Ohmsche Gesetz für Normalleiter. Wir werden sie gleich behandeln und mit ihrer Hilfe den *Meißner-Ochsenfeld-Effekt* ($\vec{B} = 0$ in Supraleitern) ableiten. 1956/57 entwickelten Bardeen, Cooper und Schrieffer die sog. *BCS-Theorie*, die die Supraleitung atomistisch erklärt (Nobelpreis 1972). Sie zeigten zunächst, daß sich in supraleitenden Metallen freie Elektronen mit entgegengesetzt gleichen Impulsen und antiparallelen Spins gegenseitig anziehen und gebundene Elektronenpaare (*Cooper-Paare*) bilden können – Anziehung der beiden negativ geladenen Elektronen ist trotz Coulombabstoßung möglich, weil auch die Plusladungen des hin- und herschwingenden Ionengitters Kräfte auf die Elektronen ausüben (Phononenaustausch). Der Schwerpunkt eines Cooper-Paares kann sich wie ein spinloses Teilchen der Ladung $q_c = -2e$ und Masse $m_c = 2m_e^*$ durch das Ionengitter bewegen. e ist die Elementarladung und m_e^* eine „effektive" Elektronenmasse, die wegen der Mitwirkung des Ionengitters bei der Cooper-Paar-Bildung nicht die Masse m_e eines freien Elektrons zu sein braucht, wohl aber von gleicher Größenordnung wie diese ist. Nach der BCS-Theorie sind es nun die Cooper-Paare, die den Supraleitungsstrom tragen, und nicht die für die normale Stromleitung zuständigen „freien" Elektronen. Freie Elektronen haben den Spin $S = \frac{1}{2}$ und gehören damit zu den „Fermionen" (Teilchen mit halbzahligen Spins), Cooper-Paare haben den Spin $S = 0$ und gehören damit zu den „Bosonen" (Teilchen mit ganzzahligen Spins). Nach den Gesetzen der Quantenstatistik verhalten sich Kollektive von gleichartigen Fermionen bei tiefen Temperaturen nun völlig anders als Kollektive von gleichartigen Bosonen. Fermionen sind wie Einzelgänger und halten Abstand von ihresgleichen (Pauliprinzip), Bosonen drängen sich zusammen wie Herdenvieh (Bose-Einstein-Kondensation). Freie Leitungselektronen weichen deshalb voreinander aus und reiben sich am artfremden Ionengitter, wobei Joulesche Wärme entsteht, während sich Cooper-Paare zu einer „Teilchensekte" zusammenrotten. Die Sektenmitglieder bewegen sich alle mit derselben Geschwindigkeit $\vec{v}_c$ (= Geschwindigkeit des Cooper-Paar-Schwerpunktes) und können deshalb nicht aus dem Kollektiv ausbrechen, um z.B. kinetische Energie an ungepaarte Leitungselektronen oder ans Ionengitter abzugeben. Daher verläuft die kollektive Cooper-Paar-Bewegung völlig reibungsfrei. Da die Paare Ladung tragen, stellt die Kollektivbewegung einen elektrischen Strom dar, der widerstandslos durch das Ionengitter fließt. Es sind also wirklich die Cooper-Paare, die Supraleitung möglich machen. Bleibt noch zu sagen, daß nur die schnellsten freien Elektronen eines Supraleiters Cooper-Paare bilden können, kaum mehr als 10%. Soviel zur BCS-Theorie.

Wir betrachten nun einen Supraleiter mit n_c Cooper-Paaren pro Volumen, die sich mit der Geschwindigkeit $\vec{v}_c$ bewegen und einen Supraleitungsstrom mit der Stromdichte

$$\vec{j} = q_c n_c \vec{v}_c \tag{32.36}$$

darstellen. Weil die Cooper-Paare die ortsfesten Metallionen neutralisieren müssen, ist $n_c = \text{const}$. Wenn im Supraleiter ein elektrisches $\vec{E}$-Feld herrscht, erfährt das reibungsfreie Cooper-Paar nach dem Grundgesetz der Mechanik die Beschleunigung

$$\dot{\vec{v}}_c = \frac{q_c}{m_c} \vec{E} \ . \tag{32.37}$$

Dann ändert sich auch die Stromdichte (32.36):

$$\dot{\vec{j}} = q_c n_c \dot{\vec{v}}_c = \frac{q_c^2 n_c}{m_c} \vec{E} =: \frac{\Lambda^2}{\mu_o} \vec{E} \ . \tag{32.38}$$

Die auf der rechten Seite per definitionem eingeführte Größe Λ^2 kann wegen $\mu_o \varepsilon_o c^2 = 1$, $q_c = -2e$ und $m_c \approx 2m_e$ wie folgt umgeformt werden:

$$\Lambda^2 = \mu_o \frac{q_c^2 n_c}{m_c} \approx 8\pi \frac{e^2}{4\pi\varepsilon_o m_e c^2} n_c = 8\pi r_e n_c \ . \tag{32.39}$$

Hier wurde auf der rechten Seite der klassische Elektronenradius $r_e = 2,82 \cdot 10^{-15}$m aus (25.27) eingeführt. Um nun zur Londonschen Gleichung zu gelangen, bilden wir die Zeitableitung der Zirkulation der Stromdichte $\vec{j}$ längs einer im Supraleiter gelegenen geschlossenen Kurve K mit Umlaufsinn und verwenden die $\dot{\vec{j}}$-Gleichung (32.38) sowie die Maxwellsche Gleichung I (24.1):

$$\frac{d}{dt} \oint_K \vec{j} \cdot d\vec{r} = \oint_K \dot{\vec{j}} \cdot d\vec{r} = \frac{\Lambda^2}{\mu_o} \oint_K \vec{E} \cdot d\vec{r} = -\frac{\Lambda^2}{\mu_o} \frac{d}{dt} \int_{SK} \vec{B} \cdot d\vec{S} \ .$$

Die rechte Seite nach links gebracht ergibt dann

$$\frac{d}{dt} \left[\oint_K \vec{j} \cdot d\vec{r} + \frac{\Lambda^2}{\mu_o} \int_{SK} \vec{B} \cdot d\vec{S} \right] = 0 \ . \tag{32.40}$$

Integriert man diese Gleichung über die Zeit, tritt eine zeitunabhängige Integrationskonstante auf, die z.B. null ist, wenn der Leiter stromlos ($\vec{j} = 0$) und magnetfeldfrei ($\vec{B} = 0$) war, als er durch Abkühlung unter die Sprungtemperatur T_S in den supraleitenden Zustand eintrat. Für diesen Fall gilt also

$$\oint_K \vec{j} \cdot d\vec{r} + \frac{\Lambda^2}{\mu_o} \int_{SK} \vec{B} \cdot d\vec{S} = 0 \ . \tag{32.41}$$

Aber nicht nur dann. F. und H. London haben bewiesen, daß Gleichung (32.41) immer gilt. Der Beweis ist alles andere als trivial, und darum heißt (32.41) die Londonsche Gleichung. Sie ist eine Materialgleichung, weil sie Λ^2 enthält und Λ^2 materialabhängig ist.

Zur Ableitung des Meißner-Ochsenfeld-Effektes braucht man neben der Londonschen Gleichung (32.41) noch die Gleichung (27.3) aus der Magnetostatik:

$$\oint_K \vec{B} \cdot d\vec{r} = \mu_o \int_{SK} \vec{j} \cdot d\vec{S} \,. \tag{32.42}$$

Betrachte nun einen langen supraleitenden Zylinder, der außen von einem homogenen Magnetfeld $\vec{B}_o$ parallel zur Zylinderachse umgeben ist. Abb. 32.3a zeigt einen Ausschnitt. Die Anordnung ist zylindersymmetrisch. Wenn im Zylinder Strom fließt,

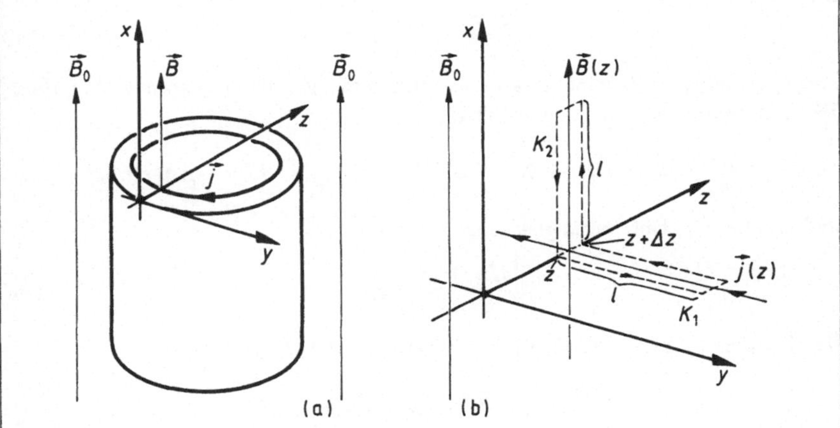

Abbildung 32.3: Zur Ableitung des Meißner-Ochsenfeld-Effektes. (a) Ausschnitt eines supraleitenden Zylinders im Magnetfeld $\vec{B}_o$. (b) Stromdichte $\vec{j}$ und $\vec{B}$-Feld in der Nähe des Koordinatenursprungs.

muß die Stromdichte $\vec{j}$ die Zylinderachse umkreisen. Wenn im Zylinder ein Magnetfeld herrscht, muß $\vec{B}$ zur Zylinderachse parallel sein. Die Richtungen von $\vec{j}$ und $\vec{B}$ sind, so wie sie wirklich verlaufen, in Abb. 32.3a angedeutet. Die Abbildung zeigt auch ein Koordinatensystem, dessen x-Achse auf dem Zylindermantel liegt und dessen z-Achse die Zylinderachse senkrecht schneidet. Die xy-Ebene tangiert die Zylinderoberfläche. In Abb. 32.3b ist die nächste Umgebung des Koordinatenursprungs dargestellt. Zylinderoberfläche und xy-Ebene fallen hier praktisch zusammen, der Halbraum $z < 0$

ist leer und der Halbraum $z > 0$ supraleitend. Im leeren Raum ist $\vec{j} = 0$ und $\vec{B}_o =$ const. Im Supraleiter fließt $\vec{j}$ antiparallel zur y-Achse und $\vec{B}$ weist in x-Richtung. Hier können $\vec{j}$ und $\vec{B}$ bezüglich ihrer Beträge von der z-Koordinate (= Abstand von der Oberfläche des Supraleiters) abhängen. Um die z-Abhängigkeit zu berechnen, haben wir in Abb. 32.3b zwei schmale geschlossene Rechteckkurven K_1 und K_2 eingezeichnet und mit Umlaufsinn versehen. Die beiden Rechtecke mit den Seitenlängen l und Δz sind winzig klein. Wir haben vor, K_1 bzw. K_2 in die Integralgleichungen (32.41) bzw. (32.42) einzusetzen und die Integrale auszuwerten. Beginnen wir mit K_1 und (32.41):

$$\oint_{K_1} \vec{j} \cdot d\vec{r} = (j(z + \Delta z) - j(z))l = -\frac{\Lambda^2}{\mu_o} \int_{SK_1} \vec{B} \cdot d\vec{S} = -\frac{\Lambda^2}{\mu_o} B(z) l \Delta z$$

Nach Division durch $l\Delta z$ und Grenzübergang $\Delta z \to 0$ erhält man die Differentialgleichung

$$\frac{dj(z)}{dz} = -\frac{\Lambda^2}{\mu_o} B(z) \; . \tag{32.43}$$

Aus einer Integralgleichung ist also eine Differentialgleichung geworden. Auf gleiche Weise verfahren wir mit K_2 und (32.42):

$$\oint_{K_2} \vec{B} \cdot d\vec{r} = (B(z + \Delta z) - B(z))l = \mu_o \int_{SK_2} \vec{j} \cdot d\vec{S} = -\mu_o j(z) l \Delta z$$

und erhalten die Differentialgleichung

$$\frac{dB(z)}{dz} = -\mu_o j(z) \; . \tag{32.44}$$

Durch Differenzieren von (32.44) und Einsetzen von (32.43) folgt dann

$$\frac{d^2 B}{dz^2} = -\mu_o \frac{dj}{dz} = -\mu_o \left(-\frac{\Lambda^2}{\mu_o} B\right) = \Lambda^2 B \; ,$$

also eine von j befreite Differentialgleichung für B

$$\frac{d^2 B(z)}{dz^2} = \Lambda^2 B(z) \; , \tag{32.45}$$

die im Supraleiter $z \geq 0$ zwei Lösungen $B \propto e^{\pm \Lambda z}$ hat, wobei die mit den Pluszeichen – wie noch zu zeigen wäre – aus physikalischen Gründen verworfen werden muß. $j(z)$ läßt sich mit Hilfe von (32.44) aus $B(z)$ durch Ableitung berechnen. Das Resultat lautet:

$$B(z) = B_o e^{-\Lambda z} \qquad j(z) = \frac{\Lambda}{\mu_o} B(z) \; . \tag{32.46}$$

B_o ist die Feldstärke des außen herrschenden Magnetfeldes. Das $\vec{B}$-Feld dringt also in den Supraleiter $z > 0$ ein, klingt aber mit wachsender Eindringtiefe z exponentiell ab. Wenn z um den Wert $1/\Lambda$ fortschreitet, wird $B(z)$ um den Faktor $1/e \approx 0,368$ kleiner. Man nennt $1/\Lambda$ die *Londonsche Eindringtiefe*. Gleiches gilt für die elektrische Stromdichte $j(z)$ im Supraleiter, die ja laut (32.46) an jeder Stelle z zum Magnetfeld $B(z)$ proportional ist, mit dem Proportionalitätsfaktor Λ/μ_o.

Die Formel (32.39) für $\Lambda^2 \approx 8\pi r_e n_c$ erlaubt uns, die Eindringtiefe $1/\Lambda$ für typische Supraleiter abzuschätzen, z.B. für Blei (Atomgewicht 207, Dichte 11350 kg/m^3). Wenn jedes Bleiatom ein Leitungselektron abgibt und 10% von diesen Cooper-Paaren bilden, beträgt die Zahl der Cooper-Paare pro Volumen $n_c \approx 1,65 \cdot 10^{27}$/m^3. Mit diesem Wert und dem klassischen Elektronenradius $r_e = 2,82 \cdot 10^{-15}$m erhält man dann $\Lambda^2 \approx 1,2 \cdot 10^{14}$/m^2 und daraus die Londonsche Eindringtiefe $1/\Lambda \approx 0,9 \cdot 10^{-7}$m $\approx 10^{-5}$cm. Betrachte nun den Zylinder in Abb. 32.3a. Er könnte aus Blei sein, einen Durchmesser von einem Zentimeter haben und sich in einem äußeren Magnetfeld der Stärke $B_o = 0,01$ N/Am befinden. Das Magnetfeld B dringt zwar in den supraleitenden Zylinder ein, wird aber mit wachsender Eindringtiefe $z = 10^{-5}$cm bzw. 10^{-4}cm bzw. 10^{-3}cm durch die Exponentialfunktion $e^{-\Lambda z}$ auf den Bruchteil $B(z)/B_o \approx 3 \cdot 10^{-1}$ bzw. $2 \cdot 10^{-5}$ bzw. $3 \cdot 10^{-48}$ reduziert.[2] Der Bleizylinder mit 1cm Durchmesser ist innen also wirklich magnetfeldfrei (Meißner-Ochsenfeld-Effekt) – bis auf eine nur wenige 10^{-5}cm dicke Schicht an der Oberfläche. In dieser Oberflächenschicht fließt auch ein kreisförmiger Supraleitungsstrom, dessen Stromdichte in unserem Fall ($B_o = 0,01$ N/Am) nach (32.46) durch

$$j(z) = \frac{\Lambda}{\mu_o} B_o e^{-\Lambda z} \approx 8,7 \cdot 10^{10} \frac{\text{A}}{\text{m}^2} e^{-\Lambda z} \tag{32.47}$$

gegeben ist. Normalleitendes Blei würde bei dieser Stromdichte wegen der anfallenden Stromwärme in wenigen Mikrosekunden verdampfen.

Um den Meißner-Ochsenfeld-Effekt zu demonstrieren, kann man einen kleinen (nicht supraleitenden) Stabmagneten auf eine (unmagnetische) Leiterplatte legen. Wenn die Platte durch Abkühlung supraleitend wird, erhebt sich der Magnet und bleibt schweben. Zur Erklärung dieses Phänomens betrachte man Abb. 32.4. Sie zeigt den Magneten in zwei Lagen, unten auf dem Supraleiter und oben weit über ihm. Die Schwebelage liegt irgendwo dazwischen. Das $\vec{B}$-Feld des Magneten ist symbolisch durch zwei Feldlinien dargestellt. Oben kann $\vec{B}$ sich über den ganzen Raum der Umgebung verteilen. Unten zwingt der Meißner-Ochsenfeld-Effekt das $\vec{B}$-Feld in den oberen Halbraum und verdoppelt dadurch die Feldstärke $\vec{B}$. Uns interessiert die magnetische Feldenergie W_{mgn}. Wegen (29.32) ist sie zum Feldvolumen V und zum Quadrat der $\vec{B}$-Feldstärke proportional: $W_{\text{mgn}} \propto V * B^2$. Weil der Schritt von oben nach

---

[2] Hätten wir nicht die $e^{-\Lambda z}$-, sondern die $e^{+\Lambda z}$-Lösung der B-Differentialgleichung (32.45) gewählt, wäre das B-Feld bei $z = 10^{-3}$cm nicht auf $\sim 10^{-48} \approx 0$ abgefallen, sondern auf $\sim 10^{+48} \approx \infty$ angewachsen. Deshalb haben wir die $e^{+\Lambda z}$-Lösung verworfen.

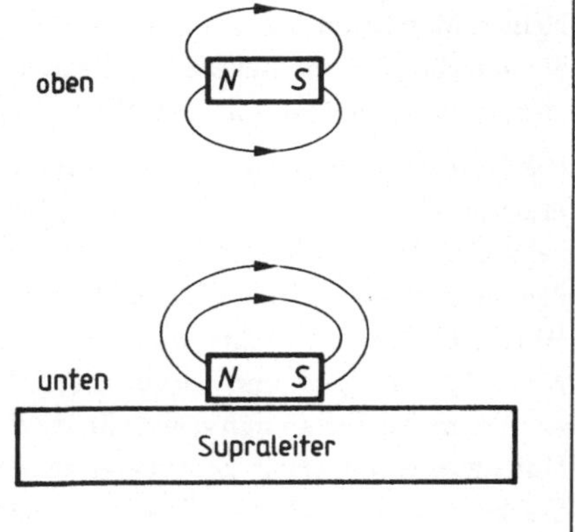

Abbildung 32.4
Das $\vec{B}$-Feld eines Stabmagneten (oben) wird von einem Supraleiter (unten) durch den Meißner-Ochsenfeld-Effekt in einen Halbraum gedrängt. Die magnetische Feldenergie ist oben kleiner als unten.

unten V halbiert und B verdoppelt, ist W_{mgn} unten $\frac{1}{2} * 2^2 = 2$mal so groß wie oben. Deshalb wird magnetische Feldenergie frei, wenn man den Magneten von unten nach oben bewegt. Er tut das von selbst, wenn die freiwerdende Feldenergie größer als die zum Aufsteigen benötigte Hubarbeit ist. Dazu muß der Magnet stark und leicht genug sein. Solche Magneten gibt es. Wenn man keinen hat, kann man das Experiment auf den Kopf stellen und über einem starken und deshalb schweren Magneten einen leichten Supraleiter schweben lassen – z.B. eine zweimarkstückgroße Scheibe aus dem sog. 1-2-3-Material $Y_1Ba_2Cu_3O_7$, die man vorher in flüssigen Stickstoff getaucht hat. Sie schwebt einige Sekunden und fällt dann herunter, weil sich das Material über die Sprungtemperatur $T_s = 95$ K erwärmt hat.

Teil V

Wellenoptik und Photonen

Kapitel 33

Ausbreitung elektromagnetischer Wellen

Seitdem man weiß, daß Lichtwellen elektromagnetische Wellen sind, ist die physikalische Optik ein Teilgebiet der Elektrodynamik geworden. Wir erinnern daran, daß ein Hertzscher Dipol – ein Metallstab der Länge l_{Dip}, in dem die Leitungselektronen auf und ab schwingen – elektromagnetische Wellen der Wellenlänge $\lambda = 2l_{\text{Dip}}$ abstrahlt. Analog senden Atome elektromagnetische Wellen aus, wenn ihre Elektronen zwischen den verschiedenen Schalen (vgl. Abb. 2.2) hin und her schwingen. Wegen der Kleinheit der Atome – typische Atomdurchmesser betragen einige Angström Å= 10^{-10}m – sind die Wellenlängen sehr kurz, beispielsweise $\lambda \sim 10^{-10}$m, wenn die Strahlung von Elektronen der inneren Schalen herrührt (charakteristische Röntgenstrahlung). Zwischen den äußeren Schalen schwingen die Elektronen mit kleineren Frequenzen und senden dementsprechend langwelligere Strahlung aus, beispielsweise $\lambda \sim 10^{-7}$m (Ultraviolett) oder $\lambda \sim 10^{-6}$m (sichtbares Licht und Infrarot).

33.1 Das Huygenssche Prinzip

Die von Hertzschen Dipolen oder schwingenden Atomelektronen erzeugten elektromagnetischen Wellen breiten sich im Raume aus. Die Ausbreitung wird vom Huygensschen Prinzip (Anno 1690) beherrscht:

> Jeder Punkt einer Welle kann als Ausgangspunkt einer
> neuen Kugelwelle betrachtet werden. $\qquad$ (33.1)

Um dieses Prinzip zu begründen, verweisen wir zunächst darauf, daß *alle* elektrischen Felder von elektrischen Ladungen herrühren, sowohl die Quellenfelder, deren $\vec{E}$-Feldlinien an den Ladungen hängen (z.B. das Coulombsche Feld einer Punktladung), als auch die Wirbelfelder, die sich mit Lichtgeschwindigkeit von beschleunigt bewegten Ladungen entfernen (z.B. das $\vec{E}$-Feld eines strahlenden Dipols). Daher gilt:

> Jede individuelle Ladung Nr. n erzeugt ein $\vec{E}$-Feld $\vec{E}_n(\vec{r}, t)$. Die an der
> Stelle $\vec{r}$ herrschende $\vec{E}$-Feldstärke ist die Vektorsumme $\vec{E}(\vec{r}, t) = \sum_n \vec{E}_n(\vec{r}, t)$,
> aufsummiert über alle Ladungen n.

Wir wenden diese Betrachtungsweise auf die in Abb. 31.1 dargestellte Anordnung an. Sie zeigt eine als „Sender" bezeichnete Lichtquelle vor einem „Lochschirm", dessen Loch durch einen „Deckel" verschlossen ist. Schirm und Deckel sind undurchlässig, so

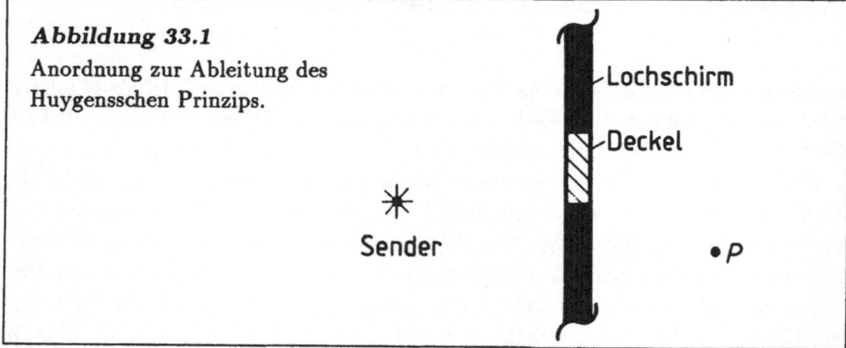

Abbildung 33.1
Anordnung zur Ableitung des
Huygensschen Prinzips.

daß hinter dem Schirm im Punkte P die Feldstärke $\vec{E}(P) = 0$ herrscht – auch bei eingeschaltetem Sender. Warum? Ohne Schirm und Deckel würde bei P die Feldstärke $\vec{E}_{\text{Sender}}(P)$ vorliegen, die von den schwingenden Senderelektronen herrührt. Das bleibt so, wenn Schirm und Deckel aufgestellt werden. Allerdings regt die Senderwelle die Atomelektronen von Schirm und Deckel zu erzwungenen Schwingungen an, die – da schwingende Ladungen als Dipole wirken – nun ihrerseits Wellen abstrahlen, deren Feldstärken $\vec{E}_{\text{Lochschirm}}(P)$ und $\vec{E}_{\text{Deckel}}(P)$ die Senderfeldstärke $\vec{E}_{\text{Sender}}(P)$ genau kompensieren:

$$\vec{E}_{\text{Sender}}(P) + \vec{E}_{\text{Lochschirm}}(P) + \vec{E}_{\text{Deckel}}(P) = 0 \ . \qquad (33.2)$$

Wenn man die Terme wie folgt umordnet

$$\vec{E}_{\text{Sender}}(P) + \vec{E}_{\text{Lochschirm}}(P) = -\vec{E}_{\text{Deckel}}(P) \,, \tag{33.3}$$

erhält man auf der linken Seite den Beitrag des Senders und des Lochschirms zur
$\vec{E}$-Feldstärke im Punkte P, also die $\vec{E}$-Feldstärke hinter einem Lochschirm, vor dem
ein Sender steht. Diese möchte man kennen, wenn man sich für die Ausbreitung von
Wellen interessiert. Auf der rechten Seite von (33.3) steht – abgesehen vom Vorzeichen
– die $\vec{E}$-Feldstärke, die die Deckelladungen erzeugen würden, wenn der Deckel im Loch
wäre. Diese werden wir berechnen.

Der Sender strahlt eine *Primärwelle* aus, die die Deckelladungen erreicht und in
Schwingungen versetzt. Die schwingenden Deckelladungen senden dann *Sekundärwellen* aus, deren Vektorsumme das gesuchte Feld $\vec{E}_{\text{Deckel}}(P)$ ergibt. Der Sender und die
schwingenden Deckelladungen sind Hertzsche Dipole, deren Strahlungsfelder nach
(31.36) durch

$$\vec{E}_{\text{Dip}} \propto \vec{e} \sin \vartheta \frac{e^{i(kr-\omega t)}}{r} \tag{33.4}$$

gegeben sind. Polarisationsvektor $\vec{e}$ und Winkel ϑ zwischen Dipolachse und Ausbreitungsrichtung hängen von der Orientierung des Dipols im Raum ab. Wir haben eine
„unpolarisierte Strahlungsquelle" im Auge, das sind sehr viele, in alle Richtungen
weisende Dipole, die unabhängig voneinander ihre Strahlung aussenden. Man denke
etwa an eine einfarbige Lichtquelle. Die ausgesandten Lichtwellen sind dann in allen
möglichen Richtungen senkrecht zur Ausbreitungsrichtung polarisiert, was man auch
als „unpolarisiert" bezeichnet. Weil $\vec{e} \sin \vartheta$ in (33.4) die verschiedensten Werte annehmen kann, mittelt sich der Vektorcharakter des $\vec{E}$-Feldes heraus, so daß man $\vec{E}_{\text{Dip}}$,
ohne Wesentliches wegzulassen, durch eine skalare Größe

$$u \propto \frac{e^{i(kr-\omega t)}}{r} \tag{33.5}$$

ersetzen darf. Man nennt u die „Lichterregung" und die rechte Seite von (33.5) eine
„Kugelwelle", weil die Flächen gleicher Phase – z.b. die Wellenberge auf einer Momentaufnahme – Kugelflächen sind.[1]

Um nun die $\vec{E}_{\text{Deckel}}(P)$ repräsentierende Lichterregung $u_{\text{Deckel}}(P)$ zu bestimmen, betrachten wir eines der mit n durchnumerierten rund 10^{23} Deckelelektronen. Wir bezeichnen seinen Abstand vom Sender S bzw. vom Punkt P mit r_{Sn} bzw. r_{nP}. Dieses
Elektron trägt zur Erregung $u(P, t)$ die Sekundärwelle

$$u_n \propto \frac{e^{i(kr_{nP}-\omega t)}}{r_{nP}} \tag{33.6}$$

---

[1] Bei ebenen Wellen sind die Flächen gleicher Phase natürlich Ebenen.

bei. Allerdings müssen wir hier noch die Amplitude von u_n und die u_n-Phase zur Zeit $t = 0$ unterbringen. Da es sich um eine von der Primärwelle des Senders

$$u_S \propto \frac{e^{i(kr_{Sn}-\omega t)}}{r_{Sn}} = \frac{e^{ikr_{Sn}}}{r_{Sn}} \cdot e^{-i\omega t} \tag{33.7}$$

erzwungene Schwingung handelt, sind Amplitude und Phase von u_n durch u_S zur Zeit $t = 0$ bestimmt, also

$$u_n = \frac{e^{ikr_{Sn}}}{r_{Sn}} \cdot \frac{e^{i(kr_{nP}-\omega t)}}{r_{nP}} \ . \tag{33.8}$$

Um die vom Deckel herrührende Erregung $u_{\text{Deckel}}(P)$ zu erhalten, summieren wir (33.8) über alle Deckelelektronen n:

$$u_{\text{Deckel}}(P) = \sum_{n \in Deckel} \frac{e^{ikr_{Sn}}}{r_{Sn}} \cdot \frac{e^{i(kr_{nP}-\omega t)}}{r_{nP}} \ . \tag{33.9}$$

Damit sind wir fast am Ziel. $u_{\text{Deckel}}(P)$ ist zwar nicht die gesuchte Lichterregung $u(P)$ hinter einem Lochschirm, vor dem eine Lichtquelle (Sender) steht (Abb. 33.1 ohne Deckel), unterscheidet sich von dieser aber wegen (33.3) nur im Vorzeichen. Weil der im Lochschirm gar nicht vorhandene Deckel das Schirmloch genau ausfüllen würde, kann man in (33.9) den Summationsbereich „Deckel" ebenso gut „Schirmloch" oder einfach „Loch" nennen. Wir fassen dieses Resultat in der folgenden Gleichung mit einer illustrierenden kleinen Skizze zusammen:

$$u(P) = \sum_{n \in Loch} \frac{e^{ikr_{Sn}}}{r_{Sn}} \cdot \frac{e^{ikr_{nP}}}{r_{nP}} \tag{33.10}$$

Das Minuszeichen und den Zeitfaktor $e^{i\omega t}$ haben wir weggelassen. Diese $u(P)$-Formel ist die mathematische Form des Huygensschen Prinzips: Jeder Punkt n im Loch des Schirmes, der von der Primärwelle $e^{ikr_{Sn}}/r_{Sn}$ erreicht wird, sendet eine sekundäre Kugelwelle $e^{ikr_{nP}}/r_{nP}$ aus.

Die Intensität der Strahlung im Punkt P ist zum Quadrat der Feldstärke und damit zum Quadrat der Erregung proportional. Bevor wir die Erregung quadrieren, müssen wir allerdings von $u(P,t) = u(P)e^{-i\omega t}$, wie stets bei derartigen komplexen Ausdrücken, den Realteil nehmen.[2] Das Quadrat dieses Realteiles ist noch zeitabhängig. Da optische Strahlungsmeßgeräte den Zeitmittelwert anzeigen, mitteln wir

---

[2]Intensitätsberechnung: $[\text{Re}\{ue^{-i\omega t}\}]^2 = [(ue^{-i\omega t}+u^*e^{i\omega t})/2]^2 = (u^2 e^{-2i\omega t}+2uu^*+u^{*2}e^{2i\omega t})/4$. Die Terme $e^{\pm 2i\omega t}$ verschwinden im Zeitmittel, und $uu^*/2$ bleibt übrig.

die quadrierte Größe über die Zeit und erhalten $\frac{1}{2}u(P)\cdot u(P)^* = \frac{1}{2}|u(P)|^2$. Die Intensität $S(P)$ der Strahlung am Orte P ist also bis auf einen konstanten Faktor durch

$$S(P) = |u(P)|^2 \tag{33.11}$$

gegeben. Mit (33.10) und (33.11) lassen sich zahlreiche Probleme der Wellenausbreitung (Wellenoptik) behandeln. Es folgen Beispiele.

33.2 Spaltbeugung

Wir verwenden das Vokabular der Optik. Betrachte Abb. 33.2. In der (x,y)-Ebene des Koordinatensystems befinde sich ein lichtundurchlässiger Schirm mit einem Spalt der Breite b. Der Spalt ist parallel zur y-Achse orientiert. Seine Ränder liegen bei $x = \pm b/2$. Der Spalt werde von einer Lichtquelle beleuchtet, die sich sehr weit entfernt links auf der z-Achse befindet. Wie groß ist die Lichterregung $u(P)$ auf einem in großer Entfernung rechts vom Spalt aufgestellten Schirm im Punkte P, der vom

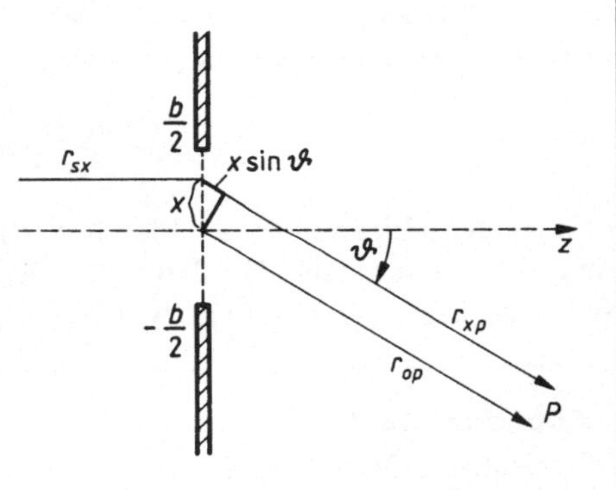

Abbildung 33.2
Spaltbeugung. Die Lichtquelle befindet sich sehr weit links auf der z-Achse. Der Punkt P, an dem die Erregung berechnet werden soll, liegt sehr weit rechts unten. Der Spalt mit der Spaltbreite b erstreckt sich senkrecht zur Zeichenebene.

Spalt aus unter dem Winkel ϑ gesehen wird? Wir wenden (33.10) an und identifizieren das „Loch" von dort mit unserem Spalt. Den Punkt Nr. n charakterisieren wir durch seine x-Koordinate. Die n-Summation in (33.10) wird dann zur dx-Integration von $x = -b/2$ bis $x = +b/2$. Da alle Spaltpunkte von der Lichtquelle gleich weit entfernt sind ($r_{Sn} \to r_{Sx} = $ const), reduziert sich die Primärwelle $e^{ikr_{Sx}}/r_{Sx}$ zu einem unwesentlichen konstanten Faktor. Die Entfernung $r_{nP} \to r_{xP}$ zwischen den Punkten x und P können wir nach Abb. 33.2 durch $r_{xP} = r_{oP} + x \sin \vartheta$ ausdrücken. Aus (33.10) folgt daher

$$u(P) \propto \int_{-b/2}^{+b/2} \frac{e^{ik(r_{oP}+x\sin\vartheta)}}{r_{oP} + x \sin \vartheta} dx \ . \tag{33.12}$$

Im Nenner des Integranden darf man $x\sin\vartheta$ gegen $r_{oP} \gg |x\sin\vartheta|$ vernachlässigen. Im Exponenten des Zählers ist diese Vernachlässigung wegen des Verhaltens der e-Funktion nicht gestattet. Wir erhalten so nach Weglassen des konstanten Faktors $e^{ikr_{oP}}$ und des Nenners:

$$u(P) \propto \int_{-b/2}^{+b/2} e^{ikx\sin\vartheta}\,dx \; . \tag{33.13}$$

Die Integration läßt sich leicht durchführen[3] und ergibt:

$$u(P) \propto b\frac{\sin[(kb\sin\vartheta)/2]}{(kb\sin\vartheta)/2} \; . \tag{33.14}$$

Die Intensität des Lichtes $S(P)$ im Punkt P des Auffangschirms weit rechts vom Spalt der Abb. 33.2 gewinnt man wegen (33.11) durch Quadrieren von (33.14):

$$S(P) \propto b^2 \left\{ \frac{\sin[(kb\sin\vartheta)/2]}{(kb\sin\vartheta)/2} \right\}^2 \; . \tag{33.15}$$

Zu jedem P gehört ein bestimmter ϑ-Wert. Deshalb hängt das Argument der Sinusfunktion in (33.15), das wir mit φ bezeichnen wollen,

$$\varphi := \frac{kb\sin\vartheta}{2} = \pi\frac{b}{\lambda}\sin\vartheta \; , \tag{33.16}$$

in bekannter Weise von P ab. Die für $S(P)$ entscheidende Funktion ist offenbar $[\sin\varphi/\varphi]^2$. Sie ist in Abb. 33.3 dargestellt. Bei $\varphi = 0$ nimmt sie den Wert 1 an. Ihre Nullstellen liegen bei $\varphi = \pm\pi, \pm2\pi, \pm3\pi, \ldots$. Setzt man diese Nullstellen in (33.16)

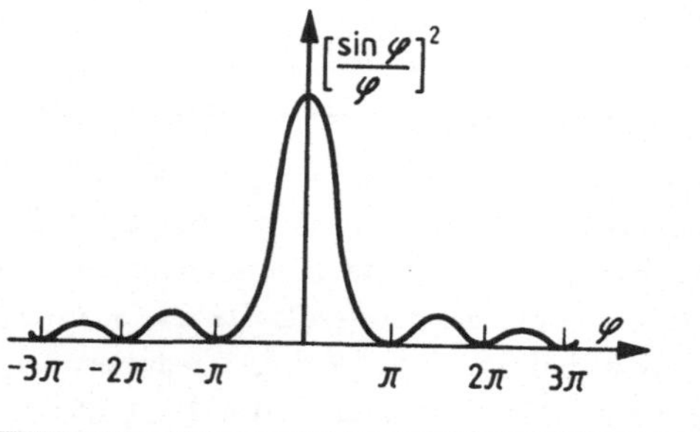

Abbildung 33.3
Schematische Darstellung der Funktion $[\sin\varphi/\varphi]^2$, die für die Lichtintensität hinter einem Beugungsspalt charakteristisch ist.

---

[3]Man integriert e^{iax} über x, indem man e^{iax} durch ia dividiert. Deshalb ist: $\int_{-c}^{+c} e^{iax}\,dx = \frac{e^{iax}}{ia}\big|_{-c}^{+c} = \frac{e^{iac}-e^{-iac}}{ia} = 2\frac{\sin(ac)}{a}$. Setzt man hier $a = k\sin\vartheta$ und $c = b/2$, so erhält man (33.14).

ein, so erhält man eine Bestimmungsgleichung für diejenigen Winkel ϑ, unter denen
der weit hinter dem Spalt aufgestellte Auffangschirm dunkel bleibt:

$$\sin\vartheta = m\frac{\lambda}{b} \quad \text{mit} \quad m = \pm 1, \pm 2, \pm 3, \dots . \tag{33.17}$$

Schirmpunkte P zwischen den aus (33.17) berechenbaren „Minima" werden beleuchtet, obwohl die Primärwelle in Abb. 33.2 parallel zur z-Achse mit dem Einfallswinkel
$\vartheta = 0$ ankommt. Man sagt, das Licht werde durch den Spalt in die verschiedenen
Richtungen $\vartheta \neq 0$ gebeugt und bezeichnet den Vorgang als „Spaltbeugung". Die Intensität des abgebeugten Lichtes konzentriert sich nach Abb. 33.3 hauptsächlich auf
das Gebiet zwischen den beiden inneren Minima, d.h. wegen (33.17):

$$|\sin\vartheta| \leq \frac{\lambda}{b} . \tag{33.18}$$

Wenn die Spaltbreite b sehr viel größer als die Wellenlänge λ ist, findet man nach
(33.18) nur unter sehr kleinen Winkeln $|\vartheta| \approx |\sin\vartheta| \leq \lambda/b \ll 1$ abgebeugtes Licht.
Wenn man bei festem λ die Spaltbreite b verkleinert, vergrößert sich der ϑ-Bereich, in
den hinein das Licht gebeugt wird. Die Beugung tritt also erst dann deutlich in Erscheinung, wenn die Hindernisse, die vom Licht beleuchtet werden, hinreichend feine
Strukturen besitzen. Große Hindernisse werfen Schatten und verbergen die Wellennatur des Lichtes.

Der experimentelle Nachweis der Spaltbeugung kann etwa wie in Abb. 33.4a erfolgen. Ein winziges Loch in einem Dünnen Blech vor einer einfarbigen Lampe dient
als „punktförmige" Lichtquelle. Dieser Lichtpunkt befindet sich auf der gemeinsamen
Symmetrieachse (= optische Achse) zweier Sammellinsen L_1 und L_2 mit den Brenn-
weiten f_1 und f_2, und zwar im linken Brennpunkt von L_1. Dann liegt unmittelbar
rechts von L_1 ein zur optischen Achse paralleles Lichtbündel vor. Das Licht trifft
auf den Spalt, wird gebeugt und passiert die Linse L_2. Die senkrecht zur optischen
Achse gelegene Ebene, die durch den rechten Brennpunkt von L_2 geht, heißt „rechte
L_2-Brennebene". Ein paralleles Lichtbündel, das mit der optischen Achse den Winkel
ϑ bildet und L_2 von links erreicht, wird in der rechten L_2-Brennebene gesammelt,
und zwar im Abstand $x = f_2 \tan\vartheta$ von der optischen Achse. Daher ist jeder Punkt
P der Brennebene mit einem Beugungswinkel ϑ verknüpft.[4] Wenn wir einen weißen
Schirm in die besagte Brennebene bringen, beobachten wir auf ihm das charakteristische Spaltbeugungsbild der Abb. 33.3. Wenn wir den Beugungsspalt wegnehmen,
erscheint auf dem Schirm ein Bild der punktförmigen Lichtquelle. Warum wohl?

---

[4]Wir haben bei Abb. 33.2 von einem „sehr weit entfernten Schirm rechts vom Beugungsspalt"
gesprochen. L_2 holt gewissermaßen diese Schirmebene aus unendlicher Ferne ins Endliche.

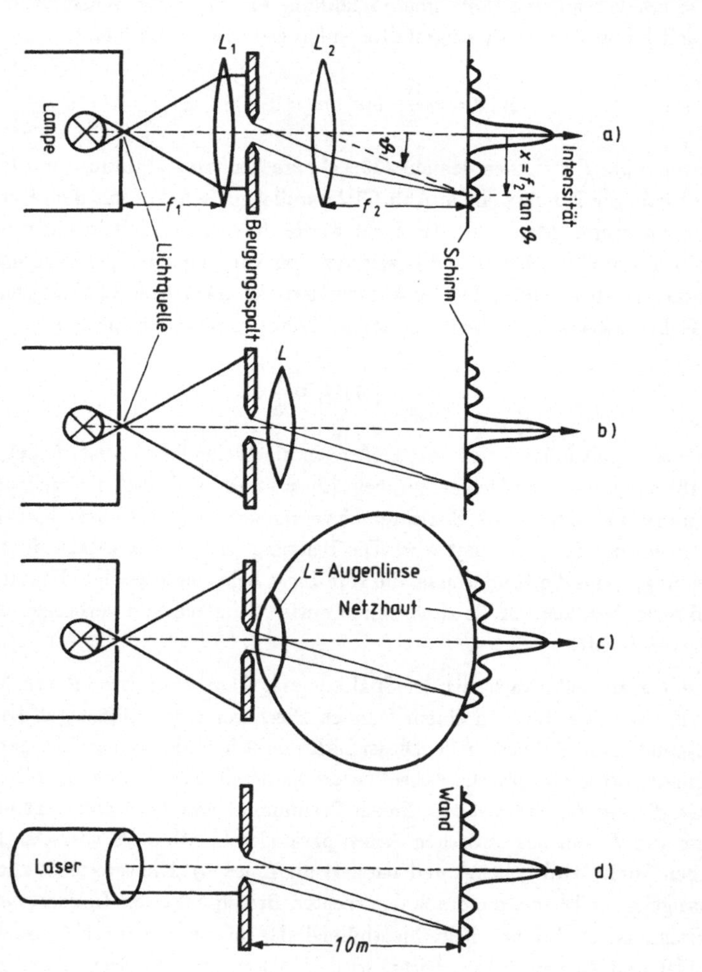

Abbildung 33.4: Vier Verfahren zur Beobachtung der Spaltbeugung. Der Spalt besteht z.B. aus zwei Rasierklingen im Abstand $b \approx 0,1$mm. Die punkt- oder strichförmige Lichtquelle in (a), (b) und (c) ist ein Lochschirm vor einer Natriumdampflampe. Mit den Linsen L_1 und L_2 oder L wird die Lichtquelle in (a) und (b) auf einen Schirm und in (c) auf die Netzhaut des Auges abgebildet. Wenn man (d) einen LASER besitzt, braucht man keine Linsen.

Abb. 33.4b zeigt eine einfachere Ausführung des Spaltbeugungsexperimentes. Eine einzige Linse L hat die Funktion des Linsenpaares (L_1, L_2) übernommen und bildet die Lichtquelle bei Abwesenheit des Beugungsspaltes auf den Schirm ab. Das Lichtquellenbild geht ins Spaltbeugungsbild über, sobald man den Beugungsspalt vor die Linse L stellt. Wenn man sich wie in Abb. 33.4c den Spalt direkt vors Auge hält und in die Lichtquelle schaut, nimmt man ebenfalls die Spaltbeugungsfigur wahr. Augenlinse und Netzhaut sind an die Stelle von Glaslinse L und Schirm getreten. Wer einen LASER zur Verfügung hat, braucht nicht einmal die Augenlinse. Der LASER sendet ein nahezu ideales Parallellichtbündel (ebene Welle) aus, welches durch den Beugungsspalt so aufgefächert wird, wie es die Spaltbeugungsformel (33.15) gebietet. Die Helligkeitsverteilung des abgebeugten Lichtes (Abb. 33.3) kann auf einem 10m entfernten Leinwandschirm vorgezeigt werden, ohne den Raum zu verdunkeln.

33.3 Gitterbeugung

Ein Beugungsgitter besteht, ähnlich wie ein Lattenzaun, aus abwechselnd durchlässigen und undurchlässigen Streifen. Der Abstand zwischen zwei benachbarten durchlässigen Streifen heißt „Gitterkonstante" d. Wir wollen das in Abb. 33.5 oben links ausschnittsweise gezeigte Strichgitter mit der Lückenbreite b behandeln. Solche Gitter lassen sich z.B. herstellen, indem man eine Glasplatte mit einem Silberspiegel bedampft und hernach mit einem Spachtel der Breite b das Silber Strich für Strich im Abstand d herunterkratzt (maschinell mit „Gitterteilmaschine"). Typische Beugungsgitter bestehen aus Tausenden von Strichen mit Abständen von oft weniger als 10^{-2}mm. Um die Gitterbeugung zu beobachten, ersetzt man den Beugungsspalt in irgendeiner der Anordnungen Abb. 33.4 durch das Gitter. Abb. 33.5 oben rechts zeigt eine der Möglichkeiten. Bei Abwesenheit des Gitters beobachtet man auf dem Schirm ein Bild der beispielsweise strichförmigen Lichtquelle (Strichrichtung senkrecht zur Zeichenebene), die wieder monochromatisches Licht (Licht einheitlicher Wellenlänge) aussenden möge. Beim Einbringen des Gitters in den Strahlengang bleibt dieses Lichtquellenbild mit verminderter Helligkeit erhalten. Auf beiden Seiten daneben treten aber zusätzliche Lichtquellenbilder auf, die man, vom ursprünglichen ausgehend mit $m = \pm 1, \pm 2, \pm 3, \ldots$ durchnumeriert. Man spricht von der „m^{ten} Beugungsordnung" und bezieht das ursprüngliche Lichtquellenbild als „nullte Beugungsordnung" mit in die Sprechweise ein. Zwischen den Beugungsordnungen bleibt der Bildschirm dunkel.

Um das beobachtete Gitterbeugungsbild zu berechnen, wenden wir wieder das Huygenssche Prinzip (33.10) an und identifizieren das „Loch" von dort mit den durchlässigen Gitterlücken, die mit $n = 0, 1, 2 \ldots N-1$ durchnumeriert werden. N ist die Anzahl der Gitterstriche. Von jedem Punkt einer jeden Gitterlücke geht eine Kugelwelle aus.

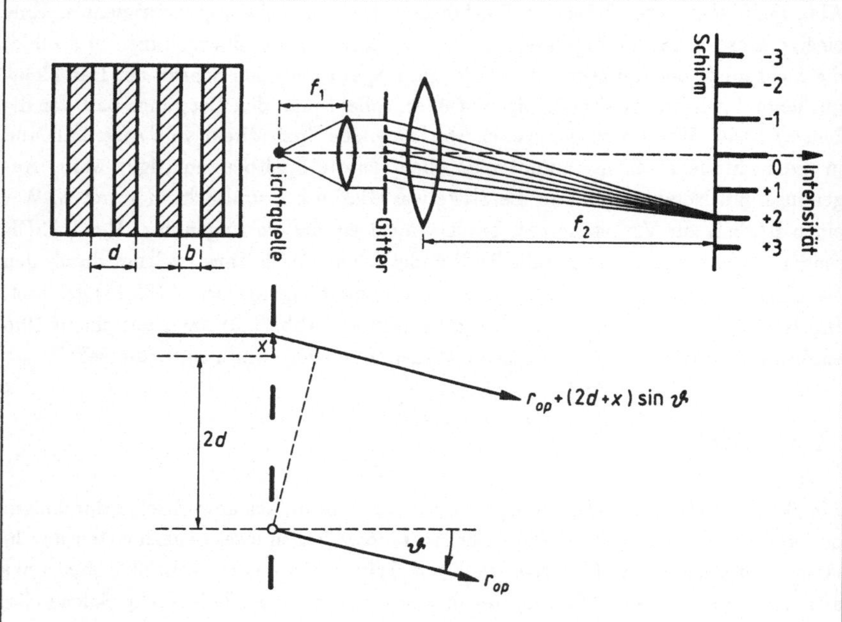

Abbildung 33.5: Gitterbeugung. Oben links sieht man einen Ausschnitt des Beugungsgitters. Oben rechts ist eine Möglichkeit für die experimentelle Durchführung mit einer einfarbigen und punkt- oder strichförmigen Lichtquelle angegeben. Die Helligkeitsverteilung auf dem Schirm zeigt scharf ausgeprägte Maxima, die man als die verschiedenen Beugungsordnungen bezeichnet. Jede Beugungsordnung ist ein Bild der Lichtquelle.

Wir betrachten in Abb. 33.5 unten die Wellen in Richtung ϑ. Der Abstand von der Mitte der nullten Gitterlücke zum unendlich fernen Aufpunkt P wird r_{oP} bezeichnet. Dann ist der Abstand, den die von der Stelle x in der n^{ten} Gitterlücke ausgehende Kugelwelle bis nach P zurücklegen muß, durch $r = r_{oP} + (nd + x)\sin\vartheta$ gegeben. Die nach (33.10) vorzunehmende Summierung über alle Punkte im „Loch" wird zur Summation über n von $n = 0$ bis $N - 1$ und zur Integration über x von $x = -b/2$ bis $+b/2$. Wir erhalten so wie bei der Behandlung des Beugungsspaltes (vgl. (33.12) und (33.13)) den folgenden Ausdruck für die Lichterregung im unendlich fernen Punkt P:

$$u(P) \ \propto \ \sum_{n=0}^{N-1} \int_{-b/2}^{+b/2} e^{ik(nd+x)\sin\vartheta}dx = u_{\mathrm{Gi}}(P) \cdot u_{\mathrm{Sp}}(P) \qquad \text{mit}$$

$$u_{\mathrm{Gi}}(P) \ = \ \sum_{n=0}^{N-1} e^{inkd\sin\vartheta} \qquad \text{und} \qquad u_{\mathrm{Sp}}(P) = \int_{-b/2}^{+b/2} e^{ikx\sin\vartheta}dx \ . \tag{33.19}$$

Das Integral $u_{\mathrm{Sp}}(P)$ kennen wir schon von der Spaltbeugung (33.14):

$$u_{\mathrm{Sp}}(P) \propto \frac{\sin\varphi}{\varphi} \quad \text{mit} \quad \varphi = \pi\frac{b}{\lambda}\sin\vartheta \ . \tag{33.20}$$

Die als Faktor vor $u_{\mathrm{Sp}}(P)$ auftretende Gittersumme

$$u_{\mathrm{Gi}}(P) = \sum_{n=0}^{N-1} e^{in2\phi} \quad \text{mit} \quad \phi := \frac{kd\sin\vartheta}{2} = \pi\frac{d}{\lambda}\sin\vartheta \tag{33.21}$$

stellt eine geometrische Reihe dar, die man leicht aufsummieren kann[5]:

$$u_{\mathrm{Gi}}(P) = \frac{e^{i2N\phi} - 1}{e^{i2\phi} - 1} = \frac{e^{iN\phi}}{e^{i\phi}} \cdot \frac{\sin(N\phi)}{\sin\phi} \ . \tag{33.22}$$

Die rechte Seite ergibt sich, wenn man im Zähler bzw. Nenner des Mittelteils der Gleichung $e^{iN\phi}$ bzw. $e^{i\phi}$ ausklammert und den Zusammenhang von Sinus- und Exponentialfunktion beachtet.

Die Intensität $S(P) = S(P(\vartheta))$ des in ϑ-Richtung gebeugten Lichtes beträgt wegen (33.11), (33.19), (33.20) und (33.22)

$$S(\vartheta) \ = \ |u(P)|^2 \propto \left[\frac{\sin(N\phi)}{\sin\phi}\right]^2 \cdot \left[\frac{\sin\varphi}{\varphi}\right]^2 \qquad \text{mit}$$

$$\phi = \pi\frac{d}{\lambda}\sin\vartheta \qquad \text{und} \qquad \varphi = \pi\frac{b}{\lambda}\sin\vartheta = \frac{b}{d}\phi \ . \tag{33.23}$$

Um (33.23) zu diskutieren, untersuchen wir zunächst den Gitterfaktor $[\sin(N\phi)/\sin\phi]^2$. Der Ausdruck ist von der Größenordnung 1, es sei denn, der Nenner $\sin\phi$ geht nach Null. In diesem Fall nimmt der Gitterfaktor, wie wir gleich sehen werden, Werte der Größenordnung $N^2 \gg 1$ an. Es genügt daher, nur solche ϕ-Werte zu betrachten, für die $\sin\phi \approx 0$ ist, d.h.:

$$\phi = m\pi + \Delta\phi \quad \text{mit} \quad m = 0, \pm 1, \pm 2, \ldots \quad \text{und} \quad |\Delta\phi| \ll 1 \ . \tag{33.24}$$

Damit wird nämlich $\sin\phi = \sin(m\pi + \Delta\phi) = \pm\sin\Delta\phi \approx \pm\Delta\phi$ und $\sin(N\phi) = \sin(Nm\pi + N\Delta\phi) = \pm\sin(N\Delta\phi)$ und folglich

$$\left[\frac{\sin(N\phi)}{\sin\phi}\right]^2 \approx \left[\frac{\sin(N\Delta\phi)}{\Delta\phi}\right]^2 = N^2\left[\frac{\sin(N\Delta\phi)}{N\Delta\phi}\right]^2 \ . \tag{33.25}$$

---

[5]Setze dazu in den Ausdruck $(e^{2i\phi} - 1) \cdot u_{\mathrm{Gi}}$ für u_{Gi} die Reihe (33.21) ein und multipliziere die Klammer aus. Im Resultat heben sich die Glieder bis auf zwei gegenseitig weg und es bleibt $e^{2iN\phi} - 1$. Man löst die Gleichung nach u_{Gi} auf und erhält (33.22).

Für $\Delta\phi = 0$ ist die rechte Seite tatsächlich gleich $N^2 \gg 1$, wie oben behauptet wurde. Ein Blick auf Abb. 33.3 zeigt dann, daß $[\sin(N\Delta\phi)/N\Delta\phi]^2$ nur für $(N\Delta\phi)$-Werte im Bereich zwischen $-\pi$ und $+\pi$ merklich von Null verschieden ist, d.h. für $|\Delta\phi| \leq \pi/N$. Wir erkennen also, daß der Gitterfaktor $[\sin(N\phi)/\sin\phi]^2$ alle ϕ-Werte, die nicht der Bedingung

$$|\phi - m\pi| \leq \frac{\pi}{N} \tag{33.26}$$

genügen, dunkel macht. Ersetzt man hier ϕ gemäß (33.23) durch $\pi(d/\lambda)\sin\vartheta$, erhält man nach einfacher Umformung die Helligkeitsbedingung für den Beugungswinkel ϑ:

$$|\sin\vartheta - m\frac{\lambda}{d}| \leq \frac{\lambda}{Nd}\,. \tag{33.27}$$

Nd ist die Gesamtbreite des Beugungsgitters. Für Gitter mit großer Strichzahl N kann man λ/Nd gegen $m\lambda/d$ vernachlässigen. Solche Gitter beugen Licht einer vorgegebenen Wellenlänge λ also nur in ganz bestimmte Richtungen ϑ_m, die sich nach der aus (33.27) folgenden Gitterformel:

$$\sin\vartheta_m = m\frac{\lambda}{d} \quad \text{mit} \quad m = 0, \pm 1, \pm 2, \ldots \tag{33.28}$$

berechnen lassen. Daran liegt es, daß bei dem in Abb. 33.5 rechts oben dargestellten Versuch scharfe Beugungsordnungen (Lichtquellenbilder) auftreten. Übrigens: Wenn $\lambda > d$, gibt es in (33.28) außer für $m = 0$ keine Lösungen für ϑ_m. Beugungsgitter beugen also nur dann, wenn ihre Gitterkonstante d größer als die Wellenlänge λ ist.

Der zweite Faktor $[\sin\varphi/\varphi]^2$ in (33.23) gibt die Beugungsfigur (33.15) eines Spaltes der Breite b wieder. Dieser Faktor bestimmt die Intensitäten der verschiedenen Beugungsordnungen. Im Maximum $\phi = m\pi$ der m^{ten} Beugungsordnung nimmt φ nach (33.23) den Wert $\phi b/d = m\pi b/d$ an. Da der Gitterfaktor hier nach (33.25) den von m unabhängigen Wert N^2 besitzt, ist die Intensität S_m der m^{ten} Beugungsordnung offenbar durch

$$S_m \propto \left[\frac{\sin(m\pi b/d)}{m\pi b/d}\right]^2 \tag{33.29}$$

gegeben.

In Abb. 33.6 ist die Intensitätsverteilung $S(\vartheta)$ aus (33.23) für ein Beugungsgitter mit der Gitterkonstanten $d = 6\lambda$ und der Lückenbreite $b = 2\lambda$ graphisch dargestellt. Die dritten und sechsten Beugungsordnungen fallen aus, weil der die Intensität bestimmende Spaltbeugungsfaktor (33.29) für $m = \pm 3$ und ± 6 verschwindet. Man nennt S_m auch den „Formfaktor". Der Formfaktor hängt von b/d und damit von der Struktur des Gitters ab. Man kann ihn durch Vermessen der Gitterbeugung bestimmen und daraus die Gitterstruktur ermitteln. Formfaktoren spielen überall dort eine Rolle, wo

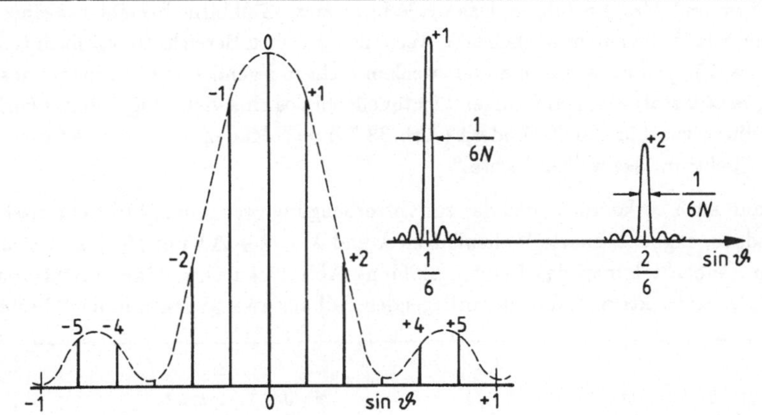

Abbildung 33.6: Gitterbeugungsfigur eines Strichgitters mit Gitterkonstante $d = 6\lambda$ und Lückenbreite $b = 2\lambda$. Die gestrichelt gezeichnete Umhüllende (links) ist die Beugungsfigur eines Spaltes der Breite $b = 2\lambda$. Sie bestimmt die Intensitäten der verschiedenen Beugungsordnungen, die (links) durch senkrechte Striche wiedergegeben sind. Die Feinstruktur der Beugungsordnungen (33.25) ist oben rechts dargestellt. Für die üblichen N-Werte (einige Tausend) sind die Linien (so nennt man die schmalen über $\sin\vartheta$ aufgetragenen Intensitätskurven) natürlich viel schmäler als oben.

man durch Beugungsexperimente etwas über die Struktur des beugenden Objektes zu erfahren versucht. Beispiele sind die Beugung von Röntgenstrahlen an Kristallen, von Elektronenwellen an Atomkernen und von Neutronenwellen an magnetisierten Substanzen.

Beugungsgitter dienen vor allem zur Messung der Wellenlänge λ der gebeugten Welle. Die Meßanordnung ist im wesentlichen wie Abb. 33.5 oben rechts. Man bestimmt durch Abzählen die Nummer m der Beugungsordnung und durch einfache geometrische Messungen den zugehörigen Beugungswinkel ϑ_m. Zusammen mit der Gitterkonstanten d, die der Hersteller angegeben hat, folgt dann aus (33.28) die gesuchte Wellenlänge

$$\lambda = \frac{d \cdot \sin\vartheta_m}{m} . \tag{33.30}$$

Das Resultat solcher λ-Messungen kennen Sie natürlich. So erweist sich im optischen Bereich, daß die Wellenlänge mit der Farbe des Lichtes zusammenhängt, z.B. λ(blau)

$\approx 0{,}4\,\mu$m und $\lambda(\text{rot}) \approx 0{,}8\,\mu$m. Das weiße Licht einer Glühbirne besteht aus einer Mischung von Wellen aller möglichen λ-Werte im optischen Bereich. Da ϑ_m nach (33.30) von λ abhängt, beobachtet man mit weißem Licht in irgendeiner Gitterbeugungsordnung $m \neq 0$ statt eines einfarbigen Lichtquellenbildes eine vielfarbige, kontinuierliche Verteilung von Lichtquellenbildern (Abb. 33.7 links). Man spricht vom „kontinuierlichen Spektrum des weißen Lichtes".

Es kann auch vorkommen, daß das zur Gitterbeugung verwendete Licht nur zwei verschiedene, engbenachbarte Wellenlängen λ und $\lambda' = \lambda + \Delta\lambda$ mit $|\Delta\lambda| \ll \lambda$ enthält. Dann beobachtet man das Beugungsbildung Abb. 33.7 rechts. Man spricht von einem „Linienspektrum", das im vorliegenden Fall aus zwei „Spektrallinien" besteht.[6]

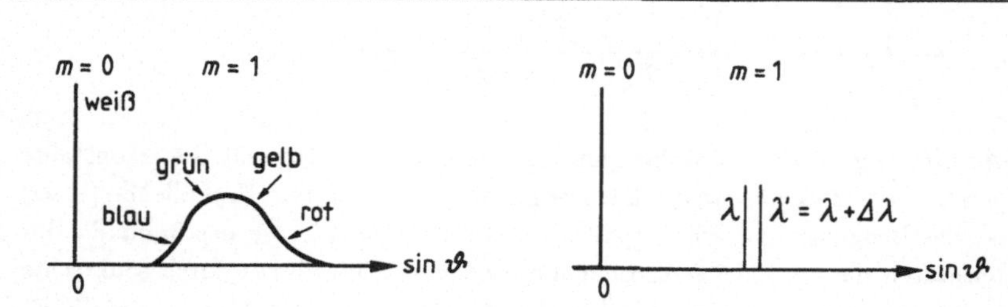

Abbildung 33.7: Helligkeitsverteilungen in der nullten und ersten Beugungsordnung eines Gitters, links: wenn weißes Licht einfällt, und rechts: wenn das einfallende Licht zwei Wellenlängen enthält.

Wenn $\Delta\lambda$ zu klein ist, liegen die beiden Spektrallinien so nahe zusammen, daß man statt zwei nur noch eine einzige Linie beobachtet; die Linien werden nicht mehr „aufgelöst". Wie groß muß $\Delta\lambda$ mindestens sein, damit man im Beugungsbild noch zwei Linien erkennt? Zur Beantwortung dieser Frage wenden wir auf (33.30) die Differenzenoperation Δ an

$$\Delta\lambda = \frac{d}{m}\Delta(\sin\vartheta_m) \qquad (33.31)$$

und beachten, daß eine Welle einheitlicher Wellenlänge λ wegen (33.27) in den schmalen $\sin\vartheta$-Bereich $\pm\lambda/Nd$ um $\sin\vartheta_m$ herum gebeugt wird. λ/Nd kann daher als „Linienbreite der Einzellinie" bezeichnet werden. Um zwei Linien aufzulösen, darf ihr

---

[6]Bei Gitterspektrometern vom Typ Abb. 33.5 verwendet man meist linienförmige Lichtquellen (hergestellt mit Lichtquelle und Spalt). Der Name „Spektrallinie" wird gewählt, weil man auf dem Bildschirm das Bild des linienförmigen Lichtquellenspaltes sieht. Hätte die Lichtquelle die Form eines Fragezeichens, so würde man von „Spektralfragezeichen" reden.

Abstand $\Delta(\sin \vartheta_m)$ in (33.31) nicht kleiner als die Linienbreite sein, also

$$|\Delta \lambda| = \frac{d}{m}|\Delta(\sin \vartheta_m)| \geq \frac{d}{m} \cdot \frac{\lambda}{Nd} = \frac{\lambda}{mN} \; . \tag{33.32}$$

Der kleinste noch auflösbare Wellenlängenunterschied $\Delta \lambda_{\min}$ genügt daher der Gleichung

$$\frac{\lambda}{\Delta \lambda_{\min}} = mN \; . \tag{33.33}$$

Es gibt neben dem Gitter noch andere „Spektrometer" zur Wellenlängenbestimmung. Man bezeichnet die für jedes Spektrometer charakteristische Größe $\lambda/\Delta \lambda_{\min}$ als „Auflösungsvermögen". Die Auflösungsformel (33.33) gilt nicht nur für Beugungsgitter, sondern für alle Spektrometer, bei denen N Wellen mit einem Gangunterschied $m\lambda$ zwischen benachbarten Wellen überlagert werden.

33.4 Braggsche Reflexion

Zur λ-Bestimmung im Bereich des sichtbaren Lichtes und in den angrenzenden Gebieten verwendet man künstlich hergestellte Beugungsgitter. Es gibt aber elektromagnetische Strahlung mit z.B. 50 000 mal kürzeren Wellenlängen als das Licht, etwa die zu Beginn dieses Kapitels erwähnte charakteristische Röntgenstrahlung aus den inneren Elektronenschalen schwerer Atome. Für solche Wellen sind die künstlichen Beugungsgitter viel zu grob. Hier helfen Kristalle weiter[7], in denen die atomaren Bausteine mit einer ähnlichen Regelmäßigkeit wie die Streifen eines Strichgitters angeordnet sind. Da der Abstand zwischen benachbarten Kristallbausteinen nur wenige 10^{-10}m beträgt, ist die Gitterkonstante eines natürlichen Kristallgitters rund 10 000 mal feiner als die eines künstlich hergestellten Strichgitters. Abb. 33.8 zeigt, warum und wie man einen Kristall als Beugungsgitter verwenden kann. Betrachte die obere Abbildung. Die kleinen Kreise geben die Orte der gleichmäßig plazierten Kristallatomzentren an. Durch sie lassen sich gedachte Ebenen legen, die „Netzebenen" genannt werden. Der Netzebenabstand wird mit d bezeichnet. Nun möge von links oben eine ebene Welle auf den Kristall treffen. Sie ist in der Abbildung durch drei Parallelstrahlen dargestellt, die mit den Netzebenen den sog. „Glanzwinkel" α bilden. Die Welle regt die Elektronen der Kristallatome zum Schwingen an, was Sekundärwellen zur Folge hat. Auf diese Weise wird ein geringer Bruchteil der Primärwelle an der obersten Netzebene nach dem Reflexionsgesetz *Einfallswinkel = Ausfallswinkel* reflektiert.

---

[7]Die Idee, Kristalle als Beugungsgitter für kurzwellige Strahlung zu verwenden, stammt von Max von Laue (1912), der so die Wellennatur der Röntgenstrahlung aufdecken konnte, wofür er den Nobelpreis erhielt.

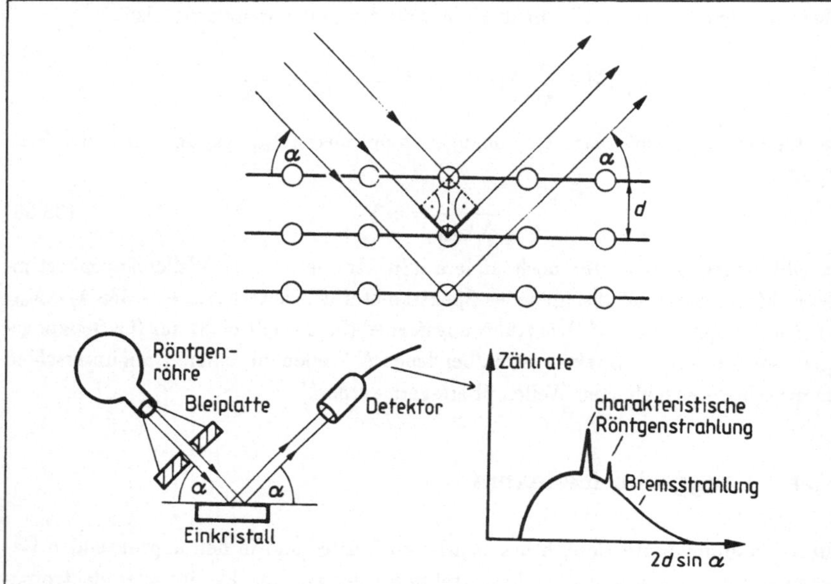

Abbildung 33.8:   Braggsche Reflexion. Oben: Die von links oben ankommende Welle wird an den verschiedenen Netzebenen reflektiert. Die reflektierten Wellen löschen sich nur dann nicht gegenseitig aus, wenn auf den dick gezeichneten Umweg ein ganzzahliges Vielfaches der Wellenlänge paßt. Unten: Experimentelle Durchführung mit Röntgenstrahlen. Der Detektor ist z.B. ein Geiger-Zähler. Die Zählrate hängt in der angegebenen Weise vom Glanzwinkel α ab.

Die nichtreflektierte Strahlung dringt in den Kristall ein und erleidet an der 2. oder 3. usw. Netzebene eine Reflexion. Jede Netzebene reflektiert also eine ebene Welle in die Richtung, die das Reflexionsgesetz vorschreibt. Alle diese Wellen überlagern sich. Da sie verschieden lange Wege – bis zu ihrer Netzebene und zurück – hinter sich haben, werden sie fast immer alle möglichen Phasen besitzen und sich deshalb gegenseitig auslöschen. Es sei denn, der oben in Abb. 33.8 dick eingezeichnete Gangunterschied zweier an benachbarten Netzebenen reflektierter Wellen beträgt ein ganzzahliges Vielfaches der Wellenlänge λ. Dann sind alle Wellen in Phase und verstärken sich bei der Überlagerung. Der Gangunterschied ergibt sich aus der Figur zu $2d \sin \alpha$. Wenn der

Glanzwinkel α also der Bedingung

$$2d\sin\alpha = m\lambda \quad \text{mit} \quad m = 1, 2, 3, \ldots \tag{33.34}$$

genügt, wird die Strahlung der Wellenlänge λ durch den Kristall reflektiert, sonst nicht. Man nennt (33.34) die „Braggsche Reflexionsbedingung".

Abb. 33.8 unten zeigt eine Versuchsanordnung zur Messung der Wellenlänge λ von Röntgenstrahlen mit Hilfe der Braggschen Reflexion. Aus der Strahlung einer technischen Röntgenröhre wird mittels einer durchlöcherten Bleiplatte ein Strahl herausgeblendet und auf einen Kristall gerichtet. Wenn der Kristall die Strahlung reflektiert, erreicht sie einen unter dem Reflexionswinkel aufgestellten Detektor. Der Detektor ist z.B. ein Geiger-Müller-Zählrohr. Die Zählrate, die angibt, wie oft der Zähler pro Sekunde tickt, ist ein Maß für die Intensität, mit der die nach (33.34) mit $m = 1$ berechnete Wellenlänge $\lambda = 2d\sin\alpha$ in der Röntgenstrahlung vertreten ist. Wenn man die Zählrate als Funktion des Glanzwinkels α bestimmt, erhält man etwa den in Abb. 33.8 unten rechts angegebenen Verlauf. Die Röntgenstrahlung besteht offenbar aus verschiedenen Komponenten. Auf einem *kontinuierlichen Spektrum*, das von der sog. „Bremsstrahlung" herrührt, sitzen *scharfe Spektrallinien*. Bremsstrahlung entsteht, wenn die in der Röntgenröhre beschleunigten Elektronen auf die „Anode" prallel und abgebremst werden. Die Entstehung der für das Anodenmaterial charakteristischen Spektrallinien (charakteristische Röntgenstrahlung) wird im letzten Absatz von Kap. 36.5 beschrieben.

33.5 Brechung und Totalreflexion

Elektromagnetische Wellen breiten sich im Vakuum mit der Lichtgeschwindigkeit c aus. Es gibt Materialien („Medien"), die für solche Wellen in bestimmten Frequenzbereichen durchlässig sind – z.B. Luft, Wasser und Glas für sichtbares Licht. In diesen Medien ist die Wellenausbreitungsgeschwindigkeit[8] v laut (32.35) durch $v = c/n$ gegeben, wobei n der Brechungsindex ist, der sich aus Dielektrizitätskonstante ε und Permeabilität μ des Mediums gemäß $n = \sqrt{\varepsilon\mu}$ berechnen läßt. Die für den Betrag des Wellenvektors $\vec{k}$ und der Kreisfrequenz ω der Welle im Vakuum gültige Gleichung (31.22) $k = \omega/c$ läßt sich auf die Wellen im Medium übertragen, indem man c durch

---

[8]Mit v ist die „Phasengeschwindigkeit" gemeint, mit der z.B. ein Wellenberg in einem unendlich langen harmonischen Wellenzug fortschreitet. v kann u.U. größer als c sein. Das ist kein Widerspruch zur Relativitätstheorie, nach der Signale (Informationen) höchstens mit Vakuumlichtgeschwindigkeit übermittelt werden können. Da eine unendlich lange Welle überall gleich aussieht, enthält sie keine Signale, die eine Wirkung auslösen könnten.

$v = c/n$ ersetzt:

$$k = \omega/v = n\omega/c \,. \tag{33.35}$$

Betrachte nun in Abb. 33.9 zwei Medien 1 und 2 mit den Brechungsindizes n_1 und n_2, die durch eine Ebene voneinander getrennt sind. Lichtwellen der Kreisfrequenz ω haben in 1 bzw. 2 Wellenvektoren vom Betrage $k_1 = n_1\omega/c$ bzw. $k_2 = n_2\omega/c$. Wenn

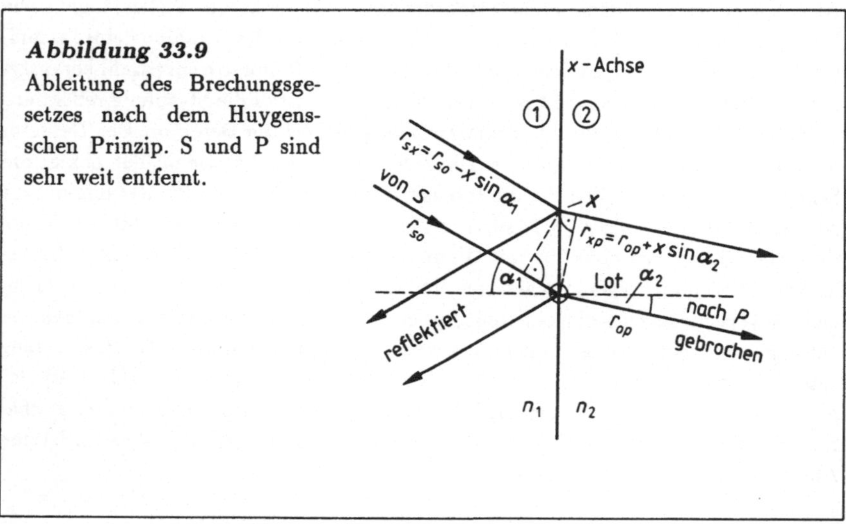

Abbildung 33.9
Ableitung des Brechungsgesetzes nach dem Huygensschen Prinzip. S und P sind sehr weit entfernt.

eine Welle aus Medium 1 auf die Trennebene trifft, wird sie teils *reflektiert* und teils ins Medium 2 hinein *gebrochen*. Uns interessiert die Brechung, die wir mit dem Huygensschen Prinzip behandeln wollen. Die von einem weit entfernten, oben links gelegenen Sender S ausgesendete Primärwelle erreicht die Trennebene und verursacht hier Sekundärwellen, die ins Medium 2 eindringen und zum weit entfernten, unten rechts gelegenen Punkt P gelangen. Wir bezeichnen die Winkel zwischen dem Lot auf der Trennebene und den Ausbreitungsrichtungen von einfallender bzw. gebrochener Welle mit α_1 bzw. α_2. Gesucht wird der Zusammenhang zwischen α_1 und α_2. Um ihn zu finden, verwenden wir das Huygenssche Prinzip à la (33.10), indem wir dort das obligate „Loch im Schirm", über dessen Punkte zu summieren ist, mit der Trennebene zwischen den beiden Medien identifizieren, über deren Punkte – dargestellt durch ihre x-Koordinaten – dann von $x = -\infty$ bis $x = +\infty$ integriert wird. Für die k-Werte der Primär- bzw. Sekundärwellen wird natürlich $k_1 = n_1\omega/c$ bzw. $k_2 = n_2\omega/c$ gesetzt. Nach Abb. 33.9 legt die Primärwelle vom Sender S bis zum Grenzebenenpunkt x den Weg $r_{Sx} = r_{So} - x\sin\alpha_1$ zurück – und die Sekundärwelle vom Grenzebenenpunkt x

zum Aufpunkt P den Weg $r_{xP} = r_{oP} + x \sin \alpha_2$. Damit lautet (33.10)

$$u(P) = \int_{-\infty}^{+\infty} \frac{e^{ik_1 r_{Sx}}}{r_{Sx}} \cdot \frac{e^{ik_2 r_{xP}}}{r_{xP}} dx \ . \tag{33.36}$$

Wenn man hier im Integranden wie schon früher bei der Spaltbeugung (33.12) die unwesentlichen Nenner wegläßt und für k_1, k_2, r_{Sx} und r_{xP} die oben angegebenen Ausdrücke einsetzt, erhält man bis auf einen konstanten Phasenfaktor

$$u(P) = \int_{-\infty}^{+\infty} e^{i(\omega/c)(-n_1 \sin \alpha_1 + n_2 \sin \alpha_2)x} dx \ . \tag{33.37}$$

Das die Lichterregung $u(P)$ bestimmende Integral hängt offenbar von der Größe $A = (\omega/c)(-n_1 \sin \alpha_1 + n_2 \sin \alpha_2)$ vor der Integrationsvariablen x im Exponenten des Integranden ab. Für $A \neq 0$ ist $e^{iAx} = \cos(Ax) + i\sin(Ax)$ eine oszillierende Funktion von x, deren positiven und negativen Halbwellen sich beim Integrieren gegenseitig aufheben. Für $A = 0$ ist $e^{iAx} = 1$ und das Integral unendlich. Nur in diesem Fall ist es im weit entfernten Aufpunkt P hell. $A = 0$ bedeutet

$$n_1 \sin \alpha_1 = n_2 \sin \alpha_2 \ . \tag{33.38}$$

Gleichung (33.38) ist das bekannte Brechungsgesetz (Snellius 1621). Mit seiner Hilfe werden Prismen und Linsen konstruiert.

Das Brechungsgesetz führt zum Phänomen „Totalreflexion". Falls $n_2/n_1 < 1$ ist, gibt es einen Winkel α_T, für den $\sin \alpha_T = n_2/n_1$ gilt. Dann folgt aus dem Brechnungsgesetz (33.38) und dem Umstand, daß der Sinus eines Winkel ≤ 1 ist,

$$\sin \alpha_1 = \frac{n_2}{n_1} \sin \alpha_2 \leq \frac{n_2}{n_1} = \sin \alpha_T \quad \text{und daher} \quad \alpha_1 \leq \alpha_T \ . \tag{33.39}$$

Man nennt α_T den *Grenzwinkel der Totalreflexion*. Wenn der Einfallswinkel $\alpha_1 > \alpha_T$ ist, wird 100% des einfallenden Lichtes reflektiert.

33.6 Dispersion

Abb. 33.10 zeigt einen zur Lichtzerlegung geeigneten Prismenspektrographen, der die Tatsache ausnutzt, daß der Brechungsindex n des Prismenmaterials (Glas oder Quarzglas) von der Frequenz ω des Lichtes abhängt. Die Frequenzabhängigkeit des Brechungsindexes $n = n(\omega)$ wird „Dispersion" genannt. Vereinfacht zeigt $n(\omega)$ den in Abb. 33.11 dargestellten Verlauf: Im Bereich niedriger Frequenzen ist n frequenzunabhängig und etwas größer als 1. Im Gebiet des sichtbaren Lichtes steigt n mit wachsender Frequenz leicht an – das ist der Grund, warum ein Glasprisma blaues

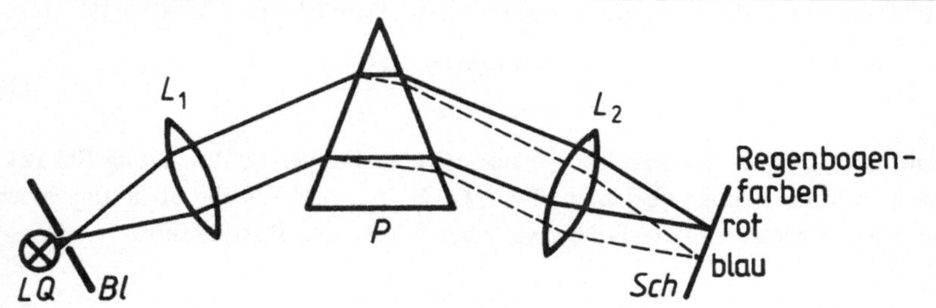

Abbildung 33.10: Prismenspektrograph. Mit Hilfe einer Lochblende Bl vor einer weißen Lichtquelle LQ und einer Sammellinse L_1 wird ein paralleles Lichtbündel hergestellt. Beim Eintritt ins Glasprisma P und beim Wiederaustritt wird das Licht gemäß (33.38) gebrochen. Die Brechungswinkel sind für die verschiedenen Farben (Frequenzen), die im weißen Licht vertreten sind, verschieden, da der Brechungsindex frequenzabhängig ist. Eine Linse L_2 sammelt die verschiedenfarbigen Parallellichtbündel auf einem Bildschirm Sch. Wäre LQ monochromatisch, so erschiene auf Sch ein Bild der z.B. spaltförmigen Lochblende Bl.

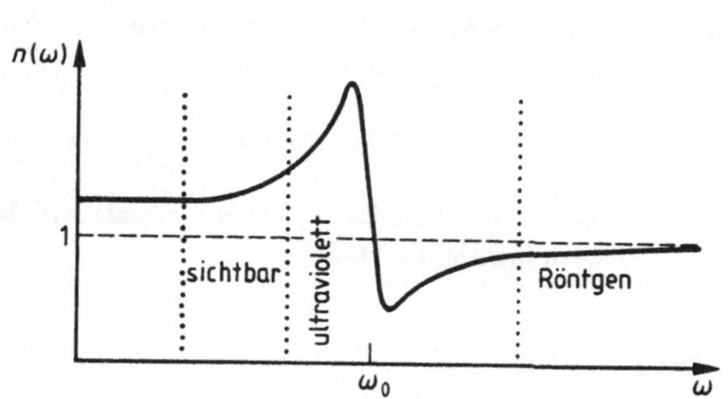

Abbildung 33.11: Qualitativer Verlauf des Brechungsindexes $n(\omega)$ in Abhängigkeit von der Frequenz ω der Strahlung. ω_o ist die Eigenfrequenz der elastisch gebundenen Elektronen im Dielektrikum.

Licht stärker bricht als rotes. Es folgt ein Bereich im ultravioletten Teil des Spektrums mit einem steilen Anstieg von n. Daran schließt sich ein plötzlicher Abfall auf einen Wert $n < 1$ an. In diesem Gebiet liegen die Eigenfrequenzen ω_o der elastisch gebundenen Elektronen des brechenden Mediums, von denen gleich die Rede sein wird. Im anschließenden Röntgengebiet nimmt der Brechungsindex den Wert $n \approx 1$ an.

Wir wollen die Funktion $n(\omega)$ berechnen. Eine elektromagnetische Welle mit der Frequenz ω bewege sich durch ein Dielektrikum. Das periodisch sich ändernde $\vec{E}$-Feld der Welle übt auf die elektrisch geladenen Atombausteine eine periodische Kraft aus und regt sie zu erzwungenen Schwingungen mit der Kreisfrequenz ω an. Dadurch werden die Elektronen der Atomhüllen um das Stückchen $\vec{u}(t)$ aus ihrer Ruhelage gelenkt. Die Auslenkung der Atomkerne ist wegen der verhältnismäßig großen Kernmasse vernachlässigbar klein.

Wir stellen uns nun vor, daß die Elektronen des Dielektrikums durch winzige Federn mit der Federkonstanten D elastisch an ihre Atome gebunden sind. In Wirklichkeit gibt es zwischen den Atombausteinen natürlich keine elastischen Federn, sondern elektrostatische Kräfte, die man aber durch Federkräfte annähern kann. Ein um $\vec{u}(t)$ ausgelenktes Elektron erfährt dann eine rücktreibende Kraft $-D\vec{u}$. Wegen seiner Hin- und Herschwingungen stellt es einen Hertzschen Dipol dar und strahlt elektromagnetische Feldenergie ab, die aus der mechanischen Schwingungsenergie gedeckt werden muß. Dieser „Strahlungsdämpfung" genannte Mechanismus führt zu einer Abbremsung des Elektrons, die man formal als geschwindigkeitsproportionale Reibungskraft $-r\dot{\vec{u}}$ berücksichtigen kann. Die Newtonsche Bewegungsgleichung des Elektrons lautet daher:

$$m\ddot{\vec{u}} = -D\vec{u} - r\dot{\vec{u}} - e\vec{E} \; . \tag{33.40}$$

Der letzte Term ist die Kraft des $\vec{E}$-Feldes der elektromagnetischen Welle auf die Ladung des Elektrons. Nach Division durch m und Umordnung der Terme lautet (33.40)

$$\ddot{\vec{u}} + 2\rho\dot{\vec{u}} + \omega_o^2\vec{u} = -\frac{e}{m}\vec{E} \tag{33.41}$$

mit $\omega_o = \sqrt{D/m}$ = Eigenfrequenz des elastisch gebundenen Elektrons und $\rho = r/2m$ = Reibungskoeffizient der Strahlungsdämpfung. Gleichung (33.41) ist offenbar die Differentialgleichung (30.54) für erzwungene Schwingungen des Elektrons mit der $\vec{E}$-Feldstärke der elektromagnetischen Welle als treibende Kraft. In komplexer Schreibweise ist die Zeitabhängigkeit des $\vec{E}$-Feldes nach (31.25) durch $\vec{E} \propto e^{-i\omega t}$ bestimmt. Das gleiche gilt dann auch für die von $\vec{E}$ erzwungene Schwingung $\vec{u} \propto e^{-i\omega t}$.

Zeitableitungen laufen also auf Multiplikation mit $-i\omega$ hinaus. Aus (33.41) folgt dann

$$((-i\omega)^2 - 2\rho i\omega + \omega_o^2)\vec{u} = -\frac{e}{m}\vec{E} \tag{33.42}$$

und daraus

$$\vec{u} = \frac{-e/m}{\omega_o^2 - \omega^2 - 2i\rho\omega}\vec{E} \ . \tag{33.43}$$

Sei nun N die Zahl der um das Stückchen $\vec{u}$ verschobenen Elektronen pro Volumen. Dann ist $-eN$ offenbar die Dichte ρ_- der verschiebbaren Ladungen, die man nach (32.2) mit $\vec{u}$ multiplizieren muß, um die Polarisation $\vec{P}$ des Mediums zu erhalten:

$$\vec{P} = \rho_-\vec{u} = \frac{Ne^2/m}{\omega_o^2 - \omega^2 - 2i\rho\omega}\vec{E} \ . \tag{33.44}$$

$\vec{P}$ erweist sich also zu $\vec{E}$ proportional, eine Beziehung, die wir schon in (32.29) mit dem Ansatz $\vec{P} = \varepsilon_o\chi_{el}\vec{E}$ eingeführt haben. Damit läßt sich die dielektrische Suszeptibilität χ_{el} unmittelbar aus (33.44) ablesen:

$$\chi_{el} = \frac{Ne^2}{\varepsilon_o m} \cdot \frac{1}{\omega_o^2 - \omega^2 - 2i\rho\omega} \ . \tag{33.45}$$

Nun hängt χ_{el} nach (32.30) mit $\varepsilon = 1 + \chi_{el}$ zusammen und ε nach (32.35) mit $n = \sqrt{\varepsilon\mu}$. In den gängigen glasähnlichen Substanzen ist die magnetische Permeabilität $\mu = 1$ und daher $n^2 = \varepsilon = 1 + \chi_{el}$ oder $\chi_{el} = n^2 - 1 = (n-1)(n+1)$, woraus sich

$$n = 1 + \frac{\chi_{el}}{n+1} \tag{33.46}$$

ergibt. Weil n meistens nahe bei 1 liegt, darf man $n+1$ auf der rechten Seite von (33.46) näherungsweise durch 2 ersetzen und erhält dann mit (33.45):

$$n = 1 + \frac{Ne^2}{2\varepsilon_o m} \cdot \frac{1}{\omega_o^2 - \omega^2 - 2i\rho\omega} \ . \tag{33.47}$$

Wegen des Strahlungsdämpfungsterms $2i\rho\omega$ im Nenner von (33.47) ist n eine komplexe Zahl, die man durch Erweiterung mit dem konjugiert komplexen Nenner in Real- und Imaginärteil zerlegen kann:

$$\mathrm{Re}\{n\} = n_r(\omega) = 1 + \frac{Ne^2}{2\varepsilon_o m} \cdot \frac{\omega_o^2 - \omega^2}{(\omega_o^2 - \omega^2)^2 + (2\rho\omega)^2} \tag{33.48}$$

$$\mathrm{Im}\{n\} = n_i(\omega) = \frac{Ne^2}{\varepsilon_o m} \cdot \frac{\rho\omega}{(\omega_o^2 - \omega^2)^2 + (2\rho\omega)^2} \ . \tag{33.49}$$

Um die physikalische Bedeutung des komplexen Brechungsindexes $n = n_r + in_i$ herauszufinden, erinnern wir an Gleichung (33.35), die den Zusammenhang zwischen dem Betrag des Wellenvektors $\vec{k}$ und der Kreisfrequenz ω beschreibt: $k = n\omega/c$. Setzt man hier den komplexen n-Wert ein, erhält man einen komplexen k-Wert, nämlich $k = (n_r + in_i)\omega/c$. Betrachte nun eine ebene Welle, die sich in z-Richtung ausbreitet:

$$e^{i(kz-\omega t)} = e^{i((n_r+in_i)\frac{\omega}{c}z-\omega t)} = e^{-n_i\frac{\omega}{c}z} \cdot e^{i\omega(\frac{n_r}{c}z-t)} . \tag{33.50}$$

Der erste Faktor auf der rechten Seite nimmt exponentiell mit fortschreitender Eindringtiefe z ab, weil die Welle durch den Strahlungsdämpfungsmechanismus Energie verliert. Diese Energieabnahme oder „Absorption" wird ersichtlich durch $n_i\omega/c$ bestimmt, und damit durch den Imaginärteil $n_i(\omega)$ des Brechungsindexes, der laut (33.49) näherungsweise zum Dämpfungskoeffizienten ρ proportional ist und als Funktion von ω für schwache Dämpfung bei $\omega \approx \omega_o$ ein resonanzkurvenartiges Maximum hat. Der zweite Faktor auf der rechten Seite von (33.50) besagt, daß sich die Flächen gleicher Phase $\varphi = \omega(\frac{n_r}{c}z - t)$ der ebenen Welle, etwa der Wellenberg mit $\varphi = 0$, mit der Geschwindigkeit $v = z/t = c/n_r$ ausbreiten. Der Realteil $n_r(\omega)$ des Brechungsindexes bestimmt also die Phasengeschwindigkeit v der Welle. Die Funktion $n_r(\omega)$ aus (33.48) ist in Abb. 33.11 (unter Weglassen des r-Indexes) schematisch dargestellt. Man bezeichnet die graphische Darstellung als „Dispersionskurve". Die Dispersionskurven realer Substanzen sind meistens strukturierter als Abb. 33.11. Grund: In realer Materie findet man mehr als nur eine Eigenfrequenz ω_o.

33.7 Dopplereffekt

Ein Sender mit der Frequenz ω_o sendet eine Welle aus. Ein relativ zu ihm bewegter Empfänger beobachtet i.a. eine andere Frequenz ω. Bewegen sich Sender und Empfänger aufeinander zu bzw. voneinander weg, so ist $\omega > \omega_o$ bzw. $\omega < \omega_o$. Man nennt diese Erscheinung nach ihrem Entdecker (1842) den „Dopplereffekt". Beispiele: (i) Der Pfeifton einer Lokomotive schlägt von „hoch" auf „tief" um, wenn der Zug an einem Boebachter vorbeisaust, der am Bahndamm steht. (ii) Ein Autofahrer, der auf eine rote Ampel losrast, sieht diese grün – jedenfalls dann, wenn er sich mit 30% der Lichtgeschwindigkeit bewegt. Wir wollen den *Dopplereffekt für elektromagnetische Wellen* quantitativ behandeln.

Ein im Koordinatensystem S ruhender Beobachter beschreibt eine ebene Welle mit Wellenvektor $\vec{k}$ und Kreisfrequenz ω nach (31.25) durch den Ausdruck

$$u(\vec{r},t) \propto e^{i(\vec{k}\cdot\vec{r}-\omega t)} = e^{i(k_x x+k_y y+k_z z-\omega t)} . \tag{33.51}$$

Ein zweiter Beobachter in einem Koordinatensystem S', das sich wie in Abb. 5.1 mit konstanter Geschwindigkeit v parallel zur x-Achse bewegt, beschreibt dieselbe Welle durch

$$u(\vec{r}\,', t') \propto e^{i(\vec{k}'\cdot\vec{r}\,' - \omega' t')} = e^{i(k'_x x' + k'_y y' + k'_z z' - \omega' t')} \ . \tag{33.52}$$

Wenn der Wert der Klammer im Exponenten von (33.51) ein ganzzahliges Vielfaches von 2π annimmt, liegt ein Wellenberg vor. Da ein Wellenberg von S und S' aus betrachtet ein solcher ist, müssen die Exponenten in (33.51) und (33.52) gleich sein:

$$k_x x + k_y y + k_z z - \omega t = k'_x x' + k'_y y' + k'_z z' - \omega' t' \ . \tag{33.53}$$

Wir drücken nun x, y, z und t auf der linken Seite unter Benutzung der Lorentztransformation (6.14) durch x', y', z' und t' aus

$$
\begin{aligned}
k_x x + k_y y + k_z z - \omega t &= k_x \frac{x' + vt'}{\sqrt{1 - (v/c)^2}} + k_y y' + k_z z' - \omega \frac{t' + (v/c^2)x'}{\sqrt{1 - (v/c^2)}} \\
&= \frac{k_x - \omega v/c^2}{\sqrt{1 - (v/c)^2}} x' + k_y y' + k_z z' - \frac{\omega - k_x v}{\sqrt{1 - (v/c)^2}} t'
\end{aligned}
\tag{33.54}
$$

und vergleichen das Resultat Glied für Glied mit der rechten Seite von (33.53). Das Ergebnis des „Koeffizientenvergleiches" lautet:

$$k'_x = \frac{k_x - \omega v/c^2}{\sqrt{1 - (v/c)^2}} \ , \quad k'_y = k_y \ , \quad k'_z = k_z \quad \omega' = \frac{\omega - k_x v}{\sqrt{1 - (v/c)^2}} \ . \tag{33.55}$$

Betrachte jetzt Abb. 33.12. Sie zeigt einen am bewegten Koordinatensystem S' festgemachten Sender, der sich mit der Geschwindigkeit v relativ zum ruhenden System S nach rechts bewegt. Der Sender sendet eine Welle aus, die zu einem in S stehen-

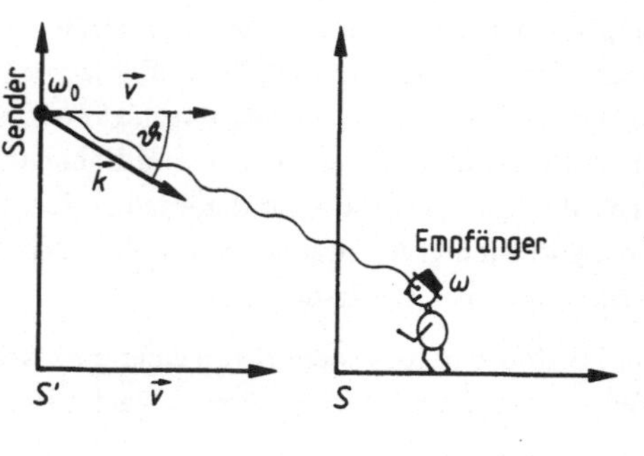

Abbildung 33.12
Am bewegten Koordinatensystem S' ist ein Sender mit der Eigenfrequenz ω_o befestigt. Ein Empfänger im ruhenden System S beobachtet die Frequenz $\omega \neq \omega_o$.

den Beobachter gelangt. Ein sich mit dem Sender bewegender Beobachter würde die Senderfrequenz ω_o messen. Seien $\vec{k}$ und ω Wellenvektor und Frequenz der Welle in

Bezug auf S. Die Frequenz ω, die der in S stationierte Beobachter empfängt, ergibt sich dann offenbar aus der rechten Gleichung (33.55), wenn man dort $\omega' = \omega_o$ und $k_x v = \vec{k} \cdot \vec{v} = kv\cos\vartheta = (\omega/c)v\cos\vartheta$ setzt und den Ausdruck nach ω auflöst:

$$\omega = \frac{\omega_o\sqrt{1 - (v/c)^2}}{1 - (v/c)\cos\vartheta} \approx \omega_o\left(1 + \frac{v}{c}\cos\vartheta\right) . \tag{33.56}$$

Hier ist ϑ der Winkel zwischen Wellenvektor $\vec{k}$ und Sendergeschwindigkeit $\vec{v}$. Das Ungefährzeichen $\approx$ gilt für $v \ll c$. Der linke Teil von (33.56) ist die relativistische Dopplereffektgleichung.

Wenn der Empfänger die Senderfrequenz ω_o kennt und die empfangene Frequenz ω mißt, kann er die Sendergeschwindigkeit v bzw ihre Komponente $v\cos\vartheta$ bezüglich der Laufrichtung der Strahlung mit Hilfe von (33.56) bestimmen. Das wird u.a. von Astronomen praktiziert. Ein Beispiel aus der Kosmologie: Die Atome eines vorgegebenen chemischen Elements senden Licht mit charakteristischen Frequenzen aus, das mit Prismenspektrographen (Abb. 32.10) in „Spektrallinien" zerlegt und vermessen werden kann (Spektralanalyse). Wenn man nun das Licht, das von fernen Galaxien zu uns gelangt, spektral analysiert, findet man in ihm beispielsweise die für Calcium charakteristischen Spektrallinien, allerdings im Vergleich mit irdischen Calciumlichtquellen zu kleineren Frequenzen hin verschoben. Die Frequenzerniedrigung (Rotverschiebung) läßt sich zwanglos mit Hilfe des Dopplereffektes (33.56) und der Annahme erklären, daß sich alle Galaxien von einander entfernen (Spiralnebelflucht). Die quantitative Auswertung der Rotverschiebung hat ergeben, daß die Fluchtgeschwindigkeit v, mit der eine fremde Galaxie von unserer Milchstraße wegläuft, zum Abstand r zwischen dort und hier proportional ist,

$$v \approx H_o r \quad \text{mit} \quad H_o = (1{,}7 \pm 0{,}3) \cdot 10^{-18}\,\text{s}^{-1} . \tag{33.57}$$

Die Größe H_o wird nach dem Entdecker der galaktischen Rotverschiebung „Hubble-Konstante" genannt. Ihr Kehrwert $t_\text{H} = 1/H_o \approx 19 \cdot 10^9$ Jahre heißt „Hubble-Zeit". Man nimmt heute an, daß die Spiralnebelflucht eine Folge des „Urknalls" ist, mit dem die Geschichte des expandierenden Universums angefangen haben soll. Wenn die Fluchtgeschwindigkeiten v der Galaxien im Laufe der Weltgeschichte konstant geblieben sind, muß die Fluchtbewegung vor der Zeit $t = r/v = r/(H_o r) = 1/H_o = t_\text{H}$ begonnen haben. t_H ist also ein Maß für das Weltalter. Vermutlich liegt der Urknall aber nicht ganz so lange zurück; denn wegen der Massenanziehung sind die Fluchtgeschwindigkeiten v nicht konstant, sondern heute etwas langsamer als früher. Die Erde ist mit $4{,}6 \cdot 10^9$ Jahren allerdings deutlich jünger als das ungefähre Weltalter t_H.

Kapitel 34

Polarisiertes Licht

Ein Atom besteht aus seinem Kern und einer ihn umgebenden Elektronenwolke. Durch äußere Einwirkung – etwa durch den Zusammenstoß zweier Atome – kann die Elektronenwolke zum Schwingen angeregt werden. Das Atom wirkt dann als Hertzscher Dipol und sendet eine elektromagnetische Welle aus. Die Frequenz dieser Welle stimmt mit einer der zahlreichen Eigenfrequenzen der schwingenden Elektronenwolke überein. Schwingungsfähige Elektronen kommen nicht nur in neutralen Atomen vor, sondern ebenso in Ionen, Molekülen und – als freie Elektronen – in Metallen. Und auch sie lassen sich zum Schwingen anregen, z.B. durch thermische Stöße (hohe Temperaturen) oder durch vorbeifliegende hinreichend schnelle Elektronen, die deshalb vorher mit einer elektrischen Spannung beschleunigt worde sind (elektrische Gasentladung). Daher kommt es, daß heiße Körper (Glühdraht, Kohlebogenlampe, Sonne) und Gasentladungslampen (Neonröhre) Stahlungsquellen sind, die ein reichhaltiges Frequenzspektrum aussenden. Darunter sind auch die Frequenzen des sichtbaren Lichtes.

34.1 Linear polarisiertes Licht

Die strahlenden elektronischen Dipole der oben aufgeführten Lichtquellen sind in allen möglichen Richtungen orientiert. Lampen und Himmelskörper senden daher i.a. unpolarisiertes Licht aus. Es ist aber möglich, linear polarisiertes Licht mit einer Polarisationsfolie (Kunststoff-Folie aus angefärbten gestreckten Fadenmolekülen, vgl. Abb. 31.12d) herzustellen (Abb. 34.1). Die Linearpolarisation wird mit einem zweiten Polarisator (Analysator) nachgewiesen. Wenn die Durchlaßrichtungen der Folien aufeinander senkrecht stehen (gekreuzte Polarisatoren), bleibt es hinter dem Analysator dunkel.

Wenn eine Lichtwelle wie in Abb. 34.2 links auf eine Glasoberfläche trifft, wird sie zum Teil reflektiert und zum Teil in den Glaskörper hineingebrochen. Uns interessiert der Bruchteil r der reflektierten Intensität. Zu seiner Messung verwenden wir ein Lichtmeßgerät LM, etwa eine Photodiode, die einen zur Lichtintensität proportiona-

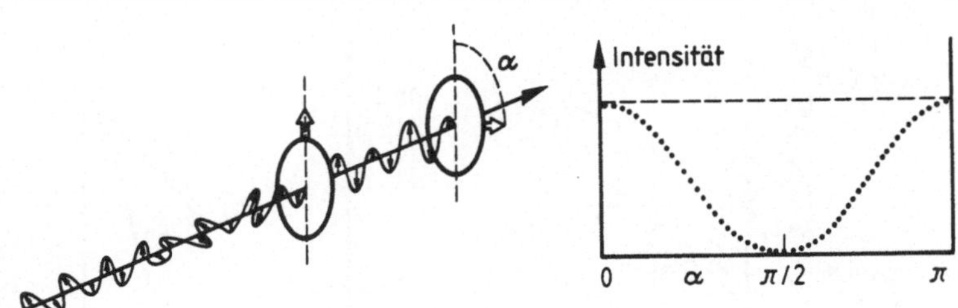

Abbildung 34.1: Unpolarisiertes Licht wird durch eine Polarisationsfolie linear polarisiert. Der Nachweis der Polarisation erfolgt mit einem zweiten Polarisator (Analysator). Die von ihm durchgelassene Intensität (Helligkeit) hängt vom Winkel α zwischen den Durchlaßrichtungen der beiden Folien ab. Gekreuzte Polarisatoren ($\alpha = \pi/2$) sind lichtundurchlässig.

len elektrischen Strom erzeugt. Man findet, daß r außer vom Einfallswinkel α von der Polarisation des einfallenden Lichtes abhängt (Abb. 34.2 rechts). Wenn man von $\alpha = 0°$ und $90°$ absieht, ist $r(\alpha)$ am kleinsten bzw. größten, wenn die $\vec{E}$-Feldstärke parallel bzw. senkrecht zur Reflexionsebene (Zeichenebene) schwingt. Bei dem sog. „Brewster-Winkel" α_{Br} wird in der Reflexionsebene polarisiertes Licht überhaupt nicht reflektiert. Läßt man unpolarisiertes Licht unter diesem Winkel auf den Glaskörper fallen, so ist das reflektierte Licht vollständig linear polarisiert und zwar derart, daß $\vec{E}$ auf der Reflexionsebene senkrecht steht. Die genauere Untersuchung zeigt, daß α_{Br} mit dem Brechungsindex n des Glases zusammenhängt:

$$\tan \alpha_{\mathrm{Br}} = n \, . \tag{34.1}$$

Um das *Brewstersche Gesetz* (34.1) zu beweisen, betrachten wir in Abb. 34.2 links eine in der Zeichenebene linear polarisierte ebene Welle. Warum findet überhaupt Reflexion statt? Weil die ins Glas gebrochene Welle die Elektronen der atomaren Glasbausteine zu erzwungenen Schwingungen anregt. Damit wird der Glasklotz zu einer Ansammlung Hertzscher Sendedipole, deren Dipolachsen parallel zur elektrischen Feldstärke im Glas orientiert sind und folglich in der Zeichenebene senkrecht auf der Ausbreitungsrichtung der gebrochenen Welle stehen. Die von diesen Dipolen ausgesendeten Sekundärwellen löschen sich, wenn sie im Sinne des Huygensschen Prinzips überlagert werden, weitgehend gegenseitig aus, allerdings nicht in derjenigen Richtung, die durch das Reflexionsgesetz *Einfallswinkel = Ausfallsrichtung* vorgeschrieben ist. Nun strahlt ein Hertzscher Dipol parallel zu seiner Achse keine Strahlung aus.

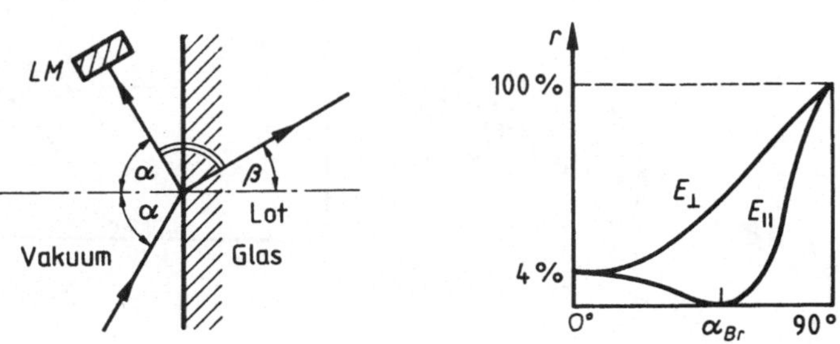

Abbildung 34.2: Links: Eine ebene Lichtwelle trifft auf Glas und wird teils reflektiert und teils gebrochen. Die reflektierte Intensität wird durch ein Lichtmeßgerät LM gemessen. Sie hängt außer vom Einfallswinkel α von der Polarisation des Lichtes ab. Rechts: Der reflektierte Bruchteil $r(\alpha)$ ist am kleinsten (größten), wenn die $\vec{E}$-Feldstärke der linear polarisierten einfallenden Welle parallel (senkrecht) zur Zeichenebene schwingt.

Wenn deshalb die Richtung der reflektierten Welle mit der Richtung der Dipolachsen zusammenfällt, kann keine Reflexion vorkommen. Das ist nach dem Gesagten offenbar dann der Fall, wenn der gebrochene und der reflektierte Strahl (in Abb. 34.2 links durch eine Doppelbogen verbunden) aufeinander senkrecht stehen. Dann gilt für die in der Abbildung erklärten Winkel α und β die Beziehung $\alpha + 90° + \beta = 180°$. Daraus und aus dem Brechungsgesetz (33.38) folgt

$$n = \frac{\sin\alpha}{\sin\beta} = \frac{\sin\alpha}{\sin(90° - \alpha)} = \frac{\sin\alpha}{\cos\alpha} = \tan\alpha \, ,$$

und das ist mit $\alpha \to \alpha_{Br}$ das Brewstersche Gesetz (34.1), was zu beweisen war.

Außer durch *Polarisationsfolien* und *Reflexion* kann Licht durch *Streuung* polarisiert werden. Betrachte dazu ein kleines Kügelchen aus Materie, das von einer linear polarisierten Welle beleuchtet wird. Der Kugeldurchmesser sei viel kleiner als die Wellenlänge. Die Elektronen in der Kugel werden von dem $\vec{E}$-Feld der Welle zu erzwungenen Schwingungen angeregt; die Kugel wird dadurch zum strahlenden Hertzschen Dipol. Die von ihm ausgesendete elektromagnetische Welle bezeichnet man als „Streustrahlung". Die Dipolachse liegt in der $\vec{E}$-Richtung der einfallenden Welle. Die Streustrahlung besitzt dann die für Dipolstrahlung charakteristische Richtungs- und

Entfernungsabhängigkeit, die wegen (31.38) und (31.39) durch

$$S(\vartheta,r) \propto \frac{\sin^2\vartheta}{r^2} \qquad (34.2)$$

gegeben ist. ϑ ist der Winkel zwischen der Streurichtung und der Polarisationsrichtung der einfallenden Welle. Das gestreute Licht ist linear polarisiert. Um die $\sin\vartheta$-Abhängigkeit der Streuintensität (34.2) experimentell zu untersuchen, verwenden wir statt eines einzigen Streukügelchens immens viele winzige Mastixkugeln in Wasser. Mastix ist eine zwar in Alkohol, aber nicht in Wasser lösliche Harzart. Wenn man eine alkoholische Mastixlösung in Wasser schüttet, gerinnt die Substanz zu Kugeln mit Durchmessern merklich kleiner als die Lichtwellenlänge. Wegen der Lichtstreuung an den Kugeln sieht die Flüssigkeit milchig-trüb aus. Wir schicken nun wie in Abb. 34.3 links linear polarisiertes Licht durch eine mit Mastixlösung gefüllte Glasküvette und beobachten das senkrecht zum einfallenden Strahl nach oben streute Licht. Die Streuintensität erweist sich nach Abb. 34.3 rechts als quadratisch vom Sinus des Winkels ϑ zwischen Polarisatordurchlaßrichtung und Streurichtung abhängig,

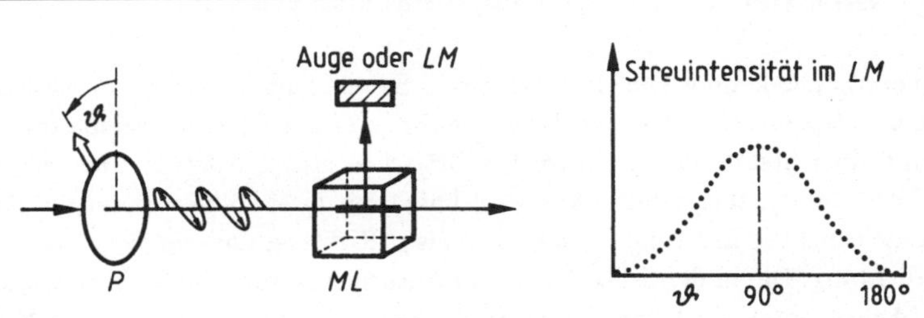

Abbildung 34.3: Links: Linear polarisiertes Licht wird durch eine Mastixlösung ML gestreut. Das nach oben gestreute Licht wird mit Lichtmesser LM oder Auge untersucht. Rechts: Die Streuintensität im LM ändert sich, wenn man den Winkel ϑ zwischen der Durchlaßrichtung des Polarisators P und der Streurichtung ändert.

in Übereinstimmung mit (34.2). – Wenn man bei dem Versuch Abb. 34.3 den Polarisator P entfernt und unpolarisiertes Licht durch die Mastixlösung schickt, erhält man trotzdem linear polarisiertes Streulicht. Warum wohl? Die Streuung ist also zur Herstellung polarisierten Lichtes geeignet. – Wußten Sie schon, daß der Himmel deshalb blau ist, weil das Sonnenlicht an den Luftmolekülen gestreut wird und weil ihr Streuvermögen für kurzwelliges Blaulicht größer ist als für langwelliges Rotlicht? Das

Himmelslicht ist deshalb auch polarisiert. Warum sieht die auf- oder untergehende Sonne so schön rot aus?

Entdeckt wurde die Polarisation des Lichtes im Zusammenhang mit der sog. *Doppelbrechung*. Vor einigen hundert Jahren brachten europäische Seeleute isländische Kalkspatkristalle ($CaCO_3$) mit nach Hause, die die lustige Eigenschaft besaßen, alle Bilder, die man durch sie betrachtete, zu verdoppeln. Huygens erfuhr davon und machte das Phänomen bei seinen Zeitgenossen bekannt. Eine Untersuchung ergab dann, daß die beiden Bilder aus linear polarisiertem Licht gebildet werden und daß ihre Polarisationsrichtungen aufeinander senkrecht stehen. Die allgemeine Behandlung der Lichtausbreitung in doppelbrechenden Kristallen erfordert verhältnismäßig viel Mathematik (lineare Algebra) und ist für den Physiker nicht sonderlich aufschlußreich. Wir wollen uns deshalb auf einen einfachen Sonderfall beschränken, auf den Durchgang von Licht durch doppelbrechende Glimmerblättchen. Solche Blättchen dienen u.a. zur Herstellung von zirkular polarisiertem Licht.

34.2 Zirkular und elliptisch polarisiertes Licht

Glimmerkristalle kommen in der Natur vor. Sie sind im optischen Bereich durchsichtig und lassen sich mit einem Messer leicht in dünne Scheiben zerspalten. Wenn man mit einer Stecknadel in ein solches Blättchen sticht, entsteht eine sechsstrahlige „Riß"- oder „Schlagfigur" (Abb. 34.4 links) mit zwei kolinearen langen Armen. Man bezeichnet die Richtung der letzteren als β-Richtung und die darauf senkrechte als γ-Richtung. Die in der Schlagfigur zum Ausdruck kommende Richtungsauszeichnung (Anisotropie) rührt von der atomistischen Kristallstruktur her. Die Kristallanisotropie bewirkt auch eine Anisotropie der optischen Eigenschaften. So hängt die Ausbreitungsgeschwindigkeit für linear polarisiertes Licht, welches das Glimmerblättchen auf dem kürzesten Wege durchläuft, davon ab, ob das $\vec{E}$-Feld in β-Richtung oder γ-Richtung schwingt. Nach (32.35) ist die Ausbreitungsgeschwindigkeit $v = c/n$ zum Brechungsindex umgekehrt proportional. Unterschiedliche Ausbreitungsgeschwindigkeiten sind also gleichbedeutend mit unterschiedlichen n-Werten. Seien n_β und n_γ die Brechungsindizes für die beiden Polarisationsrichtungen. Für Rotlicht im Glimmer findet man experimentell

$$n_\beta = 1,5908 \,, \quad n_\gamma = 1,5950 \,, \quad \Delta n := n_\gamma - n_\beta = 0,0042 \,. \tag{34.3}$$

Betrachte nun in Abb. 34.4 rechts das dünne Glimmerblatt der Dicke d. Die mit ihm verbundenen Einheitsvektoren in β- und γ-Richtung werden mit $\vec{e}_\beta$ und $\vec{e}_\gamma$ bezeichnet. Von links kommend treffe eine linearpolarisierte Welle auf das Blättchen. Zunächst

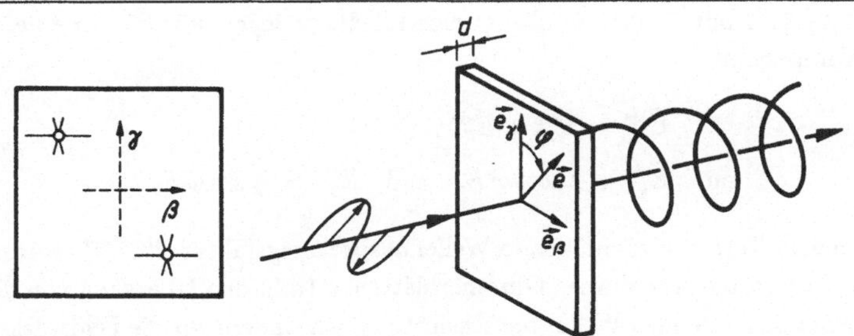

Abbildung 34.4: Links: Zwei Schlagfiguren in einem Glimmerblatt. Rechts: Herstellung von elliptisch polarisiertem Licht aus linear polarisiertem mit Hilfe eines Glimmerblättchens.

werde angenommen, daß ihr Polarisationseinheitsvektor $\vec{e}$ mit $\vec{e}_\gamma$ zusammenfällt. Das $\vec{E}$-Feld der einfallenden Welle $\vec{E}_\gamma^{\,\text{ein}}$ lautet dann nach (31.25) in komplexer Schreibweise:

$$\vec{E}_\gamma^{\,\text{ein}}(\vec{r},t) = \vec{e}_\gamma E_\gamma e^{i(\vec{k}\cdot\vec{r}-\omega t)} \ . \tag{34.4}$$

Die Welle durchquert das Glimmerblatt mit der Geschwindigkeit $v_\gamma = c/n_\gamma$ in der Laufzeit $d/v_\gamma = dn_\gamma/c$. Wäre das Blättchen nicht vorhanden, würde die Welle das dann leere Raumgebiet in der Zeit d/c durchlaufen. Das Blättchen verlängert die Laufzeit daher um

$$\frac{dn_\gamma}{c} - \frac{d}{c} = (n_\gamma - 1)\frac{d}{c} =: \tau_\gamma \ . \tag{34.5}$$

Die auslaufende Welle $\vec{E}_\gamma^{\,\text{aus}}$ rechts vom Glimmerblatt unterscheidet sich deshalb von der einlaufenden Welle $\vec{E}_\gamma^{\,\text{ein}}$ durch die Zeitverzögerung τ_γ. Es gilt also

$$\vec{E}_\gamma^{\,\text{aus}}(\vec{r},t) = \vec{E}_\gamma^{\,\text{ein}}(\vec{r},t - \tau_\gamma) \ . \tag{34.6}$$

Für die rechte Seite kann man die Form (34.4) verwenden. Man erhält dann

$$\vec{E}_\gamma^{\,\text{aus}}(\vec{r},t) = \vec{e}_\gamma E_\gamma e^{i(\vec{k}\cdot\vec{r}-\omega(t-\tau_\gamma))} = e^{i\omega\tau_\gamma}\vec{E}_\gamma^{\,\text{ein}}(\vec{r},t) \ . \tag{34.7}$$

Die Wirkung des Blättchens spiegelt sich formal in dem Faktor $e^{i\omega\tau_\gamma}$ wider, mit dem man die einfallende Welle multiplizieren muß, um die auslaufende zu berechnen.

Analog zu (34.7) gilt für eine Lichtwelle, die parallel zu $\vec{e}_\beta$ polarisiert ist,

$$\vec{E}_\beta^{\,\text{aus}}(\vec{r},t) = e^{i\omega\tau_\beta}\vec{E}_\beta^{\,\text{ein}}(\vec{r},t) \ . \tag{34.8}$$

Wenn der Polarisationseinheitsvektor $\vec{e}$ der einfallenden Welle

$$\vec{E}^{\,\text{ein}}(\vec{r},t) = \vec{e}E_o e^{i(\vec{k}\cdot\vec{r}-\omega t)} \tag{34.9}$$

wie in Abb. 34.4 mit $\vec{e}_\gamma$ den Winkel φ einschließt, zerlegen wir $\vec{E}^{\text{ein}}$ in eine γ- und eine β-Komponente:

$$\vec{E}^{\text{ein}} = \vec{E}^{\text{ein}}_\gamma + \vec{E}^{\text{ein}}_\beta$$
$$\text{mit} \quad \vec{E}^{\text{ein}}_\gamma = \vec{e}_\gamma \cos\varphi\, E_o \quad \text{und} \quad \vec{E}^{\text{ein}}_\beta = \vec{e}_\beta \sin\varphi\, E_o \; . \tag{34.10}$$

Der bei jedem Term hinzuzufügende Wellenausbreitungsfaktor $e^{i(\vec{k}\cdot\vec{r}-\omega t)}$ wurde weggelassen. Den Durchgang durchs Glimmerblättchen (d.h. den Übergang von der einfallenden zur auslaufenden Welle) berücksichtigen wir, indem wir die Feldstärken $\vec{E}^{\text{ein}}_\gamma$ und $\vec{E}^{\text{ein}}_\beta$ in der oberen Gleichung (34.10) gemäß (34.7) und (34.8) mit den Phasenfaktoren $e^{i\omega\tau_\gamma}$ und $e^{i\omega\tau_\beta}$ multiplizieren:

$$\vec{E}^{\text{aus}} = e^{i\omega\tau_\gamma}\vec{E}^{\text{ein}}_\gamma + e^{i\omega\tau_\beta}\vec{E}^{\text{ein}}_\beta \; . \tag{34.11}$$

Einsetzen von $\vec{E}^{\text{ein}}_\gamma$ und $\vec{E}^{\text{ein}}_\beta$ aus den beiden unteren Gleichungen (34.10) ergibt dann nach geeigneter Zusammenfassung:

$$\vec{E}^{\text{aus}} = \vec{\pi}\, e^{i\omega\tau_\gamma} E_o$$
$$\text{mit} \quad \vec{\pi} := \vec{e}_\gamma \cos\varphi + \vec{e}_\beta e^{i\omega(\tau_\beta-\tau_\gamma)}\sin\varphi \; . \tag{34.12}$$

Um die elektrische Feldstärke $\vec{E}^{\text{aus}}(\vec{r},t)$ der Lichtwelle in Abb. 34.4 rechts vom Glimmerblatt zu erhalten, müssen wir $\vec{E}^{\text{aus}}$ in (34.12) natürlich noch mit $e^{i(\vec{k}\cdot\vec{r}-\omega t)}$ multiplizieren und vom Ganzen den Realteil nehmen. Wir wollen uns die Arbeit sparen und unser Augenmerk auf den i. allg. komplexen Vektor $\vec{\pi}$ richten. $\vec{\pi}$ beschreibt den sog. Polarisationszustand der Welle nach Passieren des Blättchens.

Der im $\vec{\pi}$-Ausdruck (34.12) auftretende Exponent $\omega(\tau_\beta - \tau_\gamma)$ läßt sich unter Verwendung von (34.5), (34.3) und der Beziehung $\omega/c = k = 2\pi/\lambda$ wie folgt umformen:

$$\omega(\tau_\beta - \tau_\gamma) = \omega(n_\beta - n_\gamma)d/c = -2\pi\Delta n d/\lambda \; . \tag{34.13}$$

Damit lautet der Polarisationsvektor dann

$$\vec{\pi} = \vec{e}_\gamma \cos\varphi + \vec{e}_\beta e^{-i2\pi\Delta n d/\lambda}\sin\varphi \; . \tag{34.14}$$

Die Verhältnisse werden besonders übersichtlich, wenn man die Dicke d des Glimmerblättchens so wählt, daß $\Delta n d = (n_\gamma - n_\beta)d$ den Wert $\lambda/4$ annimmt. Ein solches Scheibchen heißt „$\lambda/4$-Blättchen".[1] Damit wird die e-Funktion in (34.14) rechts

$$e^{-i2\pi\Delta n d/\lambda} = e^{-i2\pi\lambda/4\lambda} = e^{-i\frac{\pi}{2}} = -i \tag{34.15}$$

---

[1] Die geometrische Dicke d eines $\lambda/4$-Blättchens beträgt $d = \lambda/4\Delta n$. Für Rotlicht mit der Wellenlänge $\lambda \approx 7\cdot 10^{-5}$cm und dem Δn-Wert aus (34.3) erhält man $d \approx 4,2\cdot 10^{-3}$cm. $\lambda/4$-Blättchen aus Glimmer sind also viel dicker als die Lichtwellenlänge.

und folglich

$$\vec{\pi} = \vec{e}_\gamma \cos\varphi - i\vec{e}_\beta \sin\varphi \ . \tag{34.16}$$

Wählt man nun als Polarisationsrichtung $\vec{e}$ des einfallenden Lichtes in Abb. 34.4 speziell die Winkelhalbierende zwischen $\vec{e}_\beta$ und $\vec{e}_\gamma$, also $\varphi = 45°$, erhält man wegen $\cos\varphi = \sin\varphi = 1/\sqrt{2}$:

$$\vec{\pi} = \frac{\vec{e}_\gamma - i\vec{e}_\beta}{\sqrt{2}} \ . \tag{34.17}$$

Wenn Sie auf Gleichung (31.32) zurückblättern, sehen Sie, daß dieser Polarisationsvektor $\vec{\pi}$ eine rechtszirkular polarisierte Welle beschreibt. Dort heißen die Einheitsvektoren zwar nicht $\vec{e}_\gamma$ und $\vec{e}_\beta$, sondern $\vec{e}_1$ und $\vec{e}_2$, aber das ist genau so unwesentlich wie der Faktor $1/\sqrt{2}$ in (34.17), der zwar etwas über den Betrag der $\vec{E}$-Feldstärke, aber nichts über ihre Richtung (Polarisation) aussagt. Wenn man $\vec{e}$ in Abb. 34.4 um 90° dreht ($\varphi \to -45°$), folgt aus (34.16)

$$\vec{\pi} = \frac{\vec{e}_\gamma + i\vec{e}_\beta}{\sqrt{2}} \ , \tag{34.18}$$

und das ist natürlich der $\vec{\pi}$-Vektor einer linkszirkular polarisierten Welle. Man kann also mit einem $\lambda/4$-Blättchen linear polarisiertes Licht in zirkulares verwandeln.

Im allgemeinsten Fall – d.h. beliebige φ- und d-Werte in Abb. 34.4 und Formel (34.14) – ist das Licht, das das Glimmerblättchen passiert hat, weder *linear* noch *zirkular*, sondern *elliptisch* polarisiert. Wenn wir die $\vec{E}$-Feldstärke an einer ortsfesten Stelle durch einen Vektorpfeil darstellen, können die in Abb. 34.5 gezeigten Verhältnisse auftreten: (i) Die $\vec{E}$-Pfeilspitze bewegt sich harmonisch auf einer Linie hin und her

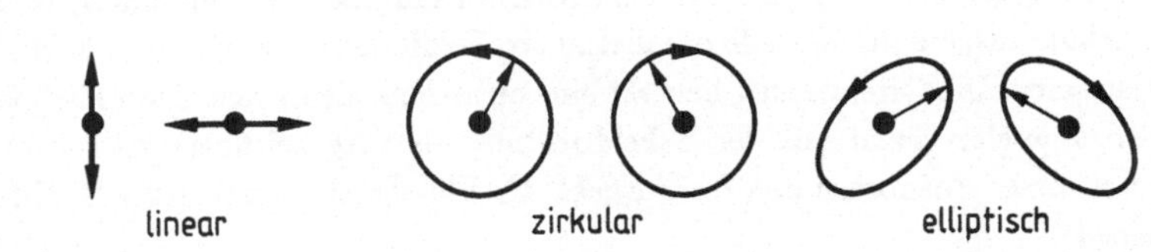

Abbildung 34.5: Je zwei Beispiele für linear, zirkular und elliptisch polarisiertes Licht.

(lineare Polarisation). Dieser Fall liegt vor, wenn entweder $\varphi = 0°$ bzw. 90° und Δnd beliebig ist, oder φ beliebig und Δnd ein ganzzahliges Vielfaches von $\lambda/2$ ist. (ii) Die $\vec{E}$-Pfeilspitze bewegt sich auf einem Kreis (zirkulare Polarisation). Damit dieser Fall eintritt, muß $\varphi = \pm 45°$ und Δnd ein ungradzahliges Vielfaches von $\lambda/4$

sein. (iii) In allen anderen Fällen durchläuft die $\vec{E}$-Pfeilspitze eine Ellipse (elliptische Polarisation).

34.3 Doppelbrechung und optische Aktivität

Das Entscheidende bei der Doppelbrechung des Glimmers ist, daß es eine physikalisch ausgezeichnete β-Richtung gibt. Licht, dessen $\vec{E}$-Feld in β-Richtung polarisiert ist, findet einen anderen Brechungsindex vor als Licht mit einem $\vec{E}$-Feld senkrecht zur β-Richtung ($n_\beta \neq n_\gamma$). Die Folge ist, daß schräg zur β-Richtung linear polarisiertes Licht beim Durchgang durch die Substanz elliptisch wird. Beim Glimmer wird die physikalische Auszeichnung der β-Achse durch die Kristallstruktur verursacht. Es gibt aber noch andere Möglichkeiten, eine Richtung auszuzeichnen und dadurch Doppelbrechung zu bewirken. Wir erwähnen drei Beispiele:

a) Durchsichtige Kunststoff-Folien (Zellophan) bestehen aus Fadenmolekülen, die beim Herstellungsprozeß gestreckt und parallel zueinander ausgerichtet werden. Solche Folien sind deshalb oft doppelbrechend und z.B. als $\lambda/4$-Blättchen verwendbar.

b) Manche Flüssigkeiten besitzen langgestreckte Moleküle mit einem elektrostatischen Dipolmoment. Normalerweise liegen die Moleküle ungeordnet durcheinander, so daß alle Raumrichtungen in der Flüssigkeit gleichwertig sind. Das ändert sich, wenn man in der Flüssigkeit ein homogenes elektrostatisches Feld erzeugt, etwa durch Anlegen einer elektrischen Spannung an zwei eingetauchte Kondensatorplatten. Dieses Feld übt eine Richtwirkung auf das Dipolmoment der Moleküle aus, die sich deshalb parallel zu den Feldlinien des angelegten $\vec{E}$-Feldes orientieren. Die Orientierung bewirkt eine optische Anisotropie. Die Flüssigkeit wird doppelbrechend mit der $\vec{E}$-Feldrichtung als ausgezeichnete Achse. Man nennt dieses Phänomen den *Kerr-Effekt*. Als Flüssigkeit eignet sich z.B. Nitrobenzol.

c) Plexiglas wird durch mechanische Biegung doppelbrechend (Spannungsdoppelbrechung). Bei der Biegung wird das Material teils gestreckt und teils gestaucht. Die Streck- und Stauchrichtungen sind physikalisch ausgezeichnet. Die Spannungsdoppelbrechung führt man vor, indem man Plexiglasstäbe (auch Plexiglasmodelle von Brücken und Kränen) zwischen gekreuzte Polarisatoren bringt und mechanisch belastet.

Ein der Doppelbrechung verwandtes Phänomen ist die sog. *optische Aktivität*. Eine lichtdurchlässige Substanz heißt „optisch aktiv", wenn sich rechts- und linkszirkular polarisiertes Licht in ihr mit verschiedenen Geschwindigkeiten ausbreitet, wenn also die Brechungsindizes n_r und n_l für die beiden Zirkularpolarisationen verschieden sind:

$$n_r \neq n_l \, . \tag{34.19}$$

Bevor wir nach dem Grund von (34.19) fragen, wollen wir die Auswirkungen untersuchen. Betrachte dazu Abb. 34.6. Auf einen optisch aktiven Block der Dicke d fällt eine linear polarisierte Welle. Wir legen zwei aufeinander und auf der Ausbreitungs-

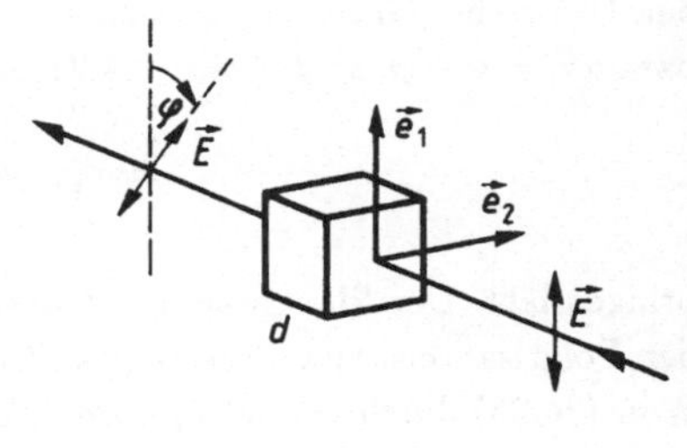

Abbildung 34.6
Ein Block aus optisch aktiver Substanz dreht die Polarisationsebene, die durch Ausbreitungs- und Polarisationsrichtung aufgespannt wird, um einen zur Blockdicke d proportionalen Winkel φ.

richtung senkrechte Einheitsvektoren $\vec{e}_1$ und $\vec{e}_2$ fest. Der Polarisationsvektor $\vec{\pi}^{\,\text{ein}}$ der einfallenden Welle vor dem Block weise in Richtung $\vec{e}_1$, also

$$\vec{\pi}^{\,\text{ein}} = \vec{e}_1 \, . \tag{34.20}$$

Es ist zweckmäßig, die Polarisationsvektoren $\vec{\pi}_r$ und $\vec{\pi}_l$ für rechts- und linkszirkulares Licht einzuführen. Nach (34.17) und (34.18) gilt:

$$\vec{\pi}_r = \frac{\vec{e}_1 - i\vec{e}_2}{\sqrt{2}}, \qquad \vec{\pi}_l = \frac{\vec{e}_1 + i\vec{e}_2}{\sqrt{2}} \, . \tag{34.21}$$

Aus (34.20) und (34.21) folgt

$$\vec{\pi}^{\,\text{ein}} = \frac{\vec{\pi}_r + \vec{\pi}_l}{\sqrt{2}} \, . \tag{34.22}$$

Eine linear polarisierte Welle läßt sich also als Vektorsumme einer rechts- und einer linkszirkular polarisierten darstellen. – Im optisch aktiven Block breiten sich $\vec{\pi}_r$ und $\vec{\pi}_l$ verschieden schnell aus. Der Block verlängert die Laufzeiten von $\vec{\pi}_r$ bzw. $\vec{\pi}_l$ um die Werte

$$\tau_r = (n_r - 1)\frac{d}{c} \quad \text{bzw.} \quad \tau_l = (n_l - 1)\frac{d}{c} \, . \tag{34.23}$$

Zur Begründung von (34.23) verfahre man wie bei (34.5). Der Einfluß des Blockes auf $\vec{\pi}_r$ bzw. $\vec{\pi}_l$ läßt sich dann analog zu (34.7) durch die multiplikativen Phasenfaktoren $e^{i\omega\tau_r}$ bzw. $e^{i\omega\tau_l}$ beschreiben. Wir erhalten so aus der Polarisation der einlaufenden Welle (34.22) für die Polarisation der auslaufenden Welle nach Passieren des optisch aktiven Blockes:

$$\vec{\pi}^{\text{aus}} = \frac{e^{i\omega\tau_r}\vec{\pi}_r + e^{i\omega\tau_l}\vec{\pi}_l}{\sqrt{2}} \,. \tag{34.24}$$

Um (34.24) zu interpretieren, führen wir die Abkürzungen

$$\alpha := \omega\frac{\tau_r + \tau_l}{2} \qquad \text{und} \qquad \varphi := \omega\frac{\tau_r - \tau_l}{2} = \frac{\omega(n_r - n_l)}{2c}d \tag{34.25}$$

ein. Das rechte Gleichheitszeichen gilt wegen (34.23). Aus (34.25) folgt $\omega\tau_r = \alpha + \varphi$ bzw. $\omega\tau_l = \alpha - \varphi$, so daß sich (34.24) in der Form

$$\vec{\pi}^{\text{aus}} = e^{i\alpha}\frac{e^{i\varphi}\vec{\pi}_r + e^{-i\varphi}\vec{\pi}_l}{\sqrt{2}} \tag{34.26}$$

bringen läßt. Der Phasenfaktor $e^{i\alpha}$ bestimmt die Phasenlage der Welle, ist aber für den Polarisationszustand belanglos. Wir lassen ihn deshalb weg. Wenn man $\vec{\pi}_r$ und $\vec{\pi}_l$ in (34.26) durch $\vec{e}_1$ und $\vec{e}_2$ ausdrückt und $e^{\pm i\varphi} = \cos\varphi \pm i\sin\varphi$ einführt, erhält man

$$\vec{\pi}^{\text{aus}} = \vec{e}_1\cos\varphi + \vec{e}_2\sin\varphi \,, \tag{34.27}$$

und das ist der Polarisationsvektor einer linear polarisierten Welle, der mit $\vec{e}_1$ den Winkel φ bildet (Abb. 34.6) Wir entnehmen daraus, daß die Polarisationsrichtung einer linear polarisierten Welle durch eine optisch aktive Substanz um einen Winkel φ gedreht wird, der nach (34.25) zur Substanzdicke d und zur Differenz $n_r - n_l$ der Brechungsindizes proportional ist. Die Welle bleibt linear polarisiert.

Nachdem wir die Auswirkungen von (34.19) untersucht haben, wollen wir nach der Ursache fragen, die für den Unterschied von n_r und n_l verantwortlich ist. Wir beginnen mit einer mechanischen Modellbetrachtung. Es gibt Schrauben und Muttern. Sie können ein r = Rechts- oder ein l = Linksgewinde haben. Stellen Sie sich einen großen Haufen von r-Muttern vor. Nehmen Sie eine lange r-Schraube und bohren sie diese mit einer rechtsschraubigen Bewegung in den Mutternhaufen hinein. Einige Muttern werden dabei zur Seite gedrängt, andere von der Schraube erfaßt und auf sie hinaufgeschraubt. Am Ende des Vorganges findet man also Muttern auf der Schraube. Wir wiederholen das Gedankenexperiment mit demselben Haufen von r-Muttern, bohren aber dieses Mal eine l-Schraube mit linksschraubiger Bewegung in den Haufen hinein. Dieses Mal werden keine Muttern aufgeschraubt, weil r-Muttern nicht auf l-Schrauben passen. Beim ersten Experiment konnte die Schraube also mit den Elementen des Haufens in Wechselwirkung treten, beim zweiten nicht. Die Vortriebsgeschwindigkeit der bohrenden Schrauben hängt von jener Wechselwirkung ab. Daher kommen bohrende r- und l-Schrauben in einer Menge von r-Muttern verschieden schnell voran.

Sie merken natürlich, worauf dieses mechanische Modell hinausläuft. Die mit unterschiedlicher Geschwindigkeit vorankommenden r- und l-Schrauben entsprechen rechts- und linkszirkular polarisierten Wellen, die sich in einer optisch aktiven Substanz verschieden schnell ausbreiten. Der Haufen von r-Muttern entspricht dem optisch aktiven Medium, die einzelne r-Mutter einem Molekül des Mediums. Der entscheidende Punkt für optische Aktivität ist demnach offenbar, daß rechts- und linkszirkulares Licht mit den Molekülen verschieden stark in Wechselwirkung tritt. Letzteres ist der Fall, wenn die Moleküle eine allgemeine, für Muttern charakteristische Eigenschaft aufweisen: Sie müssen gegen Spiegelung asymmetrisch sein. Da ein Spiegel rechts und links vertauscht, ist das Spiegelbild einer r-Mutter eine l-Mutter. Gegenstand (r-Mutter) und Spiegelbild (l-Mutter) sind wesentlich verschieden, da sie durch keine Verlagerungsoperation zur Deckung gebracht werden können. Genau so wie r- und l-Schrauben verschieden stark mit asymmetrischen Muttern wechselwirken, wechselwirken rechts- und linkszirkular polarisierte Lichtwellen verschieden stark mit asymmetrischen Molekülen (oder Kristallstrukturen). Wir bringen drei Beispiele:

a) Senkrecht zur sog. „optischen Achse" geschnittene Scheiben aus Quarzkristallen sind optisch aktiv. Sie drehen die Polarisationsrichtung von rotem Licht um 18° pro mm Scheibendicke. Man findet rechts- und linksdrehenden Quarz. Ursache für die optische Aktivität ist die asymmetrische Kristallstruktur. Die Strukturen von rechts- und linksdrehendem Quarz sind Spiegelbilder voneinander.

b) Zuckermoleküle sind aufgrund eines „asymmetrischen C-Atoms" optisch aktiv. Eine wässrige Lösung von Naturzucker dreht daher die Polarisationsrichtung des Lichtes. Der Effekt wird ausgenutzt, um die Zuckerkonzentration in Lösungen zu bestimmen (Saccharimeter). Auch Zuckermoleküle können rechts- und linksdrehend sein, denn es gibt zwei Arten von ihnen, die sich nur durch Spiegelung zur Deckung bringen lassen. Künstlich (d.h. unter Ausschaltung biochemischer Vorgänge) hergestellter Zucker enthält gleich viel von beiden Arten und ist deshalb optisch inaktiv. Natürlicher Zucker besteht nur aus Molekülen der einen Art.

c) Glas wird durch Anlegen eines statischen Magnetfeldes $\vec{B}$ optisch aktiv, weil dieses $\vec{B}$-Feld die atomaren Kreisströme in den Glasbausteinen derart ausrichtet, daß ihr Umlaufsinn zusammen mit der (parallel zu den $\vec{B}$-Feldlinien gelegten)

Ausbreitungsrichtung des Lichtes einen Schraubensinn definiert. Die Ausbreitungsgeschwindigkeit einer zirkular polarisierten Welle hängt dann davon ab, ob ihr Schraubensinn gleich oder entgegengesetzt zu dem der atomaren Kreisströme ist. Man nennt diese Erscheinung den *Faraday-Effekt*.

34.4 Polarisation und Drehimpuls

Eine zirkular polarisierte ebene Welle, die sich in z-Richtung ausbreitet, besitzt einen zur z-Achse parallelen oder antiparallelen Drehimpuls $\vec{J}$. Die Drehimpulskomponente J_z ist zur elektromagnetischen Feldenergie W der Welle direkt und zu ihrer Kreisfrequenz ω indirekt proportional. Es ist

$$J_z = \pm \frac{W}{\omega} \ . \tag{34.28}$$

Das Plus- bzw. Minuszeichen gilt für links- bzw. rechtsschraubig zirkular polarisiertes Licht.

Um (34.28) zu beweisen, lassen wir beispielsweise die linksschraubig polarisierte Welle senkrecht auf eine schwarze Scheibe (z.B. aus Papier) fallen. Dann dreht sich das $\vec{E}$-Feld der Welle an jeder Scheibenstelle für einen in z-Richtung blickenden Beobachter mit der Winkelgeschwindigkeit ω im Uhrzeigersinn (vgl. Text unter Gleichung (31.32)). Das rotierende $\vec{E}$-Feld übt auf die geladenen Teilchen der Scheibe (Elektronen) eine rotierende Kraft $\vec{F}_e = -e\vec{E}$ aus. $\vec{F}_e$ verursacht eine erzwungene Schwingung, die in diesem Fall als Kreisbewegung der Teilchen mit der Winkelgeschwindigkeit ω in Ebenen senkrecht zur z-Achse in Erscheinung tritt. Die Verhältnisse sind in Abb. 34.7 veranschaulicht. Die Abbildung stellt eine Momentaufnahme dar. Der Ortsvektor $\vec{r}$ des kreisenden Teilchens bzw. seine Geschwindigkeit $\vec{v}$ bildet mit der Kraft $\vec{F}_e$ die Winkel α bzw. $90° - \alpha$. Der α-Wert hängt mit der bei erzwungenen Schwingungen auftretenden Phasenverschiebung zusammen, interessiert im folgenden aber nicht. Wichtig ist nur, daß α sich im Laufe der Zeit nicht ändert, da $\vec{r}$ und $\vec{F}_e$ mit derselben Winkelgeschwindigkeit $\omega = $ Kreisfrequenz des $\vec{E}$-Feldes rotieren. Mit $\vec{F}_e$ ist ein mechanisches Drehmoment $\vec{D} = \vec{r} \times \vec{F}_e$ verbunden, dessen z-Komponente aus Abb. 34.7 abgelesen werden kann:

$$D_z = (\vec{r} \times \vec{F}_e)_z = r F_e \sin \alpha \ . \tag{34.29}$$

Nach (11.3) ändert $\vec{D}$ den Bahndrehimpuls $\vec{l}$ unseres Teilchens. Für die z-Komponenten gilt:

$$\frac{dl_z}{dt} = D_z = r F_e \sin \alpha \ . \tag{34.30}$$

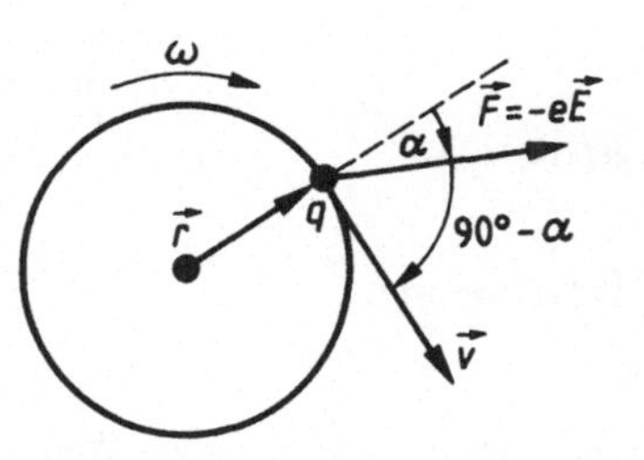

Abbildung 34.7
Eine Ladung q wird durch die rotierende Kraft $\vec{F} = q\vec{E}$, die eine zirkular polarisierte Welle auf sie ausübt, gezwungen, sich auf einer Kreisbahn mit der Winkelgeschwindigkeit $\omega =$ Kreisfrequenz der Welle zu bewegen.

Wir erweitern die rechte Seite mit ω, ersetzen $\sin\alpha$ durch $\cos(90° - \alpha)$ und erhalten

$$\frac{dl_z}{dt} = \frac{F_e \omega r \cos(90° - \alpha)}{\omega} \, . \tag{34.31}$$

Nun ist $\omega r = v$ die Geschwindigkeit des kreisenden Teilchens und $90° - \alpha$ der Winkel zwischen $\vec{F}_e$ und $\vec{v}$. Der Zähler von (34.31) läßt sich deshalb als Skalarprodukt $\vec{F}_e \cdot \vec{v} = \vec{F}_e \cdot d\vec{r}/dt$ schreiben, und das ist nichts anderes als die Arbeit $dA = \vec{F}_e \cdot d\vec{r}$ pro Zeit dt, die $\vec{F}_e$ und damit das $\vec{E}$-Feld der elektromagnetischen Welle an dem geladenen Teilchen verrichtet. (34.31) lautet daher

$$\frac{dl_z}{dt} = \frac{1}{\omega} \cdot \frac{dA}{dt} \, . \tag{34.32}$$

Aus Energieerhaltungsgründen muß die am Teilchen verrichtete Arbeit dA der elektromagnetischen Feldenergie W entnommen werden, also $dA = -dW$. Außerdem gilt der Drehimpulserhaltungssatz. Da die Welle dem Teilchen den Drehimpuls $d\vec{l}$ erteilt, muß sie über einen Drehimpuls $\vec{J}$ verfügen, aus dem $d\vec{l}$ genommen werden kann, also $dl_z = -dJ_z$. Aus (34.32) folgt dann

$$\frac{dJ_z}{dt} = \frac{1}{\omega} \cdot \frac{dW}{dt} \qquad \text{und daraus} \qquad J_z = \frac{W}{\omega} \, , \tag{34.33}$$

und das ist die Behauptung (34.28), die wir beweisen wollten.

Daß eine zirkular polarisierte Welle den in (34.28) angegebenen Drehimpuls besitzt, läßt sich experimentell nachweisen. Die schwarze Papierscheibe fängt an, sich mit wachsender Geschwindigkeit um die z-Achse zu drehen, sobald die Welle eingeschaltet wird. Der Effekt ist allerdings so klein, daß man sehr intensives Licht und eine möglichst reibungsfreie Aufhängung der Drehscheibe verwenden muß.

Kapitel 35

Photonen

Zu einer elektromagnetischen Welle mit der elektrischen Feldstärke

$$\vec{E} = \mathrm{Re}\{\vec{e}E_o e^{i(\vec{k}\cdot\vec{r}-\omega t)}\} \tag{35.1}$$

gehört die Intensität $\bar{S}$ = Zeitmittelwert der Energiestromdichte (31.17):

$$\bar{S} = \frac{\overline{W}}{ft} = \varepsilon_o c E_{\mathrm{eff}}^2 \quad \text{mit} \quad E_{\mathrm{eff}} = \frac{E_o}{\sqrt{2}} \, . \tag{35.2}$$

Das Auftreten der Effektivfeldstärke E_{eff} liegt am wechselstromartigen Charakter einer oszillierenden Welle, vgl. (30.27).

Will man die elektromagnetische Welle (35.1) experimentell bestimmen, muß man den Wellenvektor $\vec{k}$, die Kreisfrequenz ω, den Polarisationsvektor $\vec{e}$ und den Scheitelwert E_o der Feldstärke ermitteln. Wegen $\omega = ck$ und $E_o = \sqrt{2}E_{\mathrm{eff}} = \sqrt{2\bar{S}/\varepsilon_o c}$ genügt es, $\vec{k}$, $\vec{e}$ und $\bar{S}$ zu messen. Betrachte als Beispiel eine monochromatische Lichtwelle. Die Richtung von $\vec{k}$ ergibt sich aus der Ausbreitungsrichtung, der Betrag $k = 2\pi/\lambda$ aus einer Wellenlängenmessung (Beugungsgitter). Die Polarisation $\vec{e}$ läßt sich mit Hilfe einer Polarisationsfolie (Analysator) bestimmen. Die Intensität $\bar{S}$, das ist die elektromagnetische Feldenergie $\overline{W}$ pro Fläche und Zeit, erhält man z.B. mit einer „Thermosäule". Dabei handelt es sich im Prinzip um einen schwarzen Kasten mit Loch. Die zu vermessende Lichtwelle tritt durch das Loch in den Kasten und wird von den Kastenwänden absorbiert. Die mit dem Licht eingebrachte Energie $\overline{W}$ geht nicht verloren, sondern führt zu einer Erwärmung des Kastens, die mit Thermoelementen (Abb. 18.3) gemessen wird. Aus der Erwärmung pro Zeit und Lochfläche folgt die Intensität $\bar{S}$.

35.1 Impuls elektromagnetischer Wellen und Strahlungsdruck

Wenn elektromagnetische Wellen von einer schwarzen Wand absorbiert werden, wird nicht nur Energie, sondern auch Impuls auf die Wand übertragen. Betrachte dazu ein geladenes Teilchen des Wandmaterials. Das $\vec{E}$-Feld (35.1) der einfallenden Welle übt auf seine Ladung q die Kraft $\vec{F}_E = q\vec{E}$ aus und erteilt ihm so eine ständige Beschleunigung und folglich auch eine Geschwindigkeit $\vec{v}$ entlang der Polarisationsrichtung $\vec{e}$ des elektrischen Feldes. Nun gibt es nach (31.26) in jeder elektromagnetischen ebenen Welle neben dem $\vec{E}$-Feld das auf $\vec{E}$ und dem Wellenvektor $\vec{k}$ senkrechte $\vec{B}$-Feld vom Betrage $B = E/c$. Dieses $\vec{B}$-Feld übt auf das mit der Geschwindigkeit $\vec{v}$ oszillierende Teilchen eine Lorentzkraft $\vec{F}_B = q\vec{v} \times \vec{B}$ aus, die wegen der Parallelität von $\vec{v}$ und $\vec{E}$ in $\vec{k}$-Richtung weist und in Bezug auf diese Richtung die Komponente

$$F_B = qvB = qv\frac{E}{c} = \frac{\vec{F}_E \cdot \vec{v}}{c} \qquad (35.3)$$

besitzt. Von $1/c$ abgesehen, ist die rechte Seite $\vec{F}_E \cdot \vec{v} = \vec{F}_E \cdot d\vec{r}/dt = dA/dt$ die Arbeit pro Zeit, die das $\vec{E}$-Feld der Welle an der Teilchenladung q leistet. Die linke Seite von (35.3) ist nach dem Grundgesetz der Mechanik gleich der zeitlichen Impulsänderung dp/dt des Teilchens in $\vec{k}$-Richtung. Aus (35.3) folgt daher:

$$\frac{dp}{dt} = \frac{1}{c} \cdot \frac{dA}{dt} . \qquad (35.4)$$

Wegen des Energieerhaltungssatzes wird nun die am Teilchen verrichtete Arbeit dA der elektromagnetischen Feldenergie W entnommen, also $dA = -dW$. Neben dem Energieerhaltungssatz muß der Impulserhaltungssatz erfüllt werden. Da die Welle dem Teilchen den Impuls dp erteilt, muß sie über einen elektromagnetischen Feldimpuls P verfügen, aus dem dp genommen werden kann, so daß $dp = -dP$ wird. Wir können also die Teilchengrößen dA bzw. dp in (35.4) durch die entsprechenden Feldgrößen $-dW$ bzw. $-dP$ ersetzen und erhalten

$$\frac{dP}{dt} = \frac{1}{c} \cdot \frac{dW}{dt} \qquad \text{und daraus} \qquad P = \frac{W}{c} . \qquad (35.5)$$

Der Feldimpulsvektor $\vec{P}$ weist wie $\vec{F}_B$ in $\vec{k}$-Richtung. Die rechte Gleichung läßt sich deshalb vektoriell schreiben

$$\vec{P} = \vec{k}\frac{W}{\omega} . \qquad (35.6)$$

Eine elektromagnetische Welle trägt also Energie W und Impuls $\vec{P}$ mit sich. Wenn sie von einer Wand absorbiert wird, wird auf diese nicht nur Energie, sondern auch der Impuls übertragen. Der Impulsübertrag pro Zeit entspricht einer Kraft, die die elektromagnetische Strahlung auf die Wand ausübt. Sie bewirkt einen Druck, der *Strahlungsdruck* genannt wird. Dieser spielte bei astrophysikalischen Vorgängen eine Rolle, z.B. während der Frühphase der kosmischen Entwicklung (Urknall) oder der explosiven Endphase der Entwicklung individueller Sterne (Supernova).

35.2 Photoeffekt

Bisher haben wir Licht als elektromagnetische Welle mit Wellenlängen λ zwischen 0,4 und 0,8μm behandelt. Lichtbündel – und mit diesen alle elektromagnetischen Felder, die sich mit Lichtgeschwindigkeit ausbreiten – besitzen aber noch eine andere Seite, sie sind, wie man sagt, *gequantelt*. Dieser Sachverhalt wurde 1900 von Max Planck entdeckt und 1905 von Albert Einstein zur Deutung des sog. *Photoeffektes* herangezogen. Der Effekt, den man damals auch „lichtelektrischen Effekt" nannte, besteht darin, daß eine Metalloberfläche Elektronen aussendet, wenn man sie mit hinreichend kurzwelligem Licht bestrahlt. Da das $\vec{E}$-Feld der Lichtwelle auf die Metallelektronen eine Kraft ausübt, ist das eigentlich nicht verwunderlich. Trotzdem begann man sich zu wundern, als man die austretenden „Photoelektronen" näher untersuchte. Abb. 35.1 zeigt eine geeignete Versuchsanordnung mit einer sog. Photozelle, das ist ein evakuiertes Gefäß aus Quarzglas, dessen Innenwand teilweise mit

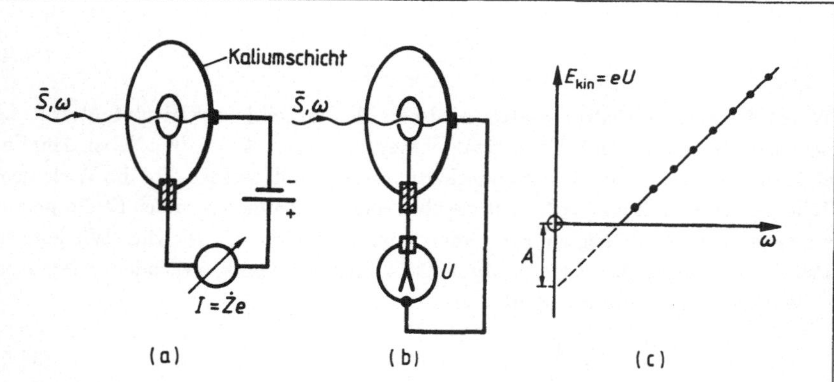

Abbildung 35.1:   Lichtelektrischer Effekt: Licht der Frequenz ω und Intensität $\vec{S}$ fällt in eine Photozelle. (a) mit Batterie und Amperemeter wird die Zahl $\dot{Z}$ der Photoelektronen pro Zeit gemessen. (b) Mit einem statischen Voltmeter bestimmt man $E_{\text{kin}} = eU$ des einzelnen Elektrons. (c) E_{kin} hängt linear von ω ab.

einer Alkalimetallschicht belegt ist. Das Gefäß enthält außerdem einen von der Metallschicht isolierten Metallring. Wenn man Metallschicht und Ring wie in Abb. 35.1a mit Batterie und Amperemeter verbindet, mißt man einen Strom I, sobald eine hinreichend kurzwellige Lichtwelle (Frequenz ω, Intensität $\vec{S}$) auf die Metallschicht fällt. Erklärung: Die durch Photoeffekt ausgetretenen Elektronen werden vom positiv gepolten Ring aufgesammelt und fließen, getrieben durch die Batterie, über das Amperemeter zur Metallschicht (Photokathode) zurück. Offenbar ist $I/e = \dot{Z}$ die Zahl der Photoelektronen pro Sekunde. In Abb. 35.1b ist Amperemeter und Batterie durch ein elektrostatisches Voltmeter ersetzt. Sobald der Lichtstrahl auf die Metallschicht fällt, zeigt das Voltmeter einen wachsenden Ausschlag, der allerdings bald einen konstanten Endwert U erreicht. Erklärung: Die Photoelektronen schwirren durch die Zelle. Einige von ihnen treffen den Ring, der sich dadurch negativ auflädt. Zwischen Photokathode und Ring baut sich auf diese Weise eine sog. Gegenspannung auf, die vom Voltmeter angezeigt wird. Der Endwert U ist erreicht, wenn die kinetische Energie E_{kin} der einzelnen Photoelektronen gerade eben noch genügt, um die Gegenspannung zu überwinden, wenn also $E_{\text{kin}} = eU$ ist. Diese einfache Beziehung gilt allerdings nur, wenn Photokathode und Ring aus gleichem Material sind. Falls nicht, muß man die sog. Kontaktspannung mit berücksichtigen.

Wir können also messen: Die Intensität des Lichtes $\bar{S}$ mit der Thermosäule, die Kreisfrequenz des Lichtes $\omega = 2\pi c/\lambda$ mit einem Beugungsgitter, die Zahl der Photoelektronen pro Sekunde $\dot{Z} = I/e$ mit der Stromschaltung Abb. 35.1a und die kinetische Energie $E_{\text{kin}} = eU$ des einzelnen Photoelektrons mit der Spannungsschaltung Abb. 35.1b. Das Experiment liefert die folgenden Resultate:

(i) Für vorgegebene Lichtfrequenz ω ist $\dot{Z}$ zu $\bar{S}$ proportional.[1]

(ii) E_{kin} ist von $\bar{S}$ unabhängig, hängt aber, wie in Abb. 35.1c angegeben, linear mit ω zusammen:

$$E_{\text{kin}} = \hbar\omega - A \quad \text{für} \quad \hbar\omega \geq A . \tag{35.7}$$

$\hbar$ und A sind konstant. A wird durch das Metall der Photokathode bestimmt und liegt bei einigen Elektronenvolt. $\hbar$ erweist sich als materialunabhängig, ist also eine Naturkonstante. Die Auswertung des in Abb. 35.1c dargestellten experimentellen Resultates ergibt $\hbar = 6{,}58 \cdot 10^{-16}$ eVs. Der genaue Wert ist

$$\hbar = 6{,}58217 \cdot 10^{-16}\text{eVs} = 1{,}054589 \cdot 10^{-34}\text{Js} . \tag{35.8}$$

Die Größe $h = 2\pi\hbar = 6{,}62618 \cdot 10^{-34}$Js wird nach ihrem Entdecker das *Plancksche Wirkungsquantum* genannt. Heute ist es üblich, $\hbar$ zu verwenden und als *Plancksche Konstante* zu bezeichnen.

Das Überraschende ist wohl, daß die kinetische Energie der einzelnen Photoelektronen von der Intensität $\bar{S}$ des Lichtes und damit von der elektrischen Feldstärke der

---

[1]Wegen der Proportionalität $\bar{S} \propto \dot{Z} \propto I$ kann man aus dem meßbaren Strom I auf die Lichtintensität $\bar{S}$ schließen. Photozellen werden deshalb zur Lichtmessung verwendet.

Lichtwelle unabhängig ist. Wenn man die Lichtintensität herunterdrosselt, nimmt
zwar die Teilchenstromstärke $\dot{Z}$, nicht aber die Energie E_{kin} der Elektronen ab. Wider Erwarten ist nicht die $\vec{E}$-Feldstärke die energiebestimmende Größe, sondern die
Frequenz.

Nach Einstein läßt sich der Photoeffekt wie folgt interpretieren[2]: Im Gegensatz zur
Maxwellschen („klassischen") Elektrodynamik kann die Feldenergie W einer mono-
chromatischen elektromagnetischen Welle der Frequenz ω nicht jeden beliebigen Wert,
sondern nur ein ganzzahliges Vielfaches der Größe $\hbar\omega$ annehmen. Wenn der Welle Energie entzogen wird, muß sie also mindestens den Betrag $\hbar\omega$ hergeben. Man nennt $\hbar\omega$
die „Energie eines Photons oder Lichtquants" und spricht von „quantenhafter Absorption". Es ist nützlich, sich ein Photon wie ein energiegeladenes Teilchen vorzustellen,
das mit Lichtgeschwindigkeit durch den Raum saust. Ein Lichtstrahlenbündel besteht
dann aus einem Hagel von Photonen. Seine Intensität $\bar{S}$ ist die Zahl der Quanten pro
Fläche und Zeit multipliziert mit der Energie $\hbar\omega$ eines einzelnen Quants. In diesem
Bild wird der Photoeffekt verständlich: Wenn ein Photon ein Metallelektron trifft,
verschwindet das Photon und überträgt seine Energie $\hbar\omega$ auf das Elektron. Das Elektron, dessen kinetische Energie um $\hbar\omega$ zugenommen hat, schwirrt durch das Metall
und kann es, eventuell nach Zusammenstoß mit Metallionen, verlassen. Dazu muß es
allerdings eine sog. Austrittsarbeit A aufbringen, das ist die Energie, mit der die Elektronen an den Metallverband gebunden sind. Außerhalb des Metalls hat es dann nur
noch die kinetische Energie $\hbar\omega - A$, in Übereinstimmung mit dem experimentellen
Resultat (35.7).

35.3 Photoneneigenschaften

Die Photonenvorstellung erklärt also den Photoeffekt. Wir wollen mehr über Photonen erfahren. Man kennzeichnet Photonen mit dem Buchstaben γ, schreibt also z.B.
für die Photonenenergie

$$E_\gamma = \hbar\omega \ . \tag{35.9}$$

Da Photonen als Teilchen betrachtet werden können, die sich mit Lichgeschwindigkeit
bewegen, besitzen sie auch einen Impuls

$$\vec{p}_\gamma = \hbar\vec{k} \ , \tag{35.10}$$

wobei $\vec{k}$ der Wellenvektor der das Lichtstrahlenbündel darstellenden elektromagnetischen Welle ist. Um (35.10) zu begründen, erweitern wir die rechte Seite mit ω und

---

[2]Einstein interpretierte den Photoeffekt 1905. Im gleichen Jahr entwickelte er die Relativitätstheorie und entdeckte die wahrscheinlich berühmteste aller physikalischen Formeln $E = mc^2$. Er
war damals 26 Jahre alt. Für seine Interpretation des Photoeffekts erhielt er 1922 den Nobelpreis.

multiplizieren beide Seiten mit der Zahl N_γ der in der Welle vorhandenen Photonen:

$$N_\gamma \vec{p}_\gamma = \frac{N_\gamma \hbar\omega}{\omega}\vec{k} = \frac{N_\gamma E_\gamma}{\omega}\vec{k}\ . \tag{35.11}$$

Offenbar ist $N_\gamma \vec{p}_\gamma$ bzw. $N_\gamma E_\gamma$ der Gesamtimpuls $\vec{P}$ bzw. die Gesamtenergie W in der elektromagnetischen Welle. Wir erhalten deshalb aus (35.11):

$$\vec{P} = \vec{k}\frac{W}{\omega}\ , \tag{35.12}$$

eine Beziehung, die wir schon früher (35.6) im Rahmen der Maxwellschen Theorie abgeleitet haben. – Übrigens kann man (35.10) auch anders begründen: Photonen haben die Energie $E_\gamma = \hbar\omega$. Nach Einstein sind Energie und Masse äquivalent $E = mc^2$. Photonen verfügen daher über die Masse $m_\gamma = E_\gamma/c^2 = \hbar\omega/c^2$. Da sie sich mit Lichtgeschwindigkeit bewegen, besitzen sie den Impuls $p_\gamma = m_\gamma c = \hbar\omega/c = \hbar k$. Da $\vec{p}_\gamma$ und $\vec{k}$ gleich gerichtet sind, gilt also $\vec{p}_\gamma = \hbar\vec{k}$, was zu zeigen war. Wir haben die Beziehungen (35.10) somit auf zwei Weisen abgeleitet, unter Hinweis auf die aus den Maxwellschen Gleichungen gewonnene Relation (35.6) bzw. unter Verwendung der relativistischen Formel $E = mc^2$. Daß beide Wege zum Ziele führen, ist beruhigend und ein Zeichen für die Verträglichkeit von Maxwellscher Elektrodynamik, Relativitätstheorie und Quantentheorie.

Nach (12.25) gilt für beliebige Teilchen mit der Energie E, dem Impuls p und der Ruhmasse m_o die Beziehung $E^2 - (cp)^2 = (m_o c^2)^2$. Für Photonen erhält man aus (35.9) und (35.10)

$$E_\gamma^2 - (cp_\gamma)^2 = (\hbar\omega)^2 - (c\hbar k)^2 = \hbar^2(\omega^2 - (ck)^2) = 0\ , \tag{35.13}$$

weil für eine elektromagnetische Welle $\omega = ck$ ist. Wir entnehmen daraus, daß die „Ruhmasse" der Photonen Null ist.

Photonen einer zirkular polarisierten Welle, die sich in z-Richtung ausbreitet, besitzen einen Eigendrehimpuls oder „Spin" um die z-Achse, den man mit s_z bezeichnet. Um s_z zu berechnen, erinnern wir an den Zusammenhang (34.28) zwischen dem Drehimpuls J_z und der Feldenergie W zirkular polarisierter Wellen:

$$J_z = \pm\frac{W}{\omega}\ . \tag{35.14}$$

Dividiert man (35.14) durch die Zahl N_γ der in der Welle vorhandenen Photonen, so erhält man links $J_z/N_\gamma = s_z$ den Drehimpuls pro Photon – und im Zähler rechts $W/N_\gamma = E_\gamma = \hbar\omega$ die Photonenenergie. Nach Herauskürzen von ω bleibt

$$s_z = \pm\hbar\ . \tag{35.15}$$

Das Plus(Minus)-Zeichen gilt für links(rechts)-schraubige Polarisation. $\hbar$ ist die atomare Drehimpulseinheit. Man sagt deshalb, Photonen hätten den Spin 1.

Bleibt noch zu bemerken, daß Photonen keine elektrische Ladung tragen. Andernfalls könnte man Lichtstrahlen durch elektrische Felder ablenken, was der Erfahrung widerspricht. Die durch Einsteins Interpretation des Photoeffektes ausgelösten Überlegungen führen also zu dem Resultat, daß *die Quanten des elektromagnetischen Feldes (= Photonen) die Ruhmasse 0 und den Spin 1 haben und elektrisch neutral sind.*

35.4   Comptoneffekt

Der Quantencharakter kurzwelliger elektromagnetischer Strahlung tritt insbesondere beim 1922 entdeckten Comptoneffekt zutage (Abb. 35.2). Läßt man monochromatische Kern-γ-Strahlung – eine kurzwellige elektromagnetische Strahlung, die beim radioaktiven Zerfall von Atomkernen auftreten kann – auf einen festen Körper fallen, so beobachtet man eine seitlich austretende Streustrahlung, deren Wellenlänge λ größer als die Wellenlänge λ_o der einfallenden Strahlung ist. λ hängt in charakteristischer Weise vom Streuwinkel ϑ zwischen der Einfalls- und Streurichtung ab. Das Experiment ergibt:

$$\lambda = \lambda_o + 2,43 \cdot 10^{-12}\,\mathrm{m} \cdot (1 - \cos\vartheta)\,. \tag{35.16}$$

Es zeigt sich, daß bei jedem Streuprozeß ein wohldefinierter Impuls $\vec{p}_e$ auf ein Elektron des festen Körpers übertragen wird. Die beobachteten Einzelheiten dieses Ver-

Abbildung 35.2
Comptonstreuung. Ein Photon mit Energie E_γ^o und Impuls $\vec{p}_\gamma^o$ stößt mit einem ruhenden Elektron zusammen. Durch den Stoß werden Energie und Impuls des Photons in E_γ und $\vec{p}_\gamma$ überführt. Das Elektron fliegt mit Energie E_e und Impuls $\vec{p}_e$ davon.

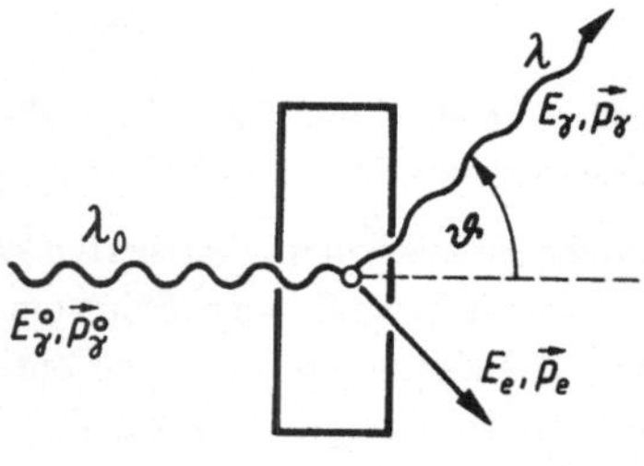

suches lassen sich in folgender Weise quantitativ beschreiben: Ein Photon der Kern-γ-Strahlung mit der Energie E_γ^o und dem Impuls $\vec{p}_\gamma^o$ stößt mit einem näherungsweise ruhenden Elektron der Masse m_o zusammen. Durch den Stoß werden Energie und Impuls des Photons in E_γ und $\vec{p}_\gamma$ überführt. Das Elektron, das vor dem Stoß die Energie $m_o c^2$ und den Impuls Null besaß, erhält die Energie E_e und den Impuls $\vec{p}_e$.

Beim Stoßprozeß müssen Energie und Impuls erhalten bleiben. Die Erhaltungssätze lauten:

$$\text{Energie:} \quad E_\gamma^o + m_o c^2 = E_\gamma + E_e \tag{35.17}$$

$$\text{Impuls:} \quad \vec{p}_\gamma^{\,o} + \vec{0} = \vec{p}_\gamma + \vec{p}_e \; . \tag{35.18}$$

Die Größen vor dem Stoß E_γ^o, $\vec{p}_\gamma^{\,o}$ und $m_o c^2$ sind bekannt. Gesucht werden die Größen E_γ, $\vec{p}_\gamma$, E_e und $\vec{p}_e$ nach dem Stoß. Da ein Vektor drei Komponenten hat, sind das acht Unbekannte, die den vier Gleichungen (35.17) und (35.18) genügen müssen. Zwei weitere Bedingungsgleichungen ergeben sich aus der relativistischen Beziehung (12.25) zwischen Energie, Impuls und Ruhmasse

$$E_\gamma^2 - (cp_\gamma)^2 = 0 \tag{35.19}$$

$$E_e^2 - (cp_e)^2 = (m_o c^2)^2 \; . \tag{35.20}$$

Wir haben also insgesamt sechs Gleichungen für acht Unbekannte und können deshalb $8 - 6 = 2$ der Unbekannten willkürlich wählen. Das geschieht z.B., indem wir den γ-Detektor (Nachweisgerät für die gestreute γ-Strahlung) aufstellen und dadurch die durch zwei Winkel charakterisierte Richtung von $\vec{p}_\gamma$ festlegen. Die verbleibenden sechs Unbekannten E_γ, p_γ, E_e und $\vec{p}_e$ sind dann durch die Gleichungen (35.17) bis (35.20) eindeutig bestimmt. Um beispielsweise die Energie E_γ des gestreuten Photons zu erhalten, lösen wir (35.17) nach E_e und (35.18) nach $\vec{p}_e$ auf und setzen das in (35.20) ein:

$$(E_\gamma^o + m_o c^2 - E_\gamma)^2 - c^2(\vec{p}_\gamma^{\,o} - \vec{p}_\gamma) \cdot (\vec{p}_\gamma^{\,o} - \vec{p}_\gamma) = (m_o c^2)^2 \; . \tag{35.21}$$

Wir rechnen die Klammern aus und fassen die Glieder wie folgt zusammen:

$$(E_\gamma^{o2} - c^2 p_\gamma^{o2}) + (E_\gamma^2 - c^2 p_\gamma^2) + (m_o c^2)^2$$
$$+2[E_\gamma^o m_o c^2 - E_\gamma^o E_\gamma - m_o c^2 E_\gamma + c^2 \vec{p}_\gamma^{\,o} \cdot \vec{p}_\gamma] \;=\; (m_o c^2)^2 \; . \tag{35.22}$$

Die beiden ersten runden Klammern verschwinden, weil die Ruhmassen der Photonen Null sind. Da sich die Terme $(m_o c^2)^2$ gegenseitig wegheben, muß die eckige Klammer Null sein. Beachtet man, daß wegen (35.19) $cp_\gamma = E_\gamma$ und daher $c^2 \vec{p}_\gamma^{\,o} \cdot \vec{p}_\gamma = E_\gamma^o E_\gamma \cos\vartheta$ ist, so erhält man

$$(E_\gamma^o - E_\gamma) m_o c^2 - E_\gamma^o E_\gamma (1 - \cos\vartheta) = 0 \; . \tag{35.23}$$

Diese Gleichung kann man nach der gesuchten Energie E_γ des gestreuten γ-Quants auflösen

$$E_\gamma = \frac{E_\gamma^o}{1 + (E_\gamma^o/m_o c^2)(1 - \cos\vartheta)} \; . \tag{35.24}$$

Die Quantenenergie E_γ hängt mit der Wellenlänge λ der γ-Strahlung zusammen:

$$E_\gamma = \hbar\omega = \hbar k c = \frac{h}{2\pi} \cdot \frac{2\pi}{\lambda} \cdot c = \frac{hc}{\lambda} \; . \tag{35.25}$$

Drückt man mit dieser Beziehung E_γ und E_γ^o in (35.24) durch λ und λ_o aus, hat man eine Bestimmungsgleichung für die Wellenlänge λ der Streustrahlung, deren Auflösung

$$\lambda = \lambda_o + \lambda_c(1 - \cos\vartheta) \quad \text{mit} \quad \lambda_c := \frac{h}{m_o c} \tag{35.26}$$

ergibt. Man nennt λ_c die *Comptonwellenlänge des Elektrons.* Mit den bekannten Werten für h, m_o und c erhält man $\lambda_c = 2,426 \cdot 10^{-12}$m. Damit stimmt (35.26) mit der experimentell gefundenen Formel (35.16) überein.

Entscheidend ist, daß man die Comptonstreuung – quantitativ in vollständiger Übereinstimmung mit der Erfahrung – als elastischer Stoß zwischen Photon und Elektron beschreiben kann, so als ob sie Billardkugeln wären. Eine Beschreibung der Streuung im Wellenbild (das $\vec{E}$-Feld der einfallenden Welle wackelt am Elektron, welches deshalb eine Streustrahlung aussendet) führt zu Resultaten, die nicht mit den Messungen im Einklang sind. Das ist eigentümlich und bedarf einer Erläuterung: Licht- wie auch Röntgen- und Kern-γ-Strahlen werden entweder als elektromagnetische Welle oder als Photonenhagel betrachtet. Die beiden Bilder sind anschaulich nicht miteinander verträglich. Eine Welle mit kontinuierlich verteilten Feldern gestattet die Beschreibung von Beugungserscheinungen, etwa der Gitterbeugung, hat aber keinen Platz für teilchenartige Photonen. Ein Photonenhagel erklärt den Photo- und Comptoneffekt, läßt sich aber nicht beugen, jedenfalls dann nicht, wenn sich die Photonen nach den Gesetzen der klassischen Mechanik bewegen. Die Physiker haben sich an diesen *Welle-Teilchen-Dualismus* gewöhnt. Sie haben einen mathematischen Formalismus, die sogenannte „Quantentheorie", entwickelt, der logisch widerspruchsfrei ist und beiden Bildern gerecht wird. Man kann etwa sagen, daß sich Licht als Welle ausbreitet und als Lichtquant (Photon) in Erscheinung tritt, wenn es mit Materie (Elektronen) wechselwirkt. Diese der Quantentheorie angepaßte Redeweise legt nahe, sich kritisch mit der Objektivierbarkeit unserer Erlebnisinhalte auseinanderzusetzen. Über die damit zusammenhängenden erkenntnistheoretischen Probleme existiert eine umfangreiche Literatur.

35.5 Hohlraumstrahlung

Photo- und Comptoneffekt sind zwar besonders eindrucksvolle, aber nicht etwa die historisch ersten Belege der Quantennatur elektromagnetischer Strahlung. Entdeckt wurden die Quanten von Max Planck, als er im Jahre 1900 die *Strahlung schwarzer Körper*, auch „Hohlraumstrahlung" genannt, analysierte. Wir wollen dieses Phänomen behandeln.

Ein heißer Körper, etwa ein glühendes Eisenblech, sendet elektromagnetische Strahlung aus. Sei ε die pro Oberflächeneinheit emittierte Strahlungsleistung. Eine auf die Oberfläche treffende Fremdstrahlung (Abb. 35.3 links) wird teils absorbiert und teils reflektiert. Die absorbierten bzw. reflektierten Bruchteile a bzw. r ergänzen sich natürlich zu 1:

$$a + r = 1 \, . \tag{35.27}$$

Betrachte nun zwei sich gegenüberstehende Körper aus verschiedenen Substanzen 1 und 2. Sie strahlen sich gegenseitig Feldenergie zu, bis beide Körper die gleiche

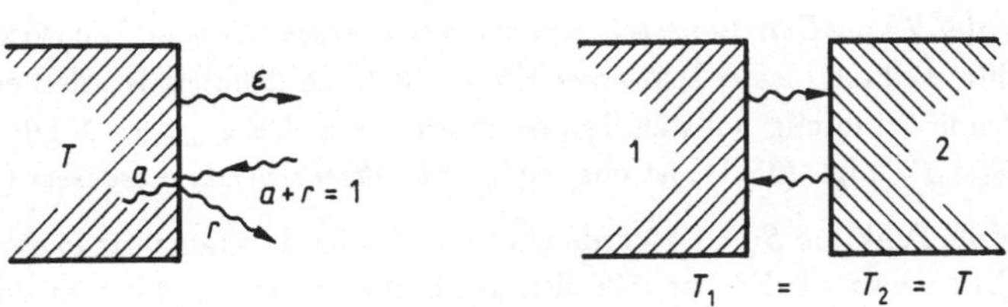

Abbildung 35.3: Links: Die Oberfläche eines heißen Körpers der Temperatur T sendet pro Fläche die Strahlungsleistung ε aus. Eine auffallende Fremdstrahlung wird mit der Wahrscheinlichkeit a absorbiert und der Wahrscheinlichkeit r reflektiert. Rechts: Zwischen zwei Körpern aus verschiedenen Substanzen 1 und 2 strömt im thermischen Gleichgewicht $T_1 = T_2 = T$ gleich viel elektromagnetische Feldenergie von links nach rechts wie von rechts nach links.

Temperatur $T_1 = T_2 = T$ besitzen (thermisches Gleichgewicht). Dann strömt in der Anordnung Abb. 35.3 rechts eben so viel Energie von links nach rechts wie von rechts nach links. Von links nach rechts strömt die vom Körper 1 emittierte Strahlung ε_1, die vom Körper 2 emittierte und von der Oberfläche 1 reflektierte Strahlung $\varepsilon_2 r_1$, die von Körper 1 emittierte und nacheinander an den Oberflächen 2 und 1 reflektierte Strahlung $\varepsilon_1 r_2 r_1$ usw.:

$$\overrightarrow{\text{Energie}} = \varepsilon_1 + \varepsilon_2 r_1 + \varepsilon_1 r_2 r_1 + \varepsilon_2 r_1 r_2 r_1 \ldots = (\varepsilon_1 + \varepsilon_2 r_1) \sum_{n=0}^{\infty} (r_2 r_1)^n \, . \tag{35.28}$$

Der Pfeil deutet die Energieströmung an. Durch Indizesvertauschung $1 \leftrightarrow 2$ erhält man die von rechts nach links strömende $\overleftarrow{\text{Energie}}$. Im thermischen Gleichgewicht ist $\overrightarrow{\text{Energie}} = \overleftarrow{\text{Energie}}$ und folglich, nach Herauskürzen der unendlichen Reihe,

$$\varepsilon_1 + \varepsilon_2 r_1 = \varepsilon_2 + \varepsilon_1 r_2 \, . \tag{35.29}$$

Ersetzt man hier r_1 und r_2 gemäß (35.27) durch $1 - a_1$ und $1 - a_2$, ergibt sich nach einfacher Umformung:

$$\frac{\varepsilon_1}{a_1} = \frac{\varepsilon_2}{a_2} \ . \tag{35.30}$$

Die emittierte Strahlungsleistung ε pro Oberfläche dividiert durch das Absorptionsvermögen a ist also für beide Körper gleich groß. Dieses Verhältnis ist daher eine vom Körper unabhängige universelle Größe, die allerdings von der Frequenz ω der betrachteten Strahlung und der Temperatur T des thermischen Gleichgewichtes abhängt. Man schreibt

$$\varepsilon/a =: S(\omega, T) = \text{universelle Funktion} \tag{35.31}$$

und nennt $S(\omega, T)$ das *Emissionsspektrum eines schwarzen Körpers*. Die Bezeichnung wird gewählt, weil ein idealer schwarzer Körper dadurch definiert ist, daß er die auf ihn einfallende Strahlung vollständig absorbiert, so daß $a_{\text{schwarz}} = 1$ gilt, woraus $\varepsilon_{\text{schwarz}} = S(\omega, T)$ folgt. (35.31) ist das sog. *Kirchhoffsche Strahlungsgesetz* (1859).

Die universelle Funktion $S(\omega, T)$ wurde am Ende des 19. Jahrhunderts experimentell ermittelt. Ein schwarzer Körper läßt sich am besten durch ein Loch in der Wand eines Hohlraumes realisieren, da eine Strahlung, die von außen in das Loch tritt, so gut wie keine Chance hat, den Hohlraum wieder zu verlassen. Das Loch hat deshalb das für einen schwarzen Körper charakteristische Absorptionsvermögen $a = 1$. Wenn die Wände des Hohlraumes auf die Temperatur T erhitzt werden, strahlt das Loch elektromagnetische Wellen mit dem gesuchten Spektrum $S(\omega, T)$ aus (Abb. 35.4

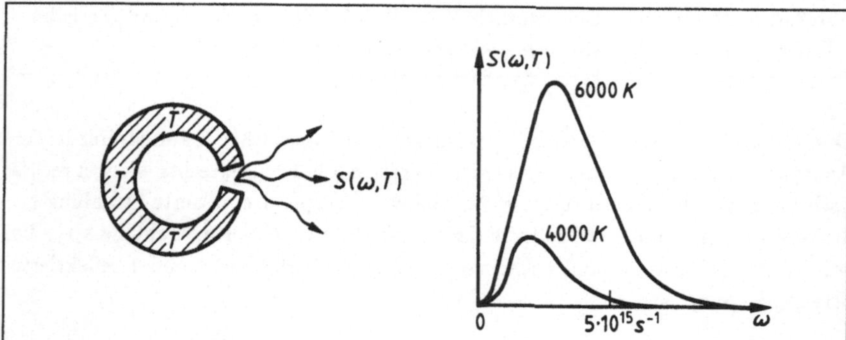

Abbildung 35.4: Links: Ein Loch in der heißen Wand eines Hohlraumes dient als „schwarzer Strahler". Rechts: Die Strahlungsleistung pro Fläche $S(\omega, T)$ verteilt sich über einen breiten Frequenzbereich.

links). Die Strahlung wird mit einem Spektralapparat (Beugungsgitter) in ihre verschiedenen Frequenzen zerlegt und danach durch die Wärmewirkung (Thermosäule) gemessen. Abb. 35.4 rechts zeigt das experimentelle Resultat für zwei verschiedene Temperaturen. Max Planck war nun mit den Physikern seiner Generation der Meinung, daß es möglich sein müsse, die experimentell ermittelte universelle Funktion $S(\omega, T)$ auch theoretisch zu berechnen. Er versuchte es und war erfolgreich, allerdings erst, nachdem er die im Widerspruch zur klassischen Physik stehende Hypothese aufgestellt hatte, daß *die Energie eines mit der Frequenz ω schwingenden Systems stets ein ganzzahliges Vielfaches der Größe $\hbar\omega$ beträgt.* Planck fand folgende Gleichung

$$S(\omega, T) = \frac{\hbar}{4\pi^2 c^2} \cdot \frac{\omega^3}{e^{\hbar\omega/kT} - 1} \, . \tag{35.32}$$

Dabei ist k die Boltzmannkonstante und c die Lichtgeschwindigkeit.

Um die Plancksche Strahlungsformel (35.32) abzuleiten, betrachten wir einen würfelförmigen Hohlraum der Kantenlänge a. Drei Würfelkanten fallen wie in Abb. 35.5 mit den Achsen des Koordinatensystems zusammen. Zwischen den Hohlraumwänden

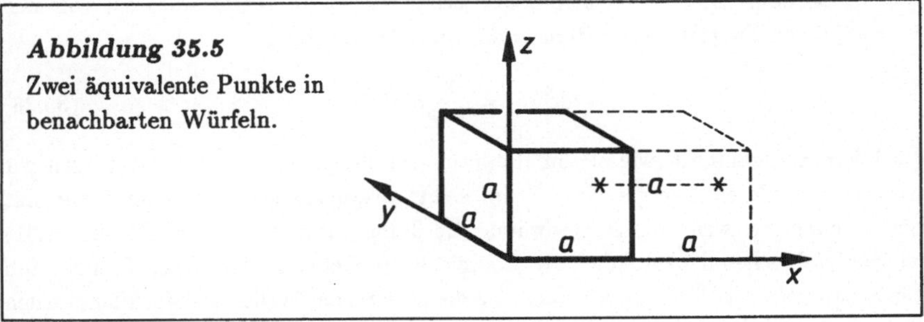

Abbildung 35.5
Zwei äquivalente Punkte in benachbarten Würfeln.

breiten sich elektromagnetische Wellen aus, deren Ortsabhängigkeit durch den Faktor

$$e^{i\vec{k}\cdot\vec{r}} = e^{i(k_x x + k_y y + k_z z)} = e^{ik_x x} \cdot e^{ik_y y} \cdot e^{ik_z z} \tag{35.33}$$

gegeben ist. Wir wollen abzählen, wieviel verschiedene Wellen vorkommen können. Wir entfernen dazu eine der sechs Würfelflächen, etwa die bei $x = a$, und erweitern hier den Hohlraum durch einen zweiten Würfel, so daß ein Hohlquader mit doppeltem Volumen entsteht. Im neu hinzugekommenen Würfel läuft nun alles genau so ab wie im ursprünglichen. Man darf daher annehmen, daß die Welle (35.33) in zwei „äquivalenten Würfelpunkten" (Abb. 35.5) mit den Koordinaten (x, y, z) und $(x + a, y, z)$ denselben Wert hat. Das ist offenbar genau dann der Fall, wenn $e^{ik_x x} = e^{ik_x(x+a)}$ ist, woraus sich für k_x die Bedingung $k_x a = 2\pi n_x$ mit ganzzahligem n_x ergibt. Da die x-, y- und z-Richtungen gleichwertig sind, erhalten wir für die im Ausgangswürfel vorkommenden Wellenvektoren:

$$\vec{k} = \frac{2\pi}{a}\vec{n} \quad \text{mit} \quad \vec{n} = (n_x, n_y, n_z) . \tag{35.34}$$

Zu jedem Tripel (n_x, n_y, n_z) ganzer Zahlen gibt es einen $\vec{k}$-Vektor. Betrachte nun einen dreidimensionalen Raum, in dem alle Punkte mit ganzzahligen Koordinaten (n_x, n_y, n_z) markiert sind. In einer Kugel vom Radius $n \gg 1$ sind offenbar $4\pi n^3/3$ solcher Punkte enthalten. Eine Kugelschale der Dicke dn, wobei dn viel kleiner als n, aber merklich größer als 1 sein soll, enthält dann $d(4\pi n^3/3) = 4\pi n^2 dn$ markierte Punkte. Jeder Punkt entspricht einem möglichen $\vec{k}$-Wert. Aus (35.34) folgt $n = ak/2\pi$ und folglich

$$4\pi n^2 dn = \frac{4\pi a^3}{(2\pi)^3}k^2 dk = \frac{a^3}{2\pi^2 c^3}\omega^2 d\omega . \tag{35.35}$$

Das rechte Gleichheitszeichen gilt wegen $k = \omega/c$. Nun kann eine Welle mit vorgegebenem Wellenvektor $\vec{k}$ noch in zwei verschiedenen Polarisationszuständen vorkommen, etwa rechts- oder linkszirkular. Wenn wir daher (35.35) mit 2 multiplizieren, erhalten wir die Zahl $dZ(\omega)$ der elektromagnetischen Wellen im Würfel mit dem Volumen $V = a^3$, deren Frequenzen im Bereich $d\omega$ um ω herum liegen:

$$dZ(\omega) = \frac{V}{\pi^2 c^3}\omega^2 d\omega . \tag{35.36}$$

Nachdem abgezählt ist, wie oft im Hohlraum die Frequenz ω vorkommt, fragen wir nach der mittleren Energie $\bar{E}(\omega, T)$ im elektromagnetischen Feld einer Welle mit der Frequenz ω, wenn die Kastenwände die Temperatur T besitzen. Nach (21.31) ist die Wahrscheinlichkeit, daß die Energie eines Gebildes den Wert E hat, zum Boltzmannfaktor $e^{-E/kT}$ proportional. Da die Energie der Welle nach der Planckschen Hypothese nur die diskreten Werte $n\hbar\omega$ mit $n = 0, 1, 2, \ldots$ annehmen kann, ist die Wahrscheinlichkeit w_n, die Energie $n\hbar\omega$ anzutreffen, durch

$$w_n = \frac{e^{-n\hbar\omega/kT}}{\sum\limits_{n'=0}^{\infty} e^{-n'\hbar\omega/kT}} \tag{35.37}$$

gegeben. Der von n unabhängige Nenner sorgt für die nach (21.34) geforderte Normierungsbedingung $\sum_{n=0}^{\infty} w_n = 1$. Wenn man w_n mit $n\hbar\omega$ multipliziert und über alle n summiert, erhält man nach (21.35) den gesuchten Energiemittelwert

$$\bar{E}(\omega, T) = \frac{\sum\limits_{n=0}^{\infty} n\hbar\omega e^{-n\hbar\omega/kT}}{\sum\limits_{n=0}^{\infty} e^{-n\hbar\omega/kT}} . \tag{35.38}$$

Um (35.38) auszuwerten, bezeichnen wir $e^{-\hbar\omega/kT}$ vorübergehend mit q. Dann folgt aus (35.38)

$$\frac{\bar{E}}{\hbar\omega} = \frac{\sum_n nq^n}{\sum_n q^n} = \frac{q}{\sum_n q^n} \cdot \frac{d}{dq}\sum_n q^n = q\frac{d}{dq}\ln\left(\sum_{n=0}^{\infty} q^n\right). \tag{35.39}$$

Da $q < 1$ ist, konvergiert die unendliche geometrische Reihe $\sum q^n$ und gibt $1/(1-q)$. Damit wird (35.39)

$$\frac{\bar{E}}{\hbar\omega} = q\frac{d}{dq}\ln\left(\frac{1}{1-q}\right) = \frac{q}{1-q} = \frac{1}{1/q-1}. \tag{35.40}$$

Wenn man hier für q wieder $e^{-\hbar\omega/kT}$ einsetzt, erhält man

$$\bar{E}(\omega,T) = \frac{\hbar\omega}{e^{\hbar\omega/kT}-1}. \tag{35.41}$$

Um die Feldenergiedichte der Wellen mit der Frequenz ω im Intervall $d\omega$ zu erhalten, multiplizieren wir die Zahl der Wellen $dZ(\omega)$ aus (35.36) mit der mittleren Energie $\bar{E}(\omega,T)$ aus (35.41) und dividieren durch das Kastenvolumen V:

$$\frac{\bar{E}(\omega,T)\cdot dZ(\omega)}{V} = \frac{\hbar}{\pi^2 c^3}\cdot\frac{\omega^3}{e^{\hbar\omega/kT}-1}d\omega. \tag{35.42}$$

Wenn wir in die Würfelwand ein Loch schneiden, entweicht aus ihm elektromagnetische Strahlung mit dem Emissionsspektrum $S(\omega,T)$ des schwarzen Körpers. Die Strahlungsleistung pro Lochfläche im Frequenzintervall $d\omega$ um ω herum beträgt $S(\omega,T)\cdot d\omega$. Sie ist gleich der Energiestromdichte in diesem Frequenzintervall und ergibt sich aus der Feldenergiedichte (35.42) durch Multiplikation mit $c\cdot 1/2\cdot 1/2$. Die Lichtgeschwindigkeit c macht aus der Energiedichte eine Energiestromdichte. Die Faktoren $1/2\cdot 1/2$ haben geometrische Gründe: (i) Im Loch ist die Energiedichte wegen des Fehlens der Wand nur halb so groß wie im Innern des Würfels, und (ii) die zum Verlassen des Hohlraumes bereitstehende Lochfläche erscheint für schräg auf das Loch treffende Strahlung verkleinert, im Mittel genau um die Hälfte. Multiplikation von (35.42) mit $c/4$ ergibt

$$S(\omega,T) = \frac{\hbar}{4\pi^2 c^2}\cdot\frac{\omega^3}{e^{\hbar\omega/kT}-1}, \tag{35.43}$$

und das ist die Plancksche Strahlungsformel (35.32), die wir ableiten wollten.

Die graphische Darstellung von $S(\omega,T=\text{const})$ in Abb. 35.4 zeigt eine Kurve mit einem ausgeprägten Maximum. Um die Frequenz $\omega_{\max}$ des Maximums zu erhalten, differenzieren wir (35.43) nach ω und setzen die Ableitung Null. Das Resultat lautet:

$$\omega_{\max} = \alpha T \quad \text{mit} \quad \alpha = 2{,}8214\cdot k/\hbar = 3{,}6938\cdot 10^{11}\,\text{s}^{-1}\,\text{K}^{-1}. \tag{35.44}$$

Die am häufigsten vorkommende Frequenz ist also zu T proportional. Wenn man einen Körper erhitzt, glüht er zunächst dunkelrot (ω klein), dann gelb (ω größer) und schließlich blauweiß (ω groß). Man nennt (35.44) das „Wiensche Verschiebungsgesetz".

Um die von einem schwarzen Körper pro Flächeneinheit emittierte totale Strahlungsleistung $S(T)$ zu erhalten, muß man $S(\omega, T)$ aus (35.43) über ω integrieren, $S(T) = \int_0^\infty S(\omega, T)d\omega$. Die etwas trickreiche Integration führt auf

$$S(T) = \sigma T^4 \quad \text{mit} \quad \sigma = \frac{\pi^2 k^4}{60 c^2 \hbar^3} = 5,6703 \cdot 10^{-8} \frac{\text{Watt}}{\text{m}^2 \text{K}^4} \; . \tag{35.45}$$

(35.45) wird als „Stefan-Boltzmannsches Strahlungsgesetz" bezeichnet.

Die Strahlungsgesetze (35.44) und (35.45) waren schon vor Aufstellung der Planckschen Formel (35.43) bekannt (Wien 1896, Stefan-Boltzmann 1879). Sie spielen in der experimentellen Astronomie eine Rolle, da Fixsterne näherungsweise als schwarze Körper aufgefaßt werden können. Zerlegt man das Licht eines Sternes in seine Frequenzen ω, so kann man ω_{max} und daraus mit Hilfe von (35.44) die Temperatur T der Sternoberfläche bestimmen. Aus der als bekannt angenommenen Entfernung Stern – Erde und der bei uns empfangenen Strahlungsleistung folgt die vom Stern insgesamt ausgesendete Strahlungsleistung L, die man seine „Leuchtkraft" nennt. Wenn man L durch die Sternoberfläche $4\pi R^2$ dividiert, erhält man die emittierte Strahlungsleistung pro Fläche, die auf der linken Seite des Stefan-Boltzmannschen Gesetzes (35.45) vorkommt, also

$$\frac{L}{4\pi R^2} = \sigma T^4 \; . \tag{35.46}$$

Nach Einsetzen der Meßdaten L und T ergibt sich hieraus der Sternradius R, obwohl von der Erde aus alle sichtbaren Fixsterne ihrer großen Entfernung wegen nur als Lichtpunkte erscheinen, die allerdings wegen des endlichen Auflösungsvermögens der Teleskope nicht ganz scharf sind.

Teil VI

Atome und Atomkerne

Kapitel 36

Materiewellen und Atomphysik

Wir haben gesehen, daß sich Licht als Welle ausbreitet und bei Wechselwirkung mit Materie als Hagel von Lichtquanten (γ-Teilchen) in Erscheinung tritt. Dieser *Welle-Teilchen-Dualismus* ist noch einmal in Tabelle 36.1 zusammengestellt:

Welle		γ-Teilchen		Verknüpfung
Wellenvektor	$\vec{k}$	Impuls	$\vec{p}_\gamma$	$\vec{p}_\gamma = \hbar \vec{k}$
Kreisfrequenz	ω	Energie	E_γ	$E_\gamma = \hbar \omega$
Polarisation	$\vec{\pi} = \dfrac{\vec{e}_x \mp i\vec{e}_y}{\sqrt{2}}$	Spin	s_z	$s_z = \pm \hbar$

Tabelle 36.1: Welle-Teilchen Dualismus des Lichtes.

1924 dehnte der französische Physiker Louis de Broglie die am Verhalten des Lichtes entwickelte Idee des Dualismus auf sämtliche physikalischen Objekte aus. Wir erläutern die damals sehr kühne Verallgemeinerung am Beispiel eines frei fliegenden Elektronenschwarms.

36.1   Elektronenbeugung

Abb. 36.1a stellt ein Vakuumrohr mit einer Elektronenkanone EK dar. In der EK (vgl. Abb. 13.3 und (13.9)) werden Elektronen mit einer elektrischen Spannung U auf die relativistische Gesamtenergie

$$E = m_o c^2 + eU \tag{36.1}$$

beschleunigt. Sie verlassen die EK als divergentes Strahlenbündel. Jedes Elektron

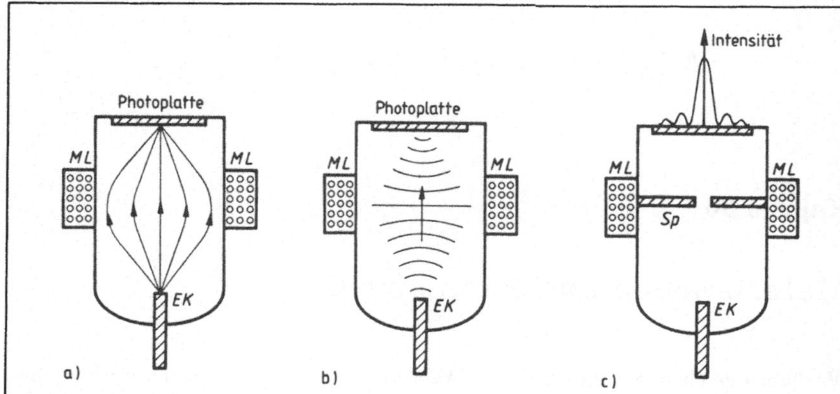

Abbildung 36.1: (a) Eine magnetische Linse ML bündelt die Elektronenstrahlen aus einer Elektronenkanone EK auf eine Photoplatte. (b) Derselbe Vorgang wie (a), nur sind die Elektronenbahnen aus (a) durch Elektronenwellen ersetzt. (c) In den Apparat aus (a) oder (b) ist eine Spaltblende Sp eingebracht. Die unsichtbaren Elektronenbahnen oder Wellen sind weggelassen. Auf der Photoplatte beobachtet man das Spaltbeugungsbild. Randbemerkung: Die Elektronenstrahlen (a) in der magnetischen Linse sind eigentlich keine ebenen Kurven, sondern Schraubenlinien, die sich um den Mittelstrahl winden.

besitzt einen definierten Impuls $\vec{p}$ parallel zur Flugrichtung, dessen Betrag p sich aus (36.1) und der relativistischen Beziehung (12.25)

$$E^2 - (cp)^2 = (m_o c^2)^2 \tag{36.2}$$

berechnen läßt. Eine als „magnetische Linse" ML fungierende Stromspule übt magnetische Lorentzkräfte auf die Elektronen aus und macht das divergente Strahlenbündel konvergent. Zum Nachweis der Elektronen dient eine Photoplatte, die dort aufgestellt wird, wo das Strahlenbündel am schmalsten ist. Aus der Schwärzung der Platte läßt sich die Intensität (Elektronenzahl pro Fläche und Zeit) entnehmen. Sie konzentriert sich auf einen kleinen Fleck, der etwa die Größe des Austrittsloches der Elektronenkanone hat.

Wir machen uns von dem in Abb. 36.1a dargestellten Vorgang also folgendes Bild: Aus dem Loch der Elektronenkanone werden Teilchen geschleudert, die auf definierten Bahnen zur Photoplatte gelangen, dort mit den nach (36.1) und (36.2) berechneten Energie- und Impulswerten E und $\vec{p}$ auftreffen und die Photoschicht schwärzen. De Broglie schlug nun vor, denselben Vorgang mit einem ganz anderen Vokabular zu beschreiben: So wie eine Lichtquelle Lichtwellen aussendet, sendet die Elektronenkanone EK Elektronenwellen aus (vgl. Abb. 36.1b). Lichtwellen lassen sich durch Glaslinsen bündeln, Elektronenwellen durch magnetische Linsen ML. Die Elektronenkanone wird also als Sender eines sich in Form von Wellen ausbreitenden Feldes angesehen, das üblicherweise mit dem Buchstaben ψ bezeichnet und *Materiewelle* genannt wird. Weil das ψ-Feld von Ort und Zeit abhängt, schreibt man gelegentlich $\psi = \psi(\vec{r}, t)$. Genauso wie eine Lichtwelle Energie trägt, deren Dichte zum Quadrat der elektromagnetischen Feldstärke proportional ist, soll im ψ-Feld eine zu $|\psi(\vec{r}, t)|^2$ proportionale Energiedichte enthalten sein.[1] Am Ort der Photoplatte in Abb. 36.1b tritt das Elektronenfeld mit den empfindlichen Silberhalogenidkörnchen der Photoschicht in Wechselwirkung und löst Reaktionen aus, die schließlich zur Schwärzung der Platte führen. Für diese Reaktionen ist Energie erforderlich, die der Elektronenwelle entnommen wird. Die Plattenschwärzung ist daher zu $|\psi|^2$ proportional.

Für das von der Elektronenkanone ausgesendete ψ-Feld setzt man näherungsweise ebene Wellen[2] an:

$$\psi(\vec{r}, t) \propto e^{i(\vec{k}\cdot\vec{r} - \omega t)} \, . \tag{36.3}$$

Hier tauchen Wellenvektor $\vec{k}$ und Kreisfrequenz ω auf. Welche Werte haben $\vec{k}$ und ω bei Materiewellen? Um diese Frage zu beantworten, wird seit de Broglie etwa wie folgt argumentiert: Wenn man die Energie einer Lichtwelle bestimmt, findet man Lichtquanten. Energie und Impuls eines Lichtquants sind mit Kreisfrequenz und Wellenvektor der elektromagnetischen Welle gemäß der Tabelle 36.1 verknüpft. Wenn man die Energie einer Elektronenwelle bestimmt, findet man Elektronen. Die *Elektronen* wären demnach die *Quanten des ψ-Feldes*. Dieses Konzept gestattet, die vom Licht

---

[1] Eigentlich ist die Energiedichte nicht durch $|\psi|^2 = \psi^*\psi$ gegeben, sondern durch $i\hbar\psi^*\dot{\psi}$. Dabei bedeutet der Stern das Konjugiertkomplexe und der Punkt die Zeitableitung von ψ. Entscheidend ist, daß die Energiedichte nicht linear, sondern quadratisch vom ψ-Feld abhängt.

[2] Der Ansatz (36.3) setzt voraus, daß der Ort $\vec{r}$ genügend weit von der Elektronenquelle entfernt liegt. In der Nähe einer punktförmigen Quelle würde man ψ als Kugelwelle $e^{i(kr - \omega t)}/r$ darstellen.

bekannten Zusammenhänge zwischen Welle und Teilchen (Tab. 36.1) auf Elektronen
zu übertragen:

$$\text{Wellenvektor} \quad \vec{k} = \vec{p}/\hbar \tag{36.4}$$

$$\text{Kreisfrequenz} \quad \omega = E/\hbar \, . \tag{36.5}$$

Hier sind E und $\vec{p}$ die in (36.1) und (36.2) angegebenen Energie- und Impulswerte
des einzelnen Elektrons. Man nennt (36.4) und (36.5) die „De Broglie-Beziehungen".

Wir haben das Geschehen zwischen der Elektronenkanone und der Photoplatte in
Abb. 36.1 also in zwei Bildern beschrieben: (a) Die Elektronen bewegen sich auf wohl-
definierten Bahnen, die durch die magnetische Linse gekrümmt werden. Die Menge
aller Bahnen bildet ein *Bahnenbündel*. (b) Die Elektronenkanone sendet eine *Ma-
teriewelle* aus, die durch die magnetische Linse gebündelt wird. – Welches Bild ist
richtig? Diese Frage kann mit der Anordnung Abb. 36.1c experimentell entschieden
werden. Es handelt sich um denselben Apparat wie bisher, in den allerdings zusätzlich
eine Spaltblende Sp eingesetzt ist. Die Elektronen, die den schmalen Spalt passieren,
schwärzen die Photoplatte. Ihre aus der Schwärzung entnommene Intensität zeigt den
in Abb. 36.1c oben dargestellten Verlauf, der sich als Spaltbeugungsfigur Abb. 33.3
erweist. Ersetzt man die Spaltblende durch ein dünnes Kristallplättchen = räumli-
ches Beugungsgitter, so beobachtet man auf der Photoplatte die entsprechende Gitterbeugungsfigur (historisch erster Nachweis von Materiewellen durch Davison und
Germer, 1927). Das Auftreten von Beugungserscheinungen läßt sich nicht mit dem
Bahnenbündel (a) erklären, wohl aber mit der Wellenvorstellung (b). Für Elektronen
gilt also das gleiche wie für Lichtquanten: Sie breiten sich in Form von Wellen aus
und treten bei Wechselwirkung mit Materie als Teilchen in Erscheinung. Letzteres
wird besonders deutlich, wenn man die Photoplatte in Abb. 36.1 durch ein Zählrohr
ersetzt, das jedes einzelne Elektron registriert.

Die in (36.4) behauptete Verknüpfung zwischen Wellenvektor und Impuls läßt sich
experimentell überprüfen. Es genügt, die Beträge der Vektoren $\vec{k}$ und $\vec{p}$ zu betrachten.
Wir drücken k durch die sog. De-Broglie-Wellenlänge λ aus und erhalten aus (36.4)

$$k = \frac{2\pi}{\lambda} = \frac{p}{\hbar} \quad \text{oder} \quad \lambda = \frac{2\pi\hbar}{p} = \frac{h}{p} \, . \tag{36.6}$$

Das Plancksche Wirkungsquantum h ist bekannt. Der Impulsbetrag p beschleunigter
Elektronen läßt sich mit Hilfe von (36.1) und (36.2) aus der Ruhenergie des Elektrons
$m_o c^2 = 511 \,\text{keV}$ und der Beschleunigungsspannung U der Elektronenkanone berechnen. Die Wellenlänge folgt aus der Beugungsfigur auf der Photoplatte und der Spalt-
oder Gitterbeugungsformel. (36.6) ist mit der Erfahrung im Einklang.[3] – Eine ex-

---

[3]Die Beziehung $\lambda = h/p$ hat sich nicht nur für Elektronen als zutreffend erweisen, sondern für
alle bisher untersuchten Teilchenarten.

perimentelle Überprüfung der Frequenz-Energie-Relation (36.5) ist nur auf indirekte Weise möglich. Wir gehen nicht weiter darauf ein.

Über die untere Zeile des Dualismus-Schemas Tab. 36.1, die den Spin der Lichtquanten mit der Polarisation der Welle verknüpft, haben wir bisher nicht gesprochen. Hier genüge der Hinweis, daß auch Elektronen einen Spin besitzen, dessen Komponente s_z zwei Werte $+\hbar/2$ und $-\hbar/2$ annehmen kann. Um diese beiden Möglichkeiten zu beschreiben, verwendet man für ψ eine zweikomponentige Größe $\psi = (\psi_+, \psi_-)$, ein sog. „Spinorfeld". Die Anzahl der Komponenten eines Feldes und der Spin der Quanten, die zum Feld gehören, sind voneinander abhängig.

36.2 Die Wellenmechanik der Atomelektronen

Die Bewegungen im Inneren der Atome werden durch die sog. *Wellenmechanik* beschrieben, das sind die Gesetze, nach denen sich Materiewellen $\psi(\vec{r}, t)$ ausbreiten. Ein Atom besteht aus dem positiv geladenen Atomkern und der negativ geladenen Elektronenhülle. Der Kernradius beträgt einige 10^{-15}m, der Hüllenradius ist etwa 10^5mal so groß. Der Kern ist aus Protonen und Neutronen zusammengesetzt. Protonen und Neutronen sind nahezu massengleich und rund 1840 mal schwerer als Elektronen. Elektrisch neutrale Atome des Elementes der Ordnungszahl Z besitzen Z Elektronen und einen Kern mit Z Protonen. Die Neutronenzahl N ist, von Ausnahmen abgesehen, meistens etwas größer als Z. Man nennt $Z + N = A$ die *Massenzahl* des Atomkernes. Es gibt Kerne mit gleichem Z und verschiedenem N. Sie heißen die verschiedenen *Isotope* des Elementes Z.

Verglichen mit der Ausdehnung der Elektronenhülle wirkt der massive Atomkern fast punktförmig. Wir dürfen ihn daher, wenn wir uns für die Bewegung der Elektronen interessieren, als einen Z-fach positiv geladenen, unendlich schweren Massenpunkt betrachten. Zwischen dem Kern und irgendeinem Elektron der Hülle im Abstand r von ihm herrscht eine anziehende Coulombkraft $\vec{F_c}$

$$\vec{F_c} = -\frac{Ze^2}{4\pi\varepsilon_o} \cdot \frac{\vec{r}}{r^3} . \tag{36.7}$$

Die mit $\vec{F_c}$ berechnete potentielle Energie

$$E_{\text{pot}} = -\int_\infty^r \vec{F_c} \cdot d\vec{r} = -\frac{Ze^2}{4\pi\varepsilon_o r} =: V_c(r) \tag{36.8}$$

wird „Coulombpotential" genannt. Neben der zum Atomkern hin gerichteten Kraft (36.7) treten zwischen den verschiedenen Elektronen der Hülle Coulombsche Abstoßungskräfte auf. Die in der Elektronenwolke wirkenden Kräfte sind also bekannt.

Es müßte daher möglich sein, die Bewegungsvorgänge in der Hüllte quantitativ zu beschreiben. Letzteres ist, wenn man von gewissen mathematischen Schwierigkeiten absieht, auch tatsächlich der Fall.

Wir betrachten als einfachstes Beispiel das Wasserstoffatom mit $Z = 1$. Die Bewegung des Elektrons um den Kern erfolgt so langsam, daß man nicht-relativistisch rechnen darf. Die Energie E setzt sich dann nach (9.15) additiv aus der kinetischen Energie

$$E_{\text{kin}} = \frac{mv^2}{2} = \frac{p^2}{2m} \quad \text{mit} \quad p = mv \tag{36.9}$$

und der potentiellen Energie (36.8) zusammen:

$$E = E_{\text{kin}} + V_c(r) = \frac{p^2}{2m} - \frac{e^2}{4\pi\varepsilon_o r} \ . \tag{36.10}$$

Die rechts auftretende Größe $e^2/(4\pi\varepsilon_o)$ hat dieselbe Dimension (Energie mal Länge) wie das Produkt der Naturkonstanten $\hbar c$. Man setzt daher

$$\frac{e^2}{4\pi\varepsilon_o} = \alpha \hbar c \quad \text{mit} \quad \alpha := \frac{e^2}{4\pi\varepsilon_o \hbar c} = \frac{\mu_o}{4\pi} \cdot \frac{e^2 c}{\hbar} = \frac{1}{137,03604} \tag{36.11}$$

und nennt die dimensionslose Größe α die *Sommerfeldsche Feinstrukturkonstante* oder die *Kopplungskonstante der elektromagnetischen Wechselwirkung*. Mit α aus (36.11) lautet Gleichung (36.10)

$$E = \frac{p^2}{2m} - \frac{\alpha \hbar c}{r} \ . \tag{36.12}$$

Nach dem Energieerhaltungssatz bleibt E im Laufe der Zeit konstant, wenn das H-Atom nicht mit der übrigen Welt Energie austauscht, etwa in Form von elektromagnetischer Strahlung. Man darf solche Strahlungsvorgänge zunächst vernachlässigen und später als kleine zusätzliche „Störung" behandeln. Über die konstanten Werte, die E aus (36.12) annehmen kann, gibt die Wellenmechanik Auskunft. Eine strenge mathematische Behandlung des Problems erfolgt mit der sog. *Schrödingergleichung* und geht über den Rahmen dieser Einführung hinaus. Wir beschränken uns deshalb auf eine stark vereinfachte und nicht ganz korrekte Energieberechnung, die trotzdem die richtigen E-Werte liefert.

Man stelle sich vor, daß sich das Elektron im H-Atom auf einer Kreisbahn mit dem Radius r um den Atomkern bewegt (Abb. 36.2). In der Wellenmechanik wird ein bewegtes Elektron durch eine ψ-Welle dargestellt. Da Energie und räumliche Ausdehnung der Elektronenhülle zeitlich konstant sind, wird ψ eine *stehende* Welle sein. Eine stehende Welle liegt vor, wenn der Kreisbahnumfang $2\pi r$ in Abb. 36.2 ein ganzzahliges Vielfaches der De-Broglie-Wellenlänge λ beträgt,

$$2\pi r = n\lambda \quad \text{mit} \quad n = 1, 2, 3, \dots \ . \tag{36.13}$$

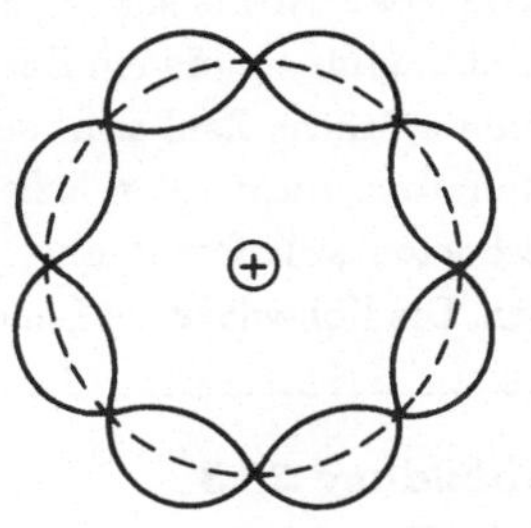

Abbildung 36.2
Ein kreisendes Elektron wird als stehende Welle dargestellt. Im vorliegenden Fall sind vier Wellenlängen auf der Kreisbahn untergebracht.

Nach (36.6) ist λ mit dem Elektronenimpuls p verknüpft. Aus (36.6) und (36.13) erhält man

$$p = \frac{h}{\lambda} = n\frac{\hbar}{r} \; . \tag{36.14}$$

Damit können wir p aus (36.12) eliminieren:

$$E = \frac{n^2\hbar^2}{2mr^2} - \frac{\alpha\hbar c}{r} =: E(r) \; . \tag{36.15}$$

E hängt also von r ab. Nach einem (das gleiche wie die Schrödingergleichung bewirkende) Grundprinzip der Wellenmechanik stellt sich der Abstand r zwischen Elektron und Kern nun so ein, daß die Energie $E(r)$ minimal wird. Wir finden das Minimum von $E(r)$ durch Nullsetzen der Ableitung

$$\frac{dE(r)}{dr} = -\frac{n^2\hbar^2}{mr^3} + \frac{\alpha\hbar c}{r^2} = 0 \; , \tag{36.16}$$

woraus sich der von n abhängige Abstand

$$r_n = n^2 a_o \quad \text{mit} \quad a_o = \frac{1}{\alpha}\frac{\hbar}{mc} \tag{36.17}$$

ergibt. $a_o = 0{,}529 \cdot 10^{-10}$m heißt *Bohrscher H-Atom-Radius*, genannt nach Niels Bohr, der 1913 das erste erfolgreiche H-Atommodell vorlegte. Einsetzen von $r = r_n$ in (36.15) führt nach Zusammenfassung der Terme auf[4]

$$E_n = -\frac{R}{n^2} \quad \text{mit} \quad R = \frac{\alpha^2}{2}mc^2 \; . \tag{36.18}$$

---

[4]Wir erwähnten am Ende des vorigen Absatzes, daß unsere wellenmechanische E-Berechnung aus Gründen der Vereinfachung nicht ganz korrekt verlaufen werde. Das Inkorrekte liegt vor allem in der Annahme, das Elektron würde sich auf einer Kreisbahn bewegen. Eine Bahn ist ein eindimensionales Gebilde, während sich das Elektronenfeld $\psi(\vec{r}, t)$ in Wirklichkeit über ein dreidimensionales Gebiet erstreckt. Bemerkenswerterweise erhält man aber bei mathematisch korrekter Behandlung des Problems (Lösung der Schrödingergleichung) dasselbe Resultat (36.18).

$R = 13,60\,\mathrm{eV}$ ist die sog. *Rydberg-Energie*. Zu jeder natürlichen Zahl n gehört also ein Bahnradius r_n und ein Energiewert E_n. Man nennt n die *Hauptquantenzahl*. Weil n eine natürliche Zahl sein muß, kann die Energie E_n der Elektronenhülle des Wasserstoffatoms nicht jeden beliebigen Wert annehmen. Es ist üblich, die nach (36.18) berechneten „erlaubten" Energiewerte wie in Abb. 36.3 als waagerechte Linien darzustellen. Die Höhenlage der Linien entspricht der Energie. Man bezeichnet Abb. 36.3 als

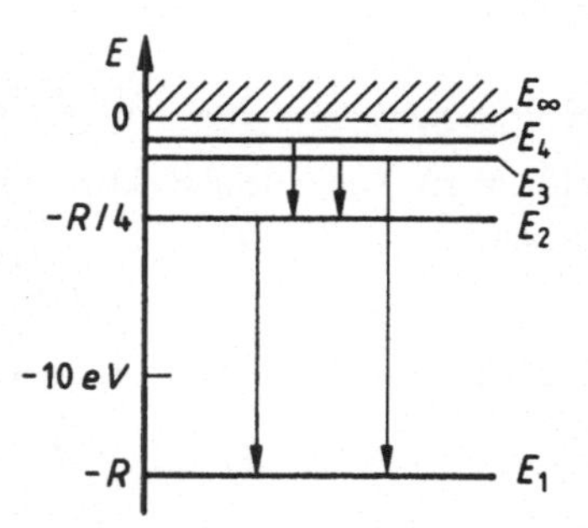

Abbildung 36.3
Das Energieniveauschema des H--Atoms. Falls $E > 0$, ist das Atom ionisiert. Zur Ionisation des H-Atomgrundzustands braucht man mindestens die Rydberg-Energie $R = 13,60\,\mathrm{eV}$. Die abwärtsweisenden Pfeile zwischen zwei Energieniveaus repräsentieren optische Übergänge.

das *Energieniveauschema des H-Atoms*. Wenn das Atom den niedrigsten erlaubten Energiewert $E_1 = -R$ besitzt, ist es im sog. *Grundzustand*. Es kann auch die Energie $E_2 = -R/2^2$ oder $E_3 = -R/3^2$ usw. annehmen. Dann befindet es sich in einem *angeregten Zustand*. Man nennt die Überführung des Atoms von einem Zustand niederer Energie in einen solchen mit höherer Energie „Anregung". Dem Experimentator stehen heute verschiedene Anregungsmethoden zur Verfügung. Eine der ersten kontrollierten Atomanregungen erfolgte durch Elektronenstoß im Franck-Hertz-Versuch 1914. Statt mit Wasserstoffgas, das ja keine H-*Atome*, sondern H_2-*Moleküle* enthält, wurde der Versuch mit atomaren Quecksilberdampf durchgeführt. Auch Hg-Atome können nur bestimmte Energiewerte annehmen, die sich qualitativ wie in Abb. 36.3 graphisch darstellen lassen. Die Abstände zwischen den verschiedenen Energieniveaus sind beim Hg-Atom allerdings andere als beim H-Atom.

36.3   Der Franck-Hertz-Versuch

Die von Franck und Hertz verwendete Versuchsanordnung ist in Abb. 36.4 zu sehen. In einem zunächst evakuierten Glasgefäß (Triode) befindet sich zwischen einer Glühkathode K und einem Anodenblech A ein weitmaschiges Drahtgitter G. Aus der Glühkathode treten Elektronen aus und werden durch eine Spannung U zwischen K und G auf die kinetische Energie $E_{\text{kin}} = eU$ beschleunigt. Sie passieren fast alle die Gittermaschen und gelangen zur Anode, obwohl sie vorher durch eine kleine Gegenspannung $u < U$ zwischen G und A einen Teil ihrer kinetischen Energie wieder verlie-

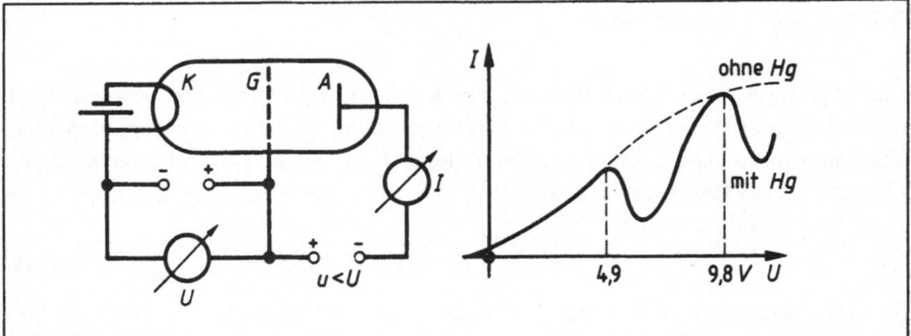

Abbildung 36.4: Versuchsanordnung und Meßresultat des Franck-Hertz-Versuches.

ren. Von der Anode fließen die Elektronen durch ein Amperemeter, das die Anodenstromstärke I mißt, zurück zur Kahtode. I nimmt mit wachsendem U monoton zu (gestrichelte Kurve in Abb. 36.4 rechts). Nun wird der Versuch wiederholt, nachdem die bisher gasleere Triode durch Erhitzen eines eingebrachten Quecksilbertropfens mit Hg-Dampf gefüllt wurde. Jetzt ergibt die I-Messung den in der ausgezogenen Kurve wiedergegebenen Verlauf.[5] Mit wachsendem U bricht I bei 4,9 V und $2 \cdot 4,9$ V zusammen. Die Erklärung dafür ist die folgende: Die Hg-Atome befinden sich zunächst im Grundzustand. Die Energie des niedrigsten angeregten Zustandes liegt 4,9 eV über der des Grundzustandes. Um ein Hg-Atom anzuregen, sind also mindestens 4,9 eV erforderlich. Nun stoßen die durch U beschleunigten Glühelektronen auf ihrem Weg zur Anode des öfteren mit einem Hg-Atom zusammen. Sie können dabei das Hg-Atom anregen, allerdings nur, wenn ihre kinetische Energie $E_{\text{kin}} = eU$ mindestens 4,9 eV beträgt. Durch die Anregung des Hg-Atoms verliert das stoßende Elektron Energie, so daß es die Gegenspannung u nicht mehr überwinden kann. Es fließt dann statt über die Anode über das Gitter ab und trägt nicht zum Anodenstrom I bei. I wird bei einer Erhöhung von U also abnehmen, wenn die zur Beschleunigungsspannung proportionale kinetische Elektronenenergie eU die Werte 4,9 eV oder $2 \cdot 4,9$ eV überschreitet und dadurch groß genug wird, um durch Stoß ein oder zwei Hg-Atome anzuregen. – Der Versuch von Franck und Hertz zeigt offenbar, daß ein Atom nur

---

[5]Wenn K und G verschiedene Austrittsarbeiten haben, tritt eine Kontaktspannung auf und verschiebt den Nullpunkt auf der U-Achse.

„diskrete" Energiewerte annehmen kann. Und darin liegt seine historische Bedeutung (Nobelpreis 1925).

36.4   Atomspektren

Ein angeregtes Atom bleibt meistens nur kurzzeitig im angeregten Zustand. Nach einer Anregungsdauer von z.B. 10^{-8}s geht es unter gleichzeitiger Emission eines Photons vom angeregten Zustand der Energie E_a in einen Zustand niederer Energie E_e über. Die freiwerdende Differenz $E_a - E_e$ wird vom Photon als Quantenenergie $E_\gamma = \hbar\omega$ abgeführt,

$$\hbar\omega = E_a - E_e \ . \tag{36.19}$$

So strahlt beispielsweise der Quecksilberdampf in der Franck-Hertz-Röhre Abb. 36.4 ultraviolettes Licht der Wellenlänge $\lambda = 0,254\mu$m aus, sobald die Beschleunigungsspannung U den Wert 4,9 V überschreitet. Rechnet man für diesen λ-Wert die Quantenenergie $\hbar\omega = \hbar 2\pi c/\lambda = hc/\lambda$ aus, so erhält man 4,9 eV, und das ist genau die aus dem $I(U)$-Verlauf entnommene Energiedifferenz zwischen dem 1. angeregten Zustand und dem Grundzustand des Hg-Atoms.

Wir kehren nun wieder zum einfachen Wasserstoffatom zurück. Angeregte H-Atome, wie sie etwa in einer mit Wasserstoffgas und Wasserdampf gefüllten „Gasentladungslampe" vorkommen, senden eine elektromagnetische Strahlung mit einem diskreten Frequenzspektrum aus (Linienspektrum). Die diskreten Frequenzen folgen aus (36.19), wenn man dort für E_a und $E_e < E_a$ irgendwelche E_n-Werte aus (36.18) einsetzt und durch $\hbar$ dividiert:

$$\omega = R_\omega\left(\frac{1}{n_e^2} - \frac{1}{n_a^2}\right) \quad \text{mit} \quad R_\omega = \frac{R}{\hbar} = 2,066 \cdot 10^{16}\,\text{s}^{-1} \ . \tag{36.20}$$

n_a und $n_e < n_a$ sind die Hauptquantenzahlen der H-Atom-Zustände vor und nach der Emission der elektromagnetischen Strahlung. Die Gleichung (36.20) hat Niels Bohr erstmalig 1913 im Rahmen des nach ihm benannten Atommodells abgeleitet. Sie war ihm allerdings bereits bei seiner Geburt 1885 mit in die Wiege gelegt worden. 1885 entdeckte der Schweizer Mathematiker und Physiker Balmer durch Probieren, daß man die damals bekannten H-Atom-Spektrallinien durch die Frequenzformel $\omega = R_\omega(1/2^2 - 1/n^2)$ mit $n = 3, 4, 5 \ldots$ ausdrücken kann. Man nennt Gleichung (36.20) deshalb auch die Balmer-Formel. – Es ist üblich, die Photonenemission im Energieniveauschema des Atoms zu veranschaulichen. Abb. 36.3 zeigt Beispiele: Man verbindet die beiden Energieniveaus, zwischen denen der Übergang stattfindet, durch einen nach unten gerichteten Pfeil. Übrigens hat auch ein nach oben gerichteter Pfeil einen physikalischen Sinn. Er beschreibt die Anregung des Atoms durch Absorption eines Lichtquants passender Energie.

36.5 Atomaufbau und Pauliprinzip

Beim Aufbau der Elektronenhüllen von Atomen der Ordnungszahl $Z > 1$ spielt das *Pauliprinzip* eine große Rolle. Es ist für die Schalenstruktur der Hülle und damit für das periodische System der Elemente verantwortlich. Um das Pauliprinzip formulieren zu können, müssen wir die Fußnote 4 zur Gleichung (36.18) etwas weiter ausführen. Danach sind die stehenden Elektronenwellen $\psi(\vec{r}, t)$ im Atom nicht auf eine eindimensionale Kreisbahn konzentriert, sondern dreidimensional ausgedehnt. Deshalb gibt es für eine stehende Welle neben der Hauptquantenzahl n, die wegen $r_n = n^2 a_o$ mit der „eindimensionalen" Abstandkoordinate r zusammenhängt, zwei weitere mit den beiden Winkelkoordinaten verknüpfte Quantenzahlen, die sog. *Nebenquantenzahl* l und die sog. *magnetische Quantenzahl* m. Dabei bestimmt l den Betrag und m die z-Komponente des Elektronenbahndrehimpulses. Zur Charakterisierung einer ψ-Funktion muß man also mindestens n, l und m angeben, $\psi(\vec{r}, t) = \psi_{nlm}$. Wir wissen schon, daß n die Werte 1, 2, 3 ... annehmen kann. Über die möglichen l- und m-Werte gibt die Schrödingergleichung Auskunft. Sie sind ganzzahlig und genügen den (hinreichenden) Bedingungen $0 \leq l \leq n-1$ und $|m| \leq l$. Wie man leicht abzählt, gibt es dann zu vorgegebener n-Quantenzahl insgesamt n^2 verschiedene (l,m)-Paare und folglich auch n^2 verschiedene Wellenfunktionen ψ_{nlm}. Zur vollständigen Charakterisierung der ψ-Funktion muß man noch den Elektronenspin einbeziehen, dessen z-Komponente durch $s_z = \sigma \hbar$ mit $\sigma = \pm 1/2$ festgelegt ist. Man nennt σ die *Spinquantenzahl* und schreibt die komplette ψ-Funktion mit vier Indizes $\psi_{nlm\sigma}$. Wegen der zwei möglichen σ-Werte gehören damit zu vorgegebener n-Quantenzahl $2n^2$ verschiedene Wellenfunktionen. – Das Pauliprinzip besagt nun, *daß innerhalb eines Systems (z.B. eines Atoms) eine Wellenfunktion $\psi_{nlm\sigma}$ mit höchstens einem Elektron besetzt sein kann.*

Wenden wir uns jetzt den Atomen der chemischen Elemente mit Ordnungszahlen $Z > 1$ zu. Bei der Ableitung der Formeln (36.17) und (36.18) für die Bahnradien r_n und Energiewerte E_n des H-Atoms lag ein Atomkern mit $Z = 1$ zugrunde. Wenn man die Ableitung für die Elektronenbewegung um einen Z-fach geladenen Atomkern wiederholt, findet man

$$r_n = n^2 \frac{a_o}{Z} \quad \text{und} \quad E_n = -Z^2 \frac{R}{n^2} \quad \text{mit} \quad n = 1, 2, 3 \dots . \tag{36.21}$$

Um von dem Z-fach geladenen Kern zum neutralen Atom zu gelangen, müssen Z

Elektronen in der Atomhülle untergebracht werden. Wegen der mit n monoton wachsenden Elektronenenergie E_n sind im Grundzustand des Atoms die Wellenfunktionen $\psi_{nlm\sigma}$ mit den kleinsten n-Werten besetzt. Weil es nach unserer obigen Abzählung zu vorgegebener n-Quantenzahl $2n^2$ verschiedene $\psi_{nlm\sigma}$-Funktionen gibt, von denen jede wegen des Pauliprinzips nicht mehr als ein Elektron tragen kann, passen auf die Bahnen mit $n = 1, 2, 3 \ldots$ höchstens $2n^2 = 2, 8, 18 \ldots$ Elektronen. So kommt die Schalenstruktur der Elektronenhülle zustande: 2 Elektronen in der $n = 1$ oder K-Schale, 8 Elektronen in der $n = 2$ oder L-Schale, 18 Elektronen in der $n = 3$ oder M-Schale usw. Die Schalenstruktur erklärt u.a. die chemischen Eigenschaften der Elemente (Periodensystem) und damit die stoffliche Vielfalt unserer Welt.

Wir wollen dieses Kapitel mit einer Bemerkung über die am Ende von Kap. 33.4 erwähnte und in Abb. 33.8 angedeutete „charakteristische Röntgenstrahlung" abschließen. Sie tritt auf, wenn man Atome höherer Ordnungszahl Z mit energiereichen Elektronen beschießt. Durch den Beschuß kann ein K-Elektron (= Elektron in der K-Schale eines Atoms) aus der Elektronenhülle herausgeschlagen werden. Es hinterläßt dann in der K-Schale ein „Loch". Jetzt bewegen sich die Elektronen der L-Schale in einem Coulombpotential, das vom Z-fach geladenen Atomkern und dem verbliebenen K-Elektron erzeugt wird. Das K-Elektron schirmt die Kernladungszahl Z auf den effektiven Wert $Z_{\text{eff}} \approx Z - 1$ ab. Das Loch in der K-Schale lebt nur kurze Zeit, da es z.B. durch ein Elektron aus der L-Schale aufgefüllt werden kann. Dieses Elektron geht also von einer ψ-Funktion mit $n = 2$ (L-Schale) in eine solche mit $n = 1$ (K-Schale) über. Dabei wird ein Photon emittiert, dessen Quantenenergie sich nach (36.19) und (36.21) berechnen läßt:

$$\hbar\omega = Z_{\text{eff}}^2 R\left(\frac{1}{1^2} - \frac{1}{2^2}\right) = \frac{3}{4} R Z_{\text{eff}}^2 \approx 10,2\,\text{eV} \cdot (Z - 1)^2 \,. \tag{36.22}$$

Diese Photonen bilden die sog. K_α-*Linie* der charakteristischen Röntgenstrahlung. Es gibt auch charakteristische L_α- und L_β-Röntgenlinien, die entstehen, wenn Löcher in L-Schalen durch nachrückende M-Elektronen besetzt werden. Der parabolische Zusammenhang zwischen Röntgenquantenenergie $\hbar\omega$ und effektiver Kernladungszahl Z_{eff} wurde 1913 von Henry G.J. Moseley experimentell entdeckt und von N. Bohr im Sinne der Gleichung (36.22) interpretiert. Der britische Patriot Moseley starb mit 27 Jahren im 1. Weltkrieg 1915 den Heldentod. Heute verwendet man das *Moseleysche Gesetz* z.B. zur chemischen Analyse (Z-Bestimmung).

Kapitel 37

Atomkern und Radioaktivität

Atomkerne sind aus Protonen p und Neutronen n zusammengesetzt. Die Teilchenmassen $m_p = 1,6724 \cdot 10^{-27}$kg und $m_n = 1,6747 \cdot 10^{-27}$kg sind nahezu gleich. Es ist daher üblich, das positive Proton und das ungeladene Neutron als zwei verschiedene „Ladungszustände" des sog. „Nukleons" zu bezeichnen. Ein Kern mit Z Protonen und N Neutronen besteht also aus $Z + N = A$ Nukleonen: Zwischen den Nukleonen herrschen starke Kräfte, die weder elektromagnetischen noch gravitativen Ursprungs sind. Es handelt sich um die *Kernkräfte*, die durch die starke Wechselwirkung der Elementarteilchen (vgl. Kap. 7.5) hervorgerufen werden.

37.1 Kernkräfte

Sei $\vec{F}_n$ die Kernkraft, die zwei Nukleonen aufeinander ausüben. $\vec{F}_n$ ist eine Funktion des Nukleonenabstands r. Die zu $\vec{F}_n$ gehörige potentielle Energie

$$V_n(r) = - \int_{\infty}^{r} \vec{F}_n \cdot d\vec{r} \qquad (37.1)$$

wird *Kernkraftpotential* genannt. Der $V_n(r)$-Verlauf ist nur qualitativ bekannt[1] und in Abb. 37.1 dargestellt. $V_n(r)$ hängt nicht davon ab, ob die beiden wechselwirkenden Nukleonen ein Proton-Proton oder ein Proton-Neutron oder ein Neutron-Neutron-Paar sind. Man bezeichnet diesen Sachverhalt als *Ladungsunabhängigkeit der Kernkräfte*. Die steile Flanke von $V_n(r)$ bei $r \approx 0,4 \cdot 10^{-15}$m besagt, daß sich die Nukleonen bei Annäherung auf diesen Abstand kräftig abstoßen. Man spricht vom *hard core* der Kernkräfte. Im ansteigenden Bereich der $V_n(r)$-Kurve zwischen $r \approx 0,5 \cdot 10^{-15}$m und $3 \cdot 10^{-15}$m sind die Kernkräfte anziehend und größenordnungsmäßig hundert mal so *stark* wie die elektrische Abstoßungskraft zwischen zwei Protonen. Zwei Nukleonen, die weiter als etwa $3 \cdot 10^{-15}$m voneinander entfernt sind, üben praktisch keine Kernkräfte mehr aufeinander aus. Die Kernkräfte wirken offenbar nur über eine *kurze*

---

[1] Es ist nicht einmal sicher, ob man die Nukleon-Nukleon-Wechselwirkung überhaupt durch ein Potential quantitativ beschreiben kann.

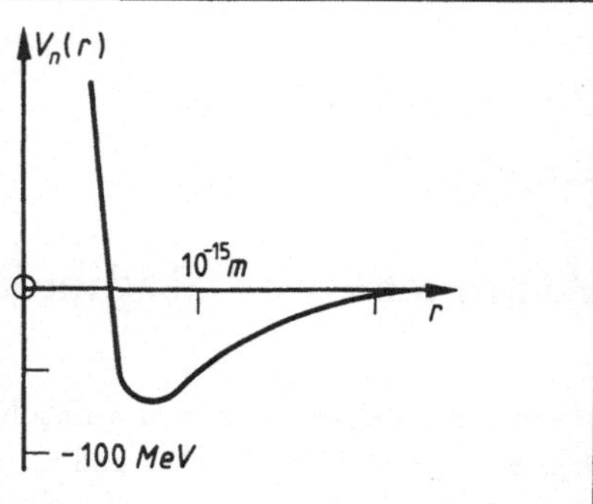

Abbildung 37.1
Qualitativer Verlauf des Potentials der Kernkraft zwischen zwei Nukleonen. Falls beide Nukleonen Protonen sind, tritt zusätzlich zu $V_n(r)$ das (für kleine r sehr viel schwächere) Coulombpotential $V_c(r)$ auf.

Reichweite. Damit haben wir die vier wesentlichsten Merkmale der Kernkräfte vorgestellt: Sie sind *ladungsunabhängig*, verfügen über einen abstoßenden *hard core*, sind aber außerhalb desselben *stark* anziehend und *kurzreichweitig*. Daß sie auch etwas *spinabhängig* sind, sei nur am Rande vermerkt.

37.2 Kernenergieniveaus

Die Kernphysiker betrachteten es früher als eine ihrer vornehmsten Aufgaben, das Kernkraftpotential $V_n(r)$ so genau wie möglich kennenzulernen, um dann daraus unter Verwendung der Wellenmechanik die physikalischen Eigenschaften der verschiedenen Atomkerne zu berechnen. Dieses ehrgeizige Programm ließ sich bisher aber nur teilweise und höchstens approximativ durchführen. Die Schwierigkeiten sind sowohl rechentechnischer Art (Vielkörperproblem) als auch von grundsätzlicher Natur (Problematik des Konzeptes eines Kernkraftpotentials).[2] Die Kernphysiker sind deshalb bescheidener geworden und bekennen sich heute zu einem „semiempirischen" Arbeitsstil, der zur theoretischen Beschreibung der Kerneigenschaften neben dem Kernkraftpotential weitere experimentelle Daten heranzieht.

Vieles, was für die Elektronenhülle gilt, gilt qualitativ auch für den Atomkern: Nukleonen und Elektronen besitzen den gleichen Spin $s_z = \sigma\hbar$ mit $\sigma = \pm 1/2$. Nukleonen und Elektronen bewegen sich nach den Gesetzen der Wellenmechanik. Die Nukleonen im Kern lassen sich deshalb wie die Elektronen in der Hülle durch stehende Wellen vom Typ $\psi_{nlm\sigma}$ beschreiben. Nukleonen wie Elektronen genügen dem Pauliprinzip, was bedeutet, daß jede Wellenfunktion $\psi_{nlm\sigma}$ mit höchstens je einem Proton und ei-

---

[2]In der Physik der Elektronenhülle ist man weiter fortgeschritten, weil die dort zuständigen Coulombpotentiale genau bekannt sind.

nem Neutron besetzt werden kann. Alles dieses hat zur Folge, daß auch ein Atomkern nur diskrete Energiewerte annimmt und eine Schalenstruktur aufweist. Die Energiewerte können wieder als Energieniveauschema dargestellt werden. Abb. 37.2 zeigt als Beispiel die sechs niedrigsten Energieniveaus des Hafniumatomkerns ^{180}Hf. Der erste angeregte Zustand liegt 93,3 keV und der fünfte 1,1422 MeV über dem Grundzustand. Ein Vergleich des Kernenergieniveauschemas Abb. 37.2 mit dem Energievnieauschema des H-Atoms Abb. 36.3 zeigt, daß die Niveauabstände im Atomkern rund 10^5 mal

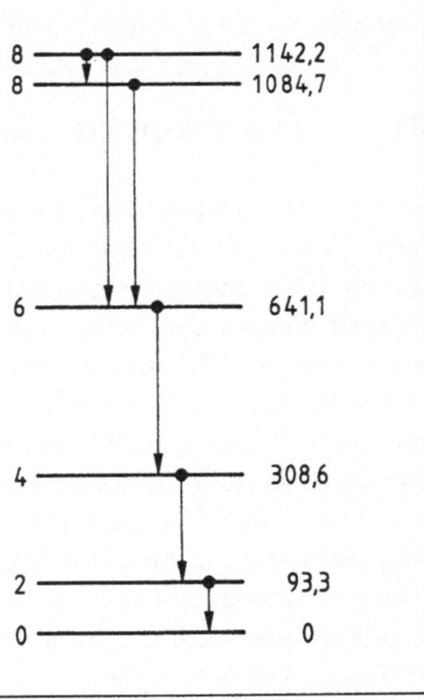

Abbildung 37.2
Das Energieniveauschema des Hafniumisotops ^{180}Hf. Das niedrigste Energieniveau gehört zum Grundzustand. Die Zahlen rechts geben die Energien der angeregten Zustände in keV an. Die Zahlen links bezeichnen den Drehimpuls des jeweiligen Zustandes in Einheiten von $\hbar$.

so groß sind wie in der Elektronenhülle. Das liegt an den verhältnismäßig starken Kernkräften und geringen Abständen der Nukleonen im Kern. Sie wissen natürlich, daß es jener Faktor 10^5 ist, der den Atomkern als Energiequelle so interessant macht (Sonne, Bombe, Kernkraftwerk).

Das ^{180}Hf-Kernniveauschema Abb. 37.2 wurde experimentell ermittelt. Zur Messung von Kernanregungsspektren gibt es heute zahlreiche Möglichkeiten. Ein Verfahren, das man allerdings nicht zur Bestimmung des ^{180}Hf-Kernenergiespektrums benutzt hat, verläuft wie folgt: Man stellt aus der Substanz, deren Atomkerne untersucht werden sollen, eine dünne Folie her und beschießt diese mit geladenen Projektilen bekannter kinetischer Energie, etwa mit Protonen, die von einem Van-de-Graaff-Generator (vgl. Kap 23.2.) im Erlanger TANDEM-Labor auf $E_{kin} = 10$ MeV beschleunigt worden sind. Die Kernphysiker sprechen von einem „10 MeV-Protonenstrahl" und bezeichnen das Objekt, auf welches ein solcher Strahl hinzielt, als „Target". Die meisten Projektile des Strahls durchdringen die Targetfolie ohne nennenswerten Energieverlust. Einige stoßen jedoch mit einem Atomkern des Targets zusammen und bringen diesen aus dem Grundzustand in irgendeinen angeregten Zustand. Die Anregungsenergie wird der kinetischen Energie des Projektils entnommen, das dadurch einen meßbaren Energieverlust erleidet, der gleich der gesuchten Anregungsenergie ist. Die Messung des Energieverlustes erfolgt beispielsweise durch Ablenkung der Projektile in einem Magnetfeld, nachdem diese das Target durchdrungen haben. Dem Verfahren liegt offenbar dieselbe Idee zugrunde wie dem Franck-Hertz-Versuch Kap. 36.3.

37.3 Gammaspektroskopie

Eine von Atomkernen ausgesendete elektromagnetische Welle wird *Kerngammastrahlung* (kürzer γ-Strahlung)genannt. Die den Wellen zugeordneten Photonen heißen γ-*Quanten*. Ein angeregter Atomkern kann durch Emission eines γ-Quants von einem Zustand höherer Energie in einen solchen geringerer Energie übergehen. Beispielsweise treten bei ^{180}Hf-Kernen, welche in den 1142 keV-Zustand gebracht wurden, die in Abb. 37.2 durch abwärtsgerichtete Pfeile angedeuteten γ-Übergänge auf. Die Energie eines γ-Quants entspricht der jeweiligen Pfeillänge. Wenn man die verschiedenen γ-Energien $\hbar\omega$ mißt (γ-Spektroskopie), kann man aus den Meßdaten das Energieniveauschema des ^{180}Hf-Kerns konstruieren. Zur Messung von γ-Energien eignet sich beispielsweise der in Abb. 37.3 dargestellte „Szintillationszähler mit Photomultiplier", dessen Wirkungsweise zunächst beschrieben werden soll. Mit der gleichen Anordnung kann man auch die Energie schneller Elektronen bestimmen (Elektronenspektroskopie). Wir werden sehen, daß sich γ-Spektroskopie auf Elektronenspektroskopie zurückführen läßt und beginnen deshalb mit der letzteren.

Ein Elektron von z.B. 300 keV kinetischer Energie trifft auf einen durchsichtigen, etwa faustgroßen Natriumjodidkristall, in den szintillationsfähige Thalliumatome eingebaut sind. Es dringt in ihn ein, regt längs der Flugbahn die Elektronenhülle von rund 10000 Thalliumatomen an und wird dadurch vollständig abgebremst. Nach rund 10^{-7} Sekunden kehren die angeregten Atome unter Aussendung von 10000 blau-violetten Lichtquanten in den Grundzustand zurück. Es wären 20000, wenn die kinetische Energie des einfallenden Elektrons doppelt so groß gewesen wäre. Der NaJ-Kristall wird in Abb. 37.3 „Szintillator" genannt. Der Szintillator Sz hat optischen Kontakt mit einem sog. „Photomultiplier" PM, aus dessen „Photokathode" PK (sehr dünne Metallschicht) typischerweise rund 10% der im Sz erzeugten Lichtquanten über den Photoeffekt Elektronen (Photoelektronen) auslösen, die in den evakuierten PM eintreten. Im Innern des PM herrscht ein kompliziertes elektrisches Feld, das durch ge-

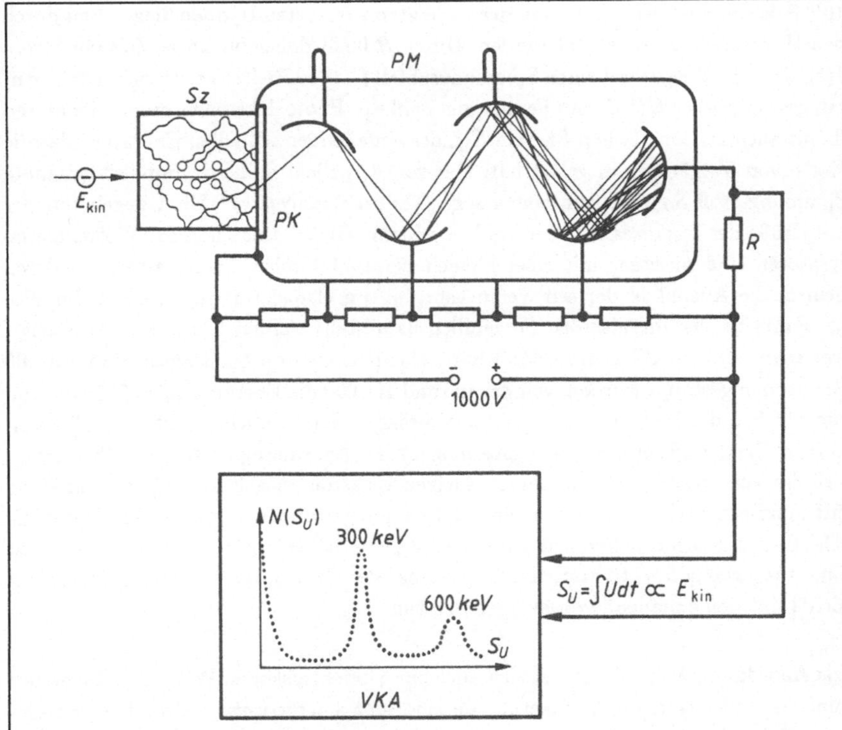

Abbildung 37.3: Szintillator Sz und Photomultiplier PM mit Photokathode PK und 5 Dynoden (üblich sind ~ 10) erzeugen am Widerstand R einen zur kinetischen Energie des einfallenden Elektrons proportionalen Spannungsstoß S_U, der in einem Vielkanalanalysator VKA nach seiner Größe sortiert und registriert wird.

bogene Metallelektroden (Dynoden) und einen Spannungsteiler erzeugt wird. Dieses E-Feld beschleunigt die Photoelektronen derart, daß sie mit etwa 100 eV kinetischer Energie auf die erste Dynode prallen. Durch den Aufprall schlägt jedes Photoelektron zahlreiche Metallelektronen (im Mittel z.B. zehn) aus dem Dynodenblech. Diese „Sekundärelektronen" gelangen zur zweiten Dynode, wo sie nun ihrerseits durch den Aufprall Sekundärelektronen erzeugen. So geht es fort. Multiplier mit elf Dynoden sind typisch. In diesem Fall verursacht also jedes Photoelektron einen Schwarm von

10^{10} Sekundärelektronen, die von der vorletzten zur letzten Dynode fliegen und durch den Widerstand R abgeleitet werden. Durch R fließt daher für kurze Zeit ein Strom $I(t)$, der am Widerstand einen Spannungsabfall $U(t) = R \cdot I(t)$ hervorruft. Der Spannungsstoß $S_U = \int U(t)dt$ ist offenbar zur Zahl der Photoelektronen proportional und damit auch zur kinetischen Energie E_{kin} des einfallenden schnellen Elektrons, das die Kette von Vorgängen ausgelöst hat. Der von den Elektronikern „Impuls" genannte Spannungsstoß S_U wird nun einem sog. „Vielkanalanalysator" VKA zugeleitet, der die Größe des Impulses feststellt und in seinem „Gedächtnis" notiert. Vielkanalanalysatoren sind meistens mit einer kleinen Fernsehbildröhre ausgestattet, auf deren Schirm die Anzahl N der seit Versuchsbeginn im Gedächtnis registrierten Impulse als Funktion der Impulsgröße S_U bildlich dargestellt werden kann. Abb. 37.3 zeigt, was man auf dem Bildschirm des VKA sieht, nachdem im Szintillator etwa 150 000 Elektronen gestoppt wurden, von denen rund 100 000 die Energie $E_{kin} = 300$ keV und rund 50 000 die Energie $E_{kin} = 600$ keV besaßen. Die endliche Breite der Glockenkurven, die das „Energieauflösungsvermögen" der Anordnung bestimmt, rührt daher, daß die Verstärkung des von einem einzigen Elektron ausgelösten Signals auf einen mit makroskopischen Geräten meßbaren Spannungsstoß streckenweise durch statistische Schwankungen beherrscht wird. Der steile Anstieg von $N(S_U)$ für $S_U \to 0$ ist eine Auswirkung des „thermischen Rauschens" der elektronischen Verstärker und hat nichts mit den einfallenden Elektronen zu tun.

Die Anordnung Abb. 37.3 eignet sich auch zur γ-Spektroskopie. Wir beschränken uns zunächst auf angeregte Atomkerne, die eine *monoenergetische* γ-Strahlung aussenden. Die γ-Quanten treffen den Szintillator, dringen in ihn ein und verursachen innen entweder einen Photoeffekt oder einen Comptoneffekt. Beim Photoeffekt wird die gesamte Quantenenergie eines γ-Quants, beim Comptoneffekt aber nur ein Teil der γ-Energie auf ein Elektron des Szintillatormaterials übertragen. Diese durch Photo- oder Comptoneffekt angestoßenen Elektronen fliegen durch den Szintillator und haben die gleiche Wirkung wie ein von außen eingedrungenes schnelles Elektron. Im VKA baut sich dann das in Abb. 37.4 gezeigte Impulsspektrum auf. Die verhältnismäßig schmale „Photolinie" stammt von den Elektronen, die durch Photoeffekt die gesamte Energie eines γ-Quants übernommen haben. Die Impulse links der Photolinie rühren von den durch Comptoneffekt angestoßenen Elektronen her. Der S_U-Wert, bei dem die Photolinie ihr Maximum hat, ist ersichtlich zur Quantenenergie der monoenergetischen γ-Strahlung proportional. Wenn die zu untersuchende γ-Strahlung nicht mehr monoenergetisch ist, weil sie beispielsweise von angeregten ^{180}Hf-Kernen ausgesendet wird und die aus Abb. 37.2 ablesbaren sechs verschiedenen Quantenenergien enthält, werden die Impulsspektren natürlich komplizierter. Sie lassen sich aber mit Hilfe von Computern in Komponenten vom Typ Abb. 37.4 zerlegen (entfalten).

> **Abbildung 37.4**
> Das Impulsspektrum, das auf dem Bildschirm des VKA aus Abb. 37.3 entsteht, wenn der Szintillator einer monochromatischen γ-Strahlung ausgesetzt wird.
>
> 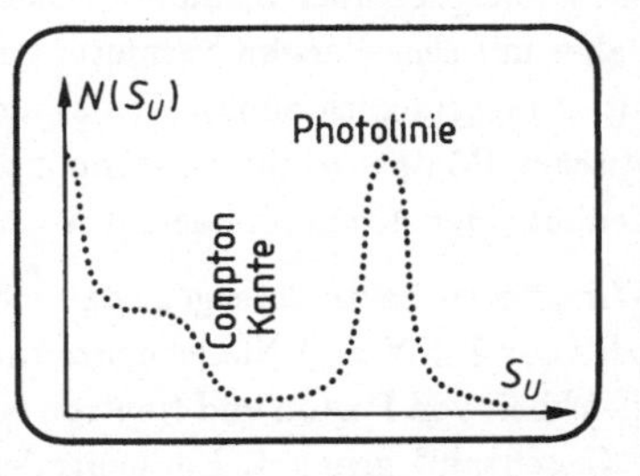
>

Dadurch ist auch in komplizierten Fällen γ-Spektroskopie möglich.

37.4 Radioaktivität

Die Geschichte der Kernphysik beginnt im Jahre 1896 mit der Entdeckung der Radioaktivität. 1895 hatte Röntgen in Würzburg die nach ihm benannte Strahlung gefunden. 1896 entdeckte dann sein Pariser Kollege Becquerel bei Luminizenzuntersuchungen von Uransalzen, daß von diesen ständig eine schwache Strahlung ausgeht, die schwarzes Papier durchdringt und Photoplatten schwärzt. Er glaubte zunächst, daß es sich um ein ähnliches Phänomen wie die Röntgenstrahlung handelte. 1898 konnte das polnisch-französische Ehepaar Marie und Pierre Curie aus dem Uranmineral Pechblende ein vorher unbekanntes chemisches Element extrahieren, das einige Millionen mal so stark strahlte wie Uran. Chemisch verhielt es sich ähnlich wie Barium. Sie nannten es „Radium". Die Curies mußten etwa eine Tonne Pechblende aufbereiten, um 100 mg Radium zu gewinnen.

Man lernte bald, drei Becquerelstrahlungen zu unterscheiden:

1) Positiv geladene α-Strahlen, die schon durch ein Blatt Papier vollständig absorbiert werden,

2) negativ geladene β-Strahlen, die noch millimeterdicke Platten durchdringen können,

3) elektrisch neutrale γ-Strahlen, die mehrere Zentimeter tief in feste Materie eindringen, wie Röntgenstrahlen.

Die α-Strahlen erwiesen sich später als schnell fliegende Heliumatomkerne (^{4}He), die β-Strahlen als schnelle Elektronen und die γ-Strahlen als Quanten sehr kurzwelliger elektromagnetischer Strahlung – als „eine Art Röntgenstrahlung". Becquerel hatte daher mit seiner ersten Vermutung nicht ganz unrecht. Nur hatte er mehr entdeckt, als er ursprünglich ahnte. Was er nicht wissen konnte: Im Gegensatz zur charakteristischen Röntgenstrahlung stammt die α-, β- und γ-Strahlung nicht aus der Elektronenhülle der Atome, sondern aus dem damals noch unbekannten Atomkern.

Wir pflegen heute zu sagen, daß ein Atomkern aus Z Protonen und N Neutronen oder aus $Z + N = A$ Nukleonen zusammengesetzt ist. Wegen der ungefähren Massengleichheit von Proton und Neutron bestimmt A die Kernmasse und wird deshalb auch „Massenzahl" genannt. Ein neutrales Atom (Nuklid) ist eindeutig durch die Zahlen Z = Protonenzahl = Elektronenzahl = Ordnungszahl im periodischen System der Elemente und A = Nukleonenzahl charakterisiert. Die Nuklide mit beliebigem A und konstantem Z werden die „Isotope" des durch Z charakterisierten chemischen Elements genannt. Nuklide mit verschiedenem Z und konstantem A nennt man „Isobare". Nuklide, die α-, β- oder γ-Strahlen aussenden, bezeichnete Marie Curie erstmalig als „radioaktiv". Die meisten Nuklide, die man in der Natur vorfindet, sind nicht radioaktiv, sondern „stabil". Eine Menge gleichartiger radioaktiver Nuklide sendet in der Regel nur eine Strahlungsart aus. Man spricht von „α-aktiven" oder „β-aktiven" Isotopen. γ-Strahlung tritt auf, wenn ein Atomkern von einem angeregten Zustand in einen energetisch tiefer gelegenen Zustand übergeht. Man könnte von „γ-aktiven" Kernen sprechen, tut es aber eigentlich nicht.

Ein α-aktives Isotop verliert durch α-Emission ein aus zwei Protonen und zwei Neutronen zusammengesetztes α-Teilchen, vermindert also seine Kernladungszahl Z um 2 und seine Nukleonenzahl A um 4. Ein β-aktives Isotop verliert durch β-Emission eine negative Elementarladung, weil sich – wie wir im folgenden Absatz sehen werden – ein Neutron im Kern in ein Proton verwandelt. Z nimmt daher um 1 zu und A bleibt konstant. α- und β-Strahler verändern sich also durch die Ausstrahlung. Man bezeichnet diese Veränderung als „radioaktiven Zerfall". Jede radioaktive Isotopenart besitzt eine charakteristische Zerfallskonstante λ, die über die Schnelligkeit des Zerfalls Auskunft gibt. Sei $N(t)$ die Anzahl der Atomkerne in einer „radioaktiven Quelle", die zur Zeit t noch nicht zerfallen sind. N nimmt während der kurzen Zeit dt durch radioaktiven Zerfall um dN ab. dN ist zur Anzahl N der für den Zerfall in Frage kommenden Kandidaten und zu dt proportional:

$$dN = -\lambda N dt \; . \tag{37.2}$$

Der Proportionalitätsfaktor $-\lambda$ wird negativ angesetzt, da N im Laufe der Zeit kleiner wird. Integration von (37.2) ergibt das Zeitgesetz des radioaktiven Zerfalls:

$$N = N_o e^{-\lambda t} \; . \tag{37.3}$$

N_o bedeutet die Zahl der radioaktiven Kerne zur Zeit $t = 0$. Die Zerfallskonstante λ ist mit der sogenannten Halbwertszeit

$$T_{1/2} = \frac{\ln 2}{\lambda} = \frac{0,693}{\lambda}$$

verknüpft. Man überzeugt sich durch Einsetzen in (37.3), daß nach der Zeit $t = T_{1/2}$ die Hälfte der radioaktiven Atomkerne zerfallen sind. $T_{1/2}$ wird experimentell bestimmt und in Tabellenwerken publiziert. Das Zerfallsgesetz (37.3) gibt nur an, wie viele Kerne ihren Zerfall zur Zeit t noch vor sich haben, aber nicht, welche Kerne das sind. Der Zeitpunkt des Zerfalls eines individuellen Teilchens läßt sich grundsätzlich nicht vorausberechnen. Daß man in der Atom- und Kernphysik oft nur solche statistischen Vorhersagen machen kann, hat den großen Einstein immer gestört. Von ihm stammt der Ausspruch: „Gott würfelt nicht". Heute sind aber fast alle Physiker davon überzeugt, daß die Vorgänge im atomaren Bereich nicht streng deterministisch ablaufen, sondern nach Wahrscheinlichkeitsgesetzen vom Typ des radioaktiven Zerfallsgesetzes (37.3).

Zur Charakterisierung der Stärke einer radioaktiven Quelle wird deren *Aktivität A =* Zerfallsrate = Zahl der Zerfälle pro Zeit angegeben. Wegen (37.3) gilt offenbar

$$A = \left| \frac{dN_t}{dt} \right| = \lambda N \, . \tag{37.4}$$

Die Aktivitätseinheit Be (*Becquerel*) = 1 Zerfall/Sekunde ist seit Tschernobyl in aller Munde.

37.5 Betazerfall und Betaspektroskopie

Wir wollen den β-Zerfall etwas näher betrachten. Der Grundvorgang ist der folgende

$$n \to p + e + \bar{\nu}_e \, . \tag{37.5}$$

Ein Neutron n verwandelt sich spontan in ein Proton p und sendet dabei ein Elektron e und ein elektronisches Antineutrino $\bar{\nu}_e$ aus. Das $\bar{\nu}_e$ ist ein neutrales Teilchen der Ruhmasse $m_{\bar{\nu}_e} = 0$, das sich stets mit Lichtgeschwindigkeit bewegt. Vor dem β-Zerfall des Neutrons waren die Teilchen p, e und $\bar{\nu}_e$ noch nicht vorhanden. Sie sind erst während des Zerfalls geschaffen worden. Die Ruhmasse des Neutrons m_n ist etwas größer als die Summe der Ruhmasse der neu entstandenen Teilchen. Die zur Ruhmassendifferenz äquivalente Energie $(m_n - m_p - m_e)c^2 =: \Delta m c^2$ wird als Bewegungsenergie auf die beiden leichten Teilchen e und $\bar{\nu}_e$ verteilt.[3] Die Verteilung erfolgt

---

[3]Genaugenommen erhält auch das Proton eine kinetische „Rückstoßenergie", die aber wegen der großen Protonenmasse verhältnismäßig klein ist.

nach Zufallsregeln, so daß die kinetische Energie eines β-Zerfallselektrons alle Werte zwischen Null und Δmc^2 annehmen kann. Das schwer nachweisbare (aber nachgewiesene) $\bar{\nu}_e$ besitzt einen Spin $\hbar/2$. Die Spinachse stellt sich stets so ein, daß Spinrotation und Flugrichtung des $\bar{\nu}_e$ eine Rechtsschraube definieren. Dieser Sachverhalt wurde erst 1957 entdeckt. Damals fand man auch, daß die Neutrinos ν_e, die als Antiteilchen der Antineutrinos $\bar{\nu}_e$ zu betrachten sind, stets Linksschrauben bilden (vgl. Abb. 2.2: K-Einfang). Prozesse, an denen Neutrinos oder Antineutrinos beteiligt sind, gehören zur sog. schwachen Wechselwirkung, die in der Stärkeskala der vier Wechselwirkungsarten „stark, elektromagnetisch, schwach, Gravitation" an vorletzter Stelle steht (vgl. Kap. 7.5: Wechselwirkung). Die Gesetze der schwachen Wechselwirkung sind im Gegensatz zu denen der übrigen drei Wechselwirkungen nicht spiegelinvariant. Die Verletzung der Spiegelsymmetrie zeigt sich u.a. in der Schraubigkeit der Neutrinos.

Um den β-Zerfall des freien Neutrons (37.5) zu studieren, muß man sich freie Neutronen verschaffen. Das ist heute mit Hilfe von Kernreaktoren möglich. Im Reaktor befindet sich Uran. Wenn ein Neutron einen Urankern trifft, wird er in zwei mittelschwere Kerne gespalten. Dabei fallen mehrere Neutronen ab (wie Späne beim Sägen), von denen durchschnittlich eines einen weiteren Urankern spaltet (Kettenreaktion) und andere als freie Neutronen den Reaktor verlassen. An solchen Neutronen wird der β-Zerfall (37.5) seit Ende der 50er Jahre erfolgreich untersucht. So ergab sich beispielsweise für die Halbwertszeit freier Neutronen der Wert $T_{1/2} \approx 10{,}4$ Minuten.

Reaktoren werden auch zur Erzeugung künstlich radioaktiver Kerne benützt. Wir erläutern das an einem Beispiel. Kobalt besteht vorwiegend aus dem Isotop ^{59}Co mit $Z = 27$ Protonen und $N = 32$ Neutronen. Dieses Isotop ist stabil. Wenn man Kobaltblech in einen Reaktor bringt, fängt dieser oder jener ^{59}Co-Kern ein Neutron ein und verwandelt sich dadurch in das Isotop ^{60}Co mit $Z = 27$ und $N = 33$. Dieses neutronenreiche Isotop ist radioaktiv. Nach einiger Zeit – die Halbwertzeit von ^{60}Co beträgt etwa 5 Jahre – zerfällt eines der 33 Neutronen durch Emission von Elektron und Antineutrino in ein Proton.[4] Der neue Atomkern mit $Z = 27 + 1 = 28$ Protonen ist das Nickelisotop ^{60}Ni. Dieses Isotop entsteht übrigens in einem angeregten Zustand und geht anschließend durch γ-Strahlung in den Grundzustand über.

Apparate zur Messung der Energie von β-Zerfallselektronen heißen „β-Spektrometer". Einen β-Spektrometertyp kennen wir schon, den in Abb. 37.3 dargestellten Szintillator mit Photomultiplier und Vielkanalanalysator. Die Anordnung ist zwar relativ handlich, hat aber kein besonders gutes Energieauflösungsvermögen. Hochauflösende β-Spektrometer benutzen meistens die Lorentzkraft, die ein Magnetfeld $\vec{B}$ auf ein

---

[4]Neutronen im ^{60}Co-Kern leben also viel länger als freie Neutronen.

Elektron ausübt, das sich mit dem Impuls $\vec{p} = m\vec{v}$ bewegt. Nach (13.18) wird das Elektron dadurch auf eine Kreisbahn mit dem Radius r_{mgn} gezwungen, wenn das $\vec{B}$-Feld homogen ist und $\vec{p}$ auf $\vec{B}$ senkrecht steht. Es gilt

$$p = eBr_{\text{mgn}} \,. \tag{37.6}$$

Abb. 37.5 links zeigt das Prinzip eines magnetischen β-Spektrometers. Die von einer radioaktiven Quelle ausgesendeten β-Strahlen gelangen nur dann in den Detektor – das ist ein Geiger-Müller-Zählrohr oder ein Szintillationszähler –, wenn sie in dem Magnetfeld B eine Bahn mit einem Krümmungsradius r_{mgn} durchlaufen, der durch Lochblenden ein für allemal vorgegeben ist. $\vec{B}$ wird durch eine Stromspule mit Weicheisenkern erzeugt und ist variabel. Zu jedem B-Wert gehört nach (37.6) ein definierter

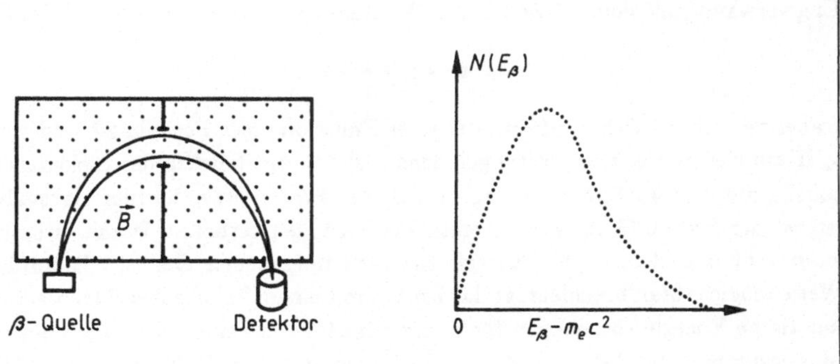

Abbildung 37.5: Links: Magnetisches β-Spektrometer. Das homogene $\vec{B}$-Feld steht senkrecht zur Zeichenebene. Es wird durch einen Elektromagneten erzeugt. Die β-Strahlen gelangen von der β-Quelle in den Detektor. Rechts: Die Zählrate $N(E_\beta)$ als Funktion der Energie (β-Spektrum).

Elektronenimpuls p. Wir interessieren uns für die relativistische Elektronenenergie E_β, die sich nach (12.25) durch p und damit auch durch B ausdrücken läßt:

$$E_\beta = \sqrt{(m_e c^2)^2 + (pc)^2} = \sqrt{(m_e c^2)^2 + (ecr_{\text{mgn}}B)^2} \,. \tag{37.7}$$

$m_e c^2 = 511$ keV ist die Ruhenergie des Elektrons. Wenn man also die magnetische Feldstärke B eingestellt hat, gelangen nur diejenigen β-Zerfallselektronen zum Nachweis, die die nach (37.7) berechnete relativistische Gesamtenergie E_β besitzen.

Sei nun $N(E_\beta) \cdot dE_\beta \cdot dt$ die Zahl der Elektronen, die während der Zeit dt von der β-Quelle emittiert werden und deren Energie im dE_β-Intervall um E_β liegt. Man nennt $N(E_\beta)$ das „β-Spektrum der Quelle". $N(E_\beta)$ ist eine für jeden β-Strahler charakteristische Funktion. Es ist offenbar möglich, $N(E_\beta)$ mit dem β-Spektrometer zu messen. Man findet den in Abb. 37.5 rechts qualitativ wiedergegebenen Verlauf. Die kontinuierliche Verteilung der kinetischen Energie $E_\beta - m_o c^2$ zwischen Null und einem Maximalwert wurde schon erwähnt. Sie rührt daher, daß die durch den β-Zerfall freiwerdende Energie teilweise vom Elektron und teilweise vom Antineutrino mitgenommen wird. Der Anteil, der auf irgendein Elektron fällt, ist mal größer und mal kleiner und grundsätzlich nicht vorausberechenbar.

37.6   Positronen und Vernichtungsstrahlung

Eng verwandt mit dem β^--Zerfall des Neutrons (37.5) ist der β^+-Zerfall des Protons:

$$p \rightarrow n + \bar{e} + \nu_e \ . \tag{37.8}$$

Dabei verwandelt sich ein Proton p unter Emission eines Positrons $\bar{e}$ und Neutrinos ν_e in ein Neutron n. Das positiv geladene $\bar{e}$ ist das Antiteilchen des Elektrons und als solches mit dem letzteren massengleich. Da das Proton etwas leichter als das Neutron ist, ist der Prozeß (37.8) aus energetischen Gründen verboten. Damit er stattfinden kann, muß man dem Proton Energie zur Verfügung stellen. Das ist z.B. auf folgende Weise mögich. Man beschleunigt das Proton mit einem Teilchenbeschleuniger auf eine kinetische Energie von einigen MeV und schießt es auf einen Atomkern des stabilen Magnesiumisotops ^{24}Mg, der $Z = 12$ Protonen und $N = 12$ Neutronen enthält. Das Proton ist energiereich genug, um das abstoßende Coulombfeld des ^{24}Mg-Kernes zu überwinden. Es gelangt in den Bereich der anziehenden Kernkräfte und wird vom Mg-Kern eingefangen, der sich dadurch in das Aluminiumisotop ^{25}Al mit $Z = 12 + 1 = 13$ und $N = 12$ verwandelt. In dieser neuen Umgebung steht dem Proton hinreichend Energie zur Verfügung, und der Prozeß (37.8) kann ablaufen. Die Halbwertszeit des ^{25}Al beträgt nach Ausweis des Experimentes $T_{1/2} = 7{,}2$ Sekunden. Nach dieser Zeit ist die Hälfte der ursprünglich vorhandenen ^{25}Al-Kerne nach dem Schema

$$^{25}\text{Al} \rightarrow {}^{25}\text{Mg} + \bar{e} + \nu_e \tag{37.9}$$

radioaktiv zerfallen, weil eines der 13 Protonen im Aluminiumkern durch β^+-Zerfall zum Neutron wurde. ^{25}Mg mit $Z = 12$ und $N = 12 + 1 = 13$ ist wieder ein stabiles Isotop.

Neben dem ^{25}Al gibt es zahlreiche andere Positronenstrahler. Buchstäblich „handelsüblich" ist ^{22}Na mit $T_{1/2} = 2{,}62$ Jahren. Wir benützen eine ^{22}Na-Quelle, um die schon in Kap. 1.2 erwähnte Vernichtungsstrahlung zu demonstrieren. Diese Strahlung hat nichts mit der schwachen, sondern mit der elektromagnetischen Wechselwirkung zu tun. Sobald ein Positron $\bar{e}$ mit einem Elektron e zusammentrifft, vernichten sie sich gegenseitig. Die mit den Teilchenmassen äquivalente Energie $(m_{\bar{e}}+m_e)c^2 = 2\cdot 511$ keV wird in Form elektromagnetischer Strahlung abgeführt. Es könnte sein, daß bei der $\bar{e}e$-Vernichtung nur ein Photon γ mit der Quantenenergie $E_\gamma = 1022$ keV entsteht. Es hätte dann nach (35.10) den Impuls $p_\gamma = \hbar k = \hbar\omega/c = E_\gamma/c \neq 0$, während wir davon ausgehen dürfen, daß das $\bar{e}e$-Paar vor der Vernichtung in Ruhe war und deshalb den Impuls Null besaß. Der Impuls würde sich bei der Paarvernichtung also ändern, was wegen des Impulserhaltungssatzes nicht sein darf. Die Einquantenvernichtungsstrahlung ist deshalb verboten. Tatsächlich entstehen denn auch bei der Paarvernichtung vorwiegend zwei Photonen[5]:

$$\bar{e} + e \rightarrow \gamma + \gamma \,. \tag{37.10}$$

Sie fliegen mit entgegengesetzt gleichen Impulsen auseinander, so daß der Gesamtimpuls vor und nach der Zerstrahlung Null ist. Ihre Energie beträgt $E_\gamma = 511$ keV pro Photon.

Um den Prozeß (37.10) zu demonstrieren, verwenden wir eine radioaktive ^{22}Na-Quelle in einem Glasröhrchen. Durch β^+-Zerfall entstehen Positronen $\bar{e}$, die durch die Glaswand gestoppt werden und dann mit einem Glaselektron e durch Paarvernichtung zwei Photonen erzeugen. Wir bringen das Glasröhrchen (Abb. 37.6) zwischen zwei γ-Detektoren γ_1 und γ_2. Jeder Detektor ist ein Szintillationszähler mit Photomulti-

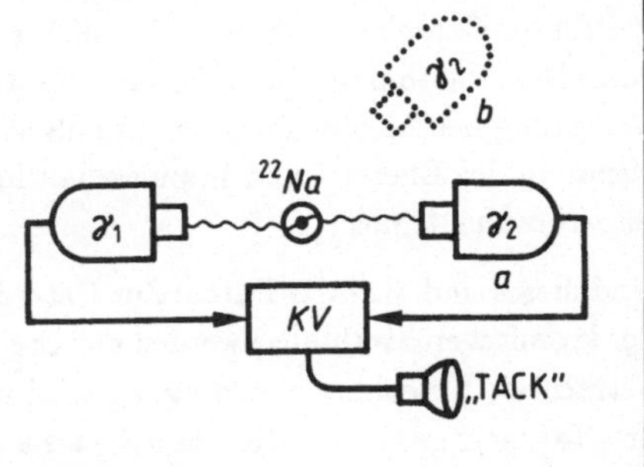

Abbildung 37.6
Vernichtungsstrahlung. Der Lautsprecher tickt, wenn die Vernichtungsquanten die Detektoren γ_1 und γ_2 gleichzeitig erreichen (Position a). Sonst schweigt er (Position b).

plier. Die Vernichtungsquanten fliegen in entgegengesetzten Richtungen auseinander. Wenn sich Detektor γ_2 in der a-Lage befindet, werden die Detektoren γ_1 und γ_2 immer gleichzeitig durch zusammengehörige Photonen erreicht. Dadurch wird in beiden Detektoren gleichzeitig ein elektrischer Impuls erzeugt. Die Impulse werden zu einem sog. Koinzidenzverstärker KV geleitet, der die Gleichzeitig überprüft und – wenn sie

---

[5]Mit kleiner Wahrscheinlichkeit tritt Dreiquantenvernichtungsstrahlung $\bar{e} + e \rightarrow 3\gamma$ auf.

vorliegt – in einem Lautsprecher ein „Tack"-Geräusch hervorruft. Man hört tatsächlich eine für Geigerzähler typische Tack-Tack-Folge, die sofort verstummt, wenn man den Detektor γ_2 aus der a- in die b-Lage schwenkt. Warum wohl?

37.7 Supernova 1987A und Neutrinos

Bei der Behandlung des β-Zerfalls (37.5) haben wir angenommen, daß die Ruhenergie des Neutrinos $m_\nu c^2 = 0$ ist. Eigentlich weiß man nur, daß $m_\nu c^2$ viel kleiner als die Elektronenruhenergie $m_e c^2 = 511$ keV sein muß. Eine spektakuläre $m_\nu c^2$-Abschätzung wurde im Frühjahr 1987 durchgeführt. Die Geschichte begann vor rund 165 000 Jahren mit einer Sternexplosion („Supernova 1987A") in der Großen Magellanschen Wolke (Minigalaxie in unmittelbarer Nachbarschaft unserer Milchstraße). Damals verließen innerhalb weniger Sekunden etwa 10^{58} Neutrinos ν_e und $\bar\nu_e$ den implodierenden Kern (Durchmesser rund 100 km) des Sternes. Am 23. Februar 1987 um $7^h\,35^m\,41^s$ (Weltzeit) erreichte dieser Neutrinoschauer die Erde. Er dauerte nur einige Sekunden und wurde gleichzeitig mit den beiden größten Neutrinodetektoren IMB (USA) und KAMIOKANDE (Japan) beobachtet. Der Hauptteil eines solchen Detektors ist ein unterirdisch gelagerter, riesiger Wassertank – der IMB-Tank z.B. in 1570m Tiefe und mit 6,8 Millionen Liter Wasser gefüllt –, in dem die durchdringenden Neutrinos $\bar\nu_e$ mit den Wasserprotonen p nach dem Schema $\bar\nu_e + p \to \bar e + n$ reagieren können. Das Positron $\bar e$ fliegt mit großer Geschwindigkeit durchs Wasser und erzeugt gerichtete Čerenkovstrahlung[6], bläuliches Licht, das von 2048 über die Tankwände verteilten Photomultipliern (siehe Abb. 37.3) aufgesammelt wird. Aus Menge und Verteilung des Lichtes folgt der Impulsvektor des Positrons und daraus, unter Verwendung der Energie- und Impulserhaltungssätze, die relativistische Energie E_ν des Supernovaneutrinos $\bar\nu_e$.

Und dieses sind die IMB-Daten: Zur Unterdrückung des Untergrundes (Folgeprodukte der kosmischen Strahlung) werden nur Ereignisse mit Neutrinoenergien $E_\nu \geq 20$ MeV betrachtet. Unter dieser Bedingung wird im IMB-Tank durchschnittlich etwa ein $\bar\nu_e$ pro Tag nachgewiesen. Der Neutrinoschauer vom 23.2.1987 löste dagegen in einem Zeitintervall von nur 5,6 Sekunden zwischen $7^h\,35^m\,41,4^s$ und $7^h\,35^m\,47,0^s$ acht solche Neutrinoereignisse aus, davon sechs in den ersten 2,8 Sekunden und zwei in den nächsten 2,8 Sekunden. Wir nennen sie die „frühen" bzw. „späten" Neutrinos und kennzeichnen sie mit dem Index 1 bzw. 2. Die Mittelwerte der Ankunftszeiten der

---

[6]Čerenkovstrahlung tritt auf, sobald sich in einem durchsichtigen Medium (Brechungsindex n, Lichtgeschwindigkeit $v_{\text{Licht}} = c/n$) ein geladenes Teilchen mit Überlichtgeschwindigkeit $v_{\text{Teilchen}} > v_{\text{Licht}}$ bewegt. Die Wellenvektoren $\vec k$ der Strahlung bilden mit $\vec v_{\text{Teilchen}}$ den Winkel $\vartheta_c = \arccos(v_{\text{Licht}}/v_{\text{Teilchen}})$, liegen also auf einem Kegelmantel.

frühen bzw. späten Neutrinos liegen bei $7^h 35^m$ und $42,8^s$ bzw. $46,4^s$, die gemittelte Energie der frühen bzw. späten Neutrinos beträgt $E_{\nu_1} = 38$ MeV bzw. $E_{\nu_2} = 22$ MeV. Der Energieunterschied könnte daran liegen, daß die Neutrinoruhmasse endlich ist. Dann wären die energiereicheren Neutrinos etwas schneller als die energieärmeren und kämen deshalb etwas früher an als die energieärmeren. Man kann dann die Neutrinoruhenergie $m_\nu c^2$ abschätzen, wenn man annimmt, daß alle Neutrinos gleichzeitig gestartet sind. Anzunehmen, die Neutrinos seien während eines längeren Zeitraums aus dem Supernovakern ausgetreten und bei uns nur zufällig fast gleichzeitig angekommen, wäre absurd.

Die Neutrinos legen auf ihrer Reise von der Supernova bis zur Erde die Entfernung $r = 165\,000$ Lichtjahre zurück. Seien v_1, t_1 und E_{ν_1} bzw. v_2, t_2 und E_{ν_2} die Reisegeschwindigkeit, die Reisedauer und die Energie der frühen bzw. späten Neutrinos. Wegen $t = r/v$ gilt dann

$$t_2 - t_1 = r\left(\frac{1}{v_2} - \frac{1}{v_1}\right) = r\frac{v_1 - v_2}{v_1 v_2} \, . \tag{37.11}$$

Erweitert man die rechte Seite mit $v_1 + v_2$ und berücksichtigt, daß $v_1 \approx v_2 \approx c$ ist, erhält man

$$t_2 - t_1 = r\frac{(v_1 - v_2)(v_1 + v_2)}{v_1 v_2 (v_1 + v_2)} \approx \frac{r}{2c}\left[\left(\frac{v_1}{c}\right)^2 - \left(\frac{v_2}{c}\right)^2\right] \, . \tag{37.12}$$

Nun ist die relativistische Energie $E_\nu = m_\nu c^2 / \sqrt{1 - (v/c)^2}$ und folglich

$$\left(\frac{v_1}{c}\right)^2 = 1 - \left(\frac{m_\nu c^2}{E_{\nu_1}}\right)^2 \qquad \left(\frac{v_2}{c}\right)^2 = 1 - \left(\frac{m_\nu c^2}{E_{\nu_2}}\right)^2 \, . \tag{37.13}$$

Einsetzen in (37.12) ergibt dann

$$t_2 - t_1 = \frac{r}{2c}\left[\left(\frac{m_\nu c^2}{E_{\nu_2}}\right)^2 - \left(\frac{m_\nu c^2}{E_{\nu_1}}\right)^2\right] \tag{37.14}$$

oder

$$\left(\frac{1}{m_\nu c^2}\right)^2 = \frac{r/c}{2(t_2 - t_1)}\left(\frac{1}{E_{\nu_2}^2} - \frac{1}{E_{\nu_1}^2}\right) \, . \tag{37.15}$$

Mit $r/c = 165\,000$ Jahre und den IMB-Meßdaten $E_{\nu_1} = 38$ MeV, $E_{\nu_2} = 22$ MeV und $t_2 - t_1 =$ Differenz der Reisezeiten = Differenz der Ankunftszeiten = $46,4$ s $- 42,8$ s $= 3,6$ Sekunden erhält man aus (37.15) die Neutrinoruhenergie $m_\nu c^2 = 33$ eV. Dieser Wert ist aber vermutlich zu groß.

Die Annahme, daß alle Neutrinos gleichzeitig gestartet sind, ist sicher falsch. Nach Modellrechnungen der Astrophysiker beginnt die Supernovaexplosion eines Sternes nämlich mit der Implosion des Sternkernes, der dadurch im Bruchteil einer Sekunde die extrem hohe Temperatur $T \sim 10^{11}$ K erreicht und danach in wenigen Sekunden unter Aussendung von Neutrinos rasch wieder abkühlt. Die Neutrinos entstehen während der heißen Phase, überwiegend durch den Prozeß $e + \bar{e} \rightarrow \nu_e + \bar{\nu}_e$, wobei die Elektronen e und Positronen $\bar{e}$ paarweise aus energiereichen Photonen erzeugt werden, die nach dem Planckschen Strahlungsgesetz (35.32) im Überfluß vorhanden sind. Mit der Temperatur des Sternkernes sinkt auch die Zahl und die Energie der Photonen und folglich die Zahl und die Energie der Neutrinos. Das würde erklären, warum der beobachtete Neutrinoschauer nur einige Sekunden gedauert und die (mittlere) Neutrinoenergie während dieser Zeit abgenommen hat. Man braucht also gar nicht anzunehmen, daß die frühen Neutrinos schneller waren als die späten. Sie könnten alle – trotz verschiedener Energien – mit derselben Geschwindigkeit c = Lichtgeschwindigkeit geflogen sein, was bedeuten würde, daß ihre Ruhenergie $m_\nu c^2 = 0$ wäre. Deshalb ist der oben bestimmte Wert $m_\nu c^2 = 33$ eV eine obere Grenze:

$$m_\nu c^2 \leq 33\,\mathrm{eV}\,. \tag{37.16}$$

Wenn man die japanischen KAMIOKANDE-Daten mit einbezieht und plausible Annahmen über Zeitablauf der Supernova macht, kann man die obere Grenze von 33 auf 20 eV herunterdrücken. Die Ruhmasse des Neutrinos ν_e und seines Antiteilchens $\bar{\nu}_e$ ist daher mindestens um $m_e c^2/20\,\mathrm{eV} = 511\,\mathrm{keV}/20\,\mathrm{eV} \approx 25\,000$ mal kleiner als die Ruhmasse des Elektrons. – Es gibt noch andere experimentelle Neutrinomassenabschätzungen, die zu ähnlichen Resultaten führen. Aber die mit den wenigen Supernovaneutrinos ist die bemerkenswerteste.

37.8   Rutherfordstreuung und Kernradien

Daß es im Atom einen Z-fach geladenen massiven Kern gibt, dessen Radius viel kleiner als der Atomradius ist, wurde vor Beginn des Ersten Weltkrieges von dem in England lebenden Neuseeländer Ernest Rutherford (seit 1931 Lord) entdeckt. Philipp Lenard, der später in der Nazizeit den unsinnigen Begriff „Deutsche Physik" einführte, hatte bereits 1903 aus Elektronenstreuexperimenten an dünnen Metallfolien (Nobelpreis 1905) abgeleitet, daß Atome einen äußerst kleinen schweren Kern besitzen müßten. Rutherford und seine Mitarbeiter experimentierten nicht mit Elektronen- sondern mit α-Strahlen, also mit schnell fliegenden ^{4}He-Kernen, die rund 7400mal schwerer als Elektronen sind und daher beim Flug durch Materie nicht von den leichten Atomelektronen, sondern nur vom „nicht-elektronischen Teil der Atome" beeinflußt werden können. Auf Rutherfords Anregung entdeckten seine Mitarbeiter Geiger und Mardsen dann 1909, daß α-Teilchen mit kleiner, aber endlicher Wahrscheinlichkeit von Metalloberflächen „reflektiert" (zurückgestreut) werden. Die Rückstreuung von α-Teilchen war Rutherfords Schlüsselerlebnis. Viele Jahre später sagte er darüber, daß es sicher das Unglaublichste war, was ihm in seinem Leben passiert sei – fast so, als ob eine 15-Zoll-Granate, die man auf ein Stück Seidenpapier gefeuert hat, umkehrt und einen trifft. Er wäre wohl weniger überrascht gewesen, wenn er die sechs Jahre alten Lenardschen Resultate ernst genommen hätte. Sei's drum. Jedenfalls inspirierten ihn die zurückgestreuten α-Teilchen, die folgende Vorstellung vom Atom zu konzipieren:

Ein neutrales Atom enthält Z Elektronen, die sich um das Atomzentrum bewegen. Wenn man ihm diese entzieht, bleibt ein positiv geladener Rest, der „Atomkern", übrig. Wegen der geringen Elektronenmasse und der Elektronenladung $-e$ muß der Kern fast die ganze Masse des Atoms enthalten und mit Ze geladen sein. Der Kern sei im Vergleich zum Atom so klein, daß man ihn als punktförmig bezeichnen kann. Dann stoßen sich irgend zwei Kerne mit den Kernladungszahlen Z und Z' im Abstand r voneinander wegen der Coulombkraft

$$F_c = \frac{Ze \cdot Z'e}{4\pi\varepsilon_o r^2} = \frac{ZZ'\alpha\hbar c}{r^2} \qquad (37.17)$$

gegenseitig ab. α ist die Sommerfeldsche Feinstrukturkonstante (36.11). Betrachte nun ein α-Teilchen (^{4}He-Kern mit $Z' = 2$), das an einem Goldkern[7] ($Z = 79$) vorbeifliegt, etwa auf der nach unten gebogenen Bahn in Abb. 37.7 links. Da die Kraft F_c bekannt ist, läßt sich die Teilchenbahn nach dem Newtonschen Bewegungsgesetz (an dessen Richtigkeit Rutherford nicht zweifelte) berechnen. Man findet Hyperbeln, in deren einem Brennpunkt der Goldkern steht. Jede Hyperbelbahn ist durch Einfallsrichtung und kinetische Energie E_{kin} des anfliegenden α-Teilchens sowie durch den in Abb. 37.7 links mit b bezeichneten „Stoßparameter" festgelegt. Der Ablenkwinkel ϑ nimmt zu, wenn E_{kin} oder b abnehmen. Falls man nun – wie in Abb. 37.7 rechts – monoenergetische α-Strahlen aus einer radioaktiven Quelle auf eine dünne Goldfolie richtet, kommen nach und nach alle möglichen b-Werte mit geometrisch bestimmten Wahrscheinlichkeiten vor. Weil man die Hyperbelbahnen und damit den Zusammenhang zwischen b und ϑ kennt, kann man auch die Wahrscheinlichkeit $w(\vartheta)\Delta\vartheta$ dafür angeben, daß der Ablenkwinkel in den $\Delta\vartheta$-Bereich um ϑ fällt:

$$w(\vartheta)\Delta\vartheta = DN_V \left(\frac{\alpha\hbar c}{4}\right)^2 \left(\frac{ZZ'}{E_{kin}}\right)^2 \frac{2\pi}{\sin^4(\vartheta/2)} \sin\vartheta\,\Delta\vartheta \ . \qquad (37.18)$$

---

[7]Als Rutherford sein Atomkonzept entwarf, wußte er noch nicht, daß die Kernladungszahl Z gleich der Ordnungszahl im Periodischen System der Elemente ist. Dieses herausgefunden zu haben ist Moseleys Verdienst (vgl. (36.22.)).

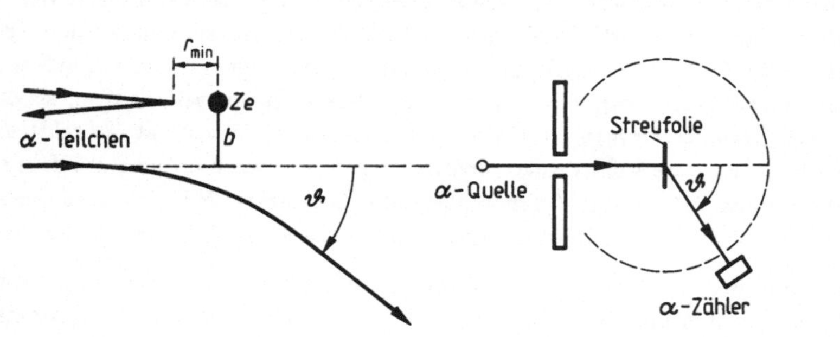

Abbildung 37.7: Rutherfordstreuung. Links: α-Teilchen nähern sich einem Z-fach geladenen Atomkern und werden durch die Coulombkraft abgelenkt. b ist das Lot vom Kernzentrum auf die asymptotische Gerade des einfallenden α-Teilchens. Rechts: Durchführung des Streuexperimentes mit einer radioaktiven α-Quelle, einer dünnen Folie (z.B. Gold) und einem α-Zähler.

D ist die Dicke der Goldfolie, N_V die Zahl der Goldkerne pro Volumen. Man bezeichnet die Teilchenablenkung als „Streuung" und nennt $w(\vartheta)$ die „Streuwahrscheinlichkeit".

Rutherford publizierte das nach ihm benannte Streugesetz (37.18) im Jahre 1911. Um die Richtigkeit des Gesetzes zu prüfen, führten seine Mitarbeiter verschiedene Experimente vom Typ Abb. 37.7 rechts durch. Die in den Winkelbereich $\Delta\vartheta$ um ϑ herum gestreuten α-Teilchen wurden gezählt, z.B. mit Hilfe kleiner Szintillationskristalle, die aufblitzen, wenn sie von einem α-Teilchen getroffen werden. Die Zählrate (Zahl der Blitze pro Zeit) ist zur Streuwahrscheinlichkeit $w(\vartheta)$ proportional. Die gemessenen Zählraten hingen tatsächlich von ϑ, Z und E_{kin} ab, und zwar genau so, wie in (37.18) behauptet wird. Damit war Rutherfords Hypothese vom punktförmigen, Z-fach geladenen Atomkern bestätigt.

Aber die Entwicklung ging weiter. Wenn man die α-Energie E_{kin} vergrößert, kommt das α-Teilchen näher an den Goldkern heran. Die größte Annäherung erreicht es, wenn es zentral auf den Kern losfliegt – wie bei der oberen Teilchenbahn in Abb. 37.7 links. Es kehrt kurz vor Erreichen des Kernes seine Bewegungsrichtung um und wird mit dem Winkel $\vartheta = 180°$ zurückgestreut. Im Umkehrpunkt ist das α-Teilchen das Stückchen r_{min} vom Goldkern entfernt und hat für einen kurzen Moment die Geschwindigkeit Null. Seine ursprünglich vorhandene kinetische Energie E_{kin} ist dann vollständig in potentielle $E_{pot} = \alpha\hbar c Z Z'/r_{min}$ verwandelt. Um r_{min} zu erhalten, setzt man $E_{\text{kin}} = E_{\text{pot}}$ und löst die Gleichung nach r_{min} auf:

$$r_{\text{min}} = \frac{\alpha \hbar c Z Z'}{E_{\text{kin}}} \ . \tag{37.19}$$

Der kürzeste Abstand r_{min}, der in einem Rutherfordstreuexperiment bei Rückwärtsstreuung $\vartheta = 180°$ auftritt, ist also zur α-Energie E_{kin} umgekehrt proportional. Die Ausdehnung der Rutherfordschen Experimente auf größere E_{kin}-Werte zeigte nun, daß die Streuformel (37.18) falsch wird, wenn E_{kin} einen gewissen kritischen Wert E_c überschreitet. Unter Hinweis auf (37.19) kann man auch sagen, daß Rutherfords Formel (37.18) nur gilt, wenn das α-Teilchen nicht näher als

$$r_c = \frac{\alpha \hbar c Z Z'}{E_c} \tag{37.20}$$

an den Kern mit der Kernladungszahl Z herankommt. Die Erklärung liegt auf der Hand: Zur Ableitung von (37.18) wurden Punktladungen angenommen, die sich nach dem Coulombschen Gesetz abstoßen. In Wirklichkeit sind α-Teilchen und Kern nicht punktförmige, sondern ausgedehnte Gebilde, die näherungsweise als kugelförmig angesehen und dementsprechend durch Kernradien R_α und R_Z charakterisiert werden können. Wenn sich die Kugeloberflächen hinreichend nahe kommen, treten die starken und über eine kurze Reichweite W anziehend wirkenden Kernkräfte in Aktion, die bei der Ableitung von (37.18) ignoriert wurden. Kein Wunder also, daß (37.18) die gemessene Streuwahrscheinlichkeit nicht richtig wiedergibt, wenn der kleinste vorkommende Abstand r_{min} zwischen den Zentren der beiden Stoßpartner den Wert $R_Z + W + R_\alpha$ unterschreitet, wenn also r_c aus (37.20) der Beziehung

$$r_c \approx R_Z + W + R_\alpha \tag{37.21}$$

genügt. r_c kann nun nach (37.20) aus der kritischen kinetischen Energie E_c, oberhalb der (37.18) nicht mehr stimmt, ermittelt werden. Man erhält r_c-Werte von einigen 10^{-15}m, abhängig von der Größe des beschossenen Atomkernes, dessen Radius R_Z nach (37.21) linear mit r_c zusammenhängt. Die mit zahlreichen Streusubstanzen durchgeführten r_c-Messungen ergaben Kernradien R_Z proportional zur dritten Wurzel aus der Nukleonen- oder Massenzahl $A = Z + N$ des Atomkerns:

$$R_Z = r_o A^{1/3} \quad \text{mit} \quad r_o \approx 1,2 \cdot 10^{-15} \ \text{m} \ . \tag{37.22}$$

Aus (37.22) folgt, daß das Kernvolumen $4\pi R_Z^3/3$ zur Nukleonenzahl A proportional ist. Die Massendichte im Kern ist deshalb für alle Kerne etwa gleich. Sie beträgt rund $2 \cdot 10^{17}$kg/m^3. Diese immense Dichte besitzen auch die in Kap. 16.1 erwähnten Neutronensterne (Radius ~ 10 km, Masse $\sim$ Sonnenmasse). Schätzen Sie mal ab, wie groß die Fallbeschleunigung auf einem solchen Stern ist.

Teil VII

Zum Ausklang: Elementarteilchen

Kapitel 38

2500 Jahre Elementarteilchenphysik

„Was sind Elementarteilchen, gibt es überhaupt welche?" – auf solche Fragen ändern
sich die Antworten von Generation zu Generation. Als mein Großvater zur Schule
ging, waren die im periodischen System der chemischen Elemente geordneten Atome
die Elementarteilchen der Materie. Zur Schulzeit meines Vaters fanden Rutherford
und seine Zeitgenossen, daß ein Atom aus Kern und Hülle zusammengesetzt ist.
Während meiner Schulzeit hieß es, die Bausteine der Materie seien Protonen, Neutronen und Elektronen. Photonen und Neutrinos zählten nicht, weil man aus ihnen keine
Materie machen kann. Als meine Kinder schulpflichtig wurden, kannte man mehr als
hundert subatomare Teilchenarten und war geneigt, ihnen ihrer großen Anzahl wegen
der Attribut „elementar" abzusprechen. Heute meint man, es gäbe drei Elementar-
teilchenfamilien, die „Leptonen", die „Quarks" und die „Feldquanten". Aber das ist
sicher nicht das Ende der Geschichte.

38.1   Von den ehernen Urpartikeln zur Paarerzeugung

Die Idee, daß unsere Welt aus kleinsten Teilchen zusammengesetzt ist, wurde vor rund
2500 Jahren von den griechischen Philosophen Leukipp und Demokrit formuliert. Sir

Isaak Newton beschrieb die Elementarteilchenidee in seinem Buch „Optics" (1704) sinngemäß wie folgt:

„Bei Würdigung aller Dinge will es mir scheinen, daß Gott anfangs die Materie in Gestalt fester, massiver, harter, undurchdringlicher und beweglicher Partikel schuf, und zwar in solchen Größen und Formen und mit solchen Eigenschaften und Proportionen, wie es dem Zweck, zu dem ER sie schuf, am besten diente; und daß diese Urpartikel feste Körper sind, unvergleichlich viel härter als alle aus ihnen zusammengesetzten porösen Körper; ja, so unsagbar hart, daß sie sich niemals abnützen oder in Stücke brechen. Keine gewöhnliche Macht vermag es, das zu zerteilen, was Gott am ersten Tag der Schöpfung als eine Einheit geschaffen hat. Da die Partikel unverändert fortbestehen, vermögen sie sich zu allen Zeiten zu Körpern von immer derselben Art und Struktur zusammenzuschließen. Sollten sie sich aber abnützen oder in Stücke brechen, so würden die Eigenschaften der Dinge verändert werden. Wären Wasser und Erde aus alten verbrauchten Partikeln oder Fragmenten von Partikeln zusammengesetzt, so würden sie heute nicht die gleiche Natur und Struktur haben, die sie besaßen, als sie am Anbeginn aus ganzen Partikeln geschaffen wurden. Natur aber bleibt ewig dieselbe, und daher beruhen die Veränderungen körperlicher Dinge lediglich auf verschiedenen Trennungen und neuen Verbindungen und Bewegungen dieser permanenten Partikel. Zusammengesetzte Körper brechen daher nicht quer durch die Mitte der festen Partikel, sondern dort, wo die Partikel aneinandergefügt sind und sich nur an einigen Punkten berühren".

Newton glaubte also, daß die Materie aus kleinsten unzerstörbaren und seit Beginn der Welt existierenden Elementarteilchen bestehen würde. Diese Hypothese bewährte sich z.B. in der Chemie, wo die Elementarteilchen „Atome" genannt werden. Die Chemiker entdeckten rund 90 verschiedene Atomarten und ordneten diese nach wachsendem Atomgewicht im periodischen System der Elemente. Auch die Physiker bedienten sich der Atomhypothese und führten mit ihrer Hilfe die Gesetze der Wärmelehre auf diejenigen der Mechanik und Statistik zurück. So fügte sich eines zum andern und überzeugte die meisten Naturwissenschaftler des auslaufenden 19. Jahrhunderts von der Existenz kleinster Teilchen.

Um die letzte Jahrhundertwende wurden allerdings verschiedene Fakten bekannt, die nicht recht in das Newtonsche Bild von den ehernen, seit Beginn der Welt existierenden Atomen paßten. So stellte man fest, daß sich Atome in Elektronen und Atomkerne zerlegen lassen, daß sie also nicht unzerstörbar sind, wie es Newtons Elementarteilchen sein sollten. Darüber hinaus fand man unter den Atomkernen einige, die radioaktiv zerfallen, z.B. Radiumkerne in Radonkerne. Atomkerne können daher auch keine Elementarteilchen à la Newton sein, weil sie wegen der Möglichkeit des radioaktiven Zerfalls nicht seit der Schöpfung unverändert existiert haben müssen.

Die Entdeckung, daß die Atome der Chemiker zerlegbar sind, war für die Elementarteilchenhypothese nicht weiter schlimm. Ein Atom besteht eben aus elementareren Teilchen, den Elektronen und dem Kern. Und der Kern mußte wegen der Möglichkeit des radioaktiven Zerfalls ebenfalls zusammengesetzt sein, aus Protonen und Neutronen, wie man schließlich herausfand. 1932, als das Neutron entdeckt wurde, sah es so aus, als ob es – von masselosen Lichtquanten und fadenscheinigen Neutrinos einmal abgesehen – drei Elementarteilchen gäbe, das positiv geladene Proton, das etwa ebenso schwere, aber elektrisch ungeladene Neutron und das rund 2000 mal leichtere, elektrisch negativ geladene Elektron. Aus Protonen und Neutronen kann man jeden vorkommenden Atomkern aufbauen und schalenartig um ihn herum Elektronen anordnen, so daß ein elektrisch neutrales Atom entsteht.

Allerdings war das Bild von der atomaren Welt nur für wenige Monate so einfach. Im Entdeckungsjahr des Neutrons wurde nämlich auch das Positron (Antielektron) entdeckt – ein Folgeprodukt der sog. kosmischen Strahlung. Positronen $\bar{e}$ haben dieselbe Masse und den gleichen Spin 1/2 wie Elektronen e, unterscheiden sich von diesen aber im Vorzeichen der elektrischen Ladung. Man fand bald heraus, daß sich ein genügend energiereiches Photon γ im Coulombfeld eines Atomkerns nach dem Schema

$$\gamma + \text{Kern} \rightarrow e + \bar{e} + \text{Kern} \tag{38.1}$$

in ein Elektron-Positron-Paar verwandeln kann (Paarerzeugung) und daß ein Positron, welches einem Elektron zu nahe kommt, mit diesem zusammen in zwei oder drei Photonen zerstrahlt (Vernichtungsstrahlung):

$$\bar{e} + e \rightarrow \gamma + \gamma \qquad \text{oder} \qquad \bar{e} + e \rightarrow \gamma + \gamma + \gamma \,. \tag{38.2}$$

Weil an der Paarerzeugung (38.1) und Vernichtungsstrahlung (38.2) Photonen γ beteiligt sind, handelt es sich in beiden Fällen um Prozesse der *elektromagnetischen Wechselwirkung*.

Wir haben es also mit Vorgängen zu tun, bei denen Elektronen und Antielektronen paarweise erzeugt und vernichtet werden, und zwar heute, rund 10^{10} Jahre nach Erschaffung unserer Welt. Elektronen und Antielektronen sind daher eigentlich keine Elementarteilchen im Newtonschen Sinne; denn sie sind keine von Gott am ersten Tag geschaffenen und für die Ewigkeit bestimmten Gebilde. Der alten Idee von den ehernen Elementarteilchen wurde daher spätestens mit der Entdeckung des Positrons im Jahre 1932 der Todesstoß versetzt. Damit war auch das einfache Weltbild der Physiker, daß alle Materie aus Protonen, Neutronen und Elektronen zusammengesetzt sei, am Ende. Denn wenn man aus elektromagnetischer Feldenergie (Photonen) paarweise Elektronen und Antielektronen herstellen kann, dann wohl auch Protonen und Antiprotonen – und wer weiß, was nicht sonst noch alles.

Und so war es dann auch. Mitte der 50er Jahre wurden z.B. das Antiproton $\bar{p}$ und das Antineutron $\bar{n}$ entdeckt. Wir greifen das $\bar{p}$ heraus. Es hat den gleichen Spin 1/2 und dieselbe Masse wie das Proton p, ist aber nicht positiv, sondern negativ geladen. $\bar{p}$ und p können paarweise z.B. durch elektromagnetische Wechselwirkung ($\gamma \to \bar{p} + p$) erzeugt werden. Sie treten aber auch auf, wenn energiereiche Protonen auf Materie treffen und einen Teil ihrer kinetischen Energie zur $\bar{p}p$-Erzeugung nach dem Schema

$$\text{energiereiches } p + \text{Materie} \to \text{energiearmes } p + \bar{p} + p + \text{Materie} \qquad (38.3)$$

zur Verfügung stellen. Für diesen Prozeß ist nicht die elektromagnetische Wechselwirkung zuständig, sondern die zwischen den beteiligten Protonen wirkende *starke Wechselwirkung*. Die Entdeckung des Antiprotons (1955) erfolgte mit der Reaktion (38.3). Der erste Protonenbeschleuniger, der die zur $\bar{p}p$-Erzeugung benötigte Mindestenergie (≈ 6 GeV $= 6 \cdot 10^9$ eV) erreichte, hieß „Bevatron". Das Bevatron wurde gebaut, um die Existenz des nicht unerwarteten Antiprotons nachzuweisen.

Wenn ein Antiproton auf ein Proton (oder Neutron) stößt, können sich die Stoßpartner durch starke Wechselwirkung gegenseitig vernichten. Dabei treten Teilchen auf, die „Mesonen" genannt werden. Besonders häufig entstehen π-Mesonen ($=$ Pionen), die den Spin 0 haben und in drei Ladungszuständen vorkommen: $\pi^+(139{,}6)$, $\pi^-(139{,}6)$ und $\pi^o(135{,}0)$. Die hochgestellten Zeichen $+$, $-$ und 0 geben die elektrischen Ladungen $+e$, $-e$ und 0 der π-Mesonen an, die eingeklammerten Zahlen sind die Ruhenergiewerte $m_\pi c^2$ in der üblichen Energieeinheit MeV. Die geladenen Pionen π^+ und π^- sind massengleich und Antiteilchen voneinander. Das neutrale Pion π^o ist mit seinem Antiteilchen identisch und rund 3% leichter als die geladenen Pionen. Der Massenunterschied läßt sich auf die elektrische Feldenergie im Coulombfeld der geladenen π-Mesonen zurückführen, die ja zur Ruhenergie beiträgt (vgl. (25.25)) und beim neutralen π-Meson fehlt.

Zurück zur $\bar{p}p$-Vernichtung. Obwohl die Vernichtungsenergie $2m_p c^2 = 1877$ MeV zur Erzeugung von bis zu 13 Pionen ausreichen würde, entstehen am häufigsten 5 oder 6 Pionen, die mit etwa 90% der Lichtgeschwindigkeit explosionsartig auseinanderfliegen, z.B.:

$$\bar{p} + p \to \pi^- + \pi^- + \pi^o + \pi^o + \pi^+ + \pi^+ \,. \qquad (38.4)$$

Die π^o-Mesonen lösen sich sehr schnell in elektromagnetische Vernichtungsstrahlung auf:

$$\pi^o \xrightarrow{0{,}8 \cdot 10^{-16} \text{s}} \gamma + \gamma \,, \qquad (38.5)$$

und die geladenen Pionen π^+ und π^- gehen durch eine Folge radioaktiver Zerfälle in leichtere Teilchen über:

$$\pi^- \xrightarrow{2,6\cdot10^{-8}\,s} \mu + \bar{\nu}_\mu$$
$$\phantom{\pi^- \xrightarrow{}} \xrightarrow{2,2\cdot10^{-6}\,s} \nu_\mu + e + \bar{\nu}_e \tag{38.6}$$

$$\pi^+ \xrightarrow{2,6\cdot10^{-8}\,s} \bar{\mu} + \nu_\mu$$
$$\phantom{\pi^+ \xrightarrow{}} \xrightarrow{2,2\cdot10^{-6}\,s} \bar{\nu}_\mu + \bar{e} + \nu_e \;. \tag{38.7}$$

Die Zeiten über den Zerfallspfeilen geben die mittleren Lebensdauern der am linken
Pfeilende aufgeführten Teilchen an. Bei den fünf verschiedenen Zerfällen (38.5) bzw.
(38.6) und (38.7) treten neben Photonen γ, Elektronen e, Positronen $\bar{e}$, elektronischen Neutrinos ν_e und Antineutrinos $\bar{\nu}_e$ zusätzlich sog. „Müonen" μ und „müonische
Neutrinos" ν_μ sowie deren Antiteilchen $\bar{\mu}$ und $\bar{\nu}_\mu$ auf. Das Müon hat die Ruhenergie
$m_\mu c^2 = 105,7\,\text{MeV}$ und ist damit rund 200 mal schwerer als das Elektron. Wenn man
von der Masse absieht, haben Müonen und Elektronen die gleichen Eigenschaften:
Sie sind (einfach) negativ geladene Spin 1/2-Teilchen mit entsprechenden Antiteilchen, ignorieren nach Ausweis des Experiments die starken Kernkräfte und treten
bei radioaktiven Zerfällen zusammen mit einem ihnen zugeordneten Neutrino auf. Die
möglicherweise masselosen Neutrinos ν_μ und ν_e sind neutrale Spin 1/2-Teilchen, deren
Flugrichtung und Spinrotation Linksschrauben definieren. Ihre Antiteilchen $\bar{\nu}_\mu$ und
$\bar{\nu}_e$ bilden Rechtsschrauben. Trotz dieser weitgehenden Gleichheit ihrer Eigenschaften
sind müonische und elektronische Neutrinos nicht identisch. Wenn man nämlich hochenergetische ν_μ-Strahlen auf Materie richtet, werden gelegentlich Müonen μ erzeugt.
Wiederholt man das Experiment mit hochenergetischen ν_e-Strahlen, erhält man statt
Müonen Elektronen.

Die π°-Mesonen der $\bar{p}p$-Vernichtung (38.4) zerfallen durch *elektromagnetische Wechselwirkung* nach etwa $10^{-16}\,$s in jeweils zwei Photonen (38.5). Sie sind dann nur wenige $10^{-6}\,$cm von ihrem Entstehungsort entfernt. Die geladenen Pionen π^- bzw. π^+
mit einer mittleren Lebensdauer von $2,6 \cdot 10^{-8}\,$s leben rund $3 \cdot 10^8\,$mal solange wie
die π°-Mesonen und würden im materiefreien Raum viele Meter weit fliegen, ehe sie
durch *schwache Wechselwirkung* gemäß (38.6) bzw. (38.7) in Müonen und müonische
Antineutrinos bzw. Antimüonen und müonische Neutrinos zerfallen. Daß es sich um
schwache Wechselwirkung handelt, erkennt man einerseits an dem riesigen Faktor
$3 \cdot 10^8$ der Lebensdauerverlängerung gegenüber dem elektromagnetisch zerfallenden
π°-Meson und andererseits am Auftreten der Neutrinos und Antineutrinos, die gegen
starke und elektromagnetische Wechselwirkung immun sind.

Die durch den Zerfall der geladenen π-Mesonen entstandenen Müonen μ bzw. $\bar{\mu}$ leben im Mittel $2,2 \cdot 10^{-6}\,$s und zerfallen dann – wieder durch schwache Wechselwirkung – gemäß (38.6) bzw. (38.7) in müonische Neutrinos ν_μ bzw. Antineutrinos

$\bar{\nu}_\mu$. Dabei wird jeweils ein $e\bar{\nu}_e$-Paar bzw. $\bar{e}\nu_e$-Paar erzeugt. Damit sind die der $\bar{p}p$-Vernichtung (38.4) folgenden Zerfallsprozesse abgeschlossen. Das $\bar{p}p$-Paar hat sich nach dem Schema

$$\bar{p}p \rightarrow 4\gamma + 2e + 2\bar{e} + 2\nu_e + 2\bar{\nu}_e + 4\nu_\mu + 4\bar{\nu}_\mu \tag{38.8}$$

in zwanzig sehr leichte Teilchen (Photonen, Elektronen, Positronen, Neutrinos und Antineutrinos) aufgelöst.

Die Müonen und π-Mesonen sind übrigens schon länger bekannt als die Antiprotonen. Müonenspuren wurden erstmals 1936 in sog. Nebelkammern beobachtet, ohne sie recht einordnen zu können. 1947 entdeckte man dann in der oberen Atmosphäre die geladenen π-Mesonen und ihre Zerfälle in Müonen (38.6) und (38.7). Die Teilchen hinterließen Spuren in aufgestapelten Photoplatten (Paket von sog. photographischen Kernemulsionen), die vorübergehend mit einem Ballon in große Höhe gebracht worden waren und danach entwickelt wurden. Die π-Mesonen entstehen durch starke Wechselwirkung, wenn energiereiche Protonen (Hauptbestandteil der kosmischen Strahlung) in die Lufthülle eindringen und mit Stickstoff- oder Sauerstoffatomkernen zusammenstoßen.

Fassen wir unsere bisherigen Betrachtungen kurz zusammen: Es gibt offenbar zahlreiche Teilchenarten. Individuelle Teilchen können erzeugt und vernichtet werden oder radioaktiv zerfallen. Dabei wird Energie umgesetzt. Der subatomare Bereich wird also eher von einem ständigen Werden und Vergehen beherrscht als von unzerstörbaren Elementarteilchen. Die Schöpfung fand nicht nur am ersten Tage statt, sondern ist immer im Gange.

38.2 Leptonen, Hadronen und Feldquanten

Die heute bekannten Teilchenarten sind in Tabelle 38.1 zusammengestellt. Sie werden in drei Gruppen eingeteilt:

* Leptonen $=$ Spin$\frac{1}{2}$-Teilchen, die die starke Wechselwirkung ignorieren,

* Hadronen $=$ Teilchen mit halb- oder ganzzahligem Spin, die der starken Wechselwirkung unterworfen sind,

* Feldquanten mit dem Spin 1, die die starke, elektromagnetische und schwache Wechselwirkung vermitteln.

Die Worte „Lepton" bzw. „Hadron" sind griechischen Ursprungs und bedeuten sinngemäß „leicht" bzw. „stark".

Teilchengruppe	Bezeichnungen und Eigenschaften		
Leptonen	$\begin{pmatrix} \nu_e \\ e \end{pmatrix}$ $\begin{pmatrix} \nu_\mu \\ \mu \end{pmatrix}$ $\begin{pmatrix} \nu_\tau \\ \tau \end{pmatrix}$ $\begin{pmatrix} \bar{e} \\ \bar{\nu}_e \end{pmatrix}$ $\begin{pmatrix} \bar{\mu} \\ \bar{\nu}_\mu \end{pmatrix}$ $\begin{pmatrix} \bar{\tau} \\ \bar{\nu}_\tau \end{pmatrix}$	Alle Leptonen haben den Spin $\frac{1}{2}$ und sind immun gegen die starke Wechselwirkung		

Alle Hadronen unterliegen der starken Wechselwirkung. Man kennt mehr als 300 verschiedene und teilt sie ein in:

Namen	Spin s	B-Zahl	Beispiele
Baryonen	$\frac{1}{2}, \frac{3}{2}, \frac{5}{2}, \dots$	$+1$	$p, n, \Lambda, \dots$
Antibaryonen	$\frac{1}{2}, \frac{3}{2}, \frac{5}{2}, \dots$	-1	$\bar{p}, \bar{n}, \bar{\Lambda}, \dots$
Mesonen	$0, 1, 2, \dots$	0	$\pi^+, \pi^-, \pi^\circ, K^\circ, \dots$

Für die Baryonenzahl B gilt ein Erhaltungssatz.

Feldquanten der fundamentalen Wechselwirkungen

Starke Wechselwirkung: Gluonen g.

Elektromagnetische W.W.: Photonen γ.

Schwache W.W. : Intermediäre Vektorbosonen $W^\pm$ und Z°.

Die Feldquanten $g, \gamma, W^\pm$ und Z° haben den Spin 1.

Tabelle 38.1:   Einteilung der beobachteten Teilchenarten

Zu den elektronischen und müonischen Leptonen, die wir schon kennen, gesellen sich als dritte im Bunde die 1975 entdeckten tauonischen Leptonen τ, $\bar{\tau}$, ν_τ und $\bar{\nu}_\tau$. Die Ruhenergie der geladenen τ-Leptonen $m_\tau c^2 = 1784\,\text{MeV}$ ist fast doppelt so groß wie die des Protons, die Neutrinoruhenergie $m_{\nu_\tau} c^2$ ist nur ungenau bekannt und mit Null verträglich.

Die weit über 300 verschiedenen Hadronen, zu denen die Nukleonen p und n, deren Antiteilchen $\bar{p}$ und $\bar{n}$, die π-Mesonen π^+, π° und π^- sowie die K°-Mesonen und das Λ-Hyperon (Tab. 13.1) gehören, haben ausnahmslos eine starke Affinität zueinander. Bringt man sie zusammen, können sie verschmelzen: Nukleonen zu Atomkernen (14.20), Protonen und Antiprotonen zu Energieklümpchen, die sich explosionsartig z.B. in π-Mesonen auflösen (38.4). Die *starke* Affinität ist natürlich eine Folge der *star-*

ken Wechselwirkung. Hadronen nehmen an zahlreichen Erzeugungs-, Vernichtungs-, Umwandlungs- und Zerfallprozessen teil, die durch starke, elektromagnetische oder schwache Wechselwirkung ermöglicht werden. Diese Prozesse unterliegen alle gewissen Erhaltungssätzen, etwa dem Energie- und Impulserhaltungssatz der Mechanik oder dem Ladungserhaltungssatz, der aus den Maxwellschen Gleichungen folgt. Es hat sich nun herausgestellt, daß es darüber hinaus möglich ist, jedem Teilchen eine ganzzahlige sog. Baryonenzahl B so zuzuordnen, daß für B ein „ladungsartiger" Erhaltungssatz gilt:

Bei der Erzeugung, Umwandlung und Vernichtung von Teilchen bleibt die Summe ihrer Baryonenzahlen erhalten.

Alle Leptonen und Feldquanten aus Tab. 38.1 bekommen die Baryonenzahl $B = 0$. Die Baryonenzahl des Protons beträgt per definitionem $B = 1$. Aus der beobachteten elektromagnetischen Paarerzeugung $\gamma \to \bar{p} + p$ entnimmt man dann für das Antiproton den Wert $B = -1$. Neutronen werden durch β-Zerfall (Leptonenemission) zu Protonen und besitzen deshalb die Baryonenzahl des Protons $B = 1$. Weil π-Mesonen in Leptonen oder Photonen zerfallen können, muß man ihnen den Wert $B = 0$ zuordnen. – Der B-Wert wird zur weiteren Unterteilung der Hadronengruppe verwendet. Hadronen mit $B = 1$ bzw. $B = -1$ bzw. $B = 0$ heißen „Baryonen" bzw. „Antibaryonen" bzw. „Mesonen". Bemerkenswerterweise sind die Spins der Baryonen und Antibaryonen immer halbzahlig ($s = \frac{1}{2}, \frac{3}{2}, \frac{5}{2} \ldots$) und die der Mesonen immer ganzzahlig ($s = 0, 1, 2, \ldots$). Die elektrischen Ladungen der Hadronen sind stets ganzzahlige Vielfache der Elementarladung e. Die Baryonen bzw. Antibaryonen kommen in den Ladungszuständen $\{2e, e, 0, -e\}$ bzw. $\{e, 0, -e, -2e\}$ vor und die Mesonen in den Ladungszuständen $\{e, 0, -e\}$.

Von den Feldquanten der fundamentalen Wechselwirkungen, die als dritte Teilchengruppe in Tab. 38.1 aufgeführt sind, ist das mit der elektromagnetischen Wechselwirkung verbundene Photon γ am längsten bekannt (Einstein 1905). Es ist elektrisch neutral, hat die Ruhmasse Null und den Spin 1. Es tritt z.B. auf, wenn Elektronen gebremst werden (Röntgen-Bremsstrahlung). Die mit der starken Wechselwirkung verbundenen Gluonen g haben ähnliche Eigenschaften wie die Photonen. Auch sie sind elektrisch neutral, haben die Ruhmasse Null und den Spin 1. Sie sind allerdings „gefärbt" und tragen damit die als „Farbe" bezeichnete Ladung der starken Wechselwirkung. Gluonen kommen in acht verschiedenen Farbausführungen vor. Sie können sich deshalb gegenseitig anziehen und zusammenkleben wie Leim = glue, daher ihr Name. Die Gluonen konnten erstmals 1979 im Elektronen-Positronen-Speichering PETRA bei DESY in Hamburg nachgewiesen werden. Sie wurden dort von energiereichen Quarks abgestrahlt (gluonische Bremsstrahlung). Die intermediären Vektorbosonen W^+, W^- und Z^o sind die Feldquanten der schwachen Wechselwirkung. Die W-Bosonen tragen eine positive oder negative Elementarladung und das Z-Boson ist neutral. Sie sind „farblos" – also immun gegen die starke Wechselwirkung – und haben den Spin 1. Im Gegensatz zu den masselosen Photonen und Gluonen sind sie extrem massiv. Ihre konkurrenzlos großen Massenwerte $m_W = (80,6 \pm 0,4)\,\mathrm{GeV}/c^2$ und $m_Z = (91,16 \pm 0,03)\,\mathrm{GeV}/c^2$ liegen zwei Zehnerpotenzen über der Protonenmasse $0{,}938\,\mathrm{GeV}/c^2$. Daß es drei massive intermediäre Vektorbosonen $W^\pm$ und Z^o zur Vermittlung der schwachen Wechselwirkung gibt, wurde Ende der 60er Jahre vorausgesagt (Glashow-Salam-Weinberg-Theorie, Nobelpreis 1979). Es gelang auch, die oben angegebenen Massenwerte m_W und m_Z zu berechnen. Die experimentelle Entdeckung der Vektorbosonen und die Messung ihrer Massen erfolgte dann 1983 am europäischen Großforschungszentrum CERN bei Genf mit dem für diesen Zweck entwickelten sog. $p\bar{p}$-Collider, einem riesigen ringförmigen Teilchenbeschleuniger, in dem hochenergetische Protonen und Antiprotonen mit etwa $300\,\mathrm{GeV}$ kinetischer Energie pro Teilchen frontal zusammenstoßen und sich vernichten. Mit der Vernichtungsenergie könnten rund 4000 π-Mesonen oder 1200 K-Mesonen oder 300 Proton-Antiproton-Paare produziert werden. Eine solche $p\bar{p}$-Vernichtung ist also ein spektakuläres Ereignis, bei dem zahllose Teilchen explosionsartig die winzige Vernichtungszone verlassen, vergleichbar mit der Explosion einer Feuerwerksrakete. Ganz selten ($\sim$ 1mal in $10^6 p\bar{p}$-Vernichtungen) ist unter den vielen Teilchen auch ein W^-, W^+ oder Z^o. Diese zerfallen praktisch sofort zum Beispiel in elektronische Leptonen[1]

$$W^- \to e + \bar{\nu}_e \qquad W^+ \to \bar{e} + \nu_e \qquad Z^o \to e + \bar{e}\,. \tag{38.9}$$

Die geladenen Teilchen e und $\bar{e}$ können direkt nachgewiesen und bezüglich Energie und Impuls vermessen werden. Die Energie- und Impulswerte der flüchtigen Neutrinos ν_e und $\bar{\nu}_e$ lassen sich indirekt mit Hilfe des Energie- und Impulserhaltungssatzes bestimmen. Mit den Energien und Impulsen der verschiedenen leptonischen Zerfallsprodukte von W^-, W^+ und Z^o kennt man wegen der Energie- und Impulserhaltung dann auch die Energien und Impulse der zerfallenden Vektorbosonen W^-, W^+ und Z^o, die man braucht, um mit der quadratischen Energie-Impuls-Relation (12.25) die Teilchenmassen m_{W^-}, m_{W^+} und m_{Z^o} zu berechnen. Die Auswertung des CERN-$p\bar{p}$-Collider-Experimentes ergab die von der Glashow-Salam-Weinberg-Theorie vorhergesagten Massenwerte $m_{W^-} = m_{W^+} \approx 81\,\mathrm{GeV}/c^2$ und $m_{Z^o} \approx 92\,\mathrm{GeV}/c^2$. Für dieses großartige Experiment, zu dessen Gelingen Hunderte von Physikern und Beschleunigeringenieuren beigetragen haben, erhielten Rubbia (besessener Physiker) und van der Meer (genialer Erfinder) 1984 den Nobelpreis.

---

[1] Wenn es in den Leptonen- und Quarkfamilien 3 Generationen gibt (Tab. 38.2), kann jedes intermediäre Boson W^+, W^- und Z^o auf 12 Weisen in Leptonenpaare oder Quarkpaare zerfallen. (38.9) ist also eine Auswahl von 3 aus 36 Zerfallsmöglichkeiten.

38.3 Hadronen aus Quarks und Antiquarks

In der 1986 publizierten Teilchentabelle sind die Eigenschaften (Spin, Ladung, Masse, Lebensdauer...) von 122 Baryonen, 122 Anti-Baryonen und 119 Mesonen aufgelistet. Man kennt also (mindestens) 363 Hadronen. Wer an Elementarteilchen glaubt, möchte mit möglichst wenigen auskommen. Auf dieser Linie spekulierend hatten Gell-Mann und Zweig bereits 1963 die Idee, daß die vielen Hadronen nicht elementar sind, sondern aus Bausteinen zusammengesetzt sein könnten, die drittelzahlige elektrische Ladungen tragen und der starken Wechselwirkung unterliegen. Gell-Mann nannte diese Teilchen „Quarks". Da die Baryonen halbzahlige Drehimpulse (Spins) haben, sollten die Quarks den Spin $\frac{1}{2}$ besitzen. Da es Baryonen und Antibaryonen gibt, müßte es Quarks q und Antiquarks $\bar{q}$ geben. Die Quark-Idee hat sich durchgesetzt. Heute betrachtet man die Quarks neben den Leptonen und den Wechselwirkungsfeldquanten g, γ, W^+, W^- und Z° als die eigentlichen, nicht weiter zerlegbaren Elementarteilchen.

Die Elementarteilchen mit dem Spin $\frac{1}{2}$ lassen sich also in zwei „Familien" einteilen, die Leptonen und die Quarks (Tab. 38.2). Seit 1989 weiß man, daß jede Familie aus drei

Familie	Leptonen	Quarks
1. Generation	$\begin{pmatrix} \nu_e \\ e \end{pmatrix}$	$\begin{pmatrix} u \\ d \end{pmatrix}$
2. Generation	$\begin{pmatrix} \nu_\mu \\ \mu \end{pmatrix}$	$\begin{pmatrix} c \\ s \end{pmatrix}$
3. Generation	$\begin{pmatrix} \nu_\tau \\ \tau \end{pmatrix}$	$\begin{pmatrix} t \\ b \end{pmatrix}$

Tabelle 38.2: Die drei Generationen der Leptonen- und Quarkfamilie.

„Generationen" besteht. Die Familienmitglieder einer Generation sind übereinander geschrieben. Die Leptonengenerationen kennen wir schon. Die Masse der geladenen Leptonen nimmt mit der Generationsnummer zu. So auch bei den Quarks: In der 1. Generation findet man die leichten Quarks u = up und d = down, in der 2. die mittelschweren s = strange und c = charm und in der 3. die schweren b = bottom und t = top. Das t-Quark ist allerdings experimentell noch nicht in Erscheinung getreten. In Tab. 38.3 sind die wesentlichen Quarkeigenschaften zusammengestellt. Die in Einheiten der Elementarladung gemessenen Quarkladungen sind drittelzahlig, die

Ladungsfolge 2/3, −1/3 wiederholt sich in den Generationen. Allen Quarks wird die

	Quarks			Q/e	B	Masse $[\mathrm{MeV/c}]^2$
1. Gen.	$\begin{pmatrix} u_r \\ d_r \end{pmatrix}$	$\begin{pmatrix} u_g \\ d_g \end{pmatrix}$	$\begin{pmatrix} u_b \\ d_b \end{pmatrix}$	2/3	1/3	≈ 360
				−1/3	1/3	≈ 360
2. Gen.	$\begin{pmatrix} c_r \\ s_r \end{pmatrix}$	$\begin{pmatrix} c_g \\ s_g \end{pmatrix}$	$\begin{pmatrix} c_b \\ s_b \end{pmatrix}$	2/3	1/3	≈ 1600
				−1/3	1/3	≈ 510
3. Gen.	$\begin{pmatrix} t_r \\ b_r \end{pmatrix}$	$\begin{pmatrix} t_g \\ b_g \end{pmatrix}$	$\begin{pmatrix} t_b \\ b_b \end{pmatrix}$	2/3	1/3	> 30000
				−1/3	1/3	≈ 5000

Tabelle 38.3: Quarkeigenschaften. Q/e gibt die elektrische Ladung an und B die Baryonenzahl. Die Massenwerte sind Schätzungen der „effektiven Quarkmassen", auf die im laufenden Text eingegangen wird.

zur Hadronenklassifizierung wichtige Baryonenzahl $B = 1/3$ zugeordnet. Die angegebenen Quarkmassen sind nicht die (unbekannten) Ruhmassen der Quarks, sondern „effektive" Massenwerte, die z.B. das Einsteinsche Massenäquivalent der kinetischen Energien der in den Hadronen gebundenen Quarks mit enthalten. Die Quarks nehmen an der starken Wechselwirkung teil, weil sie Träger der „Farbe" genannten Ladungen der starken Wechselwirkung sind. Jede Quarkart („flavor") kommt in drei Farben („color") vor: r (rot), g (grün) und b (blau). So gibt es z.B. drei u-Quarks u_r, u_g und u_b, die in allen physikalischen Eigenschaften übereinstimmen, sich aber hinsichtlich der Farbladung unterscheiden. Die Unterscheidbarkeit setzt das Pauliprinzip außer Kraft, was u.a. zur Folge hat, daß man nicht nur ein u-Quark, sondern drei u-Quarks auf ein und dieselbe Quarkwellenfunktion $\psi_{nlm\sigma}$ setzen kann (vgl. Kap. 36.5). Die Leptonen sind natürlich farblos, weil sie sonst an der starken Wechselwirkung teilnehmen würden, was sie nicht tun. **Randbemerkung**: Wenn man in der 1. Generation die elektrischen Ladungen Q der Leptonen und Quarks aufsummiert, erhält man

$$Q(\nu_e) + Q(e) + 3 \cdot Q(u) + 3 \cdot Q(d) = 0 - e + 3 \cdot \frac{2e}{3} - 3 \cdot \frac{e}{3} = 0 \,. \qquad (38.10)$$

Dasselbe gilt für die 2. und 3. Generation. Die Theoretiker hätten es schwerer, wenn die Ladungssummen $\neq 0$ wären.

Zu den Mitgliedern der Leptonenfamilie und Quarkfamilie gehören auch die in den Tabellen 38.2 und 38.3 nicht aufgeführten massegleichen Antiteilchen. Beim Übergang

Teilchen $\to$ Antiteilchen ändert sich bei den Neutrinos der Schraubensinn, bei den geladenen Teilchen das Ladungsvorzeichen und bei den Quarks auch das Vorzeichen der Baryonenzahl B. Die Farbladungen r (rot), g (grün) und b (blau) gehen in die komplementären Farbladungen $\bar{r}$ (antirot), $\bar{g}$ (antigrün) und $\bar{b}$ (antiblau) über, die die entsprechenden Farbladungen per definitionem zum farbneutralen Weiß ergänzen:

$$\bar{r} + r = \bar{g} + g = \bar{b} + b = \text{weiß} =: 0 \ . \tag{38.11}$$

Die Bezeichnung „Farbe" für die Ladung der starken Wechselwirkung ist nicht von ungefähr gewählt; denn die Farben des Lichtes und der starken Wechselwirkung mischen sich nach ähnlichen Regeln. Sie wissen sicher, daß sich das farbige Fernsehbild aus roten, grünen und blauen Farbpunkten zusammensetzt und daß der Bildschirm weiß erscheint, wenn alle Punkte leuchten:

$$r + g + b = \text{weiß} =: 0 \ . \tag{38.12}$$

Dasselbe gilt, wenn man gleich viel rote, grüne und blaue Farbladung zusammen bringt: Die Mischung ist farbneutral.

Alle bisher beobachteten freifliegenden Teilchen sind farblos. Das gilt insbesondere für die aus farbigen Quarks und/oder Antiquarks zusammengesetzten Hadronen. Der Grund für die Farblosigkeit ist nicht genau bekannt, könnte aber z.B. daran liegen, daß Gebilde, deren Farbladungssumme $\neq 0$ ist, weitreichende Farbfelder erzeugen würden, in denen unendlich viel Feldenergie steckt. Denn die ursprünglich von den Farbladungen des Gebildes erzeugten Farbfelder sind – ebenso wie die mit ihnen verbundenen Gluonen – nicht farbneutral, sondern gefärbt und damit Erzeuger von Farbfeldern, die ebenfalls gefärbt sind und deshalb Farbfelder erzeugen. So müßte es immer weitergehen. Der Energiebedarf dieses sich epidemieartig ausbreitenden Farbfeldes wäre unermeßlich.

Wir wollen jetzt Hadronen aus Quarks zusammensetzen. Wegen der zum „Farb-dogma" erhobenen Aussage[2]:

$$\text{„Alle frei fliegenden Teilchen sind farblos"} \tag{38.13}$$

und den Farbmischungsregeln (38.11) und (38.12) gibt es offensichtlich drei wesentlich verschiedene Weisen, um aus Quarks q und/oder Antiquarks $\bar{q}$ Hadronen aufzubauen

$$(qqq) = \text{„Baryon"} \quad \text{weil} \quad r + g + b = 0$$

$$(\bar{q}\bar{q}\bar{q}) = \text{„Antibaryon"} \quad \text{weil} \quad \bar{r} + \bar{g} + \bar{b} = 0$$

$$(q\bar{q}) = \text{„Meson"} \quad \text{weil} \quad r + \bar{r} = g + \bar{g} = b + \bar{b} = 0 \ ,$$

---

[2]Wegen des Farbdogmas kann es natürlich keine freifliegenden Quarks geben. Man hat auch, trotz intensiven Suchens, keine gefunden.

wobei jedes q ein beliebiges Element aus der Quarkmenge $\{d, u, s, c, b, t\}$ und jedes $\bar{q}$ ein beliebiges Element aus der Antiquarkmenge $\{\bar{d}, \bar{u}, \bar{s}, \bar{c}, \bar{b}, \bar{t}\}$ sein kann. Mit Hilfe der Quarktabelle 38.3 überzeugt man sich leicht, daß die als „Baryon" bzw. „Antibaryon" bzw. „Meson" bezeichneten Quarkkomplexe die Baryonenzahlen $B = 1$ bzw. -1 bzw. 0 haben und in den ganzzahligen elektrischen Ladungszuständen $\{2e, e, 0, -e\}$ bzw. $\{e, 0, -e, -2e\}$ bzw. $\{e, 0, -e\}$ vorkommen. Der aus Spin und Bahndrehimpuls zusammengesetzte Gesamtdrehimpuls des Quarkkomplexes (qqq), den man als „Spin" des Baryons interpretiert, ist halbzahlig, weil man die Spins von drei Quarks (Spin $\frac{1}{2}$-Teilchen) zum Gesamtspin 3/2 oder 1/2 koppeln kann und die Bahndrehimpulse nur ganzzahlige Werte beitragen. Dasselbe gilt natürlich für den $(\bar{q}\bar{q}\bar{q})$-Komplex: Auch die Antibaryonen haben halbzahlige Spins. Der Gesamtdrehimpuls des $(q\bar{q})$-Komplexes, der als Mesonenspin interpretiert wird, ist dagegen ganzzahlig; denn die Spins von zwei Spin $\frac{1}{2}$-Teilchen koppeln zum Gesamtspin 1 oder 0. Das Quarkmodell erklärt also wenigstens die gemessenen Baryonenzahlen, elektrischen Ladungen und Spins der Hadronen.

Ein paar Beispiele: Proton und Neutron sind Baryonen mit dem Spin 1/2 und wie folgt aus Quarks der 1. Generation zusammengesetzt:

$$p(938) = (\overset{\uparrow\,\uparrow\,\downarrow}{uud}) \qquad n(940) = (\overset{\uparrow\,\uparrow\,\downarrow}{ddu}) \ . \tag{38.14}$$

Die Quarkbahndrehimpulse sind Null und die durch Pfeile angedeuteten Spins der Quarks zum Gesamtspin 1/2 gekoppelt. Aus der ungefähren Massengleichheit von Neutron und Proton schließt man, daß auch die effektiven Massen vom d- und u-Quark etwa gleich groß sind. Wenn man alle drei Quarkspins parallel stellt, erhält man sog. Δ-Baryonen mit dem Spin 3/2:

$$\Delta^+(1232) = (\overset{\uparrow\,\uparrow\,\uparrow}{uud}) \qquad \Delta^\circ(1232) = (\overset{\uparrow\,\uparrow\,\uparrow}{ddu}) \ . \tag{38.15}$$

Sie sind wiederum massengleich, aber um $(1232-939)\,\text{MeV}/c^2 = 293\,\text{MeV}/c^2$ schwerer als das Proton oder Neutron. Man führt das auf eine Spinabhängigkeit der starken Anziehungskräfte zwischen den Quarks zurück. Die mit diesen Kräften verbundenen potentiellen Energien tragen ja mit dem Einsteinschen Massenäquivalent E_{pot}/c^2 zur Masse des Baryons bei. In der Quarktabelle 38.3 ist für das u- und d-Quark als effektive Masse der Wert $\approx 360\,\text{MeV}/c^2$ angegeben. Man erhält ihn, wenn man das arithmetische Mittel von Protonen- und Δ-Masse durch 3 dividiert.

Die Δ-Baryonen wurden 1952/53 beim Beschuß von Nukleonen mit geladenen π-Mesonen entdeckt. Dabei traten neben den in (38.15) angegebenen Ladungszuständen Δ^+ und Δ° auch die Ladungszustände Δ^{++} und Δ^- auf, die im Quarkmodell durch

$$\Delta^{++}(1232) = (\overset{\uparrow\,\uparrow\,\uparrow}{uuu}) \quad \text{und} \quad \Delta^-(1232) = (\overset{\uparrow\,\uparrow\,\uparrow}{ddd}) \tag{38.16}$$

dargestellt werden. Quarkkomplexe der Art $(\overset{\uparrow\uparrow\downarrow}{uuu})$ und $(\overset{\uparrow\uparrow\downarrow}{ddd})$ wurden dagegen nicht beobachtet. Das liegt am Pauliprinzip. Aus ihm folgt nämlich, daß *in farbneutralen Dreiquarkkomplexen mit Quarkbahndrehimpulsen Null die Spins gleichartiger Quarks zueinander parallel stehen müssen.* Diese Forderung wird in den fraglichen Quarkkomplexen offensichtlich verletzt.

Wir wollen nun zu den beiden leichten Quarks u und d das nächstschwerere Strange-Quark s mit hinzunehmen und die Baryonen zusammenstellen, die man aus u, d und/oder s-Quarks machen kann. Zunächst die Spin$\frac{1}{2}$-Baryonen. Es gibt genau acht, die in Tab. 38.4 aufgeführt sind. Wo immer flavorgleiche (gleichartige) Quarks vorkommen, stehen ihre Spins parallel. Um über die Quarkkomplexe reden zu können,

$$
\begin{aligned}
(\overset{\uparrow\uparrow\downarrow}{uud}) &= p(938) \\
(\overset{\uparrow\uparrow\downarrow}{ddu}) &= n(940)
\end{aligned}
\left.\rule{0pt}{4ex}\right\} \quad \text{Strangeness } S = 0
$$

$$
(\overset{\downarrow\uparrow\downarrow}{uds}) = \Lambda(1116) \qquad \text{Strangeness } S = -1
$$

$$
\begin{aligned}
(\overset{\uparrow\uparrow\downarrow}{uus}) &= \Sigma^+(1189) \\
(\overset{\uparrow\uparrow\downarrow}{uds}) &= \Sigma^o(1192) \\
(\overset{\uparrow\uparrow\downarrow}{dds}) &= \Sigma^-(1197)
\end{aligned}
\left.\rule{0pt}{6ex}\right\} \quad \text{Strangeness } S = -1
$$

$$
\begin{aligned}
(\overset{\downarrow\uparrow\uparrow}{uss}) &= \Xi^o(1315) \\
(\overset{\downarrow\uparrow\uparrow}{dss}) &= \Xi^-(1321)
\end{aligned}
\left.\rule{0pt}{4ex}\right\} \quad \text{Strangeness } S = -2
$$

Tabelle 38.4: Spin$\frac{1}{2}$-Baryonen mit und ohne Strangeness. Die durch Pfeile angedeuteten Spins gleichartiger Quarks stehen parallel zueinander (Pauliprinzip + Farbdogma).

geben wir ihnen die Namen der nachgewiesenen Baryonen, die sie darstellen sollen. Neben den Nukleonen p und n sind das die „Hyperonen" Λ, Σ^+, Σ^o, Σ^-, Ξ^o und Ξ^-. Die angeklammerten Zahlen sind die Massenwerte in MeV/c^2. Im Komplex (uds) gibt es keine flavorgleichen Quarks. Deshalb kann man die Spins vom u und d sowohl parallel als auch antiparallel zueinander einstellen. Das gibt wegen der Spinabhängigkeit der Quarkkräfte zwei verschieden schwere Baryonen, $\Sigma^o(1192)$ und $\Lambda(1116)$. Aus historischen Gründen ordnet man den Strange-Quarks s bzw. $\bar{s}$ eine sog. „Strangeness" $S = -1$ bzw. $S = +1$ zu. Die Strangeness-Werte der Baryonen sind in Tab. 38.4

angegeben. Für die Strangeness gilt ein (eingeschränkter) Erhaltungssatz:

> Bei Prozessen der starken und elektromagnetischen Wechselwirkungen
> bleibt die Summe der Strangeness aller beteiligter Teilchen konstant.

Die schwache Wechselwirkung verletzt den Strangenesserhaltungssatz; denn s-Quarks können durch schwache Wechselwirkung nach mittleren Lebensdauern der Größenordnung 10^{-10} s in u-Quarks zerfallen. Deshab verwandeln sich die $S \neq 0$-Baryonen der Tab. 38.4 durch sukzessiven s-Zerfall innerhalb weniger 10^{-10} s in die Nukleonen p und n mit der Strangeness $S = 0$. Nur das $\Sigma^{0}(1192)$ zerfällt rund 10^{10} mal schneller (mittlere Lebensdauer $6 \cdot 10^{-20}$ s), weil es ohne schwache Wechselwirkung durch Umklappen seines u-Spins von oben nach unten ins $\Lambda(1116)$ übergehen kann. Dabei wird ein Photon abgestrahlt (elektromagnetische Wechselwirkung), das die frei werdende Energie mitnimmt.

Wir kommen zu den Spin$\frac{3}{2}$-Baryonen, in denen die drei Quarkspins parallel zueinander ausgerichtet sind. Die Forderung des Pauliprinzips, daß die Spins flavorgleicher Quarks in farbneutralen Dreiquarkkomplexen parallel stehen müssen, ist damit für alle Quarkkombinationen per se erfüllt. Daher kann man aus u, d und s-Quarks die in Tab. 38.5 aufgeführten zehn Spin$\frac{3}{2}$-Baryonen zusammensetzen. Sie bestehen aus dem Ladungsquartett $\Delta(1232)$ mit der Strangeness $S = 0$, dem Ladungstriplett $\Sigma^{*}(1385)$ mit $S = -1$, dem Ladungsdublett $\Xi^{*}(1530)$ mit $S = -2$ und dem Ladungssingulett $\Omega^{-}(1672)$ mit $S = -3$. Die Baryonenmassen nehmen mit sinkender Strangeness (wachsender Anzahl von s-Quarks) um etwa $150\,\mathrm{MeV}/c^2$ pro s-Quark zu. s-Quarks sind also schwerer als z.B. u-Quarks. Aus der Massendifferenz $m_s - m_u \approx 150\,\mathrm{MeV}$ und der effektiven u-Quarkmasse $m_u \approx 360\,\mathrm{MeV}/c^2$ ergibt sich dann die effektive s-Quarkmasse $m_s \approx 510\,\mathrm{MeV}/c^2$, die in der Quarktabelle 38.3 angegeben ist. Daß die gesternten Spin$\frac{3}{2}$-Hyperonen $\Sigma^{*}(1385)$ und $\Xi^{*}(1530)$ rund $200\,\mathrm{MeV}/c^2$ schwerer sind als die ungesternten Spin$\frac{1}{2}$-Hyperonen $\Sigma(1192)$ und $\Xi(1315)$, liegt an der Spinabhängigkeit der Quarkkräfte, die wir ja auch schon für den Massenunterschied zwischen Δ-Baryonen und Nukleonen verantwortlich gemacht haben. Das schwere Baryon $\Omega^{-}(1672)$ verdient besondere Beachtung. Bis auf das Ω^{-} waren im Geburtsjahr der Quarkidee 1963 alle Spin$\frac{3}{2}$-Baryonen bekannt. Sie können durch starke Wechselwirkung in die leichteren Spin$\frac{1}{2}$-Baryonen der gleichen Strangeness zerfallen und leben deshalb nur etwa 10^{-23} s. Anders das vom Quarkmodell vorhergesagte Ω^{-}. Es ist der energieärmste Zustand des (sss)-Systems. Wenn es zerfällt, muß sich wenigstens ein s-Quark in ein leichteres verwandeln. Dann ändert sich die Strangeness, was wegen des (eingeschränkten) Strangenesserhaltungssatzes nur bei schwacher Wechselwirkung möglich ist und z.B. bei den Spin$\frac{1}{2}$-Hyperonen innerhalb 10^{-10} s passiert. Dann sollte auch das Ω^{-} rund 10^{-10} s leben, etwa 10^{13} mal länger als die übrigen neun Spin$\frac{3}{2}$-Baryonen.

$$
\begin{array}{rcl}
(\overset{\uparrow\,\uparrow\,\uparrow}{uuu}) &=& \Delta^{++}(1232) \\[4pt]
(\overset{\uparrow\,\uparrow\,\uparrow}{uud}) &=& \Delta^{+}(1232) \\[4pt]
(\overset{\uparrow\,\uparrow\,\uparrow}{udd}) &=& \Delta^{\circ}(1232) \\[4pt]
(\overset{\uparrow\,\uparrow\,\uparrow}{ddd}) &=& \Delta^{-}(1232)
\end{array}
\quad\Bigg\} \quad \text{Strangeness } S = 0
$$

$$
\begin{array}{rcl}
(\overset{\uparrow\,\uparrow\,\uparrow}{uus}) &=& \Sigma^{*+}(1385) \\[4pt]
(\overset{\uparrow\,\uparrow\,\uparrow}{uds}) &=& \Sigma^{*\circ}(1385) \\[4pt]
(\overset{\uparrow\,\uparrow\,\uparrow}{dds}) &=& \Sigma^{*-}(1385)
\end{array}
\quad\Bigg\} \quad \text{Strangeness } S = -1
$$

$$
\begin{array}{rcl}
(\overset{\uparrow\,\uparrow\,\uparrow}{uss}) &=& \Xi^{*\circ}(1530) \\[4pt]
(\overset{\uparrow\,\uparrow\,\uparrow}{dss}) &=& \Xi^{*-}(1530)
\end{array}
\quad\Bigg\} \quad \text{Strangeness } S = -2
$$

$$
(\overset{\uparrow\,\uparrow\,\uparrow}{sss}) \;=\; \Omega^{-}(1672) \qquad \text{Strangeness } S = -2
$$

Tabelle 38.5: Spin$\frac{3}{2}$-Baryonen mit und ohne Strangeness. Die Baryonenmasse nimmt mit der Anzahl der s-Quarks zu.

Und so war es dann auch: Anfang 1964 wurde das erste Ω^- in einer Blasenkammer beobachtet. Es lebte $0,7 \cdot 10^{-10}$ s und hatte die erwartete Masse.

Die Mesonen werden im Quarkmodell durch Quark-Antiquark-Paare dargestellt. Die Spins von q und $\bar{q}$ koppeln durch Parallel- oder Antiparallelstellung zum Gesamtspin 1 oder 0. Wir drücken das durch die Schreibweise $(q\bar{q})_1$ und $(q\bar{q})_0$ aus, verzichten also auf die Spinrichtungspfeile über den Quarks. Spin 0-Mesonen $(q\bar{q})_0$ nennt man „pseudoskalare Mesonen" und Spin 1-Mesonen $(q\bar{q})_1$ „Vektormesonen". Ein $(q\bar{q})$-Paar heißt „flavor-neutral", wenn $\bar{q}$ das Antiquark von q ist, und „flavor-gemischt", wenn das nicht zutrifft. Aus den Quarks u, d, s und Antiquarks $\bar{u}$, $\bar{d}$, $\bar{s}$ kann man sechs flavor-gemischte $(q\bar{q})$-Paare machen und damit zwölf flavor-gemischte Mesonen, die in Tab. 38.6 zusammengestellt sind. Links oben findet man die geladenen pseudoskalaren π-Mesonen $\pi^{\pm}(140)$ und rechts oben die geladenen Vektormesonen $\rho^{\pm}(770)$ mit dem gleichen Quarkgehalt. Man braucht also $(770 - 140)\,\text{MeV} = 630\,\text{MeV}$ Energie, um die Quarkspins aus der Antiparallelstellung im Pion umzuklappen in die Parallelstellung im ρ-Meson. Offenbar sind auch die Kräfte zwischen Quark und Antiquark im Meson stark spinabhängig. Die $(q\bar{q})$-Paare $(u\bar{s})$, $(s\bar{u})$, $(d\bar{s})$ und $(s\bar{d})$ mit

Pseudoskl. Mesonen	Strangeness	Vektormesonen
$(u\bar{d})_0 = \pi^+(140)$	$S = 0$	$(u\bar{d})_1 = \rho^+(770)$
$(d\bar{u})_0 = \pi^-(140)$	$S = 0$	$(d\bar{u})_1 = \rho^-(770)$
$(u\bar{s})_0 = K^+(494)$	$S = +1$	$(u\bar{s})_1 = K^{*+}(892)$
$(s\bar{u})_0 = K^-(494)$	$S = -1$	$(s\bar{u})_1 = K^{*-}(892)$
$(d\bar{s})_0 = K^0(498)$	$S = +1$	$(d\bar{s})_1 = K^{*0}(897)$
$(s\bar{d})_0 = \bar{K}^0(498)$	$S = -1$	$(s\bar{d})_1 = \bar{K}^{*0}(897)$

Tabelle 38.6:   Flavor-gemischte Mesonen mit und ohne Strangeness

der Strangeness $S = \pm 1$ nennt man „K-Mesonen". Die pseudoskalaren K-Mesonen K^+, K^-, K^0 und $\bar{K}^0$ haben Massen von rund $500\,\mathrm{MeV/c^2}$ und zerfallen nach $10^{-9\pm1}$ Sekunden durch schwache Wechselwirkung in Leptonen oder mehrere π-Mesonen. Die gesternten Vektormesonen K^{*+}, K^{*-}, K^{*0} und $\bar{K}^{*0}$ sind $400\,\mathrm{MeV/c^2}$ schwerer als die pseudoskalaren K-Mesonen und zerfallen in diese nach rund 10^{-23} Sekunden durch starke Wechselwirkung. Der Massenunterschied zwischen den K^*- und K-Mesonen weist wieder auf die Spinabhängigkeit der Quarkkräfte hin.

Wir kommen nun zu den flavor-neutralen $(q\bar{q})$-Paaren $(u\bar{u})$, $(d\bar{d})$ und $(s\bar{s})$. Im Gegensatz zu den flavor-gemischten Mesonen (Tab. 38.6) können sich in einem flavor-neutralen Meson $(q\bar{q})$ das q und $\bar{q}$ gegenseitig durch starke Wechselwirkung vernichten und Gluonen erzeugen, die aber nicht davonfliegen, sondern sofort ein neues flavor-neutrales $(q\bar{q})$-Paar produzieren, das nicht von gleicher Art sein muß wie das ursprüngliche. Deshalb finden in einem flavor-neutralen Meson ständig $(q\bar{q})$-Umwandlungsprozesse nach dem Schema $(u\bar{u}) \leftrightarrow (s\bar{s}) \leftrightarrow (d\bar{d}) \leftrightarrow (u\bar{u})\ldots$ statt. Die flavor-neutralen Mesonen sind also keine reinen Paare $(u\bar{u})$ oder $(d\bar{d})$ oder $(s\bar{s})$, sondern „Mischungen" aus ihnen. Aus drei reinen Paaren kann man drei verschiedene Mesonen mischen, insgesamt also sechs, weil es pseudoskalare und Vektormesonen gibt. Sie sind in Tab. 38.7 dargestellt. Zuoberst stehen die neutralen Partner $\pi^0(135)$ bzw. $\rho^0(770)$ der geladenen Mesonen $\pi^\pm(140)$ bzw. $\rho^\pm(770)$ aus Tab. 38.6. Die pseudoskalaren Mesonen $\eta(549)$ und $\eta'(958)$ bzw. Vektormesonen $\omega(783)$ und $\phi(1020)$ haben keine geladenen Partner.

Wir zählen nun zusammen, wie viel Hadronen man aus den Quarks u, d, s und Antiquarks $\bar{u}$, $\bar{d}$, $\bar{s}$ machen kann. Laut Tab. 38.4 und Tab. 38.5 gibt es 8 Spin$\frac{1}{2}$-Baryonen und 10 Spin$\frac{3}{2}$-Baryonen. Die Zahlen verdoppeln sich, weil zu jedem Baryon ein An-

Pseudoskalare Mesonen				Vektormesonen		
$(u\bar{u})_0$			$\pi^0(135)$	$(u\bar{u})_1$		$\rho^0(770)$
$(d\bar{d})_0$	$\Longrightarrow$ Mischung		$\eta(549)$	$(d\bar{d})_1$	$\Longrightarrow$ Mischung	$\omega(783)$
$(s\bar{s})_0$			$\eta'(958)$	$(s\bar{s})_1$		$\phi(1020)$

Tabelle 38.7:   Flavor-neutrale Mesonen aus u-, d- und s-Quarks.

tibaryon gehört. Dazu kommen laut Tab. 38.6 und Tab. 38.7 insgesamt 12 flavor-gemischte und 6 flavor-neutrale Mesonen. Das ergibt zusammen

$$2 \times (8 + 10) + (12 + 6) = 54 \text{ Hadronen} . \qquad (38.17)$$

Von den 363 Hadronen, deren Eigenschaften in der 1986 publizierten Teilchentabelle aufgeführt sind, enthalten nur 37 die experimentell schwer zugänglichen massiven Quarks c oder b. Die anderen 326 Hadronen sind ausnahmslos aus u, d, s und/oder $\bar{u}$, $\bar{d}$, $\bar{s}$ zusammengesetzt. Das sind viel mehr als die 54 Hadronen (38.17), die wir abgezählt haben. Woher kommt diese Vervielfachung? Die Erklärung ist einfach: Wir haben bisher stillschweigend angenommen, daß die Quarks, die das Hadron bilden, im energetisch tiefsten Zustand sind, im Grundzustand. Weil sich die Quarks nach den Gesetzen der Wellenmechanik bewegen, gibt es auch angeregte Zustände mit diskreten Energiewerten. Die Anregungsenergien liegen in der Größenordnung 500 MeV und tragen mit ihrem Massenäquivalent beträchtlich zur Teilchenmasse bei. Da die Hadronen u.a. durch ihre Massenwerte charakterisiert sind, stellen der Grundzustand und die angeregten Zustände verschiedene Hadronen dar. So kennt man z.B. neben den Σ-Hyperonengrundzuständen $\Sigma(1192)$ und $\Sigma^*(1385)$ die angeregten Zustände $\Sigma(1660)$, $\Sigma(1670)$, $\Sigma(1750)$, $\Sigma(1775)$, $\Sigma(1915)$, $\Sigma(1940)$, $\Sigma(2030)$ und $\Sigma(2250)$. Es gibt also (mindestens) 5 mal so viele Σ-Hyperonen, wie bei der Abzählung (38.17) der 54 Hadronen angenommen wurde.

38.4 Bottomoniumzustände und Quarkkräfte

Die schwersten Quarks c = charm und b = bottom, die bisher in Erscheinung getreten sind, wurden in den 70er Jahren entdeckt. Wegen ihrer großen Massen $m_c \approx$ 1600 MeV/c^2 und $m_b \approx$ 5000 MeV/c^2 bewegen sie sich in Hadronen verhältnismäßig langsam, so daß man diese Bewegungen näherungsweise nicht-relativistisch behandeln kann. Das gilt insbesondere für das flavor-neutrale $(b\bar{b})$-Paar, das „Bottomonium" genannt wird. Die bahndrehimpulslosen Zustände des Vektormesons $(b\bar{b})_1$ werden mit Υ bezeichnet. Die vier leichtesten Υ-Zustände sind

$$\Upsilon(9460) \qquad \Upsilon(10023) \qquad \Upsilon(10355) \qquad \Upsilon(10578) \,. \qquad (38.18)$$

Zur Erzeugung solcher Bottomoniumzustände eignen sich insbesondere die Elektronen-Positronen-Speicherringe CESR (Cornell University) und DORIS (DESY). In diesen stoßen hochenergetische Elektronen e und Positronen $\bar{e}$ mit entgegengesetzt gleichen Impulsen frontal zusammen und vernichten sich. Dabei entsteht ein Vernichtungsphoton mit dem Spin 1, das aber aus Energie- und Impulserhaltungsgründen nicht davonfliegen kann und deshalb ein Teilchen-Antiteilchen-Paar mit dem Gesamtspin 1 erzeugt, z.B. ein $(b\bar{b})_1$-Paar. Dazu muß allerdings die Gesamtenergie des vernichteten $e\bar{e}$-Paares wegen des Energieerhaltungssatzes genau so groß sein wie die Gesamtenergie des erzeugten $(b\bar{b})_1$-Paares, das ja nur diskrete Energiewerte annehmen kann, z.B. die oben in (38.18) eingeklammerten Zahlenwerte mal MeV.

Die Υ-Mesonen zerfallen nach Lebensdauern zwischen 10^{-20} und 10^{-23} Sekunden auf verschiedene Weisen. Am häufigsten sind die sog. hadronischen Zerfälle, bei denen pro Zerfall rund ein Dutzend leichte Hadronen (meist π-Mesonen) auftreten. Solche hadronischen Ereignisse sind nicht zu übersehen. Um nun die in (38.18) angegebenen Υ-Massen zu messen, bestimmt man z.B. im $e\bar{e}$-Speicherringexperiment CESR die Rate der hadronischen Ereignisse (Zahl der Ereignisse pro Zeit) als Funktion der veränderlichen Gesamtenergie $E = E_e + E_{\bar{e}}$ der zusammenstoßenden Elektronen und Positronen. Das Resultat ist in Abb. 38.1 dargestellt. Hinter den vier schmalen „Resonanzen" verbergen sich die Υ-Mesonen, deren Energien direkt auf der Energieskala der Abszisse abgelesen werden können. Denn nur wenn die Gesamtenergie E mit der Ruhenergie des Υ-Mesons übereinstimmt, kann dieses erzeugt werden und zu den hadronischen Ereignissen beitragen. Weil die Ruhenergien der Bottomoniumzustände $\Upsilon = (b\bar{b})_1$ bei rund $10\,000\,\mathrm{MeV}$ liegen, ist in die Quarktabelle 38.3 für die b-Quarkmasse der Wert $m_b \approx 5000\,\mathrm{MeV/c^2}$ eingetragen. Linie 1 in Abb. 38.1 zeigt den $(b\bar{b})_1$-Grundzustand. Die Linien 2, 3 und 4 repräsentieren angeregte $(b\bar{b})_1$-Zustände, deren Anregungsenergien durch $\Delta E_n =: E_n - E_1$ gegeben sind. Sie betragen.:

$$\Delta E_2 = 563\,\mathrm{MeV} \qquad \Delta E_3 = 895\,\mathrm{MeV} \qquad \Delta E_4 = 1118\,\mathrm{MeV} \,. \qquad (38.19)$$

Wir wollen sie im Rahmen eines nicht-relativistischen Quarkmodells „berechnen".

Betrachte irgendein flavor-neutrales oder flavor-gemischtes $(q\bar{q})_1$-Paar. Im Schwerpunktsystem dieses Paares sind die Impulse von q und $\bar{q}$ entgegengesetzt gleich:

$$\vec{p}_q = -\vec{p}_{\bar{q}} =: \vec{p} \,. \qquad (38.20)$$

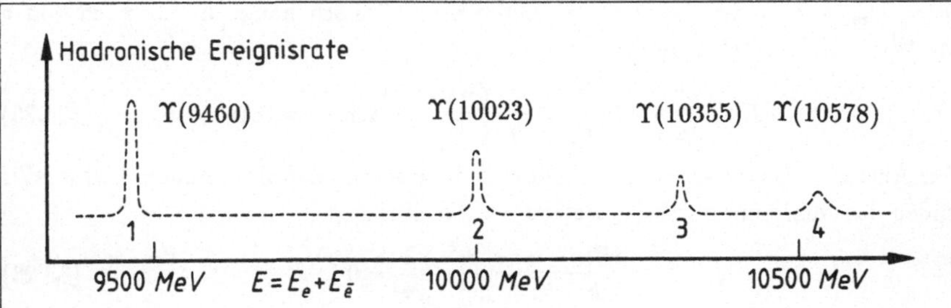

Abbildung 38.1:   Hadronische Ereignisrate pro $e\bar{e}$-Begegnungen als Funktion der Gesamtenergie $E = E_e + E_{\bar{e}}$.

Die kinetische Energie läßt sich dann wie folgt schreiben:

$$E_{\text{kin}} = \frac{p_q^2}{2m_q} + \frac{p_{\bar{q}}^2}{2m_{\bar{q}}} = \frac{p^2}{2\mu} \quad \text{mit} \quad \frac{1}{\mu} = \frac{1}{m_q} + \frac{1}{m_{\bar{q}}} \,. \tag{38.21}$$

μ nennt man die „reduzierte Masse" des Zweiteilchensystems. Es hat sich nun herausgestellt, daß die starke Anziehungskraft F zwischen q und $\bar{q}$, die das $(q\bar{q})_1$-System zusammenhält, näherungsweise umgekehrt proportional zum Abstand r zwischen q und $\bar{q}$ ist. Aus $F = -a/r$ mit $a = $ const folgt dann die potentielle Energie

$$E_{\text{pot}} = -\int_{r_o}^{r} F\, dr = a \int_{r_o}^{r} \frac{dr}{r} = a \ln \frac{r}{r_o} \quad \text{mit} \quad r_o = \text{const} \tag{38.22}$$

und daraus die nicht-relativistische Gesamtenergie des Systems

$$E = E_{\text{kin}} + E_{\text{pot}} = \frac{p^2}{2\mu} + a \ln \frac{r}{r_o} \,. \tag{38.23}$$

Man nennt den Ausdruck $a \ln(r/r_0)$ auch das „logarithmische Potential". Um die diskreten Werte von E zu finden, müßten wir das Problem mit der Schrödingergleichung behandeln. Wenn man es nicht so genau nimmt, kann man die Schrödingergleichung umgehen und wie bei der Behandlung des Wasserstoffatomproblems in Kap. 36.2 vorgehen. Dort hatten wir die Beziehung (36.14)

$$p = n\frac{\hbar}{r} \quad \text{mit} \quad n = 1, 2, 3, \ldots \tag{38.24}$$

zwischen Impuls p und Abstand r „abgeleitet" – man nennt sie gelegentlich die „Bohrsche Quantenbedingung" – und sie benutzt, um aus dem Energieausdruck

$E = E_{\text{kin}} + E_{\text{pot}}$ den Impuls p zu eliminieren. Danach hängt E nur noch von r ab. Wir verfahren jetzt genauso und erhalten

$$E = \frac{p^2}{2\mu} + a\ln\frac{r}{r_o} = \frac{1}{2\mu}\left(\frac{n\hbar}{r}\right)^2 + a\ln\frac{r}{r_o} =: E(r)\,. \tag{38.25}$$

Der Abstand r zwischen q und $\bar{q}$ stellt sich dann so ein, daß $E(r)$ minimal wird. Wir finden das Minimum durch Nullsetzen der Ableitung

$$\frac{dE(r)}{dr} = -\frac{n^2\hbar^2}{\mu r^3} + \frac{a}{r} = 0\,, \tag{38.26}$$

woraus sich die von n abhängigen Abstände

$$r_n = nr_1 \qquad \text{mit} \qquad r_1 = \frac{\hbar}{\sqrt{a\mu}} \tag{38.27}$$

und durch Einsetzen dieser r_n-Werte in die $E(r)$-Gleichung (38.25) die diskreten Energiewerte

$$E_n = E(r_n) = \frac{a}{2} + a\ln(n\frac{r_1}{r_o}) = a\ln n + a\left(\frac{1}{2} + \ln\frac{r_1}{r_o}\right) \tag{38.28}$$

ergeben. Die E_n-Werte wachsen mit der Quantenzahl $n = 1, 2, 3\ldots$, der Zustand mit $n = 1$ ist also der Grundzustand. Dann sind die Differenzen

$$\Delta E_n = E_n - E_1 = a\ln n \tag{38.29}$$

offenbar die Anregungsenergien der angeregten Zustände.

Diskussion: Um die Anregungsenergien ΔE_n der angeregten Zustände des $(q\bar{q})_1$-Systems angeben zu können, müssen wir nur wissen, welchen Wert die Konstante a des logarithmischen Potentials hat. Die Quarkmassen spielen keine Rolle. Mit $a = 811\,\text{MeV}$ erhalten wir aus (38.29):

$$\Delta E_2 = 562\,\text{MeV} \qquad \Delta E_3 = 891\,\text{MeV} \qquad \Delta E_4 = 1124\,\text{MeV}\,. \tag{38.30}$$

Die Werte stimmen gut mit den Meßwerten (38.19) der Bottomoniumzustände $\Upsilon = (b\bar{b})_1$ überein. Die Diskrepanzen zwischen Rechnung und Messung sind kleiner als 1%. Damit kann man zufrieden sein. Wenn man die geometrische Ausdehnung der Zustände – die Quarkabstände r_n – berechnen will, braucht man die in (38.21) definierte reduzierte Masse μ. Im Bottomonium ist $m_q = m_{\bar{q}} = m_b$ und folglich $\mu = m_b/2$. Einsetzen von μ in die r_n-Gleichung (38.27) gibt dann mit $a = 811\,\text{MeV}$ und $m_b \approx 5000\,\text{MeV}/c^2$:

$$r_n = n\sqrt{\frac{2\hbar}{a\,m_b}} \approx n\cdot 0,14\cdot 10^{-15}\text{m}\,. \tag{38.31}$$

Die Υ-Zustände (38.18) mit den Quantenzahlen $n = 1, 2, 3, 4$, deren Energiedifferenzen (Anregungsenergien) wir unter der Annahme eines logarithmischen Potentials erfolgreich berechnet haben, decken den Quark-Antiquark-Abstandsbereich wegen

(38.31) etwa zwischen $r = 0,1 \cdot 10^{-15}$ m und $r = 0,6 \cdot 10^{-15}$ m ab. Deshalb ist das logarithmische Potential oder das damit äquivalente Quarkkraftgesetz $F = -a/r$ mindestens in diesem Abstandsbereich eine gute Näherung an die Wirklichkeit.

Es gibt noch ein anderes Argument für das logarithmische Potential: Da die ΔE_n-Formel (38.29) nicht von den Quarkmassen abhängt, müßten alle Mesonen $(q\bar{q})_1$ deckungsgleiche Anregungsspektren haben, wenn

1) die Quarkbewegungen so langsam erfolgen, daß die nicht-relativistische Energiegleichung (38.23) verwendet werden darf und

2) die Konstante a des logarithmischen Potentials flavor-unabhängig ist.

Für 2) spricht, daß die Quarkkraft eine Folge der starken Wechselwirkung ist, die an den Farbladungen angreift, und daß die Quarks farbmäßig alle gleichwertig sind. Was 1) betrifft, kann man neben dem heutzutage schwersten flavor-neutralen Quarkpaar $(b\bar{b})$ noch das zweitschwerste $(c\bar{c})$ heranziehen, das man „Charmonium" nennt. Die Anregungsspektren von Charmonium bzw. Bottonium werden seit 1974 bzw. 1977 mit großem experimentellem Aufwand untersucht. Die Spektren sind tatsächlich deckungsgleich – wenn man Diskrepanzen der Größenordnung 5% ignoriert. Aber was sind schon Prozente, wenn sich die Quarkmassen um den Faktor $m_b/m_c \approx 3$ voneinander unterscheiden. Wäre das Quarkkraftpotential nicht logarithmisch, sondern coulombartig ($\propto 1/r$) bzw. oszillatorartig ($\propto r^2$), würden sich die Anregungsenergien im Bottonium zu denen im Charmonium wie $m_b/m_c \approx 3$ bzw. $\sqrt{m_c/m_b} \approx 0,56$ verhalten (siehe (36.18) bzw. (9.21) und (9.24)).

Das logarithmische Potential $E_{\mathrm{pot}} = a \ln(r/r_o)$ ist also erfolgreich. Es ist allerdings nur eines unter mehreren Potentialen, die sich bei Quarkmodellrechnungen bewährt haben, weil sie im relevanten Abstandsbereich zwischen 10^{-16} m und 10^{-15} m numerisch recht gut übereinstimmen. Erwähnt sei das „Standardpotential"

$$E_{\mathrm{pot}}(r) = -\frac{4}{3}\alpha_s\frac{\hbar c}{r} + \kappa r\,, \tag{38.32}$$

wobei $\alpha_s \approx 0,4$ die „Kopplungskonstante der starken Wechselwirkung" und $\kappa \approx 1,4 \cdot 10^5$ N (N = Newton) die sog. „Stringkonstante" ist. α_s spielt für die starke Wechselwirkung die gleiche Rolle wie die in (36.11) eingeführte Sommerfeldsche Feinstrukturkonstante α für die elektromagnetische Wechselwirkung. κ bestimmt den weitreichenden Teil der starken Wechselwirkung und gibt die Kraft an, die man mindestens braucht, um das Quark-Antiquarkpaar eines Mesons auseinanderzureißen: $1,4 \cdot 10^5$ Newton. So viel wiegen zwei ausgewachsene Elefanten!

Anhang
Maßeinheiten im Système International (SI)

Die Festsetzung von Maßeinheiten ist ein politischer Akt. Wir benutzen das SI-System, das 1960 von der *11. Generalkonferenz für Maße und Gewichte* vorgeschlagen und in Deutschland (BRD) durch das *Gesetz über Einheiten im Meßwesen vom 2. Juli 1969* eingeführt wurde. Seit dem 5. Juli 1970 ist es in Kraft. Im SI-System werden die durch eckige Klammern charakterisierten Maßeinheiten der mechanischen und elektromagnetischen Größen als Potenzprodukte der vier sog. Basiseinheiten [Zeit] = Sekunde s, [Länge] = Meter m, [Masse] = Kilogramm kg und [Stromstärke] = Ampere A dargestellt, z.B.:

$$[\text{Kraft}] \quad\;\; = [\text{Masse} \times \text{Beschleunigung}] = \text{kg}\,\text{m}\,\text{s}^{-2} \qquad =: \text{N (Newton)}$$

$$[\text{Energie}] \quad = [\text{Kraft} \times \text{Weg}] \qquad\qquad = \text{kg}\,\text{m}^2\,\text{s}^{-2} \qquad =: \text{J (Joule)}$$

$$[\text{Leistung}] \quad = [\text{Energie / Zeit}] \qquad\qquad = \text{kg}\,\text{m}^2\,\text{s}^{-3} \qquad =: \text{W (Watt)}$$

$$[\text{Druck}] \quad\;\; = [\text{Kraft / Fläche}] \qquad\qquad = \text{kg}\,\text{m}^{-1}\,\text{s}^{-2} \quad =: \text{Pa (Pascal)}$$

$$[\text{Ladung}] \quad = [\text{Stromstärke} \times \text{Zeit}] \qquad = \text{As} \qquad\qquad\quad =: \text{C (Coulomb)}$$

$$[\text{Spannung}] \; = [\text{Energie / Ladung}] \qquad\quad = \text{kg}\,\text{m}^2\,\text{s}^{-3}\,\text{A}^{-1} =: \text{V (Volt)}$$

$$[\text{B-Feldstärke}] = \left[\frac{\text{Kraft/Ladung}}{\text{Geschwindigkeit}}\right] = \text{kg}\,\text{s}^{-2}\,\text{A}^{-1} \quad =: \text{T (Tesla)}$$

Ganz rechts stehen die Bezeichnungen und Namen der SI-Maßeinheiten für die ganz links aufgeführten physikalischen Größen.

Die Basiseinheiten Sekunde s, Meter m und Kilogramm kg wurden ursprünglich aus Eigenschaften der rotierenden Erde und des Wassers abgeleitet:

$$1\text{s} = \text{Zeit von Mittag zu Mittag („Sonnentag“) geteilt durch } 24\cdot 60\cdot 60 = 86400.$$

1m = Länge des kürzesten Weges vom Pol zum Äquator geteilt durch 10^7.

1kg = Masse von 10^{-3} Kubikmeter Wasser bei Normaldruck und 3,98° Celsius (größte Wasserdichte).

Heutzutage ist der Bezug auf die Erde zu unbestimmt. Präzisionsmessungen von Längen sind z.B. mit relativen Meßfehlern (= Fehler/Meßwert) der Größenordnung 10^{-8} behaftet. Wollte man den Meßwert ohne Genauigkeitsverlust auf das Erdmeter beziehen, müßte man den kürzesten Weg vom Pol zum Äquator mindestens bis auf $10^{-8} \cdot 10^7$m = 0,1m genau kennen. Das ist unmöglich.

Bei der Zeitbestimmung treten Komplikationen auf, weil die Dauer des „Sonnentages" aus astronomischen und geophysikalischen Gründen ständig kleine meßbare Änderungen erfährt, die im nachhinein korrigiert werden müssen, was ziemlich umständlich ist. Um dieses zu vermeiden, beschloß die *12. Generalkonferenz für Maße und Gewichte* 1964, daß die Sekunde ab 1967 nicht mehr aus der Erdrotation abgeleitet, sondern mit Hilfe extrem genauer Cäsiumatomuhren definiert werden soll. ^{133}Cs-Atome können elektromagnetische Wellen emittieren und absorbieren, wenn diese eine ganz bestimmte für ^{133}Cs charakteristische Frequenz ($\approx$ 9,2 Gigahertz) besitzen. Die elektromagnetischen Feldstärkeschwingungen lassen sich als Taktgeber einer Uhr verwenden. Die Schwingungsdauer ist für alle ^{133}Cs-Atomuhren gleich. Mit einer Kombination von atomphysikalischen, hochfrequenztechnischen und elektronischen Geräten gelingt es, die Zahl der Schwingungen zu zählen. *Eine Sekunde s ist nun per definitionem die Zeitspanne, in der eine ^{133}Cs-Atomuhr genau 9 192 631 770 Schwingungen ausführt.*

1983 wurde dann, wieder von der *Generalkonferenz für Maße und Gewichte*, auch das Meter neu definiert, ohne auf die Erde zu verweisen. Man bedient sich dazu der Vakuumlichtgeschwindigkeit c und gibt ihr per definitionem den Wert $c = 299\,792\,458\,\mathrm{m\,s^{-1}}$. Dann liegt auch das Meter fest: *Ein Meter m ist genau die Länge des Weges, den Licht im Vakuum während der Laufzeit 1/299 792 458 Sekunde zurücklegt.*

Während also die Definitionen der Zeit- und Längeneinheiten nicht mehr auf die Erde angewiesen sind, hängt die Kilogrammdefinition nach wie vor an einem erdgebundenen Artefakt. Statt 10^{-3}m^3 Wasser wählt man aus praktischen Gründen allerdings einen aus einer Platin(90%)-Iridium(10%)-Legierung gefertigten Zylinder (Durchmesser = Höhe = 39mm), der am Bureau International des Poids et Mesures (BIPM) in Sèvres bei Paris aufbewahrt wird. *Seine Masse, die wegen verschiedener Umwelteinflüsse sicher nicht exakt konstant ist, beträgt per definitionem genau ein Kilogramm* kg. Beim Wasservergleich zeigte sich, daß der BIPM-Zylinder $28 \cdot 10^{-6}$kg schwerer ist als 10^{-3}m^3 Wasser in seinem Dichtemaximum (3,98°C) unter Normaldruck von 101 325 Pa. Das nimmt man in Kauf. Vom BIPM-Prototyp wurden Kopien hergestellt und von Zeit zu Zeit mit dem Original verglichen. Die BRD besitzt den Prototyp Nr. 52. Er hatte 1953 bzw. 1974 ein Übergewicht von $15{,}2 \cdot 10^{-8}$kg bzw. 18,7 $\cdot 10^{-8}$kg. Die unvorhergesehene Massenzunahme des BRD-Prototyps von $3{,}5 \cdot 10^{-8}$kg, die natürlich genau so gut eine entsprechende Abnahme des BIPM-Prototyps und damit des kg sein könnte, weist darauf hin, daß der Kilogrammdefinition eine Unsicherheit der Größenordnung 10^{-8} anhaftet.

Die seit 1946 gültige Definition des Amperes A, der vierten Basiseinheit des SI-Systems, bezieht sich auf einen Spezialfall des Ampereschen Gesetzes (23.5), nach dem stromdurchflossene Drähte Kräfte aufeinander ausüben. *Ein elektrischer Gleichstrom, der durch zwei im Vakuum aufgespannte, beliebig dünne und unendlich lange Paralleldrähte im Abstand* 1 m *voneinander fließt und deshalb zwischen diesen eine elektromagnetische Kraft von* $2 \cdot 10^{-7}$ *Newton pro Meter Drahtlänge hervorruft, hat per definitionem die Stromstärke ein Ampere* A. Kräfte – auch kleine – kann man sehr genau messen. Präzise auf Kraftmessung basierende Stromstärkemessungen haben relative Fehler von rund 10^{-5}.

Neben den Basiseinheiten der Zeit, Länge, Masse und Stromstärke gibt es im SI-System noch drei weitere Basiseinheiten, für die Thermodynamische Temperatur das Kelvin (K), für die chemisch einheitliche Stoffmenge das Mol (mol) und für die photometrische Lichtstärke die Candela (cd). Man sollte sie kennen:

* Das Kelvin wird vom *Tripelpunkt des Wassers* (Abb. 20.7) abgeleitet: *Dessen Temperatur beträgt per definitionem* 273,16 K.

* Das Mol wird auf das Kohlenstoff-Nuklid ^{12}C bezogen: *Eine Stoffmenge von* 1 mol *enthält genauso viele Teilchen, wie* ^{12}C-*Atome in* 12,000 *Gramm isotopenreinem Kohlenstoff-12 enthalten sind.*

* Die Candela-Definition benutzt die Schmelztemperatur (bei Normaldruck) von Platin T_{Pt}: *Ein schwarzer Körper der Temperatur* T_{Pt} *strahlt senkrecht zur ebenen Oberfläche pro Quadratzentimeter eine Lichtstärke von* 60 cd *ab.*

Großmann
Mathematischer Einführungskurs für die Physik

Studienanfänger der Physik benötigen möglichst schnell ein gewisses mathematisches Grundwissen, das in diesem Buch vermittelt wird. Mit durchgerechneten Übungsbeispielen und Aufgaben samt Lösungen kann es neben einer Einführungsvorlesung aber auch im Selbststudium verwendet werden.
Behandelt werden der algebraische Umgang mit Vektoren, skalare und vektorielle Produkte, Koordinatentransformationen, Matrizen und Determinanten. Aus der klassischen Analysis steht die Praxis der Integrale im Vordergrund:
Methoden zu ihrer Berechnung, uneigentliche Integrale, Parameterintegrale, eine Einführung in den Gebrauch der δ-Funktion (-Distribution), besonders aber die Integration in skalaren oder vektoriellen Feldern: Kurvenintegrale, Flächen- und Volumenintegrale, das Handwerkszeug bei vielen physikalischen Gesetzen und Anwendungen, ferner die Integralsätze von Gauß, Stokes sowie der Umgang mit krummlinigen Koordinaten (Zylinder-, Kugel-Koordinaten). Ausführlich besprochen werden Felder und ihre Eigenschaften (Gradient, Divergenz und Rotation), partielle Ableitungen und Taylorentwicklung.
Inzwischen erlebt dieses verbreitete Lehrbuch die 6. Auflage, die um einen Abschnitt »Differentialgleichungen« mit den wichtigsten klassischen und auch geometrischen Methoden, sowie einer Einführung in das Chaos erweitert wurde.

Von Prof. Dr.
Siegfried Großmann,
Universität Marburg

6., durchgesehene und erweiterte Auflage. 1991.
343 Seiten mit 121 Bildern, 100 Beispielen und 209 Selbsttests mit Lösungen.
13,7 x 20,5 cm.
Kart. DM 36,80.
ISBN 3-519-03074-8

(Teubner Studienbücher)

Preisänderungen vorbehalten.

B. G. Teubner Stuttgart

Teubner Studienbücher

Physik

Mayer-Kuckuk: **Kernphysik.** 4. Aufl. DM 39,80

Mommsen: **Archäometrie.** DM 38,–

Neuert: **Atomare Stoßprozesse.** DM 28,80

Nolting: **Quantentheorie des Magnetismus**
Teil 1: Grundlagen, DM 38,–
Teil 2: Modelle, DM 38,–

Raeder u. a.: **Kontrollierte Kernfusion.** DM 42,–

Rohe: **Elektronik für Physiker.** 3. Aufl. DM 29,80

Rohe/Kamke: **Digitalelektronik.** DM 28,80

Schatz/Weidinger: **Nukleare Festkörperphysik.** DM 34,–

Schlachetzki: **Halbleiter-Elektronik.** DM 44,80

Schmidt: **Meßelektronik in der Kernphysik.** DM 28,80

Spatschek: **Theoretische Plasmaphysik.** DM 44,80

Theis: **Grundzüge der Quantentheorie.** DM 34,–

Walcher: **Praktikum der Physik.** 6. Aufl. DM 38,–

Wegener: **Physik für Hochschulanfänger.** 3. Aufl. DM 48,–

Wiesemann: **Einführung in die Gaselektronik.** DM 34,–

Preisänderungen vorbehalten.

B. G. Teubner Stuttgart